THE

INTELLIGENT

ROBOT TECHNOLOGY

智能机器人技术

安保、巡逻、处置类警用机器人研究实践

赵杰 李剑 臧希喆 等

编著

机械工业出版社
CHINA MACHINE PRESS

警用机器人及其系统是大数据、云计算、人工智能、物联网等新技术的融合应用，是“云－网－端”架构理念在公安领域落地的装备形态。本书围绕智能机器人关键技术，讲述了警用机器人实战应用技术，如安保机器人关键技术、巡逻机器人关键技术、处置机器人关键技术以及警用机器人指挥控制技术。

本书可供从事机器人教学和科研的人员阅读参考。

图书在版编目(CIP)数据

智能机器人技术：安保、巡逻、处置类警用机器人研究实践/赵杰等编著. —北京：机械工业出版社，2020.11

ISBN 978-7-111-66873-2

Ⅰ.①智… Ⅱ.①赵… Ⅲ.①智能机器人－研究 Ⅳ.①TP242.6

中国版本图书馆 CIP 数据核字（2020）第 216981 号

机械工业出版社（北京市百万庄大街 22 号 邮政编码 100037）
策划编辑：何士娟 责任编辑：王 婕 何士娟
责任校对：梁 静 责任印制：郜 敏
河北鑫兆源印刷有限公司印刷
2021 年 1 月第 1 版第 1 次印刷
185mm×260mm · 21.75 印张 · 6 插页 · 534 千字
0 001—1 500 册
标准书号：ISBN 978-7-111-66873-2
定价：168.00 元

电话服务
客服电话：010－88361066
010－88379833
010－68326294

网络服务
机 工 官 网：www.cmpbook.com
机 工 官 博：weibo.com/cmp1952
金 书 网：www.golden－book.com
机工教育服务网：www.cmpedu.com

本书编委会

前言
PREFACE

“十三五”以来，在《中国制造2025》及《“十三五”国家科技创新规划》等战略规划的指引下，中国科技快速发展，科研成果层出不穷，智能化、数据化发展趋势日益明显，数字经济、智能制造协同发力，这些创新成就重塑着社会生活，也推动着社会变革。在社会安全领域，公安部党委对公安科技进行了战略部署和科学布局，以公安大数据战略为指引，推动公安科技规划深入贯彻实施，实现重大项目研究快速推进，获得了警务新技术和警用新装备的长足发展。得益于国家政策规划的引导支持和公安科技的前瞻建设，公安部第一研究所在“十三五”期间牵头承担了国家重点研发计划“主动防控型警用机器人关键技术研究与应用示范”项目（2017YFC0806500），团结协作国内23家高校院所、企事业单位，围绕安保、巡逻、处置等类型的警用机器人开展了大量的研究与实践，在智能机器人技术方面取得了一定进步，并将警用机器人系统应用于重大活动安保和公安一线实战中，发挥了重要作用，产生了积极意义。

智能警用机器人及其系统是大数据、云计算、人工智能、物联网等新技术的融合应用，是“云－网－端”架构理念在公安领域落地的装备形态。从某种意义上讲，警用机器人等智能技术研究代表着公安科技的前进方向，机器人实战应用诠释了智慧警务的探索实践。因此，为了更好地贯彻落实公安科技战略规划、助力大数据智能化建设和智慧警务变革发展，将“向科技要警力、向装备要战斗力”的理念付诸实践，将“以机器换人力、以智能增效能”的理想变成现实，我们依托“十三五”国家重点研发计划“主动防控型警用机器人关键技术研究与应用示范”项目研究成果，整理编撰本书，以期为公安机关、一线民警、警用机器人研究人员、机器人行业从业人员等提供参考，进一步推动警用机器人的研究应用和行业发展。

本书共有6章。第1章围绕智能机器人关键技术，讲述机器人环境建模技术、自主导航定位技术、机器人自主移动与作业技术和动态自组网技术等内容。第2章围绕智能机器人实战应用技术，讲述基于深度学习的欠分辨率图像理解技术、基于全息感知融合的警用机器人侦查技术、基于类脑神经网络的视频数据处理技术以及危险评估模型的现场处置在线分类和目标定位技术等内容。第3章围绕安保机器人关键技术，讲述卡口安保机器人爆炸物自动检测技术、人体特征检测——语音识别技术、卡口安保机器人通信技术、道口综合检查机器人系统设计、道口综合检查机器人关键技术及其理论研究、道口综合检查机器人系统平台、动态环境下人车物多元特征取证技术以及人机协同的目标跟踪与主动防控技术等内容。第4章围绕巡逻机器人关键技术，讲述室外多路况巡逻机器人设计实现、具有灵活操作能力的室内巡逻机器人平台研制以及基于虚拟现实的智能巡视系统研制等内容。第5章围绕处置机器人关键技术，讲述腿足式多运动模态警用移动机器人设计、应急处置移动平台研究、处置机械臂设计以及处置机器人人机协作技术等内容。第6章围绕警用机器人指挥控制技术，讲述警用机器人需求与设计、警用机器人通信安全技术、警用机器人平台技术以及警务知识图谱技术研究等内容。

本书由“十三五”国家重点研发计划“主动防控型警用机器人关键技术研究与应用示范”项目（2017YFC0806500）支持，中国21世纪议程管理中心、公安部科技与信息化局予以指导，公安部第一研究所牵头组织，赵杰、李剑、臧希喆主要负责，项目参与单位共同编著。本书第1章由哈尔滨工业大学、上海交通大学、浙江大学、中国科学院自动化研究所和江苏中科院智能科学技术应用研究院等单位人员编写；第2章由公安部第三研究所、清华大学、北京航空航天大学、江苏中科院智能科学技术应用研究院和中国人民公安大学等单位人员编写；第3章由中国人民解放军国防科技大学、北京理工大学、河北工业大学、武汉科技大学和湖南万为智能机器人技术有限公司等单位人员编写；第4章由深圳创冠智能机器人集成有限公司、中国科学院沈阳自动化研究所、北京航空航天大学和中国科学院合肥物质科学研究院等单位人员编写；第5章由山东大学、上海智殷自动化科技有限公司、哈尔滨工业大学和中信重工机械股份有限公司等单位人员编写；第6章由公安部第一研究所、中国人民公安大学、公安部第三研究所、中国华戎科技集团有限公司和深圳安卓智能工程有限公司等单位人员编写。航天八院八零二所、福建工程学院、厦门市美亚柏科信息股份有限公司、广州高新兴机器人有限公司、苏州博众机器人有限公司、北京凌天智能装备集团股份有限公司和北京晶品特装科技有限责任公司等单位提供了部分素材并参与了部分章节的编写。

编写本书的过程中，公安部第一研究所、公安部相关业务局、北京市公安局等单位领导给予了大力支持；项目咨询专家组、项目管理办公室、警用机器人工作专班的专家予以悉心指导，组成编委会并提出大量宝贵的意见和建议；中关村融智特种机器人产业联盟、中国21世纪议程管理中心等单位提供了大量帮助；在此对他们表示衷心的感谢。书中部分素材参考了国内外相关文献，个别图表摘自其中，未能一一注明，敬请谅解。

由于编者水平有限，加之机器人技术发展迅速，书中难免有疏漏或不妥之处，敬请批评指正。

编 者

2020年5月

前言

第1章　智能机器人关键技术 …… 1
1.1　机器人环境建模技术 …… 1
1.1.1　基于SLAM的环境建模 …… 1
1.1.2　基于二维激光雷达的环境建模 …… 3
1.1.3　基于三维激光雷达的环境建模 …… 9
1.2　自主导航定位技术 …… 29
1.2.1　基于激光地图的长期视觉-惯性定位 …… 29
1.2.2　基于点、线特征的视觉定位 …… 35
1.2.3　基于拓扑局部尺度地图的定位 …… 41
1.2.4　机器人可行域检测 …… 45
1.2.5　面向智能巡航的多传感器复合导航 …… 47
1.3　机器人自主移动与作业技术 …… 51
1.3.1　机器人自主移动技术 …… 51
1.3.2　机器人自主作业技术 …… 58
1.4　动态自组网技术 …… 62
1.4.1　异构无线传感器网络 …… 63
1.4.2　节点动态路由及协议 …… 64
1.4.3　自组网节点研制及实验研究 …… 66
第2章　智能机器人实战应用技术 …… 72
2.1　基于深度学习的欠分辨率图像理解技术 …… 72
2.1.1　图像理解技术概述 …… 72
2.1.2　危险品比对数据库 …… 73
2.1.3　基于深度学习的数据分类 …… 77
2.1.4　基于深度学习的目标检测 …… 84
2.2　基于全息感知融合的警用机器人侦查技术 …… 91
2.2.1　智能机器人侦查技术概述 …… 91
2.2.2　全息感知技术 …… 94

2.3　基于类脑神经网络的视频数据处理技术 …… 99
2.3.1　视图处理模型 …… 99
2.3.2　描述内容处理模型 …… 104
2.3.3　类不均衡应用的数据挖掘 …… 105
2.4　危险评估模型的现场处置在线分类和目标定位技术 …… 111
2.4.1　危险目标多尺度特征提取 …… 111
2.4.2　基于危险评估模型的态势感知与估计 …… 114
2.4.3　关键技术研究与实现 …… 116
第3章　安保机器人关键技术 …… 124
3.1　卡口安保机器人爆炸物自动检测技术 …… 124
3.1.1　机器人爆炸物自动检测系统组成 …… 124
3.1.2　机器人爆炸物自动检测子系统机械设计 …… 126
3.1.3　基于 ROS 的软件设计 …… 128
3.2　人体特征检测——语音识别技术 …… 132
3.2.1　语音识别系统 …… 132
3.2.2　语音识别实验 …… 134
3.3　卡口安保机器人通信技术 …… 135
3.4　道口综合检查机器人系统设计 …… 136
3.4.1　系统工作场景设计 …… 136
3.4.2　系统工作流程设计 …… 136
3.4.3　系统硬件架构设计 …… 137
3.4.4　系统软件架构设计 …… 138
3.5　道口综合检查机器人关键技术及其理论研究 …… 138
3.5.1　基于深度学习的目标识别 …… 138
3.5.2　目标准确定位算法 …… 140
3.5.3　基于 Octree 的障碍物建模与避碰 …… 140
3.5.4　基于机器视觉的机械臂运动规划 …… 141
3.6　道口综合检查机器人系统平台 …… 142
3.6.1　基于深度学习的目标检测器 …… 142
3.6.2　基于视觉伺服的机器人运动控制系统 …… 142
3.6.3　道口检查机器人系统 …… 144
3.6.4　车辆多元特征识别率测试 …… 144
3.7　动态环境下人车物多元特征取证技术 …… 145
3.7.1　面向人员的多要素动态采集技术 …… 145
3.7.2　面向车辆的多元特征取证技术 …… 160
3.8　人机协同的目标跟踪与主动防控技术 …… 161
3.8.1　人机协同的主动围捕路径规划技术 …… 161
3.8.2　人机协同的目标跟踪与主动防控实验 …… 163

第4章 巡逻机器人关键技术 …… 169
4.1 室外多路况巡逻机器人设计实现 …… 169
4.1.1 室外多路况巡逻机器人平台总体设计 …… 169
4.1.2 室外多路况巡逻机器人定位与导航技术 …… 174
4.1.3 室外多路况巡逻机器人后台系统设计 …… 182
4.1.4 基于多传感信息融合的典型警情识别技术 …… 188
4.2 具有灵活操作能力的室内巡逻机器人平台研制 …… 194
4.2.1 室内巡逻机器人移动平台与自主定位 …… 194
4.2.2 室内巡逻机器人手眼系统的系统设计与集成 …… 196
4.3 基于虚拟现实的智能巡视系统研制 …… 199
4.3.1 基于虚拟现实的在线巡视系统集成 …… 199
4.3.2 远程监控系统的总体方案设计 …… 201
4.3.3 远程监控系统的虚拟现实模块设计 …… 203
4.3.4 远程监控系统的匹配注册模块设计 …… 211
第5章 处置机器人关键技术 …… 214
5.1 腿足式多运动模态警用移动机器人设计 …… 214
5.1.1 全肘式四足移动平台结构设计 …… 214
5.1.2 电动力四足平台控制系统设计 …… 220
5.1.3 机器人柔顺控制技术 …… 225
5.1.4 机器人攀爬步态规划 …… 233
5.2 应急处置移动平台研究 …… 238
5.2.1 履带式移动平台 …… 238
5.2.2 轮足式移动平台 …… 240
5.3 处置机械臂设计 …… 249
5.3.1 七轴机械臂的设计 …… 249
5.3.2 液压驱动操作臂设计 …… 257
5.4 处置机器人人机协作技术 …… 260
5.4.1 机器人环境感知与自主跟随技术 …… 260
5.4.2 基于激光扫描仪的环境感知与自主跟随 …… 260
5.4.3 基于视觉传感器的机器人跟随技术 …… 263
第6章 警用机器人指挥控制技术 …… 268
6.1 警用机器人需求与设计 …… 268
6.1.1 警用机器人定义分类 …… 268
6.1.2 警用机器人实战需求 …… 269
6.1.3 警用机器人设计要求 …… 270
6.1.4 警用机器人功能需求 …… 271
6.2 警用机器人通信安全技术 …… 280
6.2.1 警用机器人系统基本架构 …… 280

6.2.2　警用机器人通信方式 …… 281
6.2.3　警用机器人通信安全 …… 286
6.2.4　机器人平台的安全架构 …… 287
6.3　警用机器人平台技术 …… 295
6.3.1　平台概述 …… 295
6.3.2　设计原则 …… 295
6.3.3　平台架构 …… 296
6.3.4　平台功能 …… 301
6.3.5　平台接口 …… 302
6.3.6　平台容错系统 …… 305
6.3.7　业务应用 …… 307
6.4　警务知识图谱技术研究 …… 316
6.4.1　警务知识图谱理论 …… 316
6.4.2　警务知识图谱构建方法 …… 317
6.4.3　知识图谱本体设计 …… 321
6.4.4　机器人工作模式与图谱应用 …… 323
参考文献 …… 325

1.1 机器人环境建模技术

对于智能移动机器人来说，其在完全未知的环境下获得自主能力的基础，是对环境模型进行创建——建立环境地图，并在环境模型的基础上同步实现定位，即同步定位与建图技术（Simultaneous Localization and Mapping，SLAM）。SLAM 也是机器人在环境中完成各种智能任务的前提。

1.1.1 基于 SLAM 的环境建模

SLAM 作为机器人领域的技术难题，涉及地图表示、不确定性信息处理、数据关联、自定位、探索规划等一系列高度相关的环节，根据地图描述环境的范围可分为局部地图和全局地图两种。大部分移动机器人采用激光测距传感器或可见光视觉传感器来创建局部地图，用于机器人的局部、自主避障。全局导航的目标点由用户进行人工选择、设置。全局地图的创建将为高自主性的全局自定位和导航提供可能，如基于递增极大似然法的全局混合地图的创建方法、采用用户人工引导方式快速创建大规模环境的拓扑和概率栅格混合地图等。

对于移动机器人来说，其 SLAM 过程中遇到的最大问题是未知环境所带来的挑战，比如室内环境的拥挤、动态变化，室外环境的大范围、特征稀疏等。区别于一般的智能汽车，警用机器人的应用场合包括机场、高铁站、商场以及室外广场等。在 SLAM 领域，前人已经做出了大量卓有成效的工作，其中具有代表性的有扩展卡尔曼滤波（Extended Kalman Filter，EKF）算法、扩展信息滤波（Extended Information Filter，EIF）算法以及粒子滤波（Rao - Blackwellized Particle Filters，RBPF）算法等。这些算法的核心思想是采用递归贝叶斯原理对系统状态（机器人位姿及环境特征）的后验概率进行估计，将 SLAM 问题本质等效为后验概率估计问题，即

$$P(x_{1:t}, m \mid z_{1:t}, u_{0:t-1})$$

式中，m 是环境地图；x_t 是机器人在时刻 t 的位姿；z_t 是激光测距传感器的观测；u_t 是机器人控制量；$x_{1:t} = \{x_1, \cdots, x_t\}$ 是机器人从起始时刻到时刻 t 的行驶轨迹；$u_{1:t} = \{u_1, \cdots, u_t\}$ 是

从起始时刻到时刻 t 的机器人控制序列。

在 SLAM 问题中，一般通过式（1-1）对环境地图 m 和机器人位姿 x 进行估计

$$\begin{aligned} & P(x_{1:t}, m \mid z_{1:t}, u_{0:t-1}) \\ & = P(m \mid z_{1:t}, x_{1:t}, u_{0:t-1}) P(x_{1:t} \mid z_{1:t}, u_{0:t-1}) \\ & = P(m \mid z_{1:t}, x_{1:t}) P(x_{1:t} \mid z_{1:t}, u_{0:t-1}) \end{aligned} \tag{1-1}$$

由式（1-1）可以看出，地图 m 主要依赖移动机器人的行驶轨迹以及传感器的观测，只要确定机器人在各时刻的位姿 x，就可以从（x_k，z_k）的信息组中解算出环境地图 m。因此，SLAM 问题就转变为一个轨迹估计问题

$$P(x_{1:t} \mid z_{1:t}, u_{0:t-1}) = P(x_0) \prod_{i=1}^{t} P(x_i \mid x_{i-1}, u_{i-1}) \prod_{j=1}^{t} P(z_i \mid x_i) \tag{1-2}$$

地图创建过程并不需要求取地图的完整分布 $P(m)$，只需求取地图的极大似然估计 m^* 即可，即不需直接求取 $P(x_{1:t}, m \mid z_{1:t}, u_{0:t-1})$ 的完整分布，只需求取 $P(x_{1:t}, m \mid z_{1:t}, u_{0:t-1})$ 的极大似然估计，则可得到

$$\begin{aligned} x_{1:t}^* & = \underset{x_{1:t}}{\operatorname{argmax}} \{ P(x_{1:t}, m \mid z_{1:t}, u_{0:t-1}) \} \\ & = \underset{x_{1:t}}{\operatorname{argmax}} \left\{ \sum_{i=1}^{t} \log P(x_i \mid x_{i-1}, u_{i-1}) + \sum_{j=1}^{t} \log P(z_j \mid x_{k_j}, z_{l_j}) \right\} \end{aligned} \tag{1-3}$$

$$m^* = \{ (x_t^*, z_t), \cdots, (x_1^*, z_t) \} \tag{1-4}$$

在 SLAM 研究中，为了计算与分析的方便性，假设移动机器人运动学模型及传感器观测模型的噪声均满足高斯分布，即

$$x_j \sim N(x_i \oplus T_{ij}, \Sigma_{ij}) \tag{1-5}$$

这样便可得到如下的关系

$$P(x_i \mid x_{i-1}, u_{i-1}) \sim N(x_{i-1} \oplus T_{ij}, \Sigma_{i,i-1}) \tag{1-6}$$

$$P(z_j \mid x_{k_j}, z_{l_j}) \sim N(x_{k_j} \oplus T_{jk_j}, \Sigma_{jk_j}) \tag{1-7}$$

式中，$\oplus$是坐标系的变换符号；T_{ij}和Σ_{ij}分别是位姿 x_i 与 x_j 间对应的坐标变换关系和协方差。对 T_{ij}和Σ_{ij}进行分解，便可得出机器人的位姿以及环境地图。

考虑复杂环境下一般场景规模大，且特征稀疏、动态因素较多等特点，为保证机器人在该环境下导航时的定位精度、降低算法的计算复杂度，本章节主要针对二维、三维激光雷达在移动机器人 SLAM 中的应用提出了基于分层匹配的增量式 SLAM 算法，将 SLAM 问题简化为数据关联和最小二乘优化两个部分，然后通过以下步骤加以解决：首先，通过分层迭代最近点（ICP）匹配算法解决数据关联问题，并且对传感器观测与局部地图以及局部地图之间进行匹配，匹配结果的不确定性采用 Fisher 信息矩阵描述；其次，采用增量式正交三角（QR）分解对机器人位姿进行优化；最后，将 SLAM 问题简化为最小二乘问题，并通过增量优化算法求解，可提高计算效率。提出的建图算法可保证在大规模室内外场景下的建图精度，同时能够满足实时应用的需求。

在进行环境建模时，由于二维、三维激光雷达在数据量规模、地图表示、应用场景等方面存在差异，下面将分别进行阐述。

1.1.2　基于二维激光雷达的环境建模

不论在室内环境还是室外环境，当范围较大时，由于观测噪声以及匹配误差的存在，通过传感器观测信息配准得到的环境地图经常会出现不一致的描述。当机器人回到之前已经探索过的区域时，算法需要进行针对性处理，从而消除不一致性描述。在 SLAM 过程中，这个做法也被称为环形闭合（Loop Closure）。环形闭合对于移动机器人的地图创建非常重要。正确的环形闭合能够修正建图过程中产生的累积误差，从而提高地图精度；而错误的环形闭合将会在后续不确定性处理过程中引入累积误差，甚至破坏已建立的环境地图。

移动机器人环境建模需要机器人在定位、导航阶段具有较高的精度（厘米级），这样才能满足用户对巡检、安保等任务执行，以及拥挤环境下安全性导航的要求。针对这些要求，提出基于分层匹配的增量式 SLAM（Multilayer Matching based Incremental SLAM，M2ISLAM）算法（图 1-1）。该算法不提取环境特征，而采用基于图优化融合的方法对所有已知信息（传感器观测和机器人运动轨迹等）进行估计，并在图优化融合的方法中采用图论的思想将环境特征和机器人位姿作为顶点，将传感器观测信息作为边；作为边的观测信息描述了位姿间的空间约束关系，对特征点和位姿点的位置进行优化后，便可满足边所表示的约束关系。

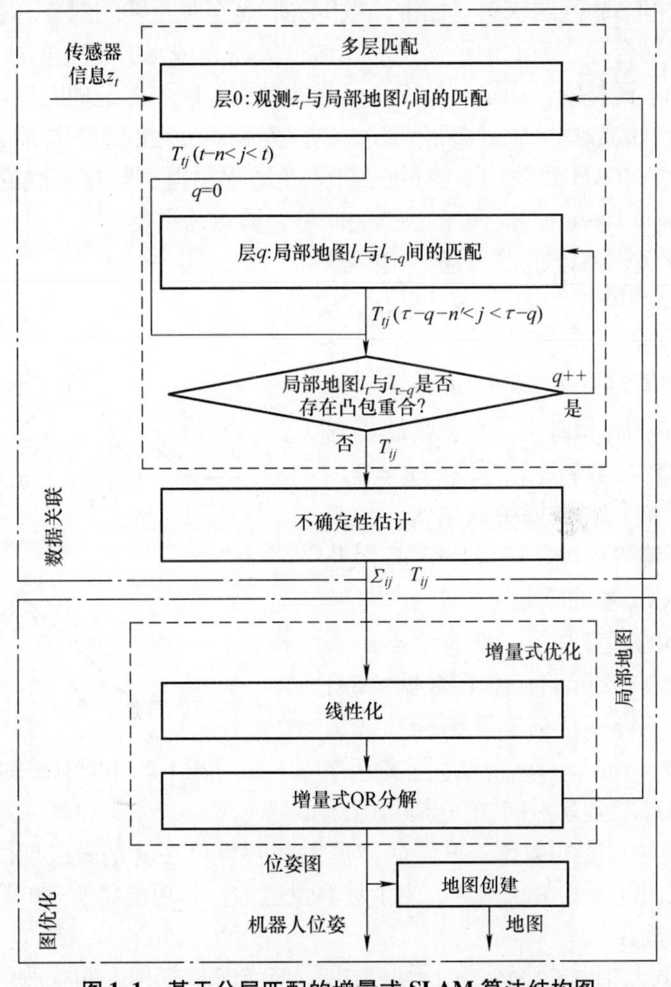

图 1-1　基于分层匹配的增量式 SLAM 算法结构图

从图1-1可以看出，在M2ISLAM算法中，SLAM问题被简化为数据关联和最小二乘图优化两个部分。

首先对数据关联进行求解。数据关联的求解是该算法的关键部分，决定了算法的精度，因此采用SLAM中常见的迭代最近点（Iterative Closet Point，ICP）匹配算法。根据观测z_t及$z_{1:t-1}$，估计x_t与$x_{1:t-1}$间的约束关系T_{ij}及其协方差$\boldsymbol{\Sigma}_{ij}$，从而确定T_{ij}。同时，由于将z_t与$z_{1:t-1}$均进行ICP匹配在计算上是不可行的，所以采用分层匹配的方法进行z_t与局部地图以及局部地图与局部地图间的匹配，从而在保证匹配精度的同时降低算法复杂度。不同于常见的匹配策略——仅将z_t与z_{t-1}进行匹配或将z_t与所有邻域的观测进行匹配，这种匹配策略既有效减小了累积误差，也避免了算法在特征稀疏的环境中陷入局部极小。另外，由于ICP算法无法直接处理不确定性，所以Fisher信息矩阵被用来对匹配结果的不确定性进行定量估计，从而得到x_t与$x_{1:t-1}$间最终的协方差$\boldsymbol{\Sigma}_{ij}$。

在得到x_t与$x_{1:t-1}$间的约束关系T_{ij}及其协方差$\boldsymbol{\Sigma}_{ij}$之后，再采用增量式QR分解对机器人位姿进行优化，从而得到一致的地图描述及机器人位姿信息。每个模块的算法描述具体如下。

1.1.2.1　数据关联

在移动机器人SLAM问题求解过程中，数据关联是至关重要的部分。在将传感器观测信息与已知地图信息融合建立新的地图描述后，数据关联将成形并不能再被修改。也就是说，数据关联是不能动态调整的，稳定、精确且可靠的数据关联将保证地图描述的一致性与准确性，但是错误、松散的数据关联就将带来较大的误差和不一致的地图描述，甚至会导致地图创建的失败。因此，SLAM算法中关键的一部分就是解决提高数据关联的稳定性与精度问题，尤其在遇到Loop Closure问题时，数据关联将显得更为重要。

以几何地图为例，假设机器人通过传感器检测并获得环境中的特征为$D=\{d_1,\cdots,d'_p\}$，那么数据关联算法的作用就是建立一个集合$H=\{j_1,\cdots,j_p\}$，使得每一环境特征d_i均能与环境地图中的实际路标m_{j_i}相对应（如果传感器对环境的观测与环境中的特征无关，则$j_i=0$）。图1-2所示为一种树状的数据关联结构，它表现的是传感器对环境的观测、环境特征d_i以及地图中的实际路标m_{j_i}之间的关系。

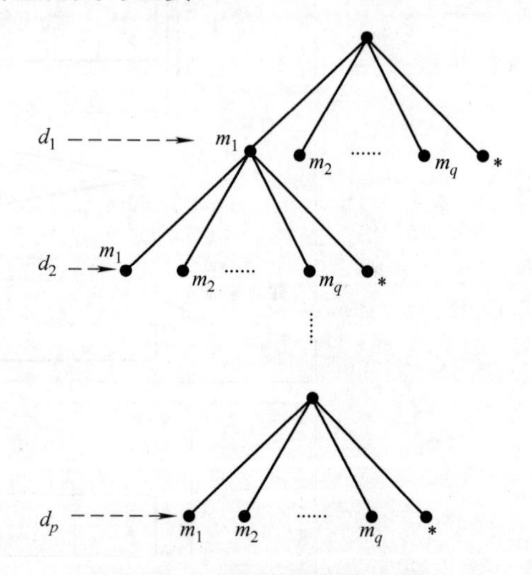

图1-2　树状数据关联示意图

对于图1-2中的任意一层，所有节点均表示环境路标d_i可能与实际路标存在数据关联；“＊”表示环境中不存在任何实际路标与环境特征d_i相关联；$M=\{m_1,\cdots,m_q\}$为地图实际存在的路标。每个节点均会有$p+1$个分枝，由此便可形成$(p+1)^q$种可能的数据关联。而数据关联解算算法就是通过某种搜索算法，从全部可能的关联中找出需要的关联组合。由于计算量巨大，不可能将所有的观测信息均进行匹配，通常需要进行简化：

1）只考虑时间上相近的观测：由于只考虑了与当前时刻相近的观测信息，将不可避免

地产生累积误差。因此，当环境范围逐渐增大时，地图描述的不一致性也将增大。

2）只考虑在空间上相近的观测：与上一简化方法相近，也忽略了部分观测信息，但这种方法可减小累积误差，策略更为合理。不过，当环境复杂或特征稀少时，空间上相近的观测信息间的差异度不大，使得匹配算法陷入局部极小。

3）将匹配对离散化，只将观测与地图信息进行匹配：此方法本质上与第二种简化方法类似，空间上不相近的观测对于匹配结果不会产影响，但该方法不需要限定邻域范围，较第二种方法具有一定的优势。然而，该方法并没有解决地图不一致描述的问题。

针对上述所分析的数据关联问题，采用分层匹配的方法，在观测信息与局部地图、局部地图与局部地图间分别进行匹配；匹配算法均采用迭代最近点匹配算法。由于ICP算法并不能直接处理信息的不确定性，故采用Fisher信息量来估计匹配协方差。下文将分别对基于ICP的迭代最近点匹配、分层匹配方法以及不确定性估计等部分进行详细的描述。

1.1.2.2 基于ICP的最近邻域匹配

最近邻域（Nearest Neighbor，NN）匹配方法，是通过将传感器对环境特征的观测与根据历史信息得到的环境特征预测进行比较，判断二者所得到的位置信息是否足够接近（一般由量化指标来表示），从而判定该特征是否与已知地图路标存在关联。

给定特征参考点集 $M=\{m_1,\cdots,m_p\}$ 与观测点集 $D=\{d_1,\cdots,d_{p'}\}$ 间的相对坐标变换关系为 $T=(R,t)$，其中，R 是旋转矩阵，t 是平移向量。基于ICP的迭代最近点匹配算法步骤如下：

Step1：通过最近邻域原则建立 M 与 D 之间的对应关系如下

$$\widehat{m}_i = \underset{m_j \in S_i}{\operatorname{argmin}} \|m_j - (Rd_i + t)\|^2 \tag{1-8}$$

$$S_i = \left\{ m_j \,\middle|\, \|m_j - (Rd_i + t)\|^2 \leqslant D_{\text{inline\_thread}}, m_j \in M \right\} \tag{1-9}$$

式中，$D_{\text{inline_thread}}$是常数，需要根据传感器的噪声进行设定。

Step2：计算 M 与 D 的匹配误差，即

$$E(R,t) = \sum_i \|\widehat{m}_i - (Rd_i + t)\|^2 \tag{1-10}$$

Step3：寻找最优的（R，t）使得上述的配准误差最小，即

$$(R^*,t^*) = \underset{(R,t)}{\operatorname{argmin}} E(R,t) \tag{1-11}$$

Step4：重复进行上述步骤，直至 R^*、t^* 不再变化或达到最大迭代次数时，终止迭代过程。

根据已有的算法推导，上述过程中的Step3可采用奇异值分解（SVD）方法有效求解。同时，该迭代过程的算法耗时主要在于匹配误差的计算，因此采用K－D树对参考点集 M 进行再组织从而降低算法复杂度。另外，由于噪声以及未知障碍物等原因的影响，需要将无法匹配的观测值舍弃，即 $\|\widehat{m}_i-(Rd_i+t)\|>D$ 时，在Step2及Step3中将该组观测值舍弃。

1.1.2.3 分层匹配方法

假设在时刻 t，机器人采集的观测信息为 z_t，则 z_t 所包含的环境信息与 $z_{1:t-1}$ 存在关联，此关联根据时间特性分为两类（连续与不连续）。考虑图1-3所示的位姿约束情景，机器人从 x_0 出发，在 $t=9$ 的时刻，机器人回到之前已经探索过的区域（x_0），此时（x_9，z_9）同时

与（x_8，z_8）及（x_0，z_0）存在约束关联。

对于时间上连续的位姿约束，可将z_t与邻域间观测构成的局部地图l进行匹配，如图1-4所示。其中，匹配的初始坐标变换可采用里程计信息或x_{t-1}，局部地图l为$z_{t-m:t-1}$信息的合集

$$l = \{(x_{t-1},z_{t-1}),\cdots,(x_{t-m},z_{t-m})\} \tag{1-12}$$

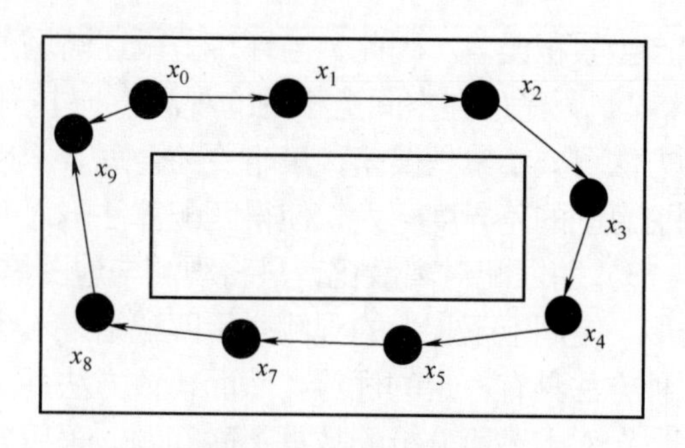

图1-3　位姿约束情景

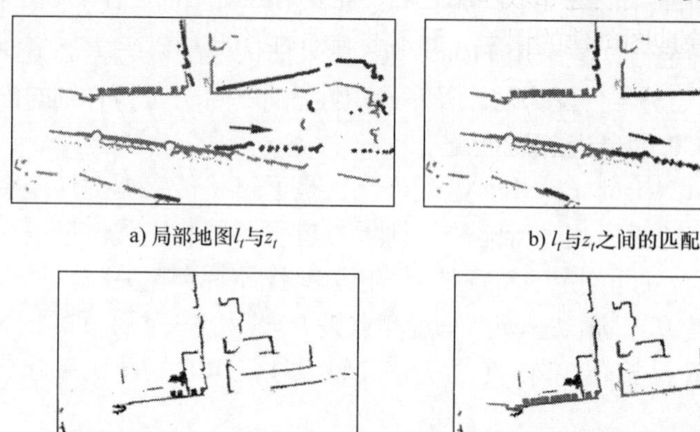

a) 局部地图l_t与z_t　　b) l_t与z_t之间的匹配

c) 局部地图$l_{\tau-q}$　　d) l_t与$l_{\tau-q}$之间的匹配

图1-4　分层匹配示例

下面考虑机器人回到τ时刻已探索的区域时的情形：在机器人行驶较长距离时，误差的累积将导致匹配算法迭代初值与真实值相差较大。因此，仅依靠单帧观测进行匹配易陷入局部极小。为此，将$z_{t-m:t}$构成的l_t与$z_{\tau-q-n:\tau-q}$的信息合集$l_{\tau-q}$进行匹配，当l_t与$l_{\tau-q}$描述的环境范围出现重合时，即机器人回到已探索区域，建立x_t与$x_{\tau-n:\tau}$之间的约束。

局部地图的大小决定了匹配算法的复杂度，这里根据机器人行驶路径的长度离散化τ，即$\tau \in \{\tau_i\}$，其中τ_i满足

$$\begin{cases} \tau_0 = 0 \\ \displaystyle\sum_{j=\tau_i}^{\tau_{i+1}} \| x_j - x_{j-1} \| = d_{\text{th}} \end{cases} \tag{1-13}$$

当l_t与$l_{\tau-q}(\tau \in \{\tau_i\})$出现重叠，即两者所描述边界的凸包（Convex Hull）的交集大于一定面积时，进行l_t与l_τ间的ICP匹配。

图1-4形象地描述了分层ICP匹配算法过程，该算法可表述为如下几个步骤：

Step1：初始化，$d=0$，$t=0$，$L_\tau=\Phi$，$l=\Phi$，$q'=0$。

Step2：$l=l\cup\{(x_t,z_t)\}$，并采用K－D树进行描述，$t=t+1$。

Step3：z_t匹配，将z_t与l匹配，匹配结果即$T_{tj}(t-n<j<t)$，如图1-4a所示。

Step4：$d = d + \|x_t - x_{t-1}\|$，如果 $d \geqslant d_{\text{threshold}}$，则转至 Step5，否则转至 Step2。

Step5：判断 $l_{\tau-q} \in L_\tau$ 与 l_t 的凸包是否重合，若重合转至 Step6，否则转至 Step7。

Step6：进行局部地图 l_t 与 $l_{\tau-q}$ 之间的 ICP 匹配，匹配结果即 $T_{tj}(\tau - q - n' < j < \tau - q)$，并且 $q = q + 1$，如图 1-4d 所示。

Step7：$L_\tau = L_\tau \cup \{l_t\}$，$d = 0$，$l = \Phi$，转至 Step2。

在机器人未回到和回到之前已经探索过的某个区域时，算法的时间复杂度分别为常数和 $O(n) + T_{\text{ICP}}$，这不仅满足实时运用，而且在地图闭合时能够产生可靠的约束 T。

1.1.2.4　不确定性估计

在完成基于 ICP 的迭代最近邻域匹配之后，需要对匹配结果进行不确定性估计。准确的不确定性估计将会消除地图创建的误差，而不准确估计将加大地图的不一致性，不仅不会提高地图的精度，甚至有可能破坏已建立的地图。

假定匹配结果的不确定性满足均值为零的高斯分布，那么只需确定其协方差 $\boldsymbol{\Sigma}$ 即可，这里采用 Fisher 信息矩阵的逆作为协方差 $\boldsymbol{\Sigma}$。

定位问题中的 Fisher 信息矩阵定义为期望激光数据及激光扫描到的环境表面斜率的函数，将其离散化后可用于匹配结果的不确定性估计。观测z_t 的 Fisher 信息矩阵为

$$I(T) = \sum_{i=1}^{n}\left[\frac{s_i}{\sigma^2}\left(\frac{\Delta r_i}{\Delta T}\right)^{\mathrm{T}}\frac{\Delta r_i}{\Delta T}\right] \tag{1-14}$$

式中，r_i 是激光测距传感器的第 i 个激光束到障碍物的长度；σ^2 是激光数据的噪声方差；s_i 是第 i 个激光束的影响因子，即对匹配的“贡献”大小，是观测值 r_i 的函数。

r_i 越偏离在局部地图中的期望值$\bar{r}_i$，匹配结果的不确定性越高。因此，可将 s_i 定义为激光测距传感器观测的概率分布函数

$$s_i = \frac{1}{\sqrt{2\pi}\sigma}\mathrm{e}^{-\frac{(r_i - \bar{r}_i)^2}{2\sigma^2}} \tag{1-15}$$

根据 Cramér－Rao 界（CRB）定理可知，$I(T)$以矩阵的形式描述了当前定位的整体性能及方向性，为机器人匹配结果概率分布的协方差下界（不妨假设匹配结果达到下界），即有

$$\boldsymbol{\Sigma} = \operatorname{cov}(T) = \frac{1}{I(T)} \tag{1-16}$$

当机器人工作在二维平面环境中时，有

$$\frac{\Delta r_i}{\Delta T} = \left[\frac{\Delta r_i}{\Delta x_T} \quad \frac{\Delta r_i}{\Delta y_T} \quad \frac{\Delta r_i}{\Delta \theta_T}\right] \tag{1-17}$$

分析式（1-14）及式（1-16）可知，只需确定$\frac{\Delta r_i}{\Delta T}$即可确定协方差 $\boldsymbol{\Sigma}$。

考虑$\frac{\Delta r_i}{\Delta T}$，一个关键问题是如何估计假定约束 $T' = T + \Delta T$ 成立时的观测。图 1-5 所示为模拟二维激光雷达扫描示例，当约束为 T 时，传感器获得观测 $\{r_i\}$；即假定约束为 T'时，传感器的观测应为 $\{r'_j\}$，关系为

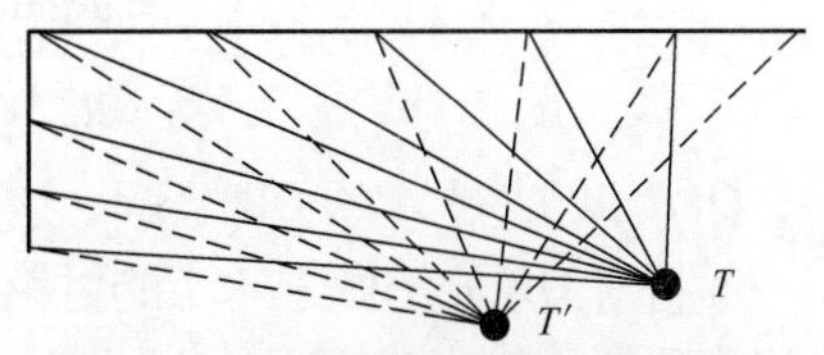

图 1-5　模拟二维激光雷达扫描示例

$$r_j' = \sqrt{(r_i\cos\theta' + \Delta x)^2 + (r_i\sin\theta' + \Delta y)^2} \tag{1-18}$$

$$\theta' = \theta + \Delta\theta + f(i) \tag{1-19}$$

$$j = f^{-1}[\arctan2(r_i\sin\theta' + \Delta y, r_i\cos\theta' + \Delta x)] \tag{1-20}$$

式中，θ是机器人转角；Δx是机器人在x方向的位移增量；Δy是机器人在y方向的位移增量；$f(i)$是对应于观测值r_i的扫描角度；f^{-1}是$f(i)$的逆函数。

考虑位姿及观测的序列$\{(x_1,z_1),(x_2,z_2),\cdots,(x_t,z_t)\}$，扫描匹配算法根据观测$z_t$及$z_{1:t-1}$建立$x_t$与$x_{1:t-1}$间的约束关系$T_{ij}$。

1.1.2.5 基于QR分解的位姿优化

在通过分层匹配算法建立机器人位姿之间的约束之后，需要对位姿估计进行优化。这里采用图优化算法对其进行优化，从而得到全局一致的位姿估计。图优化算法是决定该地图创建算法能否满足实时运用的关键，特别是当图的节点上升时是否会出现维数灾难。采用基于QR分解的增量式平滑和建图方法（Incremental Smoothing and Mapping，iSAM）对图进行优化，以控制算法复杂度，满足实时运用的目的。

在二维情形下，$\boldsymbol{x}=(x, y, \theta)^{\mathrm{T}}$，$\boldsymbol{T}$可表示为$(x_T, y_T, \theta_T)^{\mathrm{T}}$，则$\oplus$运算的具体形式可以表示为

$$\boldsymbol{x}\oplus\boldsymbol{T} = \begin{pmatrix} x + x_T\cos\theta - y_T\sin\theta \\ y + x_T\sin\theta + y_T\cos\theta \\ \theta + \theta_T \end{pmatrix} \tag{1-21}$$

于是，式（1-3）可更新为

$$x_{1:t}^* = \underset{x_{1:t}}{\operatorname{argmin}} \sum_{(i,j)\in C} \| x_i \oplus T_{ij} - x_j \|_{ij}^2 \tag{1-22}$$

令$f_j(x_i)=x_i\oplus T_{ij}$，其为非线性函数，为方便处理需要将其线性化，即有

$$f_j(x_i) = F_{ij}\partial x_i + f_j(x_i^0) \tag{1-23}$$

式中，$\boldsymbol{F}_{ij}=\left.\dfrac{\partial f_j(x_i)}{\partial x_i}\right|_{x_i^0}$是$f_j(x_i)$的雅可比矩阵。

在线性化之后，便可得到线性最小二乘优化问题

$$\delta x_{1:t}^* = \underset{x_{1:t}}{\operatorname{argmin}} \sum_{(i,j)\hat{I}C} \| H_{ij}F_i\delta x_i - H_{ij}\delta x_j + H_{ij}x_j^0 + H_{ij}f(x_j^0) \|^2 \tag{1-24}$$

式（1-24）是式（1-22）的简化，其中$H_{ij} = \boldsymbol{\Sigma}_{ij}^{-\frac{1}{2}}$。

记$\boldsymbol{X}=(\delta x_1^{\mathrm{T}}, \delta x_2^{\mathrm{T}}, \cdots, \delta x_t^{\mathrm{T}})^{\mathrm{T}}$，则式（1-24）可转换成一般表达形式

$$\begin{aligned} X^* &= \underset{X}{\operatorname{argmin}} \| \boldsymbol{AX}+\boldsymbol{b} \|^2 \\ &= \underset{X}{\operatorname{argmin}} \| \boldsymbol{Q}(R \quad 0)^{\mathrm{T}}\boldsymbol{X} + (b_1 \quad b_2)^{\mathrm{T}} \|^2 \\ &= \boldsymbol{R}^{-1}\boldsymbol{Q}^{\mathrm{T}}\boldsymbol{b}_1 \end{aligned} \tag{1-25}$$

式中，$\boldsymbol{Q}(R \quad 0)^{\mathrm{T}}$是$\boldsymbol{A}$的QR分解，这里采用增量式方法进行QR分解。

下面将对QR分解做进一步的讨论：由于QR分解的复杂度较高，而且是增量式的，一般是当出现新的约束或者添加新的变量时才进行完整的QR分解，这将导致算法的复杂度持续增加，从而无法满足实时使用的要求。

考虑t时刻出现新的约束或有新的变量添加，有

$$A_{t-1}=Q_{t-1}R_{t-1} \tag{1-26}$$

由于每次迭代过程中 A 的变化不大，即 $t-1$ 时刻的 A_{t-1} 与 t 时刻的 A_t 中大部分的元素均是相同的，不妨采用上一时刻 QR 分解的吉文斯旋转（Givens Rotation）矩阵作为迭代初值（在两者不同时可直接向 A_{t-1} 添加元素 0 进行扩充），则有

$$Q_{t-1}A'_t=Q^{\mathrm{T}}_{t-1}A_t \tag{1-27}$$

$$G_1G_2\cdots G_kA'_t=Q'R_t \tag{1-28}$$

$$Q_t=G_1G_2\cdots G_kQ_{t-1} \tag{1-29}$$

此时，QR 分解是增量进行的，而上三角阵求逆的复杂度较小，因此该方法可满足实时运用。

1.1.3　基于三维激光雷达的环境建模

经过近几十年的发展，可以认为 SLAM 技术在理论及概念层面已得到基本解决，尤其在室内结构化场景中，基于 SLAM 技术的移动机器人完成定位导航任务已经得到产品级应用，但是在大范围室外环境中仍然存在大量问题亟待解决，因此仍需致力解决如下问题：

1）大规模场景下，随着机器人行走距离的延长，数据关联不可避免的累积误差会导致机器人重新回到已访问区域或对路径的重复探索时，破坏地图的一致性，需要寻找合理的方式来解决此时的数据关联问题。同时，场景的大尺度对于后端优化的计算复杂度也是一大挑战。

2）室外环境相比室内复杂性更高，场景中特征匮乏与无规则（自然地形）、动态（广场、道路）与噪声数据（树木较多的场景）较多时，如何保证数据关联的鲁棒性与位姿估计的精度也是要解决的问题。

为解决上述问题，本节提出了针对三维激光雷达的基于多层 ICP 匹配的 SLAM 算法（Multilayer ICP Matching based SLAM，MIM_SLAM），其框架如图 1-6 所示。

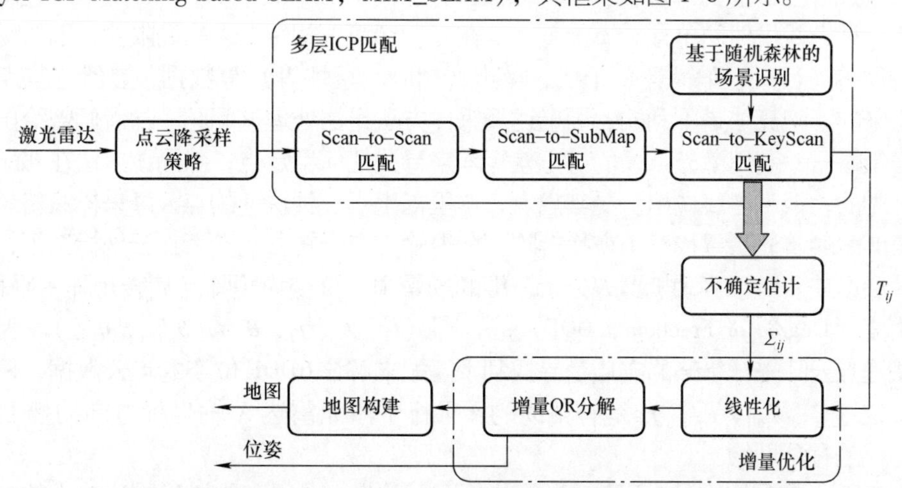

图 1-6　基于多层 ICP 匹配的 SLAM 算法（MIM_SLAM）框架

从 MIM_SLAM 算法框架可以看出：

1）首先，一种点云降采样策略被提出。考虑激光点云数据量太大，同时场景中可能存在噪声且动态的物体，因此该方法可有效提取环境中稳定的几何特征来参与匹配，以减小匹

配过程的不确定性。

2）其次，SLAM 的数据关联问题通过多层 ICP 匹配来解决。该算法充分考虑了时间相邻帧以及地域相邻帧的数据关联问题；结合 Scan - to - Scan（10Hz 频率）以及 Scan - to - SubMap（1Hz 频率）的匹配方式，可以构建实时低漂移的激光里程计，以针对激光里程计不可避免的累积误差；利用提出的 Scan - to - KeyScan 匹配来解决机器人重新访问已经历区域时的数据关联问题，其中的关键技术是提出一种基于随机森林学习的场景识别算法；经过上述步骤，可以得到位姿 x_i 与位姿 x_j 之间的约束关系 T_{ij} 以及不确定性 $\boldsymbol{\Sigma}_{ij}$，并且以位姿图（顶点即表示位姿，边表示位姿约束）的形式保存。

3）最终，增量 QR 分解为核心的增量优化被用来优化该位姿图，降低计算复杂度。

整个算法可保证实时性要求，各部分算法模块将在后续章节详细介绍。

1.1.3.1　点云降采样策略

通常，三维激光雷达一帧的数据量非常大。例如，自动驾驶领域较常用的 16 线激光雷达（Velodyne VLP - 16 传感器）一帧扫描具有约 30000 个激光点，而另一款 64 线激光雷达（Velodyne HDL - 64E 传感器）一帧扫描具有约 250000 个激光点。如此庞大的数据量显然不适合直接匹配，这会导致算法无法达到实时性的要求，而常见的降采样算法有：

1）距离滤波：激光探测范围很远。由激光观测方式可知，距离越远的激光点越稀疏，因此距离过远的激光点并不能正确地描述观测物体的整体形状，可根据距离剔除。

2）体素滤波：对于密集点云进行降采样的方式。首先对输入的点云数据进行三维栅格的划分，然后遍历每个体素，用体素中所有点的重心来近似显示该体素中的其他点。该方法可通过栅格分辨率调节降采样后的点云数量，同时保证点云的整体形状特征。

3）统计滤波器：这是一种去除离群点的滤波方式。对于输入数据中的每个点，计算到所有 K 个临近点的平均距离与方差（假设满足高斯分布，其形状是由均值和标准差决定的），不在标准范围内的点被认为是离群点进行剔除。

上述几种方式虽然简单且计算量小，但在复杂环境下却有很大的局限性，因为场景中会有大量的动态（行人、车辆等）干扰、噪声（树叶、草坪等）等数据，显然这些点云数据对于接下来的匹配算法是不利的，而上述降采样方法无法处理该问题。学者们曾给出一种更好的采样策略——利用激光点云的协方差矩阵来寻找几何稳定点，然而该方法在匹配过程中是非常耗时的，很难在线应用。受其启发，这里提出了一种快速的点云降采样策略。

点云匹配的实质是寻找一个变换矩阵，使得输入点云转移到参考点云坐标系下，并具有最小的关联误差。对于移动机器人处于三维的场景中，该变换矩阵（旋转矩阵 + 平移向量）是 6 自由度（Degree of Freedom，DOF）的，即（t_x，t_y，t_z，θ_{roll}，θ_{pitch}，θ_{yaw}）。因此这里提出的快速点云降采样策略的实质是寻找利于匹配求解该 6DOF 位姿的点云数据，例如地面点云对决定（t_z，θ_{roll}，θ_{pitch}）是有帮助的，平行于激光雷达 X 轴坐标方向的墙面对决定（t_y，θ_{yaw}）是有帮助的。

图 1-7 所示为所提出的点云降采样算法框图。首先，对于三维激光雷达输入的点云数据 P，提取地面点云信息为 P_{g}，对去地面点云 P_{s} 进行基于深度图像的点云分割，得到一系列分割好的点云块 $\{S_i \mid i=1, \cdots, n\}$，然后对其进行稳定点云块 $\{T_i \mid i=1, \cdots, m\}$ 的提取，最终与地面点云一起作为输出点云数据。如图 1-7 左下图所示，输入点云含有大量的噪声数据，包括大量树叶以及远处的稀疏点，经过上述处理后得到的输出点云（其中红色表示稳定点

云块集合，蓝色表示地面点云）如图1-7右下图所示，仅包含地面、柱子、墙面、静态车辆等有助于匹配的静态稳定点云数据。

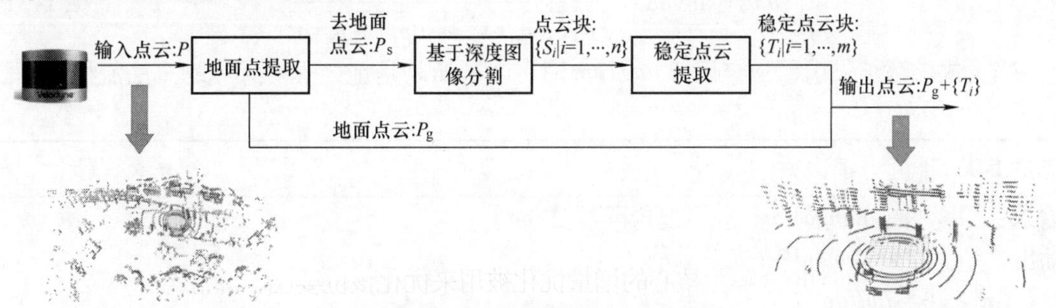

图1-7　点云降采样算法框图（见彩插）

由于三维激光雷达产生的点云数据具有无序性，所以还需将其转换为深度图像进行有序化处理。图1-8所示为Velodyne VLP－16型号激光雷达的观测方式，绝大多数的国产三维激光雷达的观测方式也相同。其中，垂直视域范围为－15°～15°，角分辨率为2°，可离散化为16条扫描线；水平视域范围为360°，角分辨率为0.18°。对周围环境感知的一帧观测数据如图1-8c所示。

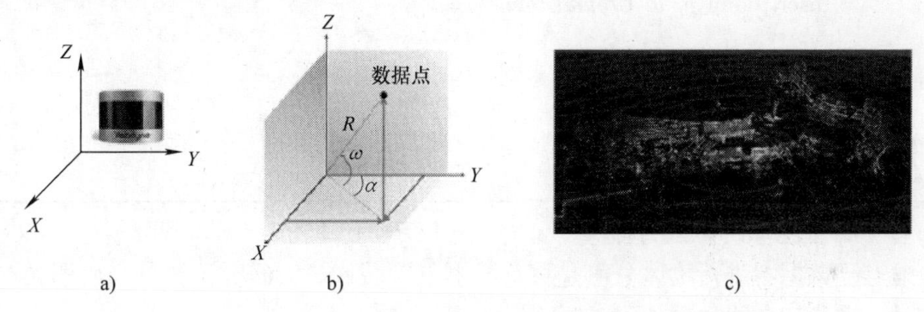

图1-8　Velodyne VLP－16型号激光雷达的观测方式

每个激光点均可以用（α，ω）来表示，其中$\alpha \in (-90°, 90°)$，$\omega \in (0°, 360°)$。α表示该点投影到XY平面上与Y轴方向的夹角，ω表示该点与XY平面的夹角。如此，一帧点云数据便可以转换为深度图像。对于Velodyne VLP－16产生的点云数据，转换为深度图像是16×2000的矩阵，每个矩阵元素存储的是该激光点的坐标以及距离信息，映射到行与列的计算方式如下

$$\begin{cases} row = \dfrac{\omega - vert\_bottom}{vert\_res} \\ col = \dfrac{\alpha}{horz\_res} \end{cases} \tag{1-30}$$

式中，$vert_bottom$是最下面一层扫描线的垂直角度；$vert_res$是垂直角分辨率；$horz_res$是水平角分辨率。

（1）地面点提取

将激光雷达的点云数据进行有序化处理过后，即可方便提取水平地面点。本节考虑采用一种快速且简单的地面提取方法，相比网格法和分类器法，在基于扫描线的稀疏点云中表现更好。因为是应用在移动平台上，激光雷达的架设方式一般为水平放置，所以对于垂直角度大于水平视角的扫描线不作考虑。对于深度图像中的每个激光点p_c，寻找上一行对应列的

激光点记为 p_u，则计算如下

$$ang = \arctan \frac{|p_c z - p_u z|}{\sqrt{(p_c x - p_u x)^2 + (p_c y - p_u y)^2}} \tag{1-31}$$

当上式求解结果小于一定阈值 *angThre* 时，即被认为是地面点。具体的算法流程见算法 1-1。

算法 1-1 地面点提取方法

输入：深度图像 *RangeMat*，水平视角行索引 *Ind*

输出：地面点云 *GroundPoints*

1: **for** $i=0 \rightarrow Ind$ **do**
2:   **for** $j=0 \rightarrow RangeMat.cols$ **do**
3:     $p_c \leftarrow RangeMat[i][j].point$
4:     $p_u \leftarrow RangeMat[i+1][j].point$
5:     Apply equation (1-13), we can obtain *ang*
6:     **if** $ang < angThre$ **then**
7:       Insert point p_c to *GroundPoints*
8:     **end if**
9:   **end for**
10: **end for**
11: **return** *GroundPoints*

（2）基于深度图像的点云分割

从三维点云数据中进行物体分割是移动机器人领域的一大研究课题。当机器人在环境中进行导航时，需要知道物体是否改变或移动，因此对场景中的物体进行分割是首要前提。由此，利用点云分割后的结果提取稳定、利于匹配的点云数据，可以看出，准确的物体分割对于后续处理是至关重要的。这里使用了前人研究所提出的一种快速且精准的点云分割算法，该算法用于判断两个相邻（水平或垂直）激光束是否来自同一个物体表面。该点云分割算法示意如图 1-9 所示。

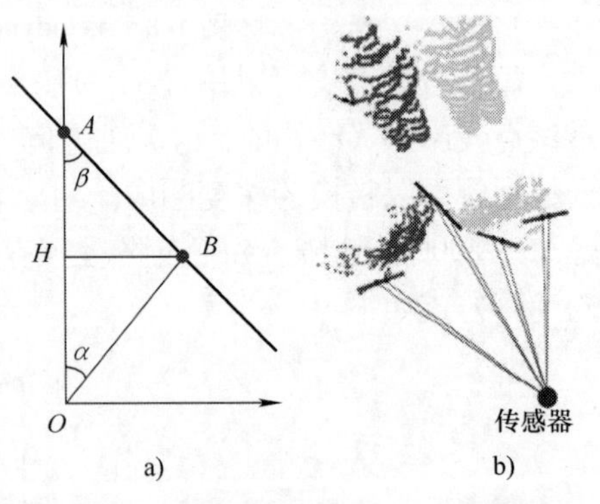

图 1-9 点云分割算法示意（见彩插）

假设激光雷达所在位置为 O，OA 和 OB 分别表示两个相邻（水平或垂直）激光束，AB 连线可能在同一个物体表面也可能不在。该算法断言：如果 $\beta > \theta$（θ 是固定阈值），则表示两束激光打在同一物体表面，否则没有打在同一物体表面。图1-9b 中，紫色与黄色的两块点云是激光雷达扫描到的两个行人，图中下部是进行的俯视图投影，绿色线表示两束激光来自同一物体（$\beta > \theta$），而红色线的 β 值小于一定阈值，则两束激光被标记为来自不同的物体。算法中 β 值的计算也非常简单，即

$$\beta = \arctan \frac{\| BH \|}{\| HA \|} = \arctan \frac{d_2 \sin\alpha}{d_1 - d_2 \cos\alpha} \tag{1-32}$$

式中，d_1 是两束激光中距离值大的那个；d_2 是两束激光中距离值小的那个；α 是水平角分辨率（两束激光水平相邻）或垂直角分辨率（两束激光垂直相邻）。

具体的点云分割算法和标记函数见算法 1-2 和算法 1-3。

算法 1-2 基于深度图像的点云分割方法

输入：深度图像 *RangeMat*，地面点云 *GroundPoints*
输出：分割后点云块集合 $\{S_{Label}\}$

```
1:  Label←1
2:  L←zeros (RangeMat. rows × RangeMat. cols)
3:  for r = 0→RangeMat. rows do
4:      for c = 0→RangeMat. cols do
5:          if RangeMat [r] [c]. points not in GroundPoints and L (r, c) = = 0 then
6:              LabelComponentBFS (r, c, Label)
7:              Label←Label + 1
8:          end if
9:      end for
10: end for
11: return {S_Label}
```

算法 1-3 点云分割标记函数

```
1: function LabelComponentBFS (r, c, Label)
2:      queue. push (r, c)
3:      S_Label. push (RangeMat [r] [c]. point)
4:      while queue is not empty do
5:          {r, c} ←queue. pop (), L (r, c) ←Label
6:          for r_n, c_n ∈ Neighborhoodr, c do
7:              if RangeMat [r_n] [c_n]. points not in GroundPoints then
8:                  d_1←max (RangeMat [r] [c], RangeMat [r_n] [c_n])
9:                  d_2←max (RangeMat [r] [c], RangeMat [r_n] [c_n])
10:                 if arctan (d_2 sinα / (d_1 - d_2 cosα)) > θ then
11:                     queue. push (r_n, c_n)
12:                     S_Label. push (RangeMat [r_n] [c_n]. point)
13:                 end if
14:             end if
15:         end for
16:     end while
17: end function
```

图 1-10 所示为应用该算法在三个场景进行点云分割的结果，其中阈值参数 θ 取 10°。

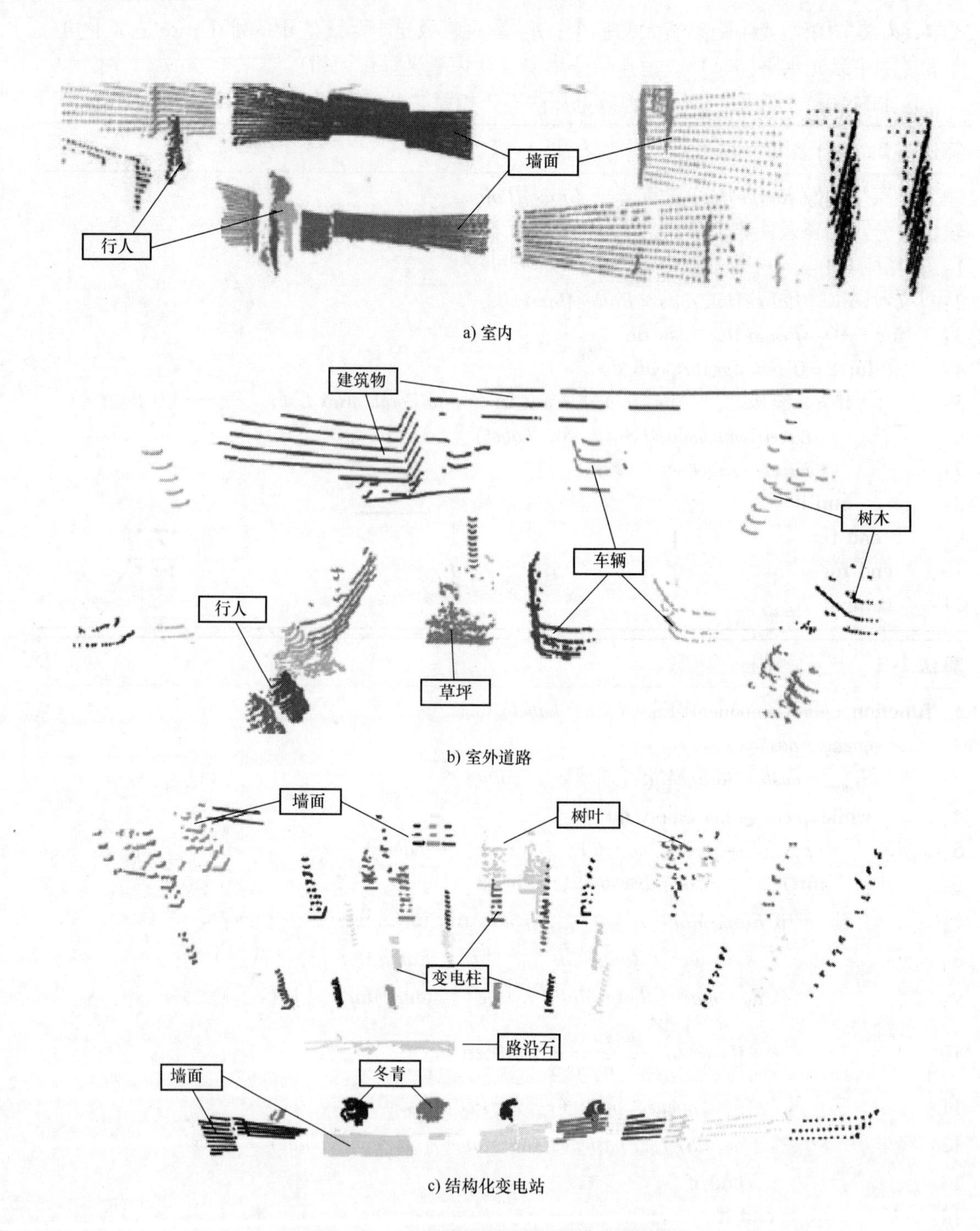

图 1-10　三个场景下的分割示例（见彩插）

1）在室内结构化场景中，场景信息比较单一，只存在墙面和一些动态的行人，分割难度低，由图 1-10a 可以看出室内环境的分割效果很好。

2）图1-10b所示为在室外道路上的测试结果。该场景中存在较多环境因素，如行人、车辆、树木、草坪、墙面等信息，也均被正确地分割。

3）也在较为空旷的结构化变电站场景中进行了测试，如图1-10c所示。近处的冬青树以及墙面、路沿石被成功分割，环境中存在大量较细的变电柱也可以很好地被分割，对于远处的墙和树叶也具有较好的分割效果。

（3）稳定点云提取

从上一小节可以看出环境中的物体被正确分割，但是其中包含了很多动态的、不稳定的环境因素，例如树叶（是不稳定的特征，因为同一片树叶很难在连续的两帧观测中存在）、行人（不是静态的，对于估计连续两帧观测间的位姿是不利的）等。因此本小节对于分割后的结果提出一种稳定点云的提取方法。

由于降采样后的点云数据是输入匹配算法中用于求解连续两帧数据间的变换矩阵，故针对移动机器人在三维场景的应用进行位姿估计，该变换矩阵为6DOF的，即（t_x，t_y，t_z，θ_{roll}，θ_{pitch}，θ_{yaw}）。因此本小节提出的算法实质是寻找有助于求解该6DOF位姿的点云数据，例如地面点云对决定（t_z，θ_{roll}，θ_{pitch}）是有帮助的，平行于激光雷达X轴坐标方向的墙面对决定（t_y，θ_{yaw}）是有帮助的。

首先，为保证算法运行的实时性要求，对于提取的地面点云降采样$2s$个激光点进行保存，因为地面点云对决定（t_z，θ_{roll}，θ_{pitch}）是有帮助的。

其次，由上一小节进行点云分割提取的点云块集合$\{S_{Label}\}$，对于每个点云块$S_{Label}=\{p_i \mid i=1, \cdots, N\}$计算均值和协方差矩阵：

$$\begin{cases} \bar{p} = \dfrac{1}{N}\displaystyle\sum_{i=1}^{N} p_i \\ \boldsymbol{C} = \dfrac{1}{N}\displaystyle\sum_{i=1}^{N} (\boldsymbol{p}_i - \bar{\boldsymbol{p}})(\boldsymbol{p}_i - \bar{\boldsymbol{p}})^{\mathrm{T}} \end{cases} \tag{1-33}$$

对式（1-33）中协方差矩阵$\boldsymbol{C}$进行特征值分解，得到特征向量$\boldsymbol{e}_0$、$\boldsymbol{e}_1$、$\boldsymbol{e}_2$，对应的三个特征值为λ_0、λ_1、λ_2，特别地，$\lambda_0 \geqslant \lambda_1 \geqslant \lambda_2$且被归一化。由主成分分析（Principal Component Analysis，PCA）可知，对于场景中物体的三种特征类型具有不同的特征值表示，若$\lambda_0 \approx \lambda_1 \approx \lambda_2$，则表示散乱特征；若$\lambda_0 >> \lambda_1 \approx \lambda_2$，则表示线性特征；若$\lambda_0 \approx \lambda_1 >> \lambda_2$，则表示平面特征。定义线性度与平面度如下

$$\begin{cases} \text{Linearity}: L_\lambda = \dfrac{\lambda_1 - \lambda_2}{\lambda_1} \\ \text{Planarity}: P_\lambda = \dfrac{\lambda_2 - \lambda_3}{\lambda_1} \end{cases} \tag{1-34}$$

对每个点云块计算如下三个值

$$\begin{cases} f_1 = P_\lambda \left| \boldsymbol{e}_2 \cdot \boldsymbol{X}_{\text{v}} \right| \\ f_2 = P_\lambda \left| \boldsymbol{e}_2 \cdot \boldsymbol{Y}_{\text{v}} \right| \\ f_3 = P_\lambda \left| \boldsymbol{e}_0 \cdot \boldsymbol{Z}_{\text{v}} \right| \end{cases} \tag{1-35}$$

式中，$\boldsymbol{X}_{\text{v}}$是$X$轴单位向量；$\boldsymbol{Y}_{\text{v}}$是$Y$轴单位向量；$\boldsymbol{Z}_{\text{v}}$是$Z$轴单位向量；$f_1$是该点云块为平面特征且对决定（$t_x$，$\theta_{\text{yaw}}$）贡献量的大小，$f_2$是该点云块为平面特征且对决定（$t_y$，$\theta_{\text{yaw}}$）

量的大小；f_3 是该点云块为线性特征且对决定（t_x，t_y）贡献量的大小。

其目的是尽量提取环境中对定位（t_x，t_y，θ_{yaw}）方向有帮助的平面特征（建筑墙面等）以及线性特征（树干、柱子等）。对于所有点云块，这三个值按照降序进行排列，每一列只取前 s 个激光点保存。

最终，提取出环境中有利于定位（t_z，θ_{roll}，θ_{pitch}）方向的地面点，以及有利于定位（t_x，t_y，θ_{yaw}）方向的墙面、树干、柱子等点云数据。共计有 $5s$ 个激光点云数据，实验中一般设置 $s=1000$。将降采样后的点云数据输入后文匹配算法中完成位姿估计。

为验证所提出的点云降采样策略的有效性，与传统的体素滤波降采样算法开展对比工作，为保证两种算法降采样后的点云数量的一致性，算法的关键参数 s 设置为 1000，体素滤波的体素栅格设置为 0.8m。两种算法在两个场景下点云降采样的示例如图 1-11 所示，直观上两种算法基本保证了环境的整体外观形状特征。

1）图 1-11a 与图 1-11b 所示为室外道路的场景下测试。其中，蓝色点云所示是激光雷达观测到的一帧完整数据，可以看出包含了较多的不稳定环境因素，例如草坪、树叶等。图 1-11a 中的红色点云是经过所提出的点云降采样策略后的输出点云，仅包含墙面、柱子、树干、地面等静态、稳定的特征；反观图 1-11b 室外道路环境中的红色点云，却包含了大量的树叶、远处杂点等噪声数据，这对于匹配算法显然是不利的。

2）图 1-11c 与图 1-11d 所示为结构化变电站场景下的测试。由图 1-11c 可以看出算法的输出点云只保留了环境中利于匹配的特征，如墙面、地面、变电柱、变电设备等，图 1-11d 所示的体素滤波后的点云输出中包含较多打在近处冬青树木上的激光点。

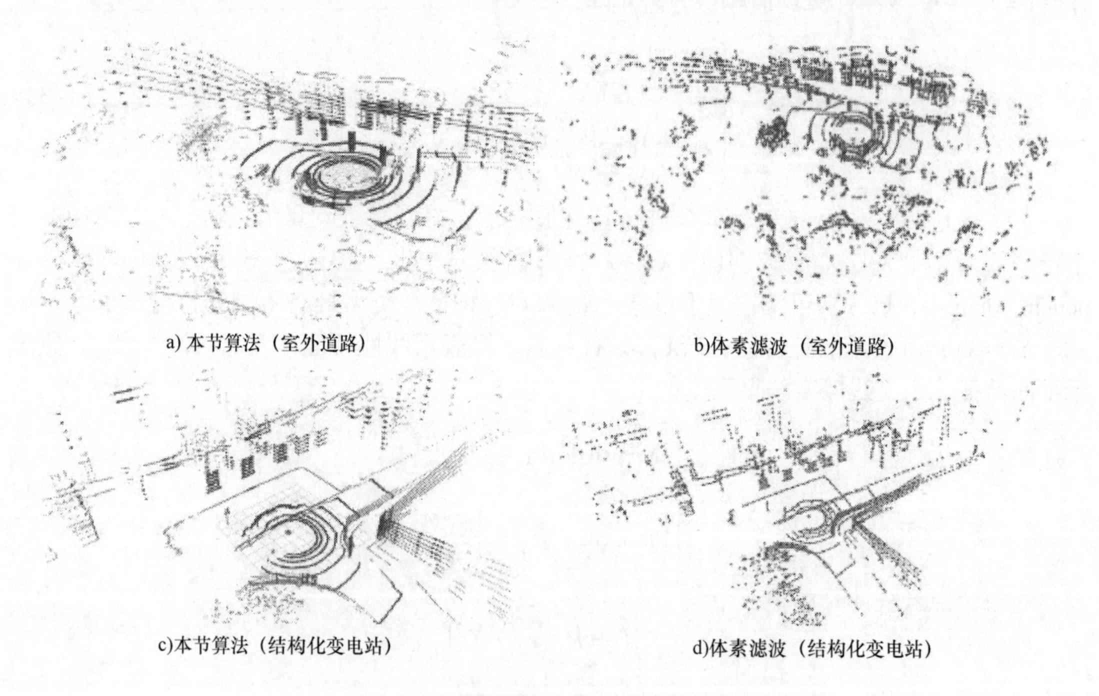

图 1-11　两种算法的点云降采样示例（见彩插）

因此，所提出的点云降采样策略是非常有效的，可以避免保留不利于匹配的树叶、草坪、行人等动态噪声数据，对于提升匹配精度是至关重要的。

1.1.3.2　多层 ICP 匹配方法

对输入点云进行降采样处理后，可以得到一帧用于匹配的静态稳定点云数据。本节介绍 MIM_SLAM 算法中的多层 ICP 匹配方法，如图 1-6 所示。这里所说的多层匹配，包括 Scan－to－Scan 匹配、Scan－to－SubMap 匹配和 Scan－to－KeyScan 匹配等。其中利用 Scan－to－Scan 和 Scan－to－SubMap 相结合的匹配方式，可构建实时低漂移的激光里程计，用于解决在稀疏、特征匮乏场景下时间相邻帧的数据关联不可靠的问题。但是对于复杂场景下的应用，激光里程计不可避免的累积误差问题可能导致地图的不一致性，于是 Scan－to－KeyScan 匹配被用来解决地域相邻帧的数据关联问题，也被称为回环检测问题。下面分别从三个方面来阐述。

（1）Scan－to－Scan 匹配

假设已知 $t-1$ 时刻机器人的位姿，对于 t 时刻输入的一帧激光观测数据，如何确定当前位姿即为 Scan－to－Scan 匹配。很多杰出的算法被提出来解决该类问题，例如 ICP、NDT、栅格相关性等。其中，迭代最近点（Iterative Closest Point，ICP）算法发展最为迅速。近年来，各种 ICP 变种算法也被提出。

ICP 算法常被用来解决多视点云之间的空间对齐问题，是一种基于最小二乘的点云最优配准方式。该算法的核心思想是对于输入的两帧点云数据，通过计算空间变换矩阵，使得它们可以统一到同一坐标系下，完成点云间的数据拼接。一般的计算步骤包括数据点对的关联、计算空间变换矩阵、迭代此过程直至满足收敛条件。这里使用的是 ICP 的一种改进算法即 Point－to－Plane ICP，相比标准 ICP 具有更好的配准精度与鲁棒性，其算法流程见算法 1-4。ICP 算法的迭代初值对算法的收敛情况影响很大，实验中由轮式里程计或惯性测量单元（IMU）给定。利用 ICP 算法可以很容易地求解出两帧数据间的变换矩阵（也即两个位姿间的位姿约束），却很难描述位姿间的不确定性，而在后端优化中需要明确给定该不确定性，实验中采用配准距离 S_{fit}（计算方式参见算法 1-4）来描述，该配准距离越小表示不确定性越小，否则不确定性越大。

算法 1-4　Point－to－Plane ICP

输入：参考点云 $A=\{a_i\}$，输入点云 $B=\{b_i\}$，初始变换矩阵 $\boldsymbol{T}_0$

输出：配准变换矩阵 $\boldsymbol{T}_{\text{fit}}$，配准距离 $\boldsymbol{S}_{\text{fit}}$

1：　$\boldsymbol{T} \leftarrow \boldsymbol{T}_0$，$S \leftarrow 0$

2：　**while** not converged **do**

3：　　**for** $i \leftarrow 1$ to N **do**

4：　　　$m_i \leftarrow FindClostestPointInA\ (T \cdot b_i)$

5：　　　**if** $m_i - T \cdot b_i \leqslant d_{\max}$ **then**

6：　　　　$w_i \leftarrow 1$

7：　　　**else**

8：　　　　$w_i \leftarrow 0$

9：　　　**end if**

（续）

算法 1-4 Point－to－Plane ICP
10： **end for**
11： $T \leftarrow \arg\min\{\sum_i w_i\eta_i \cdot (T \cdot b_i - m_i)^2\}$
12： $S \leftarrow \sum_i w_i\eta_i \cdot (T \cdot b_i - m_i)^2$
13： **end while**
14： $T_{\text{fit}} \leftarrow T$，$S_{\text{fit}} = S$
15： **return** T_{fit}，S_{fit}

虽然上述 Scan－to－Scan 匹配可以用作构建激光里程计，实现同步定位与建图，但是会带来较大的累积误差，尤其是在特征较为匮乏的场景中很容易导致匹配陷入局部极小，最终破坏了地图的一致性。于是提出 Scan－to－SubMap 匹配来进一步减小该误差，从而达到构建实时、低漂移激光里程计的目的。

（2）Scan－to－SubMap 匹配

Scan－to－SubMap 匹配过程如图 1-12 所示，M_i 表示 i 时刻已构建的全局地图，T_i^{W} 表示 i 时刻全局坐标系下的机器人位姿，T_{i+1}^{L} 表示 $i+1$ 时刻到 i 时刻机器人位姿的变换矩阵（即 Scan－to－Scan 匹配的输出结果），z_{i+1} 表示 $i+1$ 时刻的激光观测数据。由图 1-12 可以看出，Scan－to－Scan 匹配存在的误差可能导致地图的不一致性（橙色与黑色存在偏差）。

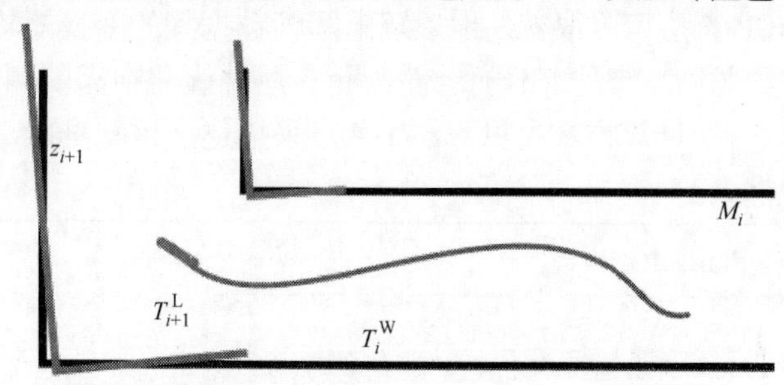

图 1-12　Scan－to－SubMap 匹配过程（见彩插）

归纳 Scan－to－SubMap 匹配过程如下：

1）首先，对全局点云地图用八叉树结构描述。将 z_{i+1} 转换到全局坐标系下，并对每个激光点找到地图中一定半径范围内的近邻点，将所有近邻点转移到局部坐标系下并保存作为 m_{i+1}。

2）其次，为加速搜索，使用 PCL 库中近似最近邻（Approximate Nearest Neighbor，ANN）算法。

3）最后，将 z_{i+1} 和 m_{i+1} 作为算法 1-4 的输入，可得到完成两帧点云数据配准的变换矩阵 $\boldsymbol{T}_{\text{opt}}$。优化后的机器人在 $i+1$ 时刻的位姿为：$\boldsymbol{T}_{i+1}^{\text{W}} = \boldsymbol{T}_i^{\text{W}} \cdot \boldsymbol{T}_{i+1}^{\text{L}} \cdot \boldsymbol{T}_{\text{opt}}$。

考虑 SLAM 算法的实时性问题，上述 Scan－to－SubMap 匹配过程不可能对每帧数据都进行优化，这会加重算法运行的负担。由于三维激光雷达的数据发布频率为 10Hz，所以一般也对 Scan－

to - Scan 匹配采用 10Hz 处理频率，而 Scan - to - SubMap 匹配采用 1Hz 的处理频率，即位姿发布为 10Hz 的频率，全局地图发布为 1Hz 的频率，如此可保证算法的实时性要求。

经过上述 Scan - to - Scan 匹配与 Scan - to - SubMap 匹配结合的方式，可构建实时低漂移的激光里程计。利用该激光里程计算法进行建图的示例如图 1-13 所示。

图 1-13a 与图 1-13b 是在小范围室内及长直走廊中的测试结果，初步验证了算法的有效性；图 1-13c 所示是在室内办公区域（场景规模约 80m × 50m）内，遥控机器人沿走廊行走一圈进行激光里程计测试。此时并没有利用回环检测进行优化处理，由建图结果可以看出地图的一致性较高；图 1-13d 是在室外道路环境下遥控机器人沿道路行走 100m 的测试结果，道路旁的车辆、建筑物、树木等清晰可见，并没有地图叠加错乱等现象。

由此可见，所提出的 Scan - to - Scan 匹配与 Scan - to - SubMap 匹配结合的激光里程计算法的有效性得到了验证，在多个室内外小场景范围内具有较好的建图效果，但是在大范围室外场景下还需要考虑回环优化以避免激光里程计的累积误差，具体将在后文详细介绍。

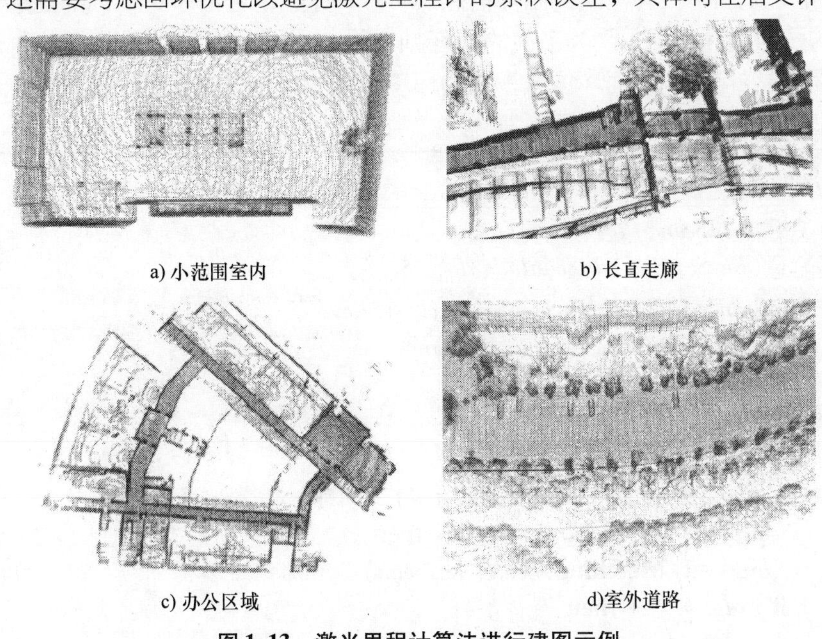

a) 小范围室内　　b) 长直走廊

c) 办公区域　　d)室外道路

图 1-13　激光里程计算法进行建图示例

（3）Scan - to - KeyScan 匹配

通过之前构建的激光里程计算法，已经可以实现在小范围室内外环境下保证 SLAM 建图的一致性。但是在复杂环境下，激光里程计不可避免的累积误差会破坏地图的一致性，主要表现在当机器人重新回到已访问过的区域时。如果机器人知道该场景曾经访问过，那么便可以修正当前估计的位姿，否则不正确的位姿所关联的观测数据必将破坏已建立的地图。该问题即是 SLAM 中尤为关键的回环检测问题，也是在复杂环境下建立全局一致性地图的关键。在视觉领域，图像检索技术常被用于回环检测，其中基于词袋模型的方法已被广泛应用，并取得了很好的效果。而在激光雷达领域，由于信息丰富度较视觉匮乏，所以回环检测一直是激光雷达的短板。此外，由于三维激光雷达输出的点云数据量太大，基于点云配准的方式很难保证实时运行，近年来大多数工作也都是融合视觉信息来实现回环检测。因此，针对三维激光雷达的回环检测问题，提出 Scan - to - KeyScan 匹配算法来解决机器人重新回到已访问区域时的数据关联。

算法流程见算法1-5。算法输入为关键帧 *InScan* 以及处理频率 f。其中，关键帧的定义为当机器人行走一定距离后（实验中设置该距离为0.5m）才认为是一帧关键帧；为考虑算法的时效性，对于输入的关键帧满足处理频率 f（实验中设置 $f=6$）才进行后续的 Scan-to-KeyScan 匹配，否则直接返回（算法1-5中的3—5行）。在进行匹配时，会与所有历史关键帧进行遍历匹配。为避免相邻帧的相似性太高从而导致误检测，要忽略近邻的几帧观测数据（7行）。这里，首先会进行基于随机森林的场景识别检测（详细阐述见后文），寻找与当前机器人所处环境最为相似的历史关键帧（8行），然后应用算法1-4介绍的 Point-to-Plane ICP 求解变换矩阵以及配准距离（10行），只有配准距离小于一定阈值才被加入到回环的候选集合中（12行）。

对于当前输入的点云数据，检测到的回环候选集合可能包含0个、1个或多个回环信息。若为0个，则表示没有检测到回环信息（17—19行）；若不为0个，则挑选具有最小配准距离 S_{fit} 的一组回环信息，因为当前的回环帧对具有最好的配准效果。但此时还不能直接将其输出作为最终检测到的回环信息，因为环境中可能存在高度相似的场景，这可能是误检测，因此在输出前会进行几何验证（21行）。

算法1-5 Scan-to-KeyScan 匹配

输入：输入关键帧 *InScan*，处理频率 f

输出：回环信息（*KeyScanInd*, *InScanInd*, T_{fit}, S_{fit}）

```
1:  L ←{}, InScanInd←1 + KeyScanSet.back().Key
2:  KeyScanSet.push_back((InScanInd, InScan)
3:  if InScanInd% f != 0 then
4:      return (null,null,null,null)
5:  end if
6:  for (KeyScanInd, KeyScan) in KeyScanSet do
7:      if InScanInd - KeyScanInd > Keythre then
8:          f lag ←RFMatching(Scan, KeyScan)
9:          if f lag == 1 then
10:             Put InScan and KeyScan into Alg. 2-4, get T_fit and S_fit.
11:             if S_fit < S_thre then
12:                 L.push_back((KeyScanInd, InScanInd, T_fit, S_fit))
13:             end if
14:         end if
15:     end if
16: end for
17: if L is empty then
18:     return (null,null,null,null)
19: end if
20: Select as (KeyScanInd, InScanInd, T_fit, S_fit) with the minimum S_fit from L.
21: GeometricValidation(KeyScanInd, InScanInd)
22: return (KeyScanInd, InScanInd, T_fit, S_fit)
```

回环检测中的几何验证过程如图1-14所示。其中，圆圈表示关键帧，圆圈间的箭头表示运动过程。对于机器人观测到第$i'-f$、i'、$i'+f$个关键帧时，对应的第$i-f$、i、$i+f$个关键帧是检测到的候选回环，只有满足如下条件才认为第$i'+f$个与第$i+f$个关键帧是检测到的回环帧对

$$\begin{cases} \| trans(\boldsymbol{T}_{i'-f,i'} \cdot \boldsymbol{T}_{i',i} \cdot (\boldsymbol{T}_{i'-f,i-f} \cdot \boldsymbol{T}_{i-f,i})^{-1}) \| < t \\ \| rot(\boldsymbol{T}_{i'-f,i'} \cdot \boldsymbol{T}_{i',i} \cdot (\boldsymbol{T}_{i'-f,i-f} \cdot \boldsymbol{T}_{i-f,i})^{-1}) \| < r \\ \| trans(\boldsymbol{T}_{i',i'+f} \cdot \boldsymbol{T}_{i'+f,i+f} \cdot (\boldsymbol{T}_{i',i} \cdot \boldsymbol{T}_{i,i+f})^{-1}) \| < t \\ \| rot(\boldsymbol{T}_{i',i'+f} \cdot \boldsymbol{T}_{i'+f,i+f} \cdot (\boldsymbol{T}_{i',i} \cdot \boldsymbol{T}_{i,i+f})^{-1}) \| < r \\ \| trans(\boldsymbol{T}_{i'-f,i'+f} \cdot \boldsymbol{T}_{i'+f,i+f} \cdot (\boldsymbol{T}_{i'-f,i-f} \cdot \boldsymbol{T}_{i-f,i+f})^{-1}) \| < t \\ \| rot(\boldsymbol{T}_{i'-f,i'+f} \cdot \boldsymbol{T}_{i'+f,i+f} \cdot (\boldsymbol{T}_{i'-f,i-f} \cdot \boldsymbol{T}_{i-f,i+f})^{-1}) \| < r \end{cases} \tag{1-36}$$

式中，$\| \ \|$是二范数；$\boldsymbol{T}$是两个关键帧间的位姿变换矩阵；*trans*函数是取变换矩阵的平移部分；*rot*函数是取变换矩阵的旋转部分；t与r分别是平移与旋转阈值，实验中一般分别设置为0.1m和0.035rad。该方法可有效避免因误检测情况的发生而导致地图的一致性破坏。

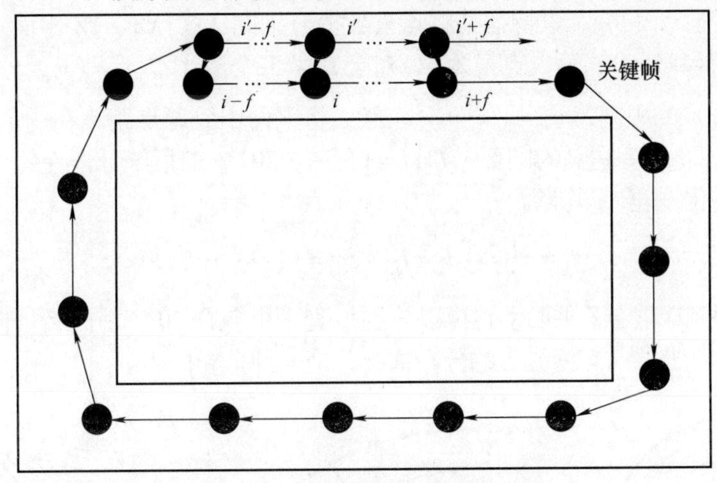

图1-14　回环检测中的几何验证过程

最终，整个多层ICP匹配算法结束。经过Scan－to－Scan匹配、Scan－to－SubMap匹配以及Scan－to－KeyScan匹配构建的位姿及位姿约束与不确定性估计，统一保存在位姿图结构中，并通过增量优化算法进行全局位姿优化。至此，整个SLAM问题得到求解。

1.1.3.3　基于随机森林学习的场景识别

由上述可知，使用Scan－to－KeyScan匹配方法来解决SLAM中的回环检测问题，其中的关键步骤便是基于随机森林学习的场景识别。下面详细阐述该算法流程。

图1-15所示为MIM_SLAM所使用的基于随机森林的场景识别算法（以下称为RF－PR算法）框架。具体地，在离线部分采集用于训练的数据集，并且基于随机森林的学习方法训练模型参数，这里的输入为两帧激光观测数据的特征向量表示，输出为两帧数据是否来自同一场景。在线部分对于输入的激光观测先用特征向量表示，并分别与数据库中所有的特征向量表示构建成对（Make Pair），输入到随机森林完成分类，最终输出为1表示两帧观测数据来自同一场景。若用此方法解决SLAM中的回环检测问题，则这里的“特征向量表示数据

库”为 SLAM 中所有历史关键帧的特征向量表示。

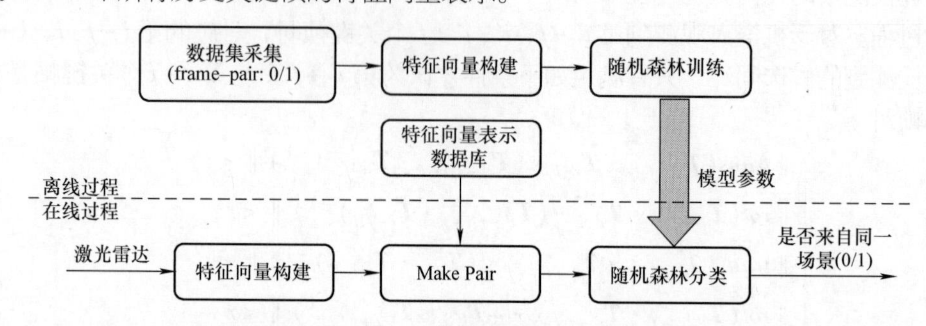

图 1-15　基于随机森林的场景识别算法（RF－PR）框架

（1）特征向量表示

由于三维激光雷达一帧数据量太大，不可能直接输入到随机森林分类器中进行训练，需要用一组特征向量来表示，故提出了图 1-16 所示的三类特征描述方式。三类特征均具有旋转不变性，分别介绍如下。

1）投影特征：$f_1 \sim f_{60}$。该特征是将点云数据分别向 XY、XZ、YZ 平面投影。以投影到 XY 平面为例（图 1-16a），输入点云为 S，对于其中每个激光点 $p_i=(x_i,\ y_i,\ z_i)$ 计算到原点（即激光中心）的距离为 $d_i=\sqrt{x_i^2+y_i^2}$，然后将平面中到原点距离在 $[d_{\min},\ d_{\max}]$ 范围内的区域划分为 20 个等间隔的圆环 $\{I_j \mid j=1,\ \cdots,\ 20\}$，最后统计落在每个圆环中的激光点数目，并归一化处理，即得到

$$f_j=\frac{1}{|S|}\left|\{d_i \in I_j\}\right|,\ j=1,\ 2,\ \cdots,\ 20 \tag{1-37}$$

同理，投影到 XZ、YZ 平面上也可以分别得到一个包含 20 个值的特征向量。该类特征描述了一帧观测数据的所有激光点的分布情况，是一种全局描述子。

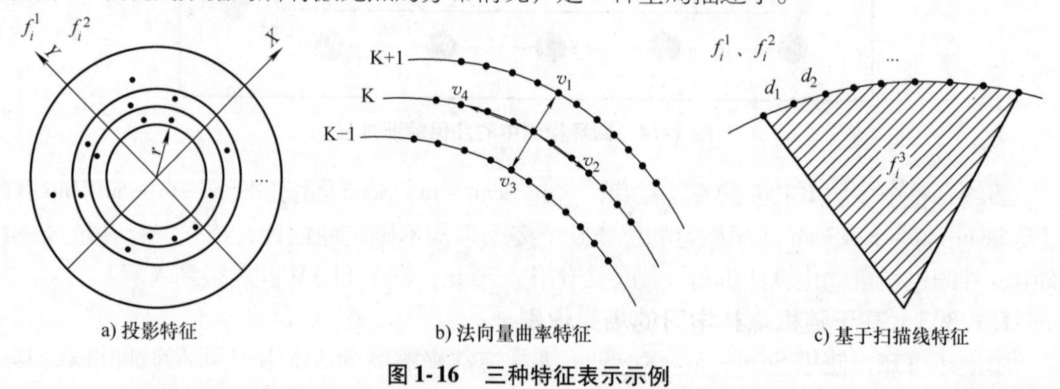

图 1-16　三种特征表示示例

2）法向量曲率特征：$f_{61} \sim f_{100}$。表示方式如图 1-16b 所示，输入点云为 S，对于其中每个激光点 $p_i=(x_i,\ y_i,\ z_i)$ 计算法向量

$$n_i=\frac{1}{4}\sum_{i=1}^{4}\left[v_i \times v_{(i\%4)+1}\right] \tag{1-38}$$

式中，v_1 是当前激光点指向上一条扫描线对应水平角度的激光点；v_2 是当前激光点指向同一扫描线其后第三个激光点；v_3 是当前激光点指向下一条扫描线对应水平角度的激光点；v_4

是当前激光点指向同一条扫描线其前第三个激光点。

对法向量进行单位化处理，并取投影在 Z 轴的值：$n_i^z = |\boldsymbol{n} \cdot (0, 0, 1)^{\mathrm{T}}|$，$n_i^z \in [-1, 1]$。将该区间划分为20个子区间 $\{I_j | j=1, \cdots, 20\}$，对所有激光点计算 n_i^z 值，并统计落在每个子区间的点云数目，进行归一化处理

$$f_j = \frac{1}{|S|} |\{n_i^z \in I_j\}|, j = 1, \cdots, 20 \tag{1-39}$$

对法向量曲率特征表示中每个激光点 $p_i = (x_i, y_i, z_i)$ 计算曲率

$$c_i = \frac{1}{|S| p_i} \sum_{j \in S, j \neq i} (p_i - p_j) \tag{1-40}$$

式中，S 是激光点 p_i 同一条扫描线最近邻的8个激光点组成的点集。

定义 c_i 取值范围为 $[c_{\min}, c_{\max}]$，将该区间划分为20个子区间 $\{I_j | j=1, \cdots, 20\}$。对所有激光点计算 c_i 值，并统计落在每个子区间的点云数目，进行归一化处理

$$f_j = \frac{1}{|S|} |\{c_i \in I_j\}|, j = 1, \cdots, 20 \tag{1-41}$$

该类特征可以很好地描述机器人周围环境中分布物体表面的朝向、起伏等特性，是一种局部描述子。

3）基于扫描线特征：$f_{101} \sim f_{148}$。表示方式如图1-16c所示。对于每条扫描线计算如下三个值，f_i^1 表示该扫描线上所有连续激光点距离之和，f_i^2 表示该扫描线覆盖面积，f_i^3 表示该扫描线上所有激光点的距离标准差。

$$f_i^1 = \sum_{j=0}^{N_i - 1} \sqrt{(x_j - x_{j+1})^2 + (y_j - y_{j+1})^2 + (z_j - z_{j+1})^2}, i = 1, \cdots, L \tag{1-42}$$

$$f_i^2 = \sum_{j=0}^{N_i - 1} \frac{1}{2} r_j r_{j+1} |\sin(\alpha_{j+1} - \alpha_j)|, i = 1, \cdots, L \tag{1-43}$$

$$f_i^3 = \frac{1}{N_i - 1} \sum_{j=0}^{N_i} \sqrt{(r_j - r_{i,\mathrm{mean}})^2}, r_{i,\mathrm{mean}} = \frac{1}{N_i} \sum_{j=0}^{N_i} r_j, i = 1, \cdots, L \tag{1-44}$$

式中，N_i 是第 i 条扫描线的激光点数目；x、y、z 分别是某个激光点在 X 轴、Y 轴、Z 轴方向的坐标；r 是某个激光点的距离（或深度）值；α 是该激光点投影在 XY 平面与 Y 轴方向的夹角；L 是扫描线的条数。

该类特征是基于扫描线的特征描述方式得到的，它可以很好地描述每条扫描线的激光点分布特性；同时对于环境中存在动态障碍时的描述性更好，因为动态物体通常只改变几条扫描线的状态，而大多数扫描线的状态是不受影响的。具体实现时，若采用具有16条扫描线的Velodyne VLP－16激光雷达，则该类特征包含48个值即 $f_{101} \sim f_{148}$；若采用具有64条扫描线的Velodyne HDL－64E，则选择每隔4条扫描线取1条处理，因此最终也包含48个值即 $f_{101} \sim f_{148}$。最终，均可得到包含148个值的特征向量来表示一帧三维激光观测数据。

（2）随机森林学习

对于两帧观测数据 z_k 和 z_{k+1}，利用特征向量表示方法可表示为 $R_k = \{f_k^1, f_k^2, \cdots, f_k^N\}$，$R_{k+1} = \{f_{k+1}^1, f_{k+1}^2, \cdots, f_{k+1}^N\}$，$N = 148$。定义如下函数

$$g(R_k, R_{k+1}) = \{f_k^1 - f_{k+1}^1, f_k^2 - f_{k+1}^2, \cdots, f_k^N - f_{k+1}^{N+1}\} \tag{1-45}$$

则 n 组训练数据可表示如下

$$\{[g(R_1^1,R_1^2),y_1],\cdots,[g(R_i^1,R_i^2),y_i],\cdots,[g(R_n^1,R_n^2),y_n]\} \tag{1-46}$$

式中，$y_i \in \{0,1\}$ 是二进制变量，$y_i=0$ 表示两帧激光观测不来自同一场景，否则表示来自同一场景。

在获取训练数据集之后，便可以使用随机森林学习方法进行训练，其算法流程见算法1-6。随机森林算法利用集成学习的思想，通过将多个学习器进行结合，可获得比单一学习器更显著的泛化性能；此外，自助采样法以及在决策树的训练过程中引入随机属性选择相结合，使得随机森林算法中基学习器的多样性不仅来自于样本扰动还有属性扰动，对于分类的抗干扰性大大加强，最终集成的泛化性能可通过个体学习器之间差异度的增加而进一步提升。

算法 1-6 随机森林算法

输入：训练数据集 $T=\{(x_1,y_1),\cdots,(x_n,y_n)\}$ $x_i=(x_{i,1},\cdots,x_{i,p})^{\mathrm{T}}$，树的数目 J

1：**for** $j=1\rightarrow J$ **do**
2： Take a bootstrap sample T_j of size n from T, using T_j as the training data.
3： Start with all observations in a single node.
4： **while** stopping criterion isn't met **do**
5：   Select m predictors at random from p available predictors.
6：   Find the best binary split among all binary splits on the m predictors.
7：   Split the node into two descendant nodes.
8： **end while**
9： The tree model is $h_j(x)$
10：**end for**
11：To make a prediction at a new input x
12：For classification：$\tilde{y}=\arg\min\limits_{y}\sum_{j=1}^{J} I(h_j(x)==y)$

（3）场景识别性能

在训练随机森林分类器之前需要获取训练数据集，传统的手工标注方式是困难且烦琐的，因此考虑一种更为简单的方式获取用于训练的数据集。选取室内地下停车场场景来构建训练数据集，由于缺乏地面真值数据，故利用前述的低漂移的激光里程计算法来产生位姿。为保证位姿的精度，控制机器人以较慢的速度（约为0.5m/s）行驶，同时考虑激光里程计会随着机器人行驶距离的增加会有较大的累积误差，因此控制每次行驶距离也较短。考虑激光雷达频率较高，任意相邻的两帧观测可被认为来自同一场景，同时通过刻意控制机器人重复访问之前经历的场景以产生更多的正样本，对于判断是否两帧观测数据来自同一场景可用如下方式

$$\text{two observations}=\begin{cases}\text{positive } P_1-P_2\leqslant d_{\text{thre}}\\ \text{negative } P_1-P_2\geqslant d_{\text{thre}}\end{cases} \tag{1-47}$$

式中，P_1 和 P_2 分别是两帧观测的位置坐标；d_{thre} 是距离阈值，选择 3m。

由此，可产生大量的正负样本来训练随机森林分类器。在这个训练数据集中，最终生成

了21700的正样本以及21700的负样本。为了保证测试的合理性，在该场景下，又用同样方式生成了包含12000正样本和12000负样本的测试数据集。

利用随机森林学习方法对构建好的训练数据集进行训练，在得到模型参数后，在测试数据集上验证所提出的RF－PR场景识别算法的有效性，并与基于激光帧描述的方法进行对比：

1）Small－Size Signature（S－SS）：该算法对三维激光雷达产生的点云数据提取法向量特征构建直方图，并采用EMD距离（Earth Mover's Distance）度量两个直方图之间的相似性。

2）Fast Histogram（FH）：该算法对三维激光雷达产生的点云数据提取高度特征构建直方图，并采用卡方距离度量两个直方图之间的相似性。

为定量评估场景识别精度，引入监督学习方法中两个重要的评价指标，分别为分类精度和受试者工作特征（Receiver Operating Characteristic，ROC）曲线。此外，该数据集使用的激光雷达型号为Velodyne VLP－16，因此所提出算法的特征向量表示的长度为148，对于另外两种对比算法直方图的bin的个数也设置为148。

1）分类精度：为了评价在测试数据集上的预测结果，引入如下错误率指标

$$e = \frac{1}{m}\sum_{i=1}^{m} I(\overline{y}_i \neq y_i) \tag{1-48}$$

式中，$I(\cdot)$是一个函数，当为真时返回1，否则返回0；y_i是真值结果；$\overline{y}_i$是预测结果；m是样本总数。

给定不同的d_{thre}，三种算法的分类精度见表1-1，显然RF－PR算法具有更低的分类错误率。

表1-1　三种算法在不同d_{thre}值下的错误率

算法	$d_{thre}=2m$	$d_{thre}=3m$	$d_{thre}=5m$	$d_{thre}=10m$
FH	0.142	0.223	0.292	0.384
S－SS	0.102	0.173	0.218	0.306
RF－PR	0.023	0.042	0.075	0.173

2）ROC曲线：ROC曲线横坐标为假正例率（False Positive Rate，FPR），即实际为负样本中预测为正样本的比例；纵坐标为真正例率（True Positive Rate，TPR），即实际为正样本中预测为正样本的比例。曲线下方围成的面积被称为AUC（Area Under ROC Curve），该面积越大表示分类性能越好。

三种算法的ROC曲线如图1-17所示。图1-17a中的黄色曲线相比蓝色（0.87）和红色（0.80）有更大的AUC值（0.95），绿色曲线表示随机猜想，显然所提算法（RF－PR）的表现更好。对于两帧观测数据，当关联的位姿距离值小于阈值d_{thre}时认为是正样本（即来自同一场景），不同的d_{thre}值可能影响算法性能，因此选择几个离散的不同距离值：$d_{thre}=2m$，$d_{thre}=3m$，$d_{thre}=5m$，$d_{thre}=10m$，并在S－SS和所提算法开展对比测试（图1-17b）。显然，当该距离阈值越大时识别效果越差，因为此时很难描述两帧观测数据之间的相似性或差异性；然而该取值也不能取太小，以防止实际为同一场景却无法识别的情况。由此，实验中一般设置为$d_{thre}=3m$。

通过上述对比实验，在采集的大范围地下停车场场景下的数据集上，由定量结果可以验证所提出的场景识别算法相比另外两个算法具有更好的识别性能。

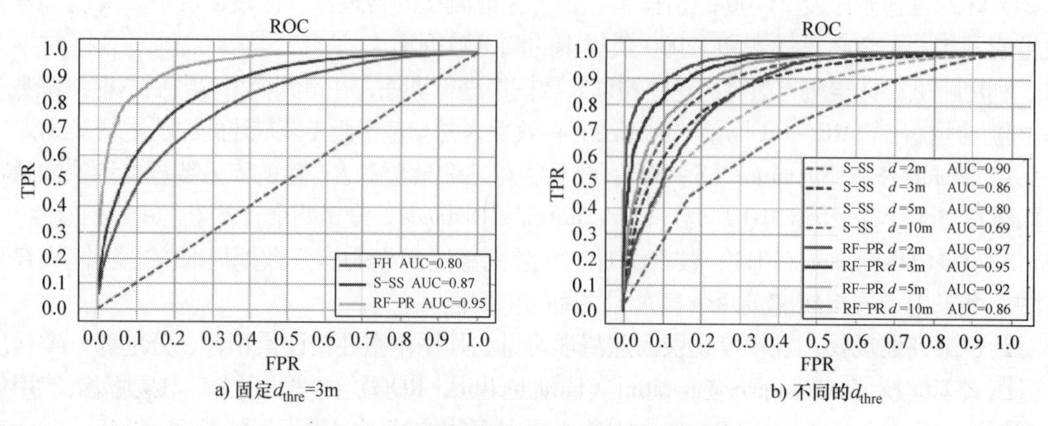

a) 固定d_{thre}=3m　　b) 不同的d_{thre}

图 1-17　三种算法的 ROC 曲线（见彩插）

1.1.3.4　算法性能测试

为验证 MIM_SLAM 算法整体性能，首先在室外道路场景中进行测试。在实验中，遥控移动机器人以 1m/s 的速度行驶了约 950m，共采集 10472 帧数据。机器人的行驶路径如图 1-18a所示（场景规模约 180m × 150m），红色实线显示的路径序列为 ABCDEFGCAHFG-BH，其间经历了多次重复路径。

MIM_SLAM 算法建立的场景点云地图如图 1-18b 所示。由图可以看出地图创建精度较高，地图一致性较好。主要原因是该场景结构化信息较为丰富，MIM_SLAM 算法构建的低漂移的激光里程计均保证了较小的累积误差，所以地图的一致性较高，几乎不存在点云的错乱累积现象。

a) 室外场景卫星图

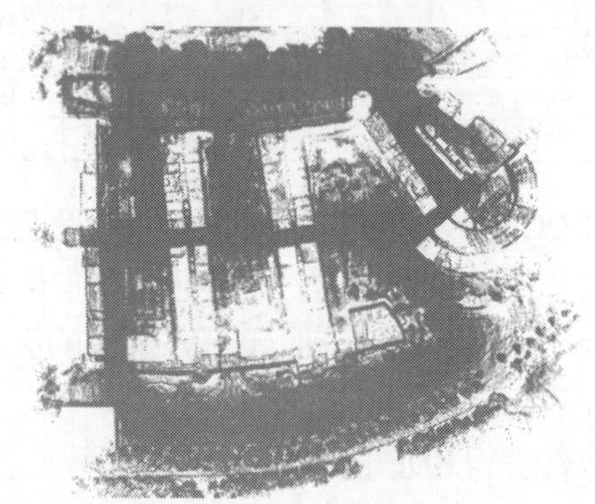

b) 点云地图

图 1-18　场景卫星图及 MIM_SLAM 算法建立的点云地图（见彩插）

接下来，在公开数据集 KITTI 上对提出的 MIM_SLAM 算法进行了验证。实验中，特别挑选了其中 3 种典型类型的场景，并且与标准 ICP（Standard ICP）、LOAM 算法进行定量对比分析。

1）乡村道路（Sequence 03）：道路较窄，动态的行人、车辆等较少，周围存在大量的田园树木、自然地形等。该数据集被用来验证提出的 MIM_SLAM 方法可以在室外特征稀疏的乡村田园场景下实现低漂移的位姿估计。建图结果如图 1-19a 所示，无人车平台的运行路径及真值数据如图 1-20a 所示。由于在该场景下稳定特征点较少，尤其是在运行约 420m 之

后，实际的运行轨迹与真值存在些许偏差，但整体建图效果并没有存在错乱等现象，仍然保持了较高的一致性。为了定量评估算法的性能，这里引入了 KITTI 中评测测距数据集的方法，它对所有的可能的子序列长度（100m，200m，…，800m）计算平均平移及旋转误差。图 1-21a 所示为该场景下的位姿估计误差，相比标准 ICP 算法，LOAM 算法与 MIM_SLAM 算法均具有较高的激光里程计精度，可保证平移误差在 1% 以内，旋转误差在 0.005°/m 以内。

2）城市道路（Sequence 07）：道路上动态行人、车辆等较多，周围具有较多的墙面、建筑物等显著特征。该数据集被用来验证提出的算法可有效处理回环区域的数据关联问题，并通过增量优化算法建立全局一致性高的地图。如图 1-19b 所示，MIM_SLAM 算法建立的全局点云地图中建筑物、柱子等场景信息清晰可见，几乎不存在错误累积，点云地图一致性很高。图 1-20b 所示的运行轨迹与地面真值轨迹也几乎是重合的。如图 1-21b 所示，MIM_SLAM 算法相比 LOAM 算法平移与旋转误差更低。

3）高速道路（Sequence 06）：车速较快，道路上动态行人、车辆等较多。该数据集是城市道路场景，场景中具有较高的动态、噪声数据，且规模较大。KITTI 无人车以 6.2m/s 的速度行走约 600m 停止。MIM_SLAM 算法建立的点云地图结果如图 1-19c 所示，KITTI 无人车平台的运行轨迹及地面真值数据如图 1-20c 所示。直观上看，点云地图的轮廓是清晰可见的，地图一致性较高，估计的位姿和地面真值数据几乎是重合的，具有较高的建图精度。位姿估计的误差如图 1-21c 所示。由此可见，MIM_SLAM 算法在动态因素较高的城市道路场

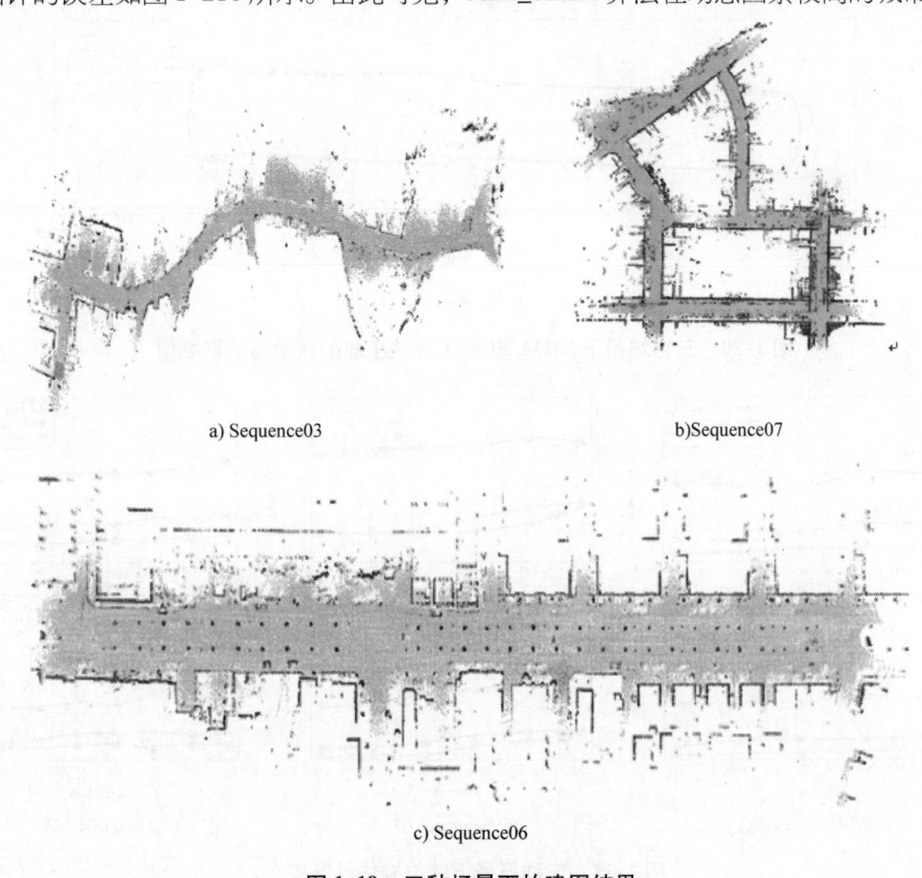

a) Sequence03　　b)Sequence07

c) Sequence06

图 1-19　三种场景下的建图结果

景上也具有较好的表现，几乎不输 LOAM 算法。

由此可见，在公开数据集 KITTI 上再一次验证了 MIM_SLAM 算法的有效性与较高的建图精度，相比该数据集上的榜首算法 LOAM 也具有相似或更好的表现性能，可满足在大范围室外场景下的实时高精度建图的应用。

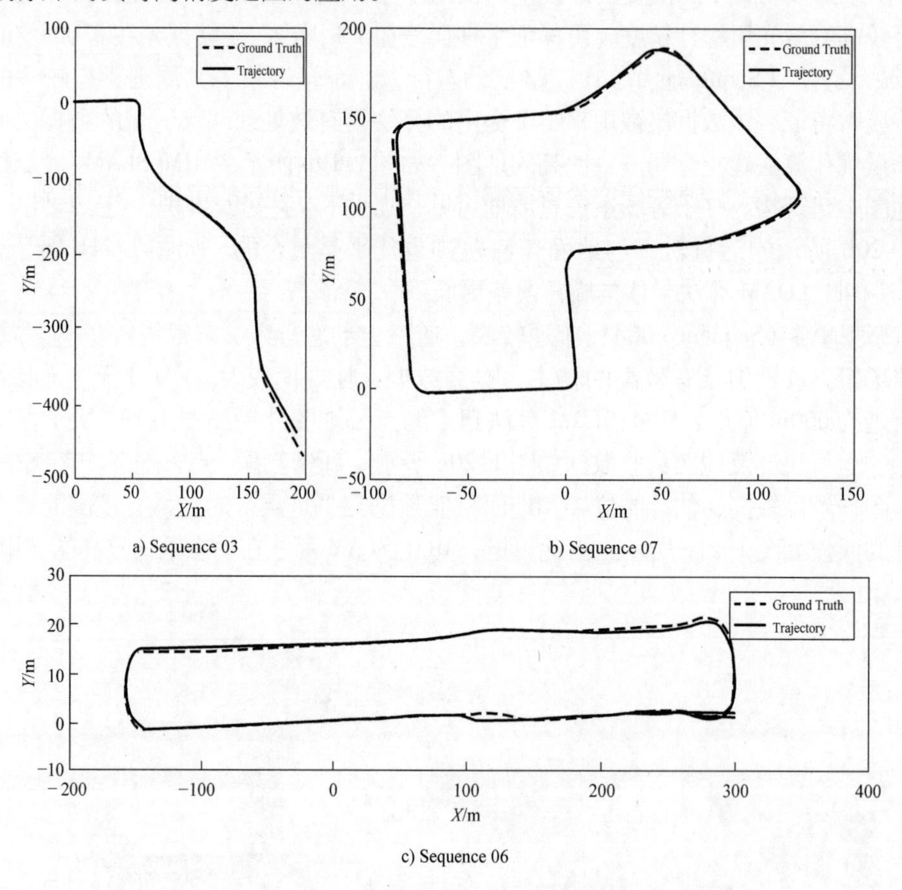

a) Sequence 03　　b) Sequence 07

c) Sequence 06

图 1-20　三种场景下 MIM_SLAM 算法生成的轨迹与地面真值

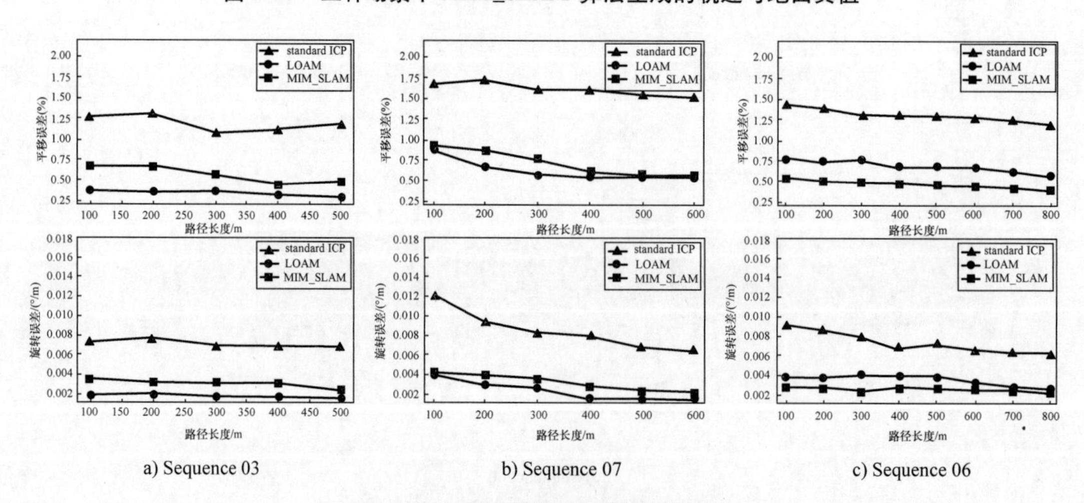

a) Sequence 03　　b) Sequence 07　　c) Sequence 06

图 1-21　三种场景下的位姿估计误差

1.2 自主导航定位技术

1.2.1 基于激光地图的长期视觉–惯性定位

1.2.1.1 视觉–惯性定位问题分析

高精度的定位是移动机器人在环境中实验自主导航的前提。传统的定位系统多是基于激光传感器实现的。然而，由于激光传感器价格昂贵、体积与质量较大，因此设计成本低且安装灵活的定位系统具有较高的研究价值与需求。其中，基于相机的定位系统则是目前的研究热点。近年来，随着有关基于视觉的同时定位与建图算法的研究不断深入，基于相机可以实现短期内的高精度位姿估计。但是对于长期视觉定位问题，由于天气、光照、动态物体等的影响，定位时传感器感知到的环境信息可能与地图构建时的环境信息不同，使得正确关联的数据较少，从而引起定位失败。

目前，有关长期视觉定位的研究从地图维护的角度可以划分为两个方向。第一个方向是积累地图的多样性，即当新一段数据中检测到定位失败时，地图维护算法将发生定位失败区域的特征累加入地图中。这种方法维护的地图占用存储空间较大，且索引时需要较多的计算资源与耗时。第二个方向多采用深度学习的方法，基于对环境的重复观测学习定位。这种方式目前仍未能取得较为稳定的长期定位结果，且可解释性较差，仍处于探索阶段。

分析基于激光的定位算法的长期稳定性，利用几何信息实现数据关联应是其克服环境外观变化的原因。这种数据关联方式使得激光定位不会受到外界气候、光照、季节等变化的影响，只有当环境的结构信息发生较大程度的改变时，激光定位算法才会受到影响。因此，目前也有学者尝试利用几何信息实现视觉定位。由于视觉三维重建在大范围场景下实现的难度较大，且部分场景的精度难以达到激光地图的精度，目前大部分基于几何信息的视觉定位方法借助于激光地图实现定位。这种定位模式下，视觉与激光地图信息的关联可以由两种方式实现。一种是利用稠密激光点云信息实时渲染并生成虚拟位姿的图像，将其与当前相机获取的图像相匹配，从而实现对当前位姿的估计。这种方式需要稠密地图进行渲染，对计算量要求较高，且需要环境具有含明显反射率的区域或者结构性较强。另一种则是通过连续图像信息重构局部视觉点云，利用点云匹配的方式将视觉点云与激光地图点云相匹配。这种关联方式的普适性更强，但是点云匹配的方式无法考虑到视觉点云不同于激光地图点云的不确定度与空间分布，从而造成定位误差。

结合动态环境下长期视觉定位的需求与目前学界的研究进展，本节介绍了一套针对长期视觉定位的激光地图滤波系统和与之匹配的基于激光地图的视觉定位方法。考虑到视觉与激光点云的分布不同，在构建地图时，首先根据视觉特征点的分布对激光数据进行降采样，随后基于对同段场景的不同时间观测，筛选出环境中的稳定点云数据。为进一步降低激光与视觉点云误匹配的概率，尤其是针对生成自无纹理地面区域的视觉特征点，对激光地图中的地面数据进行检测与标注。经实验验证，该方法可以基于短期内构建的激光地图，实现在室外大范围场景下时间跨度长达一年的鲁棒定位，且定位精度符合实际要求。

1.2.1.2 基于激光地图的长期视觉–惯性定位算法

该方法所研究的基于激光地图的长期视觉–惯性定位算法分为离线的激光地图构建模块

与在线的视觉－惯性模块两个部分，如图 1-22 所示，下文将针对这两个模块分别进行详细的方法介绍。

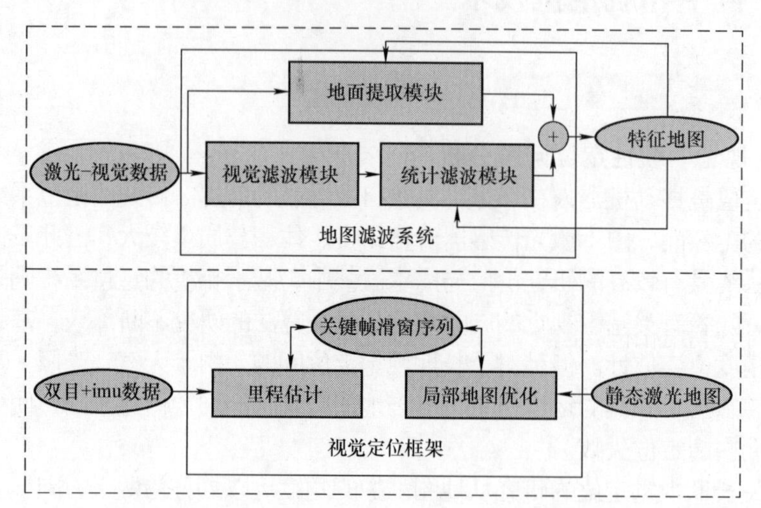

图 1-22　基于激光地图的长期视觉－惯性定位算法

（1）离线激光地图构建与滤波

为了提高激光地图与视觉地图点云数据关联的准确性，在构建激光地图时，基于视觉观测提取其中可稳定与视觉特征点云稳定关联的子集。文中将视觉点云地图表示为 $\boldsymbol{M}^v=\{p_0^v, p_1^v,\cdots,p_{n_v}^v\}$，激光点云地图表示为 $\boldsymbol{M}^l=\{p_0^l,p_1^l,\cdots,p_{n_l}^l\}$，其中 n_v、n_l 分别为视觉和激光点云地图的地图点数目，$\xi\in SE(3)$ 表示机器人位姿。若将视觉点云视为稠密激光点云的观测数据，则视觉定位的似然函数可以写为

$$\xi^* = \arg\max \log p(M^v \mid M^l;\xi) \tag{1-49}$$

引入 $c_i=j$ 表示视觉特征点 p_i^v 与激光地图点 p_j^l 相关联，则该似然概率 L 可推导得

$$L = \sum_i \log \sum_j p(p_i^v, c_i = j \mid p_j^l;\xi) \tag{1-50}$$

假设 $Q_i(c_i)$ 表示 c_i 的密度函数，则似然函数 L 的下界可由杰森不等式推导得

$$L(T) \geqslant \sum_{i=0}^{n_v}\sum_{j=0}^{n_l} Q_i(c_i)\log\frac{p(p_i^v,c_i = j \mid p_j^l;\xi)}{Q_i(c_i)} \tag{1-51}$$

当 $Q_i(c_i)$ 是 c_i 的后验，即 $Q_i(c_i)=p(c_i=j \mid p_i^v,p_j^l;\xi)$ 时，等号成立。参考 Wang 等人的工作，利用高斯假设将概率函数建模为

$$p(c_i=j \mid p_i^v,p_j^l;\xi)=N[p_i^v;R(\xi)p_j^l+t(\xi),\sigma] \tag{1-52}$$

其中 $R(\xi)$ 和 $t(\xi)$ 表示位姿 ξ 的旋转与平移分量。则当 c_i 无先验时，后验概率为

$$p(c_i = j \mid p_i^v,p_j^l;\xi) = \frac{p(p_i^v \mid c_i = j,p_j^l;\xi)}{\sum_j p(p_i^v \mid c_i = j,p_j^l;\xi)} \tag{1-53}$$

若将此后验概率视为中心为 $c_i=j$ 的单峰分布，则搜索视觉与激光点的数据关联步骤可转化为对 p_i^v 在激光点云中的最近邻搜索。当且仅当 ξ 为真值时，似然函数达到最大值。为最大化正确匹配的概率，该后验概率应近似为

$$G(c_i=j)=N[p_i^v-R(\xi^*)p_j^l-t(\xi^*);0,\eta] \tag{1-54}$$

基于 Kullback – Leibler 散度可衡量该分布与实际后验概率的相似程度

$$KLD=\sum_j p(c_i=j \mid p_i^v,p_j^l;\xi)\log\frac{p(c_i=j \mid p_i^v,p_j^l;\xi)}{G(c_i=j)} \tag{1-55}$$

该 KL 散度的衡量结果为基于视觉观测的地图滤波提供的指导，即使 p_i^v 的近邻激光点具有较大的 $G(c_i)$，而远离 p_i^v 的激光点 $G(c_i)$ 值较小，据此可筛选出激光地图中适用于视觉定位的子集。但由于单次数据中存在大量高动态和缓慢变化的物体，仍需对该子集进行处理，寻找其中静态的成分用于最终的视觉定位。

在实际实验中，由于对视觉地图点进行三维重建的位置不确定度较大，在搜寻视觉点的最近邻激光点时，利用相机与激光的外参将激光点云投影到图像平面上，经深度滤波后保留距离视觉二维特征最近的激光点作为其匹配的激光地图点。单次采集的数据中包含大量动态以及缓变物体，需要通过多次观测予以剔除，该部分功能集成于统计滤波子模块中，通过统计地图点经多次数据采集后被观测的次数，分析地图中的静态成分。

当新地图被视觉滤波模块处理后，对于该地图 $\boldsymbol{M}_i^{vl}$ 中的每一个地图点，在已累积的地图 $\boldsymbol{M}^{vl}$ 中寻找与其空间位置最接近的点。如果二者的空间距离大于 d^α，则认为新地图中的点未被观测过；否则，认为现存地图中的相应位置的点被重复观测。

当融合的地图数量较大，涉及的情景较为全面时，累积地图 M^{vl} 可被认为已包含来自不同情景的信息。环境中稳定的部分应能在大部分地图数据采集过程中被观测到，而不稳定物体的被观测次数则较少。因此，可以通过设定被观测次数的阈值对地图进行滤波。

虽然室外环境内的路面上大部分地区没有显著的纹理信息，但是在视觉里程计算法实时运行时，仍会有一些特征点从这些无纹理的地面上被提取。这些点被提取的位置较为随机，且极易随着光照和视角的变化而发生变化。因此，在地图构建时采集自这些地方的地图点几乎不被保留在地图中。但当定位算法实时运行，尤其当周围环境较为空旷时，大部分的特征被提取自地面，如果环境地图中不包含地面信息，则实时提取的视觉地图点极易关联上错误的地图点。为提供地面约束信息，并避免地面点提取较为随机的影响，从实时数据中按高度信息提取地面点，计算其表面法向量，并将其栅格化滤波后加入地图中。这些点只为定位算法提供平面约束，避免点到点匹配关联不准确的误差。该功能集成于地面提取模块中。

（2）在线视觉 – 惯性定位算法

在线视觉 – 惯性定位算法基于定长滑窗的视觉 – 惯性里程计算法研发，将定位的求解紧耦合于视觉 – 惯性里程计的联合优化中。当检测到新一帧的视觉关键帧建立后，滑窗内的视觉地图点与相关联的激光地图点之间的约束被加入到优化的目标函数中。

$$e_{\mathrm{pt}}(p_k^v,p_j^{vl})=(p_j^{vl}-\xi_v^l p_k^v)^{\mathrm{T}}\boldsymbol{\Omega}_{k,j}(p_j^{vl}-\xi_v^l p_k^v) \tag{1-56}$$

$$e_{\mathrm{pl}}(p_k^v,p_j^{vl})=[(p_j^{vl}-\xi_v^l p_k^v)\cdot n_{p_j^{vl}}]^{\mathrm{T}}\boldsymbol{\Omega}_{k,j}[(p_j^{vl}-\xi_v^l p_k^v)\cdot n_{p_j^{vl}}] \tag{1-57}$$

式中，$e_{\mathrm{pt}}(p_k^v,p_j^{vl})$ 是视觉点与匹配到的非地面点之间的误差函数；$e_{\mathrm{pl}}(p_k^v,p_j^{vl})$ 是视觉点与匹配到的地面点之间的误差函数；$\boldsymbol{\Omega}$ 是相应的信息矩阵；$\boldsymbol{n}_{p_j^{vl}}$ 是激光点的法向量；ξ_v^l 是视觉里程坐标系与激光地图坐标系之间的外参。整体联合优化的紧耦合图模型如图 1-23 所示。

基于优化的结果 ξ_v^l，即可将视觉里程计的结果与激光地图的全局位置信息相关联，从而得到全局一致的定位结果。

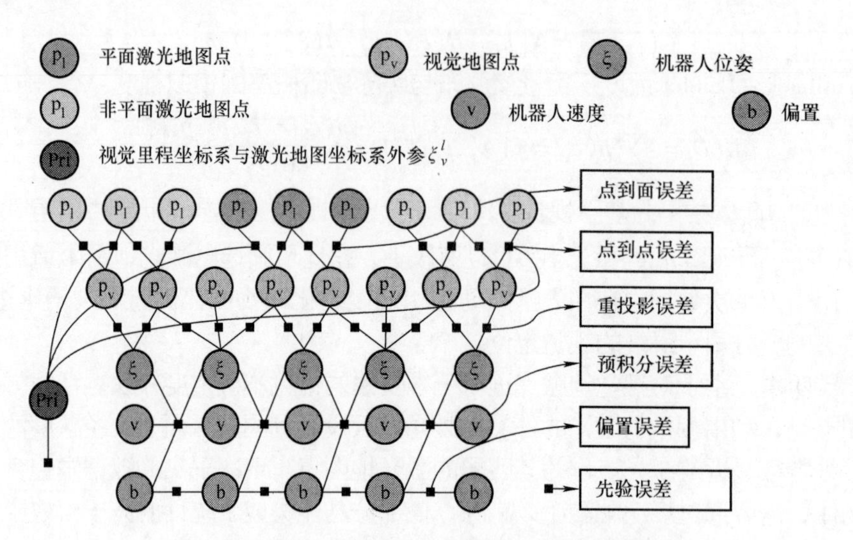

图 1-23　视觉-惯性定位算法优化的紧耦合图模型

上文所述的方法中，由于地图的约束紧耦合于视觉里程的联合优化中，所以激光地图高精度的几何信息可以作用于视觉点云的优化，从而提高定位的精度。然而该优化方式计算量较大，且对偏置和速度的优化易受到错误数据关联的影响。除这种方式外，也可以先优化视觉里程计的约束，再基于点云匹配的方式计算外参 ξ_v^l，即将地图的约束松耦合于定位框架内。为兼顾两种方法的优势，采用迭代进行两种优化的混合优化模型进行视觉定位。

（3）实验结果分析

此方法基于采集自浙江大学某校区的真实场景数据进行测试。用于构建地图的数据采集自 2017 年 3 月，其中激光传感器为 VLP-16 Velodyne LiDAR，相机为 ZED 的双目相机。用于测试定位的数据分别采集自 2017 年 8 月与 2018 年 1 月，包含了与构建地图时相同行驶方向采集的数据与逆向的数据，且数据采集自不同的时间段与天气。实验算法基于 C++实现，其中视觉-惯性里程计基于开源代码 ORB-SLAM 开发。具体的实验数据细节见表 1-2。

表 1-2　某校区数据集一览

Map Building Dataset (early spring)			
Start Time	Duration	Start Time	Duration
2017/03/03 07:52:31	17:44	2017/03/03 09:20:13	18:45
2017/03/03 10:23:11	18:14	2017/03/03 11:48:03	18:17
2017/03/03 12:59:16	19:12	2017/03/03 14:34:43	19:24
2017/03/03 16:05:54	18:39	2017/03/03 17:38:14	18:01
2017/03/07 07:43:30	17:54	2017/03/07 09:06:04	18:46
2017/03/07 10:19:45	19:04	2017/03/07 12:40:29	18:42
2017/03/07 14:35:16	19:01	2017/03/07 16:28:28	17:59
2017/03/07 17:25:06	18:34	2017/03/07 18:07:21	19:49
2017/03/09 09:06:05	17:50	2017/03/09 10:03:57	17:52
2017/03/09 11:25:40	18:17	2017/03/09 15:06:14	19:13
2017/03/09 16:31:34	19:36		

（续）

Testing Dataset（summer and winter）			
Start Time	Duration	Start Time	Duration
2017/08/23 09:40:13	16:31	2017/08/24 09:21:41	13:21
2017/08/27 15:22:11	17:03	2017/08/28 17:06:06	17:15
2018/01/29 11:09:15	14:59		

利用采集自3天内的21条数据进行面向视觉定位的激光地图构建。每条数据利用基于激光的定位建图方法估计轨迹作为位姿真值。所有的数据按流程图示意的过程进行融合，最后滤波的结果如图1-24b所示。由图可见，经过滤波后的激光地图点云分布不同于原始激光点云图（图1-24a）的均匀分布，而更接近于传统的视觉点云地图。

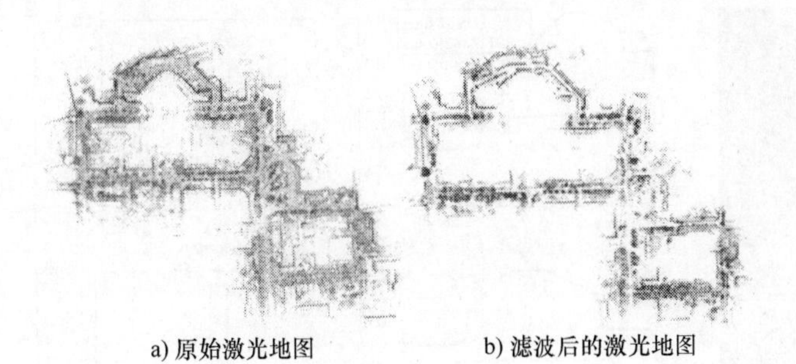

a) 原始激光地图　　b) 滤波后的激光地图

图1-24　实验结果

为评估该定位算法的效果，利用采集自2017年8月的4条数据与2018年1月雪后的数据进行定位测试。各条数据在不同定位模型下的结果见表1-3。

表1-3　不同定位模型下的结果

Sequences	tightly	1:1	3:1	5:1	loosely
23/08/2017 09:40:13	0.580	0.473	0.347	**0.315**	0.792
24/08/2017 09:21:41	0.662	0.494	0.484	**0.447**	1.015
27/08/2017 15:22:11	0.956	**0.417**	0.468	0.480	0.944
28/08/2017 17:06:06	0.582	0.434	**0.392**	0.440	0.721
29/01/2018 11:09:15	0.683	0.429	0.435	**0.391**	0.605
average	0.693	0.449	0.425	**0.415**	0.815

由表中数据可见，混合优化模型的定位结果优于纯紧耦合与纯松耦合的定位结果，且在大部分的测试数据中，“5:1”比例的松、紧耦合迭代方式效果最佳。每段定位数据的轨迹与定位过程中水平、偏航角的误差统计如图1-25所示。

其中第一列表示第二列轨迹图中矩形框位置的真实场景图，第二列中的箭头指示数据采集的方向，第三、四列分别统计了水平与偏航角的误差。

为验证地图滤波算法对视觉定位性能提升的有效性，进一步在原始与滤波后的激光地图上进行定位测试，测试结果见表1-4。

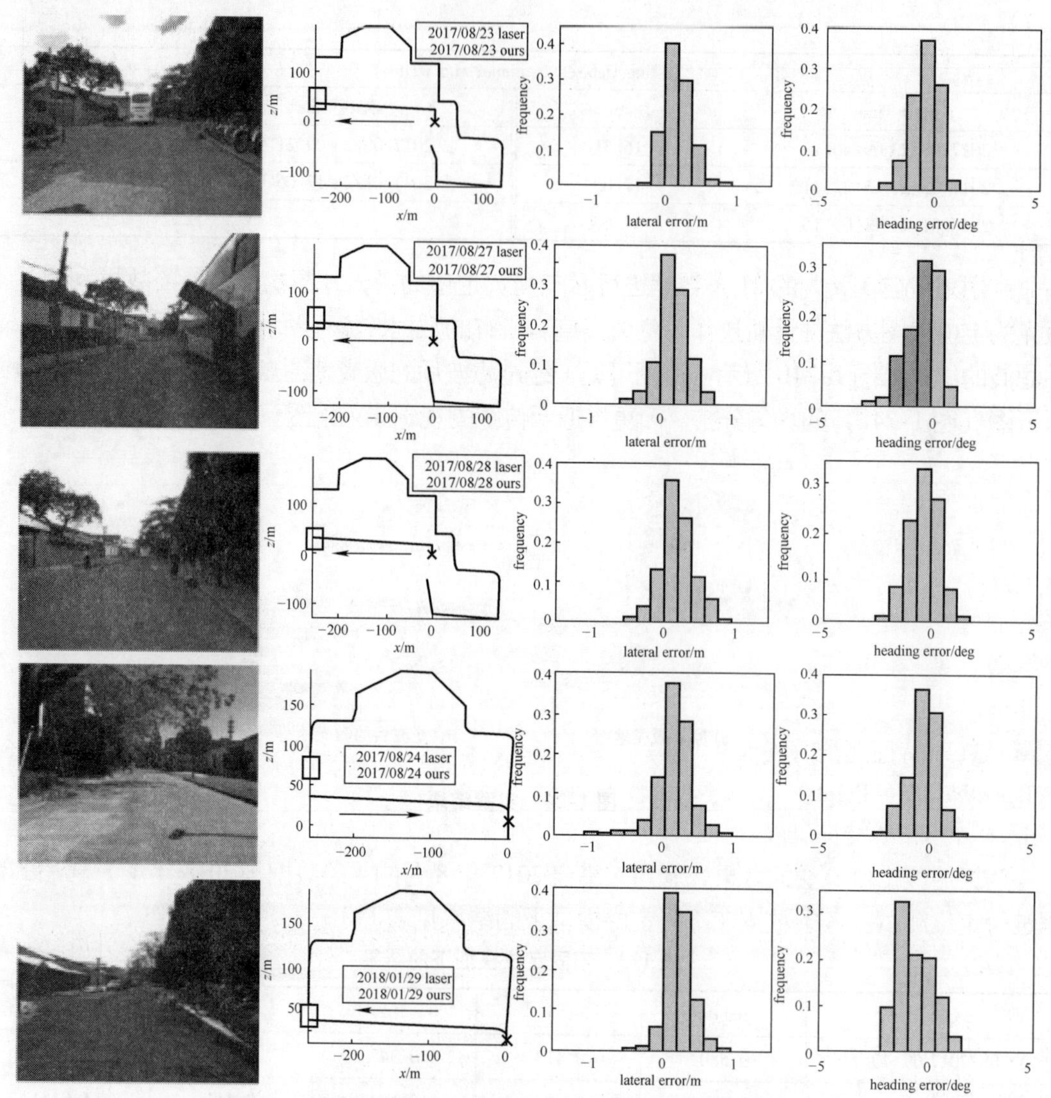

图 1-25　某校区数据集的定位轨迹与水平、偏航角误差统计

表 1-4　不同地图下视觉定位算法的结果对比

Sequences	filtered map		full map	
	hybrid	loosely	hybrid	loosely
23/08/2017 09:40:13	**0.315**	0.792	0.847	—
24/08/2017 09:21:41	**0.447**	1.015	0.459	0.451
27/08/2017 15:22:11	**0.417**	0.944	0.509	0.564
28/08/2017 17:06:06	**0.392**	0.721	1.879	0.539
29/01/2018 11:09:15	**0.391**	0.605	0.536	0.408
average	**0.415**	0.815	0.843	0.488

由表中结果可见，经滤波的地图可以显著提升视觉定位算法的精度。在对比实验中，我们也测试了在未滤波的地图中松耦合定位结果的性能。经测试，在一些数据中，于未滤波的地图中进行松耦合定位也可以取得较好的定位精度，但是由于未对地图中动态物体进行处

理，且未滤除地图中与视觉地图点无关的点集，在一些数据段上无法成功进行整条路径的定位，从而进一步验证了地图滤波算法对提升定位鲁棒性的作用。

1.2.2　基于点、线特征的视觉定位

1.2.2.1　视觉定位问题分析

定位对于机器人自主导航是至关重要的。与基于激光雷达（Light Detection And Ranging，LiDAR）的定位方法相比，视觉定位在许多应用中是有利的，因为低成本且稳定的相机可以被广泛使用。视觉定位的典型工作流程是检测图像中的特征点，将图像特征点与地图点匹配，并根据一组匹配估计位姿。在此过程中几乎无法避免错误的匹配，这会导致不准确的位姿估计。随机抽样一致（Random Sample Consensus，RANSAC）是一种常用于实现鲁棒的位姿估计的方法。然而，RANSAC 被限制用于外观严重变化的环境中，在该环境中特征误匹配比例可能会显著增长。因此，对天气、光照或季节变化鲁棒的可靠视觉定位仍然是一个具有挑战性的问题。

两个因素对于 RANSAC 找到内点是至关重要的，即集合中的内点数量（越多越好）以及估计姿势所需的最小匹配数量（越少越好）。对于第一个因素，一些先前的工作通过利用多种类型的特征（例如点、线和圆）来增加内点的数量，因为在更大图像区域上定义的特征通常会导致对光照变化更高的鲁棒性。对于第二个因素，现有的 3D－2D 定位方法通常需要 3 或 4 对特征匹配，例如三点法（Perspective－Three－Points，P3P）和多点法（Efficient Perspective－n－Point Camera Pose Estimation，EPnP）。本节的主要研究点是：在机器人导航场景中，点和线特征的匹配数可以进一步减少，从而导致对误匹配更高的鲁棒性。

具体而言，在惯性测量单元（Inertial Measurement Unit，IMU）的辅助下，先将预先构建的地图与当前查询图像之间的重力方向进行对准。之后的目标是利用直接观测到的俯仰角和滚转角来将解析估计需要的点特征匹配数量从 3 减少到 2。此外，对于 1 点和 1 线的情况也推导出解析解，从而可以考虑线特征匹配。因此，本节提出了一种 2 实体 RANSAC 用于持久视觉定位，如图 1-26 所示，其中绿线表示在黑色预建 3D 地图定位。理论上，由于 2 个观测值（2D）可以提供 4 个自由度（Degree of Freedom，DOF）的约束，因此所提出的解决方案应该是能得出解析解的情况下需要观测值最少的。与现有的 2 点 RANSAC 方法相比，2 点 RANSAC 适用于视觉惯性测距或同时定位与映射中的连续姿态估计，本节的方法侧重于 3D－2D 匹配，而不涉及相对偏航角的测量，使其适用于定位。

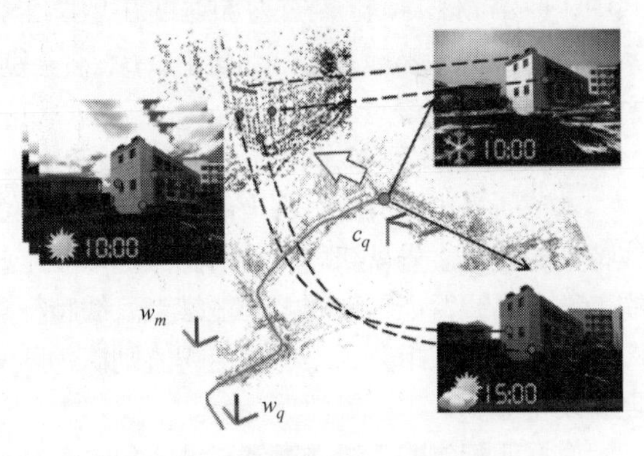

图 1-26　点线特征 2 实体视觉惯性定位方法示意图（见彩插）

这些解决方案用于所提出的点线定位方法，其对于误匹配更加鲁棒，因为线和点特征可以同时使用并且位姿估计所需的匹配数量也会减少。此外，我们引入了三种具有不同优势的特征采样策略，实现了自动选择机制。通过该机制，我们的 2 实体 RANSAC 可以适应不同特征类型分布的环境。

1.2.2.2 基于点、线特征的视觉定位算法

本节提出的定位方法包括以下步骤：

Step1：获取当前场景的先验三维地图，其中地图是事先构建的。

Step2：获取机器人的当前图像和惯性传感器的测量数据。

Step3：根据当前惯性传感器数据与所述先验地图中的惯性传感器数据计算当前机器人位姿的俯仰角和翻滚角。

Step4：根据当前图像检测到的二维点、线特征与先验地图中的三维点、线特征进行匹配。

Step5：根据所述匹配到的两对点特征或者一对点特征加一对线特征计算当前机器人位姿的其余未知量。

(1) 重力对齐

本节所提的方法对先验三维地图有如下要求：要求包含重力加速度在所述地图坐标系下的测量数据，一般由 IMU 测量所得，并且建立的地图还要包含三维点、线特征。在定位过程中，机器人采集的当前 IMU 数据包含重力加速度在当前机器人坐标系下的测量值。根据重力加速度在所述先验地图坐标系下的测量值，将重力加速度在两个坐标下进行对齐，从而得到地图坐标系相对于当前机器人坐标系的俯仰角和翻滚角，具体根据以下算式进行计算

$$\begin{bmatrix} 1 & 0 & 0 \\ 0 & c\gamma & -s\gamma \\ 0 & s\gamma & c\gamma \end{bmatrix}\begin{bmatrix} c\beta & 0 & s\beta \\ 0 & 1 & 0 \\ -s\beta & 0 & c\beta \end{bmatrix}\begin{bmatrix} x_c \\ y_c \\ z_c \end{bmatrix} = \begin{bmatrix} x_w \\ y_w \\ z_w \end{bmatrix} \tag{1-58}$$

式中，$[x_w \quad y_w \quad z_w]^T$ 是重力加速度在地图坐标系下的测量值；$[x_c \quad y_c \quad z_c]^T$ 是重力坐标系在当前机器人坐标系下的测量值；β、γ 分别是所求的当前机器人坐标系相对于地图坐标系的俯仰角和翻滚角。

(2) 位姿解算—2 点

本节所提出的方法根据当前图像和地图中的三维点、线特征可以进行二维到三维的点、线特征的匹配。先从获取的当前图像提取多个二维特征点和多条二维线段，然后将当前图像的二维点、线特征与地图中的三维点、线特征进行匹配。衡量匹配成功与否的标准是计算相应描述子的欧式距离，小于一定阈值则认为匹配成功，之后迭代获取多组二维与三维的匹配点、线特征。

根据匹配到的 2 组二维到三维匹配的点特征，可以计算地图相对于当前机器人坐标系的位姿的其余 4DOF 未知量，具体步骤如下。

根据地图坐标系$\{W_0\}$中匹配到的两个三维点 $\boldsymbol{P}_1^0=(X_1^0 \quad Y_1^0 \quad Z_1^0)$、$\boldsymbol{P}_2^0=(X_2^0 \quad Y_2^0 \quad Z_2^0)$，引入一个中间坐标系$\{W_1\}$，其中两个三维点在所述中间坐标系下表示为 $\boldsymbol{P}_1=(0 \quad 0 \quad 0)^T$、$\boldsymbol{P}_2=(X_2 \quad Y_2 \quad Z_2)^T$，而$\{W_0\}$到$\{W_1\}$的变换则表示为 $\boldsymbol{P}_1^0 \to \boldsymbol{P}_1$ 的简单平移，具体为

$$ {}^{w_1}_{w_0}\boldsymbol{T} = \begin{bmatrix} 1 & 0 & 0 & -X_1^0 \\ 0 & 1 & 0 & -Y_1^0 \\ 0 & 0 & 1 & -Z_1^0 \\ 1 & 0 & 0 & 0 \end{bmatrix} \tag{1-59}$$

然后根据当前图像中匹配到的二维点和相机标定的内参矩阵 $\boldsymbol{K}$，可得二维点在机器人相机坐标系$\{C\}$下的归一化平面上的三维坐标为

$$\boldsymbol{D}_1=\boldsymbol{K}^{-1}\begin{bmatrix}u_1^0\\v_1^0\\1\end{bmatrix}=\begin{bmatrix}a_1\\b_1\\1\end{bmatrix},\ \boldsymbol{D}_2=\boldsymbol{K}^{-1}\begin{bmatrix}u_2^0\\v_2^0\\1\end{bmatrix}=\begin{bmatrix}a_2\\b_2\\1\end{bmatrix},\ C=\begin{pmatrix}0\\0\\0\end{pmatrix} \tag{1-60}$$

式中，C 是相机的光心。

根据图 1-27 所示的投影几何约束可得三点(C,D_1,RP_1+t)共线，且三点(C,D_2,RP_2+t)共线，其中 $\boldsymbol{R}$ 为$\{\boldsymbol{W}_1\}$相对于$\{C\}$的旋转变换矩阵，$\boldsymbol{t}$ 为$\{\boldsymbol{W}_1\}$相对于$\{C\}$的平移变换向量；根据前述所得的$\{C\}$相对于$\{\boldsymbol{W}_0\}$的俯仰角和翻滚角，可将 $\boldsymbol{R}$ 简化为

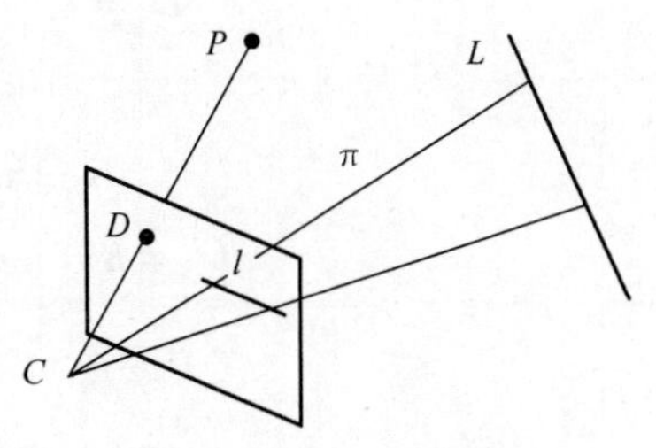

图 1-27 点线投影示意图

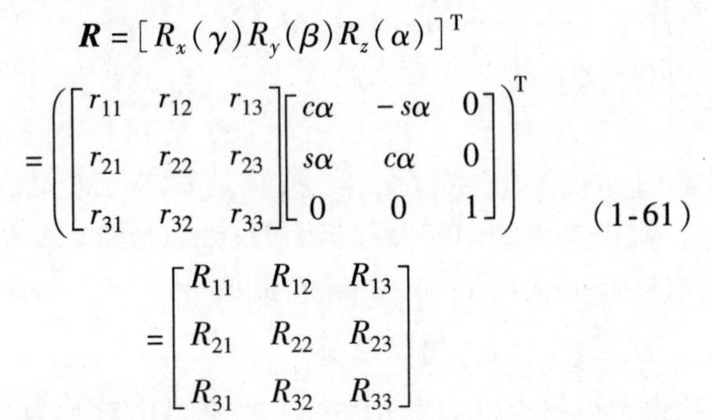

$$\begin{aligned}\boldsymbol{R}&=[R_x(\gamma)R_y(\beta)R_z(\alpha)]^{\mathrm{T}}\\&=\left(\begin{bmatrix}r_{11}&r_{12}&r_{13}\\r_{21}&r_{22}&r_{23}\\r_{31}&r_{32}&r_{33}\end{bmatrix}\begin{bmatrix}c\alpha&-s\alpha&0\\s\alpha&c\alpha&0\\0&0&1\end{bmatrix}\right)^{\mathrm{T}}\\&=\begin{bmatrix}R_{11}&R_{12}&R_{13}\\R_{21}&R_{22}&R_{23}\\R_{31}&R_{32}&R_{33}\end{bmatrix}\end{aligned} \tag{1-61}$$

式中，α 是未知量，表示为机器人当前相机坐标系相对于地图坐标系的偏航角；设 $\boldsymbol{t}=[t_1\quad t_2\quad t_3]^{\mathrm{T}}$，则全部未知量一共有四个，分别为$\boldsymbol{\alpha}$、$t_1$、$t_2$、$t_3$。

根据三点(C,D_1,RP_1+t)共线，可得两个方程如下

$$a_1t_2-b_1t_1=0 \tag{1-62}$$

$$a_1t_3-t_1=0 \tag{1-63}$$

根据三点(C,D_2,RP_2+t)共线，可得两个方程如下

$$a_2(R_{21}X_2+R_{22}Y_2+R_{23}Z_2+t_2)-b_2(R_{11}X_2+R_{12}Y_2+R_{13}Z_2+t_1)=0 \tag{1-64}$$

$$a_2(R_{31}X_2+R_{32}Y_2+R_{33}Z_2+t_3)-(R_{11}X_2+R_{12}Y_2+R_{13}Z_2+t_1)=0 \tag{1-65}$$

联立以上四个方程即可求得四个未知量，从而求得机器人在地图中的当前位姿。

（3）位姿解算—1 点 1 线

根据匹配到的 1 组点特征加 1 组线特征，可以计算地图相对于当前机器人坐标系的位姿的其余 4DOF 未知量，具体步骤如下。

根据地图坐标系$\{\boldsymbol{W}_0\}$中匹配到的一个三维点 $\boldsymbol{P}_1^0$ 和一条三维线段$\overline{L_2^0\,L_3^0}$，引入一个中间坐标系$\{\boldsymbol{W}_1\}$，其中三维点在所述中间坐标系下表示为 $\boldsymbol{P}_1=(0\quad 0\quad 0)^{\mathrm{T}}$，$\{\boldsymbol{W}_0\}$到$\{\boldsymbol{W}_1\}$的变换则表示为 $\boldsymbol{P}_1^0\rightarrow\boldsymbol{P}_1$ 的简单平移，易得三维线段的端点在所述中间坐标系下表示为 $\boldsymbol{L}_2=(X_2\quad Y_2\quad Z_2)^{\mathrm{T}}$ 和 $\boldsymbol{L}_3=(X_3\quad Y_3\quad Z_3)^{\mathrm{T}}$。

然后根据当前图像中匹配到的一个二维点和一条二维线段，以及相机标定的内参矩阵 $\boldsymbol{K}$ 可得二维点和二维线段的端点在相机坐标系$\{C_0\}$下的归一化平面上的三维坐标 D_1^0 和$\overline{D_2^0\,D_3^0}$；引入一个中间坐标系$\{C_1\}$，使得相机光心 C 以及匹配到的点 D_1 和线段端点$\overline{D_2\,D_3}$的表示如下

$$\boldsymbol{C}^0 = (0 \quad 0 \quad 0)^{\mathrm{T}} \tag{1-66}$$

$$\boldsymbol{D}_1^0 = \boldsymbol{K}^{-1}\begin{bmatrix} u_1^0 \\ v_1^0 \\ 1 \end{bmatrix} \Rightarrow \boldsymbol{d}_1 = \frac{\boldsymbol{D}_1^0 - \boldsymbol{C}^0}{\| \boldsymbol{D}_1^0 - \boldsymbol{C}^0 \|} \tag{1-67}$$

$$\hat{\boldsymbol{D}}_2^0 = \boldsymbol{K}^{-1}\begin{bmatrix} u_2^0 \\ v_2^0 \\ 1 \end{bmatrix} \Rightarrow \boldsymbol{d}_2 = \frac{\hat{\boldsymbol{D}}_2^0 - \boldsymbol{C}^0}{\| \hat{\boldsymbol{D}}_2^0 - \boldsymbol{C}^0 \|} \Rightarrow \boldsymbol{D}_2^0 = \boldsymbol{C}^0 + \boldsymbol{d}_2 \tag{1-68}$$

$$\hat{\boldsymbol{D}}_3^0 = \boldsymbol{K}^{-1}\begin{bmatrix} u_3^0 \\ v_3^0 \\ 1 \end{bmatrix} \Rightarrow \boldsymbol{d}_3 = \frac{\hat{\boldsymbol{D}}_3^0 - \boldsymbol{C}^0}{\| \hat{\boldsymbol{D}}_3^0 - \boldsymbol{C}^0 \|} \Rightarrow \boldsymbol{D}_3^0 = \boldsymbol{C}^0 + \frac{\boldsymbol{d}_3}{\boldsymbol{d}_2 \cdot \boldsymbol{d}_3} \tag{1-69}$$

$$\boldsymbol{C} = \begin{pmatrix} 0 \\ 0 \\ -1 \end{pmatrix}, \boldsymbol{D}_2 = \begin{pmatrix} 0 \\ 0 \\ 0 \end{pmatrix}, \boldsymbol{D}_3 = \begin{pmatrix} \tan[a\cos(\boldsymbol{d}_2 \cdot \boldsymbol{d}_3)] \\ 0 \\ 0 \end{pmatrix} = \begin{pmatrix} a_3 \\ 0 \\ 0 \end{pmatrix} \tag{1-70}$$

中间坐标系$\{C_1\}$到$\{C_0\}$的变换$\{{}_{C_0}^{C_1}R \mid {}_{C_0}^{C_1}t\}$可由$(C^0, D_2^0, D_3^0) \to (C, D_2, D_3)$的变换求得，坐标系变换示意图如图1-28所示；接下来求解中间坐标系中D_1的具体坐标，将投影射线$\boldsymbol{d}_1$经过${}_{C_0}^{C_1}R$变换到中间坐标系下，并延长取其与XY平面的交点即得$\boldsymbol{D}_1$

$$\boldsymbol{D}_1 = (a_1 \quad b_1 \quad 0)^{\mathrm{T}} \tag{1-71}$$

根据图1-28所示的投影几何约束可得三点$(C, D_1, RP_1 + t)$共线，四点$(C, D_2, D_3, RL_2 + t)$以及$(C, D_2, D_3, RL_3 + t)$共面，其中$\boldsymbol{R}$为$\{W_1\}$相对于$\{C_1\}$的旋转变换矩阵，$\boldsymbol{t}$为$\{W_1\}$相对于$\{C_1\}$的平移变换向量。

根据三点$(C, D_1, RP_1 + t)$共线，可得两个方程如下

$$a_1 t_2 - b_1 t_1 = 0 \tag{1-72}$$

$$b_1 t_3 - t_2 = -b_1 \tag{1-73}$$

根据四点$(C, D_2, D_3, RL_2 + t)$共面，可得方程

$$R_{21} X_2 + R_{22} Y_2 + R_{23} Z_2 + t_2 = 0 \tag{1-74}$$

根据四点$(C, D_2, D_3, RL_3 + t)$共面，可得方程

$$R_{21} X_3 + R_{22} Y_3 + R_{23} Z_3 + t_2 = 0 \tag{1-75}$$

联立以上四个方程即可求得四个未知量，从而求得机器人在地图中的当前位姿。

1.2.2.3 实验结果

对所提出的方法在仿真数据上进行评估，以证明在视觉定位中优于其他方法。本节验证了本方法对图像特征噪声的精度，对于不准确的俯仰角和滚转角的灵敏度，以及对误匹配的鲁棒性。在实物实验数据上，我们还进行了成功率的比较，以显示所提出方法的有效性。

（1）精度

在模拟实验中，我们在一个立方体中生成了一些3D点和线，并计算了不同相机位姿的2D投影，以获得3D－2D特征匹配。对于每种方法，执行100次RANSAC迭代。在优化中，有两种可能的方式：4DOF或6DOF优化。4DOF优化意味着我们固定VINS提供的俯仰角和滚转角，并且仅优化姿势中的其他四个变量。当内点很少时，4DOF优化十分有效。

在仿真实验评估的最小的解决方案是EPnP、P3P、2P1L和提出的解决方案，包括1P1L－6DOF、1P1L－4DOF、2P－6DOF、2P－4DOF。mixed－6DOF和mixed－4DOF也在对抗误匹配鲁棒性方面进行了评估。

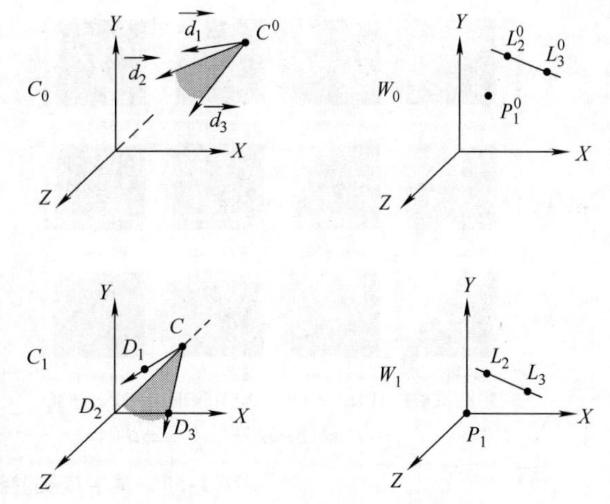

图1-28 坐标系变换示意图

为了量化不同最小解的精度，我们在2D投影上添加了零均值和标准差的高斯噪声，并在四个级别中改变了特征匹配对的数量：10、5、4、3（10组数据意味着在场景中有10对点匹配和10对线匹配），结果如图1-29所示。可以发现，当特征匹配足够时（参见10组数据），随着噪声的标准偏差增加，所提出的方法可以实现与其他方法相同的精度。但特征匹配对的数量减少，与2P1L、EPnP和P3P相比，2实体方法的优势变得更大。

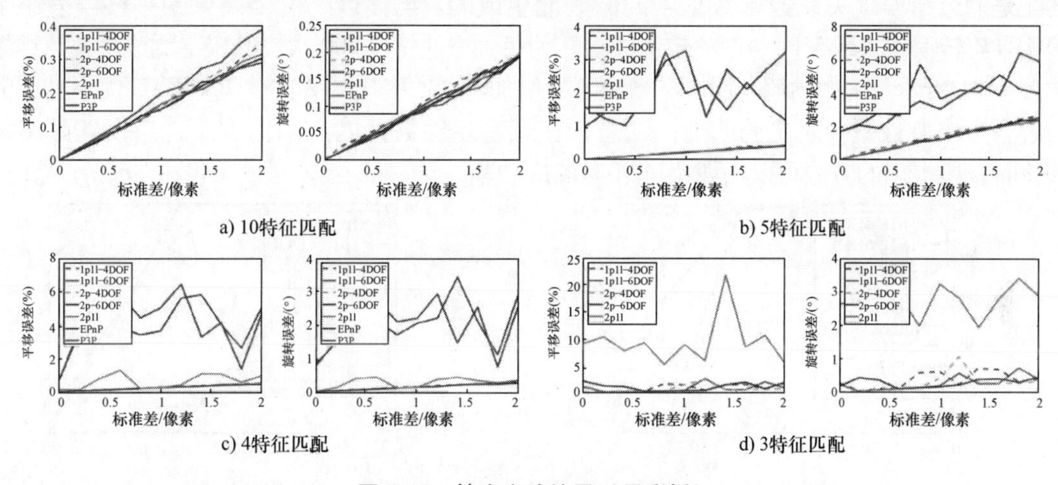

图1-29 精度实验结果（见彩插）

（2）灵敏度

借助IMU的观测，我们利用传感器提供的俯仰角和翻滚角可以将定位问题降低到4DOF。因此，有必要研究俯仰角和翻滚角对最终定位精度的影响。我们在俯仰角和翻滚角上添加了零均值和标准差的高斯噪声，并研究了所提出的方法在三个特征匹配级别中的性能：10、5、3，结果如图1-30所示。当有足够的特征匹配时（参见10组数据），所提出的方法可以在俯仰角和滚转角上容忍近25°的噪声。在这种情况下，6DOF优化的定位精度优于4DOF。但是，随着特征匹配对的数量减少，6DOF和4DOF方法之间的差异变小。这是合理的，因为当内点数很少时，由优化中的附加DOF引起的误差可能大于由噪声位姿估计引起的误差。因此，如果在长期定位的情况下，可靠的特征匹配非常有限，4DOF优化是一个不错的选择。

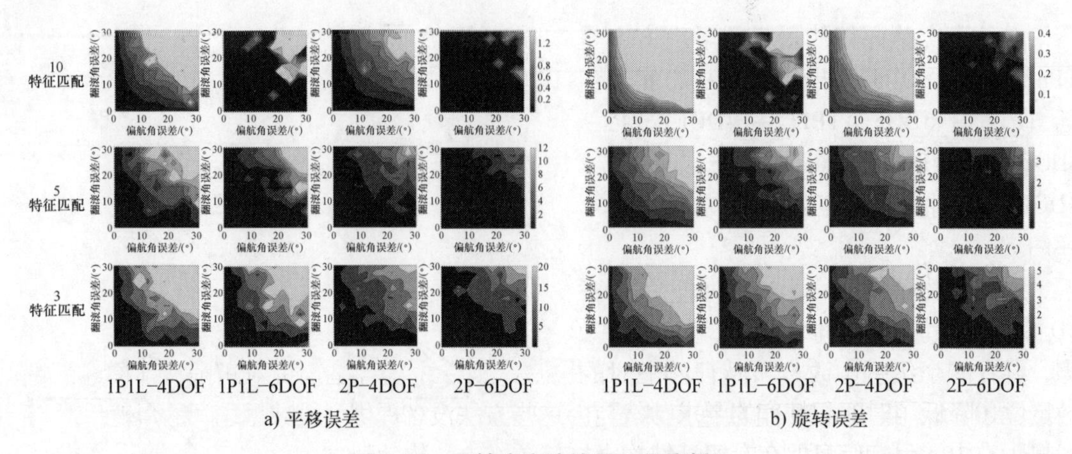

a) 平移误差　　b) 旋转误差

图 1-30　灵敏度实验结果（见彩插）

（3）鲁棒性

为了验证所提方法的鲁棒性，设计了一些实验，通过将内点率从 0 到 80% 改变为不同的内部数量级别：10、5、4、3。在每个级别，尽管误匹配率在增加，但内点数量不变。误匹配是通过错误地关联原始数据中的像素而生成的。当估计的位姿结果的平移误差小于 10% 且旋转误差小于 5°时，任务定位成功。为每种方法做了 200 次实验来平均成功率，结果如图 1-31 所示。正如预期的那样，当误匹配增加时，所提出的 2 实体 RANSAC 优于其他最小解，当内点数减少时更为明显。注意，在具有足够数量内点的情况下，当误匹配率为 80% 时，所提出的方法可以实现超过 90% 的成功率。

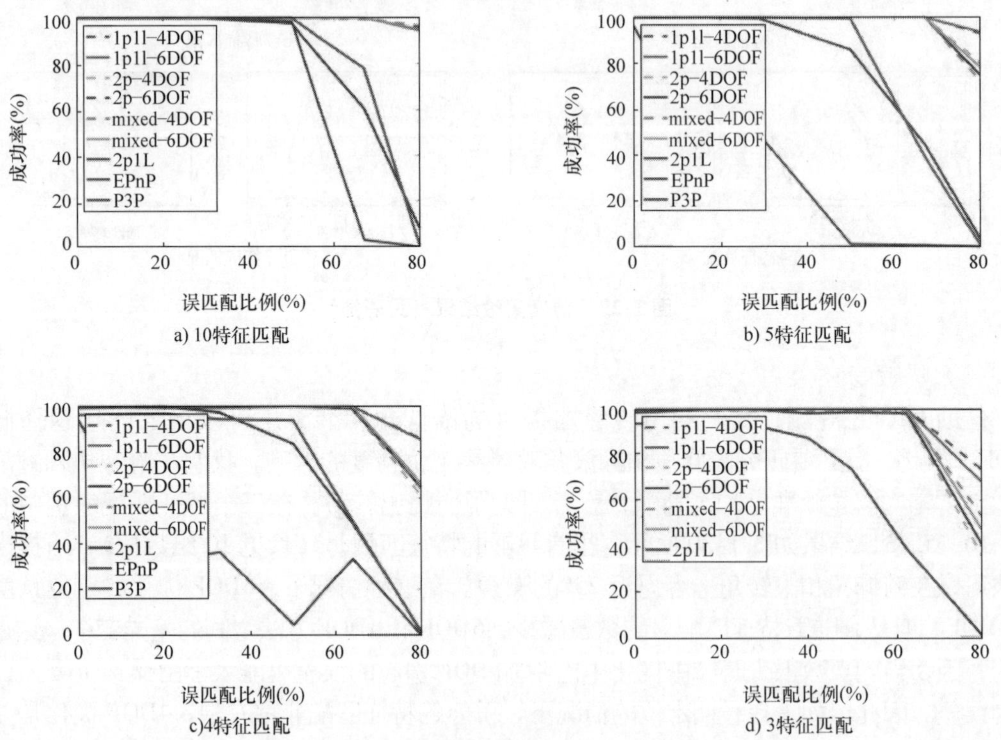

a) 10特征匹配　　b) 5特征匹配

c)4特征匹配　　d) 3特征匹配

图 1-31　鲁棒性实验结果图（见彩插）

1.2.3 基于拓扑局部尺度地图的定位

1.2.3.1 基于拓扑局部尺度地图的定位问题分析

对机器人的可靠移动的研究已经有很多年了，其中一个最主要的难点在于机器人定位。为了解决这个问题，其中一类方法是构建一个全局一致的尺度地图，然后利用机器人观测到的传感器数据与地图进行匹配，从而得到机器人位置。由于环境的动态变化，这些方法在机器人的长期运行中存在全局一致性问题。对此，大量研究尝试融合不同时间段的传感器数据，形成一个全局地图，为机器人提供定位服务。这些方法依赖于不同时间段数据之间对齐的精度，这在室外大尺度环境是难以保证的。除此以外，有学者研究利用拓扑结构进行建图和定位，降低了对匹配精度的要求。然而，这些方法没有提供多段数据之间的尺度信息。在某些研究中，尺度信息保存在拓扑结构中，但这类方法依然建立在全局一致性上，当有太多观测误差时仍然存在问题。

在具体实现时，将机器人运行中采集到的数据保存在拓扑地图上。定位时，实时传感器数据与地图邻域内的数据进行匹配，得到的定位结果是相对于局部而言的，从而避免了全局一致性要求。如果定位失败了，则将该数据插入到地图中，并与已有的数据建立拓扑联系。在导航中，通过在拓扑地图上搜索出一条能到达目标点的路径并依此到达，可以保证局部定位误差保持在一定范围内。主要创新点包括：

1）提出了一个基于拓扑结构的局部尺度框架（Topological Local - metric Framework，TLF），将不同时间段的传感器数据组织在一个地图下。

2）设计了针对 TLF 的定位和导航算法，让机器人在无全局坐标系的前提下自主运行。

3）提出了一个记忆机制，通过在 TLF 上增加或删除信息，让机器人记录未经过或改变了的地方，从而使机器人拥有不同时间段的地图信息。

4）为了验证算法的有效性和性能，我们将 TLF 应用于激光雷达和相机，在室外环境中不同时间段进行了 21 次导航试验。

1.2.3.2 基于拓扑局部尺度地图的定位算法

（1）地图表示

地图可以用图 $M=\{N,E\}$ 表示，其中 N 是节点的集合，E 是边的集合。对于节点 $n_i \in N$，其属性定义为

$$n_i = \{s_i, l_i, N_i\}$$

式中，s_i 是由传感器构建的子地图，如点云累积得到的局部激光地图或一帧图像数据；l_i 是与传感相关的定位器，可视为函数 $p_{t,i}=l_i(d_t,s_i)$，用于计算子地图 s_i 和当前传感器测量值 d_t 之间的相对位姿，如激光中的 ICP 和图像中的 RANSAC；N_i 是其他关于该节点的属性，如 GPS 数据、采集日期等，这些属性可以帮助定位和导航。

边 $e_i \in E$ 定义为

$$e_i = \{p_{i,j}, E_{i,j}\}$$

式中，$p_{i,j}$是节点 n_i 和 n_j 之间的相对位姿，在建图过程中，该位姿一方面可以由里程计数据获得，在局部是精确的；另一方面可以由定位器或全局闭环得到，在局部也是精确的；$E_{i,j}$ 是边的其他属性，例如在视觉导航中，由于相机的观测具有方向性，需要记录节点访问的顺序，即边的遍历方向。当有多段数据或者多个机器人时，这些地图可以通过寻找闭环融合到

一起。TLF 中会保存不同地图上节点间的相对关系。

(2) 相对定位

本文提出的定位算法基于滑窗优化。在定位误差不大的假设下，可以在拓扑地图上寻找出离当前机器人最近的一个节点 $Q(t)$，以 $Q(t)$ 为中心在拓扑地图上找出邻域 C_Q。同时，由历史里程计可得到里程计滑窗 C_{odom}。C_Q 和 C_{odom} 可由定位器给出首位相对位姿，如图 1-32所示。在该优化图中，三种边的代价函数定义如下

$$C_{odom} = \sum_{e_{\tau-1} \in E_{odom}} \| p_{\tau-1,\tau} - e_{\tau-1,\tau}(p_{\tau-1,\tau}) \|^2_{\sum_d} \tag{1-76}$$

$$C_Q = \sum_{e_{i,j} \in E_Q} \rho [p_{\tau-1,\tau} - e_{\tau-1,\tau}(p_{\tau-1,\tau})]_{\sum_q} \tag{1-77}$$

$$C_{loc} = \sum_{e_{\tau,k} \in E_{loc}} \rho [p_{\tau,k} - e_{\tau,k}(p_{\tau,k})]_{\sum_l} \tag{1-78}$$

式中，$\rho(\cdot)$ 是 robust kernel，用于减少观测误差带来的影响；p 是待估计位姿；Σ 表示加权矩阵，即 $\|e\|^2_{\sum} = e^T \sum^{-1} e$。$E_{odom}$ 是里程计数据；E_{loc} 是由定位器给出的相对位姿；E_Q 是拓扑地图中保存的相对位姿。待估计位姿可由下式给出

$$\hat{p} = \text{argmin} C_{odom} + C_Q + C_{loc} \tag{1-79}$$

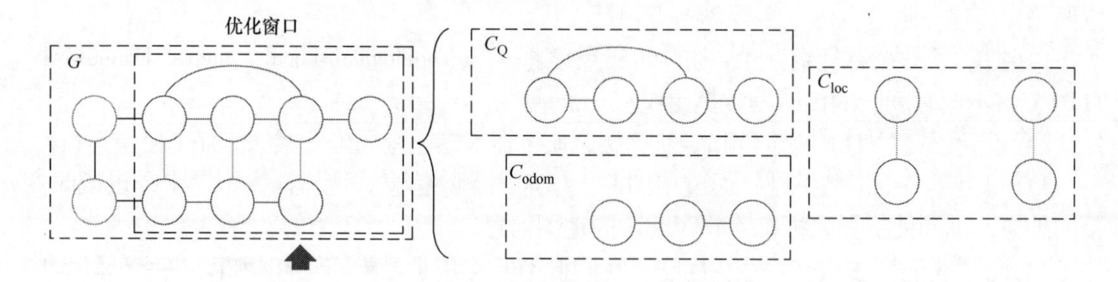

图 1-32 相对定位示意图（见彩插）

(3) 基于流形的导航

地图是保存在三维空间中的，但实际上，该拓扑地图可视为局部平滑的二维流形。因此，基于 TLF 的机器人无法在整个三维空间中运动。基于此，我们提出一个双层的导航算法。在顶层，从机器人当前位置出发，我们可以在拓扑地图上寻找出一条到达目标地点的路径，实际上是一个节点序列 $H = \{h_i\}$。在下层，每当机器人到达了 H 中的一个节点，该节点就从 H 中移除，并按顺序确定下一个目标点。不难证明，该方法能保证对最终目标点的估计误差会越来越小。流形导航示意图如图 1-33 所示。

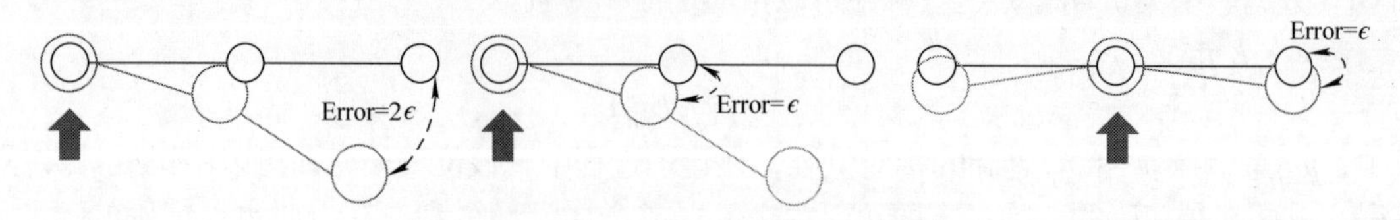

图 1-33 流形导航示意图（见彩插）

(4) 记忆机制

为了提高在不同时间的定位成功率，需要不断丰富地图的信息。本书提出的记忆机制如图1-34所示。当重新定位后（定位失败一段时间后全局定位成功），无法与地图匹配的数据会被加入到地图中（包括定位失败前最后一次定位成功的节点和最新一次定位成功的节点）。下次运行时，新增的数据即可用于定位，从而提高定位成功率。

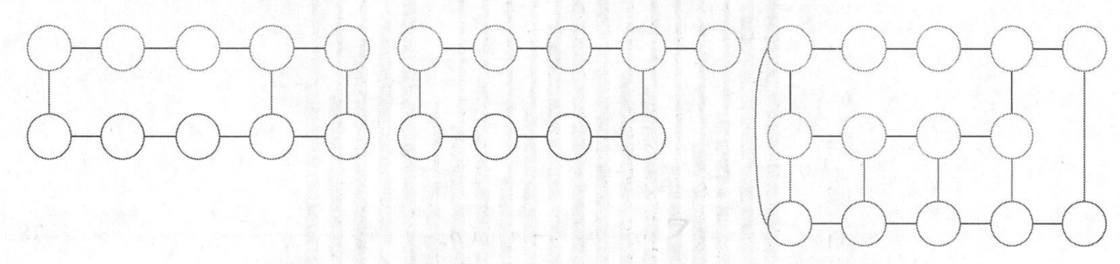

图1-34　流形导航示意图的记忆机制示意图（见彩插）

图1-34中，灰色点是地图点，绿色点是定位成功的点，红色点是定位失败的点，绿色边则表示一次成功的定位。为了保持地图规模在合理范围内，还需要对地图进行删减。地图维护针对的目标是动态变化的，如移动的车辆等。这类变化是不可持续的，在以后的定位中无法提供有效信息，因此需要删除。我们可以统计每个节点定位成功和失败的次数，算出该节点定位成功率的变化趋势。定位成功率稳定下降的节点对应的就是该类节点，应该从地图上删除。

1.2.3.3　实验结果

实验采用一个四轮移动机器人，机器人上安装了一个ZED双目相机和一个16线激光雷达VLP-16，如图1-35所示。在三天中的不同时间段，我们用该平台在校园里同一段路上运行了21次，每次运行约1km（图1-36），共23km。

图1-35　实验平台

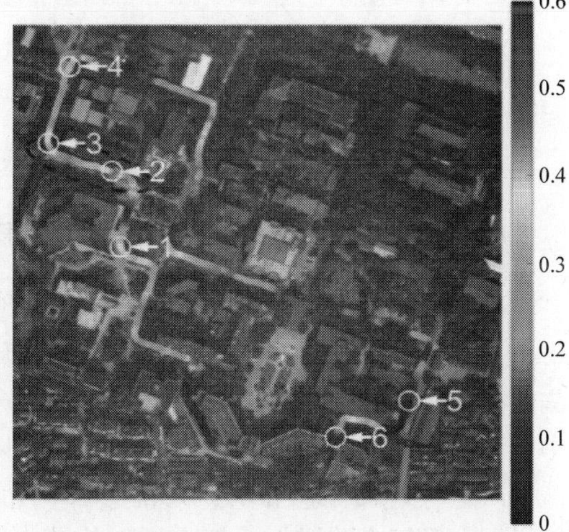

图1-36　运行路线卫星图（见彩插）

为了验证记忆机制的作用，我们分别统计了有/无记忆机制下的定位成功率，如图1-37所示。

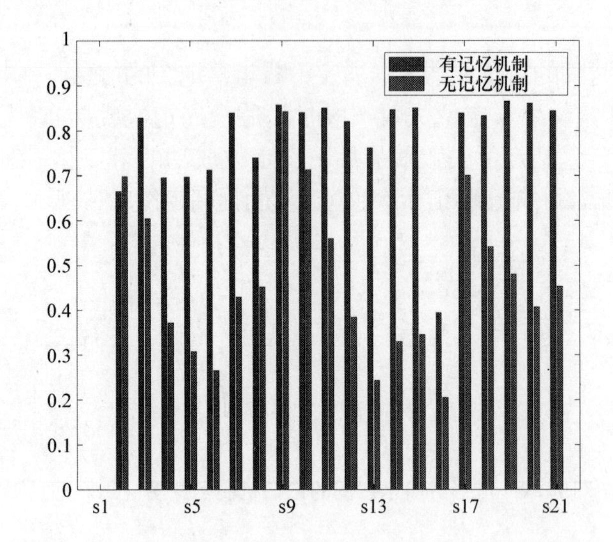

图 1-37　有/无记忆机制下的定位成功率对比（见彩插）

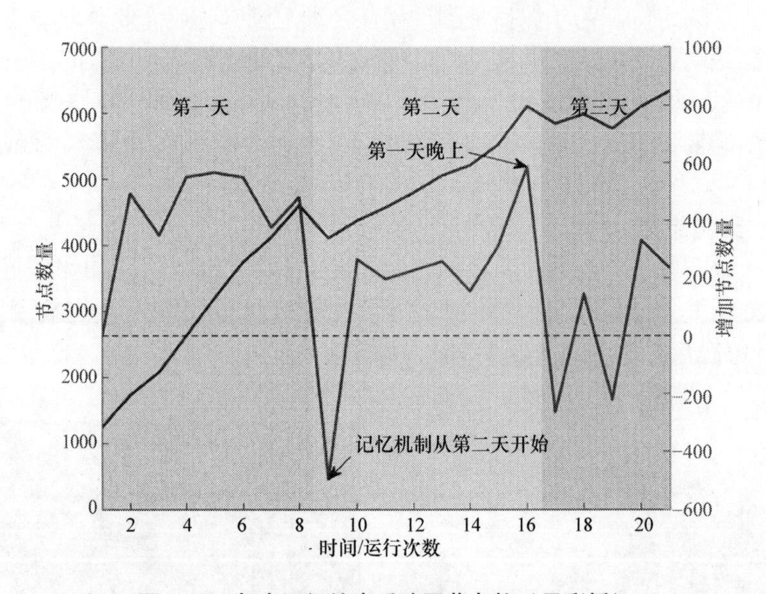

图 1-38　每次运行结束后地图节点数（见彩插）

在记忆机制的作用下，定位成功率明显增加。图中 s1 ~ s8、s9 ~ s16、s17 ~ s21 分别采集于第一、二、三天。没有记忆机制时，每天第一次运行的定位成功率是最高的，说明该时段与原地图最相似。s16 的定位成功率最低，这是因为已经进入晚上，光照变化最大。在三天中，没有记忆机制的定位成功率呈现了类似的趋势，与我们的采集时间吻合。

每次运行结束后地图节点数如图 1-38 所示。在第一天结束后，地图维护机制开始生效。随着机器人运行次数增加，每次增加的节点数呈下降趋势，偶尔会不增反减。在 s16 结束后，节点出现了较大的增加，这是因为 s16 观测到了晚上的图像，这是之前没有经历过的。总体而言，地图规模缓慢增加，并趋于稳定。

图 1-39 所示为算法的计算时间。除了首次运行，运行时间均在每帧 0.1s 左右，该速度能满足机器人的导航需求。

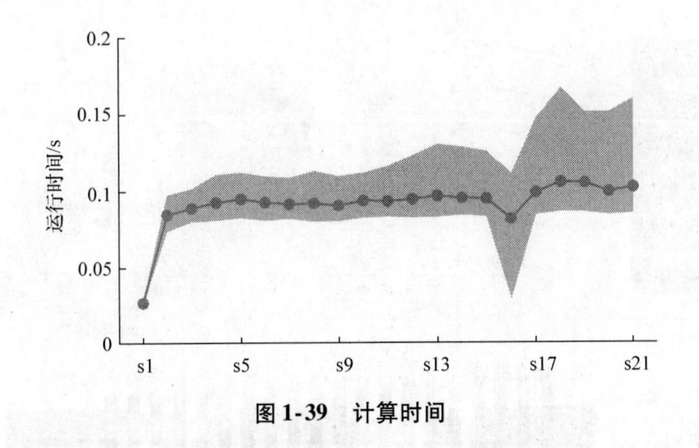

图 1-39　计算时间

1.2.4　机器人可行域检测

1.2.4.1　可行域检测问题分析

无结构化环境中的可行域分割是自动驾驶中不可或缺的技术，也是安全导航和行为控制的基础。在现有方案中，昂贵的激光雷达等主动传感器由于数据稀疏，难以检测出较小的障碍物。因此，在路面感知研究中，低成本的相机受到了越来越多的关注。近年来，深度神经网络在各个领域均取得了不小的突破。其中，用于语义分割的卷积神经网络进入了实用阶段，为无结构化环境中的可行域分割带来了可能性。

当前，大部分高级驾驶辅助系统（ADAS）局限在路面环境，主要完成车道线保持任务。这些系统依赖车道线检测、交通标志识别等技术，无法直接用于非结构化环境。基于监督学习的语义分割方法在可行域分割上取得了不错的效果，但由于这类方法需要大量带标签数据以及大量人力，难以获得海量数据。为了减少人工过程，有人提出了一种自学习的方法，通过给定初始地面假设，不断扩大可行域，但这种在线学习的方法无法利用已有数据。之后又有人提出了一种弱监督方法来生成标签数据，但他们标注的可行域太窄，限制了机器人的运动空间。同时，在有不同前进方向的分岔路口处，该方法会失效。

本节在先前工作的基础上提出了一个用于多时段多传感器的融合框架，并应用于自动生成带标签数据，为可行域分割模型提供训练数据。我们可以使用这些标签数据训练一个语义分割深度卷积神经网络。在训练阶段，该方法只需要一个激光和单目相机；在部署阶段，该方法只需要一个单目相机。

在采集到多段数据后，通过构建全局激光地图，定义一个全局坐标，并将数据组织在该框架下。每帧激光的位姿由激光在地图中定位给出，通过矩阵的链式法则合一得到其他传感器的位姿。

1.2.4.2　可行域检测算法

我们提出了一个数据融合框架与地图，该框架可以融合不同空间、不同时间、不同传感器的数据，如图 1-40 所示。融合的关键在于如何将数据表达在同一个框架下。首先，借助某个时段采集到的激光数据，构建一个全局地图 $\boldsymbol{M}$。对于从激光传感器 L 在 t_i 刻采集到的激光数据，可以用 ICP 定位算法得到该帧数据在 $\boldsymbol{M}$ 中的全局位姿。其中，t_i 包含两部分信息：一是该帧数据来自于哪段数据；二是来自该段的哪个时间点。

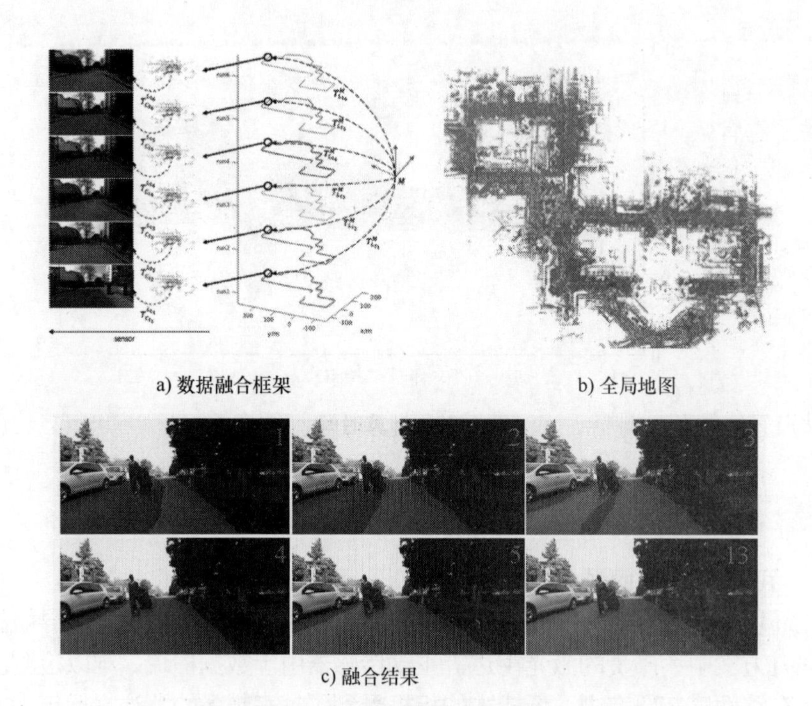

a) 数据融合框架　　b) 全局地图

c) 融合结果

图 1-40　数据融合框架地图与结果

该框架还支持多传感器配置。框架还可以融合激光数据以外的信息，如相机得到的图像数据。本方法假设相机 C 和激光 L 的相对位姿 T_C^L 固定，可以由标定给出。后续算法中，常常要知道不同时刻的图像数据间的相对位姿。对于 t_i 刻和 t_j 刻的图像数据 C_{t_i} 和 C_{t_j}，它们之间的相对位姿可以由对应激光的定位结果和激光－相机标定结果给出，即 $\boldsymbol{T}_{C_{tj}}^{C_{ti}} = (\boldsymbol{T}_C^L)^{-1}\boldsymbol{T}_{L_{tj}}^{L_{ti}}$

算法涉及的其余定义如下：在 t_i 时刻采集到的点云上的第 k 个点记为 $p_k^{t_i}$；t_j 刻车轮和地面的接触点记为 $w_{\{l,r\}}^{t_j}$，其中 l 和 r 分别表示左轮和右轮，接触点的位置可以由标定或者测量给出。

本方法将路面分为三种语义，即可行域、障碍物区域和未知区域。我们用一个移动机器人在校园里的同一条道路上采集了不同时间段的传感器数据。方法的核心即假设机器人走过的地方是可行域；地面以上的激光点是障碍物。标签数据生成过程如下：

1）可行域：本方法提出的可行域是基于先前提出的“候选道路”的概念的。在第 s 段数据上，t_i 刻的“候选道路” P_s 是未来机器人将要经过的路径在当前图像 C_{t_i} 上的投影。这条路径是由机器人轮子与地面接触点形成的轨迹决定的，并且是在相机坐标系 C_{t_i} 下的，它在图像上的投影可以表示为

$$^{C_{t_i}}w_{\{l,r\}}^{t_{i+j}} = KT_{C_{t_{i+j}}}^{C_{t_i}} w_{\{l,r\}}^{t_{i+j}} = K(T_C^L)^{-1} T_{L_{t_{i+j}}}^{L_{t_i}} T_C^L w_{\{l,r\}}^{t_{i+j}} \tag{1-80}$$

式中，$T_{L_{t_{i+j}}}^{L_{t_i}}$ 是上文提到的激光定位结果；T_C^L 是激光－相机标定结果；K 是相机内参。

在此定义下，“候选道路” P_s 可以表示为一个顶点如下的多边形

$$P_s = \{w_l^{t_i}, w_l^{t_{i+1}}, \cdots, w_l^{t_{i+h-1}}, w_l^{t_{i+h}}, w_r^{t_{i+h}}, w_r^{t_{i+h-1}}, \cdots, w_r^{t_{i+1}}, w_r^{t_i}\} \tag{1-81}$$

对于每段数据，我们可以得到一条“候选道路” P_s。在采集到多段数据后，通过融合多条“候选道路”，我们可以得到更宽的可行域。可行域融合采用图像上的“并”操作。

图1-40是该融合过程的一个例子，分别展示了融合1、2、3、4、5和13段数据后的可行域。可以看到，可行域越来越宽阔。我们的融合方法收益与统一的数据框架，先前提出的基于局部的算法无法有效利用多段数据。

2）障碍物区域：障碍物区域表示车辆无法通过的地方。上面提出的可行域标签生成方法存在一定瑕疵，在边界的地方容易产生歧义。如果直接将可行域以外的地方标记为障碍物，会影响实际避障效果。因此，找出障碍物区域尤为重要。

在我们的传感器配置中，激光可以检测出周围环境的结构，因此可以通过激光检测障碍物。激光点$p_k^{t_i}$投影为C_{t_i}，像素点${}^{C_{t_i}}p_k^{t_i}$上方的像素标记为障碍物。为了避免将地面点云标记为障碍物，还需要对地面进行平面拟合。我们在当前点云上进行平面拟合，将距离平面小于0.25m的点从点云中删除，删除后的点云按照上述步骤在图像上标记障碍物。由于激光的稀疏性，我们还对图像进行了形态学膨胀操作，以填补空洞。为了行驶安全，障碍物优先级高于可行域，即如果一个点同时被标记为二者，则该点视为障碍物。

3）未知区域：上述自动标记算法完成后，有一些像素会没有标签。这是因为有些地面既没有被车辆行驶过，也没有激光点扫描到。对于这些区域，我们将其标记为未知区域。

上述方法可以产生大量标签数据，数据的数量取决于采集车行走的路程。理论上这些数据适用于任意的语义分割网络。在实际部署中，将单目相机得到的图像数据输入网络，即可获得可行域预测结果。本文采用DeepLab作为像素级别分类器，该网络在精度和效率上均有不错的表现。与先前类似的我们还对角度进行了直方图采样，来保证数据的平衡性。

1.2.5　面向智能巡航的多传感器复合导航

1.2.5.1　多传感器复合导航问题分析

广义定义导航是监督和控制一架航空器或者车辆从一个地方到另一个地方移动的过程。对于旋翼飞行机器人系统来说，导航可以定义为数据获取、数据分析和提取以及关于机体状态和其周边环境信息的推测，并且成功和安全地完成分配的任务。根据一个导航系统的自主等级功能，从低到高可以分为：

1）传感：一种传感系统涉及一个或者一组传感器，这些传感器对特定的物理现象或者激励做出反应并且产生反应目标物或者物理现象的一些特征或者信息。旋翼飞行机器人系统机载常用的传感器有陀螺仪、加速度计、地磁计、静态和动态压力传感器、摄像头、激光雷达等。这些传感器可以为状态估计和感知算法提供原始的测量信息。

2）状态估计：状态估计主要涉及原始传感测量值的处理，从而估计与机体相关的状态变量，特别是其相关的位置和运动，例如姿态、位置和速度。这些估计可以是绝对的或者相对的，定位是一种局限于关联地图或其他地点的位置估计的特殊情况。

3）感知：旋翼移动类机器人系统感知是能够使用来自传感器的输入信息构建机体操作环境的内部模型，并且可以分配实体、事件，能够根据感知的环境状况来分类。分类/识别处理涉及旋翼飞行机器人系统观测到的信息与先验信息进行对比。感知根据不同的层级进一步可以分为多种功能，例如建图、避障、目标检测和目标识别。

4）航行态势感知：态势感知的概念通常用于航空领域并且关于态势感知的定义有很多。在本次调研报告中，我们采用“一定时间和空间环境中的元素的感知，对它们的含义的理解，并对他们稍后状态的投影（恩兹利，1999）”作为态势感知的定义。态势感知比感知更高一层，因为它需要对形势进行理解然后对未来一段时间的信息进行推断或者投影来决定将如何影响操作环境的未来状态。

上述分级导航内容的整体结构图如图1-41所示。

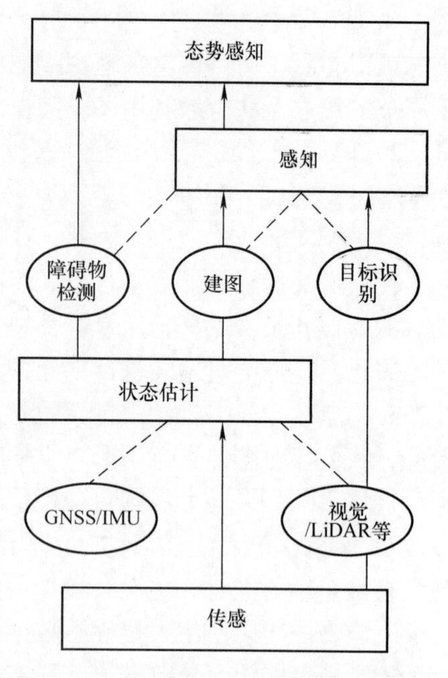

图1-41　分级导航内容的整体结构图

按照导航采用传感器的不同，将导航分为惯性导航、全球导航卫星系统（GNSS）、惯性导航系统（INS）和GNSS复合导航、视觉导航、激光导航、多传感器融合导航、感知导航系统等。基于IMU/GNSS、IMU/激光雷达的传统导航方式应用最为普遍，目前已基本成熟。高校、科研机构及各大飞行机器人企业把研发重心放在了视觉、多传感器融合导航等其他导航方式上。

1.2.5.2　多传感器融合导航

单一的导航方式都有着各自的优缺点，多传感器融合才能得到更加可靠的导航性能。典型的多传感器融合导航系统由IMU、GPS、视觉、激光雷达等构成，可以实现各种复杂环境下的自主飞行。千叶大学在该种导航系统的基础上，实现了核泄漏现场的飞行机器人侦察。麻省理工学院（MIT）也多次公开发布了室内外自由移动的飞行机器人融合导航科研成果。此外，宾夕法尼亚大学、密歇根理工大学、卡内基·梅隆大学、哈尔滨工程大学等高校也在研究应用于飞行机器人导航的多传感器融合技术，如图1-42和图1-43所示。国际飞行机器人赛事也把该项内容列为主要比赛项目。

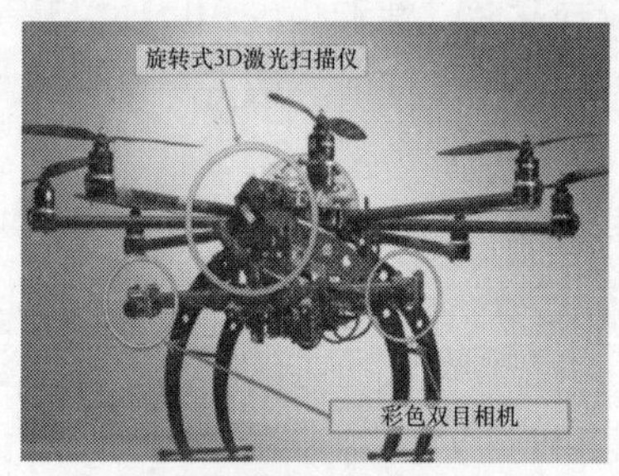

a)状态估计实验

b) 谷歌地图实验场景及飞行轨迹

图1-42　卡内基·梅隆大学飞行机器人实验环境

（1）复合导航飞行实验平台

本项研究定制的复合导航飞行实验平台（图1-44）搭载有三维激光雷达、视觉传感器、GNSS接收机/实时动态（RTK）载波相位差分技术、地磁计、惯性测量单元（IMU）、气压计等传感器，通过融合以上多种传感器来实现位置复杂多种环境下的自主导航。

（2）硬件系统

复合导航板微处理器采用STM32F4系列处理器，提供了工作频率为168MHz的Cortex^{TM}- M4内核（具有浮点单元）的性能，闪存高达1MB、具有先进互联功能和加密功

a)装载有IMU、激光雷达和摄像头的飞行机器人

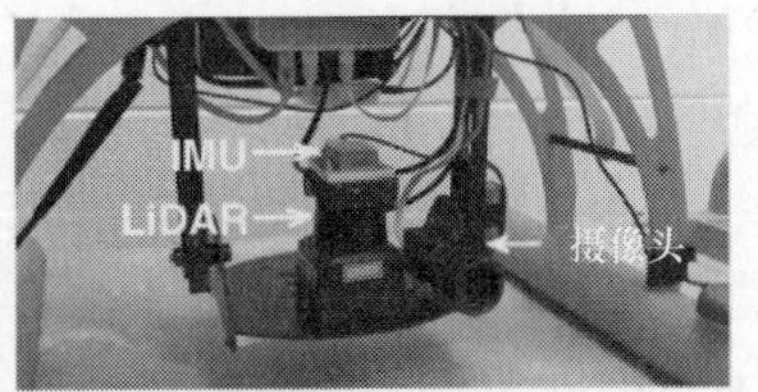

b) 前视图

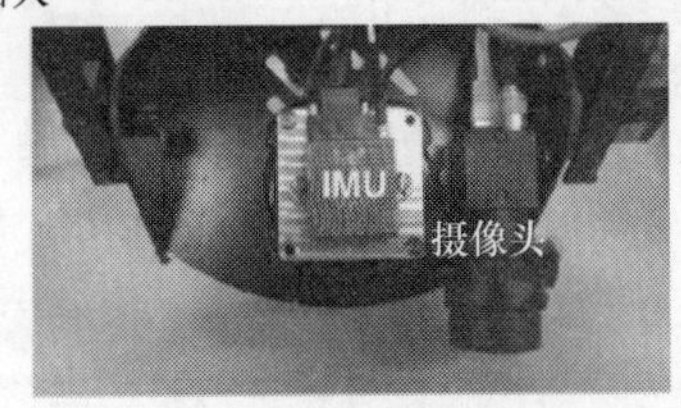

c) 俯视图

图1-43　密歇根理工大学传感器平台

能，可用于复合导航多种传感器信号中转、计算，可接入 IMU、RGB - D 相机、激光雷达、光流传感器等多种传感器，能同时实现4路串口数据收发，2路CAN接口数据收发，另外预留了1路IIC接口。支持DC5～12V的电源输入，支持DC3.3V/1A的电源输出。每路的数据输入输出口均有指示灯提示。为了避免误插，接口采用防接错设计。复合导航印制电路板（PCB）如图1-45所示。

图1-44　复合导航飞行实验平台

（3）多传感器数据融合架构

多传感器数据融合架构图如图1-46所示。一级模块包含模块1、模块2，一级融合模块1融合加速度计、陀螺仪、地磁计、光流传感器和单线激光雷达输出Roll、Pitch、Yaw及三轴加速度、角速度数据、位置、速度和高度数据；一级融合模块2使用3D激光雷达/视觉传感器通过融合估计得到的三维位置数据。二级融合模块的数据来源于一级融合模块，采用EKF多传感器融合方法，程序独立运行于多传感器数据融合板（MSDFB）中。

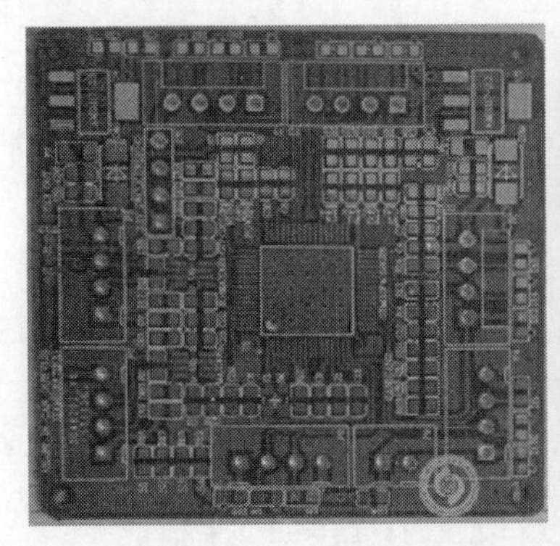

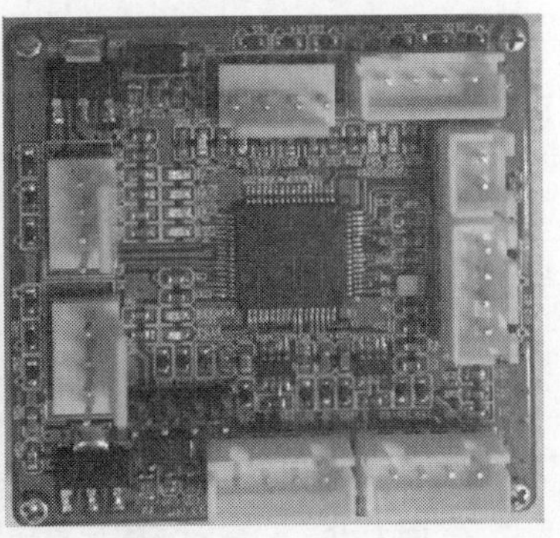

图1-45　复合导航 PCB

（4）GNSS/IMU 融合导航

通过 EKF 融合 GNSS（BDS/GPS）接收机、姿态角、加速度等数据输出位姿信息，该位姿信息可以用于室外环境下的自主导航，通过将融合速度数据与原始速度数据对比来验证算法的有效性，如图1-47所示。其中，红色实线为融合后的，蓝色虚线为原始数据。

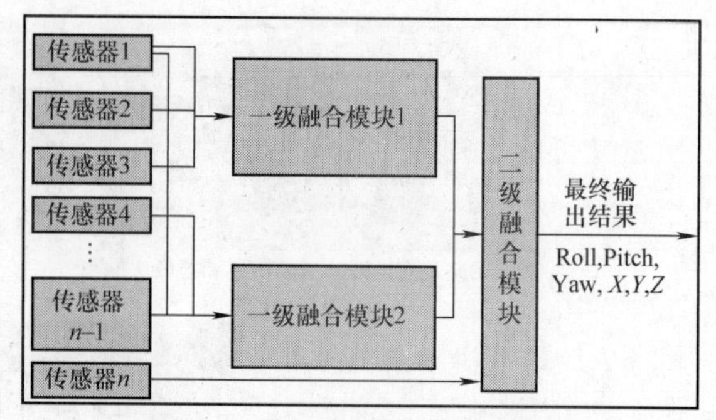

图 1-46　多传感器数据融合架构图

对比融合经纬度数据与原始经纬度数据来验证算法的有效性，如图 1-48 所示，其中红色实线为融合后的，蓝色虚线为原始数据。

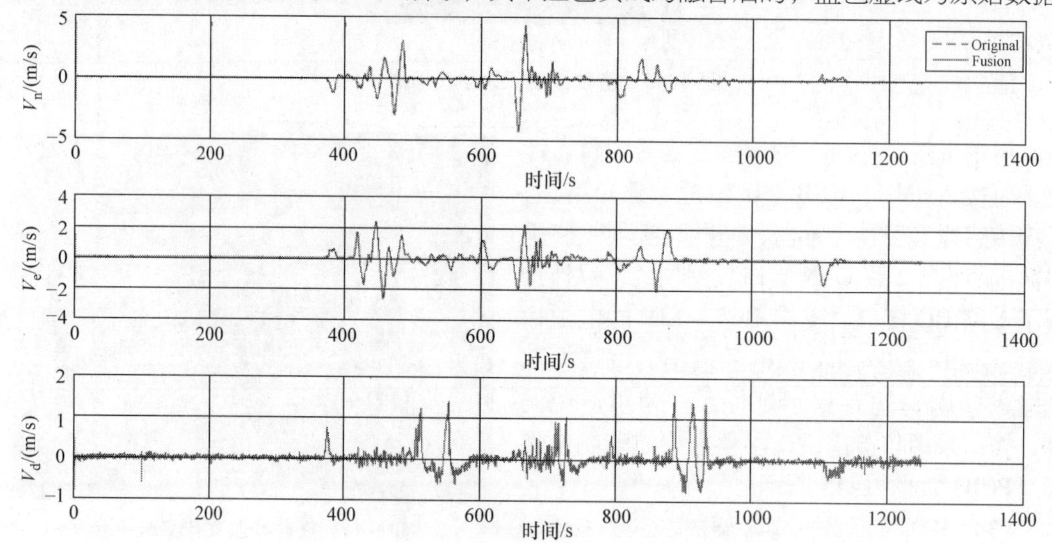

图 1-47　二级融合模块速度对比结果（见彩插）

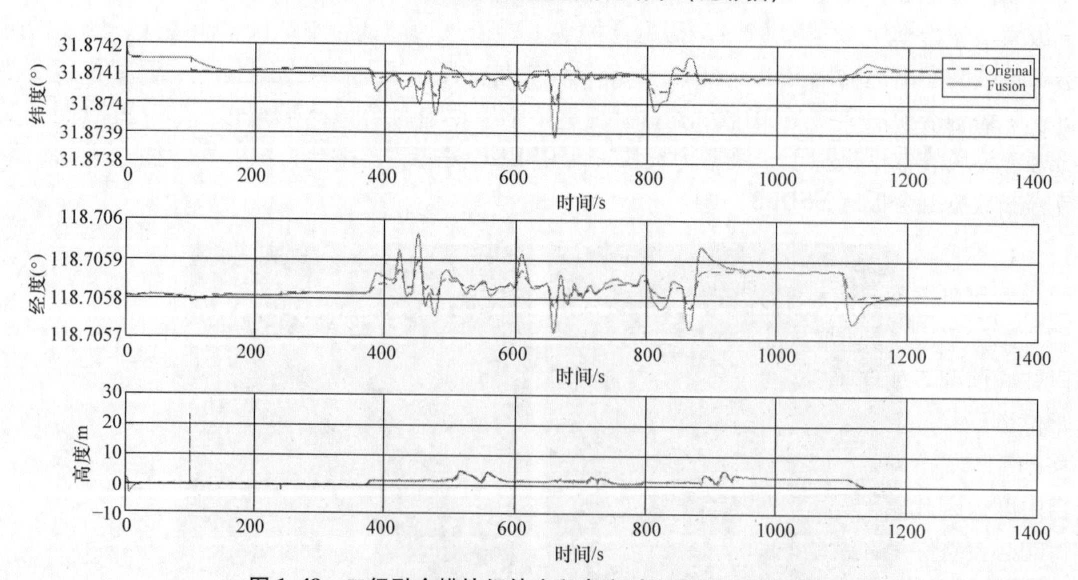

图 1-48　二级融合模块经纬度和高度对比结果（见彩插）

1.3 机器人自主移动与作业技术

1.3.1 机器人自主移动技术

复杂多变的环境和任务要求智能机器人具有更好的地形适应能力和自主移动能力，而足式机器人比轮式机器人更能适应各种复杂、崎岖的地形。作为典型的多足步行机器人，六足机器人具有丰富的运动形式、冗余的肢体结构以及良好的灵活度和稳定性，能够广泛适应各种崎岖地形，因此适用于对自主性和可靠性要求比较高的任务。

图1-49所示为哈尔滨工业大学研制的小型六足机器人HITCR，它具有体积小、重量轻的特点，便于其他大型移动设备携带，且可穿越更狭小的环境。该机器人共有24个自由度，机器人躯干上安装了小型双目视觉系统，腿部配备力觉传感器，可实现非结构化环境下自主、稳定的全地形步行。该机器人的腿部关节采用模块化设计，为了减小关节的体积和重量，提出了基于大功率直流无刷电机驱动、谐波减速及同步带传动的关节设计方案。电机选用具有大功率体积比、机体小且为扁平设计的盘式电机，在满足关节输出转矩和转速要求的基础上，结合定制的谐波减速器，有效减小了关节的横向尺寸。

图1-49　六足机器人HITCR

HITCR机器人的控制系统采用模块化、多级分布式的组织方式来提高其执行效率，整个控制系统分为运动规划层、腿间协调层用于、单腿控制层和电机驱动层。运动规划层基于嵌入式操作系统，实现人机交互及机器人行进路径的规划。腿间协调层由基于ARM和DSP的嵌入式主控制器实现，主要完成与腿间协调相关的算法。基于DSP的单腿核心控制器用来执行单腿控制层任务，该层采用模块化设计，每个单腿系统都具有一个单独的控制器，主要实现单腿的独立任务，并将腿部感知的接触及腿部姿态信息传输到上层的腿间协调层。电机驱动层由EPOS2驱动模块构成，用于完成底层的电机精确控制。

1.3.1.1　自适应足端轨迹规划

六足机器人具有串、并联复合拓扑的结构特点，当六足机器人处于支撑相时，机器人的腿与躯干形成了典型的并联多环机构，其正运动学问题归结为在各支撑腿足端位置、关节角已知的情况下如何确定机器人躯干的位姿，反之逆运动学问题则是在各支撑腿足端位置、躯干位姿已知的情况下对腿部各关节转角进行准确求解。六足机器人HITCR的躯干具有3个移动、3个转动共6个空间自由度，而六条腿共有18个主动自由度，整个机器人共计24个自由度，因此属于具有冗余自由度的空间并联多环机构。根据稳定性分析，该机器人稳定步行的必要条件是在运动的任意时刻至少有三条不相邻的腿同时处于支撑状态。六足机器人的支撑腿坐标系如图1-50所示。

足端轨迹规划重点关注六足机器人步行时机器人各足端的运动轨迹生成问题，其目标是

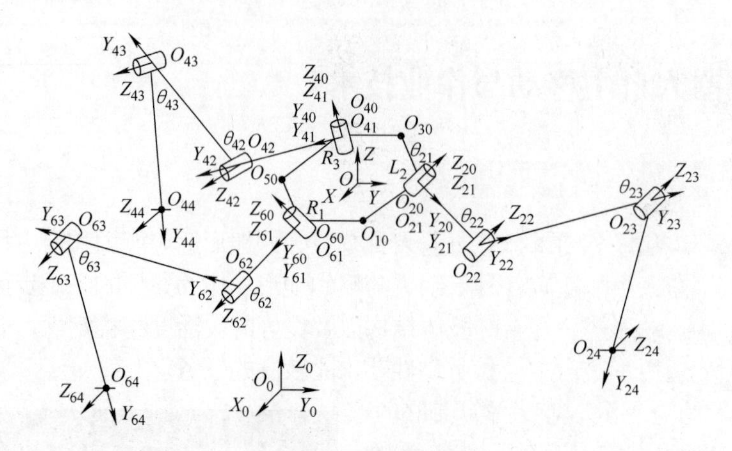

图 1-50　支撑腿坐标系

既要满足机器人在复杂地形下运动稳定性、运动快速性等需求，同时考虑机器人自身的机构、运动学和动力学约束，从而保证机器人有序、稳定、快速的运动。针对复杂崎岖的地形，六足机器人要实现自主移动，首先要具有机器人足端轨迹对地形变化的适应性，即能够生成自主跨越障碍并稳定落足的连续轨迹。

为便于机器人各腿足端轨迹的协调规划，以基关节轴线的中心（如 O_{60}）为坐标原点建立轨迹规划的参考坐标系 $\Sigma_{O'_{m0}}$，该坐标系的各轴方向与躯干坐标系平行，Z'_{m0} 与躯干垂直指向相反，X'_{m0} 与机器人的前行速度 V 方向相同。足端轨迹模型如图 1-51 所示。

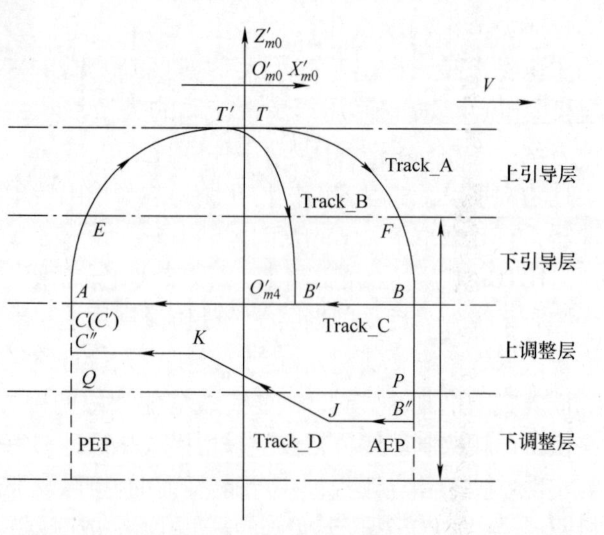

图 1-51　足端轨迹模型

足端轨迹的摆动相和支撑相统一在参考坐标系 $\Sigma_{O'_{m0}}$ 中规划。原点 O'_{m4} 为初始位姿下第 m 腿足端点在相应参考坐标系的 $X'_{m0}O'_{m0}Z'_{m0}$ 平面的投影。轨迹 Track_ A（曲线 $QATBP$）为摆动相轨迹在平面 $X'_{m0}O'_{m0}Z'_{m0}$ 的投影，该轨迹分为引导层 ATB 段和调整层 CQ 及 BP 段。引导层轨迹主要实现摆动功能，具有良好的形状和动态特性，而将其进一步区分为上下引导层则是用于机器人自主判断和切换位姿控制策略。调整层轨迹主要用于适应变化地面，可分别针对不同地形通过对应的轨迹调整解决机器人足端的起落问题。

当机器人在平坦地形移动时，摆动相轨迹仅包含引导层，起始于 A 点位置，终止于 B 点位置。当机器人在崎岖地形移动时，则摆动相轨迹可在曲线 TBP 段上任意一点终止并快速转换到支撑相轨迹，若终点高于水平参考位置则终止于引导层，低于水平参考位置则终止于调整层。轨迹 Track_ B（曲线 $AT'B'$）为摆动腿提前进入支撑相的轨迹，该轨迹主要是为

了满足多足协调控制的需要。轨迹 Track_C（线段 BA）为摆动相轨迹在平面 $X'_{m0}O'_{m0}Z'_{m0}$ 的投影，主要用于提供无位姿调整时机器人支撑相轨迹。而当六足机器人处于重度崎岖地形条件下，在移动的同时还需位姿调整，则可采用轨迹 Track_D（线段 $B''JKC''$）实现位姿控制。

崎岖地形下，机器人足端轨迹地面自适应原理如图 1-52 所示。其中，虚线表示崎岖变化的地形，而带有箭头的粗实线则表示机器人在摆动相和支撑相时的足端轨迹。

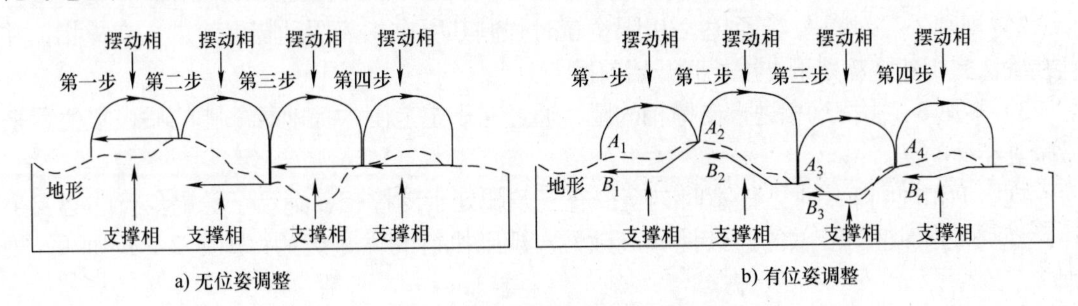

图 1-52　足端轨迹地面自适应原理

如图 1-52a 所示，四步轨迹分别对应不同的落地情况：以地面垂直高度来衡量，第一步轨迹的终点高于起点，第二步轨迹的终点低于起点，第三步足端终点略高于起点且跨越了凹陷的地形，第四步终点与起点等高但跨越了凸起的地形。在四种不同情况下，足端轨迹的摆动相都可以根据地形的变化，自主动态调整以适应未知地形。当无位姿调整时，机器人躯干的高度在每一步运动中都保持不变，支撑相的投影为直线。如图 1-52b 所示，当有躯干高度调整时，支撑相轨迹的投影为折线，以上一步支撑相轨迹结束的位置 B_{i-1} 作为该步摆动相轨迹的起始点 A_i，该位置以腿部坐标系为基准，规划的足端轨迹相对腿部坐标系静止。基于以上策略规划的足端轨迹，在轻度崎岖地形条件下，在足端轨迹适应变化地形的同时可以保证躯干在整个步行过程中以步行初始水平面为基准保持位姿不变；在重度崎岖地形条件下，机器人移动不是以固定的初始水平面为基准，而是以不断变化的躯干平面自身为基准，并且躯干可以通过位姿的调整来灵活适应不断变化的地形。

1.3.1.2　基于 Walknet 局部规则的自由步态规划

Walknet 步行控制器给出了腿间相互作用的六条局部规则，可据此来协调六足机器人各腿的摆动和支撑运动，该控制策略直接、有效地解决了腿间运动的协调问题。为实现腿间相序在外界干扰下的自主调整，我们基于 Walknet 控制策略提出了三条腿间局部规则，并结合腿部的传感器信息来实现自由步态。

自由步态是一种非模式化的、非重复性的步行方式，该步态对于地形变化具有较好的动态调节能力，可通过实时变换步行模式以适应地形变化或步行任务要求。自由步态的步行模式可由步态参数 δ_{gp} 进行统一描述

$$\delta_{gp} = \frac{t_{swing}}{T}, T = t_{swing} + t_{stance} \tag{1-82}$$

式中，T 是步行周期；t_{swing} 是摆动相持续时间，t_{stance} 是支撑相持续时间。

当机器人在平坦地形下运动时，δ_{gp} 为某一固定值，此时为固化步态模式，可以根据步行任务或环境状态变化动态改变 δ_{gp} 值以切换步态模式。例如，当 $\delta_{gp}=1/2$ 时，机器人采取

三足步态；当 $\delta_{gp}=1/3$ 时，机器人为四足步态；当 $\delta_{gp}=1/6$ 时，机器人为五足步态。因此针对崎岖地形的自由步态，可通过腿间的激励和抑制关系（该激励来自于机器人的多模态感知系统）实时改变 δ_{gp} 值来保证机器人稳定步行和地形通过，步态模式则为介于三足与六足之间的波动步态（$1/6<\delta_{gp}<1/2$）。

根据步行稳定性和连续性的需要，提出了以下腿间局部规则：

1）规则1：摆动腿，通过在一定范围内推迟相邻腿的后极限位置来抑制其同时前摆。

2）规则2：支撑腿，在到达后极限位置时强制其所有相邻摆动腿提前进入支撑相，并且在确认其相邻腿都处于支撑相时开始前摆。

3）规则3：由摆动相进入支撑相的腿，通过在一定范围内提前相邻腿的后极限位置来激励其相继前摆。

规则1和规则2约束了任意时刻至少有三条腿处于支撑相，满足了稳定步行的必要条件；规则3则保证了步态的连续性和高效性。规则执行的优先级为：规则2 > 规则1 > 规则3。

图1-53所示为局部规则在腿间的执行关系。规则1和规则2作用于任意的相邻腿之间；规则3作用于腿 L_3 和腿 R_3 之间，由腿 L_3 对腿 L_2、腿 L_2 对腿 L_1、腿 R_3 对腿 R_2、腿 R_2 对腿 R_1 单向作用；并且规定腿的摆动优先级为：$L_3>R_3$，$L_2>R_2$，$L_1>R_1$，$L_3>L_2$，$L_2>L_1$，$R_3>R_2$，$R_2>R_1$，由此实现腿部稳定的依次摆动。

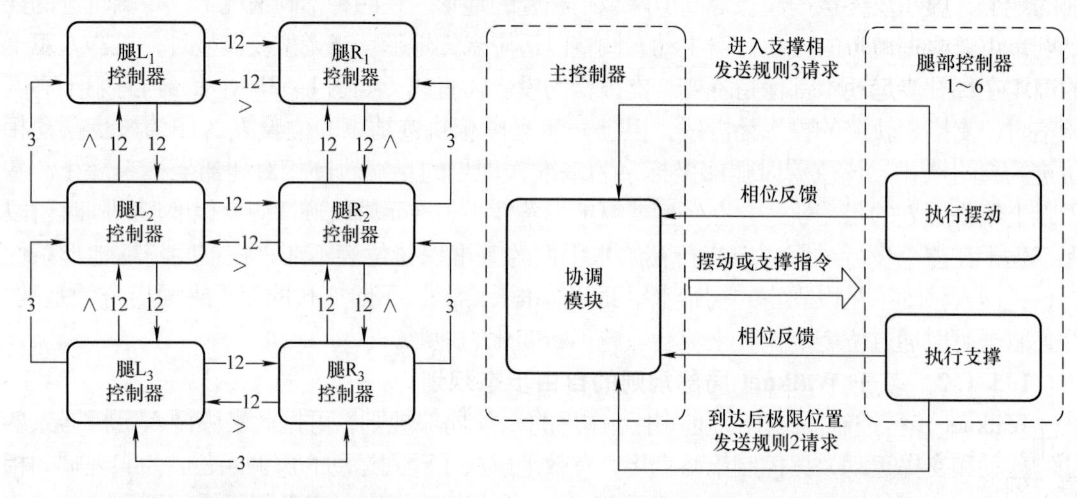

图1-53　局部规则的执行关系　　**图1-54　机器人步态控制原理**

机器人步态控制原理如图1-54所示，整个机器人步态控制系统由主控制器和腿部控制器组成，两种控制器之间通过CAN总线进行高速通信。位于躯干的机器人主控制器作为控制核心，主要实现基于局部规则的多足运动协调功能。各腿部控制器采集关节角位置传感器，计算腿部相位信息并实时发送到主控制器；当腿部控制器感知到处于支撑相的腿到达后极限位置时，则向主控制发送执行规则2请求并等待响应；当处于摆动相的腿部通过力传感器感知到与地面接触而进入支撑相后，则向主控制器发送执行规则3请求并等待响应。主控制器的协调模块根据各腿部的请求及相位信息，按照腿间局部规则及优先级关系判定各腿下一时刻的状态，向各腿部控制器发送动作指令，各腿部控制器按照接收到的主控制器指令执

行摆动或支撑运动。

1.3.1.3　位姿自主控制

机器人位姿自主控制的意义在于根据地形的变化自主选择合理的位姿控制策略以保证机器人的全地形移动能力。针对不同地形特点，我们分别采取不同的位姿控制策略：针对轻度崎岖地形，提出基于虚拟悬架动力学模型的位姿保持策略；而针对重度崎岖地形，则采用基于主支撑三角形的位姿调整策略。

（1）轻度崎岖地形位姿保持策略

凭借其冗余并联构型和丰富的运动模式，六足机器人具有较高的稳定裕度和地形适应能力。轻度崎岖地形的干扰通常不会导致机器人运动失稳，但会对机器人位姿产生影响，从而进一步影响运动的平顺性及快速性。因此，我们设计了基于虚拟弹簧动力学模型的双环积分滑膜控制器，以初始位姿为基准，以保持机器人躯干水平和高度不变为控制目标，保证运动的平稳性。虚拟悬架动力学模型（Virtual Suspension Dynamic Model，VSDM）如图1-55所示，在机器人躯干的竖直方向、俯仰方向及滚转方向上分别设置1个一维虚拟弹簧阻尼器，则机器人躯干的位姿控制可转化成弹簧阻尼器的控制，通过对弹簧阻尼器的参数调节实现对竖直方向波动以及俯仰角、滚转角扰动的主动抑制。

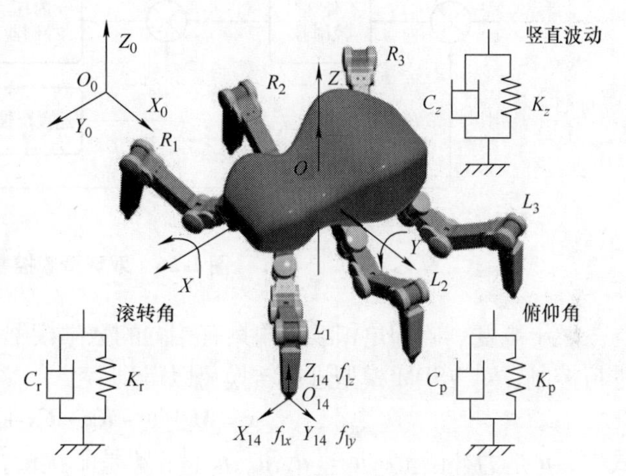

图1-55　机器人虚拟悬架动力学模型

假定地面和机器人本体均为刚性，该动力学模型的数学表达式如下

$$\begin{cases} M_g\ddot{z} = -K_z z - C_z\dot{z} \\ I_p\ddot{\theta}_p = -K_p\theta_p - C_p\dot{\theta}_p \\ I_r\ddot{\theta}_r = -K_r\theta_r - C_r\dot{\theta}_r \end{cases} \tag{1-83}$$

式中，K_z、K_p、K_r分别是竖直、俯仰和滚转方向的虚拟弹簧刚度系数；C_z、C_p、C_r分别是竖直、俯仰和滚转方向的虚拟阻尼系数；I_p、I_r分别是俯仰和滚转方向的转动惯量；z、θ_p、θ_r分别是躯干高度、俯仰角和滚转角；M_g是机器人重量；$\dot{\theta}_p$、$\ddot{\theta}_p$分别是俯仰角速度和俯仰角加速度；$\dot{\theta}_r$、$\ddot{\theta}_r$分别是滚转方向角速度和角加速度；$\dot{z}$、$\ddot{z}$分别是躯干高度方向速度和加速度。

当机器人处于平坦地形缓慢运动状态时，位姿控制可以由式（1-83）模型决定的线性时不变系统来实现。但机器人在崎岖地形步行过程中，存在由于自身状态改变以及外界环境对机体作用带来的干扰，该情况下的模型表示如下

$$\begin{cases} (M_g + \Delta M_g)\ddot{z} = -K_z z - C_z\dot{z} + u_z + d_z \\ (I_p + \Delta I_p)\ddot{\theta}_p = -K_p\theta_p - C_p\dot{\theta}_p + u_p + d_p \\ (I_r + \Delta I_r) + \ddot{\theta}_r = -K_r\theta_r - C_r\dot{\theta}_r + u_r + d_r \end{cases} \tag{1-84}$$

式中，u_z、u_p、u_r 分别是竖直、俯仰和滚转方向的控制量；d_z、d_p、d_r 分别是竖直、俯仰和滚转方向的干扰量；ΔM_g、ΔI_p、ΔI_r 分别是竖直、俯仰和滚转方向惯量的改变量。

滑膜控制器凭借其特有的滑膜运动，能够屏蔽模型参数及外界扰动的影响，从而使控制系统具有良好的鲁棒性。为了通过 VSDM 对机器人进行位姿保持，我们设计了具有双环结构的滑膜控制器，通过对位置和速度误差的跟踪保证位姿控制精度。如图 1-56 所示，该结构外环为位置环、内环为速度环，外环输出的速度指令作为内环的外部指令。

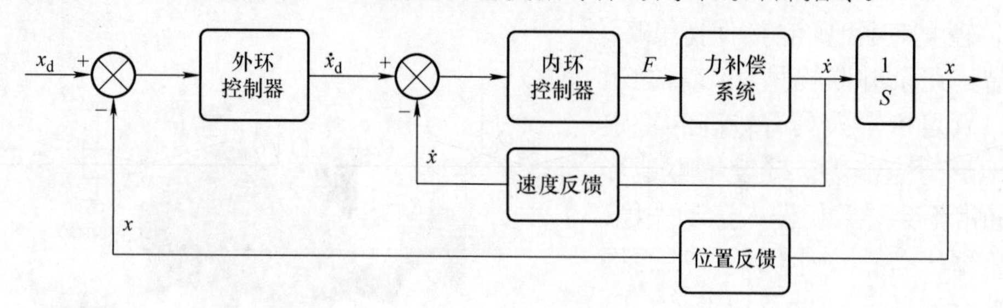

图 1-56　双环滑膜控制系统

躯干高度、俯仰角和滚转角具有相同的数学模型，因此可以采用相同的滑膜控制器分别进行控制，对 VSDM 模型进行转换可以得到

$$\ddot{\boldsymbol{x}} = \boldsymbol{M}^{-1}(-\boldsymbol{K}x - \boldsymbol{C}\dot{x} + \boldsymbol{u} + \boldsymbol{d}') \tag{1-85}$$

式中，$\boldsymbol{u}$ 是力补偿量，$\boldsymbol{u} = [u_z, u_p, u_r]^T$；$\boldsymbol{d}'$是干扰量，$\boldsymbol{d}' = [d'_z, d'_p, d'_r]^T$，包括外部环境的干扰量和状态改变产生的内部干扰量。

设外环位置控制指令为 x_d，x 为位置实际输出值，位置误差为 $e_s = x_d - x$。定义外环滑膜函数为

$$S_O = e_s + k_1\int_0^t e_s \mathrm{d}t \tag{1-86}$$

式中，S_O 是外环滑膜函数；k_1是外环滑膜函数积分环节系数。

当 $k_1 > 0$，则有

$$\dot{S}_o = \dot{e}_s + k_1 e_s = \dot{x}_d - \dot{x} + k_1 e_s \tag{1-87}$$

设计外环控制律如下

$$\dot{x}'_d = \dot{x}'_d + k_1 e_s + \rho_1 \operatorname{sgn} S_o \tag{1-88}$$

式中，ρ_1 是符号函数系数，$\rho_1 > 0$。

内环速度控制指令为 $\dot{x}'_d$，控制误差 $e_v = \dot{x}'_d - \dot{x}$。定义内环滑膜函数为

$$S_I = e_v + k_2\int_0^t e_v \mathrm{d}t \tag{1-89}$$

式中，S_I是内环滑膜函数；k_2是内环滑膜函数积分环节系数；$\dot{x}$ 是实际速度输出值。

当 $k_2 > 0$ 时，则有

$$\dot{S}_O = \dot{e}_v + k_2 e_v = \ddot{x}'_d - \ddot{x} + k_2 e_v \tag{1-90}$$

设计内环控制律如下，其中符号函数系数 $\mu > 0$，$\rho_2 > \|d'\|$。

$$\mu = M(\dot{x}'_d + k_2 e_v) + C\dot{x} + CS_I + Kx + \mu S_I + \rho_2 \operatorname{sgn} S_I \tag{1-91}$$

（2）重度崎岖地形位姿调整策略

对于重度崎岖地形，六足机器人需要采用位姿调整策略，对躯干的高度和倾角进行调

整。六足机器人各支撑足端点在其躯干坐标系中构成的多边形，称为构型多边形（Configuration Polygon，CP）。受崎岖地形影响，构型多边形通常为空间多边形，比较典型的是三足、四足和五足支撑时的构型多边形，如图1-57所示。可以看出，在四足和五足支撑情况下并非所有的足端点都位于同一平面。

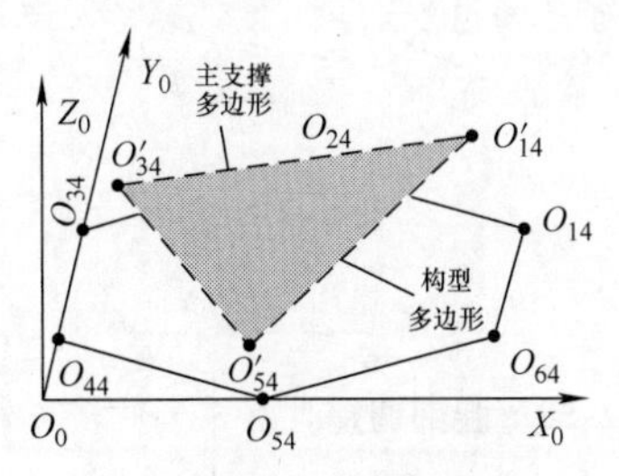

a) 三足支撑下的构型多边形

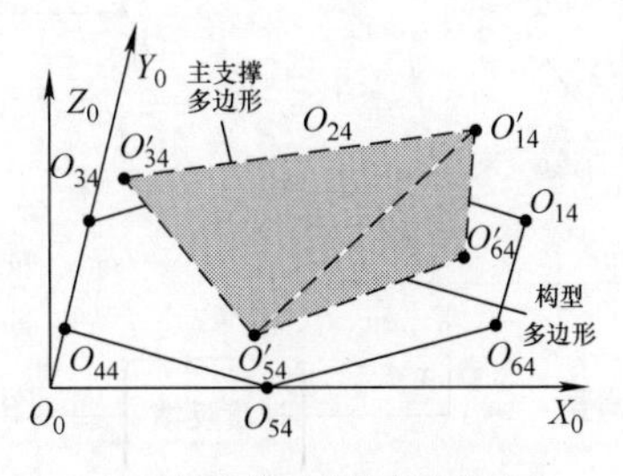

b) 四足支撑下的构型多边形

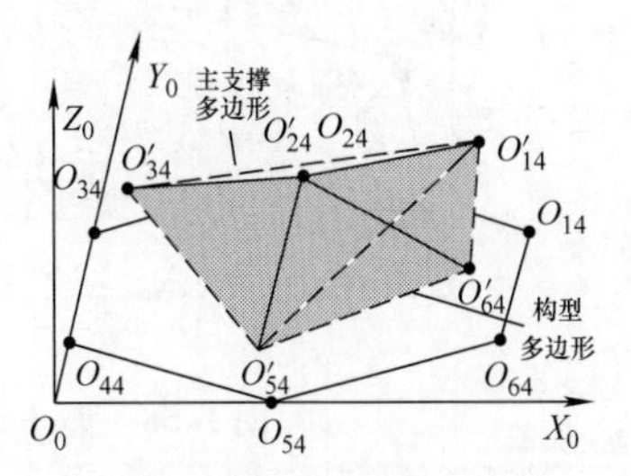

c) 五足支撑下的构型多边形

图1-57　主支撑三角形分析

根据机器人步态稳定条件，任意时刻都要保证至少有三条不相邻的腿处于支撑阶段，定义连接三条不相邻腿的足端点所构成的三角形为主支撑三角形（Master Polygon，MP），则步行过程中任何构型多边形总存在唯一的主支撑三角形。六足机器人的CP与地形共同决定了其位姿，但由于CP作为空间多边形不适合作为基准面来衡量躯干的姿态，而MP近似表征了构型多边形的方位特征，因此采用MP作为位姿调整的基准面，其选取规则如下：

1）如果腿L_2、R_1、R_3为支撑相，则选择这三条腿足端点组成的支撑三角形为MP。

2）如果腿R_2、L_1、L_3为支撑相，则选择这三条腿足端点组成的支撑三角形为MP。

3）如果六条腿都为支撑相，则选择腿L_2、R_1、R_3足端点组成的支撑三角形为MP。

其中，L_1为机器人躯干左侧的第1条腿（靠近机器人头部），R_1为躯干右侧的第1条腿（靠近机器人头部），依此类推。

确定了MP之后，以主支撑腿中的后腿与中腿的腿部坐标系坐标原点连线为基准轴线，对躯干的姿态进行调整，并且以躯干平面与MP平行为控制目标。如图1-58所示，以六条腿同时支撑状态为例，腿R_1触发重度崎岖标志位，并且判定为MP。此时基准轴线为$O_{20}O_{40}$，位姿控制目标为与LMP平行的平面$\Delta O_{20}O_{40}O'_{60}$，由此可得到由躯干的高度以及俯仰角和滚转角组成的控制量。位姿调整过程中，除确定基准轴线的两条腿外，其余腿部坐标系原点由位姿调整运动而产生的轨迹如$O_{10}O'_{10}$、$O_{60}O'_{60}$、$O_{50}O'_{50}$、$O_{30}O'_{30}$所示。如图1-59所示，足端轨迹规划基于腿部坐标系进行，由于处于支撑相的足端相对地面静止，根据运动的相对性，足端轨迹是与腿部坐标原点运动轨迹形状相同的曲线。由于躯干的高度、俯仰角及偏转角之间具有严格的对应关系，因此，只需要以其中的一个因素作为控制量，采用基于VSDM的双环积分滑膜控制器进行控制即可实现机器人的位姿调整，而无须对上述三个量分别进行控制。

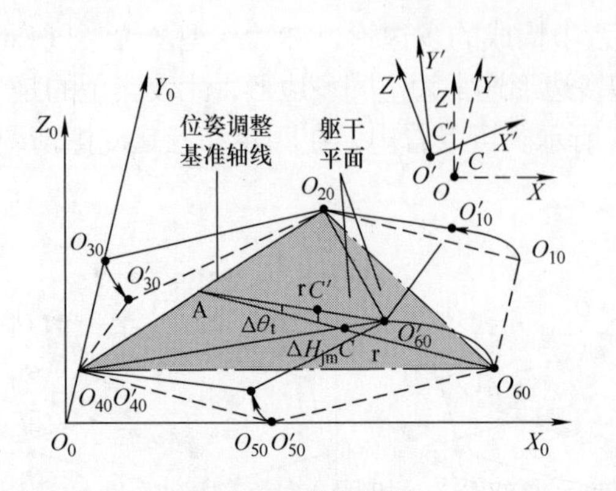

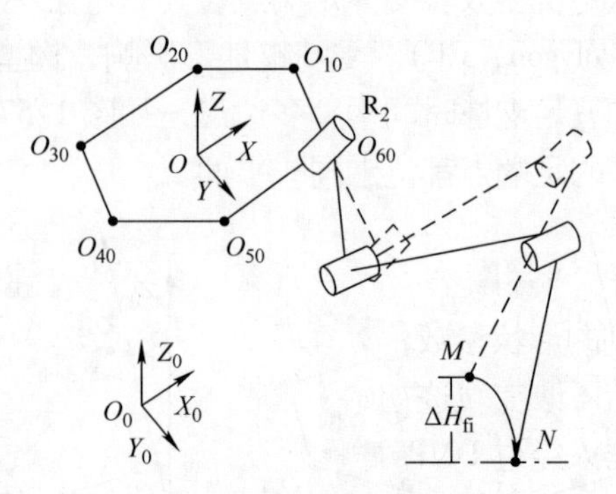

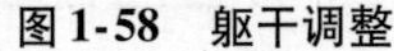

图 1-58　躯干调整　　　　图 1-59　腿部调整

1.3.2　机器人自主作业技术

1.3.2.1　基于动作基元轨迹的模仿学习方法研究

近年来，随着人工智能、传感器技术的快速发展，机器人的智能程度不断提高，机器人自主作业的需求不断增加。在自主作业中，机器人需要具备学习新任务的能力，能够根据不同任务需求和环境进行智能决策并自主规划任务。传统的机器人任务编程方法严重依赖于编程人员的专业知识，需要提前考虑好所有可能发生的情况，一旦任务发生改变就要重新进行编程，因此机器人作业任务的通用性和扩展性较差。而最近提出的模仿学习方法则提供了一个自然直观的快速传授机器人新技能的机制。机器人通过感知人类演示，提取相关信息并编码最优策略，实现不同作业任务的泛化，并在作业过程中通过训练不断优化机器人执行任务的效果，从而实现机器人自主作业。

机器人成功完成自主作业任务的首要环节是如何实现任务需要的机器人末端轨迹，一个任务的整体轨迹一般由不同的动作基元组成，例如典型抓取放置任务包括抓、放、返回等动作基元。人类针对每个动作基元进行示教，机器人记录轨迹后，通过轨迹滤波消除抖动，采用动态时间规整（Dynamical Time Warping，DTW）算法保证多次示教轨迹的时间一致性和均匀性，采用高斯混合模型与高斯混合回归（Gaussian Mixture Model and Gaussian Mixture Regression，GMM/GMR）算法建模轨迹整体分布并提取最优示教轨迹，并采用动态运动基元（Dynamic Movement Primitives，DMPs）方法对最优示教轨迹进行建模并学习得到轨迹的形状参数，该形状参数可以用于多个相似作业任务下起始位置和终止位置的泛化。

DMPs 方法将末端轨迹的各个自由度解耦成独立的离散运动 DMP，一个 DMP 可以用不依赖于时间 t 的标准系统和转换系统描述

$$\tau\dot{x} = -\alpha_x x \tag{1-92}$$

$$\begin{cases}\tau\dot{z} = \alpha_z[\beta_z(G-y)-z]+f \\ \tau\dot{y} = z\end{cases} \tag{1-93}$$

标准系统通过不显示依赖于时间 t 的阶段变量 x 表示离散运动的演化过程，转换系统则利用非线性强迫力 f 将线性弹簧阻尼系统转换为具有弱非线性的弹簧阻尼系统，非线性力 f 可以由 K 个基函数的权重进行线性加权组合得到，表示为

$$f(x) = \frac{\sum_{i=1}^{K} \psi_i(x) w_i}{\sum_{i=1}^{K} \psi_i(x)} x(G - y_0) \tag{1-94}$$

其中，基函数权重 w_i 可利用局部加权回归（Locally Weighted Regression，LWR）方法学习后作为离散运动的形状参数。当初始位置 y_0 或者目标位置 G 发生改变时，DMPs 可以基于学习到的形状参数，利用转换系统逐步积分得到每个时刻下的期望位置。

若不改变轨迹初始位置和终止位置，机器人可以复现人类示教时的任务，图 1-60 所示为机器人经过 DMPs 学习后复现人类示教抓取放置任务的末端轨迹，图中整体轨迹拟合效果较好，即使轨迹中出现一定的偏差（z 坐标值后半部分），机器人学习得到的轨迹仍然能够保留人类示教时候的轨迹形状和趋势，可以满足机器人复现人类示教任务的基本要求。

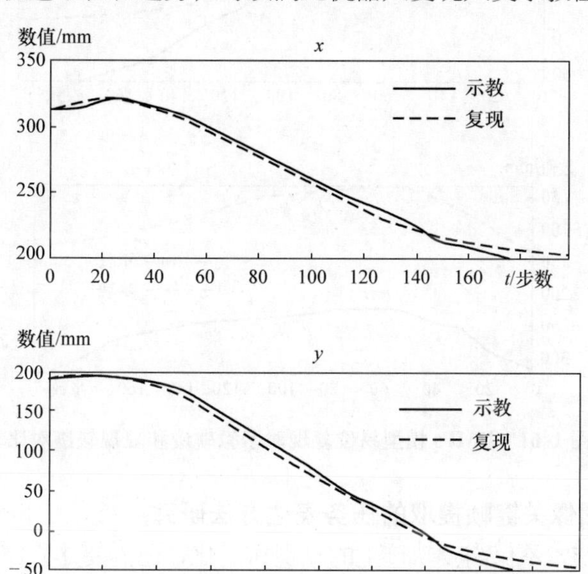

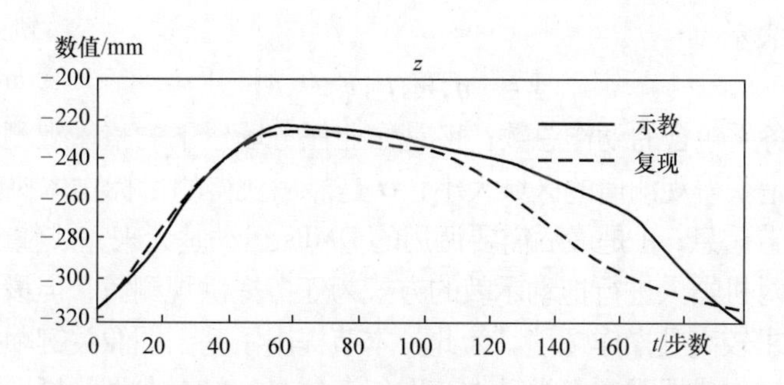

图 1-60　DMPs 模型原位复现时示教轨迹与复现轨迹对比

采用 DMPs 作为学习模型的主要优势体现在基于其形状参数的不变特性所呈现的良好轨迹泛化效果。图 1-61 所示为在保证原始演示轨迹相对运动趋势方向不变的前提下，初始位置和终止位置发生改变后，用 DMPs 模型泛化后得到的任务执行末端轨迹。图中三维空间位置随时间分布趋势与复现任务的轨迹较为相似，体现了 DMPs 模型的良好泛化性能。

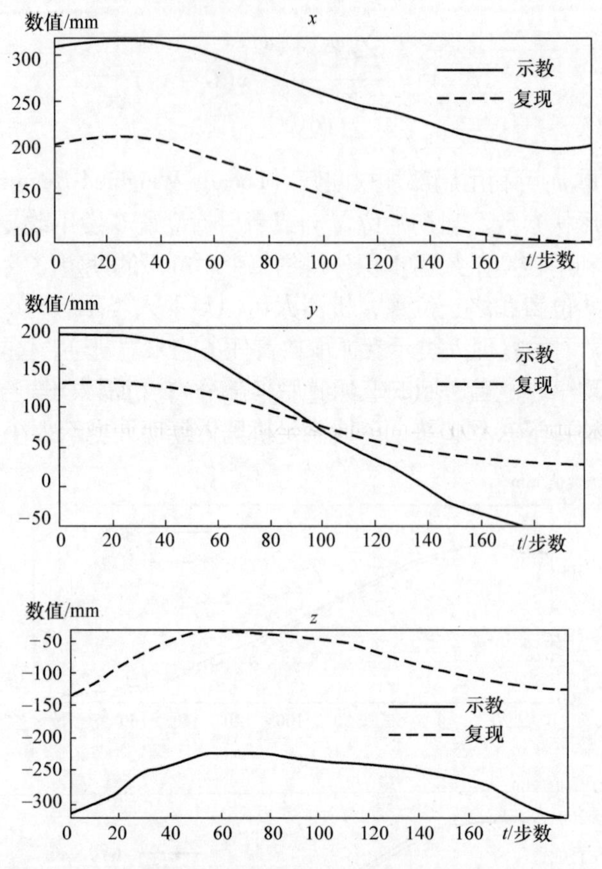

图 1-61　DMPs 模型易位复现时示教轨迹和复现轨迹对比

1.3.2.2　基于图像关键帧提取的任务表达方法研究

机器人自主作业技术不仅需要轨迹上的复现和泛化，还需要建立作业任务表达模型。机器人可以基于任务表达模型进行自主决策，从而完成更高智能的任务。任务表达模型一般可以用一个六元数组表示

$$V=\{\eta,W,P,F,O,A\} \tag{1-95}$$

式中，η 是作业任务所包含的动作总数；W 是作业任务场景下的整体观测值；P 是目标操作物体的观测值；F 是获得观测值的区域大小；O 是最后获得的目标物体执行任务序列，包含各个动作的关键位置信息；A 是最后需要调用的 DMPs 运动基元来完成整个作业任务。

通常采用人类对机器人进行拖动示教的方式为任务提供观测值，但该示教方法对操作者和机器人的能力要求较高且操作烦琐。为此，本节提出了基于图像关键帧提取的任务表达方法，机器人通过视觉传感器观察人类动作获取任务信息。针对典型的抓取放置任务，在任务表达模型中动作主要分为两类：一类是抓取，一类是放置。表达过程中，会从抓取动作中捕获动作目标物体，从放置过程中确定上一步所提取目标物体在本次抓取放置中最终的位姿状态。主要采用图像处理的方法去解决上述问题，假设状态 $S_{i-\mathrm{pre}}$ 所采集的图像设为 $P_{i-\mathrm{pre}}$，状态 $S_{i-\mathrm{pro}}$ 所采集的图像设为 $P_{i-\mathrm{pro}}$，第 i 组抓取放置动作的目标物体图像设为 $P_{i-\mathrm{obj}}$，被放置的位置 $P_{i-\mathrm{final}}$。每次演示时，经帧间差分、形态学处理以及确定边界框的大小进行依次提

取，提取流程如图1-62所示，详细提取过程如下。

首先，将 $P_{i-final}$ 和 P_{i-pre} 灰度化后差分并取绝对值，提取目标区域，得到的灰度图取合适的阈值将目标区域图像二值化，以便后续处理。

然后，由于场景光线不稳定以及图像采集设备误差，将会导致目标区域图像中仍然存在一些较小高亮区域干扰。在形态学运算中，膨胀和腐蚀是其中的基础方法。在本步中，先采用腐蚀运算以消除目标区域二值图像中不需要的小空洞与连线，腐蚀截止到二值图像中仅剩一个连通域。记录腐蚀运算次数，对此时的二值图像进行膨胀运算。严格来说，腐蚀与膨胀运算并不是逆运算，因此为保证目标区域物体边缘信息不丢失，膨胀的运算次数将比腐蚀运算要多。

最后，依据此时仅有一个连通域的二值函数图像，对连通域内所有高亮点的坐标取均值，近似得到目标物体中心在 XOY 平面的像素坐标，依据连通域的大小选取合适的边界框，利用物体中心的像素坐标和边界框大小，最终在图像 P_{i-pre} 上截取感兴趣区域（ROI）得到只包含目标物体的图像 P_{i-obj}。

对于包含多个动作的作业任务，基于上述的图像处理方法将得到的目标物体整体图像序列P存储到任务模型中，最后在任务复现阶段基于目标物体图像序列完成作业任务的复现。

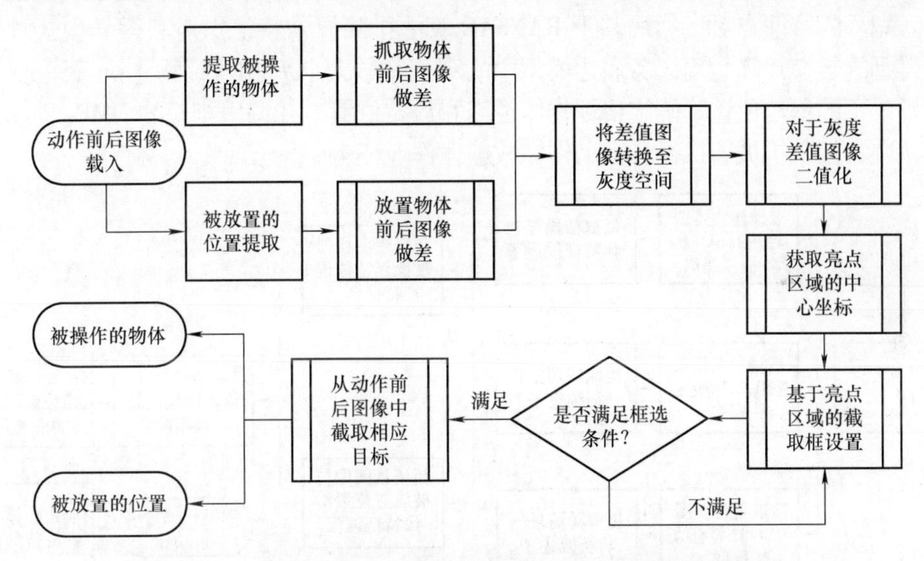

图1-62　目标物体关键帧提取及放置位置信息的图像处理流程

1.3.2.3　基于图像匹配的作业任务复现方法研究

基于上述建立的任务表达模型式（1-95），在任务模型中存储目标物体图像序列 P 后，在任务复现阶段，机器人需要根据实际作业任务场景 W_{actual}，通过 P 和 W_{actual} 的匹配过程获得目标物体序列 O，从而完成自主作业任务复现过程。

我们主要采用加速鲁棒性特征提取（Speeded－Up Robust Features，SURF）算法以进行图像特征提取与匹配，SURF的描述符描述了特征点邻域内的强度分布，类似于SIFT及其变体所提取的梯度信息。同时建立在 x 和 y 方向上的一阶Haar小波响应的分布，利用积分图像来获得速度。这不仅减少了特征计算和匹配的时间，而且可以同时提高稳健性。

在基于SURF算法进行图像匹配后，采用随机抽样一致性（Random Sample Consensus，

RANSAC）算法剔除SURF匹配出错的特征。经典RANSAC算法具有良好的鲁棒性，并且可以降低噪声的干扰。RANSAC算法在图像匹配时的基本执行流程如下：

1）设P为特征匹配得到的特征点匹配对集合，在其中随机选取n对特征点匹配对，作为一个样本集N进行初始化运算，得到相应的匹配转换矩阵$\boldsymbol{T}$；将样本集外的特征点匹配对分别用$\boldsymbol{T}$代入误差度量函数。

2）设定一个阈值k，遍历样本集外的特征点匹配对求误差，将未达到阈值的匹配对联合样本集N组成匹配一致集N^*，计算其在P中所占的比例S。

3）重复以上步骤，选取比例S最大的变换矩阵记为$\boldsymbol{T}_{S-\max}$。

4）集合P所有特征匹配对，对一致集比例S最大的变换矩阵$\boldsymbol{T}_{S-\max}$计算误差，将超过阈值的元素剔除，再用剩余的特征点匹配对求取变换矩阵，该矩阵即为最终的变换矩阵$\boldsymbol{T}_{\text{final}}$。

在机器人作业任务复现阶段，主要采用基于SURF和RANSAC的算法完成新场景下目标物体与其目标位置的定位获得目标物体执行任务序列O。该部分算法的具体图像分析流程如图1-63所示。首先记录新场景图片下的观测值W_{actual}，这里是相机视角下截取的彩色图像，将彩色图像转换为灰度图像后，基于SURF算法与任务表达模型中的目标物体图像序列$\boldsymbol{P}$匹配获得匹配后的特征点对；然后基于RANSAC算法排除异常特征点对获得转换矩阵，并基于计算得到的转换矩阵利用任务表达模型中的观测区域大小$\boldsymbol{F}$和目标物体执行任务序列O，得到新场景下的框选位置，确定目标物体位姿和放置位置，并调用相应的DMPs动作基元生成泛化轨迹，控制机械臂执行各个动作完成整体作业任务。

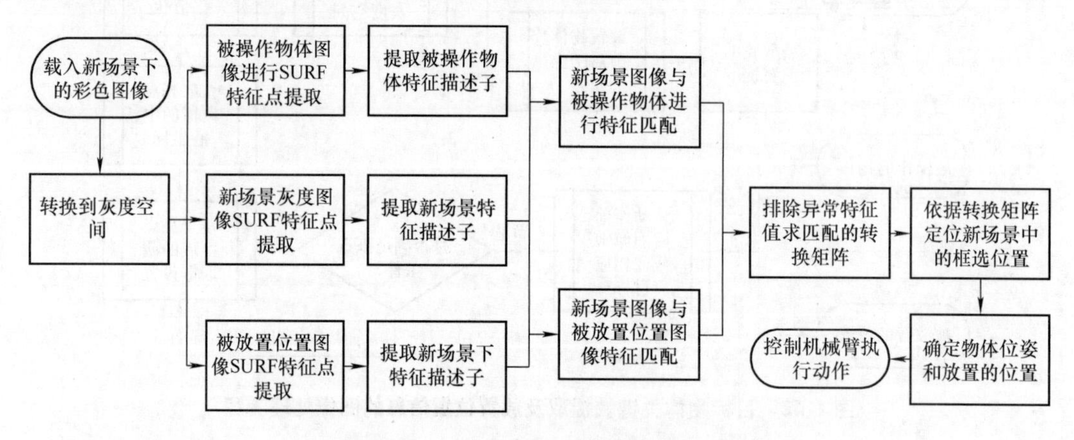

图1-63　作业任务复现时图像分析流程

1.4 动态自组网技术

移动自组织（Ad Hoc）网络是一种自治、多跳网络，源自美国在1968年建立的ALOHA网络和1973年提出的PR网络。移动自组织网络作为一种分布式网络，整个网络没有固定的基础设施，终端之间的相互通信可以不依赖现有的网络基础设施，如基站、无线接入点（AP）等。移动自组网中的每个终端都兼具了路由器和主机两种功能：终端作为主机时，可以运行面向用户的应用程序；而作为路由器时，终端则执行相应的路由协议。分布式控制和

无中心、冗余的网络结构特点，使整个网络能够在部分通信网络出现故障后保证正常的通信能力，因此具有较强的鲁棒性和可靠性。

1.4.1　异构无线传感器网络

基于动态自组网技术，本节重点研究了一种异构无线传感器网络系统，具有鲁棒抗干扰能力、良好自诊断和自愈特性，同时兼顾巨量数据传输要求。其网络系统结构如图1-64所示。

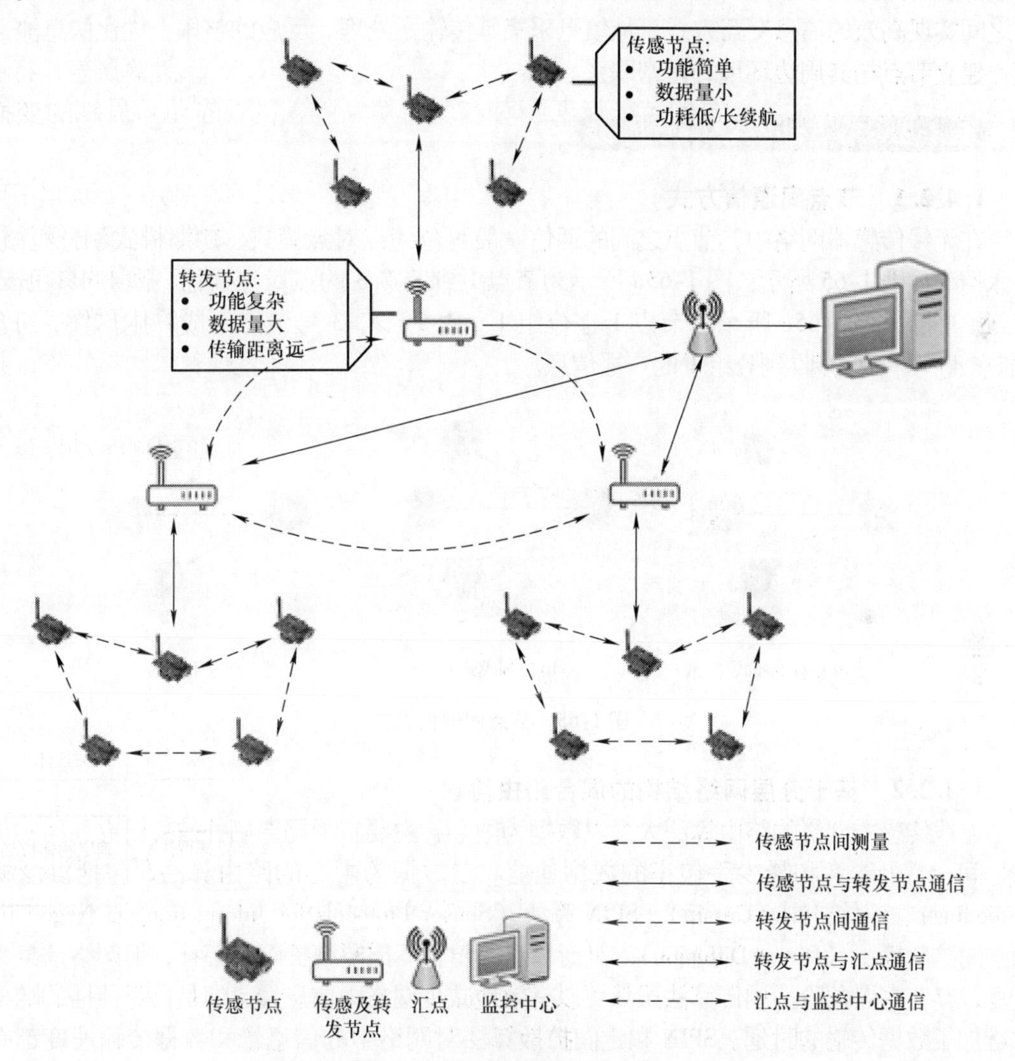

图1-64　异构无线传感器网络系统结构（见彩插）

该系统由传感节点、传感及转发节点、汇点及监控中心等相关设备组成。其中，传感节点基于ZigBee协议，采用嵌入式设计，具备低功耗、长续航能力，可实现节点周边温度、湿度等环境信息的采集，同时节点具备路由和自组网能力，可在一定范围内自动组网与信息交互；传感及转发节点是基于AdHoc的移动感知与中继设备，具备mesh组网能力，具有高带宽、传输距离远的特点，能够采集节点周围的音视频信息进行巨量数据远距离传输，同时作为转发节点接收传感网络信息并进行转发；汇点汇集整个异构网络内的所有数据并转发给监控中心。

在该系统中，我们分别在每一层建立动态接入接口，允许移动节点临时布置和补充到各层中，实现定期对网络和节点的检测，或者充当网络故障时的临时补充。在监控区域部署的无线传感网络节点，采用异构的链路结构和智能自组织通信协议，将线性链路、树形链路和网状链路有机结合，可以充分发挥自组织网络的灵活性。利用空间层次上的分布结构，使得区域部署的无线传感器网络能借助移动中继设备，在节点之间、监控中心与人之间、人与环境之间实现高效的信息交互方式，从信息采集、传输、处理、反应的整体上优化信息流通模式，建立节点与其周边环境的紧密联系。

1.4.2 节点动态路由及协议

1.4.2.1 节点间通信方式

在无线传感器网络中，节点之间的通信一般可分为点对点模式、广播模式和分组模式，具体情况如图1-65所示。图1-65a所示为节点1到节点3的点对点通信，图1-65b所示为节点1广播，图1-65c所示为节点1在分组1（由1、2、3号节点组成）内广播，分组2（节点4）则不会接收到分组1的广播信息。

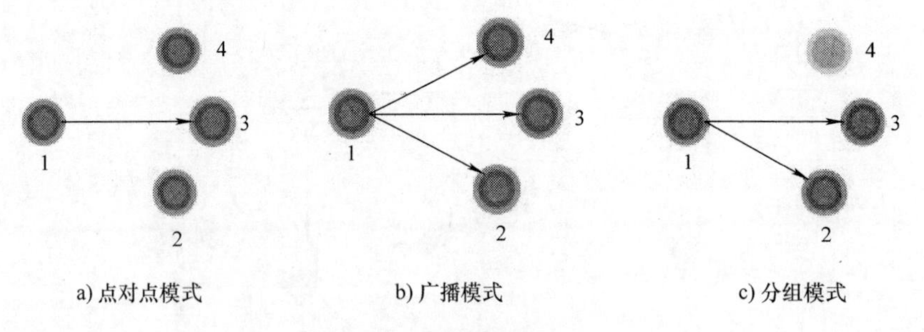

图1-65 节点间通信方式

1.4.2.2 基于分层网络结构的混合路由协议

无线传感器网络的路由算法大多以数据为中心，主要基于局部拓扑信息研究如何实现最短时间、最小能耗和最少丢包率的数据通信。以数据为中心的路由算法，包括洪泛机制（Flooding）、谣传机制（Gossip）、SPIN算法（Sensor Protocols for Information via Negotiation）和定向扩散算法（Direct Diffusion）。洪泛算法简单且不需要维护网络拓扑，但网络信息大量重复，存在内爆危险。谣传算法虽然可以有效地减少网络中信息量，但是信息传播的随机性却增加了数据传输的时延。SPIN和定向扩散算法对网络中的信息量和数据传输速度都有所提高，但是无论SPIN的协商机制，还是定向扩散算法的梯度建立，都需要大量的网络冗余信息开销。

在分级网络中，由于存在中心节点（簇头）进行网络信息协调管理，所以无论是同级之间还是不同层次的网络节点通信都相对比较稳定。同层之间的通信由簇头进行协调转发，不同层之间通信先经过簇头层面的数据交换再分配到目标簇的节点。比较经典的路由算法有MIT Heinzelman W. R. 等人提出的LEACH算法（Low Energy Adaptive Clustering Hierarchy）和针对监控对象突然变化快速反应的TEEN算法（Threshold sensitive Energy Efficient sensor

Network protocol)。然而，LEACH 算法假设事件在全局内随机发生，TEEN 算法虽然可以及时响应突发事件，同时也考虑了能量分布的因素，但是这些算法都是基于普遍情况设计的，没有考虑室内环境的特殊性。在室内环境中，部分节点是静态固定的且配有电源充电，只有移动节点才需要考虑节能和动态路由。

根据上述算法特点，我们针对性地对无线传感器网络的路由算法进行优化。基于分层网络的组网和通信，提出了基于固定位置的上层网络路由协议和基于动态接入的下层网络路由机制。具体通信路由的建立分为路由表生成、分配和移动节点动态接入三个步骤。

（1）路由表生成

无线节点在传感器网络中通常以节点编号作为标识，在节点位置固定的条件下，可以将节点编号与地理位置进行关联。在汇聚节点 1、2、3、4 和其余普通路由节点组成的上层网络中，假设网络中每个节点的可靠通信范围是每个小格子的对角线（即 1 号节点可以和 5、10、11 三个节点进行直接通信，如果和 6 号节点通信则需要经过 5 号节点转发信息）。根据这些条件，在初始化时候网络可以参考节点的地理位置信息进行最短通信路径搜索，从而为每个固定节点生成一张路由表，如图 1-66 所示。

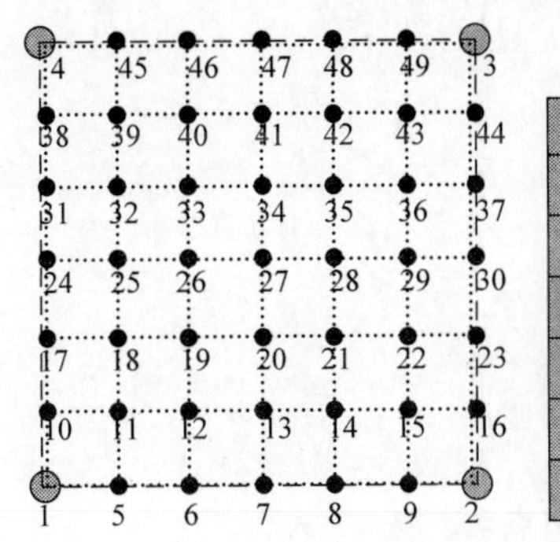

网络路由表

	1	2	3	...	48	49
1	–	9	43	...	41	42
2	5	–	44	...	43	44
3	11	16	–	...	49	3
...	...	...	...	–	...	...
48	11	15	49	...	–	48
49	11	15	49	...	49	–

图 1-66　固定路由网络构架和网络路由表

这样就可以避免网络通信时产生过多的信息冗余，从而保证在上层网络中信息传输的高效。针对特殊情况，比如节点失效或者无线传输失败，我们可以加入网络通信确认字符（ACK）机制或者备用路由，以提高网络数据传输的稳定性。

（2）路由表分派

生成网络路由表后，表格中的每列对应着每个节点的路由表。路由表分派是建立网络节点之间关联的过程，未分配路由表的节点事先不能进行信息的转发，因此根据广度优先搜索算法，由汇聚节点开始依次派发，最终使每个节点都接收到自身的路由表，从而完成路由部署，过程如图 1-67 所示。通过这种方法可以建立起由固定节点组成的上层网络的通信机制。

（3）移动节点动态接入

下层移动节点动态接入方式如图 1-68 所示。

首先，移动节点向网络广播 helloMsg 消息（包括节点编号和类型），上层固定节点收到信号后检测信号强度，从而判断距离移动节点的远近，近处的固定节点做出响应并回复移动节点，移动节点选择最佳的网络通路建立连接。通过设定 helloMsg 广播的时间间隔来不断更新移动节点和上层网络的通信连接，为保证移动节点和上层网络的数据传输的稳定性，hel-

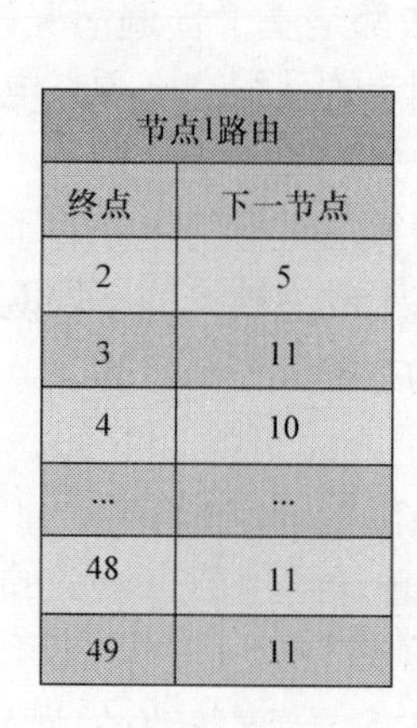

节点1路由	
终点	下一节点
2	5
3	11
4	10
…	…
48	11
49	11

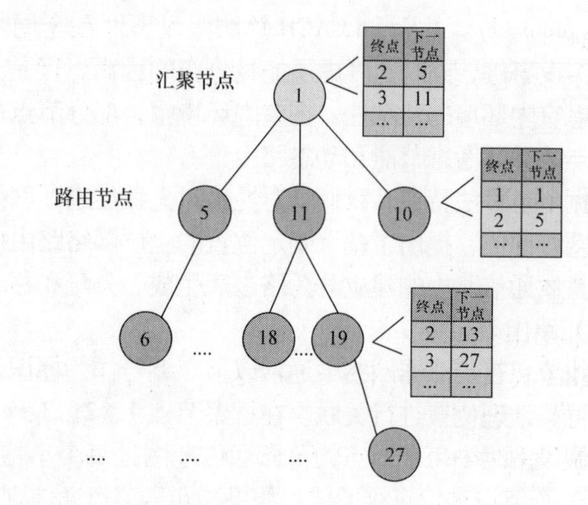

图 1-67　路由表分派

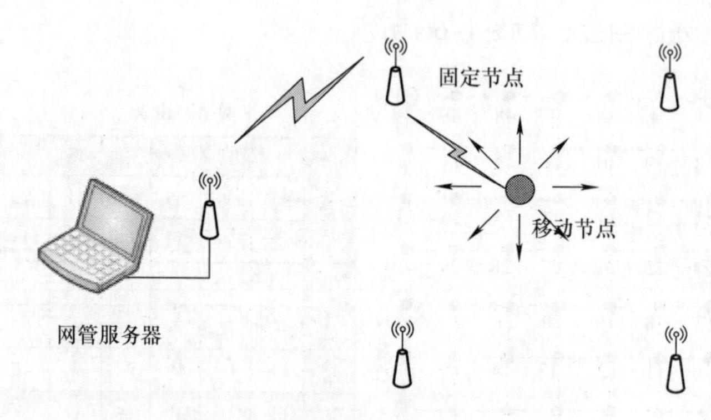

图 1-68　移动节点动态接入方式

loMsg 广播间隔的选取还需要考虑节点的移动速度和固定节点布网密度。

1.4.3　自组网节点研制及实验研究

1.4.3.1　传感节点

传感节点基于 ZigBee 技术。ZigBee 技术一种短距离、低功耗、组网能力强的无线通信技术，具有高可靠的无线数传网络。相比于其他同频率的电子技术而言，ZigBee 技术具有一定的低成本优势。同时，ZigBee 技术采用了先进的国际化标准，其物理层和媒体访问控制层遵循 IEEE 802. 15. 4 标准的规定。ZigBee 节点采用移动自组织的形式，一个网络中可容纳巨量节点。在网络范围内的节点可以互相之间进行数据传输，节点的覆盖直径可从标准的 75m 进行不断扩展。

ZigBee 网络中有三种功能相区分的设备：协调器、路由器和终端。协调器是一个 ZigBee 网络的创建者，一个网络中只允许有一个协调器；协调器上电之后会选择一个特定的信道和网络标识，然后创建一个新的 ZigBee 网络。在网络创建完成后，协调器的功能与路由器相同。路由器在 ZigBee 网络中主要起消息转发的功能。终端往往与传感器相结合，作为 ZigBee 网络的末梢，进行数据的采集等功能。

ZigBee 技术具有如下特点：

（1）低数据传输率

传输速率只有 10～250Kbit/s，不适合语音、视频等巨量数据的传输，适用于无线传感器网络末梢所采集的温度、湿度等简单数据的传输。

（2）低功耗

ZigBee 设备有两种模式，即工作模式和非工作模式。在工作模式下，因为 ZigBee 技术传输数据量小，且传输速率偏低，所以 ZigBee 设备的工作周期很短，发射功率在 1mW 左右。在非工作模式下，ZigBee 设备处于休眠状态，需要其工作时会由协调器来唤醒它们。总之，ZigBee 设备非常省电，两节普通干电池便可以使一个 ZigBee 节点工作 1～2 年，甚至更长的时间。这也是相比于其他无线通信技术，ZigBee 技术所体现出来的独特优势。

（3）高可靠性

一方面，ZigBee 数据传输采用的 CSMA－CA 碰撞避免机制，在节点发送数据前，会先去监听链路是否处于空闲状态。如果链路忙碌（即被其他设备占用），那么节点会随机生成一个退避时间，以减少甚至避免冲突；如果链路空闲，节点会在发送数据前，发送 RTS 帧给接收方，等待接收方回应 CTS 帧后开始数据传输；如果没有回应，则会启动重发机制，这样就避免了其他节点再次占用信道的冲突，且提高了传输稳定性。此外，ZigBee 的通信时延和休眠状态激活时间都非常短，这也进一步提高了 ZigBee 的可靠性。另一方面，ZigBee 节点广泛应用于人类不宜到达的地方或是一些特殊环境，因为其可能会遭受风吹、日晒、雨淋甚至遭到人为或者动物破坏，所以节点非常坚固，能够适应恶劣环境。

（4）自组织

无线传感器节点的位置会发生相对变化，同时个别节点也会因为电量不足等问题退出网络，或是一些节点处于休眠状态等。这些因素共同决定了网络拓扑结构的动态性，因此无线传感器网络需具备自组织通信、调度、管理网络的功能。

（5）网络容量大

网络容量大体现在两个方面，一方面是传感器节点的数量大，密度大。在 ZigBee 网络中，可以定义两种器件，一种是全功能器件（FFD），如协调器，或者网络末梢的带有多种传感器的采集节点；另一种是精简功能器件（RFD），它们作为网络中的普通节点用来转发数据。由一个协调器创建的一个信道，网络标识特定的 ZigBee 网络最多可容纳 65535 个节点，因此，ZigBee 网络可容纳节点数量非常巨大。另一方面是指传感器节点覆盖范围大，不同 ZigBee 网络之间也可以通过一定方式互联，因此 ZigBee 网络的规模以及覆盖范围非常可观。大规模使得数据来源变得更广，可信度更高，同时，冗余节点的存在也使得系统容错性更强。

（6）成本低

ZigBee 协议免专利费用，RFD 的费用大概在 20～30 元。如此低廉的成本也有效保障了 ZigBee 网络可以拥有巨量的节点，从而保障了网络规模，使 ZigBee 强大的功能得以充分体现。

（7）安全性强

ZigBee 技术采用三种等级的安全模式。第一种是非安全模式，此种模式下不采取任何安全措施。第二种是访问控制模式，在此种模式下，只有访问控制列表中的设备才可以获取数据。第三种是安全模式，此种模式下，采用 AES 128 位加密算法对通信进行加密，同时采用完整性校验。

1.4.3.2 传感及转发节点

为了提升传感网络带宽及无线传输距离，采用正交频分复用（OFDM）技术和移动 Ad Hoc 网络技术，开发了移动便携式网络节点。该节点不依赖任何基础通信设施，可临时、动态、快速地构建一个无线 IP 网络，同时具备具有自组织、自恢复的能力，能够支持图片、话音、视频等多媒体业务的多跳传输。另外，可基于该节点的通用接口与上一节提到的普通传感节点进行信息交互，实现两种协议之间的快速转换，以此构建小区域局域网与大区域网络的衔接，实现基于异构协议的无线传感网络。

Ad Hoc 的意思是“for this”，引申为“for this purpose only”，即“为某种目的设置的，特别的”意思。这种特殊用途的网络是由一组带有无线收发装置的移动终端组成的一个多跳临时性自治系统，移动终端具有路由功能，可以通过无线连接构成任意的网络拓扑，这种网络可以独立工作，也可以与互联网（Internet）或蜂窝无线网络连接。在后一种情况中，Ad hoc 网络通常是以末端子网（树桩网络）的形式接入现有网络。

Ad hoc 网络中，节点作为路由器需要运行相应的路由协议，根据路由策略和路由表参与分组转发和路由维护工作。在 Ad hoc 网络中，节点间的路由通常由多个网段（跳）组成，由于终端的无线传输范围有限，两个无法直接通信的终端节点往往要通过多个中间节点的转发来实现通信。因此，它又被称为多跳无线网、自组织网络、无固定设施的网络或对等网络。

Ad hoc 网络同时具备移动通信和计算机网络的特点，可以看作是一种特殊类型的移动计算机通信网络。由于移动 Ad Hoc 网络是一种移动、多跳、自律式系统，因此它具有以下一些主要特征。

（1）无中心和自组织性

Ad hoc 网络中没有绝对的控制中心，所有节点的地位平等，网络中的节点通过分布式算法来协调彼此的行为，无须人工干预和任何其他预置的网络设施，可以在任何时刻、任何地方快速展开并自动组网。由于网络的分布式特征、节点的冗余性和不存在单点故障点，使得网络的健壮性和抗毁性很好。

（2）自动配置

自动配置是 Ad Hoc 网络的基本特征，节点必须检测其他节点以及它们可以提供的服务。由于网络动态变化，自动配置过程需要确保网络能够正常工作，这涉及连接 Internet 的网关节点的更换、簇头的更新等。

（3）动态变化的网络拓扑

Ad Hoc 网络中，移动终端能够以任意速度和任意方式在网中移动，并可以随时关闭电台，加上无线发送装置的天线类型多种多样、发送功率的变化、无线信道间的互相干扰、地形和天气等综合因素的影响，移动终端间通过无线信道形成的网络拓扑随时可能发生变化，而且变化的方式和速度都难以预测。

（4）受限的无线传输带宽

Ad Hoc 网络采用无线传输技术作为底层通信手段，由于无线信道本身的物理特性，它所能提供的网络带宽相对有线信道要低得多。此外，考虑到竞争共享无线信道产生的冲突、

信号衰减、噪声和信道之间干扰等多种因素，移动终端得到的实际带宽远远小于理论上的最大带宽。

（5）移动终端的局限性

Ad Hoc 网络中，移动终端具有携带方便、轻便灵巧等好处，但是也存在固有缺陷，例如能源受限、内存较小、CPU 性能较低等，从而给应用程序设计开发带来一定的难度，同时屏幕等外设较小，不利于开展功能较复杂的业务。

（6）安全性较差

Ad Hoc 网络是一种特殊的无线移动网络，由于采用无线信道、有限电源、分布式控制等技术，它更加容易受到被动窃听、主动入侵、拒绝服务、剥夺“睡眠”等网络攻击。信道加密、抗干扰、用户认证和其他安全措施都需要特别考虑。

（7）网络的可扩展性不强

在目前 Internet 环境下，可以采用子网、无级域间路由（Classless InterDomain Routing，CIDR）和变长子网掩码（Variable Length Subnet Masks，VLSM）等技术，增强了 Internet 的可扩展性。但是动态变化的拓扑结构使得具有不同子网地址的移动终端可能同时处于一个 Ad Hoc 网络中，因而子网技术所带来的可扩展性无法应用在 Ad Hoc 网络环境中。

（8）多跳路由

由于节点发射功率的限制，节点的覆盖范围有限。当它要与其覆盖范围之外的节点进行通信时，需要中间节点的转发。此外，Ad Hoc 网络中的多跳路由是由普通节点协作完成的，而不是由专用的路由设备完成的。

（9）存在单向的无线信道

Ad Hoc 网络采用无线信道进行通信，由于地形环境或发射功率等因素影响可能产生单向无线信道。

（10）特殊的信道共享方式

传统的共享广播式信道是一跳共享的。而在 Ad Hoc 网络中，广播信道是多跳共享的，一个节点的发送，只有其一跳相邻节点可以听到。

（11）供电问题突出

考虑到成本和易于携带，节点不能配备太多数量的发送接收器，并且节点一般依靠电池供电。因此如何节省节点电源、延长工作时间是个突出问题。

1.4.3.3 网络分层管理

针对无线传感器网络的特性和应用环境，提出了网络分层管理模式，如图 1-69 所示。这种方法融合了分布式和集中式两种基本的组网方式，网络在纵向上是树状拓扑结构，同一层面中为网状拓扑结构。网络的最高层是互联网层，接下来是无线传感器网络层，其中根据节点属性分为由传感和转发节点组成的上层静态网络和由传感节点组成的下层动态网络。这种组网方式实现了同一级别网络分布式的通信和上下级网络集中式的信息管理方法。

每一层网络内部通信均采用分布式网络结构，这种网络类似于对等网络 Ad Hoc，没有网络中心，所有节点的地位平等。节点通过分布式算法协调各自的行为，自动地组成一个独立的网络，数据点对点传输，网络动态性强，网络连通性高，承受攻击能力强，私密性较好。因此在上层静态网络中，路由节点与路由节点之间、路由节点与汇聚节点之间的信息交换基本都是通过点对点的方式完成的，但是如果通信距离过远，网络则会选择信息传播路径

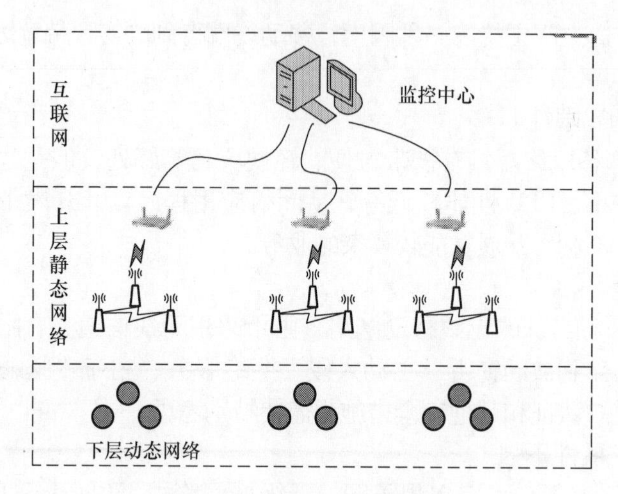

图 1-69 网络分层管理模式

中的过渡节点进行消息转发。

上层网络与下层网络之间采用的是集中式网络控制方法。这种方法的网络拓扑呈星形或树状结构，其中所有的信息都要经过该区域的中心节点（簇头）。区域中每个节点之间地位不一样，而且分工明确。基站作为最高级负责整个网络，下属每个区域（簇）内有一个簇头节点，区域内的节点直接与簇头进行通信。即使在同一个区域内的节点之间的通信也需经过簇头进行消息转发。这种通信结构便于网络信息的管理，但是网络连通性和承受攻击能力较弱，如果网络中的簇头遭到攻击，将会影响到整片区域内的通信。

我们所采用的分层网络管理方式，结合了对等网络和分级网络的优点。同一层内的信息能够采用对等网络的方式自由高效地传输，层与层之间的数据通过簇头进行转发和加工，从而方便数据汇总以及信息管理。

1.4.3.4 自组网节点研制及实验验证

基于上述研究成果，研制了基于 ZigBee 协议的无线传感网络节点，并设计了基于分层网络结构的混合路由协议，实现了节点的动态接入和路由；研制了无线传感节点核心板和底板样机，其实物图如图 1-70 所示；实现了最远 70m 的无线接入及最多 30 个节点的吞吐量，并进行了实验验证。

图 1-70 自组网节点实物图

我们选择部分自组网节点接入环境信息传感器，并进行了自组网验证实验，如图1-71所示，实验结果表明：

1）传感节点具备信息感知能力，能够采集环境信息，并将该信息传输给相邻节点。

2）传感节点具备路由能力，可将邻近节点信息快速传送给相邻节点，直至信息到达汇聚节点。

3）节点具备自组网能力，可动态加入、退出网络，新的节点加入和退出网络不影响数据传输。

4）节点传输距离在无遮挡条件下可达70m，节点吞吐量可达30个。

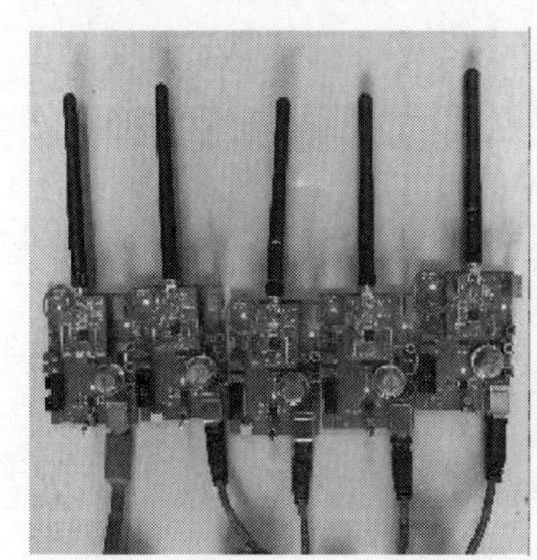

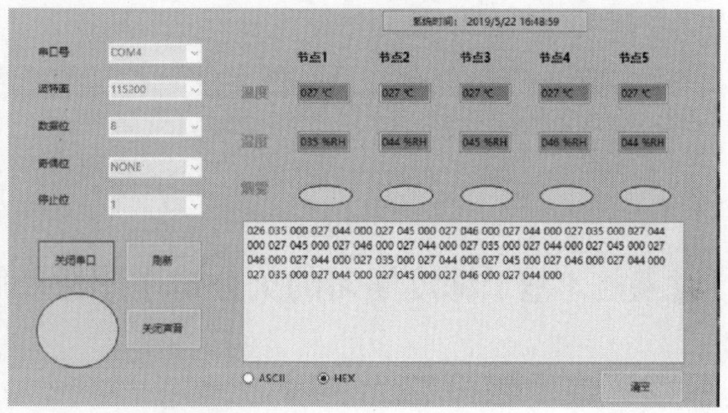

图1-71　自组网验证实验

2.1 基于深度学习的欠分辨率图像理解技术

2.1.1 图像理解技术概述

本项研究主要解决的问题是对危险品进行识别的图像信息处理技术。其中，对于危险品的定义，结合中国民航局颁布的航空运输危险品目录和欧盟 REACH 法规中的危险品分类，可以大致分为热武器（如枪支）、冷武器（如刀具）、化学品（如火药）等。在本节中，主要研究的是基于图像特征信息对目标危险品进行识别和分类，因此将重点关注具有特定形状或在一定条件下会显现出形状特征的危险物品，如枪支、刀具等。

人与警用机器人的共同作业可以有效提高工作效率，降低人员的安全风险。目前人类与机器人的协作工作主要集中在工业机器人领域，如国外的 iiwa 机器人、yumi 机器人、Baxter 机器人等；其他较多使用机器人领域包括军用机器人、医疗机器人等；然而，警用机器人领域的人机协作应用未见诸文献报道。

随着在各种公共和私人场合对于人身安全和财产安全的需要，危险品的检测成了安保措施中必不可少的环节。因此，许多现有的技术或新技术被提出并应用到了危险品检测领域中，比较常见的包括 X 射线技术、红外成像技术、核磁共振技术、光子晶体技术、太赫兹光谱技术等。其中，X 射线技术是在日常生活和公共设施中最为常见的危险品检测技术，被广泛应用在车站、机场、大型设施等人员密集、安保压力较大的场所。

（1）传统危险品识别图像方法

在危险品检测技术的基础上，大多数安保在实际应用中采取的是人工对检测获得的图像进行识别，进而对是否存在危险品、危险品类别做出判断。然而，随着对安保需求的日益增长以及社会自动化程度的提高，如何自动通过检测获得的图像进行危险品识别成了需要解决的问题。针对这个问题，现有的研究主要采用了图像匹配的方法，其中包括基于特征、基于灰度信息和基于变换域等方法。在这些方法中，基于特征的方法应用比较广泛，这些方法包括尺度不变特征变换（Scale Invariant Feature Transform，SIFT）、快速鲁棒特征（Speed - Up

Robust Feature，SURF）、角点特征等。这些基于传统图像处理的方法特点是相对来说速度较快，对先验知识需求较小且物理含义较为直观；缺点则是识别的准确率一般，不具备良好的拓展性，难以处理背景较为复杂或干扰因素较多的图像等。

（2）基于深度学习的图像分类和检测

近年来，深度学习领域呈飞速发展态势，其中图像处理和目标分类检测是深度学习领域最为重要的课题之一。在卷积神经网络（CNN）被应用到深度学习之后，近年来涌现出了一大批用于解决图像分类任务的网络结构，包括 Lenet、AlexNet、GoogleNet、VGG、Inception、DeepID 等。与此同时，各种模型和网络结构诸如 YOLO、Faster R－CNN、SSD 等也被提出用于解决目标检测任务，并在一些数据集上取得了较好的成果。除此之外，深度学习还被应用在图像的超分辨率重构上，并取得了比传统方法更好的效果。在危险品检测问题上，使用深度卷积神经网络完成该任务尚未见诸文献记录，因此有较大的研究和应用空间。

2.1.2　危险品比对数据库

本项研究对象为危险物品，由于涉及法律和安全问题，部分管制危险品的样本难以获得，导致 X 射线图像的获取存在困难。采取的方法是对难以获取的管制危险品，使用材料相近、形状相同的玩具或模型。同时，还引入了其他具有显著特征的工具或物品。

2.1.2.1　X 射线技术

X 射线自从 1895 年被德国物理学家伦琴发现以来，很快就被应用到车站对于危险品的安全检查中。随着计算机与微电子技术、探测器技术、发射源技术、网络技术等领域的进步，X 射线技术已经被开拓出各式各样的可能性，在各行各业都有着广泛的应用前景。如今较为常用的 X 射线安检成像技术有以下几种：

1）透视成像技术：主要利用了 X 射线和一些物质会发生相互作用的物理机制，对于强 X 射线吸收能力或者高密度的物质具有比较显著的辨识能力，被广泛应用于金属类违禁品的检测。

2）背散射成像技术：通过对反向的散射光子进行探测进而成像的技术，一般应用于货物、车辆箱体实时扫描，同时也是高效的人体检测手段。

3）X－CT 成像技术：一种通过对安检目标进行全方位三维扫描，随后利用计算机重建被检物体内部三维结构信息的成像方法，是一种被用于海关、机场等场所的新式检测方法。

对比以上几种 X 射线成像技术后，选取透视成像技术作为数据库建立的方法，原因如下：

1）透视成像技术目前在危险品检测中应用最为广泛，设备要求相对后面两种较低。

2）在警用机器人的实际应用中，透视成像是最方便、快捷收集目标信息，并进行信息处理的手段。

3）透视成像技术的设备目前最为成熟，建立数据库难度相对最低。

2.1.2.2　数据采集

为了能够检测到装在容器或包裹里，且存在其他物品干扰情况下的危险品，课题研究基于某 5030 型 X 光机（图 2-1）开展了测试研究。

研究采集的 X 射线图像数据包括以下几类：

1）手枪：使用的是与真实手枪大小比为 1∶2.05 的金属枪模，包括沙漠之鹰（图 2-2a）、柯尔特蟒蛇357（图2-2b）、毛瑟M1932、柯尔特M1911四种型号。

2）水果刀：选择了日常生活中较为常见的水果刀作为采集对象。

3）万用刀：即瑞士军刀，是一种由许多工具放置在一个刀身上的折叠小刀，选择了日常生活中常见的瑞士军刀作为采集对象。

图2-1　5030型X光机

a) 沙漠之鹰

b) 柯尔特蟒蛇357

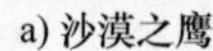

图2-2　采集数据使用的枪模

4）剪刀：选择了日常生活中常见的剪刀作为采集对象。

5）打火机：选择了若干形状外观不尽相同的打火机作为采集对象。

6）钳子：选择了大小形状不一的钢丝钳作为采集对象。

7）螺钉旋具：选择了大小形状不一的螺钉旋具作为采集对象。

出于实际警用机器人应用的考虑，需要研究在不同包装、环境、背景情况下对危险品的识别，因此需要采集在不同包装物、背景、干扰物品条件下的X射线数据。使用的包装物包括纸袋、塑料袋、纸盒、手提包、双肩包和行李箱。

此外，为了引入干扰和背景因素，使用了诸如食品、水瓶、书本、衣物、雨伞和钥匙等干扰因素。采样时，对于目标物、包装和干扰因素进行排列组合，并在多角度和多种摆放方式下多次取样。此外，还采集了不存在目标物体的负样本用以之后的网络训练。

2.1.2.3　数据库建立

经过一段时间的数据采集后，最终建立起危险品X射线图像数据库，包括正样本1273张，负样本1363张，X射线图像数据采集数量见表2-1。图像以bmp格式保存，均为黑白灰度图片。得到的X射线图像如图2-3和图2-4所示。

表2-1　X射线图像数据采集数量

类别	数量
打火机	125
剪刀	147
瑞士军刀	119
钳子	75
水果刀	141
螺钉旋具	125
手枪	541
负样本	1363
总计	2636

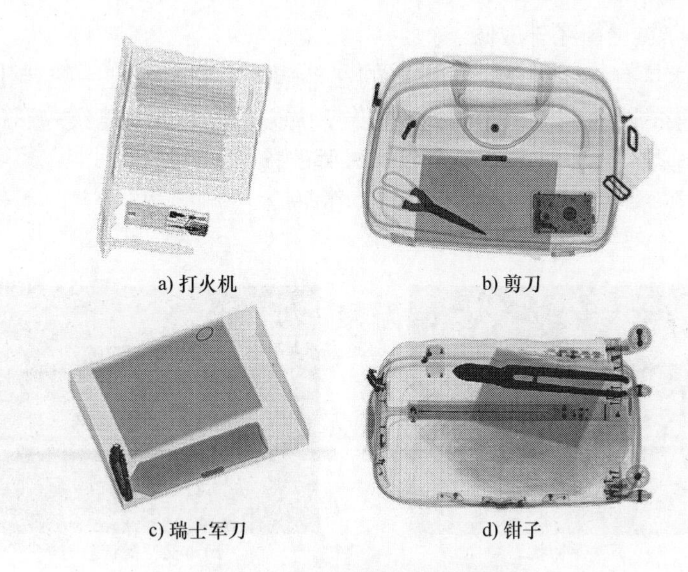

a) 打火机　b) 剪刀

c) 瑞士军刀　d) 钳子

图 2-3　X 射线图像数据示例 1

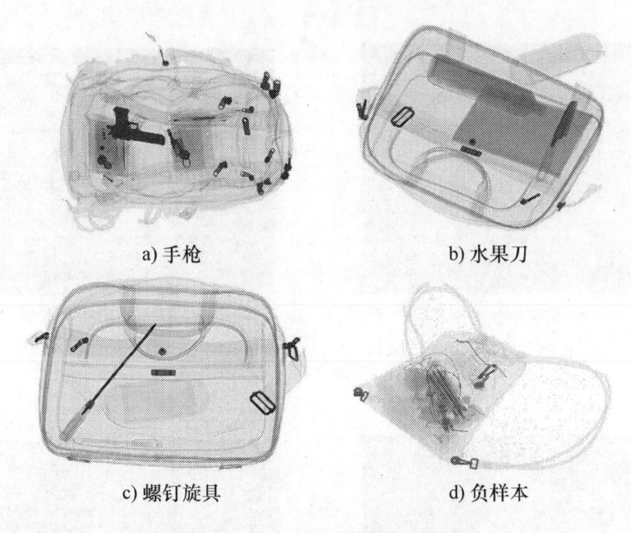

a) 手枪　b) 水果刀

c) 螺钉旋具　d) 负样本

图 2-4　X 射线图像数据示例 2

2.1.2.4　红外热成像实验

在方法调研阶段，曾考虑选取红外图像作为研究对象，但考虑如今安检技术的使用情况以及研究的实际需求，最终选择了 X 射线为主要研究目标。又考虑到在未来研究中可以将对 X 射线图像使用的方法迁移到红外图像上，为了验证红外热成像技术在危险品检测任务中的作用，进行了一系列红外成像实验。

（1）实验工具

成像工具：手机、FLIR 手机外接红外热像仪。

目标物体：钢丝钳、螺钉旋具等。

环境温度：室温约 24℃。

改变热平衡方法：格力家用电热扇，功率 1000W。

（2）不同包装非热平衡红外成像

红外热成像技术具有接受被测目标发出的红外辐射，通过处理系统转化为热图像的功能，其作用是将场景的热分布转化为可视的图像，并以伪彩色或灰度级的形式展现出来。因此当场景出于非完全热平衡状态时，红外拥有较强的检测识别能力。

对几种包装下在热平衡和非热平衡环境中的物体检测效果进行了对比实验，结果如图 2-5 ~ 图 2-7 所示。

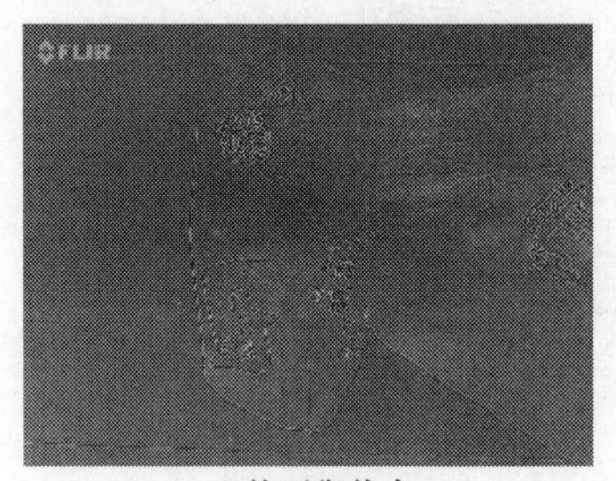

a) 热平衡状态

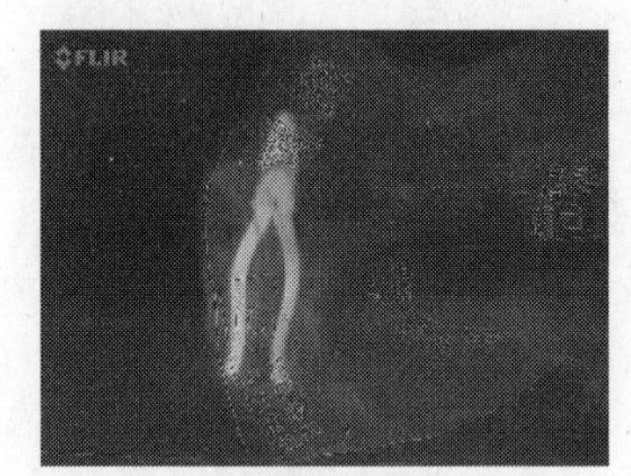

b) 非热平衡状态

图 2-5　不透明塑料袋包装（见彩插）

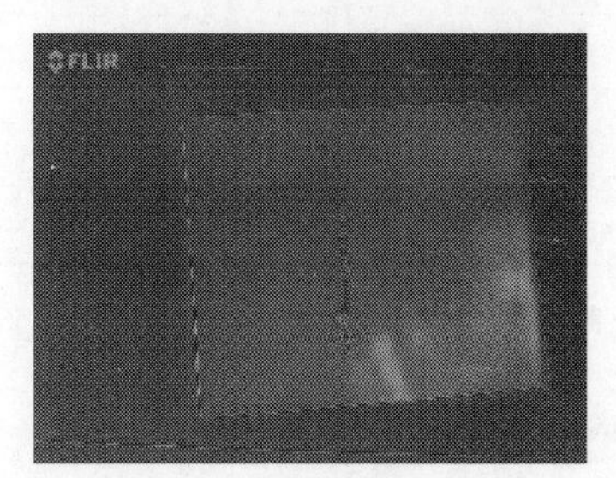

a) 热平衡状态

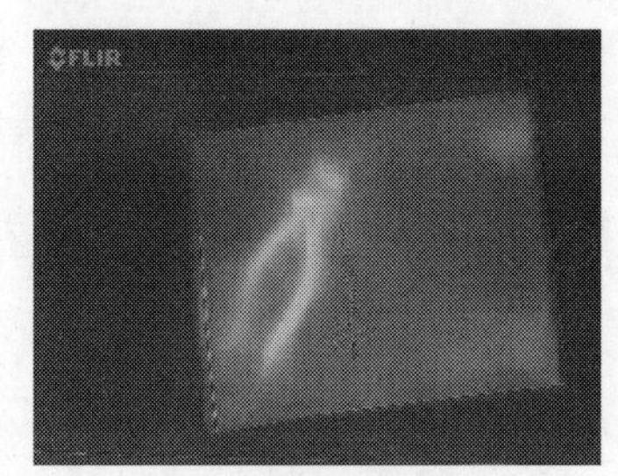

b) 非热平衡状态

图 2-6　纸袋包装（见彩插）

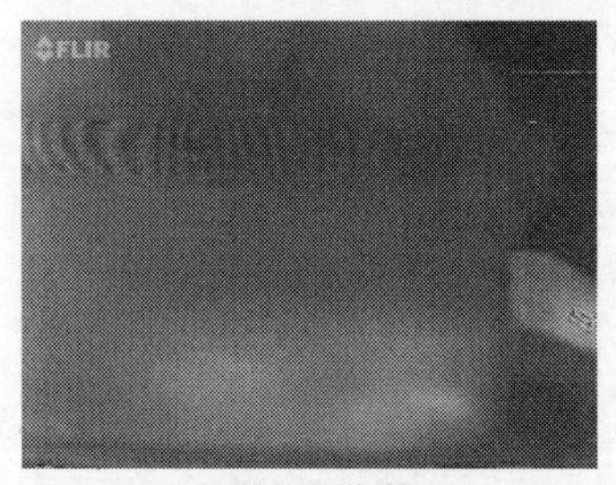

a) 热平衡状态

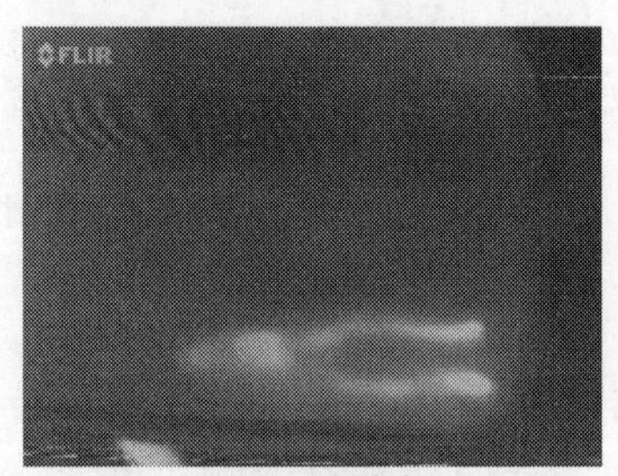

b) 非热平衡状态

图 2-7　手提包包装（见彩插）

可以看出，在热平衡状态下，红外成像难以对包装内部的目标物体做出有效识别，物体特征不明显。但当环境处于非热平衡状态下时，红外成像则能够较好地呈现出物体的形状、颜色等特征，拥有较好的对特定目标的辨识能力。

（3）不同材料温度变化实验

由于不同材料的比热不同，因此当目标物品与周围环境发生热交换、改变热平衡条件

时，不同材料的部位会表现出不同的温度变化情况，这一点可以被应用在红外检测中。对钢丝钳进行加热实验，其温度变化实验成像图和结果图如图 2-8 和图 2-9 所示。

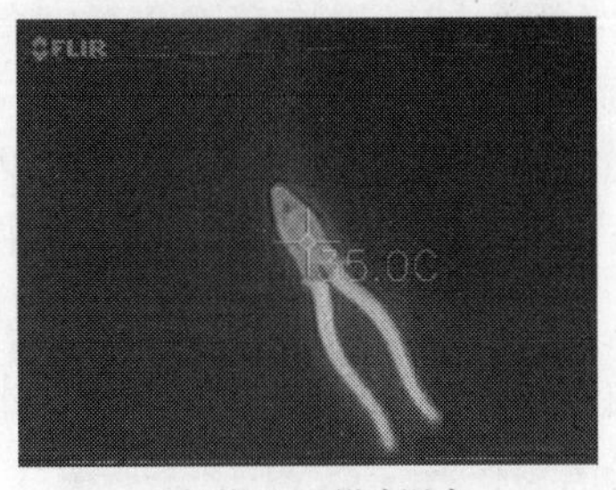

a) 加热90s后钳头温度

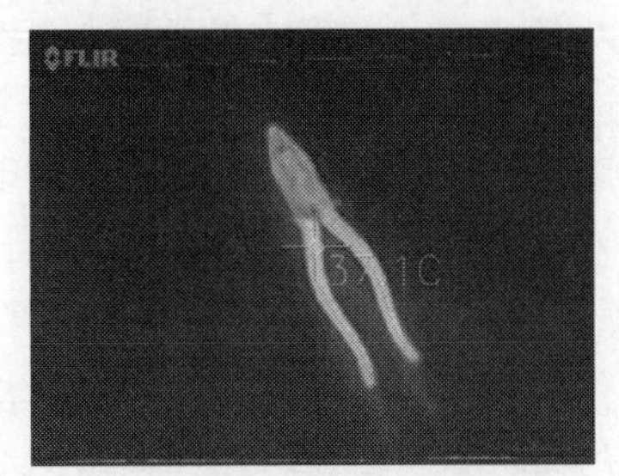

b) 加热90s后把手温度

图 2-8　温度变化实验成像图（见彩插）

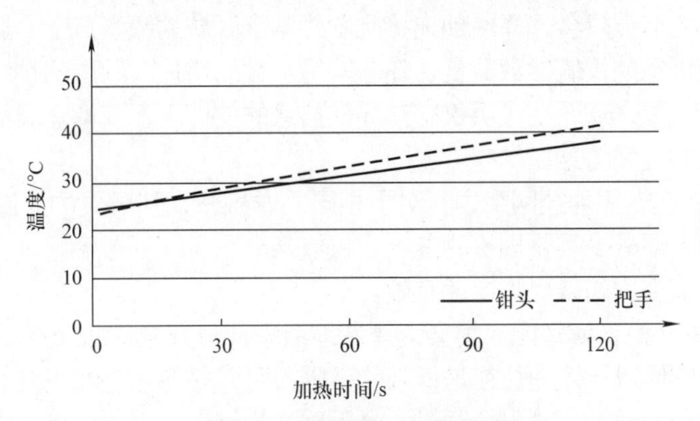

图 2-9　温度变化实验结果图

由实验结果可以看出，红外热成像技术可以对热平衡发生变化的环境中不同材料进行识别。当拥有材料比热等先验知识时，可以对具体材料做出判断。通过一系列红外成像实验，验证了红外成像在特定条件下（非热平衡或热平衡发生变化）危险品检测中的作用。在未来的研究中，若能建立起红外数据库，便可以将 X 射线图像上的检测分类方法应用在红外图像上。

2.1.3　基于深度学习的数据分类

在建立数据库并完成分类整理后，本节研究使用深度学习方法对数据库进行训练和测试。首先采用卷积神经网络 CNN AlexNet，下面将介绍其原理及实验结果。

2.1.3.1　卷积神经网络原理

对于一个分类任务，在使用传统机器学习算法进行实现时，首先要明确数据的特征和标签，然后把数据放入算法中进行训练，保存模型，最后预测分类的准确性。其中存在一个问题，即每一个特征为一个维度，假设特征数目过少，可能无法进行精确分类，即欠拟合；假设特征数目过多，可能会导致在分类过程中过于注重某个特征从而导致分类错误，即过拟合。而神经网络可以提前设计好特征的内容和数量，并在训练中进行不断地自我修正，得到一个相对较好的结果。此外，为了简化数据格式、减少参数个数，神经网络都是比传统机器学习算法更为高效的选择。

而在图像领域，传统神经网络存在着其局限性。众所周知，图像是由像素点构成的，每个像素点包含三个通道（彩色图片的情况下）。如果使用传统神经网络中多层感知器的方法，即全连接网络结构（网络中的神经与相邻层上每个神经元均有连接），最终所需要的参数个数极大，进行传播的计算量极大，从计算资源和参数调节角度皆不可取。因此在图像任务中，往往采用卷积神经网络（CNN），利用图像的二维空间特征（局部特征），同一层神经元通过使用卷积核进行共享，可以简化对高位数据的处理，使图像尺寸变小，以便后续计算。

为了解决传统神经网络中多层感知器存在的弊端，CNN 在 1998 年被提出并广泛应用。其核心出发点包括以下三点：

1）局部感受：一种模仿人类视觉行为的方法。在传统方法的多层感知器结构中，隐层上的所有节点会被全连接到图片的每一个像素点上，导致计算量十分庞大。而在卷积神经网络中，每个隐层上的节点只会选择性地连接到图片某个区域的像素点上，这种做法可以在很大程度上减少用以训练的权值参数数量。随着网络层数的增加，深层的神经元把浅层的神经元所获取信息进行汇总，从而在浅层仅感知局部信息的前提下，获取全局信息，同时学习到更多能够帮助识别的关联信息。

2）权值共享：在卷积神经网络中，对于相同的卷积核，其对应的所有神经元权值也是相同的，这样可以大幅减少需要训练的参数。权值共享后可以不考虑某一特定卷积核在图上的位置，从而使特征提取变得更加快速有效。

3）池化：形象来说，就好比人类会选择性地遗忘部分冗余的视觉信息。同样，在卷积神经网络中，对原图像进行处理往往是低效的，因此可以采取一定的压缩方法，即池化。在每次对图像进行卷积处理后，输出会通过一个下采样的过程，进而减小图像的尺寸，降低训练时的计算量。

在 LeCun 提出的 LeNet－5 模型中，卷积神经网络被用于对手写体进行检测识别。LeNet－5 的网络结构包含了三个卷积层、两个池化层、一个全连接层和一个输出层。LeNet－5 结构示意图如图 2-10 所示。

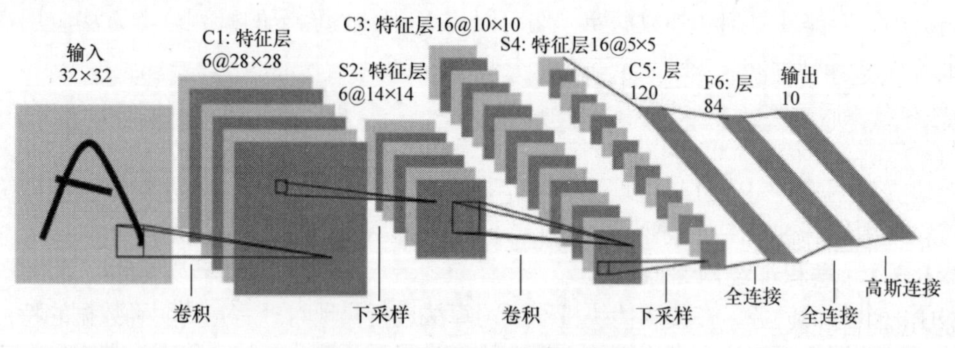

图 2-10　LeNet－5 结构示意图

对于给定的字符图片，首先对其进行归一化处理，随后通过连续的卷积和池化操作，得到一个 120 维的特征向量，再通过全连接层和输出层，进而得到分类结果。即使在字体潦草、背景有噪声、数字被涂改等情况下，LeNet－5 仍表现出较强的数字识别能力，其在数据集 MNIST 上的出色表现也证实了这一点。在 LeNet 之后，深度学习的研究开始受到了各方

学者的重视，由此引发的热潮直接致使一批优秀的网络结构在近年不断涌现。其中就包括下面提到的 AlexNet 网络结构。

（1）非线性 ReLu

在以往的神经网络算法中使用的激活函数一般是 tanh 函数或 sigmoid 函数，其表达式为

$$f(x) = \tanh(x) \tag{2-1}$$

$$f(x) = (1 + e^{-x})^{-1} \tag{2-2}$$

而在 AlexNet 中，则使用了非线性 ReLu 函数

$$f(x) = \max(0, x) \tag{2-3}$$

相对于传统方法中使用的激活函数，这种激活函数的特点为单侧抑制、稀疏激活性以及相对更广的边界。在使用梯度下降法进行训练时，传统的两种激活函数会导致梯度消失现象，同时也会降低训练的速度。而使用这种非饱和非线性激活函数可以较为有效地避免梯度消失问题，同时可大幅提升训练效率。

（2）多图形处理器（GPU）并行

在 AlexNet 被提出的当时，GPU 内存会极大限制网络大小，进而影响训练速度和结果。由于这个原因，AlexNet 网络提出了两种训练技巧：①将网络扩展到两个 GPU 上，进行并行训练，具体策略是在每一块 GPU 上分配相同数量的神经元；②GPU 之间的通信只在特定的网络层之间进行，网络之间的连接模式以交叉验证（cross - validation）的方式进行确定。

这些技巧不仅提升了训练速度，也使得训练正确率有了一定幅度的提升。如今，随着 GPU 工艺和技术的发展，这样的技巧对于 AlexNet 模型已无太大影响，但是这种思想对于解决一些规模更大的问题来说仍有着重要作用。

（3）局部相应标准化

ReLu 函数本身不要求对输入进行标准化来防止饱和，因为只要有一部分神经元能够产生正向（positive）的输入，便能起到学习作用。然而，AlexNet 发现，进行局部标准化可以实现在自然神经元中的机制——侧抑制，进而提高训练准确率。其公式为

$$b_{x,y}^{i} = a_{x,y}^{i} \Big/ \left[k + \alpha \sum_{j=\max(0, i-n/2)}^{\min(N-1, i+n/2)} (a_{x,y}^{j})^{2} \right]^{\beta} \tag{2-4}$$

式中，$a_{x,y}^{i}$是在特征图中第 i 个卷积核在坐标(x,y)处通过 ReLu 函数之后的输出；k、n、α、β 均是参数，通过验证集进行确定；N 是卷积核的总数。

（4）重叠池化

一个池化层可以被认为是一个池化单元网格，每个池化层的作用是每间隔 s 个像素，概括 $z \times z$ 个邻近的输入。在一般的卷积神经网络结构中，池化是不会重叠的，即 $s = z$。而在 AlexNet 中，取 $s = 2$，$z = 3$，即 $s < z$，这种重叠池化的方案使正确率有了少许提高，同时可以减少过拟合现象。

（5）网络结构

AlexNet 网络结构（图 2-11）包括 5 个卷积层、3 个全连接层以及一个 softmax 分类器，下面将对每层的输入输出和数据处理方法进行详细阐述。

第一层的输入为原始 227×227×3 图像，使用 11×11×3 大小的卷积核。卷积核沿着原始图像的 x 轴和 y 轴两个方向进行移动，移动的步长为四个像素。在移动过程中会生成(227 − 11)/4 + 1 = 55 个像素，行和列分别对应的 55×55 个像素即形成对卷积后的像素层。由于共

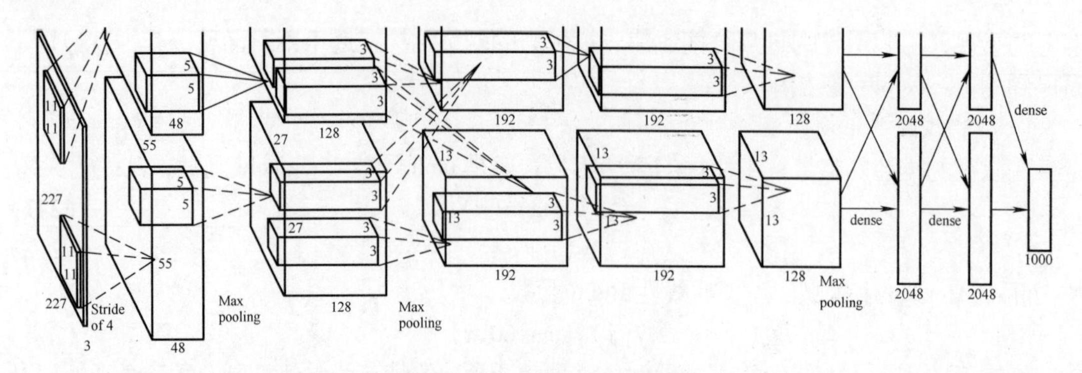

图 2-11　AlexNet 网络结构

使用了 96 个卷积核，因此会总共会生成 55×55×96 个卷积后的像素层。其中 96 个卷积核被分成了两组，对应会生成两组 55×55×48 的像素层数据。这些像素层经过 ReLu 函数单元的处理，会生成激活像素层，尺寸依然为 55×55×48。随后，这些像素层会经过一层池化层，其尺度为 3×3，步长为 2，因此经过池化后图像的尺寸变为(55-3)/2+1=27，即经过池化后像素的规模变为 27×27×96。随后进行归一化处理，运算尺度为 5×5，最终得到的像素层规模为 27×27×96，分别对应着 96 个卷积核。这 96 个像素层被分为了两组，每组在一个独立的 GPU 上进行运算。当进行反向传播时，96 个卷积核每个会对应上层输入的一个偏差值。

第二卷积层输入数据为第一卷积层输出的两组 27×27×48 像素层，使用规模为 5×5×48 的卷积核进行卷积运算，卷积核移动的步长为一个像素。类似第一层的计算方法，会生成两组 27×27×128 卷积后的像素层。同样在经过 ReLu 函数单元的处理后生成激活像素层，尺寸仍为两组 27×27×128 像素层。经过尺度为 3×3，运算步长为 2 的池化处理后，得到两组 13×13×128 的像素层，同样经过尺度 5×5 归一化处理最终得到两组 13×13×128 的像素层，分别对应两组 128 个卷积核运算形成，每组在一个 GPU 上进行运算。当进行反向传播时，第一层的 96 个卷积核每个对应上层输入的 256 个偏差值。

第三层的输入为第二层输出的两组 13×13×128 的像素层，卷积核的尺寸为 3×3×256，因此每个 GPU 中的卷积核都能对两组 13×13×128 像素层中的所有数据进行卷积运算。卷积核移动的步长为一个像素。运算后在每个 GPU 中共 13×13×192 个卷积后的像素层。这些像素层经过第三个 ReLu 函数单元的处理，生成激活像素层，尺寸仍为两组 13×13×192 像素层，共 13×13×384 个像素层。这一层没有再进行池化操作。

第四层的输入为第三层输出的两组 13×13×192 的像素层，卷积核的尺寸为 3×3×192，卷积核移动的步长为一个像素。最后在每个 GPU 中仍得到 13×13×192 个卷积后像素层。经过第四个 ReLu 函数单元的处理，生成激活像素层，尺寸仍为两组 13×13×192 像素层，共 13×13×384 个像素层。同样，这一层也没有进行池化操作。

第五层的输入为第四层输出的两组 13×13×192 的像素层，卷积核的尺寸为 3×3×192。卷积核移动的步长为一个像素。最后在每个 GPU 中仍得到 13×13×192 个卷积后像素层。经过第五个 ReLu 函数单元的处理，生成激活像素层，尺寸仍为两组 13×13×192 像素层，共 13×13×384 个像素层。之后对这两组 13×13×128 像素层分别在两个 GPU 中进行池化处理，尺度为 3×3，步长为 2，最终得到两组 6×6×128 的像素层，共 6×6×256 规模的像

素层数据。

第六层为全连接层，输入数据尺寸为6×6×256，使用4096个6×6×256的滤波器对输入数据进行卷积运算，并通过4096个神经元输出得到运算结果。这4096个运算结果通过ReLu和激活函数生成4096个值，随后通过dropout操作得到4096个输出结果。

第七层同样为全连接层，通过把第六层输出的4096个数据与第七层的4096个神经元进行全连接，然后经过ReLu处理后生成4096个数据，再经过一次dropout处理后输出4096个结果。

最后，将第七层输出的4096个数据与第八层的1000个神经元进行全连接，最终通过一个softmax输出分类结果。

（6）过拟合处理方法

在AlexNet中，主要使用了两种方法来减少过拟合：

1）数据增强：包括图像平移（image translation）、水平镜像（horizontal reflection）和改变RGB通道强度的方法。

2）dropout层：其原理是将隐层输出以一定的概率置为0，被置为0的神经元不会参与前向或后向传播。dropout也可以被看成是一种模型组合，每个模型样本即为不同的网络结构。这种方法减弱了神经元之间的共适应关系（co－adaptation），神经元之间不会存在互相依赖关系，以此使网络学习到更加鲁棒的特征表示。不过在减少过拟合的同时，也会增加收敛迭代次数。

（7）结果

在ILSVRC－2010上，AlexNet的top－1错误率为37.5%，top－5错误率为17.0%，是当年Imagenet识别大赛的冠军。

相比于之后被提出的GoogleNet、VGG等，AlexNet的网络结构相对简单，对于相对较小的数据集适用性较好，又能保持较高的准确率。因此，选择AlexNet进行危险品分类检测实验。

2.1.3.2　实验与结果分析

基于建立好的危险品X射线数据库，搭建起pycharm和TensorFlow环境，并使用GPU对数据进行训练。

（1）数据集

使用AlexNet模型进行训练的目标物体训练集与测试集数量见表2-2。

表2-2　训练集与测试集数量

类别	训练集	测试集	总数
打火机	100	25	125
剪刀	118	29	147
瑞士军刀	96	23	119
钳子	60	15	75
水果刀	113	28	141
螺钉旋具	100	25	125
手枪	433	108	541
负样本	1091	272	1363
总计	2111	525	2636

（2）训练参数

实验中，最终的分类器输出为八维，分别对应了八种分类结果：无、打火机、剪刀、瑞士军刀、钳子、手枪、水果刀和螺钉旋具。在经过调试和对比后，学习率取 0.001，batch size 取 40，dropout 率取 0.5。

（3）准确率实验

使用上述训练参数，并根据训练集和测试集 4∶1 的比例每次随机抽取训练样本和测试样本，重复进行 20 次实验，最终各类别得到的准确率见表 2-3。

选用了尺度不变特征变换（SIFT）方法与 AlexNet 方法在数据集上进行了对比，结果见表 2-4。

表 2-3　AlexNet 第一次实验准确率

类别	准确率（%）
打火机	12.3 ±7.8
剪刀	68.8 ±5.2
瑞士军刀	17.4 ±9.3
钳子	80.4 ±2.2
水果刀	46.4 ±6.9
螺钉旋具	67.5 ±4.4
手枪	64.9 ±2.8
负样本	42.6 ±1.9
总计	48.6 ±2.7

表 2-4　与 SIFT 方法对比

方法	准确率（%）
AlexNet	48.6 ±2.7
SIFT	36.8 ±1.9

虽然 AlexNet 在训练时间上要长于 SIFT，但可以看到，其准确率相较传统的基于特征匹配的 SIFT 算法有了较大提升。

然而，从实验结果中也同时可以发现，AlexNet 模型训练结果的准确率并不能很好地满足危险品检测中的实际要求（整体识别准确率在 50% 以下），且在一些类别上（比如打火机、瑞士军刀）的识别准确率较差，甚至存在低于完全随机策略准确率（打火机 $M = 12.3$）的情况。

（4）数据增强实验

在分类任务中，训练集样本数量是影响测试结果的重要因素之一。针对第一次实验中出现的准确率不够高以及部分类别结果较差的现象，首先猜测是训练集数据量不足导致了这样的结果。为了验证这种猜想，首先对训练集样本数量做出了调整。在第一次实验中，选取了整体数据库的 80% 作为训练集。在测试集数量保持不变的前提下，分别取数据库的 40%、50%、60%、70%、80% 作为训练集进行了实验，AlexNet 训练集数量对准确率的影响如图 2-12 所示。

从图中可以看出，基于所建立的数据库，训练所得模型的识别准确率随训练集数据增多而提高。由此想到，使用数据增强的方法来解决在第一次实验中发现的问题。

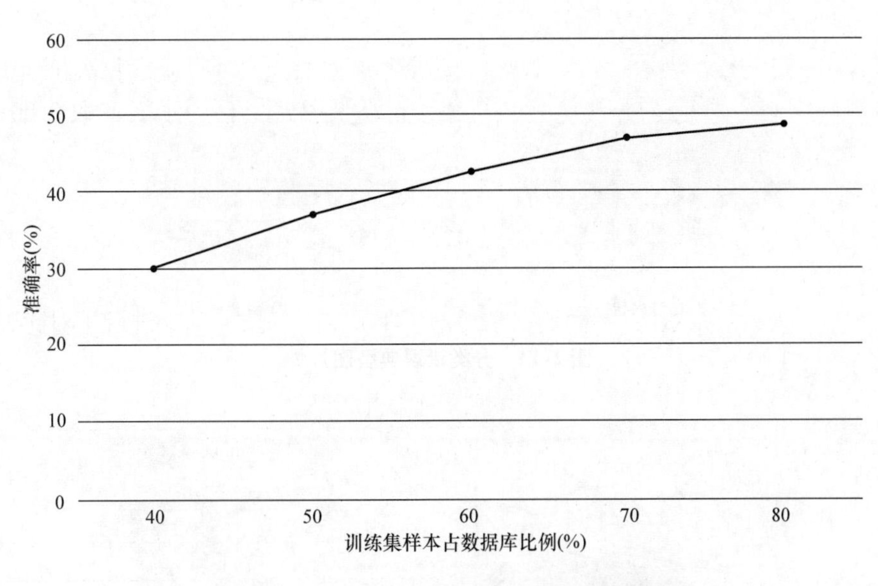

图 2-12　AlexNet 训练集数量对准确率的影响

由于 AlexNet 本身包含了图像平移与水平镜像的数据增强方法，因此采取旋转与反射变换的方式进行数据增强，即对原始数据进行随机角度旋转以得到新的数据。对训练集的每张图片进行三次随机旋转，将原图和得到的新图一起作为新的数据集。进行数据增强后，同样地，根据训练集和测试集 4∶1 的比例每次随机抽取训练样本和测试样本，重复进行 20 次实验，AlexNet 第二次实验准确率及对比结果见表 2-5。

表 2-5　AlexNet 第二次实验准确率及对比结果

类别	第二次准确率（%）	第一次准确率（%）
打火机	12.1 ±8.4	12.3 ±7.8
剪刀	72.4 ±6.7	68.8 ±5.2
瑞士军刀	16.8 ±11.2	17.4 ±9.3
钳子	79.6 ±4.5	80.4 ±2.2
水果刀	51.2 ±6.5	46.4 ±6.9
螺钉旋具	70.3 ±5.1	67.5 ±4.4
手枪	65.4 ±4.3	64.9 ±2.8
负样本	45.2 ±2.8	42.6 ±1.9
总计	50.2 ±2.6	48.6 ±2.7

从结果对比中可以看到，数据增强可以使总正确率获得一定的提升（$M=50.2\%$），但是提升效果比较有限，而且对于之前识别准确率较低的类别没有起到提升作用。

（5）分类错误分析

为了进一步探究分类准确率低的原因，对模型分类错误的图片进行了分析，并从中挑选出了一些典型图像，如图 2-13 和图 2-14 所示。

对于如图 2-13 所示的第一类被分类错误的图片，目标识别物体（以打火机、瑞士军刀为代表）占整张图片的面积相对较小；而对于如图 2-14 所示的第二类被分类错误的图片，背景噪声较强。对于这两类图片，若使用将整张图片作为输入的分类识别算法，均会存在目

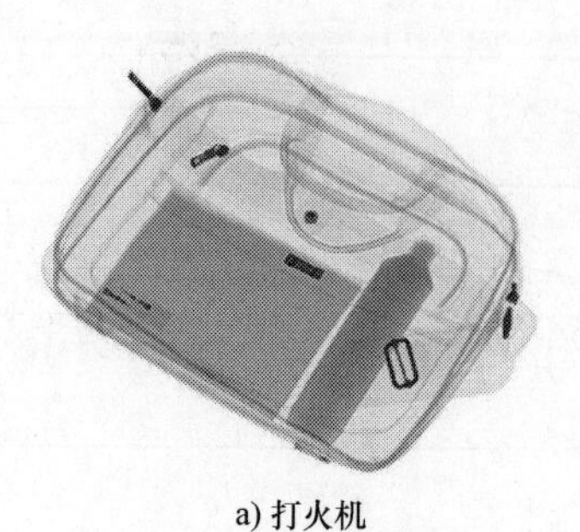

a) 打火机

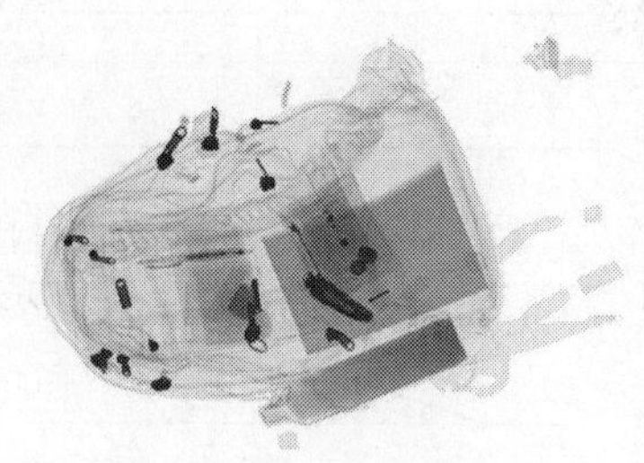

b) 瑞士军刀

图 2-13 分类错误典型图片 1

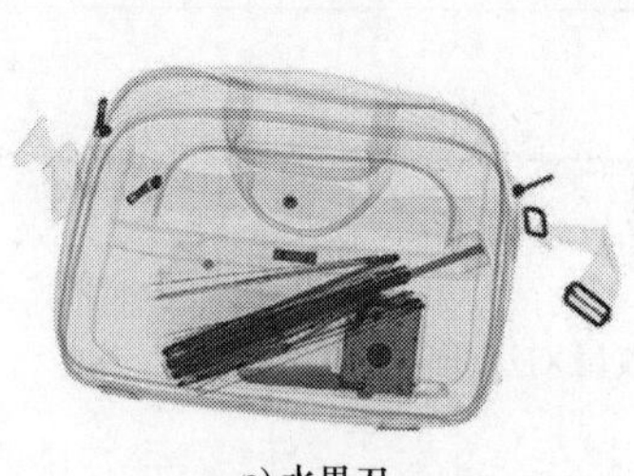

a) 水果刀

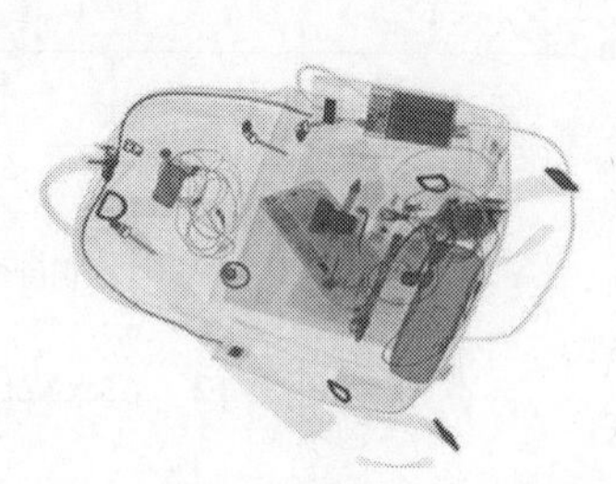

b) 负样本

图 2-14 分类错误典型图片 2

标特征不显著或难以提取目标特征的情况。

（6）结论

根据以上的实验结果和分析可以得知，AlexNet 模型在 X 射线数据集上可以获得比传统特征提取匹配法更好的准确率（$M=50.2\%$），但在目标物体过小或者环境和干扰因素较复杂时存在较大局限性。为了解决这些问题，尽可能满足实际应用需求，接下来将采取深度学习中的目标检测方法。

2.1.4 基于深度学习的目标检测

上一节介绍了使用 CNN AlexNet 网络结构对数据集进行分类实验的结果与分析，发现基于原始图片的分类识别算法在本任务中存在着局限性，有待改进。本节将介绍使用目标检测算法 YOLO 来完成本项研究提出的任务。

2.1.4.1 目标检测算法

相对于普通的目标分类任务来说，目标检测增加了一项任务，即不仅要识别出图片中物体的类别，还要定位物体在图片中的位置。传统的目标检测算法主要使用了滑动窗口的方法，一般包含以下三个步骤：

1）通过使用不同尺寸的滑动窗口选择出图片的某一部分作为备选区域。

2）提取备选区域的相关特征。

3）基于这些特征使用分类器进行识别。

在传统目标检测算法中，多尺度形变部件模型（DPM）是最为知名的，这个模型曾连续获得 VOC2007－2009 检测冠军，其核心思想是将物体看作多个部件的组合，通过部件之间的关系来描述一个物体。但是，DPM 由于其相对较为复杂，检测速度较慢，在基于深度

学习的目标检测方法出现后，很快被取而代之。

基于深度学习的目标检测算法的重大转折点是 R – CNN 的提出。其采取的主要方法包括以下几步：

1）区域提名：首先通过 SelectiveSearch 从输入的原始图片中提取约 2000 个备选框，并通过归一化将它们缩放成固定大小。

2）特征提取：利用 CNN 网络对这些备选框进行特征提取。

3）分类回归：将提取出的特征通过全连接层和 SVM 分类器进行识别，利用边界回归（bounding – box regression）得到精确的目标范围。

在此之后，为了对算法进行提速和提高效果，SPP – Net、Fast – RCNN 和 Faster – RCNN 被陆续提出，其核心基本是在 R – CNN 的基础上进行优化。

2.1.4.2　YOLO 算法

YOLO 的核心思想是将物体目标检测直接转化为一种回归问题，并通过一个独立的 end – to – end 网络结构由输入直接通向输出。相对于以往的深度学习目标检测算法，其创新性主要体现在以下两点：

1）训练与检测在同一个独立网络中进行：相比于 R – CNN 使用分离的模块来检测备选框，且训练过程也分多个模块执行，YOLO 的模型显得更为简单纯粹。即使在后续的 faster – RCNN 中对模型进行了合并和简化，仍然无法与 YOLO 相比。

2）把物体目标检测问题直接转化为一个回归问题：在 YOLO 模型中，输入的图片只要经过一次推理过程就能得到目标物体的位置以及其类别的置信概率，而在以往的方法中都将物体分类和目标定位拆分为两个部分进行求解。

YOLO 模型相较于以往的目标检测方法来说，有如下优点：

1）检测速度快：正如前文介绍的，YOLO 模型相对来说更简单，只需输入图片便能得到目标检测结果。标准版本 YOLO 在 GPU Titan X 上的检测速度可达 45fps，相比 faster – RCNN 有很大进步。

2）可以学习目标泛化特征：YOLO 模型相比 DPM、R – CNN 等模型来说可以学习到更加泛化的特征，能够更方便地进行数据库的迁移。

3）更好地避免背景错误：YOLO 在训练和测试时会关注到整张图片的信息，而以往的方法一般都基于滑动窗或备选区进行学习，只能得到图片的部分信息。因此，YOLO 在进行目标检测时可以更好地利用图片上下文信息，有效规避背景错误。

然而这样的模型结构也注定了 YOLO 有着一些缺点，比如，检测精度低于其他模型、容易产生定位错误、对密集小物体检测效果一般等。

（1）YOLO 结构

标准 YOLO 网络结构（图 2-15）包含了 24 个卷积层和 2 个全连接层，其中卷积层作用是提取图片的特征，全连接层则用于预测目标物体位置和类别概率。

YOLO 网络的输入是一张 448 × 448 尺寸的原始图像，在经过一连串的卷积和池化后，最终的输出是 $S \times S \times (B \times 5 + C)$ 维度。其中 $S \times S$ 代表网络将输入图片分成了多少个区域，若目标物体的中心落在某个区域，则由该区域负责给出该目标物体检测信息；B 代表每个区域输出 B 个 bounding box 信息；C 代表物体属于 C 种类别的概率信息。由于最终在每个区域中只选择交并比（Intersection over Union，IoU）最高的 bounding box 作为输出，这就导致在

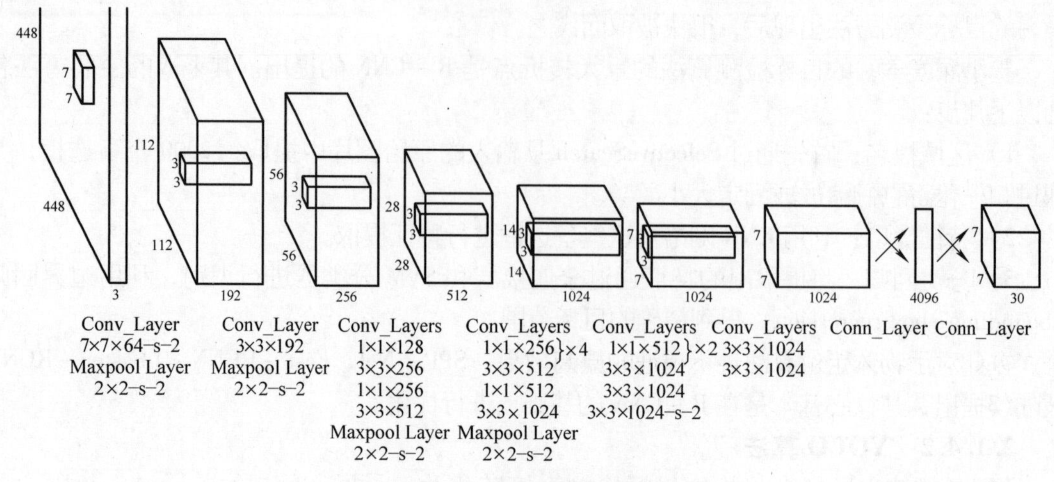

图 2-15　YOLO 网络结构

一个区域中最多只能检测出一个目标物体，这也是 YOLO 对密集小物体检测效果一般的原因。

YOLO 的网络结构借鉴了 GoogleNet 分类网络的结构，其中的区别在于，YOLO 用 1 ×1 和 3 ×3 的简单卷积层取代了 inception 模型。

除了标准 YOLO 网络外，还有一个更小更快的网络结构——fast YOLO，由 9 个卷积层和 2 个全连接层组成，虽然准确率下降了 10 个百分比（仍高于传统 DPM 方法），但是检测速度进一步获得了提高。

（2）Loss 函数

YOLO 模型使用均方和误差作为其 Loss 函数来对训练参数进行优化，由坐标误差、confidence 损失和分类误差三部分构成，整体公式如下

$$\text{Loss} = \sum_{i=0}^{S^2} \text{coordError} + \text{IOUError} + \text{classError} \tag{2-5}$$

坐标误差为

$$\begin{aligned}\text{coordError} = {} & \lambda_{\text{coord}} \sum_{i=0}^{S^2} \sum_{j=0}^{B} l_{ij}^{\text{obj}} [(x_i - \hat{x}_i)^2 + (y_i - \hat{y}_i)^2] \\ & + \lambda_{\text{coord}} \sum_{i=0}^{S^2} \sum_{j=0}^{B} l_{ij}^{\text{obj}} \left[(\sqrt{\omega_i} - \sqrt{\hat{\omega}_i})^2 + (\sqrt{h_i} - \sqrt{\hat{h}_i})^2 \right]\end{aligned} \tag{2-6}$$

式中，第一项是对 bounding box 中心坐标的预测；第二项是对 bounding box 宽与高的预测。

之所以使用宽与高的平方根来代替原始的宽与高，是为了区分较大 bounding box 和较小 bounding box 的误差。因为对于相同的宽高误差来说，较小的 bounding box 对于目标位置精度的影响要更大。

Confidence 损失为

$$\text{IOUError} = \sum_{i=0}^{S^2} \sum_{j=0}^{B} l_{ij}^{\text{obj}} (C_i - \hat{C}_i)^2 + \lambda_{\text{noobj}} \sum_{i=0}^{S^2} \sum_{j=0}^{B} l_{ij}^{\text{noobj}} (C_i - \hat{C}_i)^2 \tag{2-7}$$

式中，l_{ij}^{obj} 和 l_{ij}^{noobj} 表示目标物体中心落入了或未落入第 i 个区域的第 j 个 bounding box 内。

只有 ground truth 与某区域中的某个 bonding box 的 IOU 值取到最大，才会对该项进行

计算。

类别误差为

$$\text{classError} = \sum_{i=0}^{S^2} l_i^{\text{obj}} \sum_{c \in \text{classes}} [p_i(c) - \hat{p}_i(c)]^2 \tag{2-8}$$

式中，l_i^{obj} 表示目标物体中心落入了第 i 个区域内。

为了防止出现训练发散，需要对上面三种误差的权值进行调整。在这里，λ_{coord} 取 5，λ_{noobj} 取 0.5。

从 Loss 函数中可以发现，较大物体和较小物体对于 IOU 误差的贡献值基本相似，这也是 YOLO 对于物体定位有时会不精准的原因。

（3）结果

YOLO 与 R－CNN 方法相比，可以做到在准确率不下降很多的前提下大幅度提高速度，二者的 mAP 和 FPS 对比如图 2-16 所示。此外，根据 YOLO 在 VOC2012 上的表现（图 2-17）来看，该算法在目标物体较大时表现良好，而对于密集小件物体的识别准确率一般。

Real-Time Detectors	Train	mAP	FPS
100Hz DPM [30]	2007	16.0	100
30Hz DPM [30]	2007	26.1	30
Fast YOLO	2007+2012	52.7	**155**
YOLO	2007+2012	**63.4**	45
Less Than Real-Time			
Fastest DPM [37]	2007	30.4	15
R-CNN Minus R [20]	2007	53.5	6
Fast R-CNN [14]	2007+2012	70.0	0.5
Faster R-CNN VGG-16[27]	2007+2012	73.2	7
Faster R-CNN ZF [27]	2007+2012	62.1	18
YOLO VGG-16	2007+2012	66.4	21

图 2-16　YOLO 与 R－CNN 的 mAP 和 FPS 对比

VOC 2012 test	mAP	aero	bike	bird	boat	bottle	bus	car	cat	chair	cow	table	dog	horse	mbike	person	plant	sheep	sofa	train	tv
MR_CNN_MORE_DATA [11]	**73.9**	**85.5**	**82.9**	**76.6**	**57.8**	**62.7**	**79.4**	77.2	86.6	**55.0**	**79.1**	**62.2**	87.0	**83.4**	**84.7**	78.9	45.3	73.4	65.8	80.3	74.0
HyperNet_VGG	71.4	84.2	78.5	73.6	55.6	53.7	78.7	**79.8**	87.7	49.6	74.9	52.1	86.0	81.7	83.3	**81.8**	**48.6**	**73.5**	59.4	79.9	65.7
HyperNet_SP	71.3	84.1	78.3	73.3	55.5	53.6	78.6	79.6	87.5	49.5	74.9	52.1	85.6	81.6	83.2	81.6	48.4	73.2	59.3	79.7	65.6
Fast R-CNN + YOLO	70.7	83.4	78.5	73.5	55.8	43.4	79.1	73.1	**89.4**	49.4	75.5	57.0	**87.5**	80.9	81.0	74.7	41.8	71.5	68.5	**82.1**	67.2
MR_CNN_S_CNN [11]	70.7	85.0	79.6	71.5	55.3	57.7	76.0	73.9	84.6	50.5	74.3	61.7	85.5	79.9	81.7	76.4	41.0	69.0	61.2	77.7	72.1
Faster R-CNN [27]	70.4	84.9	79.8	74.3	53.9	49.8	77.5	75.9	88.5	45.6	77.1	55.3	86.9	81.7	80.9	79.6	40.1	72.6	60.9	81.2	61.5
DEEP_ENS_COCO	70.1	84.0	79.4	71.6	51.9	51.1	74.1	72.1	88.6	48.3	73.4	57.8	86.1	80.0	80.7	70.4	46.6	69.6	**68.8**	75.9	71.4
NoC [28]	68.8	82.8	79.0	71.6	52.3	53.7	74.1	69.0	84.9	46.9	74.3	53.1	85.0	81.3	79.5	72.2	38.9	72.4	59.5	76.7	68.1
Fast R-CNN [14]	68.4	82.3	78.4	70.8	52.3	38.7	77.8	71.6	89.3	44.2	73.0	55.0	**87.5**	80.5	80.8	72.0	35.1	68.3	65.7	80.4	64.2
UMICH_FGS_STRUCT	66.4	82.9	76.1	64.1	44.6	49.4	70.3	71.2	84.6	42.7	68.6	55.8	82.7	77.1	79.9	68.7	41.4	69.0	60.0	72.0	66.2
NUS_NIN_C2000 [7]	63.8	80.2	73.8	61.9	43.7	43.0	70.3	67.6	80.7	41.9	69.7	51.7	78.2	75.2	76.9	65.1	38.6	68.3	58.0	68.7	63.3
BabyLearning [7]	63.2	78.0	74.2	61.3	45.7	42.7	68.2	66.8	80.2	40.6	70.0	49.8	79.0	74.5	77.9	64.0	35.3	67.9	55.7	68.7	62.6
NUS_NIN	62.4	77.9	73.1	62.6	39.5	43.3	69.1	66.4	78.9	39.1	68.1	50.0	77.2	71.3	76.1	64.7	38.4	66.9	56.2	66.9	62.7
R-CNN VGG BB [13]	62.4	79.6	72.7	61.9	41.2	41.9	65.9	66.4	84.6	38.5	67.2	46.7	82.0	74.8	76.0	65.2	35.6	65.4	54.2	67.4	60.3
R-CNN VGG [13]	59.2	76.8	70.9	56.6	37.5	36.9	62.9	63.6	81.1	35.7	64.3	43.9	80.4	71.6	74.0	60.0	30.8	63.4	52.0	63.5	58.7
YOLO	57.9	77.0	67.2	57.7	38.3	22.7	68.3	55.9	81.4	36.2	60.8	48.5	77.2	72.3	71.3	63.5	28.9	52.2	54.8	73.9	50.8
Feature Edit [32]	56.3	74.6	69.1	54.4	39.1	33.1	65.2	62.7	69.7	30.8	56.0	44.6	70.0	64.4	71.1	60.2	33.3	61.3	46.4	61.7	57.8
R-CNN BB [13]	53.3	71.8	65.8	52.0	34.1	32.6	59.6	60.0	69.8	27.6	52.0	41.7	69.6	61.3	68.3	57.8	29.6	57.8	40.9	59.3	54.1
SDS [16]	50.7	69.7	58.4	48.5	28.3	28.8	61.3	57.5	70.8	24.1	50.7	35.9	64.9	59.1	65.8	57.1	26.0	58.8	38.6	58.9	50.7
R-CNN [13]	49.6	68.1	63.8	46.1	29.4	27.9	56.6	57.0	65.9	26.5	48.7	39.5	66.2	57.3	65.4	53.2	26.2	54.5	38.1	50.6	51.6

图 2-17　YOLO 在 VOC2012 上的表现

要解决的任务是实际应用场景中的警用机器人危险品检测，考虑到实际场景中数据量的规模以及对实时性的要求，选用 YOLO 模型来实现目标检测分类。

2.1.4.3 实验与结果分析

基于建立好的危险品 X 射线数据库进行人工数据标注，随后使用 pycharm 和 TensorFlow 环境以及 GPU 对数据进行训练。

（1）数据集

为了实现目标检测算法，需要对所建立的数据库进行人工信息标注。本项研究使用的标注软件为 LabelImg（https：//github. com/tzutalin/labelImg），是一款基于 ImageNet 数据集的标注方法设计的数据标注软件，LabelImg 软件界面如图 2-18 所示。该软件对建立好的数据库中所有正样本图像目标物品的位置和类别进行了标注，标注信息存储在生成的 xml 格式文件中，每张图像对应一个 xml 文件。训练集与测试集的数量见表 2-6。

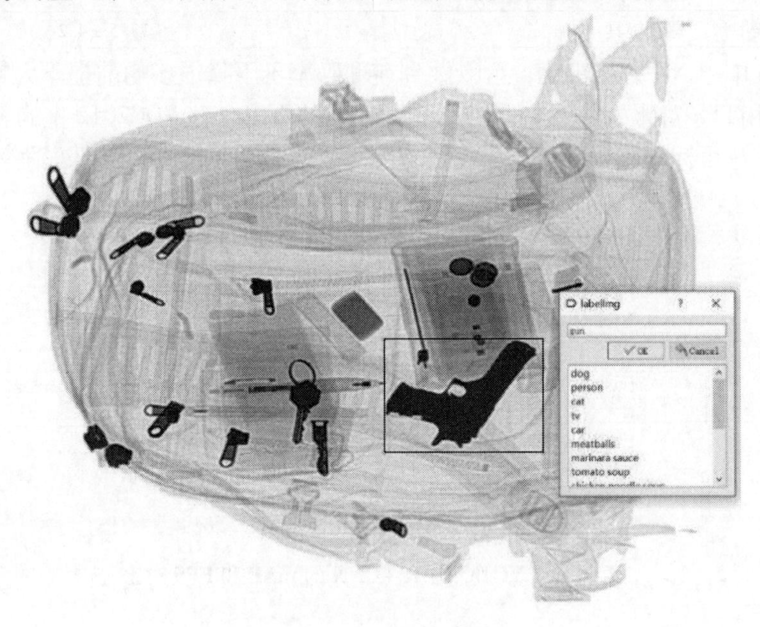

图 2-18　LabelImg 软件界面

表 2-6　训练集与测试集数量

类别	训练集	测试集	总数
打火机	100	25	125
剪刀	118	29	147
瑞士军刀	96	23	119
钳子	60	15	75
水果刀	113	28	141
螺钉旋具	100	25	125
手枪	433	108	541
负样本	1091	272	1363
总计	1020	525	2636

输入图片尺寸为 448 × 448，$S = 7$，$B = 2$，$C = 7$，学习率取 0.001，batch 大小取 40，threshold = 0.2，IOU_threshold = 0.5。最终在迭代约 10000 次后趋近收敛。

（2）算法实验

使用上述训练参数，并根据训练集和测试集 4∶1 的比例每次随机抽取训练样本和测试样本，重复进行 20 次实验，最终各类别得到的准确率见表 2-7。

表 2-7　YOLO 算法实验准确率

类别	准确率（%）
打火机	44.1 ±10.2
剪刀	79.3 ±5.7
瑞士军刀	42.5 ±8.8
钳子	84.5 ±7.9
水果刀	52.6 ±6.6
螺钉旋具	77.5 ±4.2
手枪	76.9 ±1.9
负样本	52.3 ±1.2
总计	60.9 ±1.8

可以看到，相比之前使用的 AlexNet 纯分类网络来说，YOLO 目标检测网络识别的整体准确率有了显著提升（$M = 60.9\%$）。具体到每个类别，之前表现不好的分类如打火机（$M = 44.1\%$）和瑞士军刀（$M = 42.5\%$）相对而言有了较大提升。这说明，相比直接将原始图像作为输入，在加入了目标位置的标注信息后，可以更有效和准确地识别目标物体。

（3）样本数量实验

同样地，为了检验样本数量对训练得到模型的影响，对训练集样本数量进行了改变并多次实验。在测试集图像数量保持不变的前提下，分别选取了数据集的 20% ~80% 作为训练集，采用每次随机抽样的方法，重复实验 20 次，YOLO 算法训练集数量对准确率的影响如图 2-19 所示。

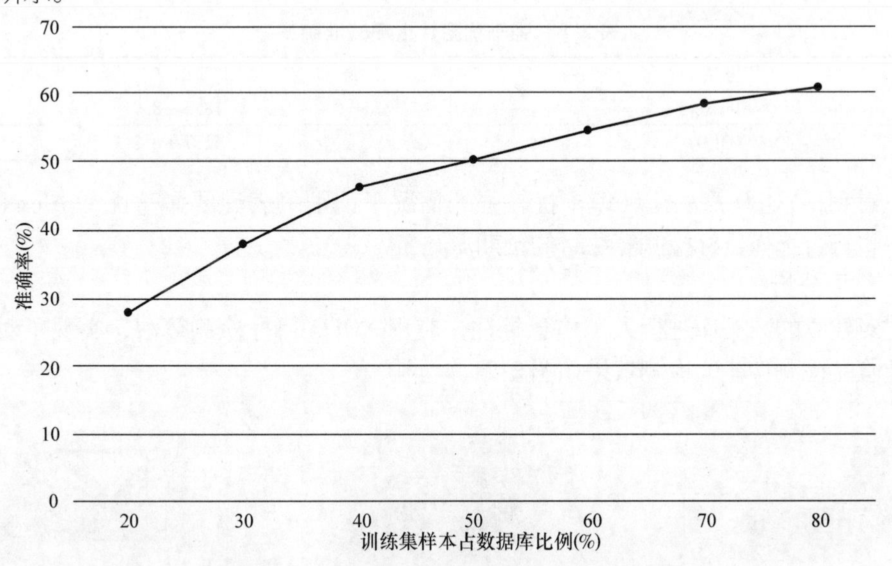

图 2-19　YOLO 算法训练集数量对准确率的影响

从图中可以看出，YOLO 算法在本节数据库上训练所得模型的检测准确率与训练集样本数量有紧密联系，样本数量越大，训练效果越好。

从实验的结果可以发现，YOLO 算法在本节数据库上的表现与训练样本量具有正向的联系。由图 2-19 可以看出，训练集取到整个数据库的 80% 时，曲线仍呈上升趋势，这说明当样本量进一步提升时，YOLO 算法可以取得更好的效果。此外，YOLO 算法准确率随样本数量的变化幅度较大，也说明在本节的数据库上，样本会对算法效果造成较大影响。

（4）抗干扰能力实验

在本项研究的数据库中，存在着一些环境和干扰因素较强的图片，如图 2-20 所示。为了检验 YOLO 算法在这些图片上的表现，对这些干扰因素较强的图片进行标注（共 488 张），并通过实验对比了 YOLO 和 AlexNet 在这些图片上的检测表现，其结果见表 2-8。

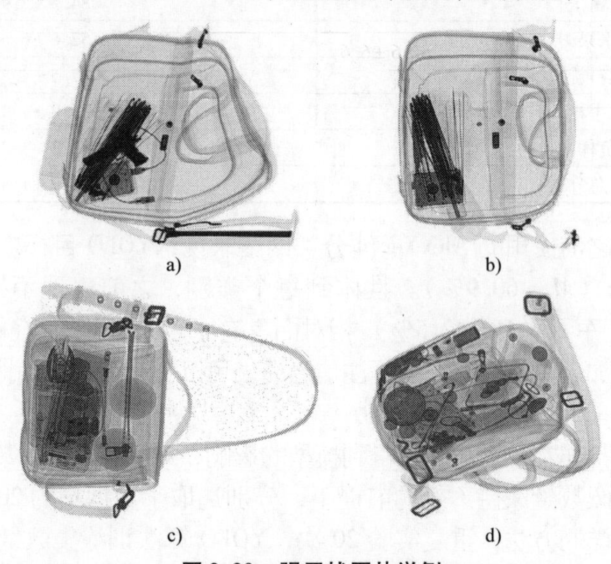

图 2-20　强干扰图片举例

表 2-8　强干扰图片上测试准确率

方法	准确率（%）
AlexNet	18.5 ±8.9
YOLO	42.7 ±6.2

可以看到，YOLO 算法在环境干扰较强的情况下识别的表现要显著优于 AlexNet 算法，这种结果也符合选择目标检测算法时的预期。

（5）结果分析

通过对建立的数据库进行人工信息标注，应用 YOLO 目标检测算法，实现了对 X 射线图像下危险品检测功能，检测效果如图 2-21 所示。

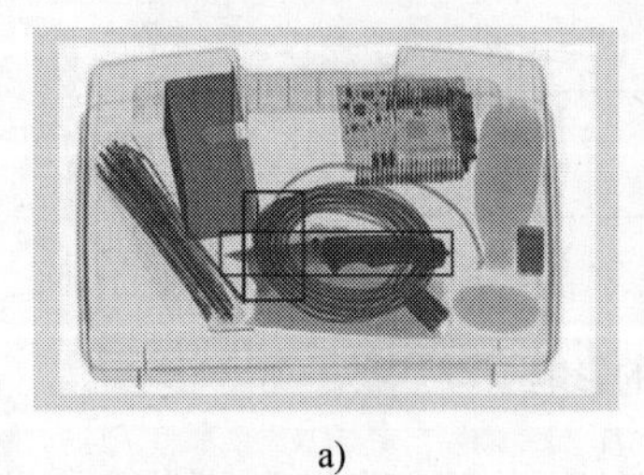

a)

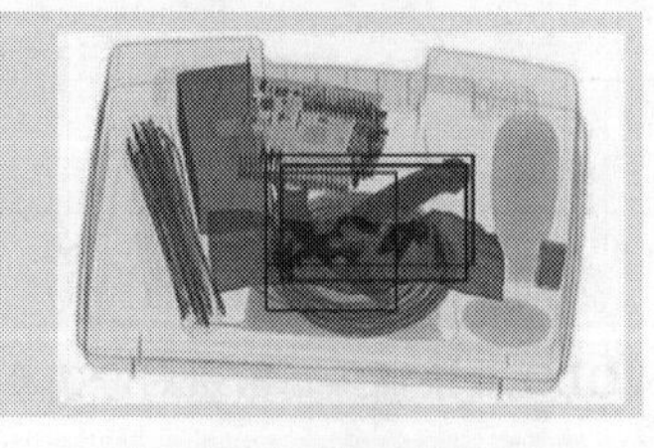

b)

c)

图 2-21　危险品检测效果

通过上述实验结果与分析可以发现，在本节的数据集上，YOLO 目标检测算法在准确率上相比 AlexNet 分类模型有了整体的提高（表 2-9），且在一定程度弥补了 AlexNet 在小目标物体和复杂背景干扰情况下检测的不足之处。

表 2-9　YOLO 算法与 AlexNet 算法准确率对比

类别	YOLO 准确率（%）	AlexNet 准确率（%）
打火机	44.1 ±10.2	12.1 ±8.4
剪刀	79.3 ±5.7	72.4 ±6.7
瑞士军刀	42.5 ±8.8	16.8 ±11.2
钳子	84.5 ±7.9	79.6 ±4.5
水果刀	52.6 ±6.6	51.2 ±6.5
螺钉旋具	77.5 ±4.2	70.3 ±5.1
手枪	76.9 ±1.9	65.4 ±4.3
负样本	52.3 ±1.2	45.2 ±2.8
总计	60.9 ±1.8	50.2 ±2.6

虽然 YOLO 算法比 AlexNet 模型拥有更好的危险品识别和检测能力，但 YOLO 算法需要基于更多人工标注的先验信息，且更依赖于数据库样本的质与量，在建立数据库时需要耗费更多的人力和时间成本。在实际警用机器人的应用中，还要根据需求和数据库条件进行算法的选择。

2.2　基于全息感知融合的警用机器人侦查技术

2.2.1　智能机器人侦查技术概述

本节介绍的一项研究重点是围绕警用机器人全向感知系统与重点区域的特殊警情自动识别系统，开展以视觉为基础的智能感知及分析系统，以全向视觉为警用机器人的大视场观测范围，形成对周围场景的全向感知；利用高清云台变焦系统，形成对重点区域警情的详细侦察，并以此为智能分析系统输入，通过深度神经网络的学习，实现特殊警情场景中人口密度估计和人脸信息的提供。

目前我国机器人行业正处于研究发展的关键时期，新兴科技与互联网产业不断为机器人研究投入技术与资产。然而，受制于传感器信息采集方式的局限性，采集信息过程中对环境的友好性难以实现，接触式和标记辅助式导航系统难以适应复杂环境。本研究重点考虑利用全向视觉非接触式的环境友好信息采集方式和图像数据信息的高密度特性，以应用于移动机器人自主导航技术的相应研究。

此研究主要具有以下意义：

1）为机器人自主制导技术提供环境友好的方法。目前自主移动的机器人导航技术大多受到室内环境的限制，导致很多导航方法在室内很难或根本无法使用，如电磁导航，需要在地上预先敷设感应线圈，还有常见的 GPS 导航，在室内信号弱，精度大大降低。本研究中的机器人导航基于全景视觉技术，充分有效地利用全景视觉全范围获取环境图像信息的优势，一方面破除了传统机器人视界范围狭窄的固有技术短板，打破了因其产生的功能缺陷，同时不需要预先对运动路线添加额外的辅助标记，信息采集过程也采用非接触式的视觉图像采集，对于环境充分友好，受环境参数影响小。因此，利用全向视觉是一种可拓展、可持续发展、可应付复杂条件环境的信息数据采集方式，有效提升了机器人自主导航的信息收集能力。

2）基于全向视觉的机器人自主导航技术具有鲜明的现实意义和现实应用价值。机器人产业作为新时代科学技术有机统合体，其在实际应用领域有着良好的发展前景。本研究的主要目标之一是研制出一款实用性强、智能化高、适用于现实场景下的警用机器人，使其能够有效地运用到现实警用任务中。其从多个角度处理利用图像信息，充分挖掘图像中的有效数据，实现通过视觉解决多个问题的目的，全方面降低生产成本和硬件设备故障概率，使机器人从传统的人工控制移动设备过渡到以人文服务为理念的自主制导系统。其理念符合现代社会发展潮流，具有开发价值。

3）在科学研究方面，全景视觉的自主导航模式也是本研究的重要创新点之一。区别于传统机器人单摄像头取景、按照固定路线运动等固有缺陷，本研究实现了依靠全景视觉导航，高效率获取广阔视角的环境图像数据的功能，以此达到灵活应对多样化环境的能力，能够在更大应用范围内实现自主导航、自主巡逻的功能。对于基于图像的定位识别研究具有一定的推进。

智能机器人侦查技术在近些年取得了迅速发展，对于全向视觉和机器人自主移动导航的有机结合则一直是机器人制导领域中的热点问题。2000 年，“Workshop on Omnidirectional Vision，Camera Network and Non－classical cameras”会议对全向视觉与移动机器人进行了讨论，会议的议题就有很大一部分是基于全景视觉在移动机器人领域中的应用问题。全向视觉传感器作为自主移动机器人的环境信息采集设备，主要应用于导航系统中的目标识别、目标跟踪、自主定位与路径建模等领域。

Wang 和 Lin 提出在机器人目标识别中使用全向视觉，其研究考虑对图像提取尺度不变特征变换（Scale－invariant Feature Transform，SIFT）视觉特征，通过 K－means 聚类算法对 SIFT 特征进行聚类分析，并将目标区域与数据库中预存目标进行匹配，依据相似程度决定匹配结果。Bonarini 等人将全向视觉应用于自主导航机器人目标跟踪领域，将计算机科学与生物学相结合并提出基于“感受器”概念的快速图像处理算法，用于解决机器人对于目标的快速跟踪问题。

Scaramuzza 等人提出了将全向数据应用于里程计量问题，该算法通过匹配连续两帧图像中相应的特征点，将特征点投影到相同水平面，获得两帧图像间的约束条件，从而获得现实世界中机器人在拍摄两幅图像间的旋转角度与平移量，累计计算运动结果达到记录机器人运动里程的功能。Goedeme 和 Van 等人将全景视觉应用于自主服务机器人，通过提取图像中 SIFT 特征匹配点和 Invariant Column Segments 特征匹配点，来实现对于室内环境的拓扑结构建模；在后续的研究中，其继续将全景视觉应用于机器人自主定位功能，对全景图像进行宽基线特征匹配和贝叶斯滤波，实现了在拓扑结构地图中的自定位功能；其研究组继续研究并提出了基于全景视觉的路径跟踪算法和为了完成自主导航任务的制导算法。马建光等人提出了基于概率 PCA 和核 PCA 的定位算法，用于实现利用全景视觉在机器人导航中的定位和路径规划。Lamon 等人将生物学中的指纹识别与计算机视觉相结合，提出了全景图像的指纹序列来确定其唯一坐标，将指纹序列与数据库中信息检索匹配来实现机器人的自定位功能。

Murillo 等人提出提取全景图像的加速稳健特征（SURF），对机器人在室内环境中分层定位。许俊勇等人提出利用全向视觉实现机器人自主定位的 SLAM 算法。Kröse 等人提出了使用傅里叶变换提取全景图像的全局特征。Menegatti 等人提出通过提取全局特征实现全局匹配。Jogan 等人提出使用 PCA 方法来提取全景图像的视觉特征。Tamimi 等人提出了迭代 SIFT 算法提取全景图像中局部特征。Andreasson 等人在其基础上进行改进，提出 MSIFT 算法对全景图像中的细节特征进行提取。

在视觉系统标定问题上，研究人员提出多种视觉自动颜色标定学习方法，这些方法对于颜色不敏感。在图像采集上，摄像机自动调节图像采集参数，使输出图像对真实场景的描述保持一致。除此之外，全景视觉应用于飞行机器人空中姿态计算、位置控制等问题也都得到了研究与发展。

基于以上研究现状的认知，全景视觉采集到的区域场景数据信息主要被用于提取视觉特征，以此完成机器人对于目标识别、快速跟踪、自主定位的任务。全景图像中的特征提取主要可以划分为两类，即全局视觉特征和局部视觉特征。

全局视觉特征主要描述的是全景视觉图像整体特性。全局视觉特征在提取速度上更加快速，并且在对整张全景图像之间的比较和匹配任务中也表现良好，有着快速的匹配效率。但是由于其使用整张全景图像作为特征提取对象，因此受到环境的光线条件变化和动态遮挡情况影响比较严重，对外界环境变化导致的图像采集差异敏感，因此其鲁棒性和特征提取精度较差。

局部视觉特征是对单镜头中重点区域进行特征识别，其在提取过程中需要更精准的提取过程。由于其重点描述局部区域的特征信息，所以其拥有更强大的区分判别能力；另外，其因遮挡引起的视觉误差较小，对于遮挡问题能够具有良好的鲁棒性。局部视觉特征的有效选择可以减少因为外界光线条件变化导致的影响，实现对图像旋转、平移、尺度变化的不敏感性。目前，特征提取主要研究关键问题是特征提取算法的实时性和准确性，使得特征提取这一过程贯彻运动始终，持续有效地提供特征匹配结果。

目前，全向视觉已经在机器人领域取得了相关研究成果，但是对于将其完全投入到现实应用的过程还存在一些技术挑战。其中不仅有计算机视觉领域传统沿袭下来的共性问题，也有由于引用全景视觉技术导致的新问题出现。如何让机器人在动态环境变化和光线条件变化下保持具有连续性的图像处理和图像理解能力，是目前计算机视觉应用于机器人运动领域富有挑战性的问题。

当机器人在非常规的非结构化环境下工作时，通过计算机视觉的机器人自主导航算法一般需要提取图像中的视觉特征来完成目标识别和定位匹配。局部视觉特征相比全局视觉特征拥有更良好的鲁棒性和特征识别能力，对于动态遮挡情况拥有更良好的鲁棒性；但是由于局部视觉特征算法计算消耗大，特征提取时间长，所以这些固有的代价条件导致局部视觉特征很难满足实际工程对于实时性的要求。特征提取的过程经常导致机器人运动的不连续性和延时性，这不仅使得机器人运动不协调，还导致了机器人无法有效应对紧急情况的功能缺陷。对于更加快速鲁棒的针对全景视觉图像的视觉特征提取算法的研究依然是目前的研究重心之一。

当移动机器人的工作环境为室内时，机器人的自主导航精度要求将会相应地提高。当室内结构化环境为静态的时候，这一问题在机器人自定位领域已经得到了有效的解决；但是如果工作环境中出现了很多动态遮挡和非结构化环境，机器人自定位出现错误和较大误差的情况还是很难得到有效解决。复杂的外界光线调节也给机器人自主定位导航带来了新的问题与挑战，如何有效利用全向视觉来完成自主移动机器人自定位功能，且可以鲁棒地应对大量遮挡和外界环境条件变化，发生错误后能够及时止损，发现运动的错误和误差并及时调整回正确运动模式，这仍然是目前一个富有挑战意义的问题。

目前计算机视觉的应用中，大多都使用到了利用各种算子提取图像中的视觉特征信息，这一过程虽然能有效地描述图像数据的特征，但是这并不完全符合人类对于世界的理解方式。如何有效利用目前已有目标识别领域中的研究成果，和基于全向视觉的目标识别甚至是类人层面上的全向视觉图像语义层次上的理解分析相结合，这也是目前利用全向视觉完成自主移动机器人自定位问题的发展方向之一。

用于自主移动机器人领域的传感器种类繁多，其按照应用目的的不同主要可以划分为两类，即针对自身参数监测的本体感受传感器和针对外部环境认知的外感受传感器。

1）本体感受传感器。本体感受传感器对环境依赖性较小，主要用于对机器人自身内部的参数感知，例如测速计、陀螺仪等。

2）外感受传感器。而外感受传感器主要应用于机器人对于场景环境的监测与采集，是外部信息获取的主要途径，常用的导航功能的外感受传感器包括定位传感器、测距传感器、视觉传感器等。其中，视觉传感器相对于其他传感器的优势在于不仅对于周围环境信息的观测信息采集足够充分，还是一种对环境友好的非接触式信息采集方式；视觉传感器不依赖于特殊的人工标志线，对工作环境采用非接触式信息采集，对环境印象程度低，获取信息密度大。在某些场景下，视觉传感器可以完成其他传统外感受传感器不能胜任的信息采集工作。比如在城市环境和室内环境中，GPS 定位信号弱，难以实现精确定位；在存在大量动态遮挡的环境中，超声波、激光距离传感器也难以测量正确位置。而在这些场景下，视觉图像传感器可以获得实时信息采集数据，并且信息采集精度较高，信息密度大，对周围环境依赖性弱，是十分理想的外感受传感器。

2.2.2 全息感知技术

本项研究分为两个步骤：

1）构建具有变焦能力的全向视觉传感器。传统的枪机和半球的视场角有限，只能监控某一方向的一定角度范围，如果安装多台相机，则导致各画面相互独立；而全景相机能实现180°和360°的全局监控，且画面为一体连续的画面，使得整个空间、整个事件能轻松掌握。全景相机具备360°视角，可实现全覆盖监控区域，大量节省配套设备，如网线、电源、录像存储设备等；同时还能够大大降低安装施工的成本和难度，减少工程施工时间、人工费用以及后期维护费用。研制变焦能力的全向视觉传感器，通过非常规、多目拼接型360°高清全向视觉系统，实现对警用巡逻机器人周边无死角的连续观测，同时利用高倍光学变焦成像系统对全景图像中的感兴趣区域进行快速指向和变焦放大，确保100～200m 距离的目标细节特征获取，构建宽视场全景相机对全局信息的覆盖，以及窄视场相机对局部区域的重点审查，形成宽窄联合视场对警情的完整捕获和可疑目标的重点侦查。最后通过优化全向视觉传感器的结构设计和电路系统设计，形成结构紧凑便于安装的空间结构、能耗低的电路系统。

2）重点区域特殊警情的自动识别。在宽视场全景相机得到的全局信息的基础上，需要

对全局图像进行敏感区域的划分。图像的敏感区域包含图像中感兴趣的主要内容，它是描述目标属性的重点区域。本研究中，拟采用基于显著性检测的敏感区域提取技术。此技术综合考虑颜色、亮度、方向等多种特征，先得到图像的显著图，然后再根据显著图确定图像的显著区域。由于敏感区域为人群密度较大的区域，因此可以根据已经建立的人的外观模型来提取显著区域。对于敏感区域的场景，人口密度的变化是一个重要的反应特征，因此重点区域的人口密度在本研究中具有十分重要的意义。同时，对于重点区域的单独的人，人脸又是其外表最显著的特征，人脸检测是十分必要的，其研究路线框图如图 2-22 所示。本研究结合全向视觉传感器对事件的观测，通过长时短时深度学习神经网络，学习整个特殊警情的发展演化过程，形成光流场特征、人群密度特征等宏观特征的梳理学习，通过提取待检测图片的特征图（能量图，密度图）来进行积分，从而做出人数的估计，得到重点区域的人群密度。再利用高倍光学变焦成像系统捕获人群中包含人员人脸的图像，同时利用人脸检测算法得到图像中的人脸。在本研究中，进行人脸检测的算法如下：首先在原始灰度图像上计算各像素点的梯度方向对称性，然后以梯度方向对称性高的点为特征点，并进一步组合成特征块，通过一种简单的抑制方法，滤去大部分孤立的非人脸部件的特征点，再运用一定的规则对各个特征块进行组合得到候选人脸区域，最后对候选人脸进行人脸部件的验证，剔除假脸，得到真正的人脸区域。

步骤一的设置是步骤二实施的基础，步骤一采集的全向数据和高清数据将作为步骤二的数据输入来源。步骤二分别对全向数据和高清数据进行分类智能处理，并将结果经神经网络汇总分析，形成快速稳定的智能分析反馈，提供重要的决策数据支撑。通过步骤一、二的实施，本任务将突破现有机器人视觉传感器观测视角小的限制，通过深度神经网络学习也将大大提升机器人的主动智能化水平。

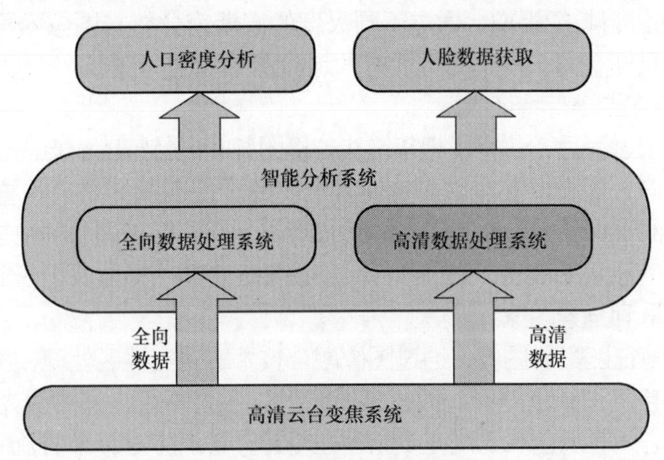

图 2-22　研究路线框图

对于镜头的研究，通常设计为凸透镜，使得光线尽可能聚集到成像平面，而光线经过凸透镜会发生扭曲造成畸变。在相机实际生产中，导致镜头畸变的外在因素有机械设备加工误差、工人装配误差、各种像差等。但是安装完成后，外在误差基本就固定不变了，成为系统整体误差。而上述系统误差将会导致最终成像效果产生各种形式的畸变，严重影响成像的几何精度，降低图像拼接质量。两图拼接后留有很大的像素距离误差，这种误差会导致最终全景图拼缝明显，极大影响视觉感受。因此需要通过标定算法，对上述误差进行最大限度地校正，称之为内参数标定。

为了统一每个相机的光心，校正倾斜角度，要对相机进行外参数标定工作。通过标定，准确获得相机之间的空间位置信息，利用相机之间的空间位置关系进行校正以获得统一的光心位置。相机外参数标定需要在测量现场进行精确标定，并且首先要进行内参数标定，而此步骤已经在上节完成。标定就是通过一个标准的大尺寸标定空间完成图像特征提取、匹配，求取三维空间坐标点与相应图像上的点之间的映射关系。

在全景视觉技术中，由于每个传感器的拍摄角度不同，拍摄下来的图像并不在相同的投影平面上，简单的拼接会导致图像中的景物失去一致性，拼接区域会出现严重扭曲和颜色不自然现象。为了有效解决这一问题，需要对多个镜头的图像通过投影变换的方式，将其归一到同一个投影平面上，再实现拼接过程。在多视角图像拼接过程中，重要的标准是配准与融合。由于多镜头投影平面的差异，将多镜头拍摄图像变换于相同的坐标系，使其成为一个统一的投影体系，是配准的主要目的；在完成配准工作后，将不同角度下的图像根据光线色彩关系，在边缘区域进行变换与融合，使其拼接成一张完整的图像。采用放射模型完成均匀尺度变换，将多镜头采集图像映射于环带/半球投影面上，以实现模拟场景和分析。

图像融合算法将多个相机的画面融合到一起形成全景图像，是拼接中关键的一步。为了得到满意的拼接效果，将图像融合过程划分为三个基本步骤：特征提取、特征匹配和拼接融合。

图像特征提取、匹配部分是利用图像之间的重合处，确定融合参数，根据此关系进行多个相机的融合处理。特征提取算法采用经典的 SIFT 算子提取特征点，并改进了其中存在的特征点冗余、匹配错误。首先，确定重叠区域大小，在此区域利用角点特征提取图像边缘特征，根据 SIFT 算法进行特征提取。通过不同尺度的高斯差分核与图像卷积生成，即 Dog 算子，得到高斯差分尺度空间，根据此可以有效地检测到稳定特征点。而后，利用 BBF 搜索算法对每个 SIFT 特征点进行特征匹配。

在进行初次匹配过程后，获得了相邻镜头拍摄图像间的特征匹配点。这些匹配的特征点并不会完全匹配正确，还会存在少数的错误匹配。为了提高拼接结果的鲁棒性和成像一致性，需要将不正确的点剔除掉，获得正确的透视矩阵。在获得正确的透视矩阵后，将一幅图像在其邻域图像的坐标系下表示，依次进行平移拼接，将多个摄像头下获取的图像投影于同一投影面，从而获取到全景图像。

对于已经完成特征匹配的图像，通过图像融合技术实现交叠区处理，主要消除以下两方面的影响：①消除亮度和颜色差异，因拍摄图像时，各个相机之间的曝光时间无法精准同步，导致拍摄图像之间在颜色和光线亮度上存在差异；②消除重影影响，由于几何变换过程会导致不同时间和不同视角拍摄的图像间运动关系的不一致，需要利用处理方法消除几何误差。根据特征之间的匹配关系，结合畸变图像拼接融合模型，可对多镜头图像之间进行拼接操作。

为了获取全景相机的内参数和外参数矩阵，同时得到标定图像的选择和平移矩阵，需要对摄像机进行标定工作。相机的内参数和外参数系数可以为后续图像预处理过程中的去畸变操作提供重要参数。

世界三维直角坐标系 W，即测量坐标系是一个三维直角坐标系。将其作为坐标基可以描

述相机在真实世界中的空间位置，世界坐标系的原点和坐标位置可以根据机器人所在位置进行自由决定。在世界三维直角坐标系下确定空间中一个点 P 的位置，可以用一个 3×1 的矢量表示为

$$\boldsymbol{W}_P=(x_W,y_W,z_W)^{\mathrm{T}} \tag{2-9}$$

相对于世界坐标系，相机坐标系 C 同样是一个三维直角坐标系。其坐标系原点位于镜头光心位置，坐标系的 x 轴和 y 轴平行于像面的两边，坐标系的 z 轴为垂直于像面的镜头光轴。在相机坐标系中一个点 P 的位置，同样可以用一个 3×1 的矢量表示为

$$\boldsymbol{C}_P=(x_C,y_C,z_C)^{\mathrm{T}} \tag{2-10}$$

对于世界坐标系和相机坐标系所描述的同一个点，可以通过如下公式进行转换

$$\begin{bmatrix} x_C \\ y_C \\ z_C \\ 1 \end{bmatrix}=\begin{bmatrix} \boldsymbol{R} & \boldsymbol{t} \\ 0 & 1 \end{bmatrix}\begin{bmatrix} x_W \\ y_W \\ z_W \\ 1 \end{bmatrix} \tag{2-11}$$

式中，$\boldsymbol{R}$ 是 3×3 的旋转矩阵；$\boldsymbol{t}$ 是 3×1 的平移矢量；（x_C，y_C，z_C，1）是相机坐标系的齐次坐标；（x_W，y_W，z_W，1）是直接坐标系的齐次坐标。

在成像图像中存在像素坐标系，像素坐标系 uov 是一个二维直角坐标系。原点 O 位于图像左上角，u 轴、v 轴分别与像面的两边平行，像素坐标系不利于坐标变换，于是将其原点 O 平移至图像中心，用 X 轴、Y 轴分别代替 u 轴、v 轴，由此可得转换关系为

$$\begin{bmatrix} u \\ v \\ 1 \end{bmatrix}=\begin{bmatrix} \frac{1}{\mathrm{d}x} & 0 & u_0 \\ 0 & \frac{1}{\mathrm{d}y} & v_0 \\ 0 & 0 & 0 \end{bmatrix}\begin{bmatrix} X \\ Y \\ 1 \end{bmatrix} \tag{2-12}$$

式中，$\mathrm{d}x$、$\mathrm{d}y$ 分别是像素在 X 轴、Y 轴方向上的物理尺寸；(u_0,v_0)是图像原点坐标。

依据针孔成像原理，空间内一点 P 与图像中成像点 p 之间关系为

$$s\begin{bmatrix} X \\ Y \\ 1 \end{bmatrix}=\begin{bmatrix} f & 0 & 0 & 0 \\ 0 & f & 0 & 0 \\ 0 & 0 & 1 & 0 \end{bmatrix}\begin{bmatrix} x \\ y \\ z \\ 1 \end{bmatrix} \tag{2-13}$$

式中，s 是不为零的比例算子；f 是有效焦距；$(x, y, z, 1)$是空间点 P 在相机坐标系 $oxyz$ 中的齐次坐标；$(X, Y, 1)$是像素点 p 在图像坐标系 OXY 中的齐次坐标。

将公式整合可得世界坐标系与像素坐标系之间的转换关系为

$$s\begin{bmatrix} X \\ Y \\ 1 \end{bmatrix}=\begin{bmatrix} \frac{1}{dX} & 0 & u_0 \\ 0 & \frac{1}{dY} & v_0 \\ 0 & 0 & 1 \end{bmatrix}\begin{bmatrix} f & 0 & 0 & 0 \\ 0 & f & 0 & 0 \\ 0 & 0 & 1 & 0 \end{bmatrix}\begin{bmatrix} R & t \\ 0 & 1 \end{bmatrix}\begin{bmatrix} x \\ y \\ z \\ 1 \end{bmatrix}=\boldsymbol{M}_1\boldsymbol{M}_2X_W=\boldsymbol{M}X_W \tag{2-14}$$

式中，X_W是世界坐标系下的坐标位置；矩阵 $\boldsymbol{M}_1$、$\boldsymbol{M}_2$ 分别是相机内参数和外参数矩阵；$\boldsymbol{M}$ 是相机投影矩阵。

相机标定是从世界坐标系转换到图像坐标系的过程，其实质就是求解最终投影矩阵的过程。标定过程首先是建立世界坐标系与相机坐标系之间的投影关系，第二步将相机坐标系转换为成像平面坐标系。采用黑白相间的矩形构成棋盘图，使用该标定图片在不同位置、不同角度、不同姿态下拍摄，从照片中提取棋盘矩形格子角点，估算理想无畸变情况下5个内参数和6个外参数，使用最小二乘法估算畸变存在下的畸变系数，最终获取相机参数矩阵。

全向视觉传感器获取的图像数据中缺失了真实世界中的直线信息和平行关系，这种畸变现象是对直线投影的一种偏移。图像的畸变可分为两种，即径向畸变和切向畸变，径向畸变的产生来源于镜头的形状，而切向畸变的产生来源于摄像头组装过程中产生的误差。

根据OpenCV中的畸变模型

$$\begin{bmatrix} x' \\ y' \end{bmatrix} = (1 + k_1 r^2 + k_2 r^4 + k_3 r^6)\begin{bmatrix} x \\ y \end{bmatrix} + \begin{bmatrix} 2p_1 xy + p_2(r^2 + 2x^2) \\ 2p_1(r^2 + 2y^2) + 2p_2 xy \end{bmatrix} \tag{2-15}$$

式中，(x, y)是发生畸变的真实坐标；(x', y')是理想坐标；$r^2 = x^2 + y^2$；k_1、k_2、k_3分别是径向畸变系数；p_1、p_2是切向畸变系数。

依据此模型和之前所获取到的相机参数矩阵，可利用结果对图像坐标系中的像素进行重新投影，实现畸变图像去畸变的效果，恢复原始图像中的直线信息和平行关系。

人脸由眼睛、鼻子、嘴巴、下巴等部件构成，正因为这些部件在形状、大小和结构上存在各种差异，才使得世界上的每个人脸千差万别，因此对这些部件的形状和结构关系的几何描述，可以作为人脸识别的重要特征。几何特征最早是用于人脸侧面轮廓的描述与识别，首先根据侧面轮廓曲线确定若干显著点，并由这些显著点导出一组用于识别的特征度量如距离、角度等。采用几何特征进行正面人脸识别一般是通过提取人眼、口、鼻等重要特征点的位置和眼睛等重要器官的几何形状作为分类特征，但对几何特征提取的精确性进行了实验性的研究，结果不容乐观。

可变形模板法可以视为几何特征方法的一种改进，其基本思想是：设计一个参数可调的器官模型（即可变形模板），定义一个能量函数，通过调整模型参数使能量函数最小化，此时的模型参数即作为该器官的几何特征。

这种方法思想很好，但是存在两个问题：一是能量函数中各种代价的加权系数只能由经验确定，难以推广；二是能量函数优化过程十分耗时，难以实际应用。基于参数的人脸表示可以实现对人脸显著特征的一个高效描述，但它需要大量的前处理和精细的参数选择。同时，采用一般几何特征只描述了部件的基本形状与结构关系，忽略了局部细微特征，造成部分信息的丢失，更适合于做粗分类，而且目前已有的特征点检测技术在精确率上还远不能满足要求，计算量也较大。

主元子空间的表示是紧凑的，特征维数大大降低，但它是非局部化的，其核函数的支集扩展在整个坐标空间中；同时它是非拓扑的，某个轴投影后临近的点与原图像空间中点的临近性没有任何关系，而局部性与拓扑性对模式分析和分割是理想的特性，似乎这更符合神经信息处理的机制，因此寻找具有这种特性的表达十分重要。基于这种考虑，提出了基于局部特征的人脸特征提取与识别方法。

特征子脸技术的基本思想是：从统计的观点，寻找人脸图像分布的基本元素，即人脸图像样本集协方差矩阵的特征向量，以此近似地表征人脸图像。这些特征向量称为特征脸。

实际上，特征脸反映了隐含在人脸样本集合内部的信息和人脸的结构关系。将眼睛、面颊、下颌的样本集协方差矩阵的特征向量称为特征眼、特征颌和特征唇，统称特征子脸。特征子脸在相应的图像空间中生成子空间，称为子脸空间。计算出测试图像窗口在子脸空间的投影距离，若窗口图像满足阈值比较条件，则判断其为人脸。

基于特征分析的方法，也就是将人脸基准点的相对比率和其他描述人脸脸部特征的形状参数或类别参数等一起构成识别特征向量。这种基于整体脸的识别不仅保留了人脸部件之间的拓扑关系，也保留了各部件本身的信息；而基于部件的识别则是通过提取出局部轮廓信息及灰度信息来设计具体识别算法。现在，Eigenface（PCA）算法已经与经典的模板匹配算法一起成为测试人脸识别系统性能的基准算法；而自1991年特征脸技术诞生以来，研究者对其进行了各种各样的实验和理论分析；FERET′96测试结果也表明，改进的特征脸算法是主流的人脸识别技术，也是具有最好性能的识别方法之一。

该方法是先确定眼虹膜、鼻翼、嘴角等面像五官轮廓的大小、位置、距离等属性，然后再计算出它们的几何特征量，而这些特征量形成一个描述该面像的特征向量。其技术的核心实际为“局部人体特征分析”和“图形/神经识别算法”。这种算法是利用人体面部各器官及特征部位的方法，如对应几何关系多数据形成识别参数与数据库中所有的原始参数进行比较、判断与确认。

特征脸方法是一种简单、快速、实用的基于变换系数特征的算法，但由于它在本质上依赖于训练集和测试集图像的灰度相关性，而且要求测试图像与训练集比较像，所以它有着很大的局限性。

人工神经网络是一种非线性动力学系统，具有良好的自组织、自适应能力。其在人脸识别上的应用比起前述几类方法有一定的优势，因为对人脸识别的许多规律或规则进行显性描述是相当困难的，而神经网络方法则可以通过学习的过程获得对这些规律和规则的隐性表达，它的适应性更强，一般也比较容易实现。因此人工神经网络识别速度快，但识别率低。而神经网络方法通常需要将人脸作为一个一维向量输入，因此输入节点庞大，其识别重要的一个目标就是降维处理。

利用主元分析法（Principle Component Analysis，PCA）将高维向量向低维向量转化时，使低维向量各分量的方差最大，且各分量互不相关，因此可以达到最优的特征抽取。

2.3　基于类脑神经网络的视频数据处理技术

2.3.1　视图处理模型

现场数据采集、分类，以及信息处理和分析研判，是机器人及信息系统警务应用的一项关键技术。本研究旨在通过利用类脑智能分析学习等方法，以警务知识图谱的内容为参考依据，重点设计针对机器人安保、巡逻、处突等实战场景下的基于视频结构化描述内容的序列性语义理解、警务关注对象的信息获取、态势感知、机器人数据挖掘等的应用技术方法。

随着视频图像结构化描述技术的规范化，机器人在处理视频图像方面不再需要过多地进行目标检测和识别，而是可以将重点转移到与事件（案件）相关的序列性语义理解和态势分析上。因此，在警用机器人的相关应用上适合采用类脑处理神经网络来进行相关研究。

机器人系统警务应用中语义识别、态势感知等过程充分利用了类人的感觉记忆（Sensory Memory）、短时记忆（Short Term Memory）和长时记忆（Long Term Memory）的能力。感觉记忆负责采集环境中的要素，得到原始的感觉信号；短时记忆对这些信号进行存储和理解，识别其含义和重要性；在进行综合理解和预测时，需要从长时记忆区提取相应的模式（Schema）。图2-23所示的模型是对环境综合理解和预测时，决策者所需的各类知识。其中态势感知的最终目的是支持决策的生成和任务的执行。

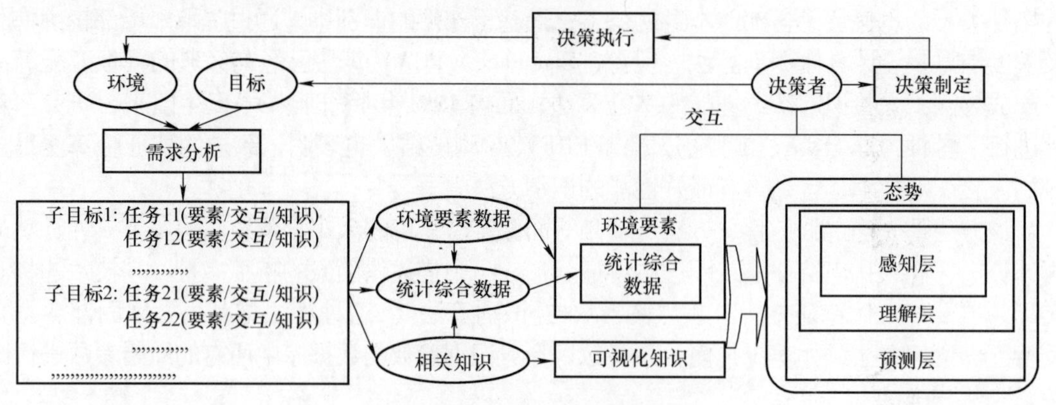

图 2-23　态势感知模型

机器人的语义识别和态势感知从根本上来说是在进行序列数据挖掘，其传统的方法有隐马尔可夫模型（Hidden Markov Model，HMM）和条件随机场（Conditional Random Field，CRF），近年来循环神经网络（Recurrent Neural Networks，RNN）开始流行。由于RNN具有较为简单的单个隐含层，存在梯度消失/梯度爆炸的问题，所以RNN在实际中很难处理需要长期记忆支撑的语义和态势感知问题。随之而来的是产生了一种通过三重门结构增强隐含层的RNN——长短期记忆网络（Long Short-Term Memory，LSTM）。

LSTM结构如图2-24所示，其本身不是一个独立存在的网络结构，只是整个神经网络的一部分。采用LSTM增强的RNN不仅有所有的递归神经网络都具有一连串重复神经网络模块的形式，而且能够学习长期依赖关系。可以认为LSTM是类似人类在利用知识进行场景理解、趋势分析时的思考过程。

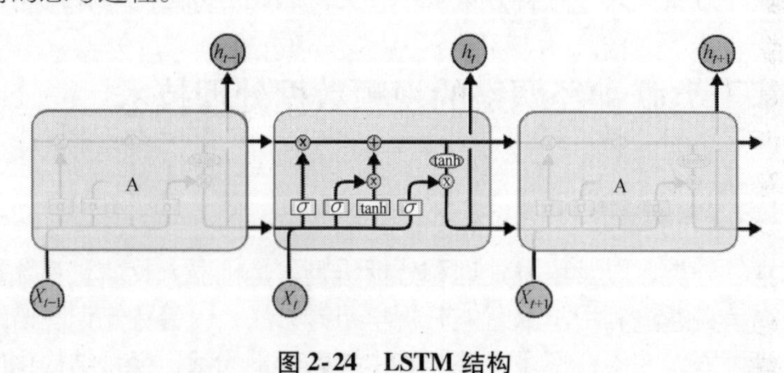

图 2-24　LSTM 结构

LSTM关键点的单元状态有点像是个传送带，贯穿整个链条，只有一些小的线性相互作用，信息以不变的方式向下流动。在这样一个神经网络结构的框架下，将安保、巡逻、侦查等社会治安、反恐维稳、交通管控等案事件处置的公安实战现场的环境、描述、知识数据进

行分析，那么就能通过 LSTM 得到一个语义识别和态势认知的模型。

以巡逻现场态势分析为例，可以根据历史场景（如区域）、环境（如人车量）、态势情况（如随时间变化情况）的认知，来分析当前态势和后续的趋势（如车辆在主干道发生事故，将会产生拥堵事件）。如果其中 LSTM 的单元状态可能包含当前环境、态势分类结果，就可以使用经验型的知识规则来进行决策辅助（如产生系统告警）。当碰到场景发生变化的时候，LSTM 模型需要能够部分忘记刚才场景的分类。这时需要决定在单元状态中存储哪些新信息。模型中，单元状态更新分成两个部分。一个是叫作“输入门限层”的 sigmoid 层，其决定哪些数据决定的态势值需要更新；另一个是 tanh 层，其创建一个包含新候选值的向量，这些值可以添加到这个状态中，结合这两者来创建一个状态更新。对态势理解而言，单元状态中需要响应新变化来替换旧的场景信息，如图 2-25 所示。

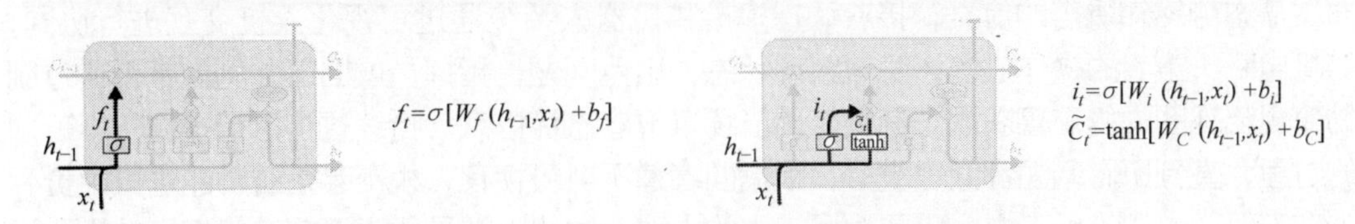

图 2-25 LSTM 中响应态势的参数更新示意图

按上述步骤更新旧单元状态需要参数输入新单元状态。在旧状态上乘以 f_t，更新前旧场景决定的参数，然后加上新的响应 $i_t\widetilde{C}_t$，得到最新的候选值，而其规模取决于每个状态值需要更新多少。最后的输出也是重要的一部分，如图 2-26 所示。输出将会建立在单元状态的基础上进行过滤。首先，运行一个 sigmoid 层来决定单元状态中哪些部分需要输出，然后将单元状态输入到 tanh 函数中，将值转换成 -1 ~ 1 之间，然后乘以输出的 sigmoid 门限值，输出我们想要输出的那部分态势响应。对于态势分析，因为 LSTM 处理的是态势数据的一个映射，可能是与态势分类、态势理解相关的信息，其结果为接下来出现的动作响应做出准备。

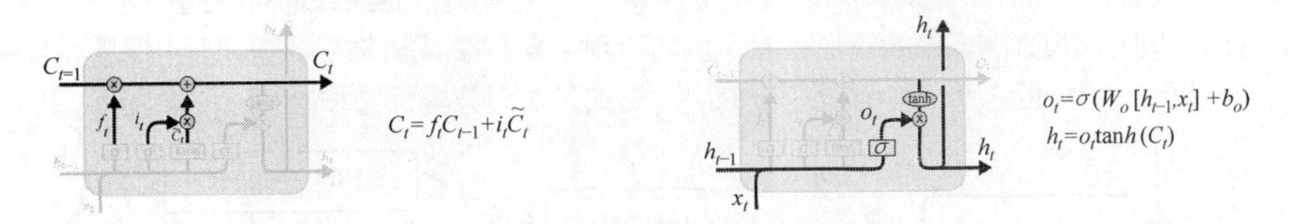

图 2-26 LSTM 中的输出示意图

在系统具有一定的样本适应性和自我参数学习能力时，需要有针对性地设计人机交互接口与相关服务。采用数据可视化的方式对态势和结构化信息进行表达，以此进一步实现快速的指挥人员和警用机器人系统的协同。从下述内容开展研究：

1）设计对复杂场景的有限空间描述。在复杂的环境下，要素数量、动态性和复杂度都急剧增加，决策者和机器人系统要感知的数据的量与有限的表现空间形成矛盾。需要从 LSTM 模型态势感知的角度上为指挥员和系统提供高层次的态势感知信息，从而降低可视化视图所要展示的信息的量。具体方法是抽取指挥员所需要的、经过统计和综合的视频图像和态势场景分析描述，甚至相关的结构化描述数据，降低决策者所需感知的信息的量。

2）设计与视觉神经网络相适应的数据参数表示。人机交互的可视化视图包含颜色、形状、线条等视觉元素，数据量过多时，不仅会造成指挥员的“信息过载”，也不利于对当前系统的态势认识进行表达，导致对系统分析结果和分析能力的认知负担，造成态势感知失误。因此，需要根据系统的输入、输出进行视图内容设计，并为系统进一步进行态势分析做出正确引导。设计要既符合指挥员认知过程又有利于视觉神经网络进行可视化交互过程。

3）可视化人机交互系统评价。为了优化可视化感知系统，必须设计一套可视化感知功能评价方法，确定可视化功能对系统态势分析的影响程度。可视化感知功能的评价可以利用已有的态势感知系统评价方法，借鉴态势感知全局评估技术（Situation Awareness Global Assessment Technique，SAGAT）进行系统评价。其过程是：首先采用目标导向任务分析（Goal - Directed Task Analysis，GDTA）方法分析出达成目标所需要的各类信息，并将这些信息分为三类（对应态势分析的感知、理解、预测）；然后根据这些信息设计问卷，问卷须全面覆盖态势感知所需的信息；接着让指挥员和机器人系统通过可视化人机交互进行协同，并随机中断决策者的操作过程，隐藏系统状态，出示问题让指挥员或回答，例如是否通过刚才的可视化视图人机交互获取了某类目标、场景或者态势信息；持续这个执行操作—中断回答的过程，直到所有问题都回答完毕，根据回答情况对可视化人机交互系统功能进行评价。

在安保、巡逻等场景中，需要对场景中的人群、物体以及具体事件等进行视频结构化描述，包括对敏感人群和物体进行分类，比如通缉人群或者可疑包裹，对具体的险情进行准确分类并做出相应的应对模式。首先，使用长短期记忆网络（LSTM）模型可以分析整个场景中当前态势和后续趋势，能够学习长期依赖关系。利用 Social LSTM 中的单元状态，包含当前环境、态势分类结果，可以使用已有的正确的知识规则；当碰到场景的新变化的时候，Social LSTM 也能够选择忘记刚才场景的分类。利用采集的安保、巡逻、侦查等公安实战现场环境的实际图像和视频数据，对 Social LSTM 模型参数进行训练，从而实现对图像、视频等相关信息数据的分析分类以及结构化描述，生成事件处置态势理解知识库（图 2-27a）。

其次，通过研究计算机视觉领域基于深度学习的目标分类检测和定位技术，结合 Social LSTM 网络模型，可以实现对具体公安实战场景中视频图像的处理。针对不同的警情态势，实时识别与比对视频图像中的重点目标，例如出现可疑包裹或者敏感人群甚至出现险情时，确定当前系统所处的态势、场景及相应的应对模式，实现分类预警和检测定位（图 2-27b）。

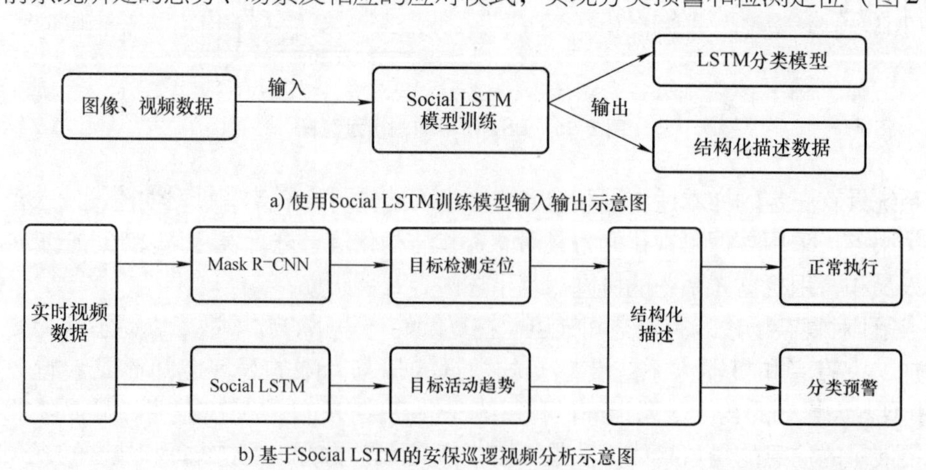

图 2-27　Social LSTM

另外，使用分割定位技术可以确定视频图像中目标的位置。Mask R－CNN 是当前在深度学习领域一种成熟的实例分割技术，使用 Mask R－CNN 等卷积神经网络技术，可以对目标进行快速分类和识别定位，同时实现目标分类，检测定位以及实例分割的任务。如图2-28所示，Mask R－CNN 在 Faster R－CNN 的基础上更先进了一步：得到像素级别的检测结果。对每一个目标物体，不仅给出其边界框，并且对边界框内的各个像素是否属于该物体进行标记。它是基于 Faster R－CNN 的框架增加了一个分支。原始的 Faster R－CNN 结构用于对候选框进行分类和候选框坐标回归。它包括两阶段的流程，第一阶段叫作区域候选网络（Region Proposal Network，RPN），此步骤提出了候选对象边界框；第二阶段本质上就是 Fast R－CNN，它使用来自候选框架中的 RoIPool 来提取特征并进行分类和边界框回归，但 Mask R－CNN 更进一步的是使用了一个小的全卷积网络结构（FCN）为每个 RoI 生成了一个二元掩码，这样就能保留图像的空间结构信息。掩码将一个对象的空间布局进行了编码，与类标签或框架不同的是，Mask R－CNN 可以通过卷积的像素对齐来使用掩码提取空间结构。Mask R－CNN 与其他实例分割方法对比得到的结果是 Mask 的模型表现优于所有目前同类的模型。使用 Mask R－CNN 可以快速地对分类预警中的可疑目标进行定位检测，并以像素级的掩码表示出来，满足对公安实战场景下所处的态势、场景及相应的应对模式的要求。

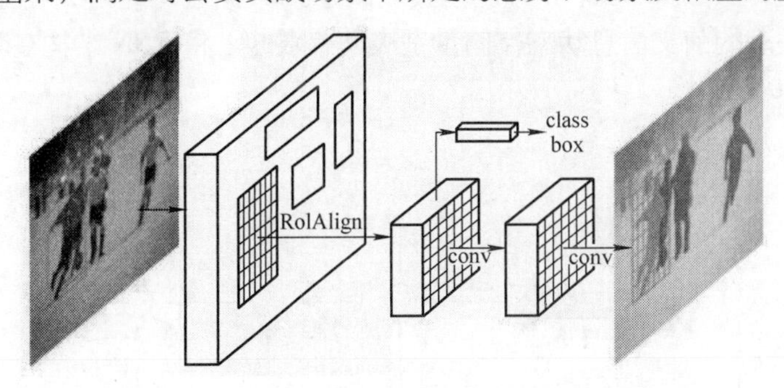

图 2-28　Mask R－CNN 中实例分割的框架示意图

Mask R－CNN 在 COCO 数据集中的测试结果如图 2-29 所示。

图 2-29　Mask R－CNN 在 COCO 数据集中的测试结果

本设计在上述研究的基础上，利用模拟或实际的安保、巡逻、侦查等社会治安、反恐维稳、交通管控等案事件处置的视频图像序列的数据，对模型参数进行训练，从而实现对图像、图像集、态势描述数据、态势相关信息数据的分析分类及结构化描述。其中，利用LSTM进行视频图像数据流场景中的环境、态势分类，得到一个态势认知模型和场景的结构化描述分类结果，同时将视频图像序列通过 Mask R－CNN 实例分割的掩码模型，实现对场景中目标的分类及定位，从而建立警用机器人在不同场景下对目标进行视觉分析处理的模型。

2.3.2 描述内容处理模型

警用机器人系统在实际的态势预测应用中，在很大程度上需要通过现场语义的融合处理来实现分类预警。在语义文本识别和推测方面，由于传统的神经网络模型结构中，层与层处于全连接的状态，其中层间节点没有连接，这种结构限制了对文本语义预测的可能性。循环神经网络（RNN）结构打破了这种局限，其将前文信息进行存储并应用于当前的输出，形成了隐含层之间节点的连接。其隐含层的输入不仅包含输入层的输出，还包含上一时刻隐含层的输出。理论上，虽然 RNN 能够对任何长度的序列数据进行处理，可是在实际使用中，假设与当前状态关联的前文信息状态存储量是极其有限的。将 RNN 结构在时间上进行展开，可以得到如图 2-30 的结构。

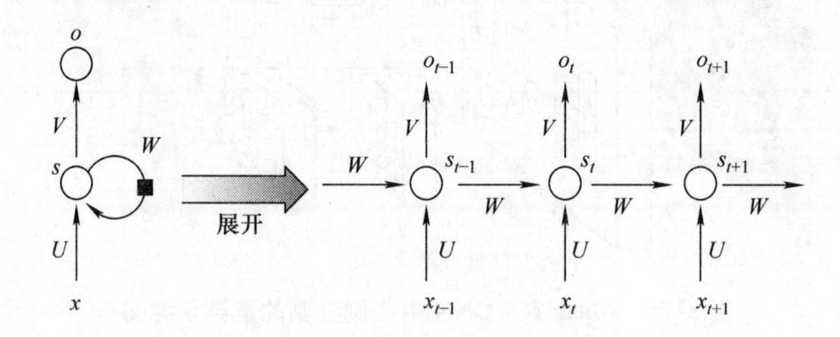

图 2-30　RNN 在时间上展开

从网络结构中可以看出，RNN 还是存在预测的单向性问题，而语义推测往往需要以过去和未来的两种上下文关系作为输入来更好地得到预测结果。因此，双向循环神经网络（BRNN），在模型结构上更适合语义识别，如图 2-31 所示。

如 LSTM 与 RNN 的区别一样，为了更好地输入关联的过去和未来的上下文信息，在本项研究中，采用最适合警务事件和关注对象语义分析的双向 LTSM－CRF 模型来实现实时数据流的关键信息汇聚，从而进一步实现态势预测和分类告警。

文本中的关键信息字、词往往可以对警务实时信息进行概括，并反馈出预测信息。因此，本设计以安保、巡逻任务现场的信息获取为例进行关键字、词的识别和提取（如现场位置、人数、车辆、可疑物品、事件等），再形成描述内容和态势预测，从而实现分类预警。整体的双向 LSTM－CRF 模型示意图如图 2-32 所示。

在此网络模型中，建立关键字集合｛O，B－LOC，I－LOC，B－HC，I－HC，B－VC，I－VC，B－SO，I－SO，B－EV，I－EV｝等的标签。在查找层中将字符表示从单热矢量转换为字符嵌入；在双向 LSTM 层中可以有效地使用过去和未来的输入信息并自动提取特征；

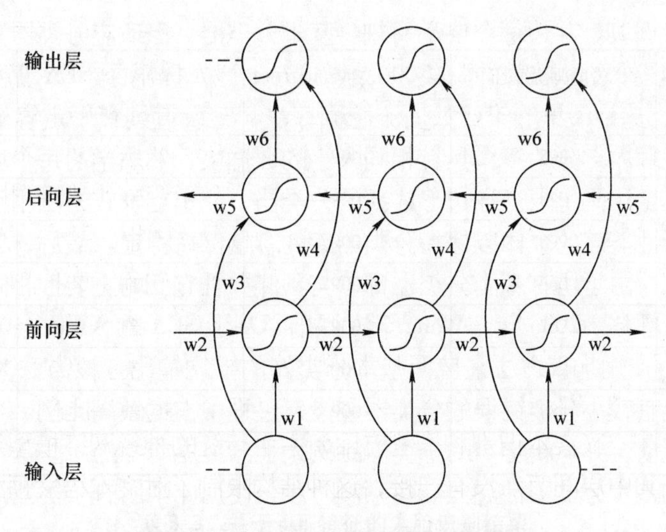

图 2-31　双向循环神经网络（BRNN）

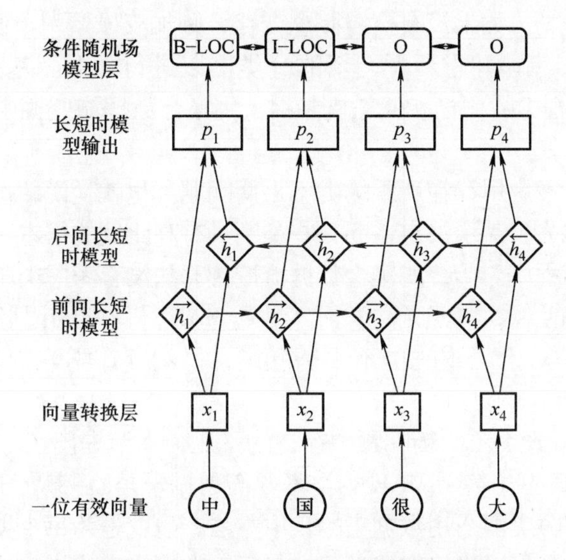

图 2-32　双向 LSTM－CRF 模型示意图

在 CRF 层中在一个句子中标记每个字符的标记，CRF 层可以使用句子级标签信息并模拟每两个不同标签的过渡行为。

2.3.3　类不均衡应用的数据挖掘

类不均衡应用的数据挖掘主要针对警用机器人系统中的数据不均衡分类问题，形成数据挖掘分析（如数据的正常、异常分类，数据错误检验与任务复位等自主操作）。数据流挖掘是一种在线挖掘算法，即随着训练数据的不断增加，学习系统在原始学习结果的基础上不断学习新的训练数据。同时，它需要在实时性能和预测性方面有良好的应用。一个好的数据流挖掘系统不仅需要实时处理输入数据，还要适应不断变化的概念。

自适应分类器－集成学习方法是当前数据流挖掘领域中最重要的算法之一。此方法将输入数据流划分为数据块，并为每个块学习划分基本分类器。自适应分类器-集合系统保存一定数量的基础分类器以预测新样本。2000 年，Street 等人提出了 SEA 算法（Streaming Ensemble Algorithm），这是最早的集成数据流挖掘算法，它设置具有一定容量的分类器库，并将到达的数据流按顺序划分为多个具有相同大小的数据块，然后学习每个块的分类器并将其放入库中，直到容量达到上限。通过形成新的分类器，使用启发式方法用于评估库中的所有分类器，并且消除性能差的个体以保持分类器库的容量保持稳定。最后，通过多数表决规则获得新样本的类别。由于所有基本分类器都参与预测并且它们的重要性相同，因此该算法不太适应突变的概念漂移。2003 年，Wang 等人提出了基于 SEA 的 AWE（Accuracy - Weighted Ensembles）算法，使用加权方法来替换基本分类器的平均输出。该方法为每个基本分类器分配权重，使得具有较小分类错误的分类器在投票过程中占据较高比例。当分类器的总数大于 classifier 库的容量，并且新学习的分类器比例大于分类器库中的一些基本分类器时，具有最小的部分投票的基本分类器被淘汰。在预测阶段，使用库中所有分类器的加权平均值作为预测结果。与 SEA 相比，这种重量设定方法提高了对概念变化的适应性。2005 年，ACE（Adaptive Classifier Ensemble）被提出。它在 AWE 的基础上增加了概念漂移监视器，以提高适应概念突然变化的能力。如果没有监控概念变化，则加权投票用于像 AWE 这样的集合预测；否则等待警告窗口满，并重新学习新的分类器以进行预测。基于记忆的自适应能量（MAE）将人类学习过程中的记忆和遗忘机制引入到集合数据流挖掘中，提高了对复杂概念漂移的适应性。

在现实生活中，许多应用存在严重的类不平衡问题。也就是说，每个到达的数据块中可能存在一些类别的样本太少甚至没有，而一些类别具有高比例的样本。例如，入侵检测和故障预测都属于这类应用程序。传统的集合数据流挖掘算法没有考虑类不平衡分布的现象，这样的问题导致分类准确性低，甚至无法学习。尽管 MAE 算法中的记忆和遗忘机制可以减轻类不平衡的影响，但是对于严重的类不平衡问题，仍然存在学习数据块和低预测精度的困难。

针对 MAE 算法在处理类不平衡问题中存在的不足，本节提出了一种考虑类不平衡问题的 CIMAE 数据流挖掘算法（基于 MAE 的类不平衡数据学习）。基于 MAE 算法，CIMAE 算法主要改进每次训练基分类器所用数据集的获取方法，也就是为每个类别设置滑动窗口。它没有直接用于新到达的数据块进行在线学习，相反，数据块中的样本根据它们自己的类别分别输入到相应的滑动窗口中；最后，基于每个类别滑动窗口中的样本构建用于在线学习的训练数据块。对于具有少量样本的类别，滑动窗口缓慢更新，而对于具有大量样本的类别则可以快速更新。不同的更新速度使得每个类的样本数在参与基本分类时保持基本相等，因此，类不平衡问题转化为正常问题，提高了类不平衡算法问题的算力。

2.3.3.1 算法原理

诸如 SEA、AWE、ACE 等传统集合数据流挖掘算法将顺序到达的数据流划分为相同大小的数据块，可以将数据流（DS）视为以数据块方式到达。每次到达数据块（DB）时，都会学习新的基本分类器 c，将 c 放在名为 ES 的基本分类器库中，然后使用当前 DB 来评估 ES 中的基本分类器。如果 ES 中基本分类器的数量达到指定的上限阈值 k，则删除具有最低评估值的基本分类器。

图 2-33 所示为传统集成数据流的训练集生成模型。随着数据流的连续到达，一旦接收

到的样本数量达到数据块的大小，这些数据就构成了一个数据块，然后将其用作训练样本集来获得新的基本分类器。该方法存在以下问题：如果应用程序是类不平衡问题，或者样本在一定时间内突然发生变化，则导致数据块中每个类别对应的样本数量存在显著差异，即使某些类别没有样本，通过使用该数据块作为训练样本集获得的基本分类器 c 对于应用程序具有较差的预测性能。同时，该数据块用于评估 ES 中的基本分类器，评估值不能真实反映基本分类器的实际分类效果，并且可以删除好的基本分类器，所以产生效果综合分类并不理想。

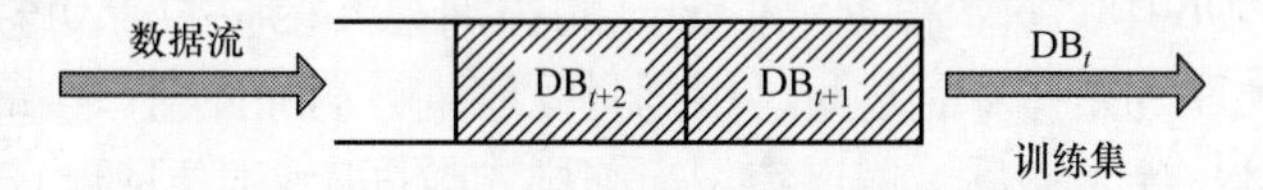

图 2-33　传统集成数据流的训练集生成模型

MAE 算法将“记忆和遗忘”机制引入基本分类器的学习过程。算法模型预先假定两个分类器库：用于存储所有当前有用的基本分类器的存储器组（MS）；召回存储器（ES）用于存储当前被召回的分类器，ES 是 MS 的子集。MAE 将通过学习获得的每个分类器与学习系统获得的知识进行比较。当形成新的 DB 时，使用 DB 学习新的分类器并将其放置在 MS 中。同时，与 MS 中当前数据块具有最强相关性的 d 个基本分类器被复制到 ES 中，其中 d 表示 ES 的最大容量，这是 MAE 中的“存储器”机制。在“存储器”完成之后，根据在该过程中获得的结果重新评估存储在 MS 中的基本分类器，并更新 MS 中基本分类器的存储器权重。对于当前数据块，如果调用基本分类器，则此次增强该分类器的存储器强度；如果不是，则记忆力将被削弱。当在数据流中对新生成的样本进行分类时，ES 中的所有基本分类器直接用于分类预测。图 2-34 所示为基于样本库和类别滑动窗口的训练集生成。

MAE 的记忆和遗忘机制一方面可以使历史上有用的基本分类器在“存储库”中更加稳定，从而避免一个数据块变化过大导致有用的基本分类器被意外删除。另一方面，选择最有效的基本分类器，通过“存储器”机制从 MS 预测当前数据块并将其用于集合预测，这充分利用了数据流的时间局部效应，可以提高预测准确性。与其他传统的集成学习方法相比，MAE 可以获得更好、更稳定的预测性能，但仍然无法解决应用程序中数据不平衡和数据块中类缺失样本的问题。

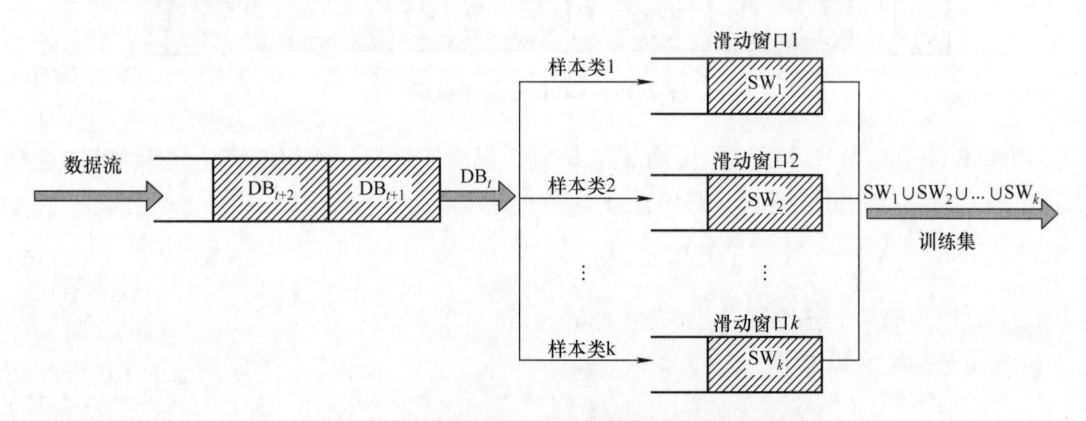

图 2-34　基于样本库和类别滑动窗口的训练集生成

2.3.3.2 CIMAE 算法设计

针对 MAE 算法在处理不平衡类问题时的缺陷，提出了一种基于 MAE 算法的新型类不平衡集成数据流挖掘算法 CIMAE，它可以显著改善数据集的获取方式，每次训练基本分类器。

CIMAE 不是通过直接学习最新的数据块来获得基本分类器，而是预先设置一个样本库。样本库的大小与 DB 的大小相同并使用 | DB | 代表。样本库包含与数据流中的类别总数相同数量的滑动窗口，并且使用 k 表示滑动窗口的数量。因此每个滑动窗口的大小为 | DB | /k。当形成当前 DB 时，DB 中的样本根据它们自己的类别进入相应的滑动窗口。当滑动窗口已满，每次与此窗口关联的新样本到达时，根据时间序列，消除此窗口中最早的传入样本以更新滑动窗口和样本数据库。最后，通过使用当前样本数据库来学习新的基本分类器。在样本库中的每个类别的样本，始终在 CIMAE 模型中进行平衡。该方法将类别不平衡数据分类转换为类别平衡数据分类，提高了算法的学习能力和分类器的预测效果。图 2-35 所示为 CIMAE 算法框架，除训练集获取方法外，其余 CIMAE 模型与 MAE 相同。

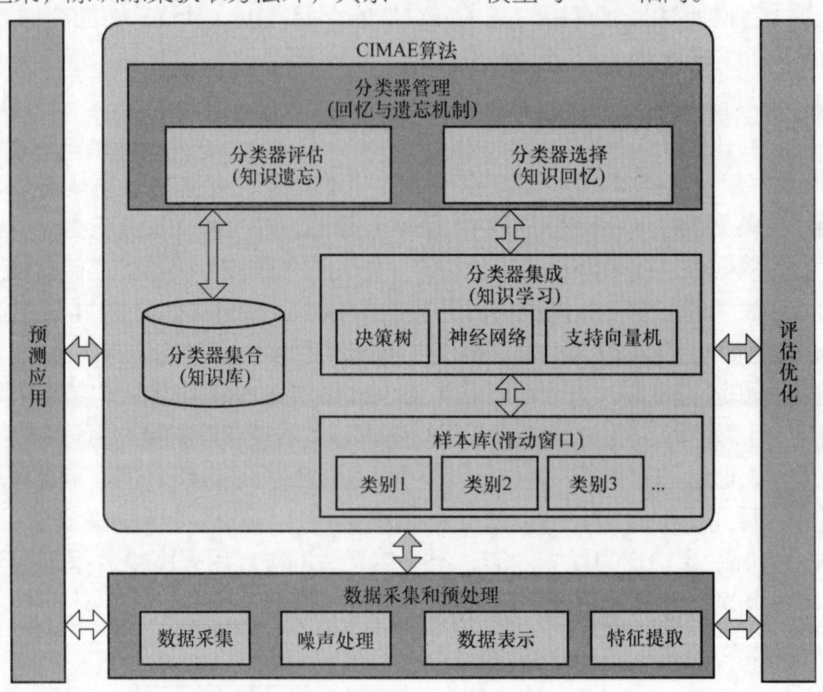

图 2-35 CIMAE 算法框架

CIMAE 使用与 MAE 相同的记忆和遗忘机制，仍然使用选择性集成算法从库 MS 中选择召回的基本分类器，并通过式（2-16）计算每个基本分类器 c 的遗忘因子

$$\mu_c = \frac{\beta}{v_c + 1} \tag{2-16}$$

式中，β 是遗忘因子的初始值；v_c是分类器 c 被召回的总次数。

c 的记忆强度计算如下

$$w_c = e^{-u_c(t-\tau_c)} \tag{2-17}$$

式中，τ_c是最后一次选择分类器 c 的时间；t 是当前时间。

算法 2-1 中显示了 CIMAE 的伪代码。

算法 2-1：Class - imbalanced data learning based on MAE（CIMAE）

INPUT：　*Str*：samples of data stream

　　b：the capacity of memory library MS

　　$|DB|$：size of data block DB

　　$|DB|/k$：the capacity of each sliding window SW_i

d：the capacity of recalling library ES，$d \leqslant b$

k：Number of categories

1：Initialization：$MS \leftarrow \varnothing$；$\alpha \leftarrow 1$；$t = 0$；

2：For all data blocks $DB_t \in DS$ do

2.1：For all samples $e \in DB_t$ do

　　2.1.1 $y = Class(e)$；

　　2.1.2 $SW_y = update(SW_y, e)$；

2.2：$SW = SW_1 \cup SW_2 \cup \cdots \cup SW_k$

2.3：$c \leftarrow$ learn（SW）；

2.4：$w_c = 1$；$\nu_c = 0$；$\tau_c = t$；$\mu_c = \beta$；

2.5：$MS \leftarrow MS \cup \{c\}$；

2.6：ES = ensemble - prune（MS，DB_t，d）；

2.7：for all classifiers $c \in ES$

2.8.1：$\tau_c = t$；

2.8.2：$\nu_c = \lambda_c + 1$；

2.8.3：compute the forgetting factor of c based on equation（1）；

2.8.4：end for

2.9：for all classifiers $c \in MS$

2.9.1：update the memory retention of c by equation（2）；

2.10：end for

2.11：if $|MS| > b$ then delete the classifier with the lowest memory retention from MS；

2.12：$t = t + 1$；

3：end for

当新的预测任务到达时，它由 ES 中的分类器预测，并且大多数投票方法用于获得新样本的类别。

2.3.3.3　实验与结论

天河一号超级计算机节点的运行状态数据集存在严重的类不平衡问题。节点大部分时间都正常运行，收集的数据也正常，但是接近故障的部分数据是故障数据。该实验使用天河一号的节点运行数据集，它包括 263582 个样本数据，10.79% 的失败率和 89.21% 的正常值。比较中涉及的集合数据流挖掘算法包括 SEA、AWE、ACE、MAE 和 CIMAE。当每个 DB 到达时，每个算法首先预测 DB，获得它的预测性能，然后对其进行在线学习。

以C4.5决策树作为实验中所有集合数据流挖掘算法的基本分类器，每个数据块的大小设置为500个样本，参与集合预测的分类器为10个，即$d=10$。MAE和CIMAE中MS的两种容量都设定为$5d$。CIMAE中的样本库的容量为500个样本，每个滑动窗口的容量设置为$|DB|/k=250$个样本。此外在实验中，MAE和CIMAE的“记忆”机制中使用的选择性集合算法是MDSQ算法。实验采用准确率、召回率和F值综合评价故障预测的性能，各指标的最终结果为平均测试值。实验环境：IntelCorei5－64002.70GHzCPU，8G内存，Windows操作系统，Visual C＋＋2005。图2-36所示为每个集合数据流挖掘算法的评估指标。每个数据块上相应算法的平均训练时间和平均预测时间见表2-10和表2-11。

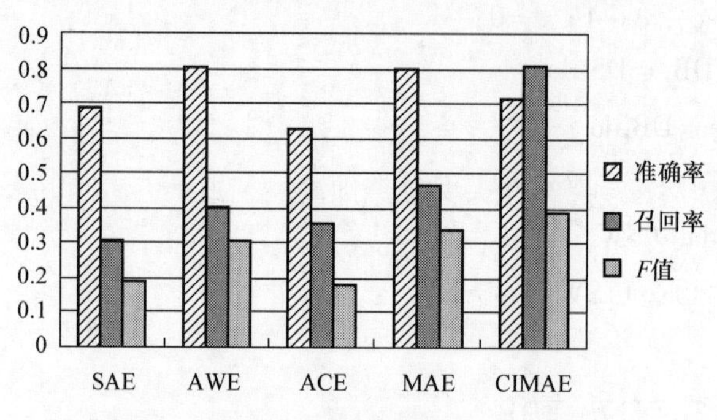

图2-36　多集合数据流挖掘算法性能比较

与其他算法相比，尽管CIMAE的整体准确性没有得到很大提高，但召回率和F值却显著提高。召回率越高，预测的失败越多。F值越高，预测准确度和召回的平衡效果越好。较高的召回率和F值说明MAE在故障预测期间正确地预测更多故障。对于使用类不平衡样本进行故障预测，CIMAE比其他集成数据流挖掘算法更加实用。

表2-10　平均训练时间

算法	SEA	AWE	ACE	MAE	CIMAE
运行时间/10^{-3}s	16.13	12.86	24.78	20.52	22.93

表2-11　平均预测时间

算法	SEA	AWE	ACE	MAE	CIMAE
运行时间/10^{-6}s	18.39	18.71	29.35	19.66	19.97

从表2-10和表2-11可以看出，CIMAE的平均训练时间和平均预报时间对于天河一号的节点状态数据集并不是最优的，但是，通过FPDC框架收集数据的时间间隔是10s，形成DB所需的时间是5000s，CIMAE训练分类器的平均时间是22.93×10^{-3}s。在形成下一个数据块之前，CIMAE已经训练了当前的基本分类器，有足够的时间准备新的块预测。

CIMAE预测每个数据块的平均时间为19.97×10^{-6}s。当使用CIMAE预测当前数据块时，节点不会停止数据采集，当下一个DB准备就绪时，已经给出了当前DB的预测结果。如果预测到故障，则有足够的时间在当前节点上进行应用程序的进程迁移。

从时间的角度来看，虽然CIMAE的训练时间和预测时间比实验中的大多数集合数据流分类算法长，但足以满足在线学习和预测失败的实时要求。

2.4 危险评估模型的现场处置在线分类和目标定位技术

公安部门在巡逻、警戒、排爆、处突、救援、消防、攻击等现场处置实战中，时刻面临着环境恶劣、危险目标隐蔽性高、种类繁杂、目标危险突发性强、危害大等实际情况。传统的基于人工研判与简单预警的方法，难以满足复杂环境下警用机器人的实战应用需求。随着大数据、网络技术以及人工智能等技术的快速发展，各种警用装备不断加大对潜在目标危险性的快速评估和分类预警，通过开发泛化性强的模型并不断优化，以此提高其在现场处置中的决定性支持作用。

本项研究基于危险评估模型的现场处置在线分类和目标定位技术，研究危险目标多特征提取技术，利用威胁目标数据集，建立危险评估模型；研究目标危险性评估指标体系，研究基于目标类别的危险等级划分技术，实现分类预警；利用集群协同的多源数据，研究现成危险态势感知技术，构建多尺度动态危险态势图；研究在线目标分类和快速识别定位技术，实现潜在危险目标、突发事件目标等在线分类与快速准确定位；研究基于危险评估和快速定位的决策支撑技术。

2.4.1 危险目标多尺度特征提取

无论是人还是机器，特征（Feature）是对物体感知识别分类的核心，是高级智能活动的物质基础，是机器学习的关键。简单来讲，特征是对于分析和解决问题有重要意义的属性。对于特征的有效快速选择、提取或构建，一直是计算机科学与技术研究的重点之一。在公共安全领域，危险目标可能包括人、车、物中的一种或者多种。

2.4.1.1 基于模式识别的特征提取

在传统的特征工程（Feature Engineering）方法中，特征通常是通过人根据实验或者经验手工设计的。视频图像的特征被分为全局特征和局部特征。全局特征将视频当成整体，先将感兴趣区域提取出来，然后在区域中进行整体的特征提取。局部特征提取通过大量采样视频中的局部视频块，利用视频块表达的特征的统计属性进行识别。

（1）全局特征提取

全局特征一般通过前景区域提取得到，通常利用的是边缘和光流等信息。这类方法对于简单环境下的特征表达具有良好的效果，但对于复杂场景缺乏鲁棒性。

早期对全局特征的研究中，比如在人体运动特征提取中，常用的方法有利用运动能量图（Motion - Energy Image，MEI）和运动历史图（Motion - History Image，MHI）等轮廓来描述人体的运动信息；通过 R 变换的方法提取人体剪影信息；用星形骨架描述基线之间的夹角来进行人体轮廓的描述。采用的特征比较相似度方法有欧式距离、倒角距离度量、基于轮廓的形状均值（Mean Motion Shape，MMS）以及基于前景的能量均值（Average Motion Energy，AME）等。此外，运动信息如光流法等也经常被采用，但会引入额外的运动噪声。

在视频分析领域，依据 3D 时空块（Space - Time Volume，STV），通过泊松方程导出显著点和相应的方向特征，将这些特征加权得到全局特征。此外，还可以对时空块的剪影信息、时空块表面的几何信息，如极大值点和极小值点等进行采样，将剪影的时空块和光流同时作为视频的全局特征表达等方法。

（2）局部特征提取

局部特征提取不需要精确的前景区域分割，通过提取视频中感兴趣的局部视频块的特征来应对视角、缩放、遮挡、平移等复杂问题，这类方法被广泛应用于视频的特征表达。局部特征点是视频中时空上变化较为显著的点，其突变产生的点的领域内包含了视频的大部分信息。相应的方法包括：如将 Harris 角点扩展为 3D Harris 特征，作为时空兴趣点（Space－Time Interest Points，STIP）检测方法中的一种，其中领域块的尺度可以自适应改变大小，从而能够自适应时空维度的变化；整合颜色信息，用离散小波变换的不同响应来进行时空显著点的选择；采用 Gabor 滤波器进行滤波，确保兴趣点的数量跟随领域大小动态改变，以解决兴趣点数量不足的问题；在运动相关的子空间中检测较为稀疏的兴趣点；先估计视觉显著性的焦点，然后利用 Gabor 滤波器进行显著点检测等。

可以将二维特征点检测的算法扩展到三维特征点，如将经典 SIFT 特征扩展到三维 SIFT 特征，将二维 SURF 特征扩展为三维 SURF 特征；或者将梯度方向直方图特征（Histogram of Oriented Gradient，HOG）扩展到三维特征，得到 3D－HOG 特征，即每个方向都是由规则的多面体构成，允许对视频块进行快速多尺度密度采样。研究表明，大多数情况下整合了梯度和光流信息的方法要比单纯使用局部特征提取的方法好。

基于密集轨迹的识别方法，将传统的 HOG 和 HOF 等二维特征对视频进行局部特征提取，然后将这些特征累加堆叠，可以形成有效的时空局部特征表达。在基于遍历策略的时空局部特征提取的基础上，对视频进行特征提取区域的采样和跟踪，跟踪的结果可以形成视频中的轨迹，局部特征提取在轨迹的邻域内进行，可以得到更好的效果。如图 2-37 所示，在密集轨迹的基础上，使用 HOG、HOF 和 MBH 特征，就已经可以在复杂的行为识别数据库上得到良好的识别效果。

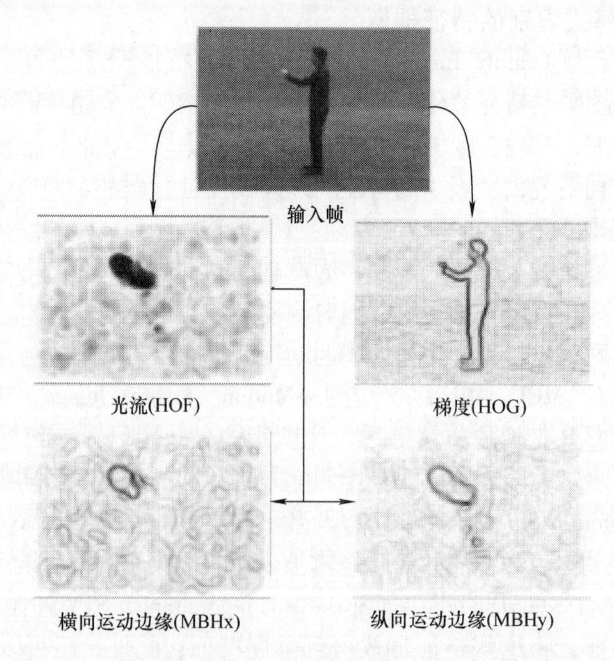

图 2-37　密集轨迹方法中基于局部特征所用的特征图示例

2.4.1.2 基于深度学习的特征提取

随着互联网大数据以及计算机硬件的发展，现代深度学习技术为自动特征提取提供了有效的解决办法。深度学习通过构造包含多个卷积神经网络和全连接神经网络的深层非线性模型，采用反向传播的方法逐层训练模型、学习参数。深度学习算法的提出，极大地提高了模型针对特征的表达能力，相对于原来的基于模式识别并结合规则等方式提取特征，实现了自动的特征提取。因此，深度学习成为近年来机器学习领域的研究热点，在计算机视觉、语音识别、自然语言处理等应用领域中取得了巨大的成功。

一般来说，深度学习可以看成包含多个隐含层的神经网络方法，该方法组合低层特征形成更加抽象的高层表示（属性类别或特征），以对目标函数进行更加良好的拟合和表达。越靠近输入端特征越具象，越靠近输出端特征越抽象。深度结构的目标函数中普遍存在局部最优解，常规的随机梯度下降法容易使深度神经网络难以被正常训练，一般需要反复多次选取不同初始点来解决此类问题，Adam 算法针对这个问题能获得不错的效果。除了上述问题，深度学习的网络结构往往比较庞大，那么相应的需要优化的参数就会非常大，有些项目的参数个数甚至超过百万级。为了解决这个问题，Le Cun 等人提出的卷积神经网络（CNN）通过参数共享解决图像数据所需参数庞大的问题，大大减少了深度学习网络优化的参数数目，且能够进行端对端的监督学习，在此基础上产生了大量的方法并被广泛应用。

目前，深度学习用于目标检测与识别的算法，从思路上可以分为两大类：一类是 two stage 方法，也就是把整个流程分为两部分，生成候选框和识别框内物体，主要包括 R－CNN、Fast R－CNN、FasterR－CNN 等；另一类是 one stage 的方法，即把整个流程统一在一起，直接给出检测结果，主要包含 SSD、YOLO 系列。在人的行为识别领域，用于行为识别的有双通路卷积神经网络，该方法主要由两个卷积神经网络构成。使用大量图像样本预先训练好的卷积神经网络作为其中的空间通道网络，并使用行为识别数据库中的视频的帧作为训练样本微调空间通道网络。空间通道将视频的识别拆解成对于帧的内容的识别，并将视频中每一帧的识别结果取平均，以此得到最终的视频识别结果。另一个为时间通道网络，该网络通道将使用从原始视频获得的光流图进行识别。两个通道的卷积网络结构完全相同，输入为层叠在一起的光流图，对网络进行随机初始化，直接使用行为识别数据库中的样本进行训练。与空间通道一样，时间通道也是采用对视频中所有内容识别的结果取平均来获得最终时间通道的识别结果。将双通道的识别结果进行融合，即获得最终的识别准确率。该方法通过卷积神经网络（网络中包含低级、中级、高级特征）以视频和分类结果作为输入进行 End－to－End 的学习。如果将卷积神经网络作为一个黑盒的特征提取器，则此方法可以被认为是基于全局特征提取的方法。

当前，深度强化学习（Deep Reinforcement Learning）、生成对抗网络（Generative Adversarial Networks，GANs）等非监督学习、弱监督学习成为未来发展的重点。此外，类脑智能借助脑科学最新研究成果，试图模拟人脑的感知与认知智能，建立起通用智能计算模式，以提高目前深度神经网络的泛化性和智能性，减少计算量和功耗，是发展的最新前沿之一。

2.4.1.3 深度学习在危险目标识别分类与快速定位中的应用

深度学习（Deep Learning），即利用深度神经网络进行特征学习，它是机器学习领域的一个新的研究方向。从本质上说，深度学习就是通过构建具有多个隐含层的人工神经网络模型，从海量的数据中学习更具表达性的特征，从而提升模式识别的准确性。对深度学习在危险目标识别分类与快速定位中的应用可以参见2.4.3节。

2.4.2 基于危险评估模型的态势感知与估计

在对目标多尺度特征提取和分析处理的基础上，对态势的认知、把握和预测是人的高级智能的一种集中体现。对态势的深度感知是高级人工智能的重要研究内容之一。

(1) 态势感知

态势感知技术在大数据感知、军事领域、网络安全、智慧城市以及智能交通等多个领域得到了广泛应用。随着互联网技术以及物联网技术发展，信息呈爆炸式增长，如何从海量数据中快速准确地获取有效信息成为新的研究热点，大数据让对态势的准确感知成为可能。依据汉语字典，"态势"分"态"和"势"，即"状态"和"形势"。依据百度百科，态势感知（Situation Awareness，SA）是一种基于环境的、动态、整体地洞悉安全风险的能力；是对场景环境中存在的所关心的目标进行快速识别、综合分析与判断，并预测其发展趋势的技术；是以安全大数据为基础，从全局视角提升对安全威胁的发现识别、理解分析、响应处置能力的一种方式；其最终目的是为了决策与行动。态势感知的概念最早应用在军事领域。通常认为态势感知任务的完成分为三个阶段，即态势识别、态势理解和态势估计。态势识别，即通过对当前环境中的态势要素（场景目标）进行识别检测以得到态势属性要素的类别、位置、数量或规模等基本属性信息，属于智能计算阶段。态势理解，即综合态势各类基本属性信息对态势要素当前的性质及行为做出判断，属于智能认知阶段。态势估计，则是基于规则或统计，在完成识别和理解的基础上对态势要素的发展变化趋势做出分析、预测、预报预警，属于智能推理阶段。在态势感知的这三个阶段的任务中，对态势要素的识别是态势感知系统的基础与前提，态势理解是实现整个态势感知系统功能的关键，态势估计是实现态势感知系统价值的体现，系统示意图如图2-38所示。

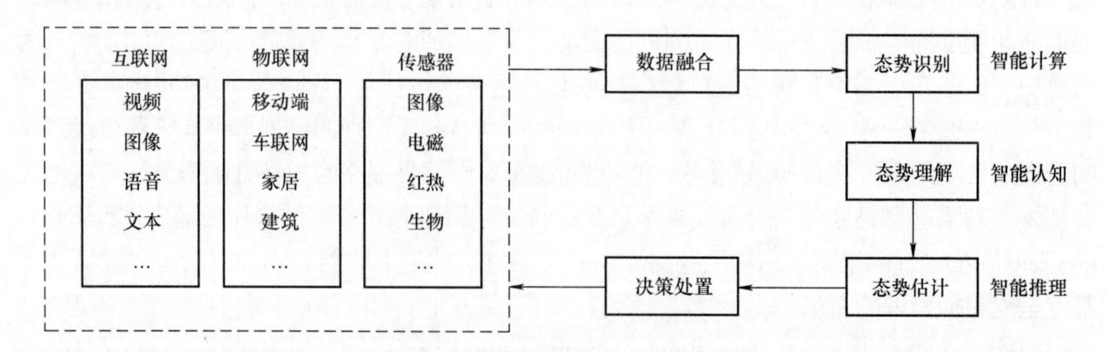

图2-38 态势感知系统示意图

态势感知可以基于视频、语音、文本等非结构化数据或其他结构化、半结构化数据。图像作为人类认识世界和人类本身的重要信息来源，在大数据构成中具有举足轻重的作用。图像态势感知即基于图像数据的态势感知，可以分为图像态势要素识别、图像态势理解与图像

态势估计等，其中图像态势要素识别是图像态势感知的基础。图像态势要素识别利用图像目标识别、多目标检测、图像分割、目标跟踪等技术手段提取态势要素、目标属性，为高层视觉任务提供语义，是计算机视觉的重要研究内容。

在图像目标识别技术发展的历程中，经历了从传统的特征工程到现在的深度神经网络的阶段，经历了从全局特征提取到局部特征提取再到语义特征提取的过程，采用的方法有统计模式识别、结构模式识别、模糊模式识别以及神经网络等，这些方法基于不同的原理在目标识别和性能方面各有优势。图像全局信息的特征提取在于提取图像的颜色、纹理、形状及空间关系等全局信息，以形成图像的整体描述。全局特征提取对于简单场景下的单物体识别比较有效，对多目标或复杂背景环境，识别准确率降低。局部信息的特征提取根据图像区域分割按一定的步长和尺度提取局部特征描述，常用的局部特征描述子包括SIFT特征和HOG特征等。语义特征则是将提取到的图像特征抽象为视觉语义，是最接近人类的视觉识别方式，也是目前发展的重点。

图像态势理解是在图像要素识别的基础上，确定所存在的因素之间的关联关系，提取出态势事件或知识，对态势的状态、性质或行为进行分析和判断。通常利用基于图像的语义理解技术，以图像内容或知识为核心。图像态势理解分中、低、高三层，具体表现为表示与存储、关联与学习、认知与推理。

（2）态势估计

态势估计是基于态势识别与理解，在决策级上进行的一种推理行为。具体来讲，就是通过态势要素识别，在底层融合的基础之上，提取出当前场景的态势元素；利用领域专家知识对目标性质意图进行态势理解；最后进行预测，完成态势估计，协助做出正确的决策部署。态势估计在军事领域具有重要作用。复杂多变的战场环境、多元的作战单元和多样化的作战策略导致了指挥作战难度的日益剧增，而指挥决策过程中的核心环节之一就是态势估计。态势估计的质量极大地影响了战场指挥决策的正确性。在面临大量具有高度不确定信息情报的情况下，如何进行快速准确的战场态势估计富有挑战性。因此，国内外的专家学者针对态势估计的问题从理论和实践两个方面进行了深入的分析与探究，同时取得了相应的成果。简述如下：

1）从基本理论体系出发，建立了态势估计这一研究领域的基本概念、基本模型以及拓扑结构。

2）实际应用层面，基于对态势估计基础理论不断深入的研究，模板匹配、黑板模型、专家系统和人工智能等技术被引入到态势估计的研究中，从而实现部分态势估计功能。

态势估计所具有的特点如下：①具有鲜明的层次性；②具有最高置信度和最小不确定性的评估是最优解；③利用当前实时的数据信息来构建态势要素；④态势估计是一个动态的、按时序处理的过程。从上述特点中可以看出，态势估计等这种高层信息融合的瓶颈在于决策支持技术的发展。在这一领域，发达国家也同样面临着相同的技术难题。

综上所述，随着我国城市逐渐走向特大、超大城市，以及国内外安全环境的复杂性，在公共安全领域，通过充分利用互联网、物联网、机器人等技术，收集汇聚多方面的信息，建立面向公共安全的大规模概率图表示模型或知识图谱模型，对危险事件进行快速准确抽取，

建立基于态势要素识别、态势理解、态势估计的公共安全态势感知生态体系与体制机制，对确保我国大规模公共安全具有重要意义。同时可见，目前技术路线清晰、发展需求紧迫，正处于技术和业务发展的机遇期。

2.4.3 关键技术研究与实现

2.4.3.1 危险场景目标视频预处理技术

该技术采用以Harris角点检测算子和金字塔LK光流法为基础的全局运动估计方法，选择描述图像变换的单应性模型，同时通过特征点的布局优化、角点亚像素化、RANSAC剔除干扰因素和单纯形法优化运动参数这四个措施来提高运动参数估计的精度。在运动补偿环节，采用逆映射法和双线性插值提高重构图像的质量。该技术旨在消除视频序列偏移幅度在±6%以内的视频抖动，在尽量压缩时间开销的前提下，采用多种提高稳像效果的措施，针对720×480分辨率的抖动视频，该方法能够3.4GHz主频的计算机上达到实时处理，且具备良好的性能。

2.4.3.2 个性化数据采集系统的设计与实现

采用Python编程实现个性化图片数据采集系统，用于危险目标图片数据的采集。只要输入关键词就可以自动从网络图片中搜索和下载图片到本地指定的路径中。个性化图片采集系统包含解码图片统一资源定位器（URL）、生成网址列表、解析JSON获取的图片URL以及图片的下载等步骤，具体执行如图2-39所示。

2.4.3.3 危险目标数据库构建

研究的数据来源主要分为以下四块：

1）警用历史数据：数据库中有关危险品或危险情况的视频或图像数据。

2）现场数据：由主动防控警用机器人现场拍摄的视频图像数据。

3）网络数据：通过个性化网络爬虫技术，爬取有关危险品的视频或图像数据，例如刀具、枪支、炸弹、易燃易爆物等的图片数据。

4）模拟生成数据：利用计算机生成模型，构建难以实际获取的训练验证模拟数据。

通过将多种开源数据库、标准数据集以及自建的个性化图片采集系统相融合，收集整理如刀具、枪支、炸弹等近10类危险目标图片数据，并将图片大小统一为32×32，同时对图像采取归一化处理，将像素值归一化到［-1.0，1.0］之间，目前已形成约7万张危险目标原始图片数据集。通过旋转和高斯滤波处理，生成近210万张的危险目标数据库，并完成部分危险目标标注，如图2-40所示。

2.4.3.4 深度学习模型设计、训练及测试

考虑到架构的复杂性和实时性，根据项目数据特点设计深度学习模型架构，该架构采用四个卷积层和两个全连接层，其中包含两次MaxPooling。利用危险目标数据库训练和优化模型的参数，实时将采集的视频数据转换成带时序的图片序列输入到训练好的深度学习架构中进行危险物品的识别，测试识别正确率达到80%，正确率还有很大的优化空间。

深度学习模型结构如图2-41所示，Loss的优化过程如图2-42所示，两个全连接层的Weights和Bias的优化过程如图2-43所示。

```
81  def resolveImgUrl(html):
82      imgUrls = [decode(x) for x in re_url.findall(html)]
83      return imgUrls
84
85
86  def downImg(imgUrl, dirpath, imgName):
87      filename = os.path.join(dirpath, imgName)
88      try:
89          res = requests.get(imgUrl, timeout=15)
90          if str(res.status_code)[0] == "4":
91              print(str(res.status_code), ":", imgUrl)
92              return False
93      except Exception as e:
```

```
Downloaded 30 picture
Downloaded 31 picture
Downloaded 32 picture
Downloaded 33 picture
Downloaded 34 picture
Downloaded 35 picture
Downloaded 36 picture
Downloaded 37 picture
Downloaded 38 picture
Downloaded 39 picture
403 : http://image40.360doc.com/DownloadImg/2011/10/2215/18676109_1.jpg
Downloaded 40 picture
Downloaded 41 picture
Downloaded 42 picture
Downloaded 43 picture
```

图 2-39　个性图片采集系统运行情况

图 2-40　危险目标数据库及标注文件

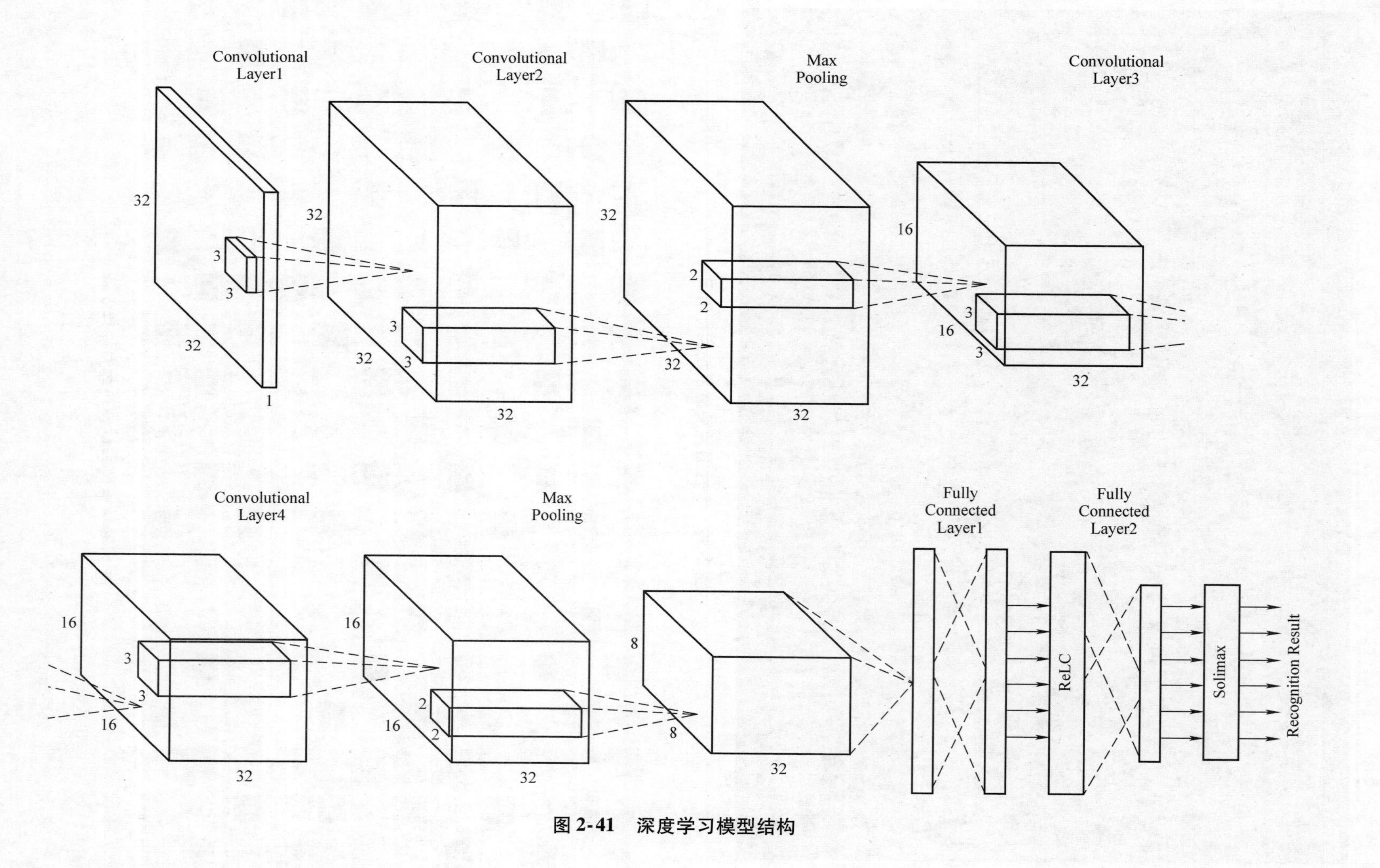

图 2-41 深度学习模型结构

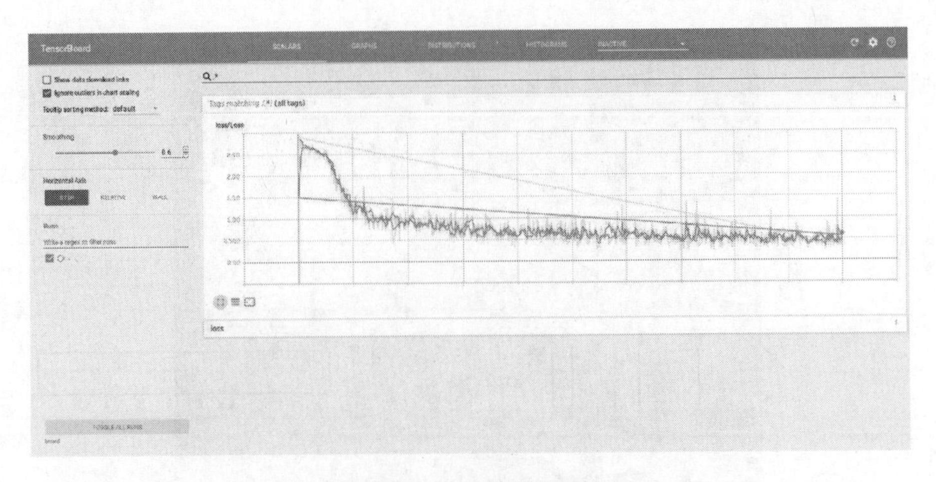

图2-42　Loss的优化过程

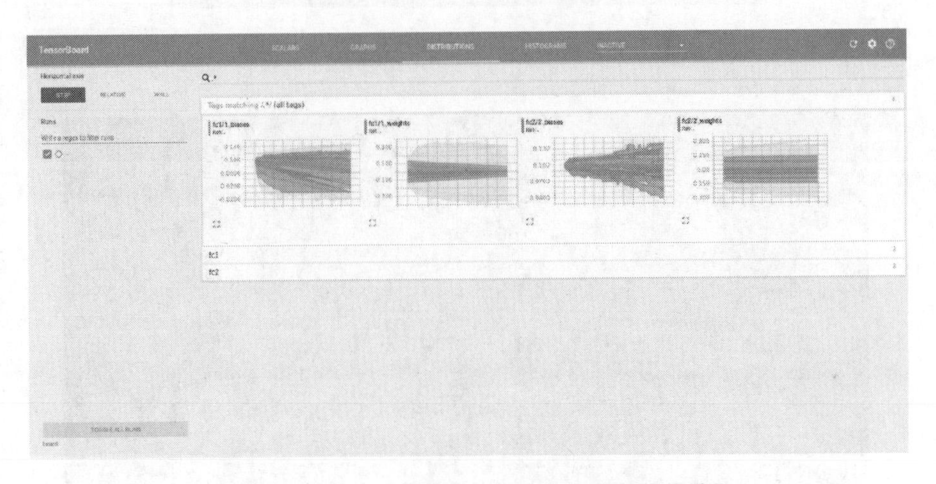

图2-43　两个全连接层的Weights和Bias优化过程

2.4.3.5　基于深度神经网络的危险目标快速识别与语义分割

为了实现危险目标的快速定位，本研究直接考虑从危险目标原始输入图像的特征上提取目标对象的特征和包围盒信息，这样只需深度学习网络模型的最后一个卷积特征图上构建一个估计目标网络（RPN），生成危险目标的包围盒集，最后采用非极大抑制的方法，过滤掉重叠的包围盒，筛选出最匹配的危险目标包围盒，实现目标的快速定位。实验效果如图2-44所示。

图像语义分割是对分割后的图像加上语义标签（用不同的颜色代表不同类别的物体），给分割后图像中的每一类物体加上标签。它是图像理解的基础性技术，在自动驾驶系统（具体为街景识别与理解）、飞行机器人应用（着陆点判断）以及穿戴式设备应用中有举足轻重的作用。本部分针对警用机器人应用场景，采用深度学习+概率图模型，基于最新卷积核在保持参数个数不变的情况下增大了卷积核的感受野，同时保证输出的特征映射（feature map）大小保持不变。面向警用的危险目标语义级图像分割如图2-45所示。

实例分割（Instance Segmentation）通过将目标检测和语义分割相结合，在图像中将目标

图 2-44　多目标快速检测与识别实验效果

图 2-45　面向警用的危险目标语义级图像分割（见彩插）

检测出来，然后对每个像素打上标签。语义分割不区分属于相同类别的不同实例，而实例分割会区分同类的不同实例。本节结合图像语义识别与分析，通过实例分割对危险目标进行进一步快速定位，如图 2-46 所示。通过对典型场景下危险人、车、物等目标进行大规模标注，结合语义分割、实例分割以及全景分割（Panoptic Segmentation，包括对背景进行分割），为警用机器人导航与处置决策提供支持。

2.4.3.6　危险态势评估模型构建

针对视频识别的结果按照时序转换成模型序列，采用该技术构建危险态势的评估模型，效果显著且简单实用。危险态势等级示例见表 2-12，其中无危险目标的等级为“0”，刀具的等级为“1”，枪支的等级为“2”，炸弹的等级为“3”。例如，“000”态势等级为安全，

图 2-46　面向警用危险目标的结合图像语义信息的图像实例分割（见彩插）

“011”态势等级为危险。

表 2-12　危险态势等级示例

等级	模式	备注
安全	三个“0”	无危险目标出现
一般	两个“0”，一个“1”	存在刀具类危险品可能性
	两个“0”，一个“2” 两个“1”，一个“2” 一个“0”，一个“1”，一个“2”	存在枪支类危险品可能性
危险	一个“0”，两个“1”	存在刀具类危险品
	一个“0”，两个“2” 一个“1”，两个“2”	存在枪支类危险品
	两个“0”，一个“3” 两个“1”，一个“3” 两个“2”，一个“3” 一个“0”，一个“1”，一个“3” 一个“0”，一个“2”，一个“3” 一个“1”，一个“2”，一个“3”	存在炸弹类危险品可能性
极度危险	三个“1”	存在刀具类危险品
	三个“2”	存在枪支类危险品
	两个“3”或者 3 个“3”	存在炸弹类危险品

2.4.3.7　面向公共安全的目标分类识别、定位系统平台构建

面向巡逻、警戒、排爆、处突、救援、消防、攻击等现场处置中的公共安全风险防控系统 V1.0 版本，可以对常见刀具、枪械、爆炸物进行检测、分类识别。其涵盖了视频流数据、图像等的数据接入管理，模型库、算法库的展示和管理，态势数据可视化分析与预警等，核心算法如图 2-47 所示，整个系统平台如图 2-48 所示。

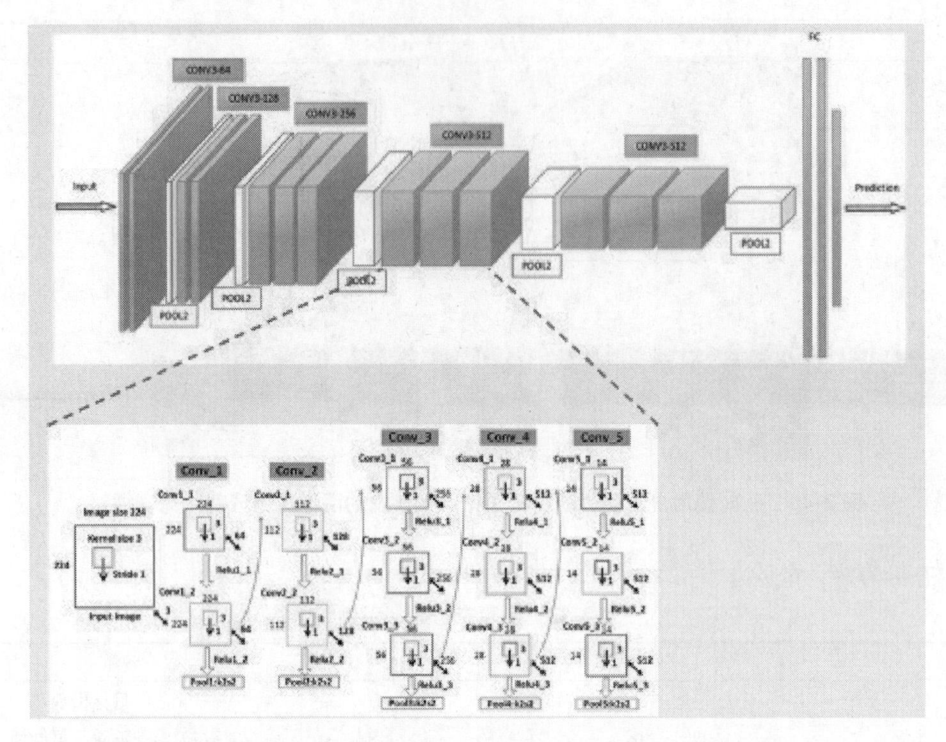

图 2-47　基于深度网络的危险目标快速分类的系统平台核心算法

图 2-48　面向公共安全的风险防控系统平台

2.4.3.8　面向警用机器人的嵌入式边缘计算 AI 加速技术

在机器人数据处理中，数据既可以在本地处理，也可以通过无线（4G、5G 或 WiFi 等）或有线（网线、光纤等）网络传到后台集中处理，结合局域路由器或集线器，实现端边云

协同处理的架构。随着计算硬件的快速发展，边缘计算技术通过将以前需要集中到后台处理的内容前置到传感器端，去中心化，实现分布式处理，提高处理的实时性，减小带宽压力。目前常用的嵌入式人工智能（AI）加速芯片有 FPGA、GPU、CPU、DSP、NPU 以及神经拟态芯片等。本项研究针对移动机器人应用，基于 NVIDIAJetson 嵌入式 GPU 以及卡片式嵌入式计算单元组成并行计算机集群，对深度神经网络算法进行加速计算，如图 2-49 所示。

图 2-49　面向警用机器人的嵌入式边缘计算 AI 硬件加速

3.1 卡口安保机器人爆炸物自动检测技术

在过去的20年里，恐怖主义事件的次数巨增，使得世界各国对反恐的关注日益增加。而全球恐怖主义数据库（Global Terrorism Database，GTD）的数据显示，2017年恐怖爆炸事件在恐怖主义事件中的占比超过50%。此外，由于大多数恐怖爆炸事件发生于人员密集场所，如车站、广场等，给民众带来了巨大的威胁。这也使得爆炸物检测成为安防工作不可或缺的一部分，爆炸物检测技术及设备成为安防领域的研究热点之一。我们在课题前期的调研中发现，痕量爆炸物检测仪被广泛用于卡口处的爆炸物检测，但是也存在着一个普遍的不足——痕量爆炸物检测仪仅具备检测功能，需要操作人员完成采样工作。如何将痕量爆炸物检测融入智能安防网络，是智能安防建设所要面临的一个关键问题。

3.1.1 机器人爆炸物自动检测系统组成

爆炸物检测技术主要分为块体检测技术和痕量检测技术两类。其中前者主要包括X-ray成像技术、核四极矩共振技术（Nuclear Quadrupole Resonance，NQR）和中子检测技术，此类方法能够较好地确定可疑爆炸物的尺寸与形状，但是存在敏感性弱、无法识别爆炸物种类等问题，在爆炸物检测技术发展前期应用较多。后者主要包括离子迁移谱法（Ion Mobility Spectroscopy，IMS）、质谱法（Mass Spectroscopy，MS）和太赫兹谱法（Terahertz Spectroscopy）等，此类方法检测灵敏度高、检测准确性高，更符合卡口安检对爆炸物检测的严格要求。相较而言，IMS技术在我国发展更为成熟，目前我国卡口安检所使用的痕量爆炸物检测仪绝大多数都是基于IMS技术。

目前大多数的痕量爆炸物检测仪仅具备爆炸物检测功能，而不具备自主采样功能，正是由于这一问题的存在，使得全自主爆炸物检测尚未实现。针对这一关键问题，Fulghum等人设计了一套针对行人的通过式痕量爆炸物检测门；Staymates等人基于空气动力学给出了一套针对鞋表面的自主采样方案。这两种方案存在着相似的问题，那便是基于气流的采样在一定程度上降低了爆炸物检测仪的检出率。而Yasuaki等人凭借在MS技术的积累，设计出了

一种高通量的自动爆炸物检测系统；它利用空气喷射器分离附着在检测表面上的粒子，并用气旋浓缩器收集粒子，从而能够保证系统对爆炸物的灵敏度；但是，此系统依旧停留在实验阶段，尚未得到实际应用。

卡口安保机器人爆炸物检测系统整体设计如图 3-1 所示。整套自动爆炸物检测系统包含五个子系统：控制子系统、采样子系统、视觉子系统、传送子系统以及检测子系统。接下来对各个子系统的组成进行简单介绍。

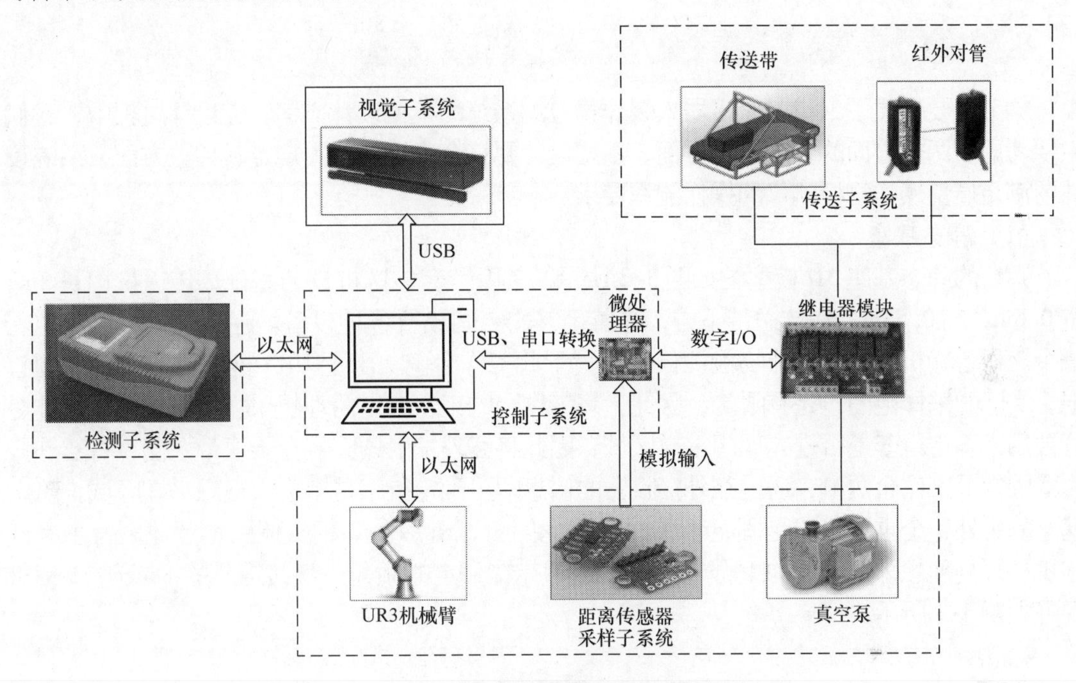

图 3-1　卡口安保机器人爆炸物检测系统整体设计

控制子系统主要包括一台工业计算机和一个 Stm32 微处理器（Microprocessor Unit，MPU）。计算机是整套系统的核心处理器，完成了绝大多数的计算任务，如视觉信息的处理、机械臂的运动规划等。而微处理器用于协助计算机对部分底层传感器的数据预处理和部分底层执行器的控制，如读取传送带运行状态、读取距离传感器数据、读取红外对管数据以及控制传送带启停等。最后，为了增强系统的模块化程度，我们选择基于机器人操作系统（Robot Operating System，ROS）进行软件开发。

采样子系统包括 3 部分：一套 UR3 机械臂、一个距离传感器以及一套真空泵设备。该机械臂是一款成熟的工业机械臂产品，其功能已经得到了诸多用户的认可。在 UR3 机械臂末端固定着距离传感器，该距离传感器用于检测机械臂末端到目标平面的距离，辅助机械臂更好地完成采样工作。此外，采样子系统利用一套真空泵设备来实现对采样试纸的吸取。

视觉子系统的核心功能在于识别行李箱，确定采样点位置。视觉子系统所确定的采样点位置在后续的处理过程中被转换为机械臂运动规划过程中的目标点，用于引导机械臂采样。显然，视觉子系统是需要确定采样点的三维空间坐标，因此，我们采用 Kinect v2 相机来获取场景的 RGB - D 信息。

传送子系统的主体是一套电动机驱动的传送带设备，利用继电器模块和 AS 变频器，可以实现传送带的启停控制。为了定位行李在传送带的位置，传送带子系统还包含两组红外对管，它们分别位于传送带的两侧。当行李经过相应位置时，继电器模块会产生“开合”信号，通过对“开合”信号的读取，系统便能够确定行李在传送带上的位置。

检测子系统采用一台痕量爆炸物检测仪。该痕量爆炸物检测仪具备检测多种军用、民用及土制爆炸物的能力，包括黑火药、硝酸铵、三硝基甲苯（TNT）等。而经过改进后，该检测仪能够支持计算机对检测仪的简单控制以及检测结果的读取。

3.1.2 机器人爆炸物自动检测子系统机械设计

本节主要描述了卡口安保机器人爆炸物检测系统的机械设计方案。在设计过程中，我们主要考虑了两个方面的要求。一方面，系统设计要符合安检的相关规定；另一方面，系统设计要满足痕量爆炸物检测仪的操作流程要求。

（1）静态基座

系统的静态基座3D模型图如图3-2所示，其以一套传送机构为基础。传送机构长2m，宽0.6m，高0.53m。在传送带下方，有着足够的空间放置各种设备。在传送带右边固定着一个工作台，机械臂、爆炸物检测仪都放置于此工作台上。由于UR3机械臂的运动范围有限，实际的采样范围也是有限的，因此，将工作台的正左方定为理想采样区域。两组红外对管被用来确定行李是否进入理想采样区域，因此将红外发射器固定在传送带左侧，将红外接收器固定于工作台两侧，通过红外接收器的信息即可确定行李是否进入理想采样区域。静态基座的另外一个重要组成是固定于传送带的龙门架，Kinect v2相机便固定于此。为了保证相机视野与理想采样区域的重合，相机固定时存在一定的倾角，最终得到的Kinect v2相机视野如图3-3所示。

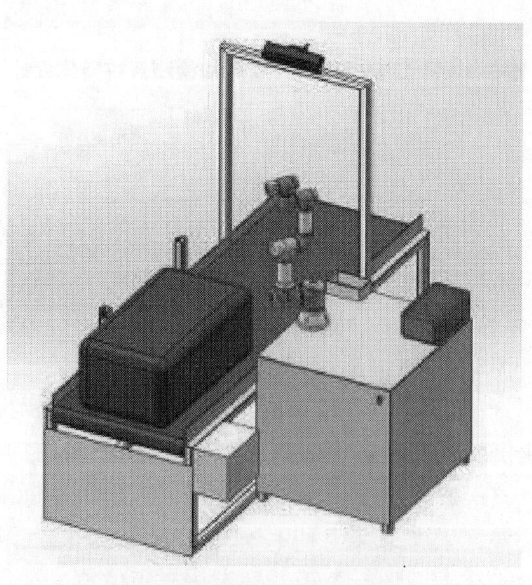

图3-2　静态基座3D模型图

（2）动态采样子系统

动态采样子系统用于完成对行李表面的采样。一般而言，标准的采样流程包括3步：抓取采样纸，用采样纸刮拭行李表面以及将采样纸送入痕量爆炸物检测仪。图3-4所示为我们

图3-3　Kinect v2 相机视野（虚线边框内表示理想采样区域）

所购买的痕量爆炸物检测仪及其特制采样纸，它们的规格分别为480mm×170mm×165mm和58mm×18mm×0.5mm。为了完成采样任务，我们设计了如图3-5所示的执行结构，它主要包括UR3机械臂、改进的机械臂末端以及真空吸盘三个部分。UR3机械臂是主要的运动执行机构，它具有6个关节，运动范围大约为500mm。真空吸盘被固定在机械臂末端，值得一提的是，真空吸盘中存在着一个弹簧，这使得真空吸盘在沿着弹簧的方向可以产生一定的形变。真空泵与真空吸盘通过真空管相连接，通过控制真空管的电磁阀，可以控制真空吸盘的气压，进而实现对试纸的吸取与释放。采用真空吸盘的另一好处在于真空吸盘能够将一张采样试纸从一摞采样试纸中分离出来。距离传感器同样固定在机械臂末端，用于检测机械臂末端到采样平面的距离，结合真空吸盘的形变能力，距离传感器可以保证真空吸盘有效接触到采样平面。

a)

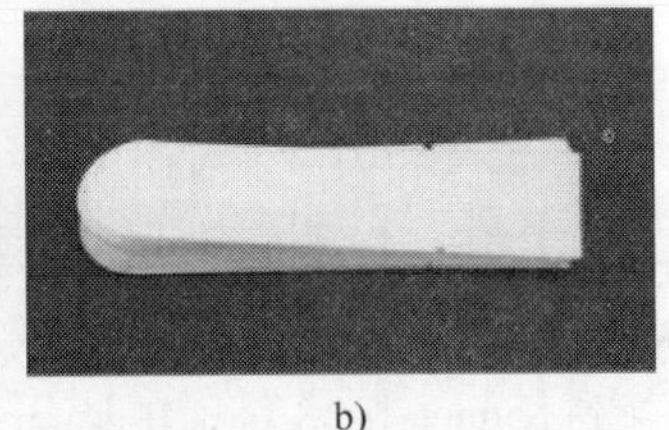

b)

图3-4　痕量爆炸物检测仪及特制采样纸

a) UR3机械臂

b) 改进的机械臂末端

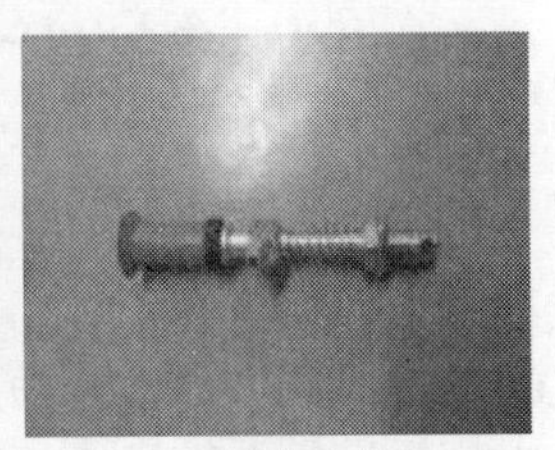

c) 真空吸盘

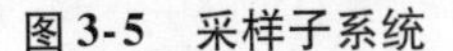

图3-5　采样子系统

机械臂采样流程与人工采样流程基本相似，但是在具体实现过程中，为了保护采样子系统，在吸盘接触目标表面时进行了微小的改变，主要涉及机械臂吸取采样纸和机械臂在行李表面采样两个相似的动作。在接触目标表面过程中，首先控制机械臂将真空吸盘运动到目标点的正上方，然后控制机械臂将真空吸盘正直下压，直至距离传感器感知的距离小于给定阈值，即真空吸盘接触到目的点，最后使真空吸盘垂直离开目的平面。

3.1.3 基于 ROS 的软件设计

考虑到卡口安保爆炸物检测系统的后续研发以及改进，我们选择了 ROS 作为软件平台。基于 ROS 的软件框架如图 3-6 所示，包括 Kinect 相机驱动节点和视觉节点、UR 驱动节点和运动规划节点、控制节点和底层节点 3 个部分，各个节点负责完成相应功能。软件系统具备模块化设计的特点，有益于后续研发与改进。

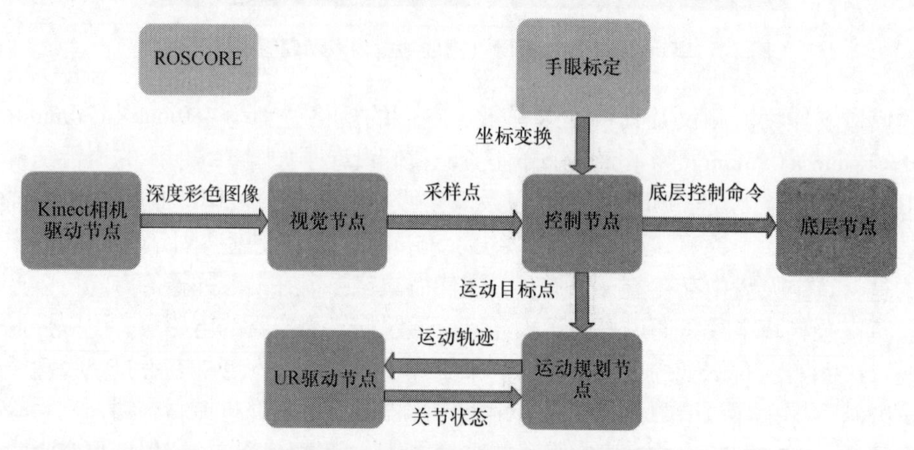

图 3-6 基于 ROS 的软件框架

（1）视觉节点

视觉节点的主要任务是确定合适的采样点，考虑到实际的检测场景，我们确定了先检测行李箱平面，再产生采样点的方式来确定采样点。通过 Kinect 相机驱动节点，系统便可以获取环境的 3D 信息，以 RGB－D 图像（点云数据）的形式表示。在获得点云数据后，对其进行降采样、点云分割以及平面检测，即可完成行李箱表面检测任务。

1）降采样。由于 Kinect 相机获取的点云数据规模较大，给计算机带来了较大的运算量，因此，首先需要对点云数据进行降采样，即在不影响检测效果的前提下尽可能地缩小点云数据规模。经过多次实验，我们将点云空间分为 5mm × 5mm × 5mm 的栅格，降采样后，每个栅格中心的位置为其包含的所有点云的均值。

2）点云分割。点云分割的目的在于去除背景干扰，尤其是地面、传送带等平面对行李箱表面检测的干扰。正如前文所提到的，理想采样区域是分布在两组红外对管之间的，而行李箱表面必然高于传送带表面及地面，因此，最好的点云分割方法便是利用点云的位置信息进行点云分割。由于相机的位置与倾斜角度是固定的，我们首先要对点云数据进行坐标系转换，将点云由相机坐标系转换到传送带坐标系（图 3-7），而后根据点云的 x' 和 z' 坐标以及相应的阈值即可完成点云分割，最后再将分割后的点云转换到相机坐标系下。

3）平面检测。平面检测用于确定点云中的平面，在经历了点云分割之后，大量的背景

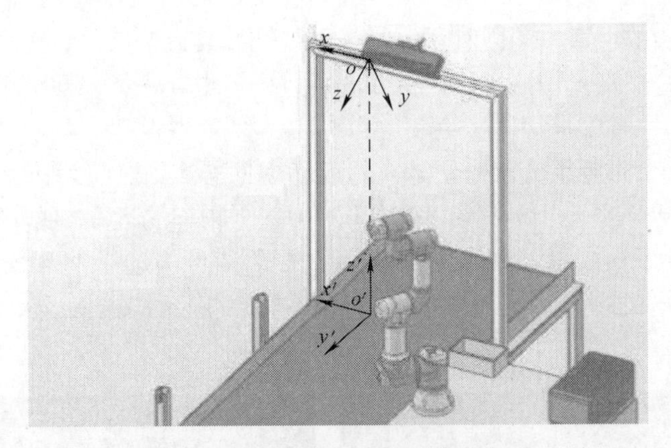

图 3-7 相机坐标系和传送带坐标系

平面被滤除，仅剩下行李箱表面，因此，对分割后的点云利用平面检测即可完成行李箱表面检测任务。在平面检测过程中，我们采用了较为流行的 RANSAC 算法，RGB 图像及行李箱表面检测结果如图 3-8 所示。

获得行李箱表面检测结果后，结合 UR3 机械臂实际运动范围，进行简单筛选即可获得可行的机械臂采样点。在实验过程中，视觉算法的平均运行事件约为 0.1484s，平台为 ThinkPad X1 Carbon，处理器型号为第八代酷睿 i7 处理器。

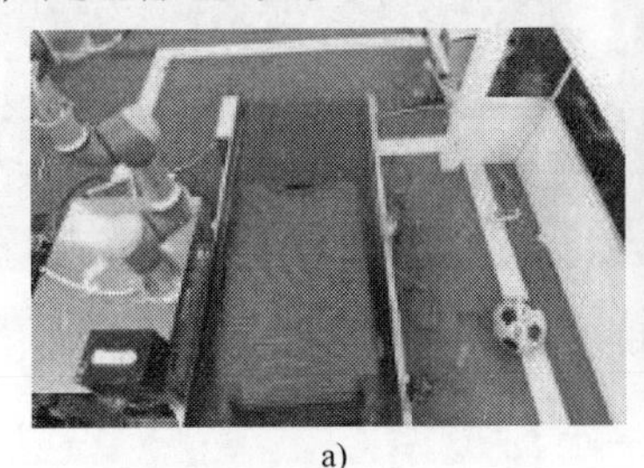

a)

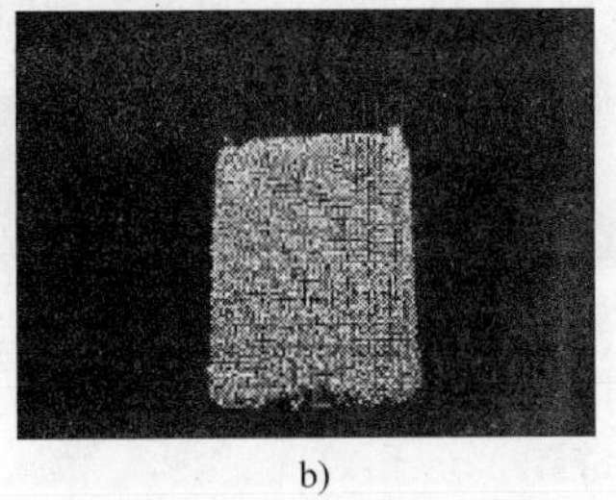

b)

图 3-8 RGB 图像及行李箱表面检测结果

（2）运动规划节点

运动计划节点的任务是为采样子系统规划出一个安全的、无碰撞的运动轨迹。而考虑到 Moveit! 集成了大部分的运动规划算法，并提供了与 UR3 机械臂的接口，因此我们选择了 Moveit! 作为运动规划平台。在实际应用中，系统的使用环境较为简单。绝大多数障碍物是静态的，只有行李是不确定的，但是行李的形状依旧保持着规则的形状，而且在采样过程中保持静止。这就意味着我们可以直接将大量的静态障碍物建模为机械臂模型的一部分，利用自碰撞检测的形式规避与静态障碍物的碰撞。静态障碍物主要包括传送带、操纵台、痕量爆炸物检测仪、龙门架以及采样纸平台。改进的机械臂模型如图 3-9 所示，图中蓝色为痕量爆炸物检测仪，黄色为采样纸平台，红色为传送机构。

图 3-9 改进的机械臂模型（见彩插）

至于尺寸不确定的行李，可以利用视觉子系统估计其近似尺寸，然后使用 Moveit! 的现有接口即可将行李的概略模型嵌入到机械臂的规划场景中。一旦采样结束，从场景中删除行李的概略模型即可。

Moveit! 的另一个重要组成部分便是它的运动规划器。到目前为止，它已经集成了多种运动规划算法，包括开源运动规划库（OMPL）中基于采样的运动规划算法。考虑运动规划成功率及运动规划时间两方面因素，我们在运动规划节点中选择了 RRT - connect 算法。图 3-10 所示为两个不同的视角下从采样纸平台到采样点的运动规划轨迹，图中绿色表示行李箱的概略模型。

图 3-10　运动规划轨迹（见彩插）

（3）手眼标定

为了实现视觉子系统对采样子系统的引导，手眼标定是一项必不可少的、极其重要的工作。手眼标定的目的在于获得相机坐标系到机械臂坐标系的坐标转换矩阵，这一矩阵用于将相机坐标系下的采样点坐标转换为机械臂坐标系下的运动规划目标点坐标。

图 3-11　手眼标定系统

如图 3-11 所示，手眼标定系统包括 Kinect v2 相机、UR3 机械臂以及标定板 3 个部分，其中标定板被固定于机械臂末端。标定板来自于开源库 ArUco，该库提供了大量的标记模板，其发布的“aruco_ros” ROS 包，为大量 ROS 用户提供了便利的接口。在手眼标定系统中存在 4 个坐标系：机械臂坐标系 A，末端坐标系 B，相机坐标系 C 以及标定板坐标系 D。C_1 坐标系到 C_2 坐标系的变换矩阵用 $\boldsymbol{T}_{C_1C_2}$ 表示，其中 C_1 和 C_2 即为前面所提到的四个坐标系，如 $\boldsymbol{T}_{AB}$ 即表示从机械臂坐标系到末端坐标系的变换矩阵。根据变换矩阵的定义，可以得到

$$T_{C_1C_3} = T_{C_1C_2}T_{C_2C_3} \tag{3-1}$$

因此，从末端坐标系到标定板坐标系的转换矩阵可以表示为

$$T_{DB} = T_{DC}T_{CA}T_{AB} \tag{3-2}$$

在式（3-2）中，T_{DB}和T_{CA}未知，而T_{AB}可以通过关节状态直接进行解算得到，T_{DC}则可以利用“aruco_ros”包获得。

假设机械臂在m个时刻具有不同的关节状态，用$t_i(i=1,2,\cdots,m)$表示m个不同时刻。例如，A_1表示t_1时刻的机械臂坐标系，B_m表示t_m时刻的末端坐标系。假设标定板固定得足够牢固，从末端坐标系到标定板坐标系的转换矩阵在m个时刻都是相同的，那么便有

$$T_{D_iC_i}T_{C_iA_i}T_{A_iB_i} = T_{D_jC_j}T_{C_jA_j}T_{A_jB_j} \quad i,j=1,2,\cdots,m \tag{3-3}$$

由于变换矩阵都是非奇异的，那么式（3-3）可以转化为

$$T_{D_jC_j}^{-1}T_{D_iC_i}T_{C_iA_i} = T_{C_jA_j}T_{A_jB_j}T_{A_iB_i}^{-1} \quad i,j=1,2,\cdots,m \tag{3-4}$$

在式（3-4）中，T_{CA}为优化目标，T_{AB}和T_{DC}已知，那么这便是一个典型的$\boldsymbol{AX}=\boldsymbol{XB}$的数学问题，目前已有许多成熟的求解方法。

相机坐标系到机械臂坐标系的转换矩阵用一个平移向量$\boldsymbol{T}=(x,y,z)$和一个$Z-Y-X$欧拉角(α,β,γ)表示。由于精确测量比较困难，因此，我们进行了7次手眼标定，手眼标定的统计结果见表3-1，表中长度单位为米（m），角度单位为弧度（rad）。

表3-1　手眼标定的统计结果

参数	x/m	y/m	z/m	α/rad	β/rad	γ/rad
平均值	-0.785	-0.008	1.004	-0.596	0.014	-0.778
标准差	0.008	0.016	0.014	0.006	0.008	0.012

（4）控制节点

控制节点主要用于控制卡口安保爆炸物检测系统的检测流程，实际的检测流程见算法3-1。

算法3-1　行李箱爆炸物检测流程算法

```
1: repeat
2:     repeat
3:     run the conveyor belt
4: until the baggage lies in the ideal sampling area
5: stop the conveyor belt
6: sample at the baggage
7: detect explosives
8: until there are explosives in the baggage
```

首先，传送子系统将行李运送到理想采样区域。在此步骤中，使用两组红外对管传感器定位行李。一旦一件行李到达采样区，传送带停止转动，系统进入第二个步骤。视觉子系统

检测行李表面并确定采样点，进而利用预先的手眼标定结果将相机坐标系下的采样点坐标转换为机械臂坐标系下的运动目标点。然后，运动规划节点为采样子系统规划出一条从当前位姿到目标点的可行的无碰撞的运动轨迹。最后，利用检测子系统进行爆炸物检测，在接收到检测开始命令后，痕量爆炸物检测仪检测取样纸上是否存在爆炸物，并将检测结果返回至计算机。整个系统将持续运行，直到检测到可疑行李为止。我们对 3 件不同尺寸的行李进行了功能测试，验证了系统对行李的自动爆炸物检测功能，其实验结果展示如图 3-12 所示。

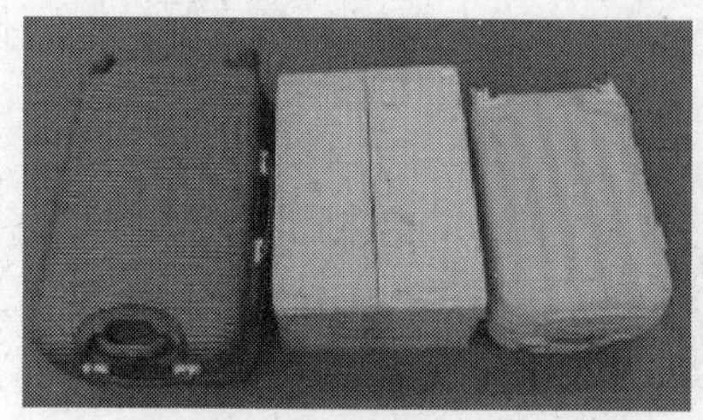
a) 实验中测试的3件不同尺寸的行李

b) 采样子系统吸取采样试纸

c) 采样子系统在行李箱表面采样

d) 传送子系统在检测结束后传送行李

图 3-12　实验结果展示

3.2　人体特征检测——语音识别技术

自动语音识别一直以来都被视为人与机器自然交互的桥梁。在语音识别领域，除了人机交互之外，还可以使用声纹特征作为生物信息来鉴别个体。声纹、指纹和虹膜等特征意义，同属生物特征。而生物特征识别是利用个体的生理特征或行为特征，进行个体身份识别的计算机技术。语音中所蕴含的唯一表征说话人身份的语音特征参数及基于这些特征参数所建立的声学模型被称作声纹。

3.2.1　语音识别系统

3.2.1.1　语音识别硬件框架

为实现语音识别功能，拟选用如下设备：

1）主控：NVIDIA Jetson TX2。

2）传声器阵列：ReSpeaker Mic Array v2.0。

ReSpeaker Mic Array v2.0 直径 7cm，并且在 Linux 系统中无须驱动，只需要一根 USB 数据线就能使用，可以用来代替计算机自带的传声器。并且 ReSpeaker Mic Array v2.0 内置语音算法，包括滤波、端点检测、声源追踪等算法，非常适合作为语音交互的前端硬件。

考虑到说话人识别这一需求要在本地进行注册识别，且要主控使用已经训练好的模型去

计算，这就需要主控有并行计算的能力，因此选用 NVIDIA Jetson TX2。针对人流密集区的说话人识别，由于背景音非常杂乱，使用软件降噪效果有限。因此使用传声器阵列对特定的区域进行音频采样，可以有效降低杂乱的背景音，仅识别说话人的声音。语音识别硬件框图如图 3-13 所示。

图 3-13　语音识别硬件框图

3.2.1.2　语音识别程序设计方案

(1) 针对重点监控区的说话人识别方案

模型训练使用高斯混合模型 - 通用背景模型（GMM - UBM），用开源的语音数据训练出通用的 GMM - UBM 模型。再将目标语音进行特征提取，进行语音注册。语音注册完毕后模型库中就拥有注册者的特征模型，再对测试语音进行打分判决，判断是否为注册者语音，识别方案如图 3-14 所示。

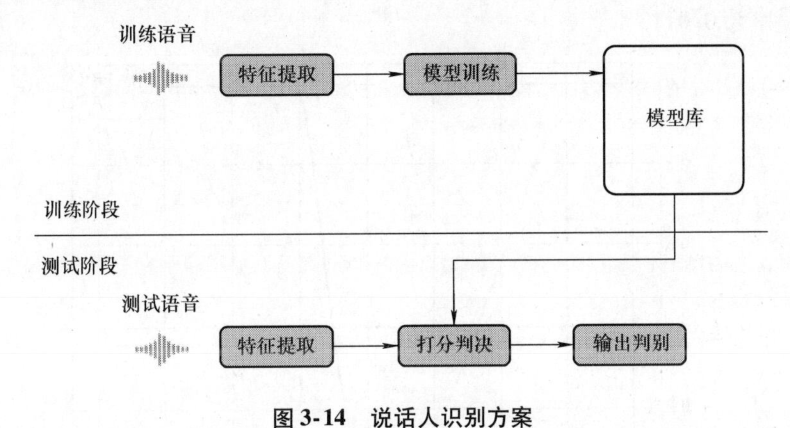

图 3-14　说话人识别方案

(2) 针对人流密集区的说话人检测方案

由于人流密集区需要检测出是否为公安部门重点监控人员，因此无法在本地实现说话人检测，而是需要将语音数据上传到公安部数据库中，由公安部给出判别结果。其检测方案如图 3-15 所示，整体框架较为简单。

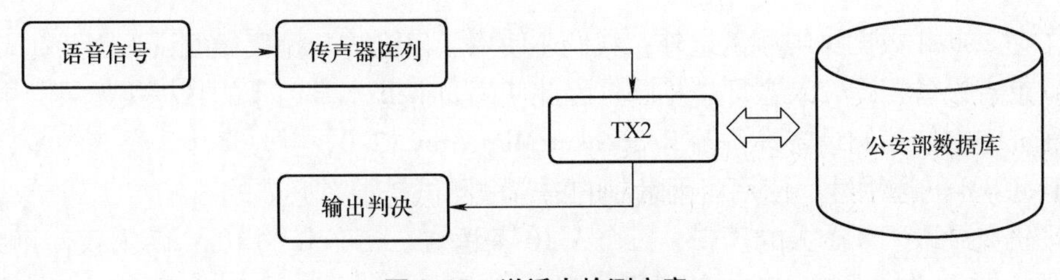

图 3-15　说话人检测方案

3.2.2 语音识别实验

本训练 GMM－UBM 模型的数据集来自 aishell 数据集，该数据集包含了 400 个不同口音的说话人，男女各占一半。在安静的室内环境用高保真传声器录制，采样频率为 16kHz。总共 178 个小时的语音，其中训练集 340 人，测试集 20 人，验证集 40 人，平均每人录制了 300 段语音。测试集中 20 人全部注册，一部分语音作为注册语音，另一部分用来测试，每条测试语音都分别与 20 个人的 GMM 进行测试，计算得分，一共测试 142320 次。在声纹识别中，常用的 3 个指标为：

1）错误接受率（False Acceptance Rate，FAR）：表示本来应该全部判别成 False 的被错误接受，也就是错误的语音被认为是正确的比例。

2）错误拒绝率（False Rejection Rate，FRR）：表示本应该全部判别成 True 的被错误拒绝，也就是正确的语音被认为是错误的比例。

3）等错误率（Equal Error Rate，EER）：x 轴为概率线性判别分析（PLDA）得分，y 轴为 FAR 和 FRR，这两条曲线相交的点即为 EER。一般情况下，在语音识别中都以 EER 作为最终的评判标准。本节训练出来的 GMM－UBM 模型在 aishell 测试集中的测试结果如图 3-16 所示，等错误率为 0.0113%。

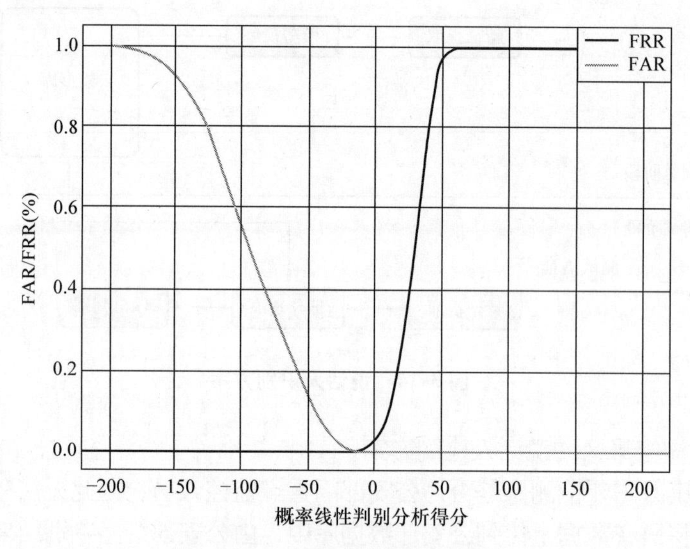

图 3-16 aishell 测试集结果

除了在 aishell 数据集中测试之外，我们还使用了自己的数据集做测试。因为在 aishell 数据集中，录音设备相同，录音环境相同，因此使用 aishell 本身自带的数据集效果会更好。而在本项研究中，使用的录音设备为 ReSpeaker Mic Array v2.0，并且环境中噪声较多，为了验证 GMM－UBM 的通用性，使用自己录制的语音做测试是很有必要的。

本项研究录取了 8 个人的声音，每个人 10 条语音，每条长约 10s。每人仅使用 2～5 条语音注册，其余作为测试集。自制语音数据集测试结果如图 3-17 所示，等错误率为 0.218%。自己录制的语音数据集中，即使在注册语音较短的情况下，也能有 99% 以上的正确率，充分说明了本节模型在说话人识别上具有较好的效果。

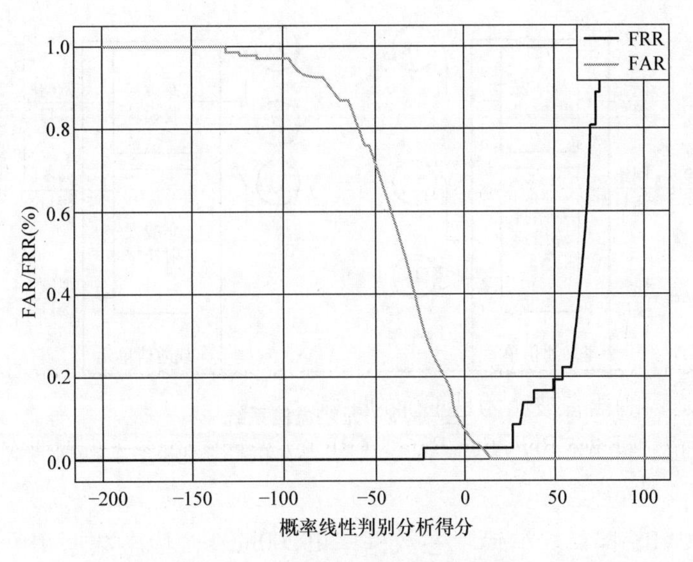

图 3-17　自制语音数据集测试结果

3.3 卡口安保机器人通信技术

通信系统的主要功能是将安保机器人状态及周围环境状态通过通信链路传输到指挥控制终端，同时从指挥控制终端向安保机器人发送远程控制命令。远程监视数据信道包括图像数据、状态数据以及语音数据；远程控制数据信道包括运动控制数据、载荷控制数据。上述数据通过无线方式传输。在安保机器人执行任务过程中，由远程监视数据和远程控制数据构成数据闭环回路。

无线通信系统（图 3-18）总体上由两部分构成：一部分是安装在指控终端的基站通信设备，一部分是在安保机器人上的车载通信设备。传输信道分为上行信道和下行信道两部分，其中上行信道传输遥测数据，包括机器人状态数据和环境感知传感器数据（包括多路视频图像等）；下行信道传输多模式遥控指令。基站通信单元包含发射模块和接收模块。其中，发射模块通过 RJ45 网络接口实现遥控指令数据的发送；接收模块包含 RJ45 网络接口和多种类型的视频接口（如 CVBS/VGA/HDMI㊀接口），以实现机器人状态数据和视频图像数据的接收。机器人通信单元包含发射模块和接收模块。其中，接收模块通过 RJ45 网络接口实现遥控指令数据的接收；发送模块包含 RJ45 网络接口和多种类型的视频接口（如 CVBS/VGA/HDMI 接口），以实现机器人状态数据和视频图像数据的发送。中继通信单元实现来自基站通信单元的下行信道数据和来自机器人通信单元的上行信道数据的接收，并进行双向数据的转发。

机器人通信设备主要技术要求如下：

1）支持机器人采集的实时图像、机器人状态数据和语音输入。其中实时图像兼容高清和标清图像输入，高清格式为 1280 × 800（60Hz），接口为 VGA 接口；标清图像格式为

㊀ CVBS 指复合视频广播信号；VGA 指视频图形阵列；HDMI 指高清多媒体接口。

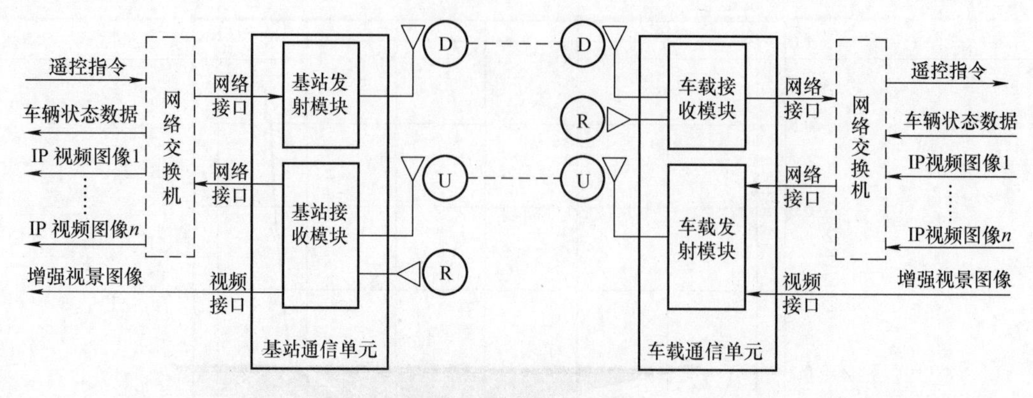

图 3-18　无线通信系统

注：图中Ⓓ代表基站发射频率，Ⓡ代表中继发射频率，Ⓤ代表车载发射频率。

576i60，接口为 CVBS 接口。车辆状态数据率 19200bit/s，状态数据和语音输入采用网络接口。

2）支持实时应用，传输延迟小于 100ms。

3）采用编码正交频分复用（COFDM）调制方式，低密度校验码（LDPC）信道编码码率可选。

基站通信设备主要技术参数如下：

1）支持指控终端下行控制命令和语音输入，其中控制命令数据率 19200bit/s，数据和语音采用网络接口。

2）支持实时应用，传输延迟小于 50ms。

3）支持安保机器人的实时图像解码，兼容高清和标清图像。

3.4　道口综合检查机器人系统设计

3.4.1　系统工作场景设计

道口机器人系统场景设计如图 3-19 所示。

3.4.2　系统工作流程设计

道口机器人系统工作流程如图 3-20 所示。单击“开始”按钮以启动系统并开始工作，整个检查过程为无人化、自动化操作。当车辆驶过车底识别机时，车底检查系统自动检测并判别车底是否存在危险物品；当车辆停在查验区域时，车辆特征识别机自动识别和比对车辆三种特征（车牌号、车型、车身颜色），而机器人则会自主识别车窗位置，并搭载人证识别机运动至车窗位置，进而对车内人员进行信息识别和比对。上述所获人、车、物信息会传回总控系统，并进行综合比对查验。当所有信息均满足白名单条件，道闸会自动抬起，车辆放行；否则道闸不会抬起，且总控系统将自动报警。

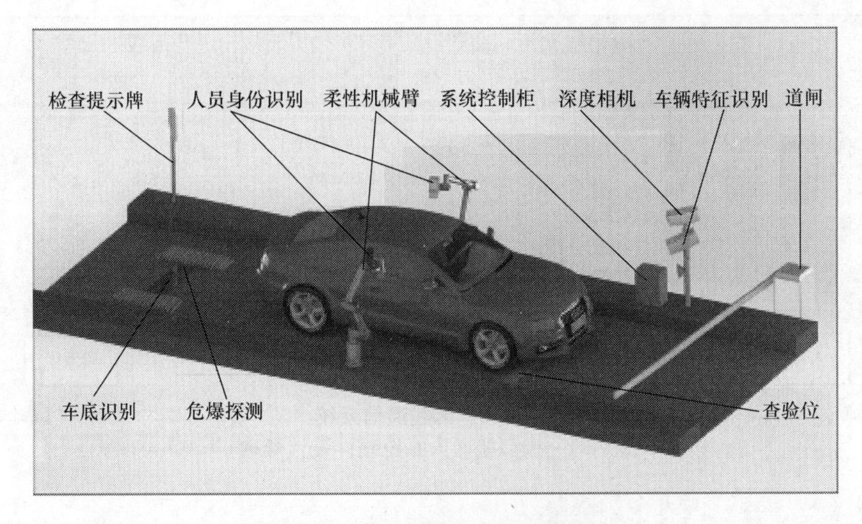

图 3-19　道口机器人系统场景设计

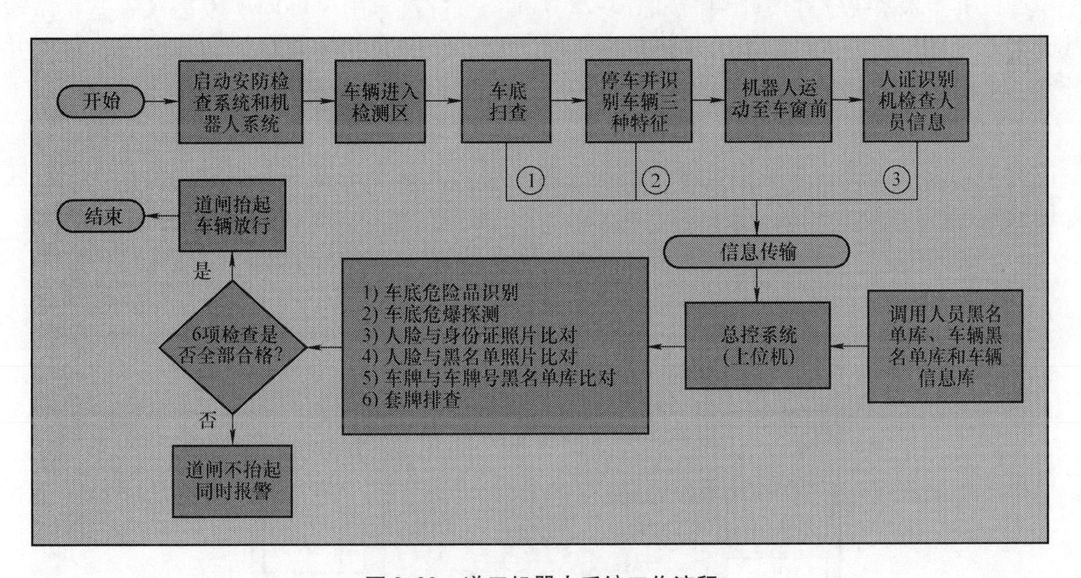

图 3-20　道口机器人系统工作流程

3.4.3　系统硬件架构设计

道口机器人系统硬件设计架构如图 3-21 所示。上位机不仅获取和处理人证信息、车辆特征信息以及车底信息，还通过传输控制协议（TCP）通信的方式控制机械臂的工作、急停、回零（图中带箭头的实线代表 TCP 通信）。此外，通过与公安数据互联，上位机可做黑白名单判别。人证识别机装载在机械臂末端；下位机 A 与机械臂通过 Micro - USB 通信；道闸的开合是由内置于车辆特征识别机的继电器控制，通过二次开发将继电器直接由上位机控制。

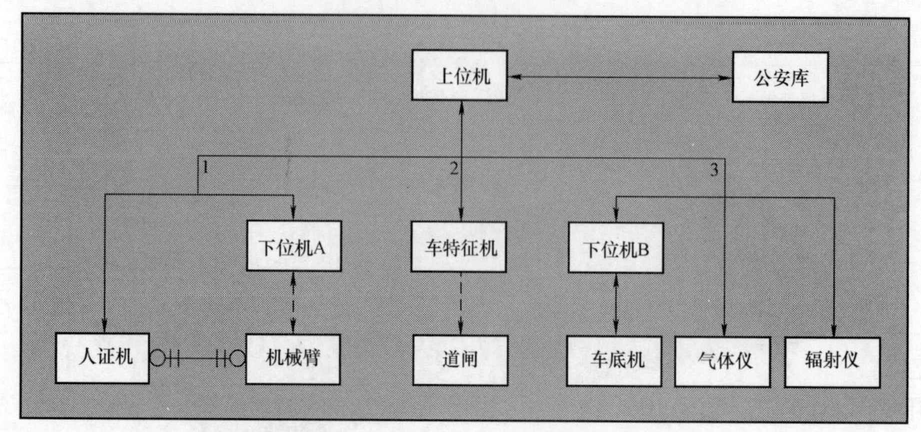

图 3-21　道口机器人系统硬件设计架构

3.4.4　系统软件架构设计

道口机器人系统软件设计架构如图 3-22 所示。上位机采用 Windows 10 系统，基于微软基础类库（MFC）将人证信息、车辆特征信息以及车底信息的采集功能集成于上位机，并开发了机械臂 TCP 通信模块、道闸控制模块、人车物多元信息比对模块、日志模块等。

机械臂控制平台为下位机，环境为 Ubuntu 系统，其控制系统基于 ROS 框架平台，包括上位机 TCP 通信模块、深度相机调用模块、深度学习算法调用模块、相机标定模块、图像处理模块、PCL－Octree 调用模块等。

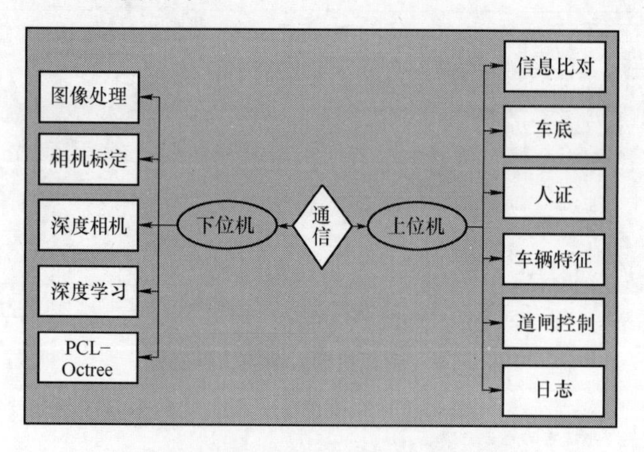

图 3-22　道口机器人系统软件设计架构

3.5　道口综合检查机器人关键技术及其理论研究

3.5.1　基于深度学习的目标识别

3.5.1.1　YOLO v3 结构及原理

以 YOLO v3 为代表的深度学习，其核心是卷积神经网络（CNN）。YOLO v3 检测器结构由四部分构成：输入、darknet53 骨干网络、YOLO 检测层和输出。

训练的输入图片大小为320像素×320像素～608像素×608像素，其特点是大小为32的整数倍数。YOLO v3中包含五次降采样，与v1和v2不同，v3中的降采样不是通过最大池化，而是通过步长为2的卷积操作实现。因为每次降采样补偿为2，所以网络的最大步长（输入除以输出）为32，YOLO v3结构如图3-23所示。

YOLO v3去除了darknet53的最后一层即全连接层，该部分大量使用了跳层连接的一种连接方式——残差模块，可以防止过深的网络训练失效。v3最大的特点是三尺度检测，且各尺度包含三个不同尺寸的先验框anchor－box。在五次降采样后还需分别在第36层和第61层引出，并分别进行两次、一次上采样操作。因此，每次的YOLO v3网络检测实际上进行了三次检测。

由于YOLO v3总层数为106，本节根据识别目标单一的特点减少了网络的层数，在不影响目标识别率、识别精度的前提下尽可能提高检测速率以满足实时性的要求。

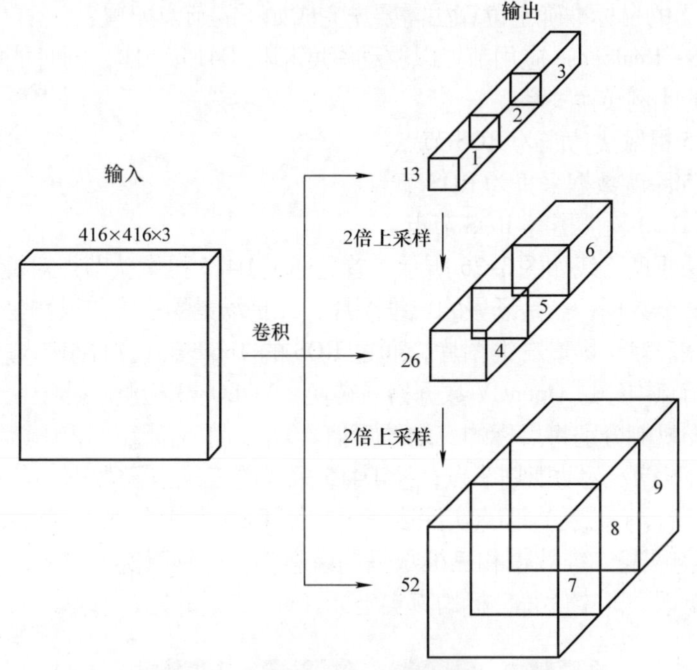

图3-23　YOLO v3结构

3.5.1.2　模型训练流程

模型训练流程如图3-24所示，先将满足尺寸要求的含有待识别目标的原始图片集进行标注（即人工框出各张图片中的待识别目标），再将图片集、标注文件组成训练集输入CNN框架，采用YOLO v3检测器进行模型训练，最终得到具有待识别目标敏感性的训练模型。

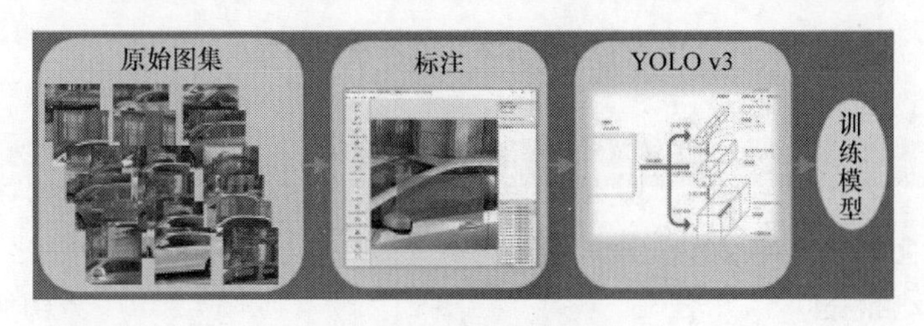

图3-24　模型训练流程

3.5.1.3 目标识别的实现

实现目标识别的流程如图 3-25 所示，原始待识别像素图片（二维）通过 Intel 的深度相机 D415 采样得到。将该像素图片与训练模型输入 CNN 检测框架，采用 YOLO v3 检测器进行目标识别计算，最终输出带有矩形标注框的图片和该标注框的坐标。矩形框内的部分是识别出的目标，而该坐标是以图片像素点的形式表示。

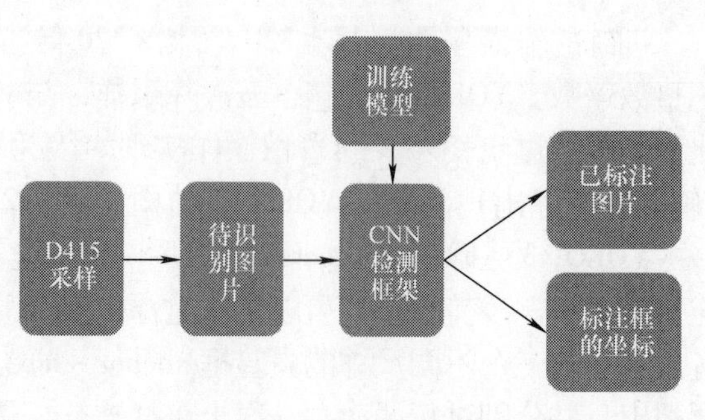

图 3-25 实现目标识别的流程

3.5.2 目标准确定位算法

在 ROS 平台上的目标准确定位算法需要先完成如下的节点配置：

1）配置 ROS - RealSense 应用节点以驱动深度相机 D415 工作，同时能够得到图像尺寸与真实场景尺寸的比例转换关系。

2）封装 D415 摄像头功能为 ROS 节点。

3）建立 D415 深度数据采集为 ROS 节点。

4）封装 YOLO v3 检测器为 ROS 节点。

目标定位算法原理路线如图3-26 所示，首先通过 D415 摄像头节点对镜头视野内的场景采样，可以获得两类数据，一是场景的二维图片，二是场景的三维点云与坐标分别用不同的方法处理两类数据。对于场景二维图片，通过 ROS 的 Topic 通信机制传入输入 YOLO v3 检测器节点，在该节点中经过 OpenCV 数据格式转换、YOLO v3 检测、标记目标按比例还原真实值，再通过发布机制分别将目标的二维像素值（$x_{1\mathrm{Pseudo}}$，$y_{1\mathrm{Pseudo}}$）和真实值（x_1，y_1）传到 D415 深度数据节点、运动规划节点；经 D415 采样的三维点云数据，各点的参数都包括二维像素值（$x_{1\mathrm{Pseudo}}$，$y_{1\mathrm{Pseudo}}$）和真实深度值 z_1，经 Topic 机制传入 D415 深度数据节点，在 D415 深度数据节点匹配二维数据和三维数据的像素值，得到真实值（x_1，y_1）与真实深度值 z_1的唯一对应关系，即定位了目标的真实坐标（x_1，y_1，z_1）。

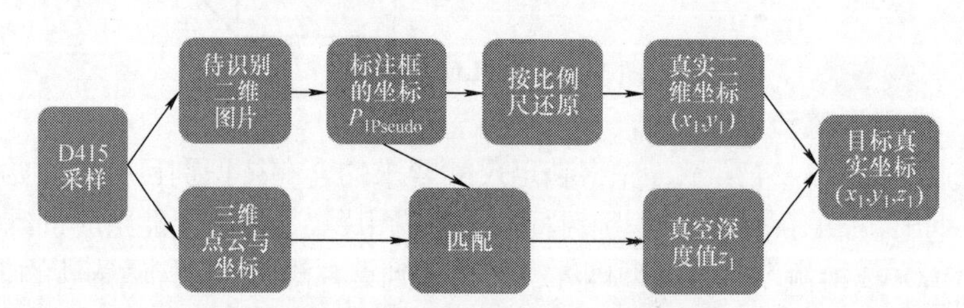

图 3-26 目标定位算法原理路线

3.5.3 基于 Octree 的障碍物建模与避碰

在 ROS 平台上的机械臂运动避障所需主要配置如下：

1）使用 Rviz 插件。

2）配置 ROS - RealSense 应用节点。

3）封装 D415 摄像头功能为 ROS 节点。

基于 ROS 平台建立障碍模型，将 D415 镜头视野内拍到的全景都视为障碍，将其转化为障碍模型，如图 3-27所示。图中绿色方块表示根据视野内各点空间位置转化成的障碍方块。至此，完成空间障碍物建模，由于 ROS 中的 OMPL 运动规划库自带避障规划算法，因此使用 OMPL 并添加该障碍物模型即可得到机械臂的空间避碰路径。

图 3-27 Octree 障碍模型（见彩插）

3.5.4 基于机器视觉的机械臂运动规划

通过构建基于机器视觉的车窗目标识别算法，并根据车窗 - 深度相机 - 机械臂三者的位置关系，规划出机械臂末端运动到车窗位置的路径，其原理如图 3-28 所示。

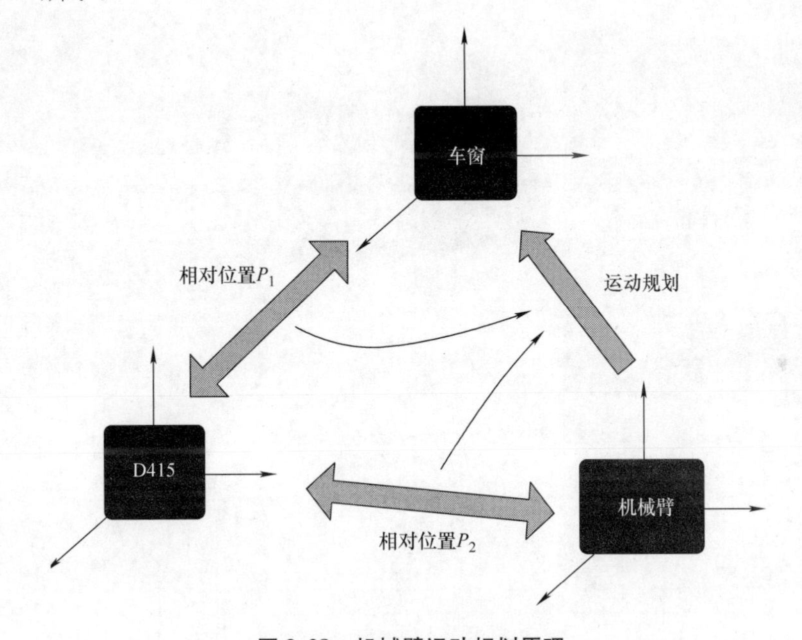

图 3-28 机械臂运动规划原理

具体讲，基于深度卷积神经网络，采用已训练的 YOLO v3 车窗检测模型，通过固定位置的深度相机 D415 识别视野内的车窗目标，并获取车窗相对深度相机的坐标。

对于深度相机与机械臂底座相对位置关系的确定，是通过在 ROS 平台上配置 ROS - RealSense，调用深度相机校准模块，用手眼标定方法建立深度相机与机械臂底座的位置关系。

在标定深度相机与机械臂底座位置的基础上，根据已获取的车窗坐标位置计算车窗相对机械臂底座的相对位置，并基于该实时场景的坐标关系进行机械臂末端运动至车窗位置的运动规划与轨迹跟随，从而实现机械臂在线导航。

3.6 道口综合检查机器人系统平台

3.6.1 基于深度学习的目标检测器

由于相机本身并不能区分场景中的感兴趣或不感兴趣的部分，因此需要借助3.5.1节中的目标识别、3.5.2节中的目标定位，才能让相机像人一样看到自己感兴趣的区域。

采用基于深度学习算法的YOLO v3检测器进行车窗的认知学习，使用800张随机车辆照片组成的训练集进行训练，形成基于机器视觉的车窗自主识别系统，为验证所采用网络的泛化效果，输入训练集之外的车辆图片进行识别，YOLO v3检测器识别结果如图3-29所示。观察图中各小图可以发现，车辆的车窗部均被识别出来，并用矩形框圈出，可以初步说明所构建的基于深度学习的YOLO v3检测器的有效性。

图3-29 YOLO v3检测器识别结果

3.6.2 基于视觉伺服的机器人运动控制系统

机械臂同相机本身一样，也不能区分场景中的感兴趣或不感兴趣的部分，它需要通过借助别的手段从图像中提取视觉特征，依据这些特征信息来控制机械臂到达期望位置，这就是视觉伺服。本章研究机械臂运动规划借助的是基于深度学习的YOLO v3检测器以及3.5.4节中的运动规划策略，该视觉伺服系统如图3-30所示，其主要特点是能够自主识别目标，并具有避障能力。

在ROS框架平台上，使用Moveit！软件对机械臂进行运动控制。基于ROS的机器人控制主要包括组装、配置、驱动与控制。

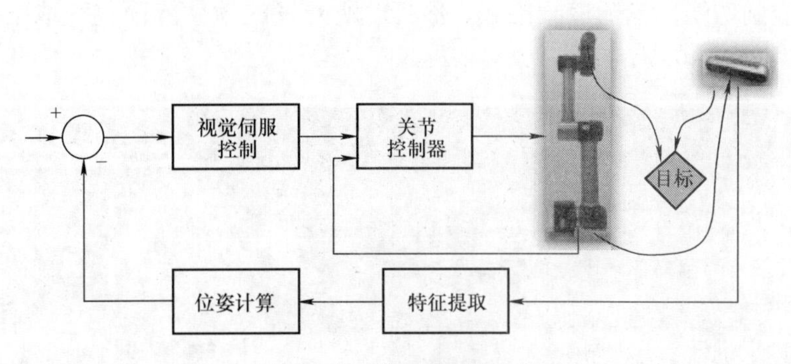

图 3-30　视觉伺服系统

（1）组装

编写自研 RGM 机械臂的 URDF 文件，完成该机械臂的正、逆运动学模型。

（2）配置

1）使用 planning scene 插件的接口将基于 Octree 的障碍物模型导入。

2）输入基于 YOLO v3 检测器识别结果的目标真实坐标。

3）使用 OMPL 库，添加障碍物模型和目标位置等信息以完成路径规划，并使用逆运动学求解机械臂各关节角。

（3）驱动与控制

将解算的各关节角发送至机械臂关节控制板，驱动各关节电机转动至指令数值，从而使机械臂末端达到期望的目标位置，如图 3-31 所示。

图 3-31　机械臂运动规划结果

道口安全控制平台软件基于 MFC，将人证信息、车辆特征信息以及车底信息的采集功能集成于一体，并开发了机械臂 TCP 通信模块、道闸控制模块、人车物多元信息比对模块以及日志模块。其中车辆特征信息采集设备使用的是海康威视 DS－TCG225，人证信息采集设备是海康威视 DS－K5606，车底扫查设备是海康威视 MV－PD030001－01。该平台软件的具体功能包括：车牌号码、车辆类型、车身颜色、人员姓名、身份证号、人脸图像、车底危险物品等的识别，车辆黑名单、人员黑名单的判别，人车物信息综合判别，日志存档。为防止意外情况，开发了机械臂手动控制功能，包括启动、急停、回零、终止等。同时，也开发了道闸的手动控制功能，包括道闸抬起、落杆。所开发的软件界面与获取结果如图 3-32 所示。

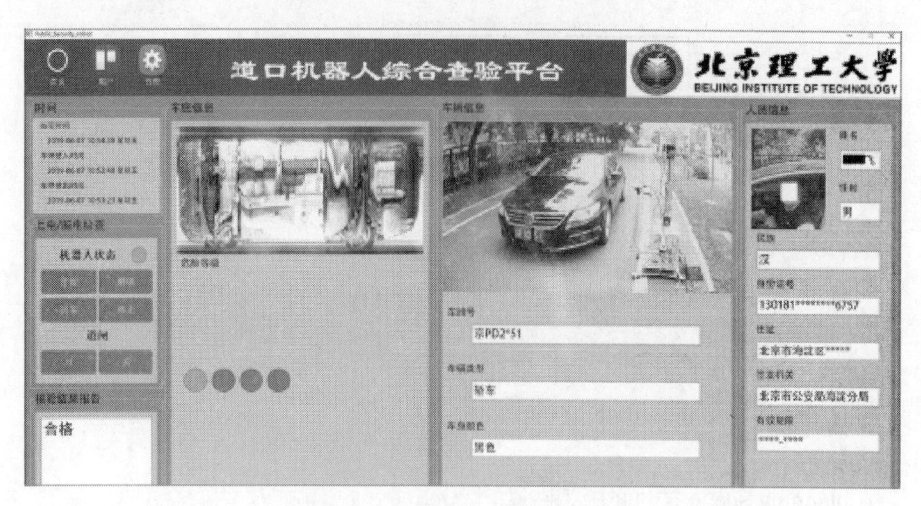

图 3-32　道口机器人综合查验平台

3.6.3　道口检查机器人系统

根据设计的系统软硬件架构，综合考虑系统工作流程的方便，形成道口机器人系统（包含车牌号码、车辆颜色、车辆类型的识别）功能样机。不同视角下的道口机器人系统如图 3-33 和图 3-34 所示，主要组成单元及名称在图中标出。

图 3-33　道口机器人系统视角一

3.6.4　车辆多元特征识别率测试

在北京理工大学国防科技园南门停车收费岗亭处进行识别率测试，测试设备与场地如图 3-35所示。测试结果表明，车辆颜色识别率为 97%，车牌识别率为 93%，车型识别率为 90%。

图 3-34 道口机器人系统视角二

图 3-35 测试设备与场地

3.7 动态环境下人车物多元特征取证技术

3.7.1 面向人员的多要素动态采集技术

3.7.1.1 人脸识别技术的发展及应用

人脸识别，是基于人的脸部特征信息进行身份识别的一种生物识别技术。它利用摄像机采集含有人脸的图像或视频流，并自动在图像中检测和跟踪人脸，进而对检测到的人脸进行脸部识别。人脸识别具有唯一性、非强制性、非接触性等技术特点，具有操作简单、结果直观、隐蔽性好等使用优点。早在20世纪50年代，认知科学家就已着手对人脸识别展开研究；20世纪60年代，人脸识别工程化应用研究正式开启；20世纪80年代后，人脸识别随着计算机技术和光学成像技术的发展得到提高；而其真正进入到初级应用阶段则是在20世纪90年代后期，并以美国、德国和日本的技术实现为主。近几年，我国从事人脸识别研究和应用的机构及企业也逐渐增多，如中科大、中科院、清华大学等科研院所，以及商汤科技、旷视科技、云从科技等企业，均处于快速发展期。人脸识别技术已经由简单的图像处理发展到了视频实时处理。人脸识别技术最开始的应用来自于公安部门对犯罪分子图像信息的管理以及刑事侦查。目前人脸识别技术的主要应用有以下5个方面：刑侦破案、证件验证、出入口控制、视频监控以及机器人的智能化研究。

1）刑侦破案：在公安部门获取到可疑人员的图像信息时，则可使用人脸识别技术，在存储人员图像信息的数据库里，筛选出与可疑人员图像最匹配的人员作为目标。如此，可节省大量处理案件的时间，提升公安人员的办案效率。

2）证件验证：居民身份证件、驾驶证件和其他个人有效身份证件中均存在着个人的图像信息，利用人脸识别技术，可实现证件验证的自动化管理。

3）出入口控制：在人们的居住场所、火车站、地铁站的出入口处，都可利用人脸识别技术来核查人员的个人信息，达到出入口控制的目的。

4）视频监控：在学校、公司、银行等公共场所处，均设有时刻视频监控的设备。利用人脸识别技术，则可对采集到的视频图像进行分析及处理，以规范个人行为。

5）机器人的智能化研究：当前在智能机器人研究领域，对人脸识别的研究还存在着诸多难点。光照、人脸的角度、遮挡等客观条件的变化都会影响人脸识别的准确性。开发出鲁棒性更高的人脸识别技术，是研究的下一步重点。

3.7.1.2 人脸识别的方案及理论方法

人脸识别主要包括3个步骤：图像预处理、特征提取以及基于在线学习机制的人脸识别。

（1）图像预处理

在图像预处理中，针对人脸的操作有人脸摆正、椭圆掩膜修正以及双边滤波。

1）人脸摆正：在实际的环境下，摄像头的摆放位置和角度，以及行人的自主运动，都会导致人脸出现在画面中时是偏转的，这样不利于提取人脸特征。针对这个问题，需要对人脸进行摆正处理，具体实现过程如图3-36所示。

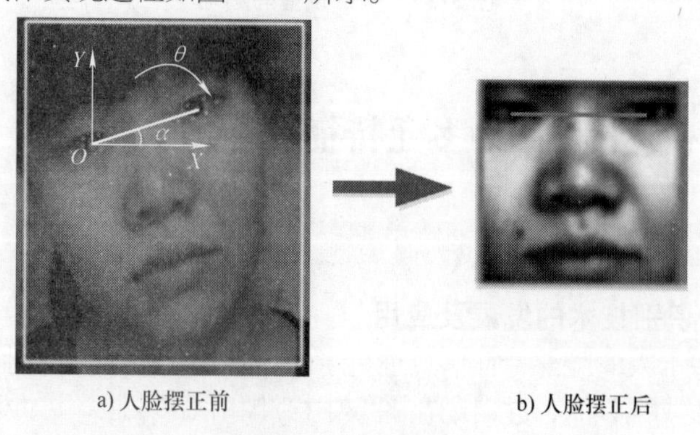

a）人脸摆正前　　b）人脸摆正后

图3-36　人脸摆正

图 3-36a 中，首先使用 OpenCV 自带的特征点定位算法，确定左右眼的坐标；接着，以右眼坐标为原点，建立直角坐标系；然后，因为要将人脸旋转以摆正人脸，所以需要计算左右眼连线与 X 轴的夹角 $\alpha \in (0, 180°)$；最后，根据夹角 α 将图片旋转 $\theta \in (-90°, 90°)$。具体的旋转规则如下：当 $\alpha < 90°$ 时，认为人脸向左旋转，此时令 $\theta = -\alpha$；当 $\alpha \geqslant 90°$ 时，认为人脸向右旋转，此时令 $\theta = 180° - \alpha$；然后将图像旋转 θ（默认逆时针旋转为正），实现人脸摆正。图 3-36b 所示为人脸摆正结果，结果表明该方法对摆正人脸有一定的效果。

2）椭圆掩膜修正：通常，提取人脸特征的步骤是先使用人脸检测算法，确定图像中人脸的边界框（矩形框），然后再提取边界框内图像（ROI）的特征。实验发现，在使用该方法提取的人脸 ROI 区域中，人脸未占据整个 ROI 区域。以 ROI 区域作为人脸区域提取特征，会包含背景像素。为了减少背景像素对人脸特征的干扰，提出了一种人脸椭圆掩膜修正算法（图 3-37），进一步提取人脸区域。

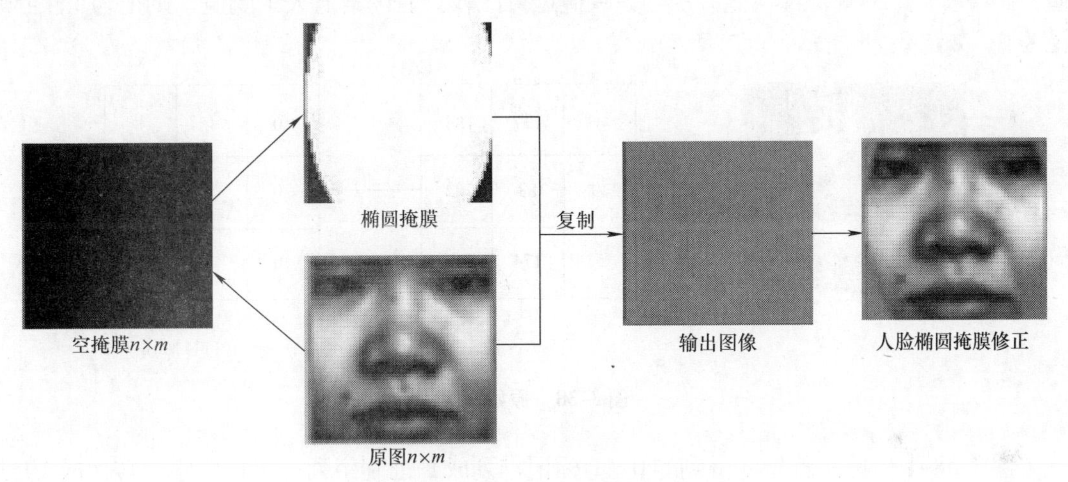

图 3-37　人脸椭圆掩膜修正算法

图 3-37 中，需要修正的人脸图片大小为 $n \times m$。先设置一张 $n \times m$ 大小的单通道空掩膜，将空掩膜中的像素值全置为 0；因为人脸的形状近似于椭圆形，以椭圆形来修正人脸能很好地消除背景。根据空掩膜的大小，在空掩膜中拟合一个最大的竖椭圆。将椭圆内像素点的像素值置为 255，形成椭圆掩膜；然后生成一张大小为 $n \times m$，像素值为 128 的输出图像，用来装载人脸像素；最后，根据椭圆掩膜，将原图中的部分像素点复制到输出图像中。

具体复制规则为：遍历椭圆掩膜像素点，如果该点像素值为 255，则将其对应的原图中的点复制到输出图像中；如果该点像素值为 0，则不复制。执行上述操作可以实现人脸椭圆掩膜修正。从图 3-37 中可以看出，使用该人脸掩膜修正算法对人脸图像进行修正，可以很好地剔除人脸周围的背景像素，能有效地避免背景像素污染人脸特征。

3）双边滤波：双边滤波的权重同时考虑了图像的空间邻近度和像素范围域中的辐射差异。在像素值变化平缓的区域，像素范围域权重接近 1，此时起主导作用的是空间邻近度；当像素处于图像边缘时，像素值变化明显，像素范围域起主导作用。

$$g(i,j) = \frac{\sum_{k,l} f(k,l)\omega(i,j,k,l)}{\sum_{k,l}\omega(i,j,k,l)} \tag{3-5}$$

式中，$g(i,j)$ 是像素 (i,j) 的去噪强度；$\omega(i,j,k,l)$ 是权重系数，其定义见式（3-6）。

$$\omega(i,j,k,l) = \mathrm{e}^{-\frac{(i-k)^2+(j-l)^2}{2\sigma_{\mathrm{d}}^2}-\frac{\| f(i,j)-f(k,l)\|^2}{2\sigma_{\mathrm{r}}^2}} \tag{3-6}$$

式中，σ_{d} 和 σ_{r} 是平滑参数；$f(i,j)$ 和 $f(k,l)$ 分别是像素 (i,j) 和 (k,l) 的强度。

（2）特征提取

在人脸特征提取中，选用不同的特征对人脸识别效果有很大的影响。因为人脸识别的环境比较复杂，会遇到光照变化、人脸形变、图片分辨率变化等问题，所以就需要选用一种鲁棒性较强的人脸特征，常采用的方法为 LBP 特征——圆形 LBP 特征（ELBP），以及一种对光照具有鲁棒性的光照不变特征（IIF）。比较这两种特征应用于人脸识别的效果，选用效果较好的特征作为人脸识别特征。

1）LBP 特征：原始 LBP 特征的定义为在一个 3×3 的区域中，以中心点的像素值为阈值，将中心点的 8 邻域像素值分别与该阈值进行比较。若像素值大于阈值，则记为 1；否则记为 0，如图 3-38 所示。

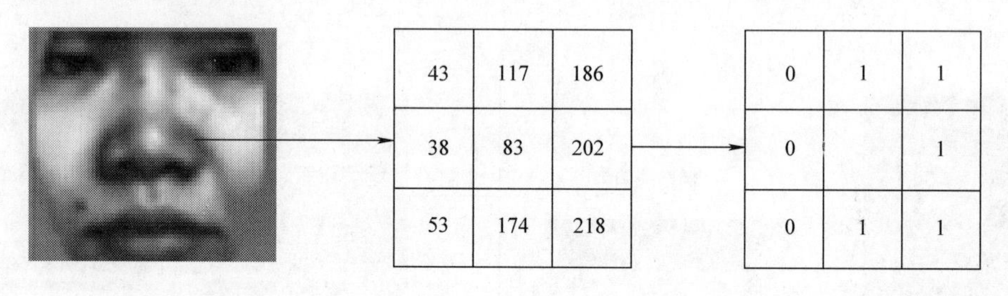

图 3-38　原始 LBP

图 3-38 中，算法首先将得到的 0、1 标记排列成二进制序列；再将该序列转换成 10 进制，可以得到 3×3 区域的 LBP 值。所得 LBP 特征的值有 $2^8=256$ 种。值得注意的是，在二进制序列中，0、1 的排列顺序可以变换，只要使用时保持一个顺序即可。但为了保持一致，通常设左上角第一个值为二进制序列中的最高位，以顺时针排序。LBP 的计算公式为

$$\mathrm{LBP}(x_{\mathrm{c}},y_{\mathrm{c}}) = \sum_{P=0}^{P-1} 2^P s(i_P - i_{\mathrm{c}}) \tag{3-7}$$

式中，$(x_{\mathrm{c}},y_{\mathrm{c}})$ 是中心像素；i_{c} 是其灰度值；i_P 是 8 邻域像素的灰度值；s 是一个函数，其表达式见式（3-8）。

$$s(x) = \begin{cases} 1 & \text{if} \quad x \geqslant 0 \\ 0 & \text{else} \end{cases} \tag{3-8}$$

由于原始 LBP 只能利用固定大小范围内的灰度值，不能很好地表征不同大小的纹理特征。所以研究人员提出一种半径大小不同的圆形 LBP 来改进原始 LBP，使用圆形邻域代替方形邻域。圆形 LBP 如图 3-39 所示。

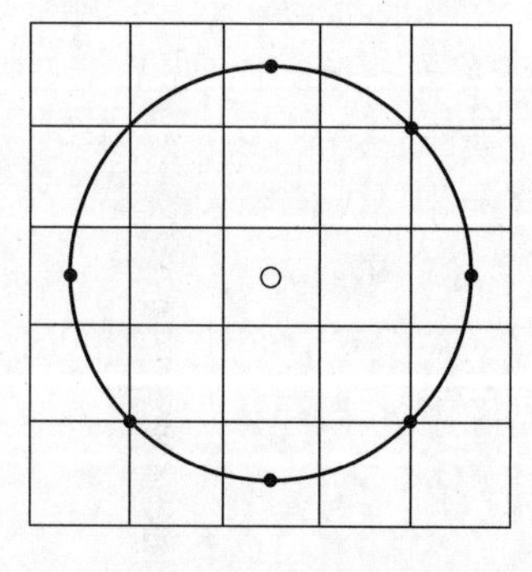

图 3-39　圆形 LBP

图 3-39 中的圆形 LBP 记为（LBPP，R），其中 P 为 P 邻域，对于图中而言就是 8 邻域（取 8 个像素点）；R 是邻域半径，图 3-39 中所示半径为 2。落入方格中的点在计算 LBP 值

时直接取方格中的像素值，其他点的像素值则通过双线性插值获得。使用ELBP提取人脸特征，结果如图3-40所示。

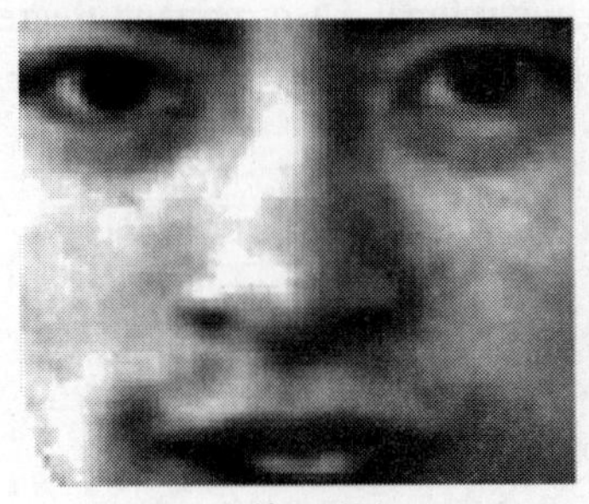
a) 输入原图

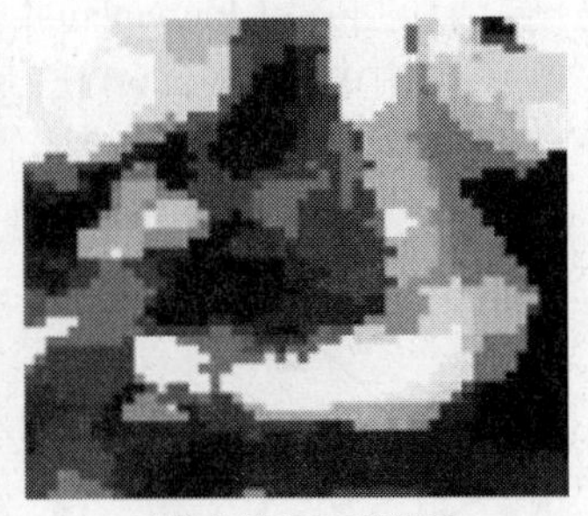
b) 输出的ELBP特征图

图3-40 ELBP特征

2）光照不变特征：光照不变特征（IIF）对光照变化有较强的鲁棒性，在有光照变化的环境中提取的特征差异不大。其对光照不敏感的原因是在光照变化的情况下，亮度值在某一区间上的像素数变化不大，见式（3-9）。

$$L_p = \sum_{b=1}^{B} \exp\left[-\frac{(b-b_p)^2}{2\max(k,r_p)^2}\right] H_p^E(b) \tag{3-9}$$

式中，L_p是亮度值属于区间［1，B］中的像素数；B是亮度值划分的bins的总数；b_p是亮度值所对应的bin区间；k是一个经验常量，通常取$k=0.1$；参数r_p用于控制区间的长度，取$r_p=4$；H_p^E是在像素点p处得到的局部敏感直方图。

通过实验来验证光照不变特征，使用不同的光照强度处理输入图片，提取其特征图，结果如图3-41所示。

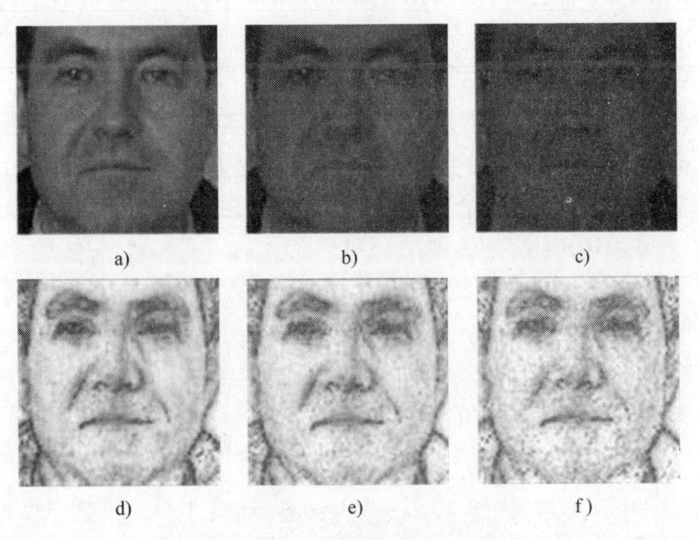
a) b) c)

d) e) f)

图3-41 光照不变特征验证

图3-41a～c是不同光照强度的输入图片；图3-41d～f是对应的特征输出。由实验结果可得，当光照不断变化时，使用IIF提取的特征差异较小。说明IIF受光照变化的影响较小，

能减少实验过程中光照变化对人脸识别的影响。

（3）基于在线学习机制的人脸识别

可使用增量分层判别回归（Incremental Hierarchical Discriminant Regression，IHDR）算法来对人脸进行识别。IHDR 是一种树状结构，其结构及其与 X、Y 空间的映射关系如图 3-42所示。

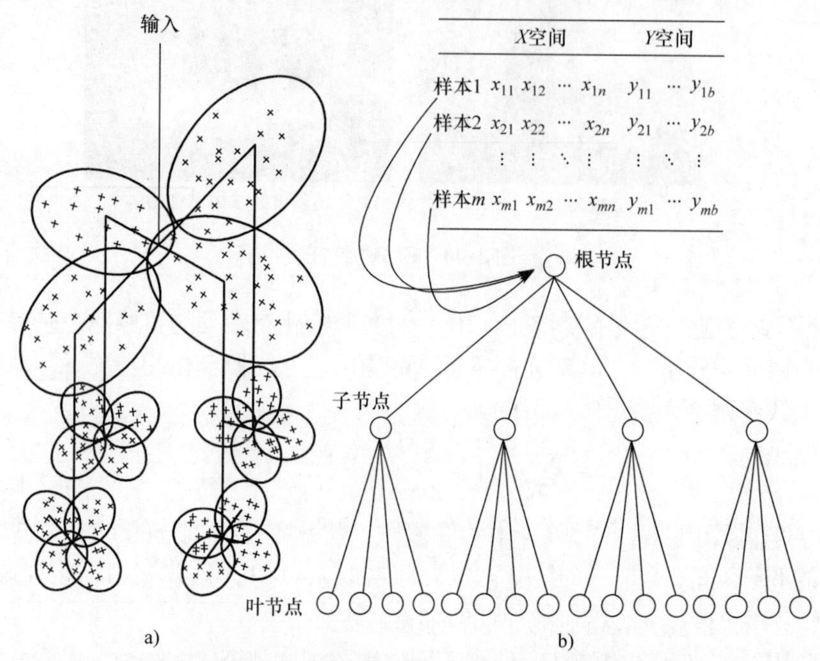

图 3-42 IHDR 树状结构及其与 X、Y 空间的映射关系

图 3-42a 是 IHDR 的树状结构图，其中输入为特征序列与对应的姓名标签。图 3-42b 所示为 IHDR 的 X 和 Y 空间的映射关系。其中，X 空间用于存储输入的样本特征向量。IHDR 算法根据不同对象的特征序列，生成不同的 x 聚类子，即 IHDR 树中的 x 节点，这个过程称之为聚类。Y 空间用于存储虚拟标签，生成对应的 y 聚类子。每个虚拟标签指向输入不同对象的姓名标签，同时又与 X 空间中的 x 聚类子存在映射关系 $h:X \rightarrow Y$。

目标人脸的特征学习过程是一个增量构建 IHDR 树的过程，目标人脸识别的过程是检索 IHDR 树的过程，构建 IHDR 树的流程如图 3-43 所示。

结合图 3-43 所示的 IHDR 特征树的构建流程，构建 IHDR 树的具体步骤如下：

1）步骤 1：更新 y 聚类集。给定 Y 空间的聚类集合 $c = \{y_i | i = 1,2,\cdots,n\}$ 和输入样本 y。设 q 是 IHDR 树的内部节点可拥有的子节点上限，$\delta_y > 0$ 是输出空间 Y 的灵敏度。

① 根据式（3-10）找到样本 y 的最近邻 y_j

$$j = \arg\min_{1 \leqslant i \leqslant n} \{ \| y_i - y \| \} \tag{3-10}$$

式（3-10）表示找到参数 j，使 $\| y_j - y \|$ 达到最小值；$\| y_i - y \|$ 表示样本 y 与聚类 y_j 之间的欧几里得距离。

② 若 $\| y_j - y \| < \delta_y$，则认为 y 属于 y_j 类，求 y 与 y_j 的均值作为 y_j 的新聚类中心，更新 y_j。

③ 若 $n < q$ 且 $\| y_j - y \| > \delta_y$（防止同一对象的样本形成不同的聚类），则将 n 加 1，设置

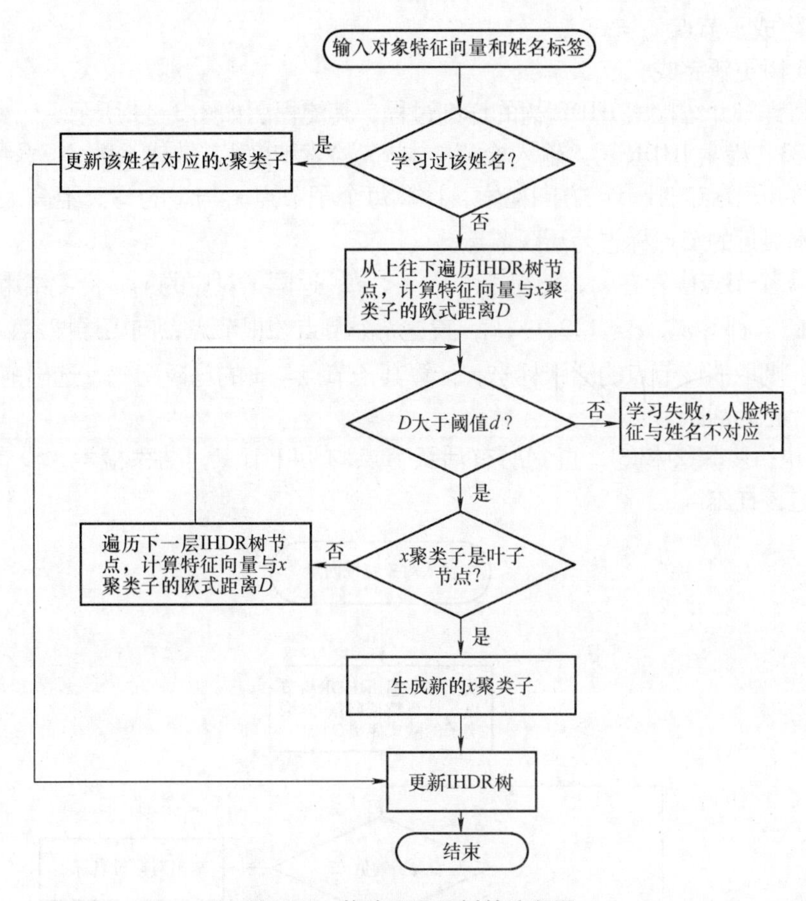

图3-43 构建IHDR树的流程图

新的聚类 $y_n = y$，将 y_n添加到 c 中。

④ 若 $n = q$ 且 $\|y_j - y\| > \delta_y$，则认为 y 属于 y_j类，以 y 与 y_j的均值更新 y_j聚类中心。

2）步骤2：更新 x 聚类集。给定 X 空间的聚类集合 $c = \{(x_i, y_i) | i = 1,2,\cdots,n\}$ 和样本 (x,y)。$\delta_x > 0$ 是输入空间 X 的灵敏度。

由于 X 空间和 Y 空间的映射关系为 $h: X \to Y$，所以可以根据样本（x，y）中姓名标签 y 在 Y 空间中的虚拟标签，确定样本特征向量 x 属于 X 空间中的哪个聚类子。若 y 属于 y_k，则 x 属于 x_k。

① 计算样本 x 与聚类 x_k的马氏距离 $\|x_k - x\|$。

② 若 $\|x_k - x\| < \delta_x$，则求 x 与 x_k的均值，更新 x_k。

③ 若 $\|x_k - x\| > \delta_x$，且 x_k不是叶节点，则在 x_k的 p 个子节点寻找最近邻 x_j

$$j = \arg\min_{1 \leqslant i \leqslant p} \{\|x_i - x\|\} \tag{3-11}$$

④ 若 $\|x_j - x\| < \delta_x$，则求 x 与 x_j的均值，更新 x_j。

⑤ 若 $\|x_j - x\| > \delta_x$ 且 x_k的子节点数 $p < q$，则 $p+1$，为 x_k生成新的子节点 $x_{p+1} = x$。

⑥ 若 $\|x_j - x\| > \delta_x$ 且 $p = q$，则继续搜索 x_j的子节点，重复执行步骤③～⑤，直到 x_j为叶节点。

⑦ 为 x_j 生成子节点 $x_n = x$。

⑧ IHDR 树更新完成。

接下来将详细介绍检索 IHDR 树的详细过程，其流程图如图 3-44 所示。

3）步骤 3：检索 IHDR 树。输入检测样本 x，检索精度 k，敏感系数 ε 。

① 由树的根节点向叶节点方向检索，计算每个子节点 x_i 与 x 的马氏距离 $\|x_i - x\|$，将前 k 个与样本最近的节点标志为活跃节点。

② 若这 k 个节点中存在 x_j，使得 $\|x_j - x\| < \varepsilon$，返回 x_j 对应的 y_j，检索结束。

③ 若 $\|x_n - x\| > \varepsilon$，$n = 1,2,\cdots,k$，置这 k 个节点为根节点，向下层搜索，若这 k 个节点有子节点，则取消该节点的活跃标志，计算其子节点与 x 的马氏距离，选出前 k 个与样本最近的节点标志为活跃节点。

④ 重复执行步骤②和③，直到所有活跃节点均为叶节点，结束检索，没有结果输出，因为未学习过该样本。

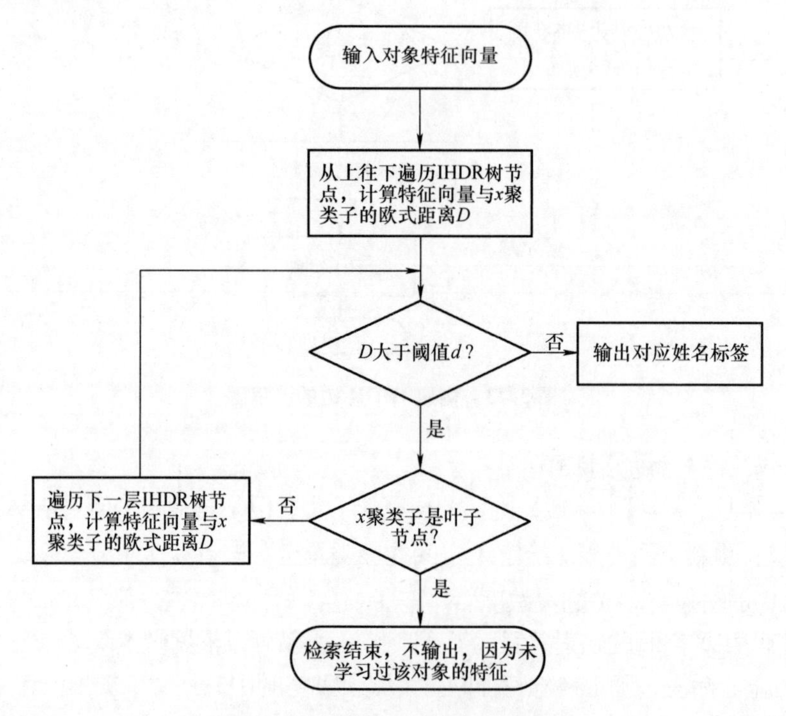

图 3-44　检索 IHDR 树的流程图

3.7.1.3　人脸识别的实验结果与分析

本节通过使用 7 段视频来对比 ELBP 特征和 IIF 特征的优劣，其中视频长度为 30s，帧分辨率为 640×480，帧速率为 30 帧/s。实验环境为 Visual Studio 2013 和 OpenCV 2.4.9，实验结果见表 3-2 和 3-3。

表 3-2 和表 3-3 中分别展示了基于 ELBP 和 IIF 特征的 7 位人员的人脸识别结果。其中学习环境是学习人脸特征时的环境，分为亮和暗两种环境。每位人员只有一种学习环境，但是每位人员的 30s 识别视频则包含亮和暗两种环境，这就保证了实验环境的多样性。

表3-2　基于ELBP特征的人脸识别结果

视频	学习环境（暗、亮）	总帧数/帧	正确识别帧数/帧	正确率（%）
人员1	亮	900	898	99.78
人员2	亮	900	899	99.89
人员3	亮	900	899	99.89
人员4	暗	900	660	73.33
人员5	暗	900	762	84.67
人员6	亮	900	872	96.89
人员7	暗	900	884	98.22
所有人员		6300	5874	93.24

表3-3　基于IIF特征的人脸识别结果

视频	学习环境（暗、亮）	总帧数/帧	正确识别帧数/帧	正确率（%）
人员1	亮	900	890	98.89
人员2	亮	900	878	97.56
人员3	亮	900	868	96.44
人员4	暗	900	852	94.67
人员5	暗	900	876	97.33
人员6	亮	900	900	100
人员7	暗	900	900	100
所有人员		6300	6164	97.84

从表3-2和表3-3可知，基于ELBP和IIF特征的人脸总识别率分别为93.24%和97.84%。基于两种特征的人脸识别率都较高，而IIF特征的人脸识别效果比ELBP特征的更好。分析发现，表3-2中，人员4和人员5的识别率较低，而他们的共同点是学习环境为暗。相对而言，学习环境为亮的人员识别效果更好。

因此，可以得出如下结论：ELBP的光照鲁棒性不强，这也是导致总体识别率较高，而个体识别率却相差很大的原因。由于基于IIF特征的人脸识别率比基于ELBP特征的人脸识别率高，且基于IIF特征的识别效果较为平均，故选用IIF特征应用于该系统人脸识别中。

图3-45所示为基于IIF特征与IHDR的人脸识别结果。其中图3-45a显示的是人员1到人员7在亮环境（开灯）下的人脸识别结果；图3-45b是人员1到人员7在暗环境（关灯）下的人脸识别结果。对比图3-45a和图3-45b可以发现，在亮和暗环境下系统都能正确识别实验人员，说明光照变化对IIF特征的提取影响不大。

图3-45c展示了人脸具有一定偏转下的识别结果。由该结果可知，小角度的人脸偏转不会影响系统能否正确识别人脸。

图3-45d中的人员6和人员7分别是人脸发生形变和人脸部分遮挡（人脸部分离开摄像

头视域范围）下的人脸识别结果。从结果也可以看出，在人脸具有一定的形变（人脸有表情）和人脸有部分遮挡时，系统可以正确地识别人脸。

图3-45d中的人员1到人员5是人脸识别失败或识别错误的结果。分析发现，在人脸偏转角度过大时，系统不能成功识别人脸，部分原因是偏转角度过大时，人脸不能被正确地检测。

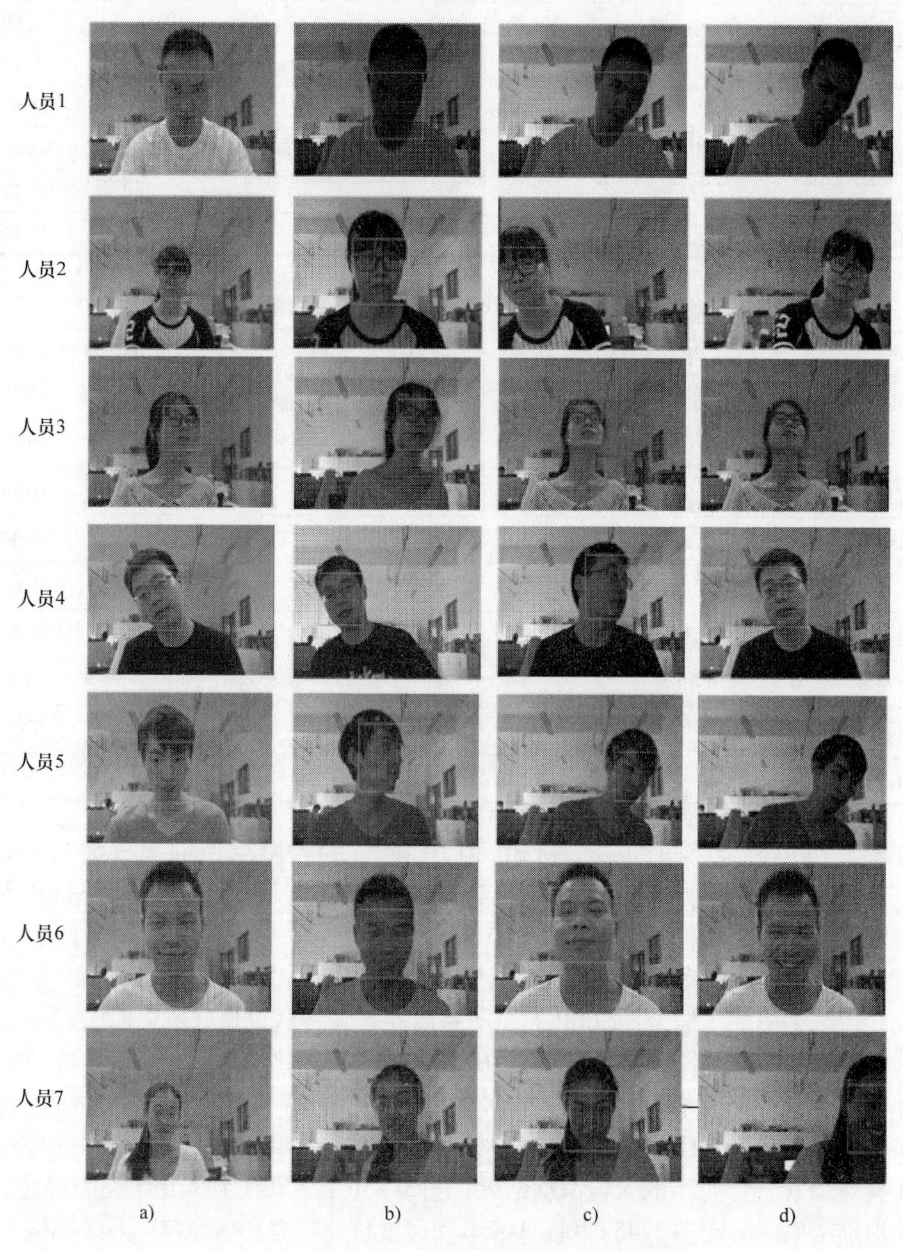

图3-45　基于IIF特征与IHDR的人脸识别结果

从图3-45可知，在光照变化、人脸偏转以及人脸部分遮挡的情况下，基于光照不变特征的方法都能获得较好的人脸识别效果，说明该方法在复杂环境中有较强的稳定性。

3.7.1.4　虹膜采集与识别技术

生物特征识别技术在安全认证方面有着广泛的应用和重要的地位，而虹膜身份识别技术则是生物特征识别技术的一个重要组成部分。由于虹膜特征发生变化的概率小，不容易受到外界伤害，因此也成为目前各种生物特征识别中误识别率最低的方法之一，具有稳定性、唯一性、高防伪性等优点，近些年也逐渐成为热门技术。虹膜识别技术主要包括以下几个方面。

（1）虹膜图像获取

虹膜图像获取是指使用特定的数字摄像器材对人眼进行拍摄并存储。虹膜图像采集是虹膜识别技术的第一步，同时也是比较困难的步骤，原因是眼睛面积小，要满足图像分辨率要求就必须提高光学系统的放大倍数，从而导致虹膜成像的景深较小。虹膜图像采集装置主要分为非接触式采集与接触式采集两大类，由于接触式虹膜图像采集装置需要将用户的眼睛固定在采集装置上，导致用户体验不佳，因此目前研究的主流为非接触式虹膜图像采集装置。非接触式虹膜采集装置又分为固定焦距采集和可变焦距采集两大类。

固定焦距的虹膜图像采集装置需要用户自己移动位置来调整眼睛与采集装置的距离；通过采用波前编码技术的固定焦距虹膜采集光学系统，在孔径光阑位置处放置立方相位编码板使调制传递函数（MTF）离焦不变，扩大了系统的景深；其焦深是传统系统的8倍，增大了虹膜采集的距离，用户无须反复尝试将眼睛置于正确的位置。可变焦距的虹膜图像采集装置无须用户反复调整距离便可完成采集过程，但需要解决光学畸变对纹理特征产生的影响。

（2）图像质量评价

虹膜图像的质量评价是指采用一定的客观评判标准，对图像内容进行数学描述并对其质量进行计算和评价。在虹膜识别过程中，用户姿态各异，采集获得的图像通常存在变形、噪声污染等干扰，因此需要从输入的虹膜图像中筛选出满足质量要求的图像进行后续的处理和识别。在增强型虹膜图像质量评价算法中，其指标评估包含了整体清晰度指标、局部清晰度指标、虹膜可用度指标和领域对比度指标四大部分，将四大指标做归一化处理后进行加权求和计算图像的得分，从而评价图像的可用性。该算法对变形、噪声等干扰不敏感，有助于系统充分发挥识别性能。

（3）虹膜定位

虹膜定位指的是定位出虹膜内外边界，将边界之间的虹膜环形区域分割出来，以方便虹膜特征的表达和识别。传统的虹膜定位算法有基于微积分圆的模板法，基于边缘检测的Hough法等。国外有人提出了一种基于分块搜索的虹膜定位算法，该方法首先将虹膜图像转换为二值图像，用Sobel算子计算图像中定位光斑的影响，利用基于边缘检测的Hough圆检测法定位虹膜内圆，再对二值图像分块搜索对内圆精确定位；之后利用卷积运算粗略定位外圆，再对原图像分块搜索对外圆精确定位。该方法相对传统算法的耗时缩短，准确率提升，抗干扰性加强，具有较好的鲁棒性。

（4）虹膜防伪

虹膜防伪指检测采集对象是否为有生命的个体，排除伪造虹膜，该过程亦即活体检测。根据检测信息的差异可分为硬件法和软件法，硬件法指利用额外的硬件设备进行防伪检测，通常利用视线特征、虹膜立体结构特征和虹膜震颤特征等。软件法是指在图像采集完成后对图像提取有区分性的特征进行防伪检测。基于计算机光场成像的虹膜活体检测方法首先进行光场焦栈渲染，再采用对光照和噪声不敏感的基于图像梯度的对焦评价函数（TGV）进行对焦评价，并以此为依据构建立体结构特征，再用局部相位量化（LPQ）特征值对纹理特征进行融合与分类，以得出最终的分类特征。

（5）虹膜特征提取与匹配

虹膜特征提取与匹配算法已趋于成熟稳定，常用的方法包括 Gabor 滤波方法、基于小波变换特征匹配算法和 Gaussian - Laplacian 方法。其中 Gabor 滤波方法使用 Gabor 小波抽取虹膜纹理的二值化相位特征，进而以 Hamming 距离为模板进行特征匹配。基于小波变换特征匹配算法提出了一种基于小波变换过零点的虹膜特征匹配算法，该方法提取了虹膜图像过零点的各个点作为特征向量，再利用相似度进行匹配。Gaussian - Laplacian 方法提出了将 Gaussian - Laplacian 金字塔应用到虹膜识别中，以获取不同分辨率的虹膜纹理，并采用 Sobel 算子计算边缘点，对虹膜图像建立 BOW 特征，根据相关系数进行匹配。

3.7.1.5 声纹识别技术

声纹相较其他生物特征而言有非常明显的优势。首先是声纹具有非接触和易接受的优点，能够通过远距离非接触性的方式实现生物识别，且蕴含声纹特征的语音获取较为方便、自然，涉及的用户个人隐私信息较少，因此更容易被使用者接受。其次是成本低的优点，语音采集装置仅使用传声器即可，成本较低，使用简单。最后是伪造难的优点，活体采集的声纹信息可使声纹口令动态变化以防止录音假冒。

声纹识别主要包括声纹辨认、声纹确认、说话人检测、说话人追踪和说话人识别。声纹辨认指的是判定测试语音属于目标说话模型集合中的哪一个人，属于多对一的判决问题；声纹确认指的是确定测试语音是否来自目标说话人，是一对一的判决问题；说话人检测指的是判断语音中是否存在目标说话人；说话人追踪指的是判断说话人在测试语音中的发音位置；说话人识别指的是测试语音中说话人是谁。

以语音作为身份认证的手段最早可以追溯到 17 世纪 60 年代英国查尔斯一世的案件审判中，对说话人的识别始于 20 世纪 30 年代。1945 年，贝尔实验室的 LG. Kesta 等人首次提出“声纹”的概念，经过几十年的发展，目前主要方法是基于端到端的深度特征学习等方法。目前，声纹识别已经发展出了许多应用场景，在门禁和考勤系统中，使用声纹特征作为辅助判断；在电信诈骗案中，使用声纹识别来追踪嫌疑人等。声纹识别技术主要包括以下几个方面。

（1）声纹采集与转化

采用传声器等拾音设备将声音转化成电子声波频谱，采集设备容易受到外部环境噪声等影响。为提升声音信号采集质量，目前主要通过硬件优化、多麦整列等方式来提升声音采集性能和采集信号的质量。在特殊应用场景下，如公安行政、司法、银行等在相对安静的环境内，外部环境噪声影响较小，可直接采集目标人员声音作为可靠的声纹数据资料。

（2）声纹特征提取

声纹特征提取是提取并选择可分性强、稳定性高的“个性化”声学或语言特征。一个人的声纹特点与人类发音机制的解剖学结构有关的声学特征、社会经济状况、受教育水平、出生地等影响的语义、修辞、发音、言语习惯等以及个人特点或受父母影响的韵律、节奏、速度、语调、音量等特征都有关系。从数学建模角度，目前声纹自动识别模型经常使用的特征包括声学特征、词法特征、韵律特征、语种、方言和口音信息以及通道信息等。

（3）声纹识别

利用具有特有个性信息的声纹特征来建立模型，并通过模式识别及匹配的方法进行比对识别，自动鉴别当前语音对应的说话人身份，按照待识别语音的文本内容，可以把声纹识别划分为文本无关、文本相关和文本限定三种。常用的模式识别和匹配方法有模板匹配方法、最近邻方法、神经网络方法、隐式马尔可夫模型（HMM）方法、VQ 聚类方法（如 LBG）和多项式分类器方法。

3.7.1.6　指纹识别技术

（1）技术背景

指纹是一种有用的生物特征。人的指纹是手指表面凸起的纹线，由交错的脊和谷组成，能使人容易地抓住物体。按照亨利指纹分类法，指纹根据形状可分成三类：斗形纹、箕形纹和弧形纹。其中斗形纹又可细分为斗形纹、双箕形纹、囊形纹和杂形纹；箕形纹可再分为正箕形纹和反箕纹形；弧形纹也可分为弧形纹和帐形纹。指纹是一种稳定的生物特征，其形成由遗传和环境因素共同决定，人与人之间指纹重复的可能性很小。人的指纹在胎儿阶段发育形成并逐渐稳定，除非发生指尖割伤等意外状况，指纹特征在人的一生中不会改变，这种稳定性使指纹适合作为人的身份认证特征。

指纹识别技术是一种生物识别技术，得到了广泛的应用。生物识别技术是指用数理统计方法对生物进行分析，现在多指用生物体（一般特指人）本身的生物特征来区分生物体个体的计算机技术。可用于识别的生物特征主要包括语音、脸、指纹、掌纹、虹膜、视网膜、体形等，其中指纹特征在人群中区别性、可测量性、可接受性高，检测成本低，基于指纹的生物识别技术在身份验证中得到了最为广泛的应用。指纹识别一般通过比较当前采集的指纹和数据库中已经注册的指纹进行身份认证，比较的过程主要基于指纹的特征进行。自从 20 世纪 60 年代计算机技术兴起之后，基于计算机系统的指纹识别技术有了很大发展，使用计算机可实现指纹识别过程的自动化。指纹识别技术发展到今天主要包括基于光学设备发射光线并获取返回数据进行比对的光学识别、利用指纹交错的脊和谷特征检测接通或断开电容的电容传感器识别、通过射频传感器发射微量的射频信号或超声波、穿透手指的表皮层获取里层的纹路以获取信息的生物射频识别以及相机得到图像的数字化光学识别等。光学识别和电容传感器识别对手指表面的干净程度有一定的要求，射频识别对脏手指、湿手指的容忍程度较高。

指纹识别技术的发展经历了发现和使用的过程。在古代就有人将指纹作为身份认证的信息，在一些文物上也发现了指纹。16 世纪后期，博洛尼亚大学的解剖学教授 Marcello Malpighi 已经对指纹开展了科学研究，描述了指纹的脊和谷等特征。19 世纪末，Francis Galton 对指纹进行了广泛的研究，介绍了基于特征进行指纹匹配。1899 年，Edward Henry 建立了著名的指纹分类“亨利系统”。20 世纪以来，指纹识别技术逐步成为被广泛接受的身份识别认证方法，警察将指纹作为指认罪犯的方法之一，在世界范围内建立了指纹识别机构，并建立了犯罪指纹数据库。例如，美国联邦调查局（FBI）的指纹识别部门成立于 1924 年，其指纹数据库中的指纹卡总数已有数亿。从 20 世纪 60 年代初开始，随着电子技术、计算机技术的发展，美国联邦调查局、英国内政部投入大量精力开发了自动指纹识别系统（AFIS）。20 世纪 90 年代以来，用于个人身份鉴别的自动指纹识别系统得到了开发和推广应用，逐步开始应用于门禁系统、考勤系统、个人计算机等商业和工作场景。进入 21 世纪，苹果公司在 iPhone 手机上集成了指纹识别功能，将指纹识别技术用于手机解锁和电子支付，使指纹识别技术在移动互联网场景得到了更加广泛的应用。

（2）关键技术

计算机技术的发展使指纹识别技术实现了自动化，并广泛用于各种商业应用中，例如登录计算机和网络，物理访问控制和自动取款机等场景。一个指纹识别系统通常包括指纹采集、指纹图像的预处理、指纹特征提取和指纹匹配等几个基本流程。

指纹采集是指纹识别的第一步，也是指纹识别系统的重要组成部分，采集得到的指纹图像质量对系统有很大影响。指纹的采集一般通过实时的指纹扫描设备进行，已经采用的传感器类型包括光学、电容、射频（RF）、热、压阻、超声、压电等，将传感器的输入进行数字化处理。其中光学采集技术出现较早，普及广泛，如指纹考勤设备等大都采用光学指纹采集方法；电容、压阻、超声等固态指纹传感器的出现使采集设备的尺寸减小，可用于移动电子设备。指纹采集根据应用场景的不同对采集指标有不同的要求，例如在刑侦、法医等严肃应用场景中对指纹的采集面积有明确要求，过于小的采集面积会使指纹识别的精度大大降低。苹果公司 iPhone 的小面积指纹采集器在注册时通过多次、不同位置的采集进行拼接得到较大面积的指纹数据。指纹采集的分辨率也对指纹识别的性能有较大影响，近年来传感器技术的进步使固态指纹采集设备采集的分辨率有了较大提高。

采集得到的原始指纹图像数据量大，对指纹识别系统的处理和存储能力有较高要求，因此一般需要对指纹图像进行预处理，压缩数据量并为下面进行的特征提取做好准备。指纹图像预处理一般包括几个基本过程。图像指纹增强过程主要进行滤波，增强指纹脊和谷的对比度，使纹线更加清晰，特征更加明显。平滑处理过程使得指纹图像的明暗效果均匀一致，然后对指纹图像进行二值化处理，减小数据量。指纹图像细化过程就是将纹线的宽度降为单个像素的宽度，从而得到纹线的骨架。

指纹图像的特征提取是一个模式识别的过程，进一步处理增强图像并从中提取一组特征。特征过程中考虑的特征点主要包括纹线的起点、终点、结合点和分叉点等，提取的特征点用于后续的特征匹配。采用的特征提取算法应具有较好的稳定性和准确性。特征匹配过程将当前输入的指纹图像特征与数据库中已注册的指纹模板特征进行比对和匹配。很多匹配算法通过搜索最小数量的细节的空间对应关系来比较两个指纹。若两个指纹的局部特征类型以及相对位置的匹配程度达到某一设定阈值，则认为匹配成功，说明两个指纹来自同一个个体。

（3）应用展望

指纹识别技术已经在各个领域获得广泛应用。在消费类场景中，随着智能手机逐步配备了指纹传感器，指纹识别技术已经广泛应用于手机解锁、手机支付和转账等操作中的身份认证；指纹识别技术也广泛应用于门禁系统，使用时门禁系统将当前采集的指纹与数据库中已经注册的指纹进行匹配来决定是否执行开门等操作，提高了效率和便利性；在银行系统，指纹识别技术早已作为客户进行身份认证的手段，技术成熟，安全性和便利性高。

目前，指纹识别的平均准确率已经有了很大的提高。虽然世界上几乎不存在完全相同的两枚指纹，但因为算法与采集设备的局限，指纹识别的失误率目前约为百万分之一。与基于其他生物特征的识别技术相比，在实际使用中，指纹识别技术仍是准确性较高的技术之一。指纹采集设备成本较低，大约为几百元人民币，相比基于虹膜等生物特征的采集设备具有较

强的竞争力。随着智能手机的普及，指纹识别技术正在得到越来越广泛的应用。

手指是人们日常生活和工作中使用频繁的部件，与身体外界的物体直接接触较多。虽然人们对指纹识别技术的接受程度较高，但指纹识别技术可能带来的安全问题不能被忽视。由于指纹是一种稳定的生物特征，一般无法修改，一旦指纹信息泄露，被用于冒充他人身份，便会给当事人造成较大损失。智能手机、指纹考勤系统的普及使用在提高生活和工作效率的同时也增加了指纹信息被泄露和盗用的风险。

3.7.1.7　卡证识别技术

卡证识别首先通过身份证阅读器读取身份证信息，然后将读取的身份证信息与数据库中预先保存的身份证信息进行对比，从而验证他人身份是否合法。根据身份证阅读器的识别原理不同，卡证识别技术主要可分为射频识别（RFID）技术和光学字符识别（OCR）技术。

（1）身份证RFID技术

RFID技术是一种无线通信技术，它通过无线方式对特定目标进行识别并进行读写操作，而不需要阅读器与待识别特定目标间进行物理接触。由于身份证识别场景中阅读器与待识别目标间距离较短，故射频一般采用更适合短距离通信的微波（1～100GHz）。

二代身份证内含RFID芯片，其具有高度防伪、存储容量大的特点。RFID芯片采用特定逻辑加密算法，这不仅增加了身份证防伪功能，而且使身份证在使用中更具有安全性；芯片中所有存储信息都按照一定的安全等级进行了分区存储，所有信息对于不同的管理人员可以分别设置自己的读写权限，方便后续更加安全地修改操作。

身份证RFID技术的基本工作原理如下：

1）阅读器通过天线发送出一定频率的射频信号，形成磁场。

2）当身份证RFID芯片进入到阅读器的有效磁场范围时，就会产生感应电流，从而使RFID芯片获得能量被激活，并向阅读器发送自身芯片中所存储的信息。

3）阅读器再对接收的来自身份证的信号进行解码并读取信息。

（2）身份证OCR技术

近年来随着图像处理技术的发展，也出现了利用OCR进行身份证识别的方式，其通过对身份证图像进行处理来对身份证上的信息进行识别。OCR技术的出现，使二代身份证的识别不再只能依靠读取芯片数据的方式来进行。

身份证OCR技术是指利用扫描仪、相机、手机等电子设备来检测身份证表面上的字符的过程。其首先通过检测身份证表面颜色的明暗来确定身份证上所有字符的形状，然后通过字符识别算法将识别出的图像字符转换成计算机文字。

身份证OCR识别一般需要经过身份证扫描输入、身份证图像预处理、身份证字符特征提取、身份证文字匹配识别、识别结果输出等步骤。

1）身份证扫描输入：OCR技术是对图像进行识别处理，首先需要做的就是通过相机、扫描仪等设备将身份证进行扫描得到图像数据。

2）身份证图像预处理：上述拍摄的彩色身份证图像一般信息量过大，而且由于拍摄时输入设备等因素不可避免地会引入噪声，所以需要对身份证图像进行二值化和图像降噪等预处理。另外由于拍摄的字符图像或多或少会存在一定程度的倾斜，所以需要对图像中的字符进行方向检测并校正。

3）身份证字符特征提取：字符特征提取是身份证OCR技术的核心内容，其特征提取质量的好坏直接影响到最终字符识别结果。根据特征提取原理的不同，一般可分为基于统计方法的特征提取和基于结构的特征提取。基于统计方法的特征提取主要是对图像中各区域像素点进行数学统计，然后与真实字符进行匹配；基于结构的特征提取主要是通过提取字符的端点、交叉点、笔划段等特征，然后利用特殊的比对方法与真实字符进行匹配。目前应用较多的是基于结构的特征提取方法。

4）身份证文字匹配识别：文字比对识别一般选用数学距离函数来判断，常见的方法有欧式空间法、动态程序法（DP）、松弛比对法等，另外也有基于神经网络的字符匹配识别方法等。

5）识别结果输出：将字符图像信息识别转换为计算机文本信息输出。

3.7.2 面向车辆的多元特征取证技术

3.7.2.1 车辆识别技术

目前，车牌检测与识别技术是车辆确认最常用的方法。随着安全要求增加，对于车身型号、颜色等信息都提出了识别要求，这就需要用车牌、车型以及颜色等信息综合确认车辆信息。

车牌自动识别是根据包含车辆的图像或视频对车牌字符进行识别的一项技术手段。其主要通过摄像头采集信息之后，再通过一系列算法进行识别。主要包含以下步骤：

1）牌照定位：首先利用算法对采集到的视频图像进行搜索，筛选出多个矩形区域，再加以分析并选定车牌所在区域。

2）牌照字符分割：完成牌照区域的定位后，需对其中的字符进行识别，字符识别之前需要对图像进行分割，以区分不同字符。利用垂直投影法对车牌中的字符进行分割可以取得良好的效果。

3）牌照字符识别：牌照字符识别有人工神经网络和模板匹配两种算法，其原理为提取分割字符的特征，并利用神经网络或模板匹配在信息库中寻找与其相似的字符，进而完成车牌识别。

3.7.2.2 车型及颜色识别

对于车型及颜色的识别，目前主要采用神经网络深度学习技术。卷积神经网络对于大型图像的处理表现优秀，通过人工神经元响应卷积核覆盖图像范围，可以得到深层的特征。基于卷积神经网络的视频结构化算法结合目标识别、时空分割、特征提取等技术，能够实现视频图像的文本解析。视频结构化技术提取监控视频的有用信息并转化为人与机器理解的语义信息。

通过这种将视频图像进行结构化分析的手段，可以高效准确地对场景中的车辆进行检出识别，实现将其与环境背景分离。通过对摄像机拍摄画面的结构化分析，就能得到前方场景中的车辆目标数量、对应的目标位置信息及其他可用数据。

基于神经网络深度学习的车辆及颜色识别技术步骤一般如下：

1）车辆检测：在视频流中提取车辆一般采用动态目标的检测方法，常用的动态目标检测方法为帧间差分法、R－CNN 方法、光流法以及背景建模法。它可以有效去除场景序列图像的静止图像部分，找到图像中的运动目标，从而把原序列图像中的动态车辆检测分割出来。

2）车型特征提取：根据车型分类的需要，一般选取颜色、顶长比、顶高比、前后比、车门数量等特征向量作为车型分类的参数，比较常用的是采用逻辑回归（LR）、支持向量基（SVM）及经向基函数神经网络等分类器识别。

3）车型的识别：卷积神经网络通过对车型识别训练数据库进行反复训练，直到车型识别的准确率达到最高，从而将其用于车型识别。车型识别模块能对其输入的图像准确检测出车辆车型及颜色等相关信息。

3.8 人机协同的目标跟踪与主动防控技术

3.8.1 人机协同的主动围捕路径规划技术

为了实现人－机协作对可疑目标的抓捕任务，协作机器人需要运动到可疑目标的出现地点再对其进行抓捕，围捕是否成功必然受到诸多外在因素的影响，例如道路交通状况、围捕点的人流量、围捕点的地势等。现有文献未能对上述影响进行考虑，因此迫切需要结合实际抓捕场景设计围捕策略和部署警力。现有文献中研究的围捕场景比较简单，大致可分为以下两类：一类是假设逃逸目标和围捕机器人都只能在栅格地图中朝着邻近的网格移动，采用马尔可夫模型或其他方法对逃逸目标进行状态估计；另一类是完全无路网约束，采用 EKF 在线估计逃逸目标的运动轨迹，忽略了真实路网的约束。而在实际抓捕过程中，可疑目标和警员仅能严格按照真实路网移动，路口众多的情况下轨迹预测的难度较大。针对以上两个问题，本节提出了一种新的多警员协作围捕可疑目标的策略，不仅考虑了真实路网的约束，还考虑了不同抓捕人数和抓捕环境对可疑目标逃逸概率的影响；并以最小化所有警员运行总路程和可疑目标的逃逸概率为目标函数，建立多目标优化模型来得到合理的任务分配方案及围捕路径规划。

人机联防布控建立在真实路网的基础上，可疑目标、安保人员、安保机器人运动路线都受到路网约束。路网每个路口都安装有摄像头，当可疑目标出现在某摄像头的视线范围内时，摄像头能够快速识别可疑目标，并将其坐标发送给安保人员和安保机器人；然后根据可疑目标的当前位置和运动轨迹判断其下次会出现在哪个路口的摄像头视野范围内，以此合理分配不同区域的警力到不同的拦截点进行抓捕，并计算出最短的抓捕路径。

（1）研究思路

本节主要研究的是路网中多台安保机器人和多名警员围捕一名可疑目标的任务分配及路径规划问题，假设安保机器人和警员能力相同，后文的分析中不加区别地统称为警员。假设警员与可疑目标均限制在路网中做匀速运动。图 3-46a 所示的路网中，空心圆圈表示装有卡口监视摄像机的路口，实心圆表示该路口安排有一名警员执勤，所有路口以正实数编号。图中共包括了 23 个路口和 20 名警员。

（2）围捕策略

采用的抓捕策略是对可疑目标所有可能的逃逸路径进行拦截以实现围捕，因此将与可疑目标当前节点连接的所有相邻节点设置为拦截点。如图 3-46b 所示，可疑目标 S 出现在 7 号路口，其邻节点集为 $I=\{3,6,8,11\}$。为不引起可疑目标的警觉，警员的运动须回避 I 与 S 之间的连通路径。

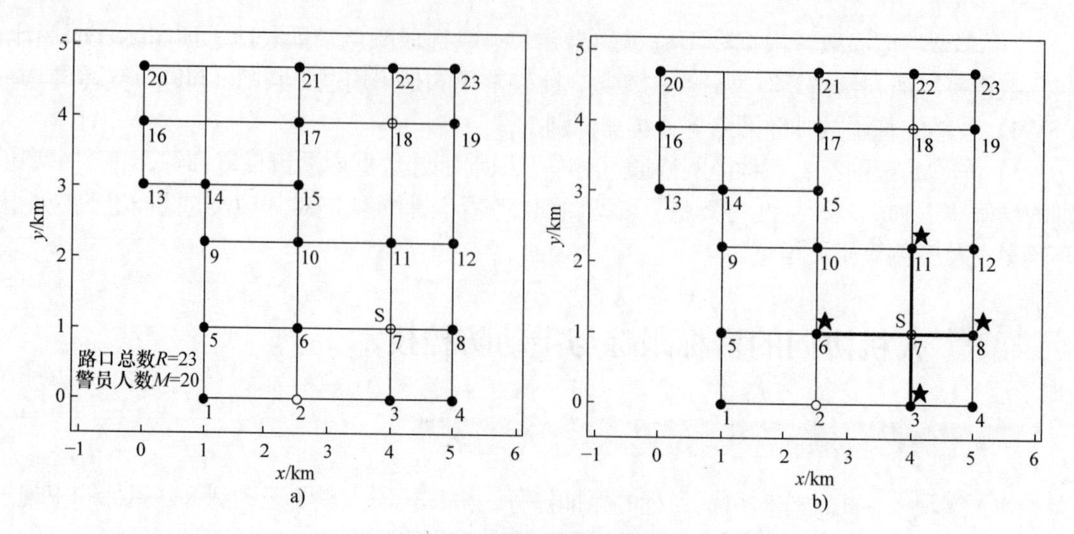

图 3-46 路网地图拦截模型

真实围捕路口的人流量及其他障碍物等约束都会对成功抓捕造成影响。为进一步模拟真实环境，设定每个拦截点有不同的环境复杂度 α 。在此基础上定义可疑目标在任意路口逃逸概率见式（3-12)，其中 $\alpha \in \{0,1,2,3\}$ ，α 越大表示当前环境下成功抓捕的难度越大。参与围捕的警员人数 i 越大，围捕成功率越高。

$$P = \frac{1}{(2-0.2\alpha)^i} \tag{3-12}$$

记警员的数量为 M，围捕路总数 $|I| = N$。警员在路网上的运动速度为 v_p，可疑目标的运动速度为 $v_a < v_p$。定义实数变量 $D \in R^{M\times N}$ 和 $d \in R^{1\times N}$ 。其中 D_{ij}表示第 i 个警员到第 j 个拦截点在路网约束下的最短距离，d_j表示可疑目标从出现的位置到第 j 个拦截点在路网约束下的最短距离。假设有 K 个警员至少可以比可疑目标提前到达某一个或多个围捕点。定义变量矩阵 $\boldsymbol{S} \in R^{K\times N}$ ，$S_{ij} = 1(i = 1,2,\cdots,K;j = 1,2,\cdots,N)$ 表示将第 i 个警员分配到第 j 个拦截点，否则 $S_{ij} = 0$ 。定义实数变量 $\alpha \in R^{1\times N}$ ，α_j 表示第 j 个拦截点的环境复杂度 $\alpha_j \in \{0,1,2,3\}$ 。

则有以下约束

$$\sum_{j=1}^{N} S_{ij} = 1,(i = 1,2,\cdots,K) \tag{3-13}$$

$$\frac{D_{ij}S_{ij}}{v_p} \leqslant \frac{d_j}{v_a},(i=1,2,\cdots,K;j=1,2,\cdots,N) \tag{3-14}$$

$$S_{ij} = \{0,1\} \tag{3-15}$$

其中，式（3-13）表示所有警员必须分配围捕任务，式（3-14）表示警员必须在可疑目标之前到达相应的围捕点。得到以下代价函数

$$f_1 = \sum_{j=1}^{N}\sum_{i=1}^{K} S_{ij}D_{ij} \tag{3-16}$$

$$f_2 = \frac{1}{N}\sum_{j=1}^{N} \frac{1}{(2-0.2\alpha_j)^{\sum_{i=1}^{K} S_{ij}}} \tag{3-17}$$

其中，式（3-16）表示所有警员行走总距离，式（3-17）表示可疑目标的逃逸概率。根据以上定义，路网约束下多警员协作围捕任务分配及路径规划问题可以转化为式（3-18）所示的多目标优化问题，即

$$\min \ \{f_1, f_2\} \tag{3-18}$$

$$\text{s. t.} \ (3\text{-}13), (3\text{-}14), (3\text{-}15), (3\text{-}16), (3\text{-}17)$$

（3）仿真验证

采用 Dijkstra 算法计算可疑目标和每个警员到各个拦截点的时间集合。采用 NSGA－Ⅱ算法对所有警员运动总距离和可疑目标的逃逸概率两个目标函数进行优化，得到 Pareto 最优解集合；选取 Pareto 解集的几何聚类中心作为最终的警员分配方案。多警员协作围捕流程如图 3-47 所示。

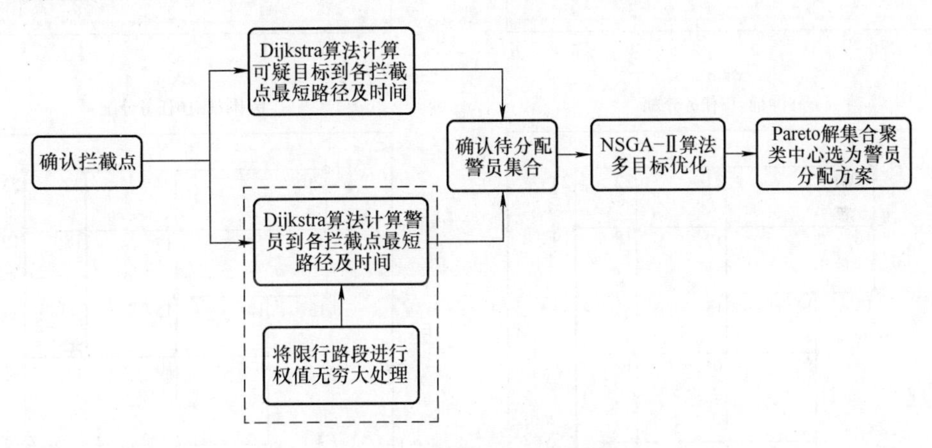

图 3-47　多警员协作围捕流程

根据图 3-47 所示的围捕场景，设置 NSGA－Ⅱ算法种群为 100，迭代次数为 200。警员分配及路径规划实验结果如图 3-48 所示。以图 3-48a 和图 3-48b 为例，3 号拦截点的环境复杂度比较低为 1，适宜抓捕，分配了 1、3、4 号 3 名警员前往抓捕；6 号拦截点环境复杂度比较高为 3，抓捕难度较大，分配了 5、6、9、10、13、14、17、21 号 8 名警员进行抓捕，而且所有警员均未从限行路段经过。依此类推，8 号拦截点和 11 号拦截点的抓捕路线如图 3-48c 和图 3-48d 所示。

通过以上实验结果可以看出，所有警员均能避开限行路段在路网中选择最短路径在可疑目标之前运动到所分配的拦截点，并且环境复杂度较低的拦截点分配警员人数较少，而环境复杂度较高的节点由于抓捕难度大而分配了更多的警员进行抓捕。实验结果充分说明了所提出的方法能够根据时间、环境复杂度以及限行路段的约束，合理地将警员分配到各个抓捕点，同时使规划出的各个警员到对应拦截点在路网上运动的路径最优。

3.8.2　人机协同的目标跟踪与主动防控实验

（1）实验流程

整个系统结构如图 3-49 所示，服务器和客户端在同一个局域网下，二者之间依靠 TCP/IP 建立连接。

在客户端和服务器建立通信连接后，客户端开始等待服务器发送可疑目标图片的编码；

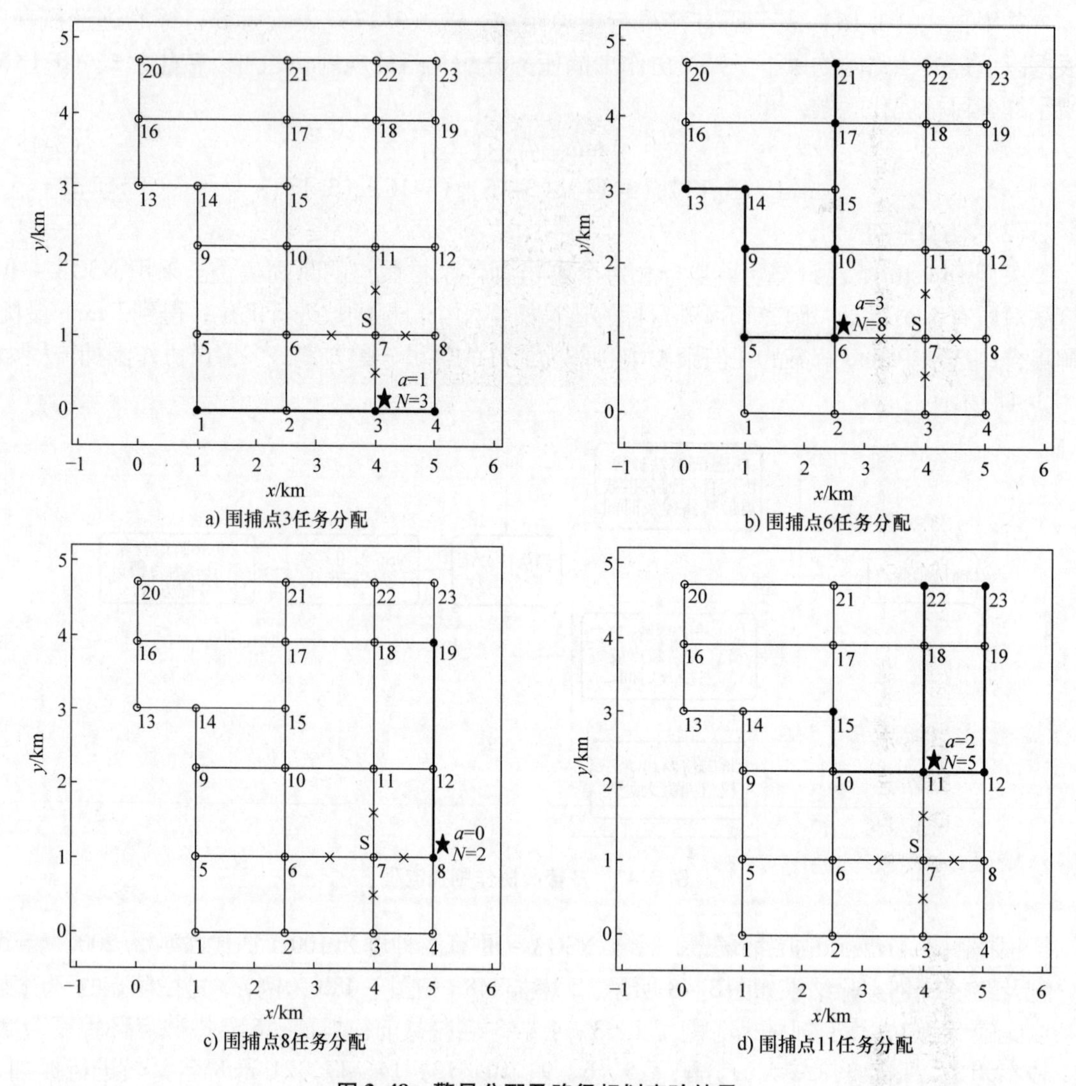

a) 围捕点3任务分配　b) 围捕点6任务分配　c) 围捕点8任务分配　d) 围捕点11任务分配

图 3-48　警员分配及路径规划实验结果

在接收到图片编码后，客户端对其进行解码，并显示在主界面上，然后将可疑目标作为模板，进行行人检测和模板匹配来寻找可疑人员，相似度满足一定条件则判定为可疑目标；随后利用 Kinect 深度相机获得的深度图像来计算可疑目标的实时三维坐标，并将坐标发回给服务器。

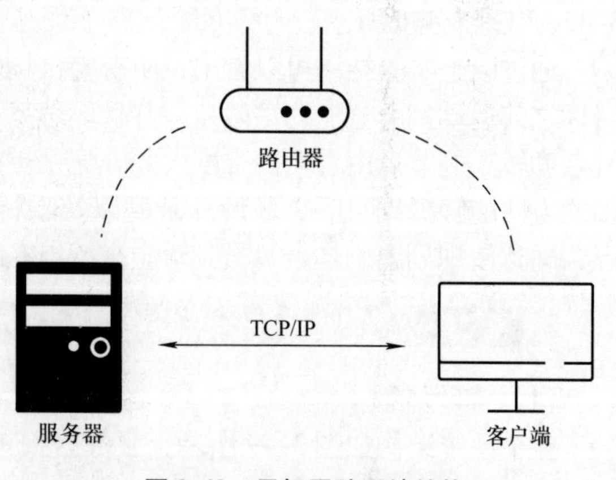

图 3-49　目标跟踪系统结构

（2）实验软硬件配置

服务器与客户端必须配置在同一局域网下，其他设备包括 Kinect2.0 深度相机、服务器计算机、客户端计算机、无线路由设备

等，如图3-50所示。在客户端计算机上，操作系统为win10，安装3.1版本以上的OpenCV，visual studio版本在2013以上，Json版本在5.0以上；在服务器计算机上，兼容windows与Linux系统，要求visual studio版本在2013以上，Json版本在5.0以上。

（3）通信协议与实验软件

客户端与服务器之间的应用层协议采用Json的消息格式来进行信息的交互，包括协议版本、消息ID、消息类型、命令字、请求和响应参数等信息。在消息结尾有双斜杠作为消息结束符。服务器和客户端之间可以相互发起通信交互，如图3-51所示。

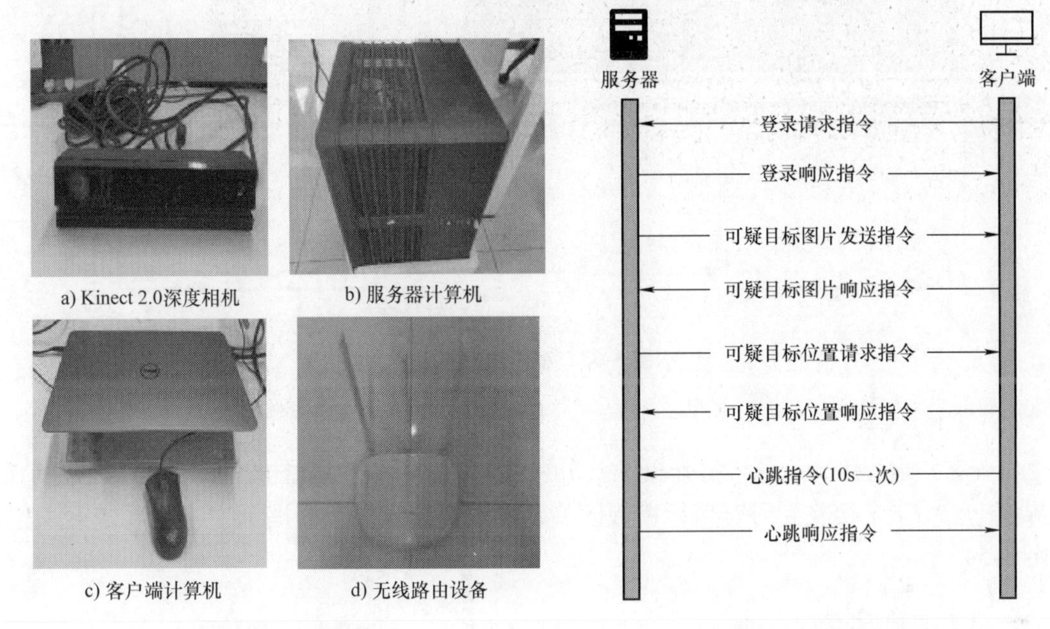

图3-50 设备组成

图3-51 信息交互指令

当绑定好端口和IP地址后，服务器就能与客户端建立连接，接收可疑目标图片。然后将模板图片的Base64编码保存为文本文档，命名为1.txt保存在服务器工程文件下，打开服务器程序等待客户端连接。服务器为控制台应用程序，其界面如图3-52所示。

图3-52 服务器界面

客户端主界面如图3-53所示，主要分为以下5个模块：

1）显示当前监控画面。

2）连接服务器，打开摄像头，开始检测按钮，显示可疑目标三维坐标，发现嫌疑人提示框，请求服务器心跳，显示心跳包ID。

3）显示图像深度信息。

4）显示接收到的模板图像。

5）显示可疑目标图像、可疑目标的索引、可疑目标与模板图像的相似度。

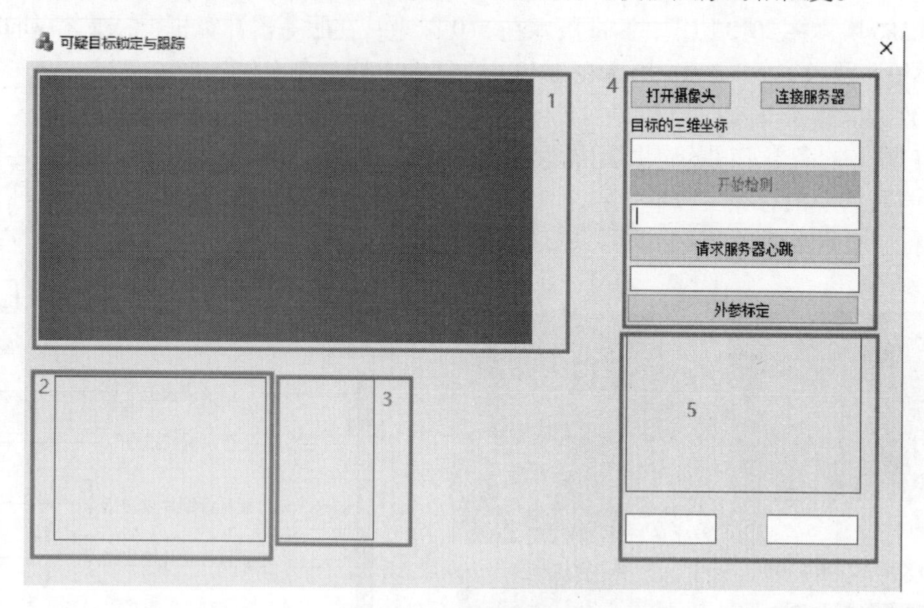

图 3-53 客户端主界面

（4）实验结果

打开客户端程序，单击“打开摄像头”按钮，摄像头画面和图像的深度信息都显示在主界面上。由于未接收到可疑目标模板图片，发现嫌疑人提示框提示“未发现嫌疑人!”，如图 3-54 所示。

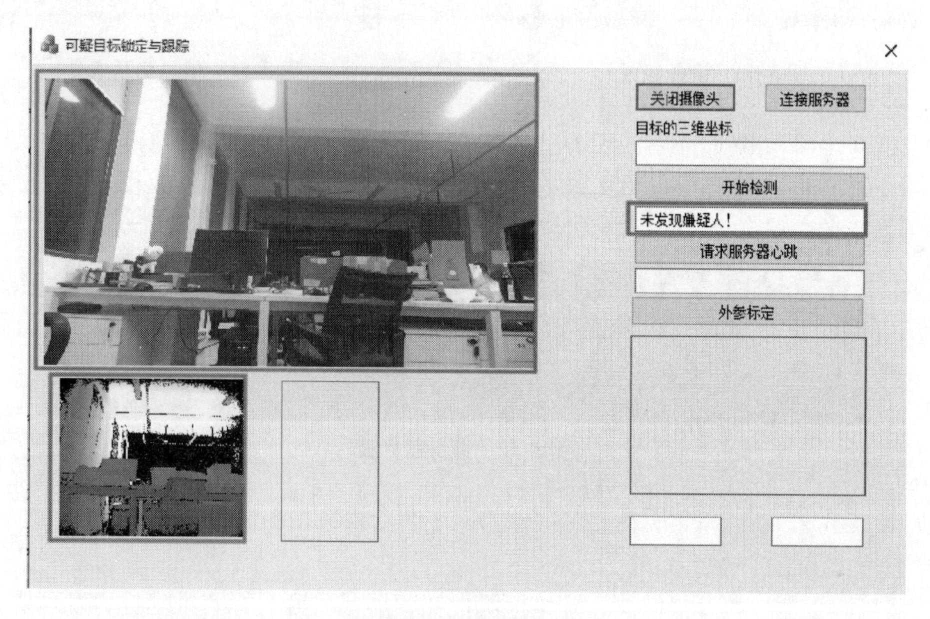

图 3-54 打开摄像头

单击“连接服务器”，客户端显示连接成功，并接收到服务器发送的可疑目标图片编码，完成解码并显示在界面上，如图 3-55 所示。

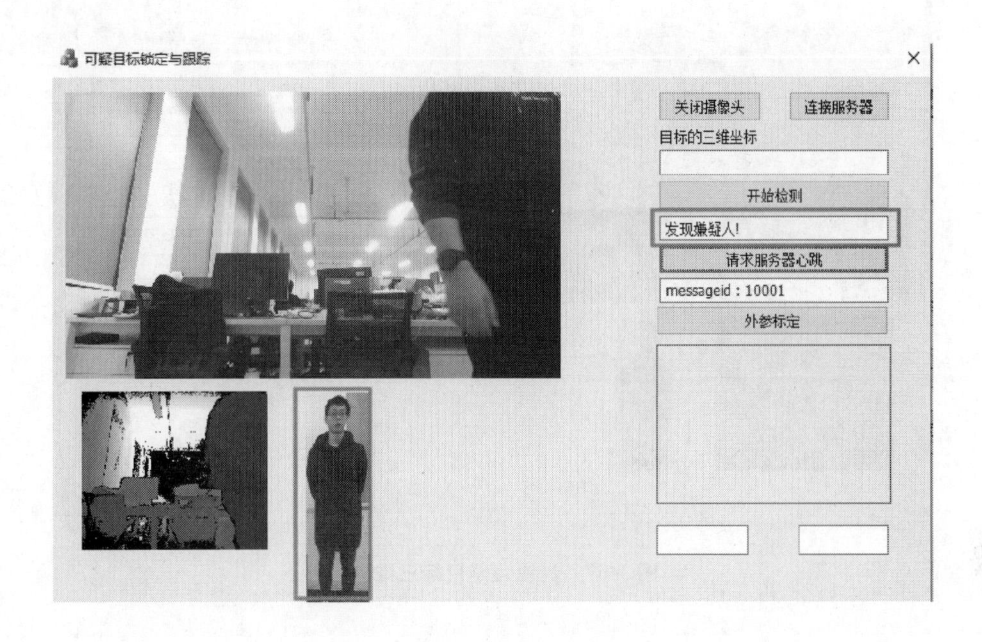

图 3-55　显示可疑目标模板

在客户端界面单击“请求服务器心跳”，向服务器发送心跳请求。服务器接到请求，完成响应，如图 3-56 所示。

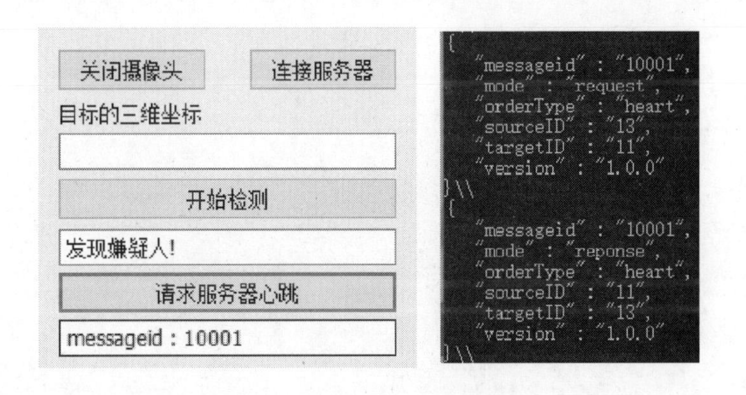

图 3-56　心跳请求与响应消息

在客户端界面单击“开始检测”，启动客户端的目标锁定与跟踪程序。当检测到可疑目标之后，客户端界面如图 3-57 所示。图中标示区域 1 为客户端程序锁定的可疑人员；标示区域 2 为可疑目标相对于摄像头位置的三维坐标；标示区域 3 为单独提取出来的可疑目标图片，并显示了与模板图片的相似度。

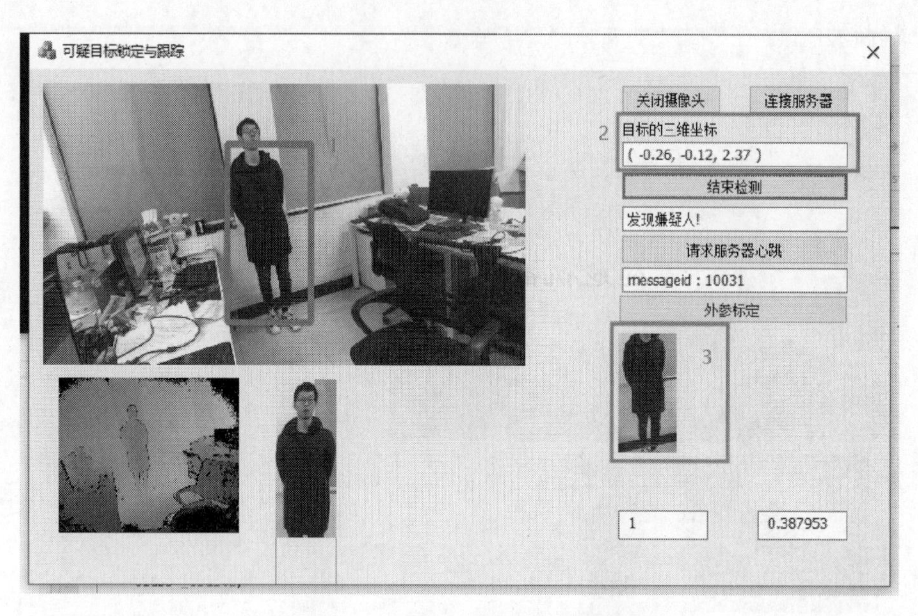

图 3-57　计算可疑目标三维坐标

第 4 章 巡逻机器人关键技术

4.1 室外多路况巡逻机器人设计实现

4.1.1 室外多路况巡逻机器人平台总体设计

4.1.1.1 产品形态

本章研究已实现一种通过遥控或者自主方式对小区等固定场合进行无人巡视、监控及预

a) 第1版

b) 第2版

c) 第3版

d) 第4版

e) 第5版

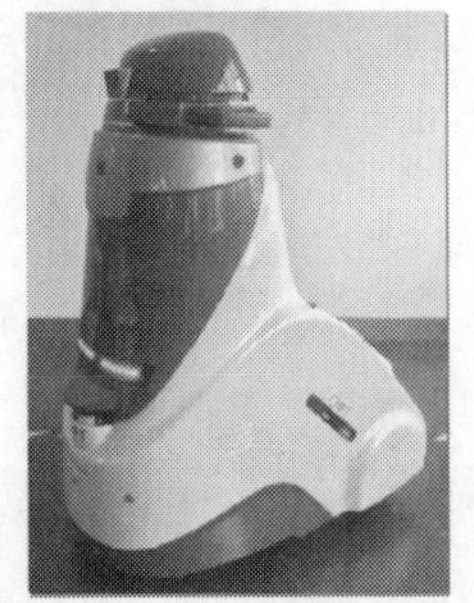

f) 第6版

图 4-1 巡逻机器人的多轮迭代开发

警等工作的安保巡逻机器人系统，其多轮迭代开发如图4-1所示。该机器人系统可以以单机独立或多机协同的形式，在无人值守的情况下自动巡视和记录监控区域，并将异常情况第一时刻通知相关人员。本巡逻机器人系统主要包括巡逻机器人本体、具有自组网功能的无线局域网络和远程控制平台，机器人本体和远程控制平台通过无线网络进行数据交互。

最新版的产品形态如图4-2所示，拟采用立式圆形或四轮运动形式（四轮可快拆组装），便于移动及运输，并可实现自主巡逻（图4-3a）、载人巡逻（图4-3b）、人机协同巡逻等多种工作方式。

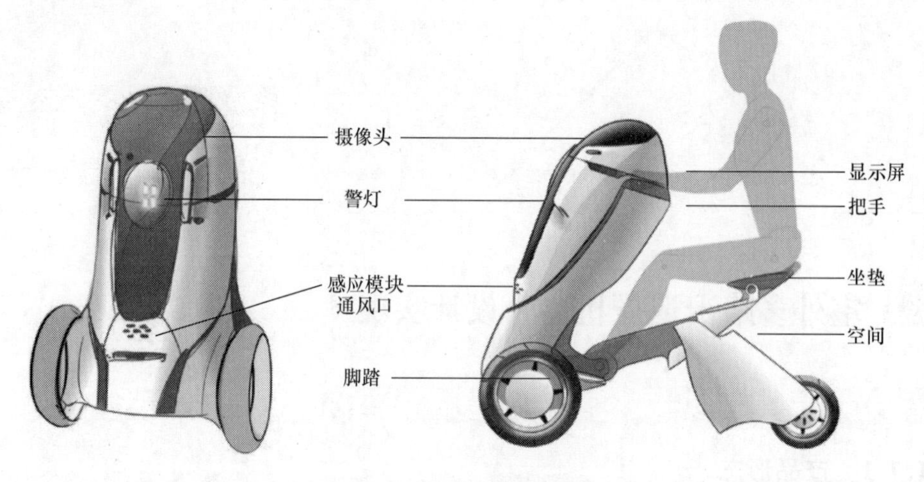

图4-2　最新版的产品形态

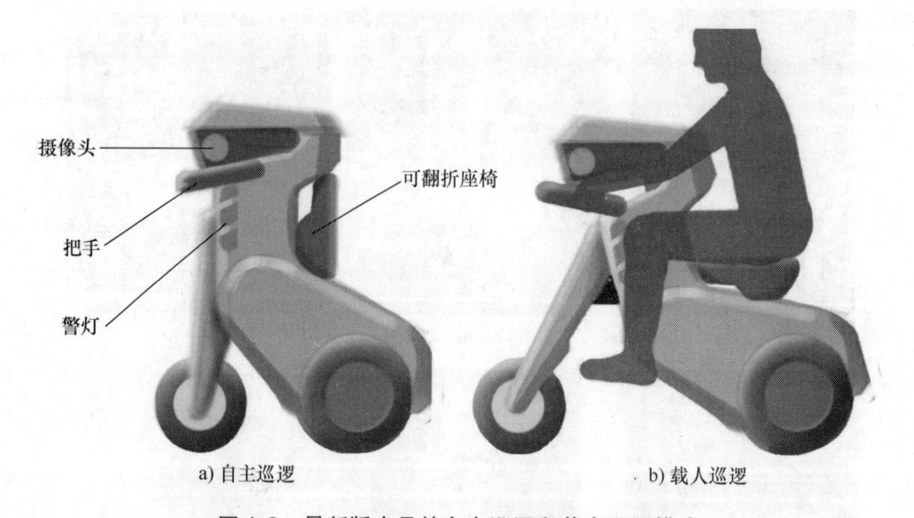

a) 自主巡逻　　b) 载人巡逻

图4-3　最新版产品的自主巡逻和载人巡逻模式

4.1.1.2　产品功能

巡逻机器人除具有机器人自主导航、WiFi无线通信、音视频传输、灯光照明与警示、信息发布、便携遥控与后台监控等基础功能外，还能够提供自主避障、定制地图、热红外成像、电池自主充电、异常声音识别、人流检测、人脸识别、身份证识别、车牌识别、车型识别、手机App接入等定制功能，从而满足不同场景、不同业务模式下的任务需求。产品功

能列表见表 4-1。

表 4-1　产品功能列表

功能类别	功能细化	备注
自主导航	室外差分 GPS 室内激光	订制
通信协议	WiFi	
	4G	选配
音视频	热红外成像	选配
	可升降云台 执法记录仪	
	双向对讲	
	警笛、警灯	
	异常声音识别	选配
电池充电	自主充电	选配
	手动充电	
避障	遇障碍物绕行	选配
灯光	远强光灯	
	车灯（前后转向、车身示廓）	
	警灯	
手动运动控制	便携式遥控器	
	后台模拟驾驶控制	
	键盘控制	
	手机 APP 控制	
信息发布	滚动 LED 屏	
后台软件	软件远程更新	
	App 接入	选配
	网页接入	
	百度地图	
	定制地图	选配
	任务调度	
	云台控制	
防护能力	防护等级：IP54	
	电量、车身振动、位置偏离报警	
图像识别	人流检测	选配
	人脸识别	选配
	身份证识别	选配
	车牌识别	选配
	车型识别	选配

4.1.1.3　产品参数

产品参数列表见表4-2。最新版本的巡逻机器人具有1m的转向半径、10cm越障高度以及超过12h的续航时间。

表4-2　产品参数列表

型号	第4版	第5版	第6版
图片			
本体尺寸	1350mm×700mm×1850mm	1200mm×730mm×1400mm	720mm×900mm×1200mm
本体重量	200kg	<200kg	≤100kg
防护等级	IP54	IP54	IP54
续航能力	>12h	>12h	>12h
充电电流	10A	10A	10A
导航方式	差分RTK+激光导航+惯导	差分RTK+激光导航+惯导	差分RTK+激光导航+惯导+有人驾驶
自主避障	遇障主动停止	遇障主动停止	遇障主动停止
转向半径	1.5m	1.5m	1.0m
上下坡度	10°	10°	±10°
越障高度	10cm	4.5cm	10cm
涉水能力	10cm	10cm	10cm
遥控速度*	两档（0.3m/s、0.6m/s）	两档（0.3m/s、0.6m/s）	最大行进速度≤5km/h
巡航速度	0.2~0.5m/s可调	0.2~0.5m/s可调	自主巡逻速度≤3km/h
操控方式	遥控器、后台、自主巡航	遥控器、后台、自主巡航	遥控器、后台、自主巡航、有人驾驶
高清视频	1080P	1080P	1080P
语音对讲	前端与后台双向清晰对讲	前端与后台双向清晰对讲	选配
声光报警	红蓝警灯；警笛	高音警笛	选配
电量感知	支持	支持	支持
温湿度检测	支持	支持	支持
人脸识别	选配	选配	选配
车牌识别	选配	选配	选配
振动检测	选配	选配	选配
异常声音识别	选配	选配	选配
热红外温度分析	选配	选配	选配

4.1.1.4　系统方案架构

警用巡逻机器人系统架构分为 5 部分，如图 4-4 所示。

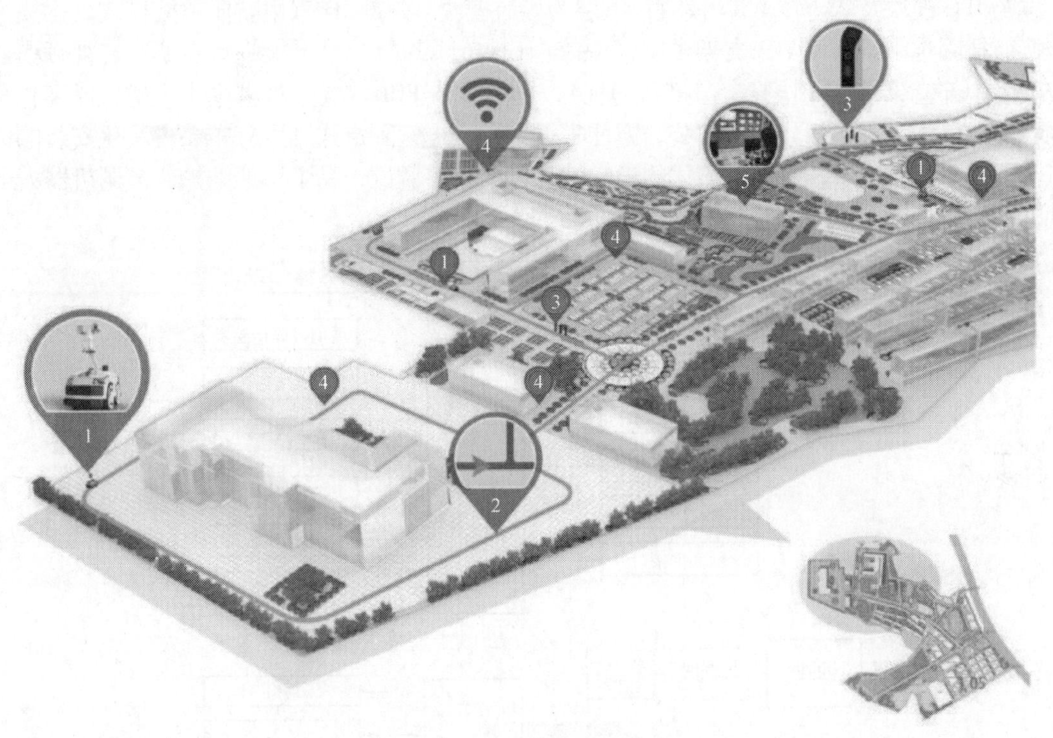

图 4-4　应用系统方案架构

1—巡逻机器人　2—导航轨迹　3—自动充电桩　4—无线局域网节点　5—后台管理云平台

4.1.1.5　车身布局与主要器件

警用巡逻机器人的车身布局与主要器件如图 4-5 所示。

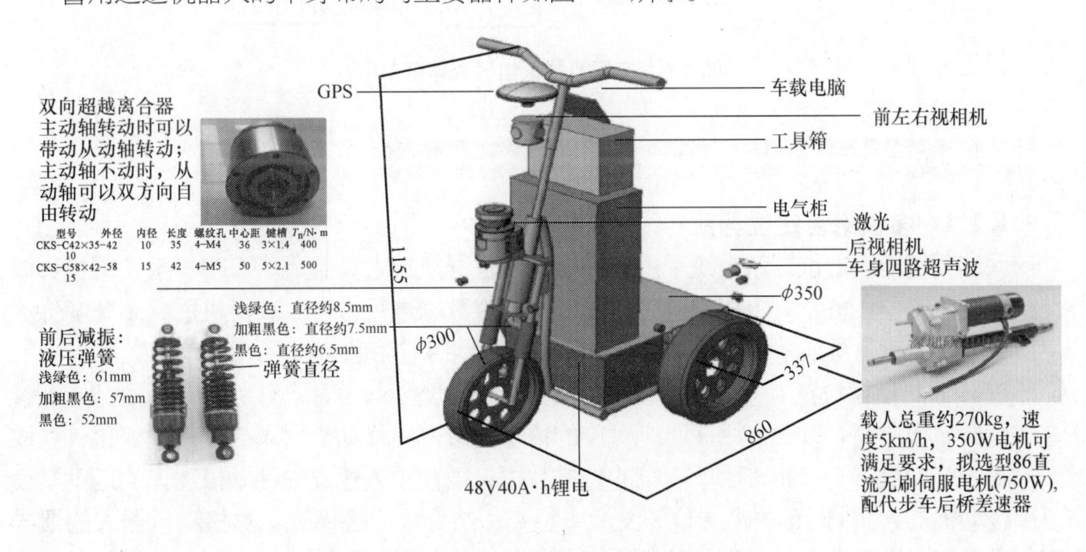

图 4-5　车身布局与主要器件

4.1.1.6 硬件系统

电气部分将本体元器件进行分层集中安装，所有元器件固定在电气控制柜中，安放于机器人中部支架底层，减少了线束电缆的分布。电器柜底层为本体控制模块和整车电源模块；中层为 IPC 模块及 232 转 WiFi 模块；上层为导航模块。外部 IO 采用航插转接模式，插拔式转接航插固定于机器人中部支架中层（快修窗口打开即视），易于检修、安调。音视频模块安装于中部支架顶层（快修窗口打开即视），远离本体 PCB，减少对本体的干扰，提高整车的稳定性。激光雷达部分单独安装，方便安调维护。电气固定式分层分布、模块化安装的优点在于：降低了成本，提高了整体的稳定性；利于安装调试，易于快速维护。巡逻机器人电气整体框架如图 4-6 所示。

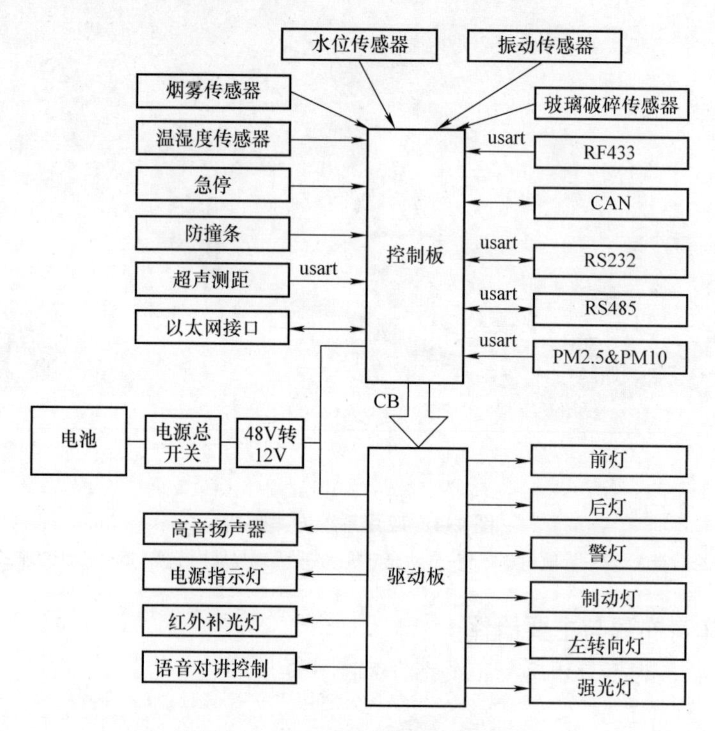

图 4-6 巡逻机器人电气整体框架

4.1.2 室外多路况巡逻机器人定位与导航技术

4.1.2.1 多模融合定位导航

安保巡逻机器人定位导航系统采用多模融合定位导航技术，集成了 GPS、激光雷达、惯导及摄像机等定位设备，对上述定位设备输出的定位数据进行融合以获得机器人高精度位置信息。多模融合定位导航系统硬件构成及技术原理如图 4-7 和图 4-8 所示。

通过 GPS 导航模块在 $t-1$ 时刻以及 t 时刻的经纬度坐标，得到 XY 坐标系下的坐标值；通过惯性导航模块在 $t-1$ 时刻和 t 时刻对应的信号信息得出移动机器人的偏航角变化；获取激光雷达导航模块在 $t-1$ 时刻和 t 时刻的扫描数据；结合预先建立的移动机器人的运动学模型得出移动机器人在 t 时刻的惯导位姿及激光位姿；结合环境路标信息对移动机器人的惯导位姿与激光位姿进行融合，得到移动机器人在 t 时刻对应的当前位姿。同时，基于视觉的车

道线识别提供辅助导航信息，在能够识别到车道线的场合提高整个多模融合定位导航方法的稳定性和鲁棒性。

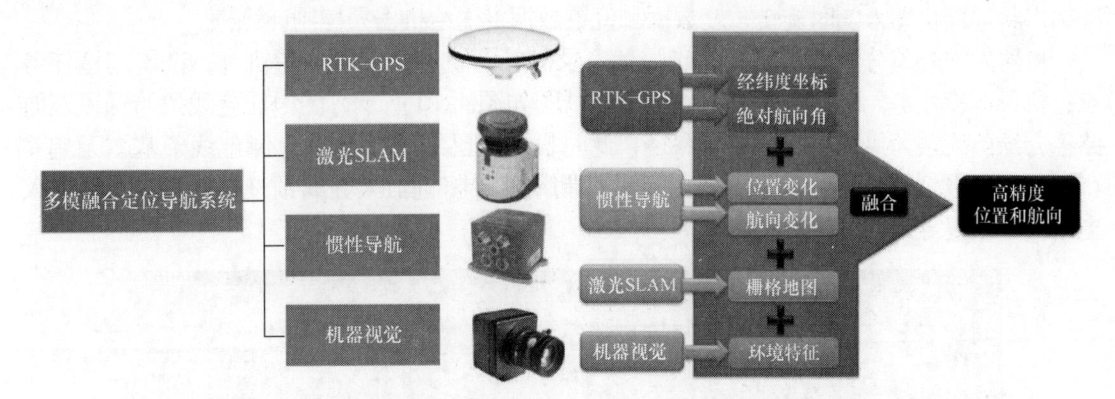

图 4-7　多模融合定位导航系统硬件构成　　　　图 4-8　多模融合定位导航技术原理

4.1.2.2　差分 GPS 定位导航

采用 GPS 定位技术中最高精度的实时动态（RTK）差分 GPS 定位技术，该系统由定位卫星系统、GPS 基准站、机器人本体以及通信网络共四部分组成。基准站与移动站均采用支持三星八频（GPS/GLONASS/北斗）的接收机，有效保障了卫星定位信号的捕获能力。基本实现原理为基准站 GPS 接收机和安装在机器人本体上的移动站 GPS 接收机同时捕获最少四颗相同定位卫星的定位信号，基准站端将解算的差分改正数通过无线网络转发给移动站端用于修正移动站端的定位误差，从而实现最高 1cm 级别的定位能力。

图 4-9 所示为室外 RTK 北斗定位操作原理，显示的是华为坂田基地内的差分 GPS 基站和巡路机器人双天线接收端。系统中 GPS 基准站固定安装于空旷且较高的位置，GPS 移动站安装于巡检机器人本体，数据链路负责将 GPS 基准站生成的差分数据传输到 GPS 移动站，

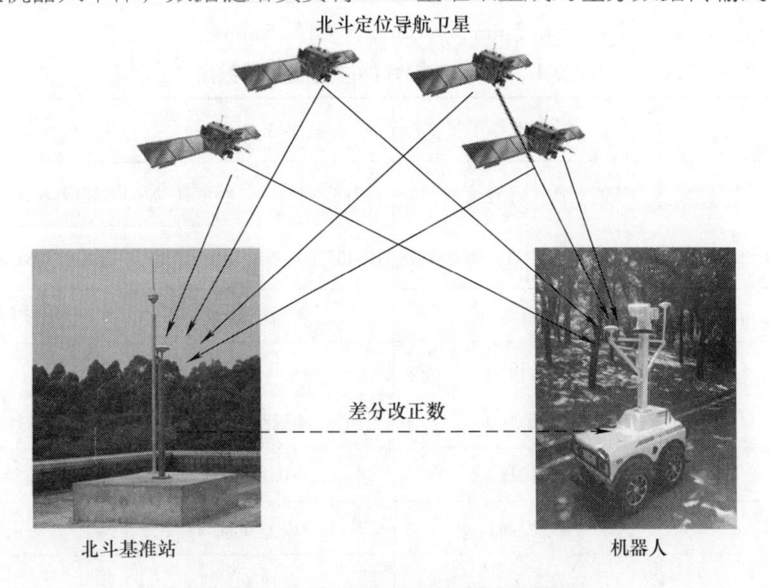

图 4-9　室外 RTK 北斗定位操作原理

GPS 移动站采集 GPS 观测数据并结合接收到的差分数据，计算得到移动站天线中心处厘米级定位数据，然后通过标准串口输出到机器人控制计算机。同时，陀螺仪和编码器也通过标准串口将巡检机器人实时旋转角度数据和位置数据发送给机器人控制计算机。

机器人室外差分定位导航操作步骤为：录制参考轨迹；编辑参考轨迹；设置巡检任务点；执行巡检任务。GPS 路径设置和导航测试图如图 4-10 所示，图中红色线条为预设巡航路径，绿色线条为机器人实际导航路径，此时机器人已经绕行近 2h，绿色线条基本无偏差（已经覆盖住红色线条）。蓝色线条为手动控制干扰，将机器人驶离预设导航路径，机器人自动自主恢复导航的行走路径。

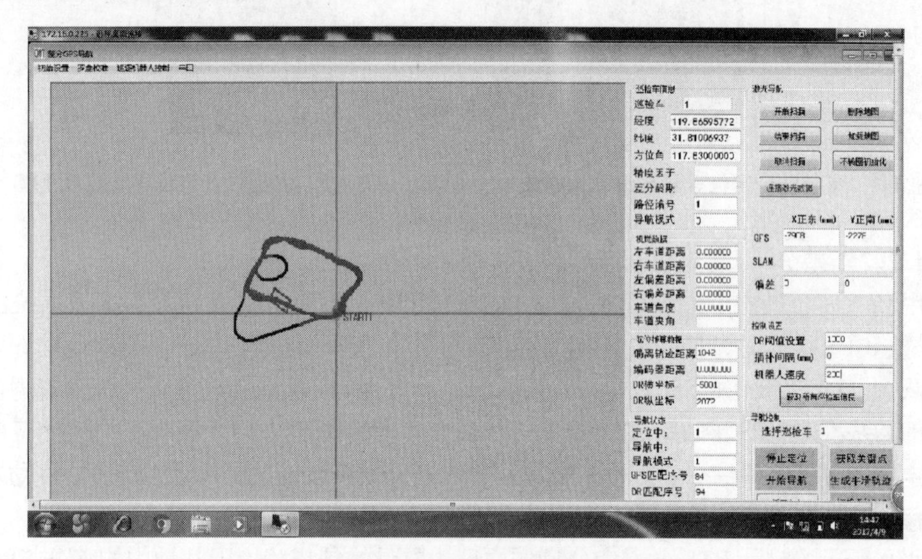

图 4-10　GPS 路径设置和导航测试图（见彩插）

在华为坂田基地实测 RTK GPS 静态定位测试数据见表 4-3。RTK GPS 静态定位最大误差约为 12. 6mm，最小误差约为 0. 2mm，平均误差约为 5mm。

表 4-3　RTK GPS 静态定位测试数据

1 点		2 点		3 点		4 点	
纬度/(°)	经度/(°)	纬度/(°)	经度/(°)	纬度/(°)	经度/(°)	纬度/(°)	经度/(°)
31. 8105371755	119. 8662558725	31. 8105374195	119. 866254828	31. 81053804966	119. 8662538828	31. 8105386528	119. 8662531008
实际距离/m		实际距离/m		实际距离/m		实际距离/m	
\		0. 10		0. 10		0. 10	
测量距离/m		测量距离/m		测量距离/m		测量距离/m	
\		0. 1025		0. 1136		0. 0998	
\		误差/mm		误差/mm		误差/mm	
\		2. 5		12. 6		0. 2	

（续）

5 点		6 点		7 点		8 点	
纬度/(°)	经度/(°)	纬度/(°)	纬度/(°)	纬度/(°)	经度/(°)	纬度/(°)	经度/(°)
31.81054287016	119.8662438373	31.810547101	31.8105729468	31.8105729468	119.866206499	31.8105599195	119.866206499
实际距离/m		实际距离/m		实际距离/m		实际距离/m	
1		1		3		3	
测量距离/m		测量距离/m		测量距离/m		测量距离/m	
0.9940		1.0047		2.0045		2.9935	
误差/mm		误差/mm		误差/mm		误差/mm	
6		4.7		4.5		6.5	

4.1.2.3　航位推算定位导航

采用航位推算作为辅助定位导航手段以提高机器人在复杂应用环境中的定位导航可靠性。用于实现航位推算的传感器包括电子罗盘/编码器组合形式、IMU 形式或者 INS（惯导）形式，具体配置要根据客户现场环境需求来决定，本节研究的巡逻机器人上采用的航位推算与 GPS 系统架构如图 4-11 所示。

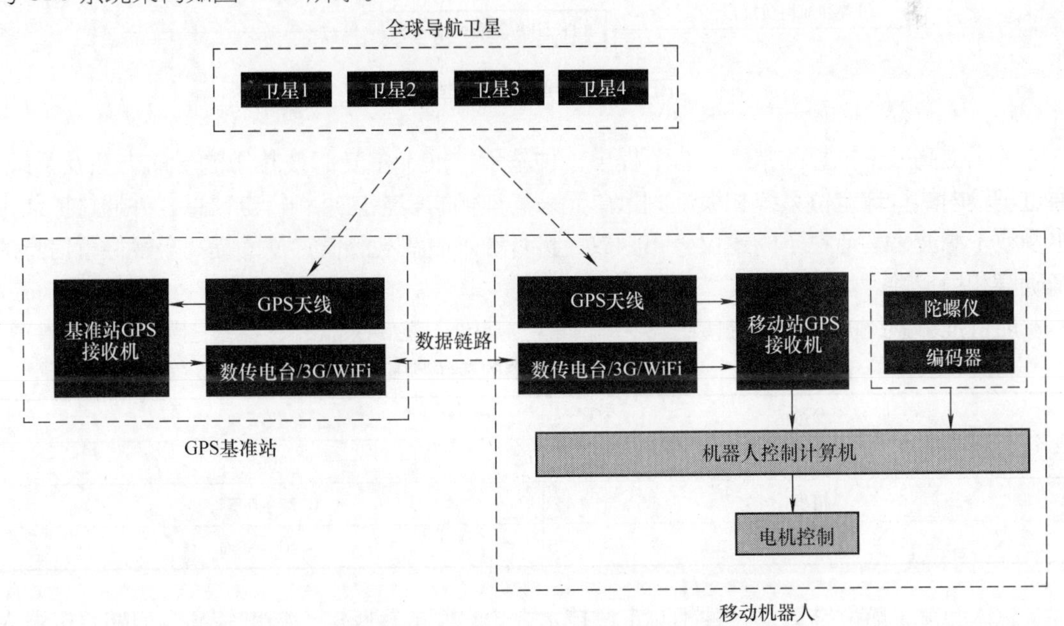

图 4-11　航位推算与 GPS 系统架构

航位推算的基本原理如图 4-12 所示，移动载体在 t_k 时刻的位置可以表示为

$$\begin{cases} x_k = x_0 + \sum_{i=0}^{k-1} s_i \cos\theta_i \\ y_k = y_0 + \sum_{i=0}^{k-1} s_i \sin\theta_i \end{cases} \tag{4-1}$$

式中，(x_0, y_0)是移动载体的初始位置；s_i 和 θ_i 分别是载体从 t_i 时刻的位置(x_i, y_i)到 t_{i+1}时刻的位置（x_{i+1}，y_{i+1}）的位移矢量的长度和绝对航向。

机器人利用 GPS 数据和航位推算数据进行导航控制原理框图如图 4-13 所示。

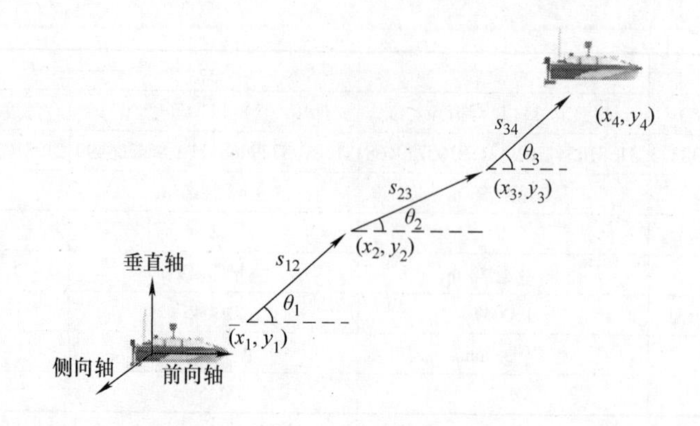

图 4-12　航位推算基本原理

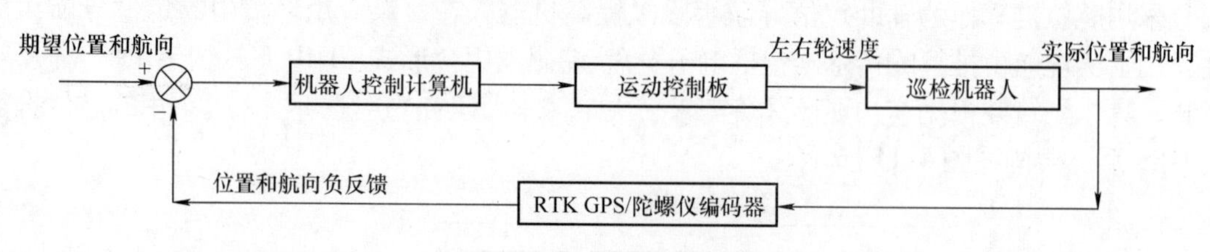

图 4-13　导航控制原理框图

为了提高航位推算的精度，本节提出一种基于扩展卡尔曼滤波粒子的导航方法及系统。通过车辆内的全球定位系统和惯性测量单元采集车辆的姿态信息和行走信息，并通过扩展卡尔曼粒子滤波来构造粒子的建议分布函数，实时融入最新观测值，从而提高车辆位置信息的精确度和稳定性。

航位推算系统的组成为磁传感器和编码器。其中，磁传感器的参数范围见表 4-4。

表 4-4　磁传感器的参数范围

参数	数值
测量范围	360°
精度	0. 3° ~0. 5°
工作温度	-40 ~85℃

总体而言，航位推算是一种相对定位技术，短时间或短距离下精度较高。但随着机器人行驶距离的增加，其累积误差也会持续增大，从而导致定位精度不断下降。因此，航位推算只能作为一种辅助手段与其他定位导航组合使用。

4. 1. 2. 4　激光 SLAM 定位导航

激光 SLAM 为同时建图与定位技术，在机器人扫描建图的同时完成自身位置的估算。激光雷达选用 SICK 公司的 2D 激光雷达，扫描范围为 270°，距离测量误差优于 5cm。激光 SLAM 定位导航首先需要遥控机器人在巡检路线上走一圈，扫描建立一张巡检路线周围环境的栅格地图并保存下来，然后机器人在自主行驶中会根据采集的实时激光雷达数据与事先保存的全局栅格地图进行局部特征匹配来计算机器人在全局栅格地图坐标系中的位置坐标，基本实现原理如图 4-14 所示。

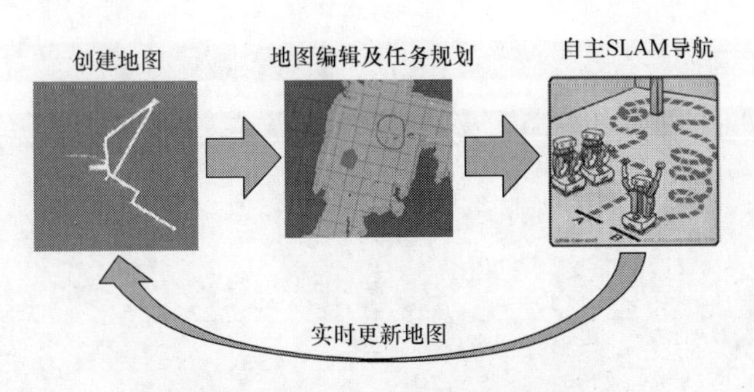

图 4-14　激光 SLAM 基本实现原理

根据概率学的基本原理，建立同步定位与地图构建算法的基本滤波方法，并依次研究了拓展卡尔曼滤波器和 SIR 粒子滤波器。针对 SIR 滤波器重采样阶段发生的粒子退化问题，提出了一个粒子分布均衡重采样算法。在重采样阶段，不再简单地用高权值粒子替换低权值粒子，而是将低权值粒子与高权值粒子的拷贝进行融合，用产生的新粒子来替换低权值粒子。使用开源的 Intel Lab 数据集和 Freiburg Campus 数据集对改进的 SIR 粒子滤波器做对比实验。实验证明所提出的基于粒子分布均衡的重采样方法，相比于一般的重采样方法，能够显著改善粒子退化问题，同时对 SLAM 算法性能也有提高。

SLAM 方法包括以下几个步骤：加载预设的根据机器人结构而建立的机器人运动学模型；通过传感器扫描环境而在预设坐标系中建立参考环境地图；在移动至下一位置时，通过惯性导航系统预估所述机器人的第一估计位姿；通过传感器扫描获得更新环境地图，根据所述更新环境地图、参考环境地图以及第一估计位姿获得第二估计位姿以及新参考环境地图；根据所述第一估计位姿与第二估计位姿获得更新位姿；根据所述更新位姿对所述机器人的位姿进行更新。为验证本方法的准确性，设计了巡航机器人的直线移动定位实验、弯道移动定位实验和整体地图构建实验。

按 SLAM 系统过程的先后顺序依次建立多个坐标系，并给出相邻两个坐标系相互转换的公式或关键代码。为了使巡航机器人的其他平台能够获得 SLAM 平台的定位信息，设计了一个基于服务器 - 客户端架构的网络通信模块。SLAM 平台可以通过网络并发地向任何请求获得 SLAM 定位信息的计算机发送信息。在 ROS 系统下，给出整个 SLAM 系统的架构以及 SLAM 系统涉及的各个节点和话题。结果表明，所设计的网络架构能够在机器人上使用并满足实时性的要求。

图 4-15 所示为激光建图与导航界面。定位导航硬件分为激光定位系统和航位推算系统两部分。其中，激光定位系统由激光扫描传感器、转向角和编码器组成。激光扫描传感器参数范围见表 4-5。

针对园区环境，我们对多个客户工业园区进行了激光 SLAM 建图测试。图 4-16 所示为停车场激光 SLAM 建图，可以看出，地图边界清晰，无错位、无回环现象发生。图 4-17所示为绕行大楼激光 SLAM 建图，地图边界清晰，无变形、无错位、回环检测正常。

图 4-15　激光建图与导航界面

表 4-5　激光扫描传感器参数范围

参数	数值
扫描范围/m	40/18（最大值/10%反射率）
角度分辨率/(°)	0.25/0.5 可调
扫描频率/Hz	25/15 可调
分辨率/mm	10
工作温度/℃	-30 ~ 50
防护等级	IP67

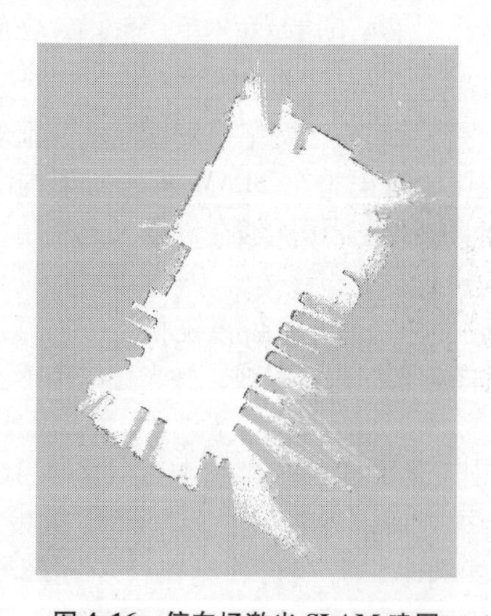

图 4-16　停车场激光 SLAM 建图

图 4-17　绕行大楼激光 SLAM 建图

4.1.2.5　机器人自主导航控制

移动机器人路径规划的任务主要为：已知机器人初始位姿、给定机器人的目标位姿，在

存在障碍的环境中规划一条无碰撞、时间（能量）最优的路径。若已知环境地图，即已知机器人模型和障碍模型，可采用基于模型的路径规划。若机器人在未知或动态环境中移动，机器人需要向目标移动、同时需要使用传感器探测障碍，则是基于传感器的路径规划。

机器人自主路径跟踪控制是根据路径规划提供的机器人目标位置与方位角，以及机器人运动轨迹测得机器人当前的位置姿态（机器人当前位姿通过多传感器融合算法实时计算获得），进行底层PID运动控制，从而获得稳定的机器人速度和转角的控制值。控制核心是以STM32微处理器的运动驱动板，通过路径规划、机器人实际运行的多传感器融合输出轨迹构成一个闭环控制系统，如图4-18所示。

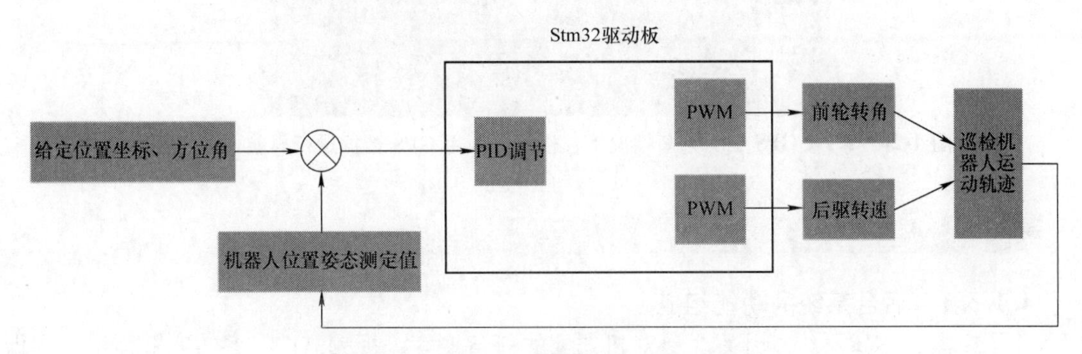

图4-18　机器人自主路径跟踪控制示意图

4.1.2.6　GPS+激光SLAM联合导航测试

如图4-19所示，红色平行四边形为机器人位置（红色表示此时为激光导航状态），绿色线条为机器人行走路径，START1为机器人开机时所处位置，十字交叉位置为机器人导航开始路径，红色/蓝色交叉线条为机器人预设导航路径，蓝色噪点为GPS屏蔽后偶尔收到的错误数据。可以看到，GPS信号屏蔽后，GPS错误数据增多（蓝色从左下方开始增多），但机器人已经切换为激光导航，继续按照原有设置路径进行导航。

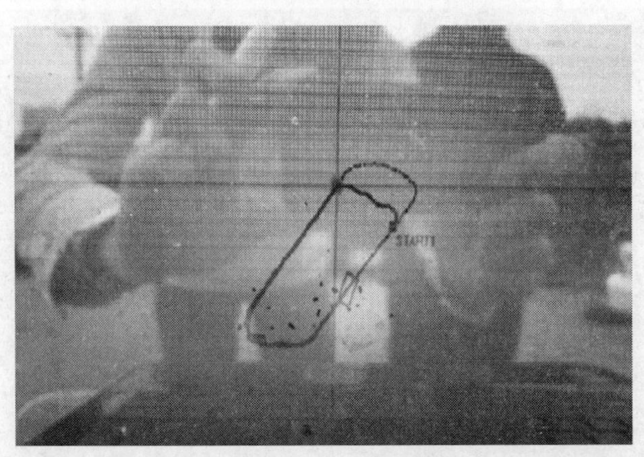

图4-19　屏蔽RTK GPS信号时，机器人基于SLAM地图的自主导航情况（见彩插）

如图4-20所示，绿色平行四边形为机器人位置（绿色表示此时为GPS导航状态）。可以看到，GPS 信号恢复后，GPS 错误数据减少，机器人恢复为 GPS 导航，继续按照原有设置路径进行导航。

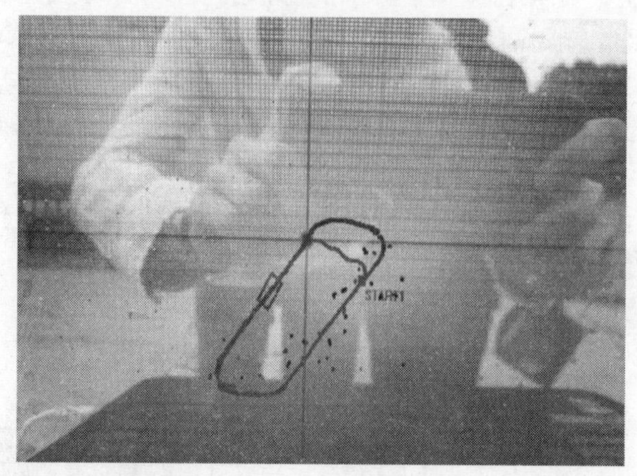

图 4-20　RTK GPS 信号恢复情况下，机器人利用 GPS 数据进行导航（见彩插）

4.1.3　室外多路况巡逻机器人后台系统设计

4.1.3.1　后台系统的功能组成

除了机器人本体系统的开发，针对机器人的任务调度、视频监控、多传感器监控、安保巡逻以及智能分析，开发了人机协作安保巡逻机器人后台监控系统。有别于传统监控系统，该系统是结合人力安保和机器人安保的特点的全新设计。其充分利用物联网及视频分析等新兴技术，并结合机器人巡逻的功能特点以实现智能化、无人化的安保巡逻监控。

人机协作智能安保服务平台的主要功能包括：

1）综合值守：综合值守是人机协作安保服务平台的日常值守页面，即在同一个页面同时展示地图、多路视频画面、实时视频分析、报警通知显示，同时可以紧急调度机器人到地图的执行位置进行现场查看，如图 4-21 所示。

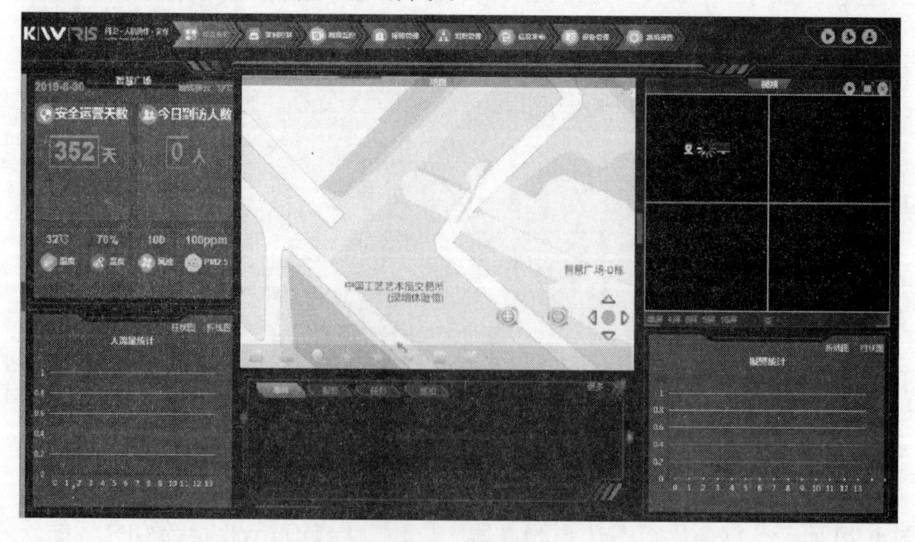

图 4-21　综合值守

2）机器人状态控制：实时显示机器人的网络、电源、灯光、温湿度、车速、位置及任务信息，同时能进行机器人的云台、视频、语音、运动、灯光控制，如图4-22所示。

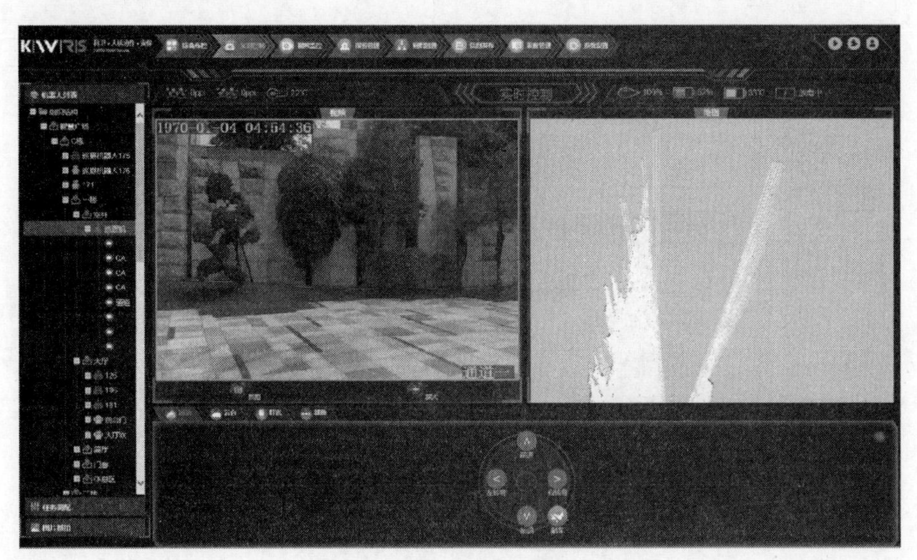

图4-22　机器人状态控制

3）视频监控：实时显示多路机器人视频，同时进行云台控制、现场抓拍、录像，对机器人视频录像进行远程回放，如图4-23所示。

图4-23　视频监控

4）报警管理：实时接收机器人报警，并根据不同场景下的报警进行自动处置或人工处置，还可以根据报警地点和报警事件自动调度最近的机器人现场出警。

5）组织管理：支持人员、访客、车辆等信息的录入，将录入照片信息生成人脸库，设置黑名单进行智能化识别。

6）智能分析：对机器人上传的视频及照片进行智能分析，包括特征识别和行为分析，分析结果在首页实时展示等，如图4-24所示。

图4-24　智能分析

7）设备管理：管理接入的机器人，同时管理视频监控、门禁等其他安保设备，如图4-25所示。

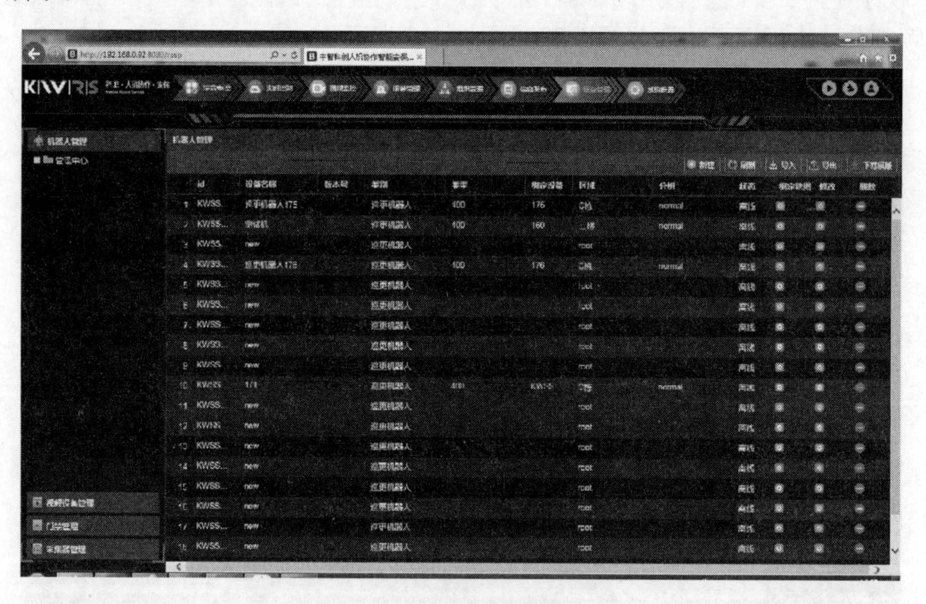

图4-25　设备管理

8）统计报表：实现报警、机器人、人员等数据的统计及分析。

9）系统设置：对服务、地图、区域等功能进行设置，如图4-26所示。

4.1.3.2　后台系统架构

人机协作安保服务平台包括机器人接入网关、后台业务系统、视频监控分析系统以及终端等，总体架构如图4-27所示。

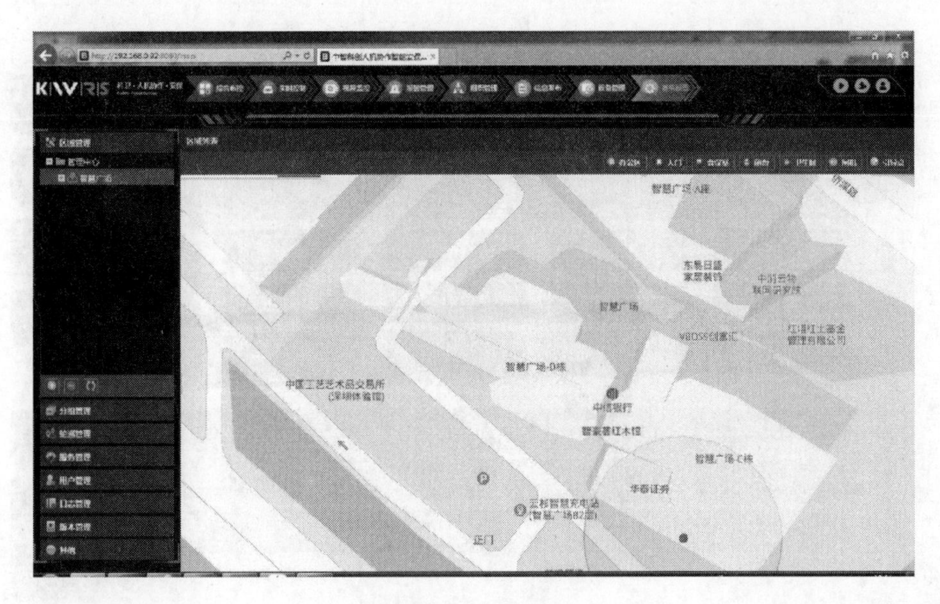

图4-26　系统设置

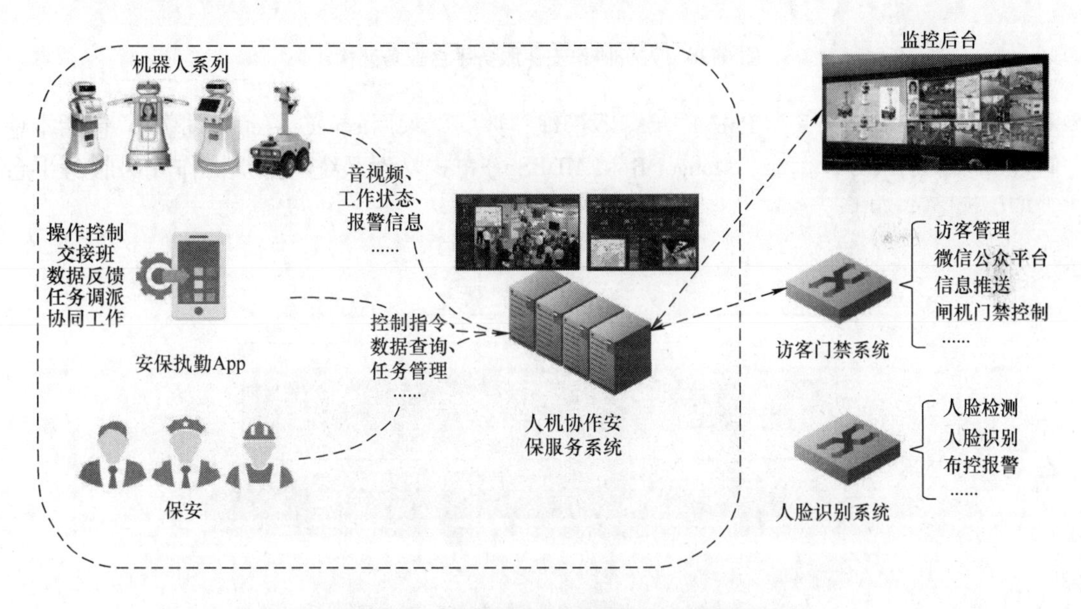

图4-27　人机协作安保服务平台总体架构

（1）业务架构

人机协作安保服务平台业务分为服务端业务和客户端业务。客户端分为Web客户端、大屏客户端和手机App端，服务端由多个独立的微服务构成，整体业务架构如图4-28所示：

（2）技术架构

人机协作安保服务平台技术架构为分层技术结构，包含Web服务器、消息总线、微服务及容器、持久化存储。Web服务器基于express应用服务器，包含渲染引擎、图层引擎、应用程序接口（API）和视频播放插件；消息总线基于Redis事件订阅发布队列；微服务及

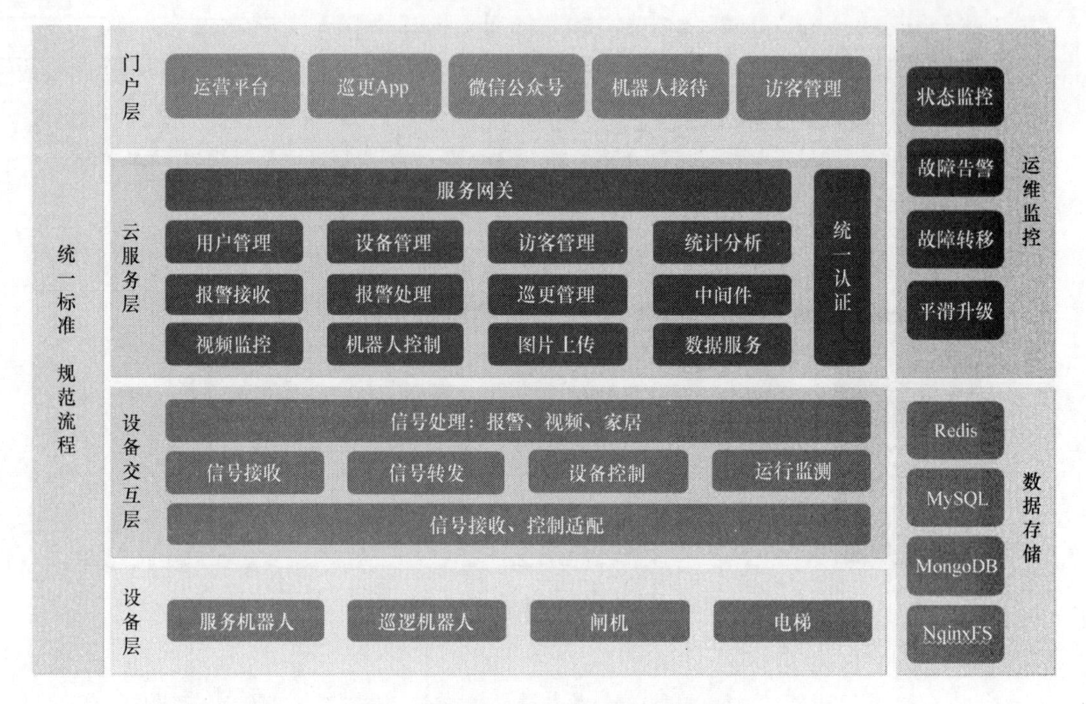

图 4-28　人机协作安保服务平台业务架构

容器采用 seneca 框架，采用 PM2 作为容器管理；数据层采用 seneca - entity 框架，包括本地文件（file）、MySQL 数据库、MongoDB 和 MDBS 分布式文件系统。人机协作安保服务平台技术架构如图 4-29 所示。

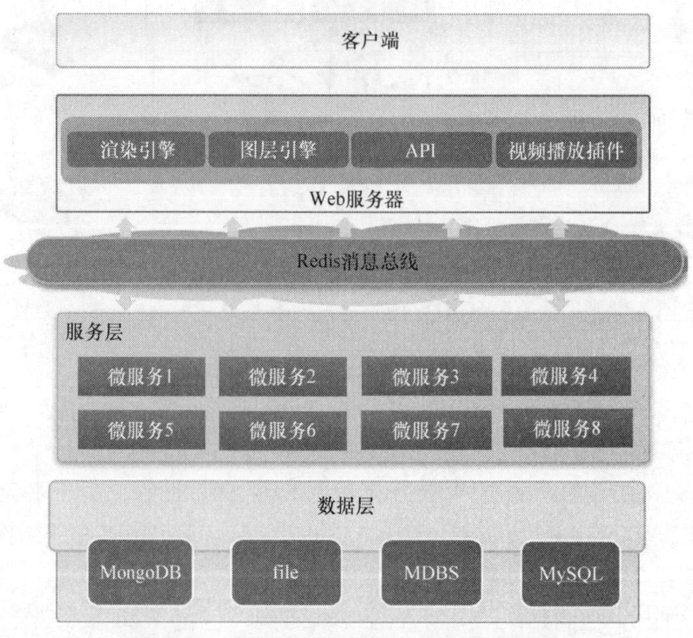

图 4-29　人机协作安保服务平台技术架构

（3）交互架构

人机协作安保服务平台服务间的交互采用消息总线和基于模式匹配的 seneca 接口；Web 服务器和客户端之间采用 ajax 交互传输数据；机器人采用机器人交互协议通信；摄像机接入服务器采用 SDK 和具体的摄像机直接交互。人机协作安保服务平台交互架构如图 4-30 所示。

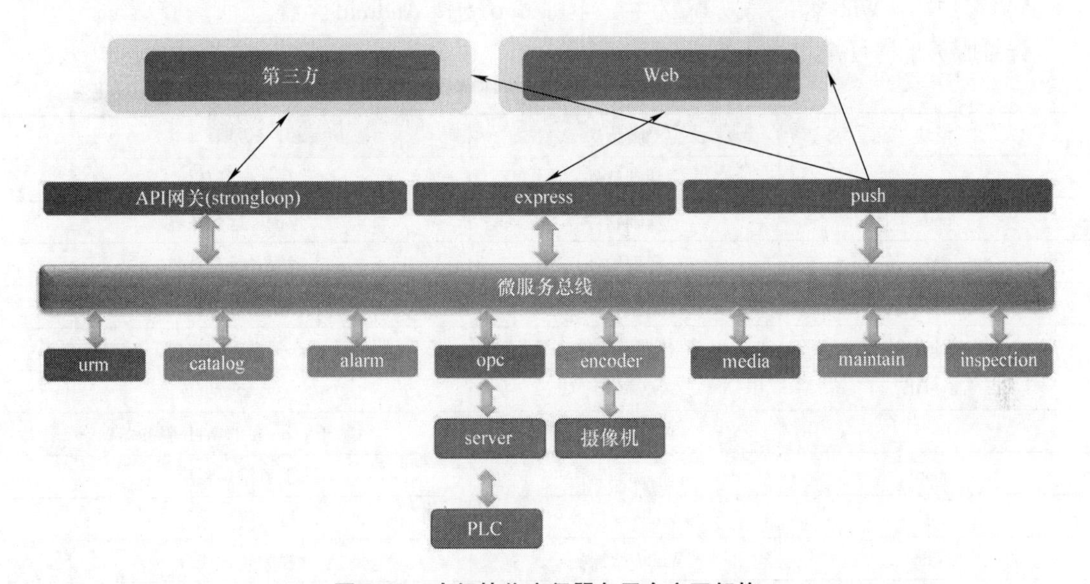

图 4-30　人机协作安保服务平台交互架构

人机协作安保服务平台网络架构如图 4-31 所示。

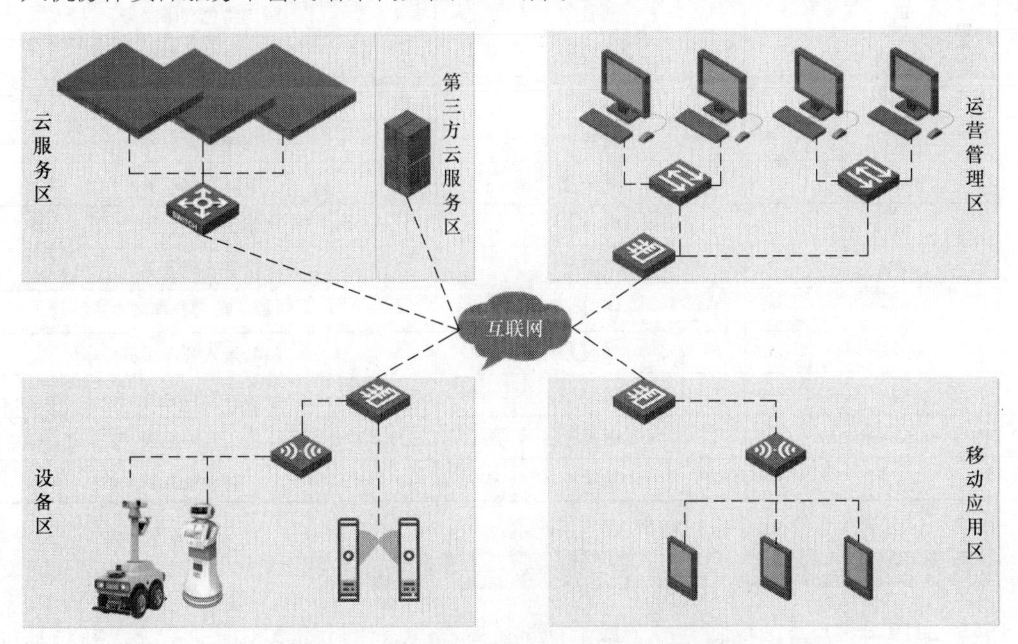

图 4-31　人机协作安保服务平台网络架构

4.1.3.3 后台系统运行环境

1）网络环境：以局域网应用为主，支持云端集中管理。

2）设备支持：支持安保巡逻机器人及支持相关标准接口的机器人。

3）运行环境：支持 Linux、Windows、Docker 等多种部署环境。

4）数据存储：支持 MongoDB 及 MySQL 等多种数据库。

5）客户端：Web 客户端以 IE 为主，手机 App 支持 Android 系统。

详细服务部署环境见表 4-6。

表 4-6 详细服务部署环境

模块	类型	说明
jre	基础软件	Java 运行环境
node	基础软件	nodejs 运行环境
PM2	管理软件	微服务管理软件
Redis	基础软件	消息服务器
MongoDB	数据库软件	非关系型数据库
MySQL	数据库	关系型数据库
Web	Web 服务器	基于 express 的 Web 服务器
push	命令行程序	消息推送程序
gw	Windows 服务	接入网关代理
vtdu	Windows 服务	视频转发代理
cms	Windows 服务	设备管理代理
watch	Windows 服务	服务监测服务
urm	微服务	用户角色权限服务
catalog	微服务	组织结构服务
gateway	微服务	接入网关服务
transfer	微服务	视频转发服务
media	微服务	媒体存储服务
log	微服务	系统日志服务
alarm	微服务	报警管理服务
robot	微服务	机器人接入管理服务
access	微服务	门禁接入管理服务
visitor	微服务	访客管理服务
employee	微服务	员工管理服务
action	微服务	联动服务

4.1.4 基于多传感信息融合的典型警情识别技术

截至 2019 年 11 月，我们完成了基于视觉传感器的人体行为意图识别系统，并对基于三维残差稠密块（3D－RDB）网络的人体行为识别算法和基于人体骨架关键点的行为意图检测算法分别进行了测试，可以实现对典型异常行为的识别。

4.1.4.1　基于三维残差稠密块（3D－RDB）网络的人体行为识别算法测试

针对警用巡逻机器人安保任务的需求，设计了基于视觉传感器的人体行为意图识别系统。识别系统使用一种基于三维残差稠密网络的人体行为识别算法。该方法使用三维残差稠密块作为网络的基础模块，模块首先通过稠密连接的卷积层提取人体行为的层级特征；其次，经过局部特征聚合自适应方法学习人体行为的局部稠密特征，然后应用残差连接模块促进特征信息流动以及降低训练的难度；最后，通过集联多个三维残差稠密块实现网络多层局部特征提取，并使用全局特征聚合自适应方法学习所有网络层的特征以实现人体行为识别。三维残差稠密网络结构如图 4-32 所示，三维残差稠密块（3D－RDB）的网络结构如图 4-33 所示。

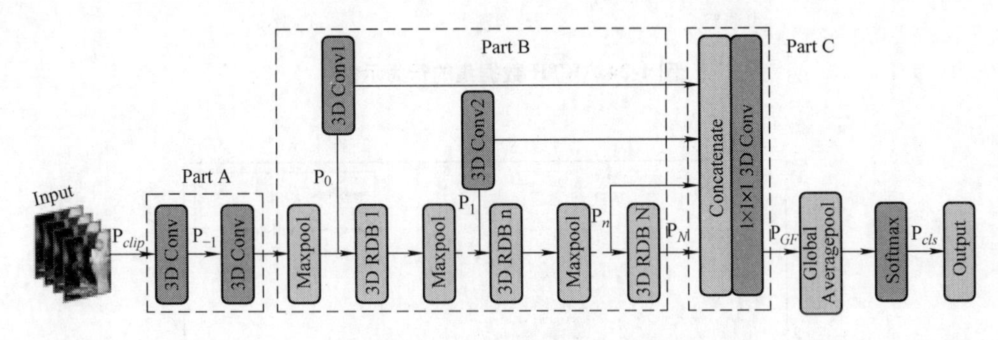

图 4-32　三维残差稠密网络结构

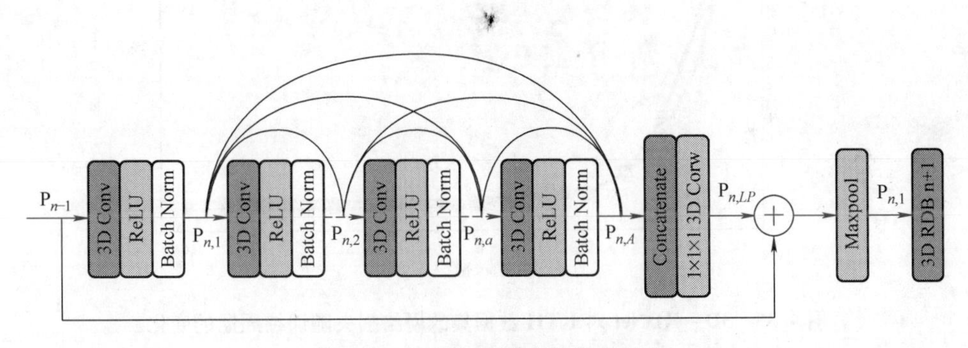

图 4-33　三维残差稠密块网络结构

基于视觉传感器的人体行为意图识别系统在 KTH 和 UCF－101 数据集上进行了算法识别率验证，并与其他算法进行对比；最后选取办公楼门禁进出口作为真实测试场景，对识别系统性能进行测试。

（1）KTH 数据集测试

KTH 数据集的行为示例如图 4-34 所示。

在小型数据集 KTH 上进行实验，分别测试了四种网络模型的视频行为识别准确率（表 4-7）。训练时，经过数据增强和预处理后，KTH 数据集的视频帧输入尺寸大小为 8×112×112，输入批量大小设置为 16，采用 Adam 优化器，参数 beta_1＝0.9，beta_2＝0.999，初始学习率为 10^{-4}，损失函数使用多类交叉熵函数，训练时长为 16 周期（图 4-35）。

图 4-34 KTH 数据集的行为示例

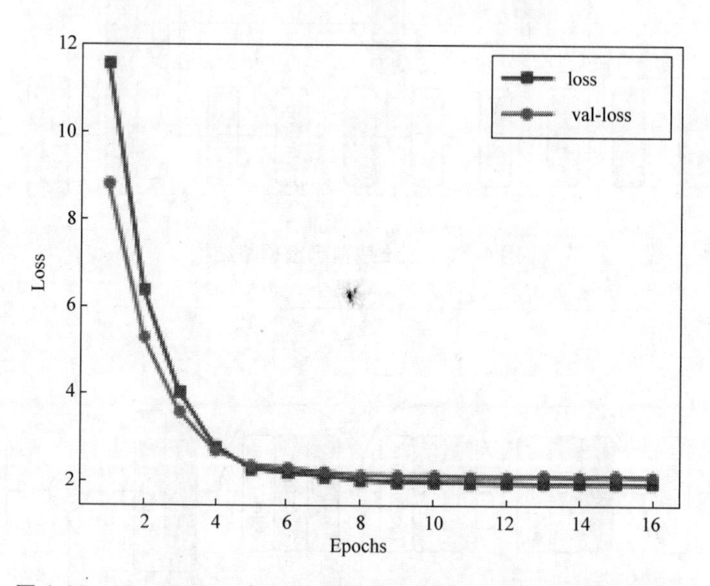

图 4-35 3D－RDNet 对 KTH 数据集的网络损失随训练周期的变化

表 4-7 各种人体行为识别算法在 KTH 数据集上的准确率

网络模型	准确率（%）
C3D	89. 59
3D－ResNet	91. 20
3D－DenseNet	91. 67
3D－RDNet	93. 52

（2）UCF－101 数据集测试

UCF－101 数据集的行为示例如图 4-36 所示。

对 UCF－101 数据集进行测试，实验从头开始训练。网络的输入为从每段视频中提取的连续 16 帧视频片段（clip），将视频帧的宽高设置为 171×128；经过数据预处理，将输入尺寸裁剪为 8×112×112。在网络优化方面，采用带动量的随机梯度下降法，网络初始学习率

a) 骑自动车

b) 投保龄球

c) 骑马

d) 太极

图4-36　UCF-101 数据集的行为示例

设置为0.01，动量参数为0.9，学习率衰减率为10^{-4}，目标函数为交叉熵损失函数，网络训练周期为16。由于GPU内存限制，批量处理大小设置为16。其中，准确率是基于视频连续16帧片段计算的。UCF-101数据集测试精度随训练周期的变化如图4-37所示，各种人体行为识别算法在UCF-101数据集上的准确率见表4-8。

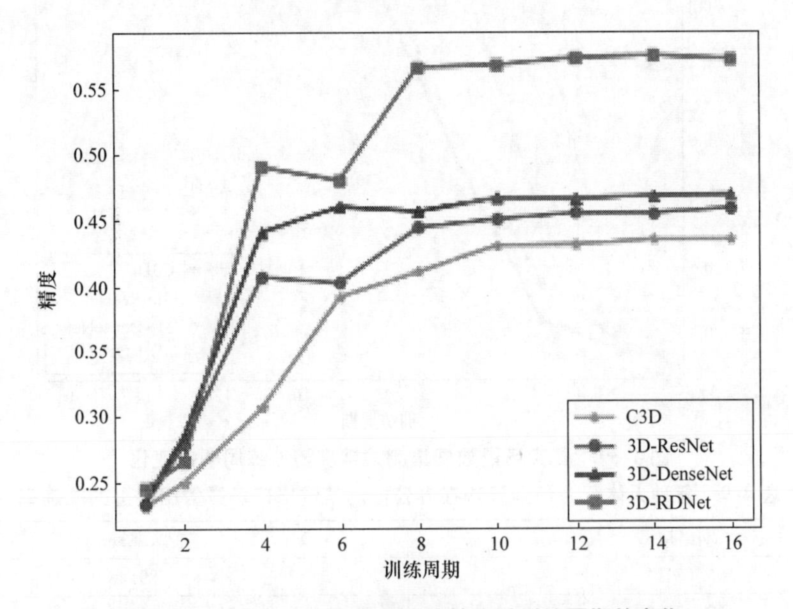

图4-37　UCF-101 数据集测试精度随训练周期的变化

表4-8　各种人体行为识别算法在UCF-101 数据集上的准确率

网络模型	准确率（%）
C3D	43.44
3D-ResNet	45.48
3D-DenseNet	46.83
3D-RDNet	57.35

（3）办公楼门禁进出口人体行为识别测试

选取办公楼门禁进出口作为测试场景进行视频数据采集，将人体行为分为站立、徘徊、行走、刷卡等四类动作，如图4-38所示。数据集每一类动作都包括100个视频段，共计400个视频样本。视频拍摄角度较为固定，视频数据的光照条件包括白天和晚上灯照两种情况。

本文采用2/3的行为数据作为训练集，剩下1/3的行为数据作为测试集。

a) 站立　b) 徘徊　c) 行走　d) 刷卡

图4-38　办公楼门禁进出口人体行为示例

真实场景数据集测试精度随训练周期的变化如图4-39所示，各种人体行为识别算法在办公楼门禁进出口场景数据集上的准确率见表4-9。

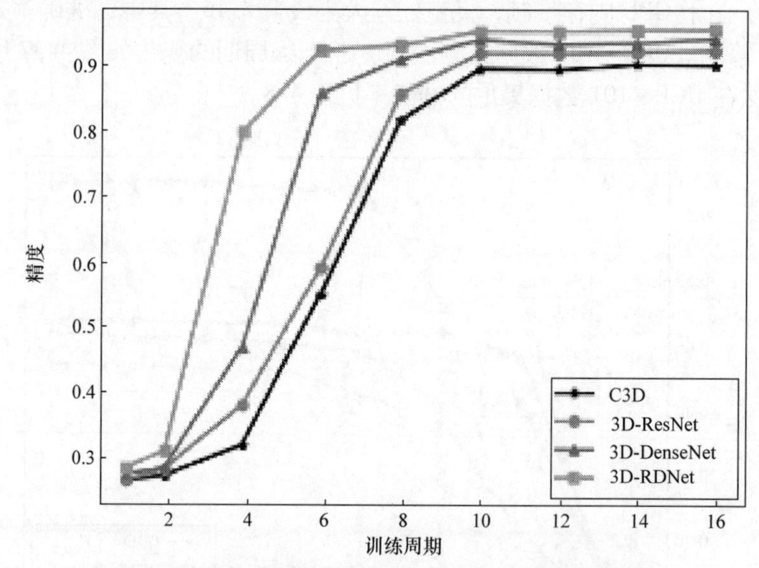

图4-39　真实场景数据集测试精度随训练周期的变化

表4-9　各种人体行为识别算法在办公楼门禁进出口场景数据集上的准确率

网络模型	准确率（%）
C3D	89.48
3D - ResNet	91.81
3D - DenseNet	93.01
3D - RDNet	94.66

4.1.4.2　基于人体骨架关键点的行为意图检测算法测试

基于人体骨架，针对多人行为意图识别，设计了一套实时稳定的多人行为关键点的行为意图检测算法测试。

（1）算法介绍

以巡逻机器人作为载体，搭载普通RGB相机，能够实现快速的行为意图检测，同时完成行人检测、跟踪。具体流程如图4-40所示。

第一步，采用OpenCV获取实时视频流，利用OpenCV中的稳像模块对输入的视频进行稳像预处理，消除运动过程的抖动，包含三个部分：首先对视频进行全局运动估计，然后进行运动补偿，最后进行图像生成。

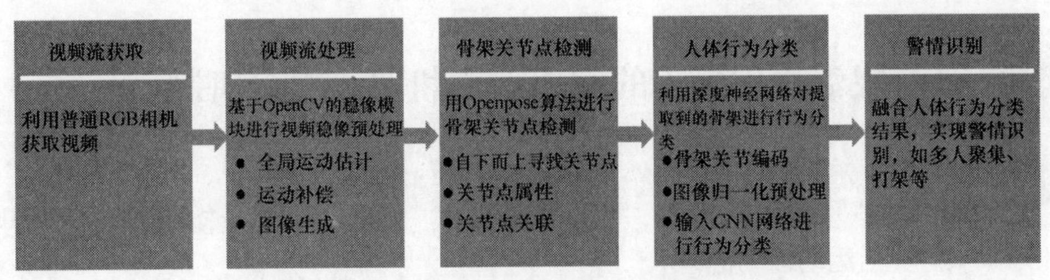

图4-40　基于人体骨架关键点的行为意图检测算法流程

第二步，利用Openpose算法进行骨架关节点检测，采用一种自下而上的方法，先找出图中所有的关节点，再判断每一个关节点属于哪一个人，基于一种部分亲和字段算法，负责在图像域编码四肢位置和方向的2D矢量。使用关键点检测（CMP）标记每一个关节点的置信度（热图），通过这两个分支，联合学习关节点的位置以及它们之间的联系。同时推断这些自下而上的检测和关联的方式，利用贪婪分析算法（Greedy Parsing Algorithm）能够对全局上下文进行足够的编码，以获得高质量的结果。

第三步，获取人体骨架关节之后，利用深度神经网络对提取到的每个边框中的人体骨架进行行为分类。通过将时序动态和每个人的骨架关节分别编码成行和列，进而将骨架序列表示成一张图像，经过图像预处理归一化，然后输入到CNN网络中进行行为分类。该方法可以有效地学习人体行为共现特征。

（2）算法测试

在实验室环境中进行了基于人体骨架关键点的行为意图检测算法测试，测试结果如图4-41所示，可以对人体的快跑、跌倒、坐下等动作进行实时识别。

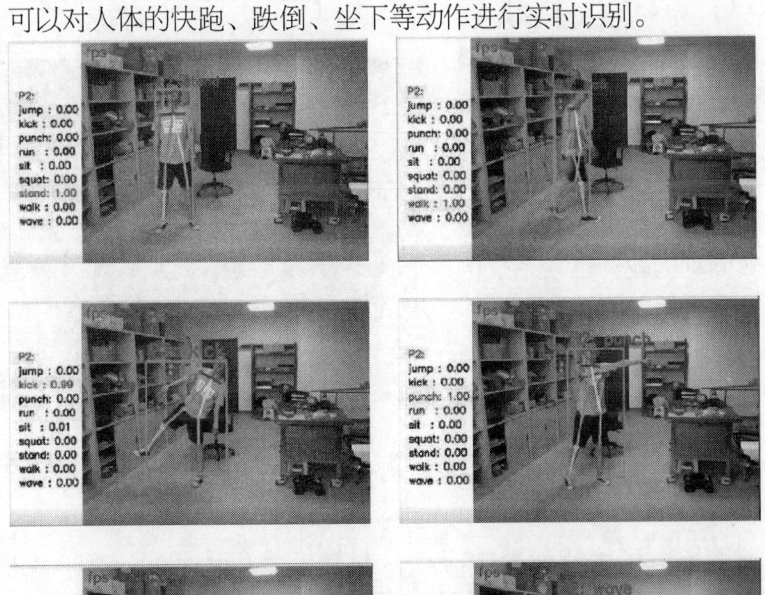

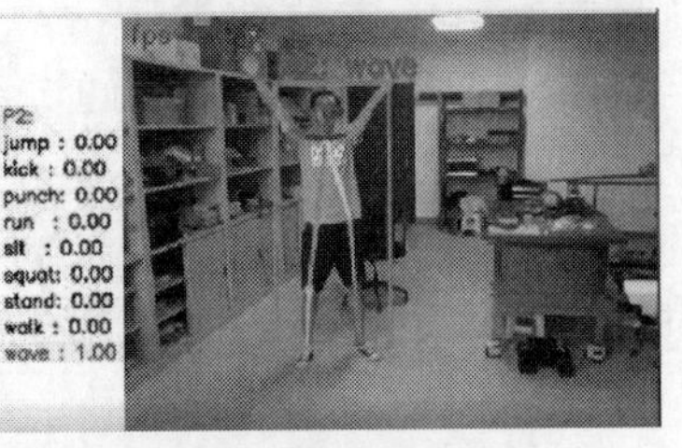

图4-41　基于人体骨架关键点的行为意图检测算法测试结果

4.2 具有灵活操作能力的室内巡逻机器人平台研制

4.2.1 室内巡逻机器人移动平台与自主定位

（1）低噪声灵活运动移动机构

针对典型室内监管场所中巡逻空间有限、短距离环形巡逻路线的特点，室内巡逻机器人设计了一种四轮均可独立驱动和转向的机器人底盘结构，能够实现机器人的横行、斜行和原地转向等特殊行驶模式，如图 4-42 所示。该模式增加了机器人的机动性，使其能够在狭小的空间内快速调整姿态。

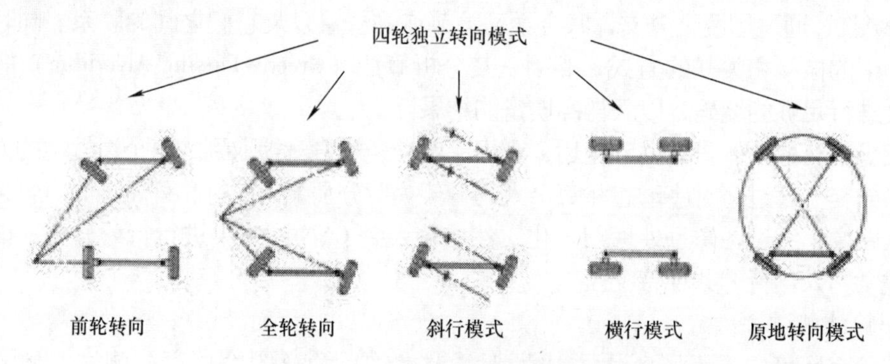

图 4-42　巡逻机器人四轮独立转向模式

室内巡逻机器人移动平台如图 4-43 所示。在低速行驶时，机器人适合采用前后轮异向转向，移动平台的转向中心位于前后轴之间，显著减小了车辆的转弯半径。驱动和转向系统采用具有减振单元的一体式转向动力轮；驱动系统电机采用高效能轮毂电机，能够很好地适应室内平坦路面，较传统驱动系统节约更多能源；采用无刷电机，可以降低系统运行噪声。

图 4-43　室内巡逻机器人移动平台

（2）基于 Cartographer 的机器人定位与建图

针对室内监管场所环境特征少的特点，本节基于 Cartographer SLAM 来实现移动机器人的定位与建图。激光 SLAM 系统通过对不同时刻两片点云的匹配与比对，计算激光雷达相对运动的距离和姿态的改变，也就完成了对机器人自身的定位。激光雷达距离测量比较准确，误差模型简单，在强光直射以外的环境中运行稳定，点云的处理也比较容易。同时，点云信息本身包含直接的几何关系，使得机器人的路径规划和导航变得直观。

谷歌（Google）的 Cartographer SLAM 算法使用一个安装有激光雷达的背包，提供了一

个实时的室内建图方案，能够在测试人员背着背包在室内走动的过程中实时生成一个分辨率为 $r=5\text{cm}$ 的 2D 网格地图，激光雷达的扫描帧能够在短时间内高效准确地插入到子地图帧中。为了得到好的地图表现，Cartographer 没有用传统的粒子滤波，而是用了姿态优化，激光雷达的数据帧只和子地图进行匹配，只与最近的扫描数据相关。当子地图创建停止，没有新的扫描被插入，进行局部闭环检测。所有子地图和扫描帧都自动地参与闭环检测。基于当前估计的姿态，如果所有子地图中有与当前帧足够接近的子地图，那么当前扫描帧就在该子地图中寻找匹配扫描帧。如果两个扫描帧位姿足够接近，就可以添加闭环优化。每隔几秒钟进行一次这样的优化，当到达一个位置后新的数据帧被添加进来，闭环可以立刻完成，以保证系统的实时性，同时能够满足室内移动机器人的定位和建图需求。整个系统包括两部分，分别用局部优化和全局优化的方法估计机器人位姿。局部优化部分是激光雷达扫描帧与子地图的匹配，得到局部优化的子地图。由于每个激光雷达扫描帧只和一个包含一些近期扫描帧的子地图进行匹配，所以会缓慢地累积建图误差，为消除累积误差，需要进行全局优化。Cartographer 算法流程如图 4-44 所示。

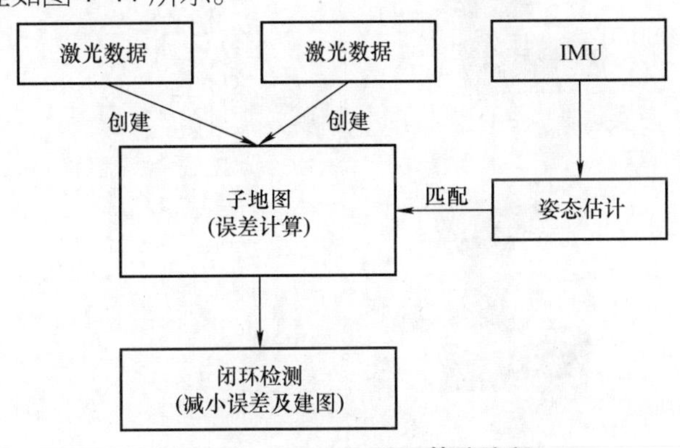

图 4-44　Cartographer 算法流程

为验证激光 SLAM 在室内环境的同步定位与建图效果，我们基于谷歌的 Cartographer 进行了实验测试，对沈阳自动化研究所 R 楼四楼（图 4-45）进行了环境建图。在建图过程中由于没有里程计信息，建图存在漂移现象，效果如图 4-46 所示。可以看出，在长廊等场景下建图发生一定的偏移，但基本满足任务需求。

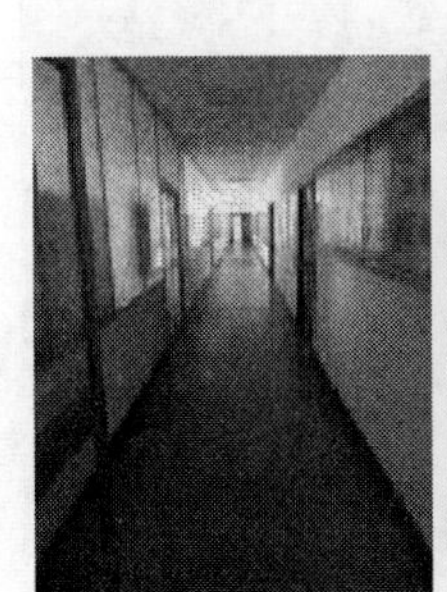

图 4-45　实际环境图

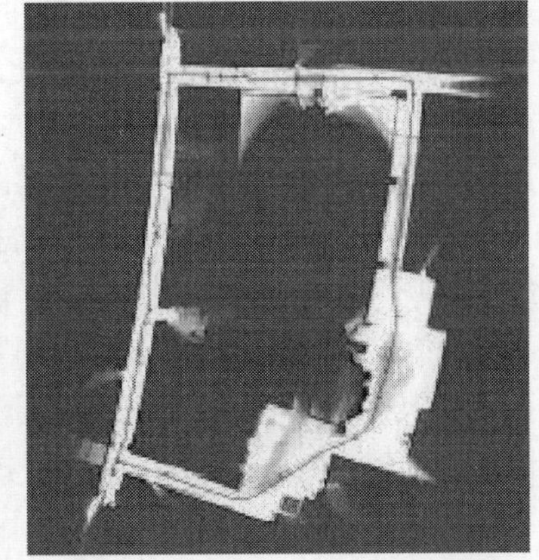

图 4-46　Cartographer 建图效果

4.2.2 室内巡逻机器人手眼系统的系统设计与集成

（1）机械手臂设计与集成

按照典型监管场所的巡逻操作需求，机械臂需要执行典型门、窗的操作以及物品递送的任务。按照设计准则，机械臂的设计应该在满足性能指标要求的前提下采用尽可能少的自由度。为了保证机械臂的灵活性以及控制的一致性，采用6自由度的机械臂结构，其中腰关节、肩关节、肘关节各具备一个自由度，腕关节具备3个自由度，如图4-47所示。考虑到机械臂运动的灵活性和工作空间的综合要求，可以把机械臂关节自由度分为两个部分，一部分主要完成机械臂的区域要求，决定了机械臂的基本工作空间；另一部分是反映手部方向要求的，关系到机械臂的灵活性。因此，在机械臂的腰关节、肩关节、肘关节构型上采用最大工作空间的自由度配置，腕关节的3个自由度旋转轴两两垂直。

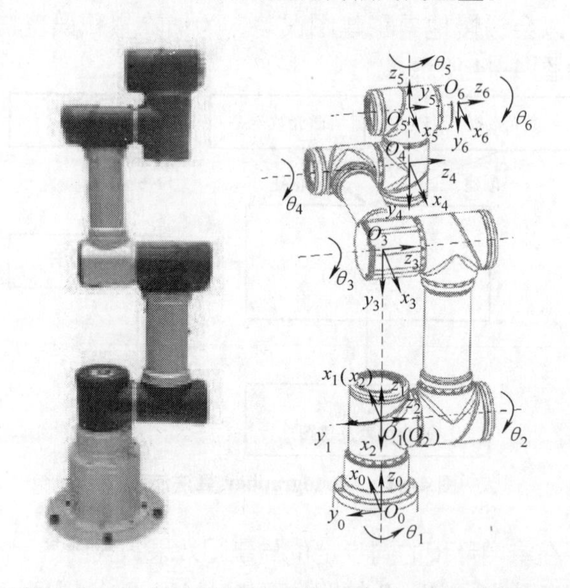

图4-47　室内巡逻机器人机械手臂及6自由度坐标系

机器人平台设计有模块化机械臂，采用模块化关节能显著提高机械臂的可维护性和实用性，便于后续批量化、标准化产品的设计和生产；同时能充分满足室内监管场所内狭小空间巡视及物品递送的需要。针对物品递送和手眼相机搭载要求，机械臂末端设计负载能力为4kg。机械臂末端搭载由灵巧手及深度相机构成的手眼系统，灵巧手集成有6个直线伺服驱动器并内置有压力传感器，能够执行典型物品如水瓶、药盒等物品的递送任务，其抓取物品试验如图4-48所示。

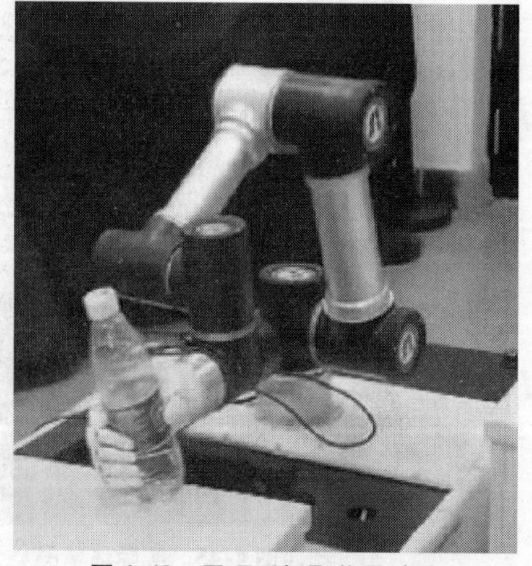

图4-48　灵巧手抓取物品试验

（2）基于深度学习的典型门窗目标检测与定位

针对室内环境下的典型门窗目标检测与定位方法，可分为基于彩色图像的目标检测和基于深度图像的目标定位。我们采用基于深度学习的目标检测方法对门窗目标进行检测、分类和图像坐标系下的定位；使用在彩色图像下的目标定位结果和经过标定的深度图像对目标进行三维空间下的定位。

1）基于深度学习的门窗目标检测。随着深度学习在目标检测领域的广泛应用，到目前为止，检测速度与精度和鲁棒性都明显优于传统算法。由于 YOLO v3 算法拥有检测速度快、准确率较高和泛化能力较强等优点，我们采用了 YOLO v3 算法、使用 COCO 数据集进行训练以达到对门窗目标进行检测和定位的目的。为了保证目标检测的实时性，我们选用 YOLO v3 – 320（输入图像分辨率为 320 × 320）进行测试，平均精度（mean Average Precision，mAP）达到 50.2，平均时间约 22ms。经过实物实验，目标检测效果如图 4-49 所示，基本满足任务需求。

图 4-49　基于深度学习的门窗目标检测效果

2）三维空间下的门窗目标定位。如何对目标进行三维空间下的定位，是进行目标操作需要解决的关键问题。我们利用标定过的深度图像和对应的彩色图像，对门窗目标进行定位。通过图像对齐与预处理，使彩色图像与深度图像的像素点一一对应，并利用 YOLO v3 的检测结果对彩色图像和深度图像进行分割，提取出目标所在区域作为感兴趣区域（ROI）。为了对目标进行精确定位，我们进一步对彩色图像的感兴趣区域计算 SURF 特征，根据特征点的位置将图像分割为前景和背景，前景即为我们需要的门窗目标。由于标定后的彩色图像与深度图像的像素点存在一一对应关系，可根据由前景所对应的深度图像计算出的三维点云对目标进行三维空间下的定位。

（3）完成巡逻机器人系统集成与试验

1）系统集成。在手眼系统和移动平台研究基础上，集成研制了包括锂动力电池、无线 WLAN 设备、EtherCat 总线技术、单板计算机、深度相机等组件的室内巡逻机器人系统，如图 4-50 所示。

2）室内巡逻机器人性能测试。对照中期项目考核指标要求，我们在沈阳自动化研究所 R 楼进行了多次巡逻机器人本体性能测试以及控制系统试验，包括典型目标能力测试、巡逻速度测试、巡逻时间测试及灵巧操作能力测试，测试结果见表 4-10 ~ 表 4-13。

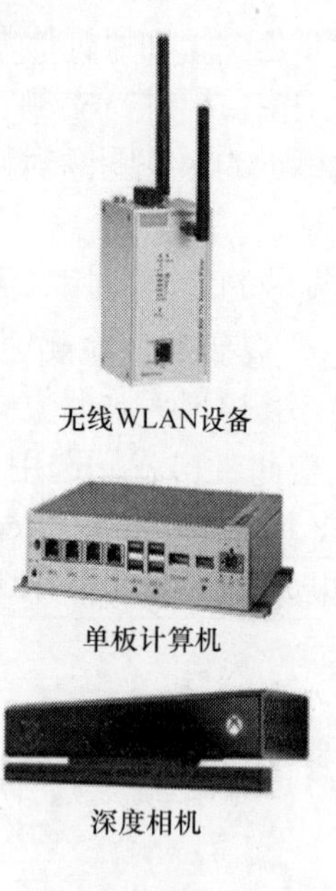

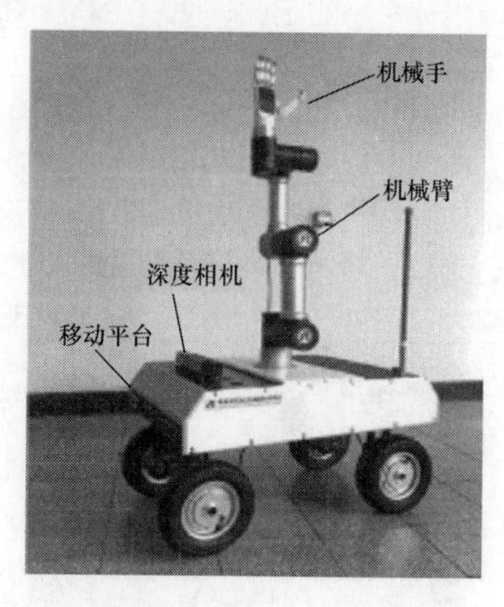

图 4-50　室内巡逻机器人系统

表 4-10　机器人识别门、窗等典型目标能力测试

测试内容	机器人识别门、窗等典型目标
测试时间	2019 年 7 月 10 日
测试地点	中国科学院沈阳自动化研究所
测试环境	室内环境
测试方法	将室内巡逻机器人置于室内测试环境；控制机器人行驶到门、窗前，实时传输对门、窗的识别信息，记录机器人对典型门窗的识别正确率
测试结果	室内巡逻机器人能够识别门、窗等典型目标

表 4-11　巡逻速度测试

测试内容	巡逻速度
测试时间	2019 年 11 月 18 日
测试地点	中国科学院沈阳自动化研究所
测试环境	室内环境
测试方法	将室内巡逻机器人置于室内测试环境；控制巡逻机器人做加速运动，在测试区域内选取 20m 直线路线，通过实时检测机器人轮速并计算机器人速度，并记录机器人巡逻速度
测试结果	室内巡逻机器人巡逻速度可达 3km/h

表 4-12　巡逻时间测试

测试内容	巡逻时间
测试时间	2019 年 7 月 10 日
测试地点	中国科学院沈阳自动化研究所

（续）

测试环境	室内环境
测试方法	将室内巡逻机器人置于室内测试环境；选取10m直线路径为测试路线，通过地面控制台控制机器人在测试路线上循环行驶，同时开始计时，计时满4h后停止，测试完成
测试结果	室内巡逻机器人可持续运行4h

表4-13 巡逻机器人灵巧操作能力测试

测试内容	巡逻机器人灵巧操作能力
测试时间	2019年7月10日
测试地点	中国科学院沈阳自动化研究所
测试环境	室内环境
测试方法	将室内巡逻机器人置于室内测试环境；将待操作的物品放置于起始点，控制机器人对起始点点物品进行拾取操作后将物品放于目标点，记录机器人多次操作的位置误差
测试结果	室内巡逻机器人能够进行物品递送

4.3 基于虚拟现实的智能巡视系统研制

4.3.1 基于虚拟现实的在线巡视系统集成

根据总体设计方案中的在线巡视系统方案，通过设计上位机界面对虚拟现实模块、匹配注册模块、机器人控制模块三大功能模块进行系统集成。三大功能模块根据自身的功能特点有着不同的输入输出，数据输入输出以总线的方式进行数据交换。多模块协同完成任务，系统整体结构如图4-51所示。

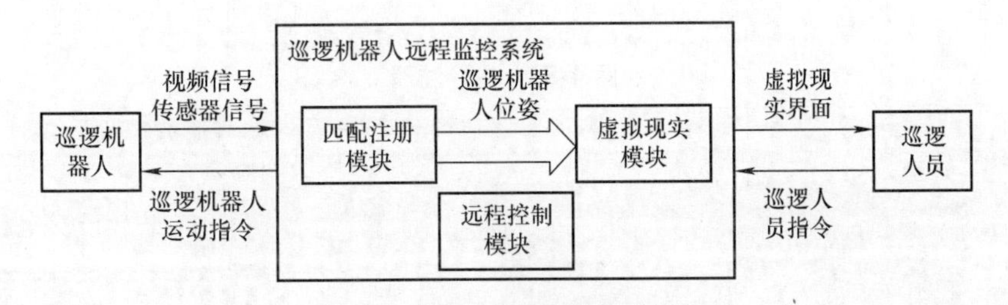

图4-51 系统整体结构

图4-52所示为巡逻机器人远程监控系统登录界面，用户可通过输入已注册成功的用户名和密码完成登录操作。另外根据实际需要，用户可选择不同的机器人模型进行加载和控制。

新用户可通过登录界面下的相应的注册窗口完成新用户的注册，如图4-53所示。新用户的用户名和密码信息存储在相应的本地文件中，用于登录时的用户名和密码验证。

操作人员输入正确的用户名和密码后，系统进入到主界面，如图4-54所示。整个主界面包含了虚拟现实界面、观察者位姿信息区、机器人位姿信息区、视频显示区、系统信息区

等区域，用于显示各个功能模块的输出信息。在此界面中，用户可以通过鼠标和键盘完成虚拟现实环境下的观察者的位置移动和视角变换。

图 4-52　登录界面

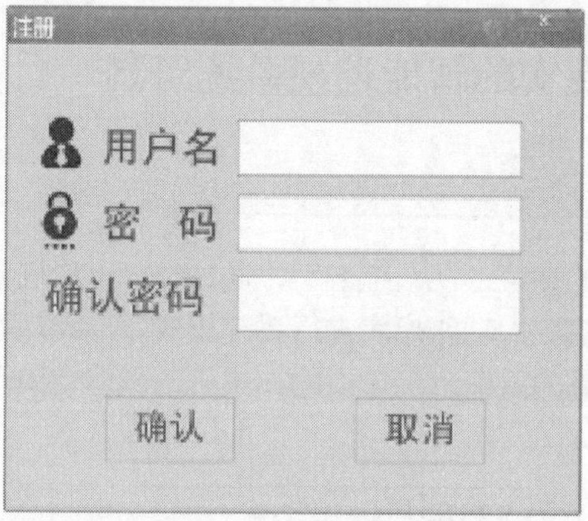

注册
用户名
密　码
确认密码
确认
取消

图 4-53　用户注册

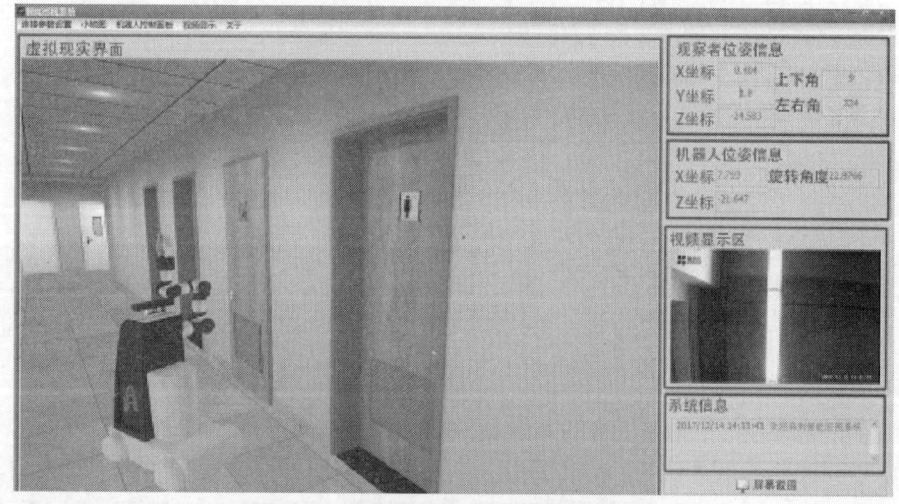

图 4-54　虚拟现实在线巡视系统主界面

整个主界面上方包含了连接参数设置、小地图、机器人控制面板、视频显示等功能。连接参数设置是用户设置相应的串口和WiFi无线网下的Socket套接字参数来同机器人进行通信。小地图功能是通过机器人的位姿参数获得巡逻机器人和观察人员在二维平面地图内的具体方位，以辅助巡逻人员了解整个巡逻环境；其界面如图4-55所示，通过相应的箭头和颜色标识，即可知道巡逻机器人以及观察者观察的方向及位置。

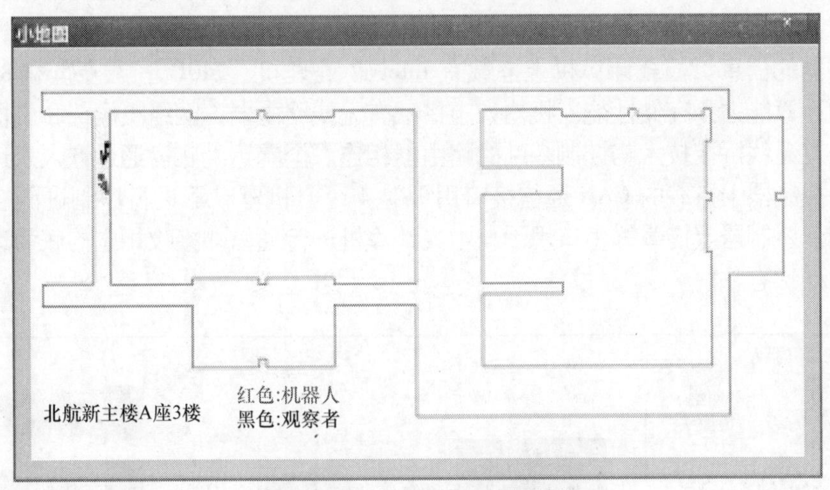

图4-55　小地图界面（见彩插）

4.3.2　远程监控系统的总体方案设计

对于巡逻环境中的单个机器人，远程监控系统工作流程及模块划分如图4-56所示。第一步，用户通过在远程监控系统上设置连接参数如IP地址、端口号等与机器人连接；第二步，根据相应的通信协议发送运动控制指令；第三步，巡逻机器人在真实环境中执行相应的运动指令；第四步，视频信号传输，远程监控系统对相应视频信号进行处理进而获得真实环境下机器人的位置信息；第五步，虚拟环境中的机器人在虚拟现实环境中运动并与真实机器人保持一致，完成匹配注册任务；第六步，虚拟与真实一致，整个远程监控系统工作过程完成，等待下一段运动控制指令。

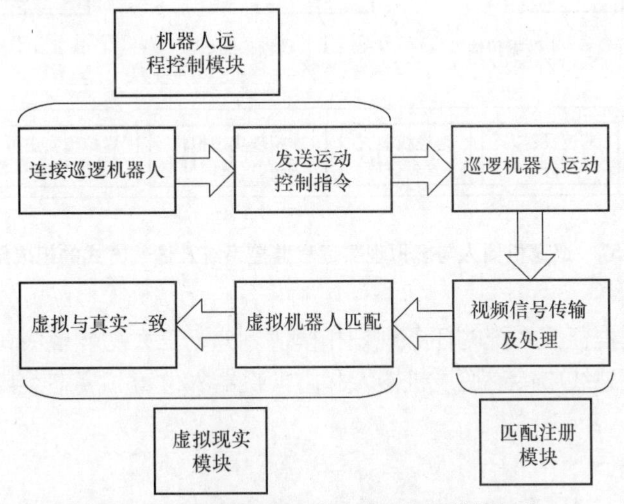

图4-56　远程监控系统工作流程及模块划分

根据任务过程将远程监控系统划分为三大功能模块：虚拟现实模块、匹配注册模块和机器人远程控制模块。虚拟现实模块完成虚拟机器人在虚拟现实环境下的运动任务，匹配注册模块用于对视频信号接收和处理以获得巡逻机器人的位置姿态信息，机器人远程控制模块用于向机器人发送相关的运动控制指令。

图 4-57 所示为巡逻机器人与虚拟现实远程监控系统及通信方式的组成结构。巡逻机器人中央处理器为板载计算机，装有 ROS 系统。工控机用于操作机械臂、采集激光雷达信号和深度传感器的信息。板载计算机上搭载有 Intel i7 处理机、240G 固态硬盘和 8G 内存条，具有强大的计算能力和存储性能。机器人上搭载有无线路由器，网络摄像头和机器人本体通过该路由器及无线桥接技术与控制基站的路由器相连。全向运动底盘通过嵌入式运动控制器进行控制，控制器上搭载的 CAN 通信接口用于对 4 个电机驱动器进行控制进而控制电机的转速和转向，控制器上搭载的串口用于与中央计算机进行通信即接收相应的底盘运动指令和返回底盘运动状态。

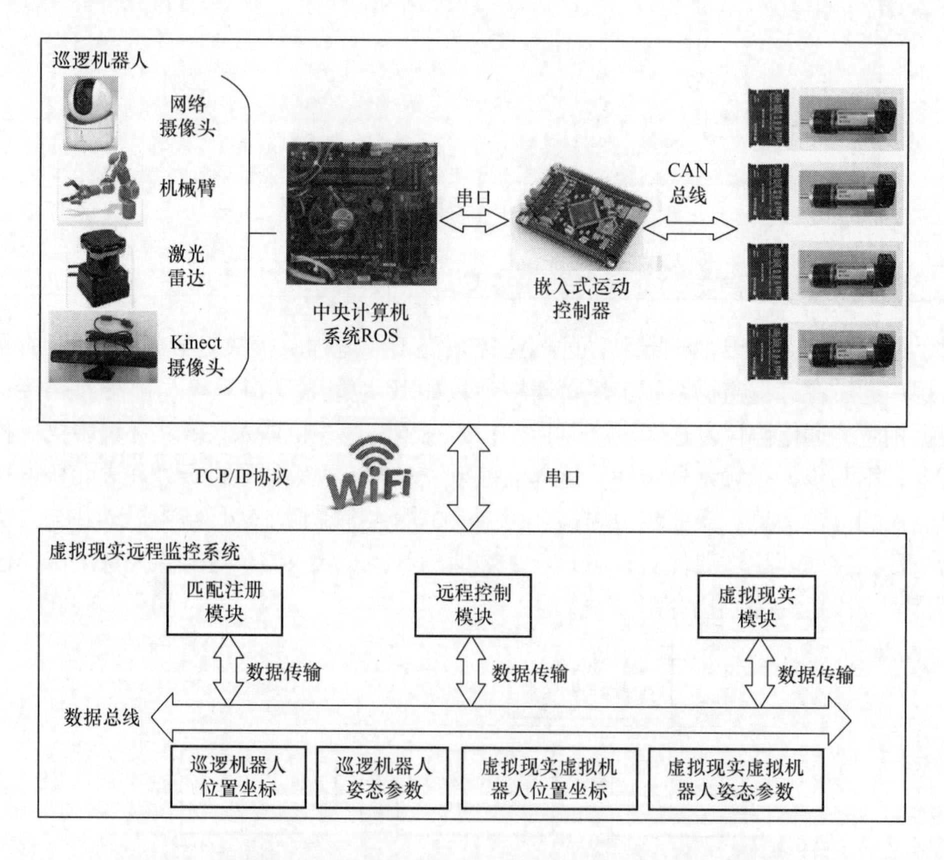

图 4-57　巡逻机器人与虚拟现实远程监控系统及通信方式的组成结构

基于虚拟现实远程监控系统的任务规划和模块划分，三大功能模块间采用数据总线的形式进行通信，通过在总线中传递巡逻机器人和虚拟机器人位置和姿态参数，完成整个系统的任务。

4.3.3 远程监控系统的虚拟现实模块设计

整个虚拟现实模块分为离线建模和在线渲染两个任务过程。离线建模是远程监控系统未上线开始工作时就已完成的任务，通过实际测量巡逻环境的尺寸等数据，通过 3ds MAX 构造巡逻环境、巡逻机器人等三维模型并导出模型文件 3DS 和贴图文件 JPG。在线渲染是用户登录远程监控系统上线工作后才开始进行的任务，通过相应算法将模型文件中的相关数据读取出来并存储在相关数据阵列中，再通过 OpenGL 将数据阵列还原为可视化的 3D 模型，从而完成虚拟现实环境的渲染。通过全向漫游方法实现用户的三维全向漫游，通过碰撞检测方法来达到防碰撞的目的，提高人机交互性。

4.3.3.1 三维建模过程及方法

整个建模过程基于 AutoCAD 和 3ds MAX 软件完成。AutoCAD 用于根据测量尺寸对巡逻环境的俯视图进行二维绘制，3ds MAX 用于三维模型的建立。研究中，3ds MAX 直接读取通过 AutoCAD 设计的巡逻环境平面图，并将地图轮廓线生成为可编辑样条线。整个虚拟现实建模包括了巡逻环境的模型绘制、巡逻机器人的模型绘制、巡逻机器人机械臂相关关节绘制和巡逻环境墙体及门窗绘制等。三维建模对象以北航机器人所为例，整个绘制过程如下所示。

（1）二维平面图绘制

首先通过测量获得巡逻环境的详细尺寸，然后通过 AutoCAD 绘制平面图并将相应的门、窗等位置做打断处理，对房间做相应标注以方便三维环境下后期中门窗三维模型的绘制，巡逻环境二维图如图 4-58 所示。首先在 AutoCAD 中将对应的平面图导出为 dwg 文件，然后导入到 3ds MAX 中，并对门窗等非墙面物体进行标注，最后绘制三维模型。

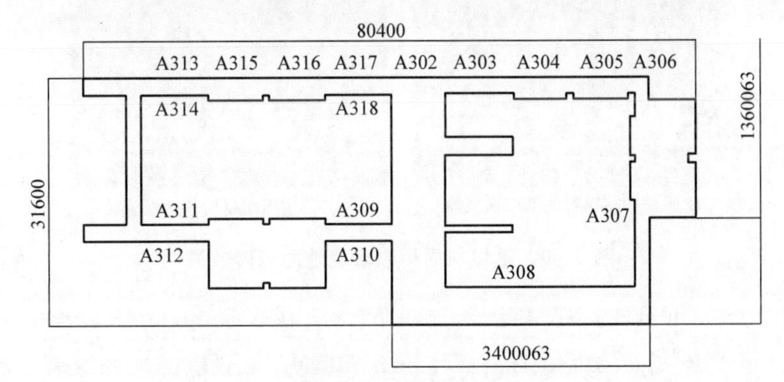

图 4-58 巡逻环境二维图

（2）三维墙体绘制

3ds MAX 读入二维平面图后生成固定的可编辑样条线，用于挤出巡逻环境的墙面。在 3ds MAX 中的挤出修改器将可编辑样条曲线生成为三维模型，其中挤出高度即为墙面的实际高度 2.7m，巡逻环境挤出效果如图 4-59 所示。

（3）添加材质、贴图、灯光及展开 UV

在建立起墙体的三维模型后，需要添加物体的材质、贴图、光照等操作来模拟真实环境中的模型表面。添加物体材质使用的是 V－Ray 渲染器。

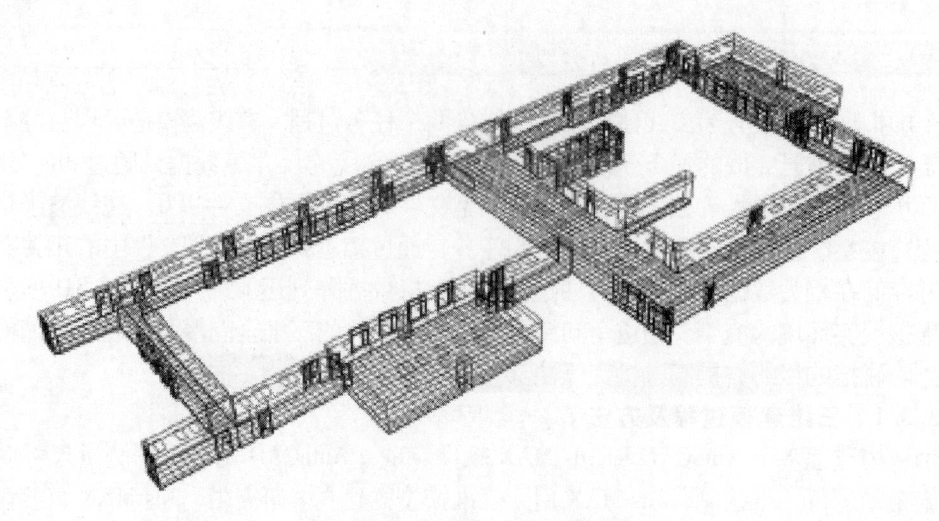

图 4-59　巡逻环境挤出效果图

1）添加材质。巡逻环境中的大部分物体都可设置为普通材质，巡逻环境中的随机材质用以表现地面瓷砖。对于地面瓷砖，在 3ds MAX 建模过程中，在点层级选取地面的所有瓷砖，使用相应的断开命令，将每一块瓷砖所在多边形变成单独元素。随后为每个元素分配相应的材质修改器，并将其设置为随机分布，同时输入材质 ID 的数量和添加相应数量的子材质到材质容器中，其中子材质为不同的地砖材质（图 4-60）。可以看出，使用随机材质的地面瓷砖相对于未使用的更具有层次感和真实性。

a）未使用随机材质的地面瓷砖

b）使用随机材质的地面瓷砖

图 4-60　随机材质用以表现地面瓷砖效果

2）添加贴图。为非纯色物体添加反射属性时，将其纹理贴图贴于材质球上即可实现对真实物体的模拟。门作为巡逻环境中的可运动独立模型，通常需要单独建模，然后将其与巡逻环境的墙体放在一起。首先通过 3ds MAX 中的模型操作建立起门的几何模型，然后通过现有贴图或拍摄照片的方式来模拟物体的表面纹理，最后将物体的贴图照片添加到对应物体表面。图 4-61 所示为建立模型后添加纹理贴图的效果。

3）添加光照。在巡逻环境中添加光照通常是增加虚拟现实场景真实感的重要步骤。V－Ray 渲染器可根据用户需求添加固定灯光和阳光等不同类型的光源，同时提供阴影的渲染模拟，增强了虚拟现实环境的真实感。在当前所设计的巡逻环境中，灯光即为重复的顶灯。通过 V－Ray 中的 VRayLight 建立一定半径的顶灯即可完成虚拟现实环境中的光照模拟，如图 4-62a 所示。同时，在天花板上添加相应的纹理贴图以完成天花板点灯的绘制，形成灯

a) 门表面纹理照片　　b) 虚拟门模型　　c) 真实门

图4-61　建立模型后添加纹理贴图的效果

光阵列，如图4-62b所示。

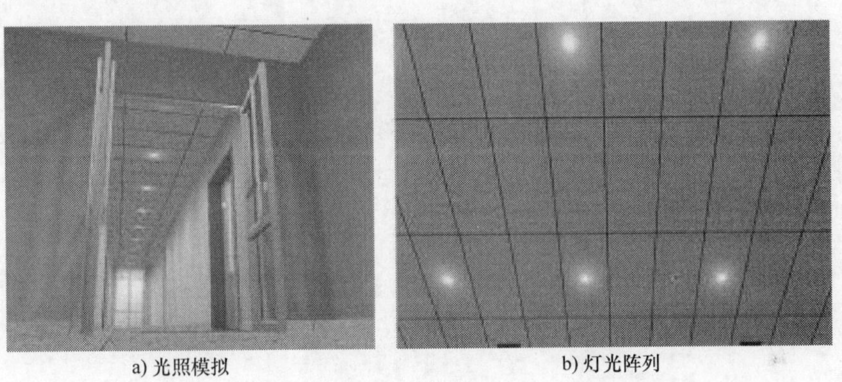

a) 光照模拟　　b) 灯光阵列

图4-62　添加光照

4）展开UV。3ds MAX所建立的3D模型是若干个多边形的组合，而展开UV则是将多边形与其对应的纹理贴图建立一定的映射关系。通过UV展开修改器，可以完成展开UV操作，其过程如图4-63所示。

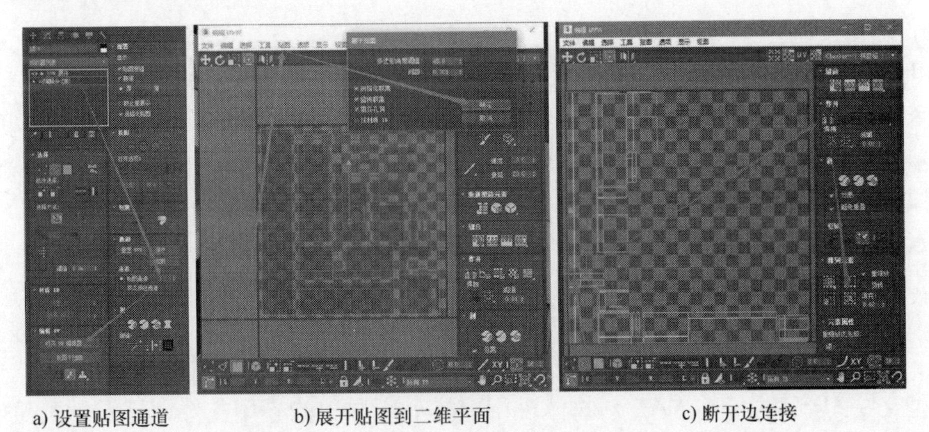

a) 设置贴图通道　　b) 展开贴图到二维平面　　c) 断开边连接

图4-63　展开UV

（4）贴图烘焙

贴图烘焙是3ds MAX在环境中加入了阳光、灯光等外部因素后将整个模型的表面效果用贴图的方式表现出来，然后通过在漫反射通道内设置相应的纹理贴图来表现。这样在保留环境真实感的同时，还免去了虚拟现实模块渲染中的光照计算过程，降低了计算难度。图4-64a所示为相关设置，图4-64b所示为渲染所得门的纹理贴图。

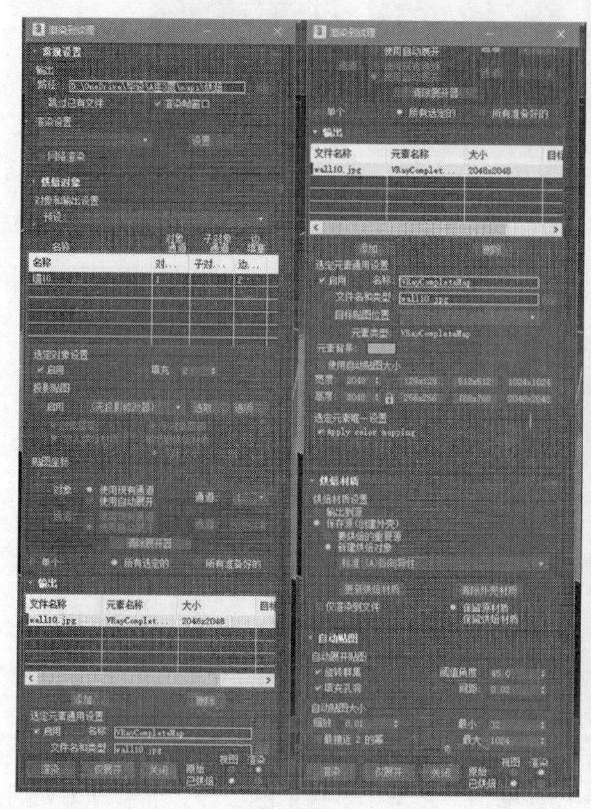

a) 相关设置

b) 门的纹理贴图

图4-64　贴图烘焙

（5）将烘焙贴图重新添加到物体上

将烘焙所得贴图重新添加到物体上替换原有的材质和贴图。利用图片处理软件Photoshop对相应贴图的亮度和对比度进行调节，使整个虚拟现实巡逻环境中的所有模型的亮度和对比度相一致，从而提高灯光的仿真效果。将烘焙贴图添加于模型上之后，导出获得相应的贴图文件，格式为JPG。

4.3.3.2　模型与贴图文件读入设计

虚拟现实模块渲染的任务是通过读入3ds MAX所导出的模型文件3DS和贴图文件JPG，再通过C++环境下的图形接口工具包OpenGL将模型渲染到MFC框架下的远程监控上位机界面中，整个过程包含了读入和渲染两大步骤。

模型文件3DS是由3ds MAX对物体进行建模后所导出的模型文件，是一种由足够多块（Chunk）所构成的包含多项二进制信息的文件。每一个块包含了自身的标识ID、自身信息以及下一块的相对位置，对于模型文件中对建模有用的块可先识别块ID，然后获取自身信

息。所有块以层的结构进行组织构成了3DS模型文件，其层次结构如图4-65所示。

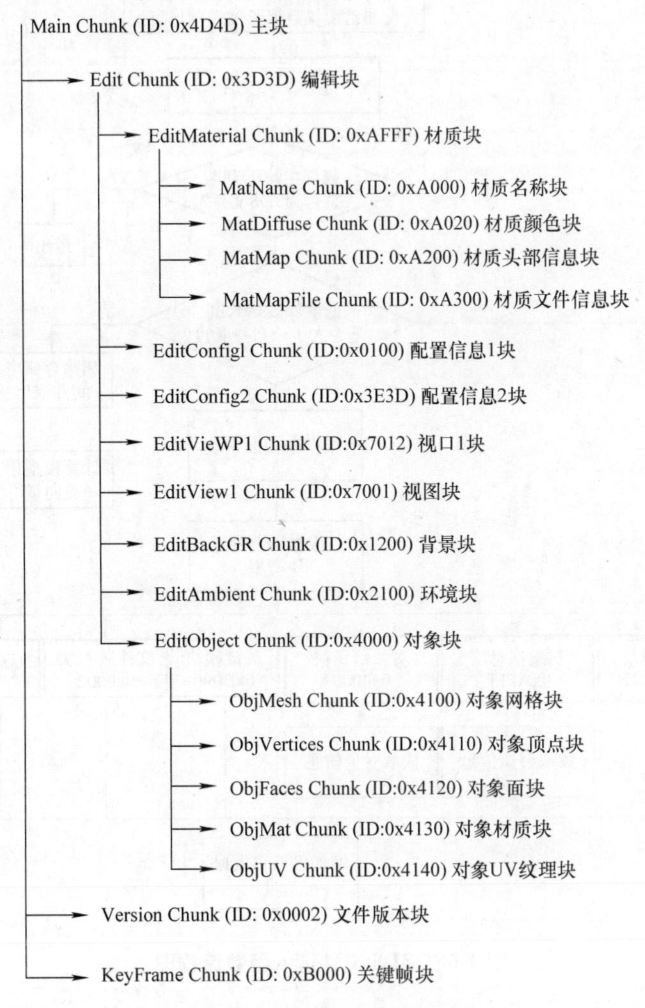

图4-65　3DS文件层次结构图

由于整个3DS文件中，块和块之间是层次结构且一个块中包含了若干子块，故可采用递归函数的方式读取块的详细信息。根据分析不同块的不同信息以及远程监控系统的实际需要，3DS中的材质块（ID：0xAFFF）及其子块和对象网格块（ID：0x4100）及其子块为有用信息，用于还原三维模型。故3DS文件在C++语言环境下的读入函数流程图如图4-66所示。

4.3.3.3　虚拟现实模型渲染设计

在实际渲染过程中，可以将OpenGL看作一个状态机，通过不断地接收输入来显示不同状态的模型。这种状态可以是光照、纹理及颜色等可视化信息，输入可以是相对于初始状态时的模型位置改变和观察者位置调整等。在整个渲染过程中，巡逻人员可以通过全向漫游方法来实现模拟漫游、通过碰撞检测来实现对碰撞的响应，远程监控系统可通过不同的输入渲染出不同的二维画面来展现视线内的模型局部特征，从而达到虚拟现实的效果。整个虚拟现实模块渲染流程图如图4-67所示。

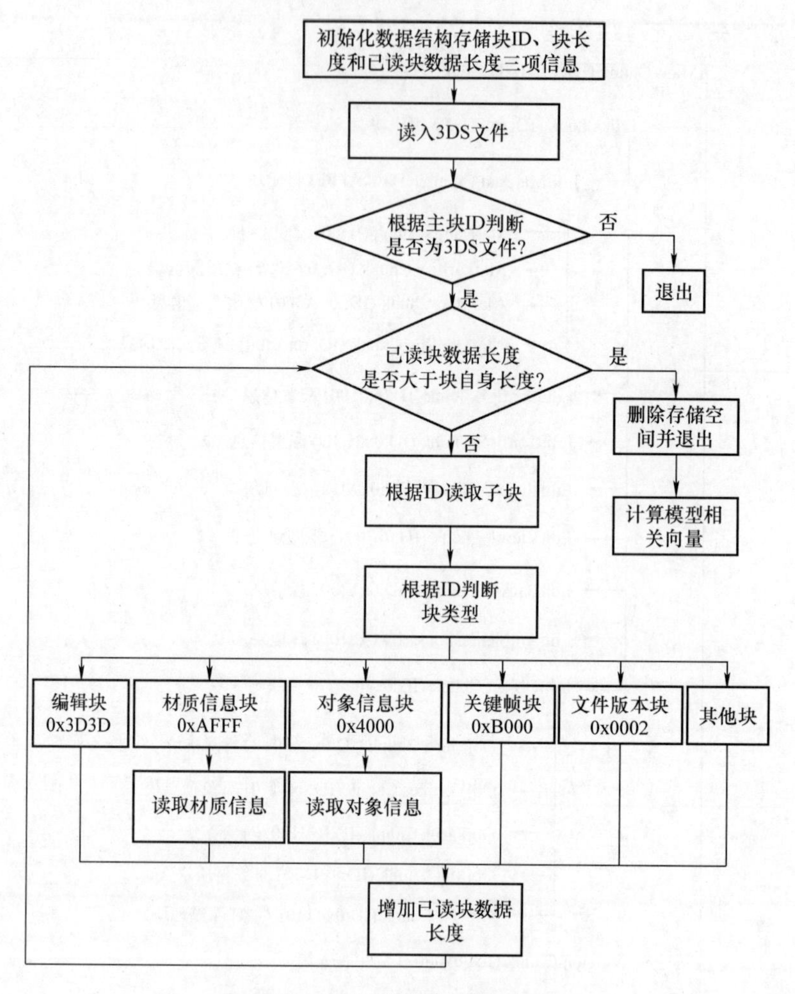

图 4-66　3DS 文件读入函数流程图

（1）全向漫游设计

模型渲染到二维窗口前需要通过设置观察者位置和视线方向来为 OpenGL 状态机输入相关参数。在本节所设计的远程监控系统中，通过键盘和鼠标进行观察者的视角变换来模拟巡逻人员在虚拟巡逻环境中的巡逻任务，整个场景的交互漫游过程由 OpenGL 里的视角变换函数通过虚拟现实全向漫游方法设计实现。

根据总体方案设计中的改变视点视角的方式，远程监控系统采用 OpenGL 中的视角变换函数 GluLookAt（eye_x，eye_y，eye_z，$sight_x$，$sight_y$，$sight_z$，up_x，up_y，up_z）完成视角变换，如图 4-68 所示。

依靠式（4-2）和式（4-3）可求得绕 x 轴旋转俯仰角 α 和 z 轴旋转方位角 β 后，观察者坐标（eye_x，eye_y，eye_z）、视线目标点（$sight_x$，$sight_y$，$sight_z$）和观察者头顶向上向量（up_x，up_y，up_z）的关系为

$$(sight_x, sight_y, sight_z) = (eye_x, eye_y, eye_z) + (-\cos\alpha\sin\beta, \cos\alpha\cos\beta, \sin\alpha) \quad (4\text{-}2)$$

$$(up_x, up_y, up_z) = (\sin\alpha\sin\beta, -\sin\alpha\cos\beta, \cos\alpha) \quad (4\text{-}3)$$

通过俯仰角 α 和方位角 β 以及观察者坐标（eye_x，eye_y，eye_z）共 5 个参数的改变，即

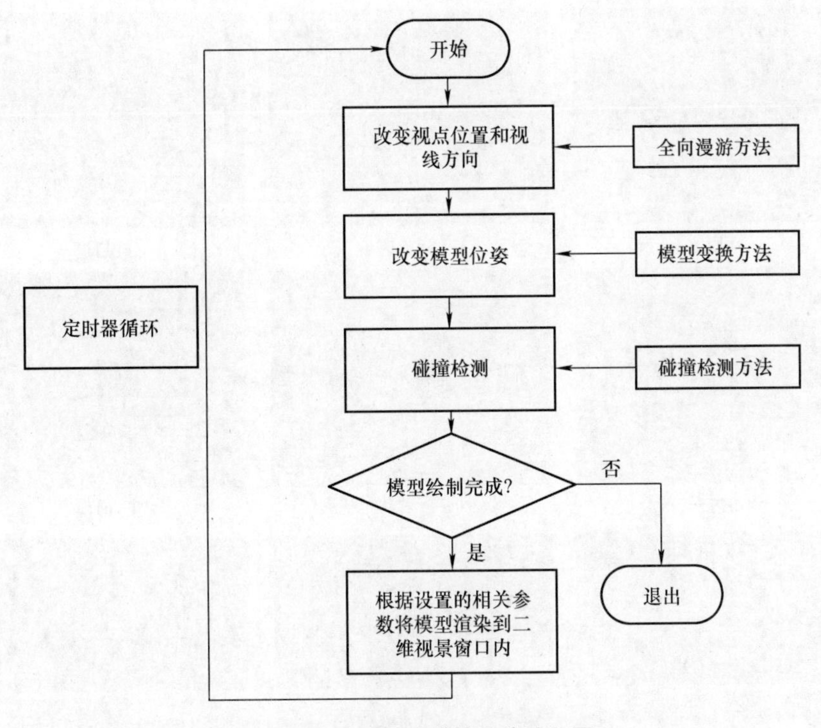

图4-67　虚拟现实模块渲染流程图

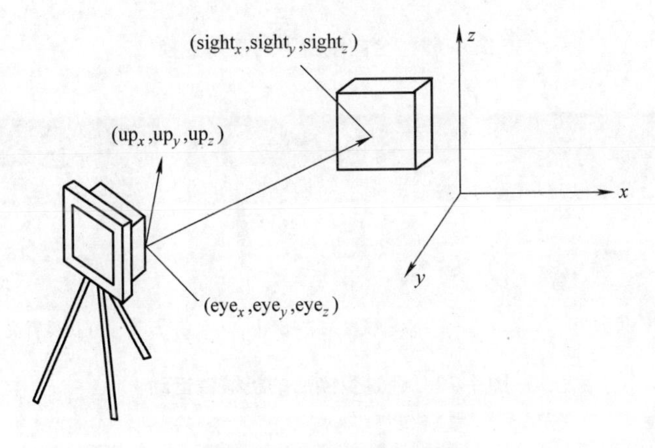

图4-68　GluLookAt函数

可完成在巡逻环境中的漫游即全向漫游，具体的实现效果如图4-69所示。

（2）模型变换设计

本节所设计的远程监控系统在3ds MAX建模过程中将机器人机械臂各关节原点置于坐标系原点，将机械臂关节旋转轴置于坐标轴上，将机器人中心置于坐标系原点。整个模型变换过程包含了平移、旋转、缩放三种变换方式，三种变换通过一定的组合方式模拟虚拟机器人的虚拟运动。经过以上三种变换之间的任意组合即可完成通常情况下机器人的移动操作和机械臂的相关动作，如图4-70所示。

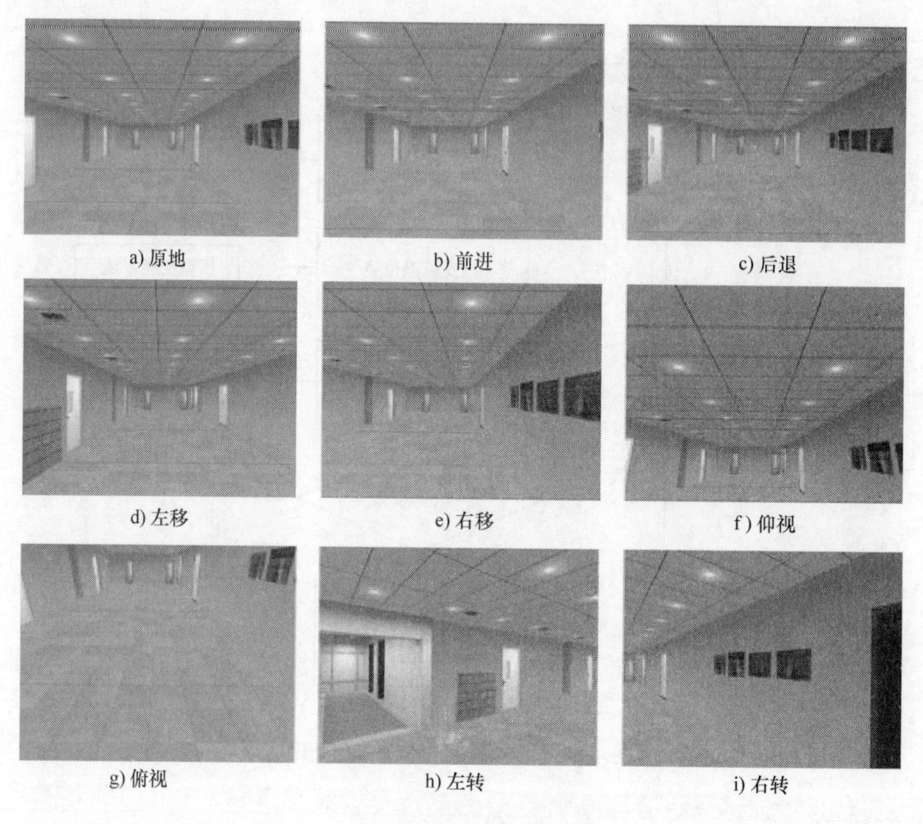
a) 原地　b) 前进　c) 后退
d) 左移　e) 右移　f) 仰视
g) 俯视　h) 左转　i) 右转

图 4-69　全向漫游下的视角变换

a) 初始状态　b) 机械臂关节4旋转　c) 机械臂关节6旋转

图 4-70　经过变换后的机械臂运动

（3）碰撞检测设计

当巡逻人员在巡逻环境中漫游或者虚拟机器人在巡逻环境中进行巡逻即模型变换时，可能会发生碰撞。为了避免巡逻人员或虚拟机器人穿墙而出的现象发生，必须采用相应的碰撞检测算法对碰撞进行检测并采用相应的措施对障碍物进行避让。本课题采用包围球和 AABB 包围盒相结合的算法来对机器人、观察者和巡逻环境进行碰撞检测。

首先，通过 AutoCAD 导出虚拟现实巡逻环境二维平面内的地图如图 4-71a 所示，其中黑色区域是机器人及漫游者不可到达区域，白色区域是机器人及漫游者可以到达区域，地图轮廓如图 4-71b 所示。在 *XY* 平面内，根据包围球算法将漫游者和机器人简化为圆。这样一来，碰撞检测的问题则变为圆是否在白色区域内的问题。

利用包围球的方式在二维平面内对平面进行碰撞检测，具体流程图如图 4-72 所示。

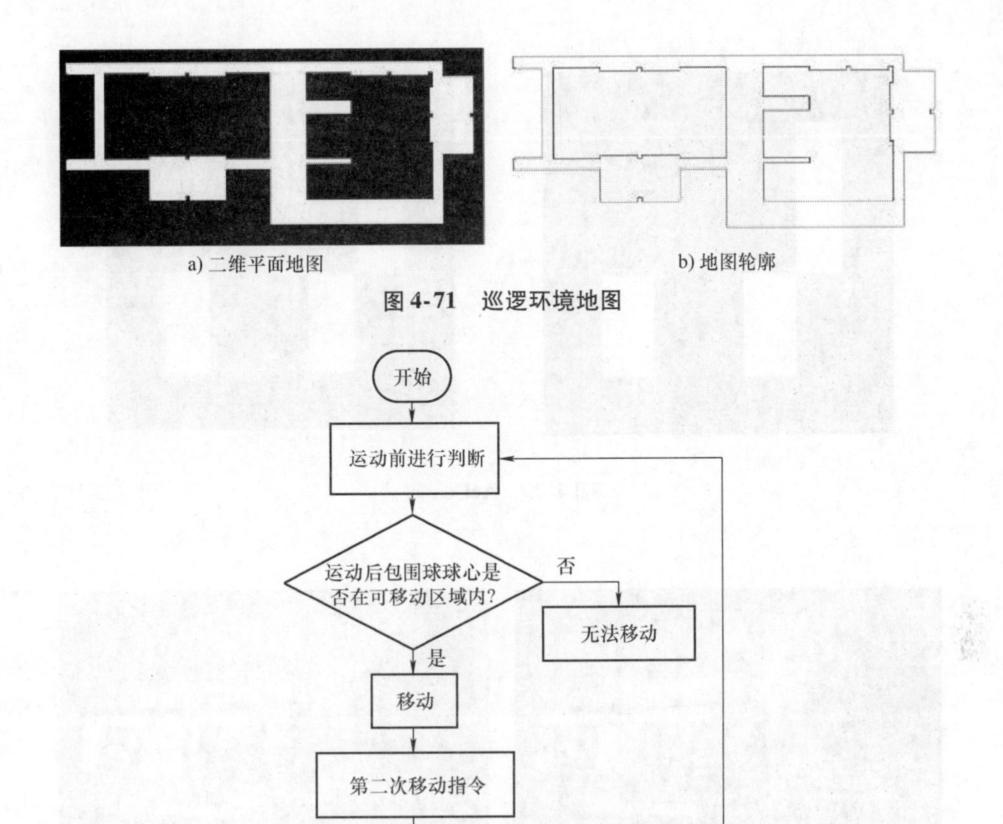

a) 二维平面地图　　b) 地图轮廓

图 4-71　巡逻环境地图

图 4-72　二维平面碰撞检测流程图

4.3.4　远程监控系统的匹配注册模块设计

（1）视频信号预处理

匹配注册算法用于调用上一步视频流队列中的视频信号，通过对视频信号进行处理，识别视频信号中的标签，获取到巡逻机器人在巡逻环境下的位置坐标和方向向量，即完成从图像像素坐标系到世界坐标系下的坐标转换。

本节采用的标签为ArUco标签，它是一个二进制平方标记，主要结构是内部的二进制矩阵，矩阵大小为5×5，通过识别内部矩阵可确定ArUco码的相应ID。5×5的矩阵中存储了5个5位二进制序列，编码方式是基于海明码的改进编码方式，这样使得编码的反向不会产生歧义。ArUco码如图4-73所示，黑色格子表示0，白色格子表示1。因为每个5位二进制序列中的2位为数据码，另外3位为校验码，所以每个数字序列可以产生$2^2=4$种不同数据，5个数字序列共可以产生$4^5=1024$种数据。1024个不同ID的ArUco码对于巡逻机器人的定位完全够用。

首先从视频队列的数据结构中取出视频信号，但这种信号是原始图像，往往会因为光线强度、曝光率大小等外部因素影响视频信号中的标签识别，所以需要对视频信号进行预处理即滤波和边缘检测。利用Canny算子对图像中的ArUco标签的边缘进行检测，如图4-74所示，图像中已提取出ArUco码的边缘，通过获得ArUco码边缘后即可获取到相应ArUco码所在的区域从而舍去其他无关区域，防止无关区域对匹配注册算法结果产生影响。

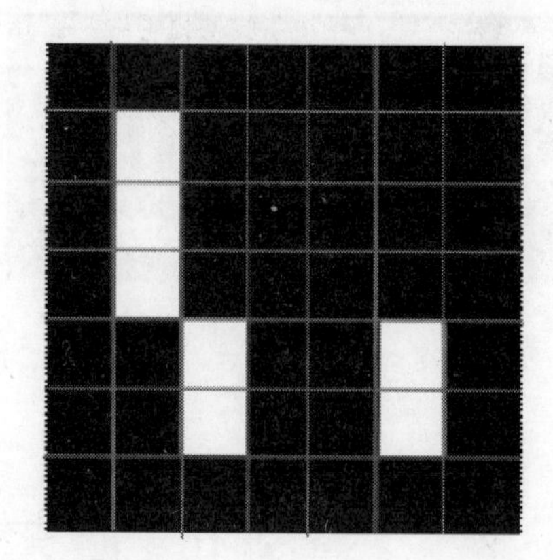

图 4-73　ArUco 码

a) 原图

b) 灰度图

c) 高斯模糊

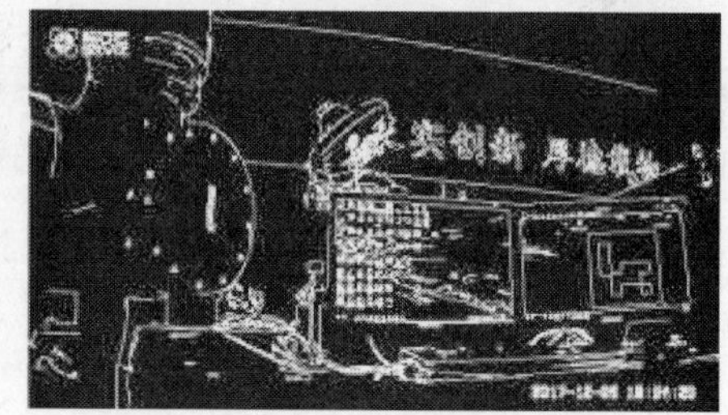

d) Canny边缘检测

图 4-74　图像预处理

（2）匹配注册算法集成

在实际应用中，标签布设如图 4-75 所示。标签和标签之间布设距离设为 10m 或 5m，当巡逻机器人运动到标签与标签之间时，可能探测不到天花板上的 ArUco 标签，此时则要采用基于里程计的方法对机器人位姿进行估计；当探测到天花板上的 ArUco 标签时，采用基于标签的方法对机器人位姿进行估计，整个过程流程如图 4-76 所示。

当机器人未检测到 ArUco 码时，通常采用里程计的方式对巡逻机器人的位姿进行估计。巡逻机器人在经过短时间 Δt 后的 xy 平面内的位姿参数矩阵为

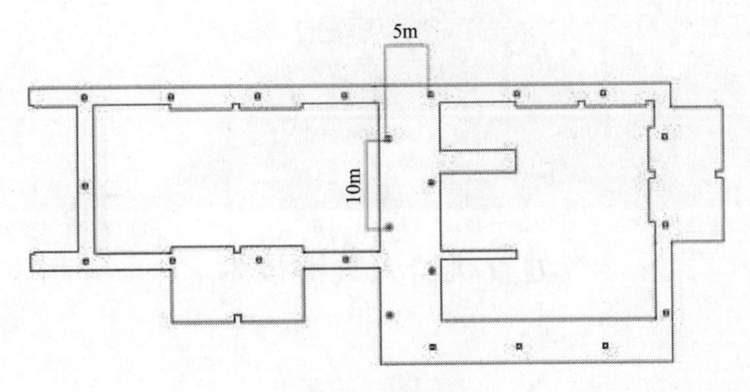

图 4-75　标签布设

$$
M_{t+\Delta t} = \begin{bmatrix} x_{t+\Delta t} \\ y_{t+\Delta t} \\ \theta_{t+\Delta t} \end{bmatrix} = \begin{bmatrix} x_t \\ y_t \\ \theta_t \end{bmatrix} + \begin{bmatrix} v_x \Delta t\cos(\theta_t + \Delta t\omega_z) + v_y \Delta t\cos(\theta_t + \Delta t\omega_z + \frac{\pi}{2}) \\ v_x \Delta t\sin(\theta_t + \Delta t\omega_z) + v_y \Delta t\sin(\theta_t + \Delta t\omega_z + \frac{\pi}{2}) \\ \Delta t\omega_z \end{bmatrix} \tag{4-4}
$$

探测标签

是否检测到标签？

是

否

基于标签的位姿估计

基于里程计的位姿估计

机器人位姿估计

图 4-76　巡逻机器人位姿估计流程

那么，基于里程计的某时刻 t 巡逻机器人的 xy 平面内的位姿参数矩阵为

$$
M_t = \begin{bmatrix} x_0 \\ y_0 \\ \theta_0 \end{bmatrix} + \begin{bmatrix} \int_0^t \left[v_x \cos(\theta_t + \mathrm{d}t\omega_z) + v_y \cos(\theta_t + \mathrm{d}t\omega_z + \frac{\pi}{2}) \right] \mathrm{d}t \\ \int_0^t \left[v_x \sin(\theta_t + \mathrm{d}t\omega_z) + v_y \sin(\theta_t + \mathrm{d}t\omega_z + \frac{\pi}{2}) \right] \mathrm{d}t \\ \int_0^t (\omega_z)\,\mathrm{d}t \end{bmatrix} \tag{4-5}
$$

式中，x_0、y_0、θ_0 是 $t=0$ 时刻巡逻机器人在 xy 平面内的位姿参数；v_x、v_y 是巡逻机器人在 x 轴、y 轴方向的速度分量；ω_z 是巡逻机器人在 xy 平面内绕 z 轴旋转的角速度；θ_t 是 t 时刻巡逻机器人转过的角度。

通过式（4-5）即可估算出基于里程计的巡逻机器人的世界坐标。

巡逻人员可利用蓝牙串口模块或 WiFi 网络对巡逻机器人进行控制，登录远程监控系统即可控制巡逻机器人，同时能获得巡逻机器人的状态信息，完成在线巡逻任务。

本节针对远程监控系统中的虚拟现实模块、匹配注册模块、机器人远程控制模块做了相应的系统集成并设计了人机交互系统，对虚拟现实功能、匹配注册功能和机器人运动控制功能做了相应的分功能测试，实验结果验证了在线巡视系统具有较高的虚实匹配性和稳定性，也证明了系统的设计可行性。

第5章 处置机器人关键技术

5.1 腿足式多运动模态警用移动机器人设计

5.1.1 全肘式四足移动平台结构设计

5.1.1.1 机体自由度组合方式选取

以犬类等大型哺乳动物作为研究对象进行分析，其腿部结构一般分为四部分：髋骨、大腿骨、小腿骨和足骨。髋骨与躯干之间具有俯仰和侧摆两个自由度，大腿骨与小腿骨、小腿骨与足骨之间仅具有一个俯仰自由度，三俯仰一侧摆的自由度组合使得动物腿部的活动域度非常大。仿生的目的是构造和规划控制与仿生对象具有相似结构和功能的设备或者平台，单就实际需求而言，所构造的设备本体并不需要具有同仿生对象一样的关节域度，因此本次设计的平台采用一侧摆、两俯仰的关节组合方式，通过三段式腿节进行依次连接，如图5-1所示。研究分析发现，这种简化的仿生方式足以模仿哺乳动物所具有的多数运动能力，同时简

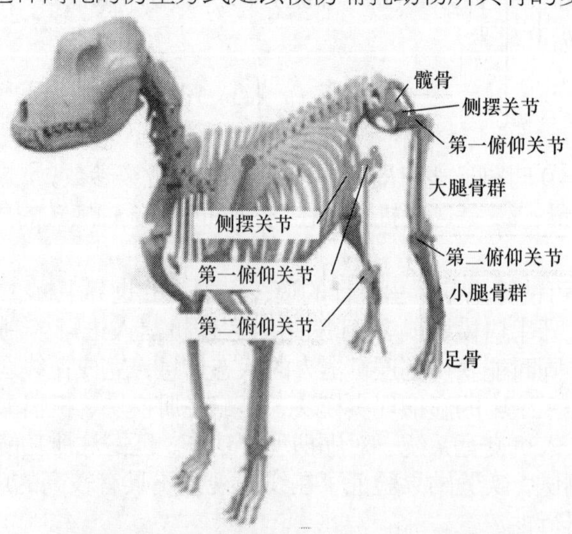

图5-1 犬类骨骼分析及平台自由度简化

化了关节驱动数目。

5.1.1.2 拓扑结构分析与拟定

对于四足机器人，实际应用中比较成熟的拓扑结构共分四种：前膝后肘、前肘后膝、双肘式和双膝式（图5-2）。多数学者认为不论采用哪种结构和布局方式，对于四足机器人的运动都是没有影响的。但实际上，四足机器人在行走时，前腿主要承受竖直方向的支撑力，而后腿除承受竖直方向的支撑力外，还要承受大部分的沿运动方向的驱动力。通过分析发现，在躯干重心起伏较小时，膝式的后腿总是在较大的关节域度内呈现一种“拨地”状态（图5-3活动扇形区域），为机体在初始加速度阶段提供足够的前向驱动力。从布局上讲，双肘式结构要比前膝后肘式的“外弓型”结构更加紧凑。基于以上优点，双肘式成为被采用最多的拓扑结构。本节所设计的四足式平台同样选用双肘式拓扑结构。

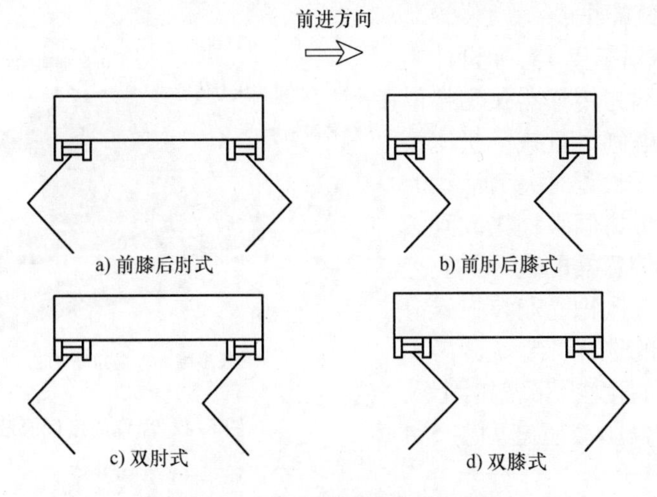

图5-2 四足机器人常用拓扑结构

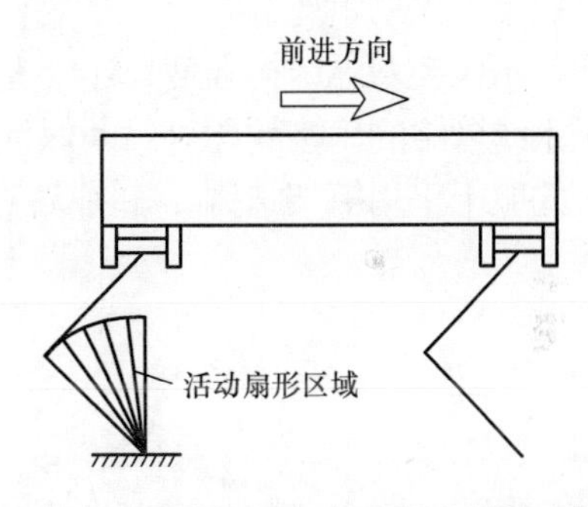

图5-3 足式机器人小腿摆动域度示意

5.1.1.3 液压缸的设计

伺服液压缸作为四足机器人的关节驱动单元，其性能直接影响整个机器人平台的动态特性。由于本次设计的平台在作动器的选取方面并不采用市面的商品液压缸，所以在尺寸和结构布局方面具有较大的灵活性。

液压缸的设计应充分考虑机器人在各种规划步态下所需的关节运动范围，并结合机器人在规划步态下的受力特性，同时考虑液压缸自身的物理特性对于机器人动力学的影响。

（1）伺服液压缸参数确定

活塞直径及运动行程是伺服液压缸两个最重要的参数。活塞直径主要由机器人关节在规划步态下的最大需求力矩及相对于旋转中心的安装位置决定，同时会受到液压缸内部存在的摩擦力、黏性阻力及机器人足与地面之间的冲击力等影响；活塞运动行程的主要决定因素为关节运动域度和关节动态力矩等。通过分析规划步态下液压缸中两腔的出力特性，还可以较好地确定活塞与活塞杆的比值。

通过以上分析，同时为适用标准的液压缸密封圈，确定活塞的直径为25mm。根据摆动相时所需的液压缸出力特性及支撑过程中压杆的稳定性分析，可取活塞杆的直径为 d = 12mm，活塞运动行程为70mm。

（2）伺服液压缸的集成

结合控制方法的需求，实际设计中液压缸还需集成杆端力传感器及活塞位移传感器，同时考虑到尽量减小机体液压管数量，降低高压软管对关节活动的影响等因素，进一步将伺服阀集成到液压缸上。对于以上传感器的选择，应充分考虑量程、精度、体积、安装方式等信息；对于伺服阀的选择，要充分考虑其体积、流量、公称压力及带宽等因素。所设计的高集成度伺服液压缸如图5-4所示。

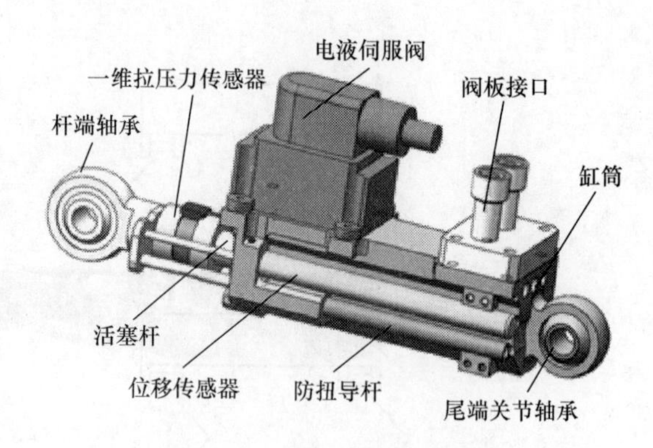

图5-4 高集成度伺服液压缸

5.1.1.4 机器人躯干的设计

躯干不仅用于连接四肢，还要安装机械液压动力系统、各种传感器负载等。对于躯干的设计，不仅要考虑结构强度，还要充分考虑各部件的布局以均衡整个平台的重心，同时兼顾液压系统管路的串接问题等。为保证机器人的良好动态特性，重量也应当有所控制。整个机器人的躯干采用桁架结构，如图5-5所示。

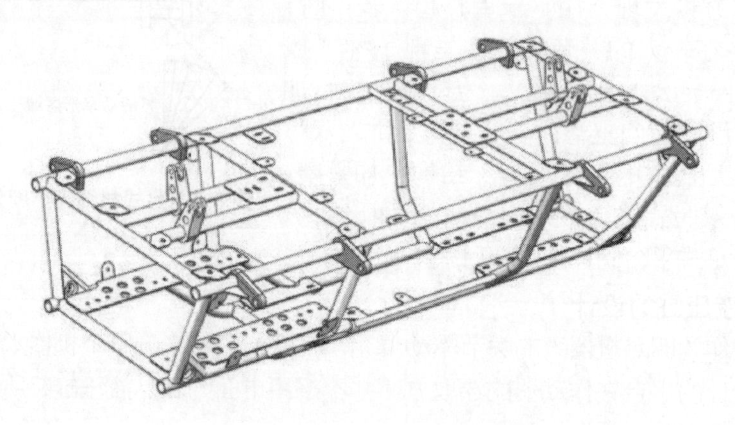

图5-5 机器人躯干桁架结构

为保证整体框架具有足够的强度和冲击韧性，参照越野车车架的选材用料，初选直径为25.4mm、厚度为1.5mm的4130铬钼合金作为原材料，其拉伸强度大于930MPa，屈服强度大于或等于785MPa，冲击韧性值大于78J/cm^2，硬度小于229HB。由于铬钼合金冷加工性能较差，弯管部分采用60mm的大折弯半径，整体采用氩弧焊焊接，焊丝型号选择ER80S－D2，以保证焊缝强度；焊接前用专用卡具固定，以保证关键部位的尺寸精度；合理安排焊

接顺序，对称焊接，尽量减少焊接变形所带来的影响。框架上各系统元件的布置首先要保证重心位置并尽量紧凑，为此将腿部与躯干的附着位置尽量上移，将各系统元件布置在框架内部，在保护元件不受碰撞的同时将重心下移，设计结果如图5-6所示。

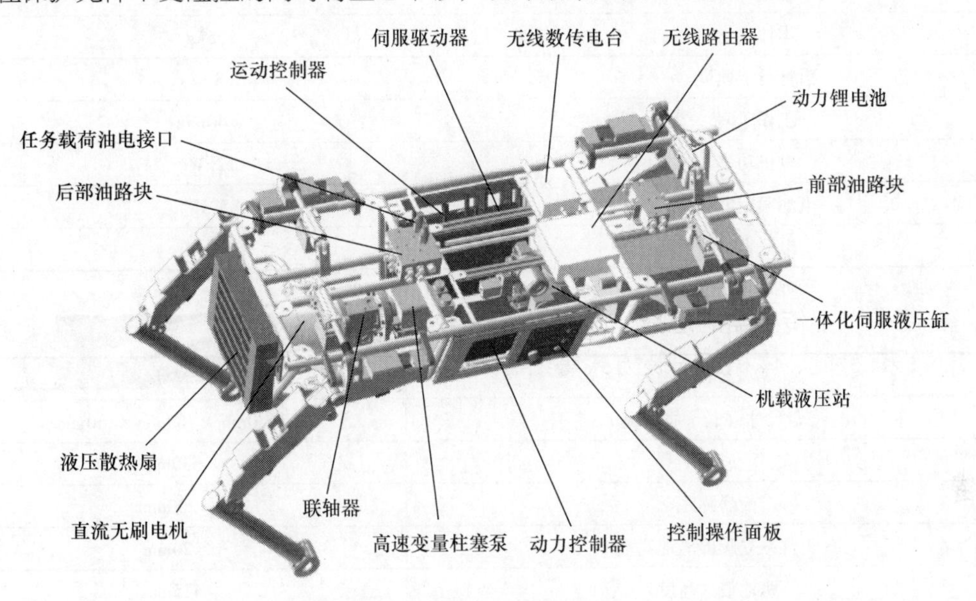

图5-6　躯干内部设计结果

在保证集成度的同时，为方便对机体进行维护，将两侧进行开盖设计，机械臂与机体的连接采用可拆卸式安装，整体外侧覆盖2mm厚度的碳纤维板，内部增加隔音棉以降低机体外部的动力电机的运行噪声。电动液压四足平台效果图如图5-7所示。

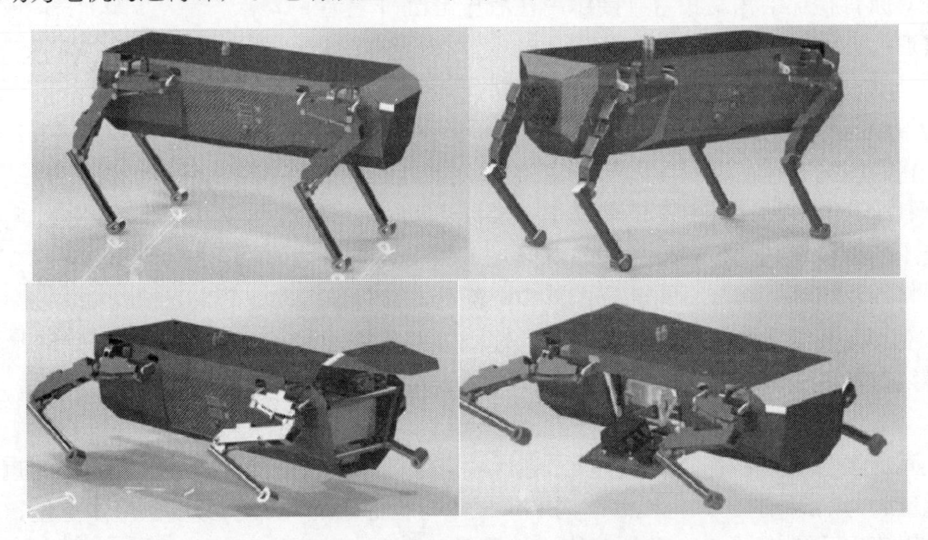

图5-7　电动液压四足平台效果图

初步设计方案参数见表5-1，物理尺寸参数见表5-2。

表5-1 初步设计方案参数

参数	值
理论载荷	60kg
本体重量	175kg
设计行走速度	1.8m/s
工作时间	≥40min
电机功率	12kW
电池额定电压	85.1V
电池容量	60A·h

表5-2 物理尺寸参数

参数	尺寸
底盘尺寸（长×宽×高）	1630mm×760mm×860mm
肩宽	630mm
前后腿距	1200mm
正常站立腹部离地高度	420mm
趴地最大高度	415mm
最大站立高度	920mm
腹部最大离地尺寸	515mm

5.1.1.5 机器人腿关节的设计

针对原有腿部结构足底力直接作用在液压缸缸杆上造成缸杆弯曲，无法完成伸缩动作，复杂的油管和管线随腿部一同运动，极易造成油管泄漏或者管线挤压等问题，本节进行了液压驱动与结构一体化设计，如图5-8所示。其特点是将液压缸布置在上壳体内部固定位置，推动石墨衬套在钢制滑套上滑动，再由连杆带动小腿实现运动。为便于将液压缸和腿部结构集成，在考虑方便加工和安装的前提下，将腿部结构分为上下两部分，其中上部分与液压缸合并，使其在充当结构件的同时提供动力输出，并且将油路、管线布置在壳体内部，以解决油管泄漏、线路挤压等问题。

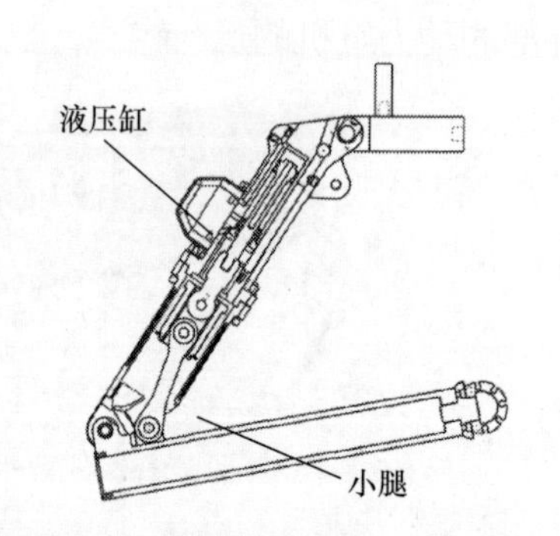

图5-8 液压驱动与结构一体化设计

在满足强度的前提下对零件外表面进行镂空挖槽以减轻重量，滑动设计结构减重后大腿部分重量约为5.3kg。一体化设计结构中，缸体与腿部合为一体，为减轻整体重量，液压缸壳体选用7075硬质铝合金，单腿最终设计重量为3.7kg，减重30%左右。

选定强度较大的TC4钛合金作为制造材料，为充分发挥TC4的轻质特点，对连杆进行空心化设计；表面流线型曲面可以防止应力集中，采用3D打印的加工方式并在打印后进行固溶加时效处理以消除内应力，从而保证强度可靠性。连杆3D金属打印成品如图5-9所示，其重量仅为78g。单腿实物图如图5-10所示。

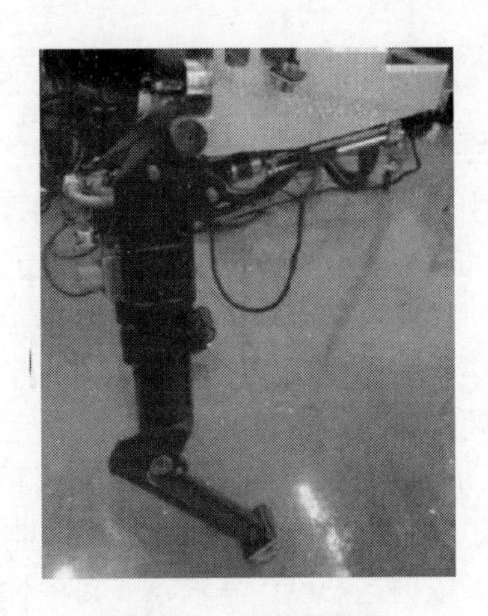

图 5-9　连杆 3D 金属打印成品

图 5-10　单腿实物图

5.1.1.6　电动力机载液压系统设计

电动机经过了近 100 年的发展，具有能量转化率高、动态特性好、噪声低等优点，非常契合现在四足机器人提出的低噪声、无排放、高能效的要求。而发动机受负载波动影响较大，工作点常处于低效率区，且在能量传递过程中损耗较大，造成油耗大、能效低、排放增加，同时噪声污染也比较严重。虽然研究者在发动机与液压泵的功率匹配、混合动力能量回收、阀控系统的节能等方面进行了卓有成效的研究，但在节能、环保要求日益提高的情况下，发动机固有的能量转化率低、噪声大、振动大、污染排放严重等问题依然限制着液压四足机器人总体效率的提升。近几十年，随着电力电子技术的飞速发展以及矢量控制算法、直接转矩控制算法的发展，异步电机、同步电机的变频调速技术也日趋成熟。国内大型火力发电厂和以风力发电、太阳能发电为主的清洁电能的装机容量也不断提升，国内用电环节进一步变好。外部用电环境改善和电机驱动技术的内在发展促进了变转速电机与液压泵的组合。结合节能环保需求，开展电驱动液压动力源在四足机器人中的应用技术研究，将抗振性好、节能的矢量控制变转速电动机技术与高能量密度的液压系统相结合应用于电动力机载液压动力系统具有较为重要的意义。所设计的动力系统整体方案如图 5-11 所示。

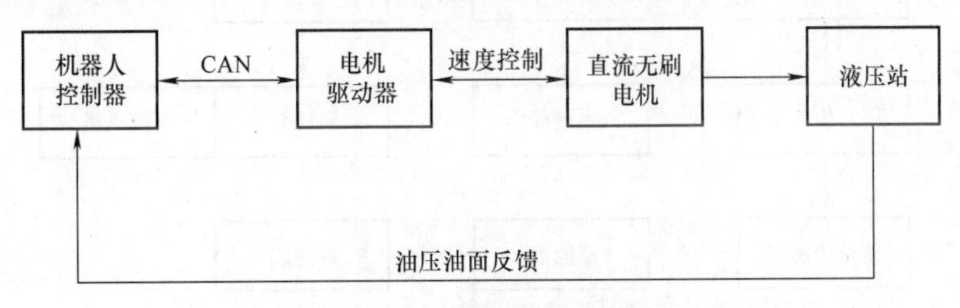

图 5-11　动力系统整体方案

该电动力机载液压动力系统采用 12kW 直流无刷电机作为动力源，采用相配套的直流无刷电机驱动器控制电机转速，从而为系统提供稳定的转速以保持液压系统的稳定。机器人控制器采用 CAN 通信的方式与驱动器通信，通过向驱动器发送速度指令以及得到实时的转速反馈来监测液压系统的稳定性。

5.1.2 电动力四足平台控制系统设计

5.1.2.1 设计需求

由于四足机器人面临着复杂的野外工作环境以及繁多的操作命令，其实际操作相对困难。为实现更友好的人机交互及稳定的操控需求，本节对机器人的操控系统展开深入研究。四足机器人操控系统包括机器人的远程操作和机载控制系统两部分，是整个机器人的控制和管理中心，远程操作人员通过机载控制系统采集现场信息并及时下达准确的控制指令。针对以上要求，四足机器人控制系统为完成导航、步态规划、关节伺服以及各种传感器信息采集和驱动器输出的任务，需要具备以下特点：实时性好、抗振能力强、对温度的适应范围大、具有单关节精准控制及多关节协调控制的能力、具备轻量化和模块化的优点且保留其他调试接口。依据这一设计需求，下文将对所设计的操控系统进行详细描述。

5.1.2.2 控制系统总体方案

本节设计的操控系统面向的是基于液压驱动的四足机器人。机器人可分为机械结构系统、液压系统、操控系统、状态感知与动态控制系统、环境感知与自主跟随系统等，将这些子系统有序整合以实现系统复杂的功能，从而解决系统间的耦合、干扰、配置、优化问题。在行走实验中，通过集成硬件、软件与算法来实现四足机器人稳定的快速运动功能、较好的环境感知与自主跟随功能以及整体系统的长时间、可靠运行，具有极高的技术要求。接下来将介绍机器人系统集成分析及操控系统模块化分析，最后对操控系统进行总体架构设计。

（1）机器人系统集成分析

四足机器人所需设备主要有机械结构、运动控制计算机、环境感知计算机、操作器、伺服驱动器、环境感知设备、动力源、传感器、液压执行机构、电池等。下面对机器人进行集成分析。

液压系统集成与配置是液压驱动四足机器人系统集成的重点，为了将液压系统集成到机器人中并使其安全有效地运转，液压系统采用各部件模块化的方式，实现功能集中、重量集中的目标，液压系统集成框图如图 5-12 所示。

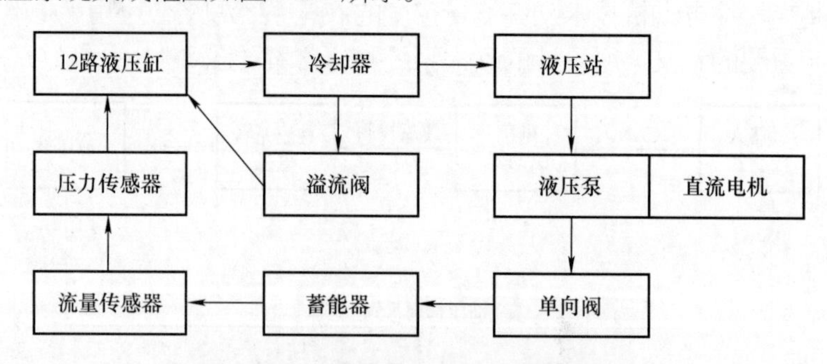

图 5-12 四足机器人液压系统集成框图

首先完成机械、液压伺服模块、传感器、电气、控制、软件等子系统的研制工作，实现电控的桌面联调以及软硬件各种控制功能的测试。其次进行各个子系统的功能测试与接口测试，包括功能、性能、指标测试以及环境适应性测试。然后对机械系统进行安装、调试，将液压伺服系统与机械系统联调，达到力矩、精度、速度等要求后，加入电气控制系统，进行

机电液联调，最终实现机器人在复杂环境下的快速、稳定运动。

其中，控制系统在机器人本体上集成，针对设备分散、数据传输实时性高、电磁干扰形式多样、机械振动强等问题，控制系统在设计时需要满足实时性好、抗振能力强、单关节精准控制和多关节协调控制、温度适应性强、轻量化和模块化、保留调试接口及友好的人机交互界面等要求。

（2）操控系统模块化分析

本文采用的操作方式为遥控式方式，同时增加了环境感知自主式。四足机器人操控系统主要包括通信系统、控制系统、信息显示与视频监控、应用接口、数据管理等子系统，如图5-13所示。下面将按照子系统进行模块化分析。

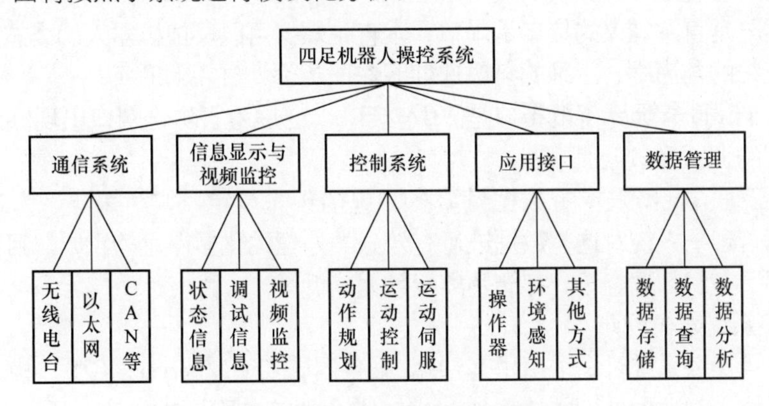

图5-13　操控系统子系统结构图

1）控制系统。在机器人系统集成分析部分对控制系统的集成做了简要的介绍，控制系统作为整个机器人稳定运行的核心部分，其主要职责分为动作规划、运动控制和运动伺服。

动作规划主要指预先规划好机器人的摆动轨迹，并对机器人遇到的突发情况做出有效的足端规划。

运动控制可以根据机器人的实时反馈，对机器人的动作实现精确控制。在控制机器人运动时，可通过操作器的反馈，实现机器人运动方式切换、运动参数设置等。

运动伺服主要指作动器根据控制器发出的指令，控制液压缸的流量、实现缸的摆动，进而完成相应的足端摆动。

2）通信系统。通信系统是操控系统的核心技术，其联通了各个核心模块，可以称作机器人的“神经系统”。

机器人各部件的通信主要包括遥控器与机载实时控制器之间、机载实时控制器与环境感知计算机之间、机载实时控制器与发动机之间。其中，遥控器与机载实时控制器之间通过RS485通信，机载实时控制器与环境感知计算机之间通过以太网通信，机载实时控制器与发动机之间通过CAN总线通信。

3）信息显示及视频监控。本节研究的四足机器人的信息显示主要包括机器人的状态信息、调试信息及视频监控信息等。

状态信息主要指机器人运行时各子系统的状态，操作员可以根据这些信息的反馈实时对机器人进行操控，包括机器人液压系统的油温与油压、机器人前进速度、机器人姿态、操作器连接状态等。

调试信息主要指在进行程序调试过程中显示在调试计算机中的信息。

视频监控主要指安装在机器人四周的摄像头的反馈，这样有助于远距离操控。操作员不需要在机器人周围，而可在远处根据视频的反馈来判断机器人周围的环境，进而实时操控机器人完成相应的任务。

4）应用接口。机器人操控系统中的应用接口主要指主控制器留有的接口，包括与操作器的接口、与环境感知计算机的接口、与垂直陀螺仪的接口、调试时接显示屏的接口等。

主控制器与操作器的接口实际上是主控制器与无线电台的串口，二者是通过无线电台连接的。

主控制器与环境感知计算机的接口是以太网口，通过TCP/IP通信。

主控制器与垂直陀螺仪的接口是串口，垂直陀螺仪可以反馈机器人的姿态信息，包括三维的姿态、三维的角速度、三维的角加速度等。

主控制器调试时接显示屏的接口是VGA接口，这是为了防止网口出现问题，无法访问控制器而预留的调试接口。

5）数据管理。机器人本身数据量繁多，包括预先设定、实时采集、人员给定等。因此，增加数据管理子系统对这些数据进行有效分类处理优化显得尤为重要。目前，数据管理子系统主要用于在线数据查看、存储及离线数据分析等。

（3）操控系统架构设计

本节在设计操控系统时，采用了客户端/服务器（Client/Server，C/S）模式。四足机器人为局域网系统，对数据处理能力、实时性、安全性等方面要求较高，因此选用C/S设计模式。四足机器人操控系统按照结构可分为四足机器人本体、远程监控与操控端，其具体架构可分为机载实时控制系统和人机交互系统，如图5-14所示。机载实时控制系统包括运动控制器、伺服驱动器、通信系统、数据管理等，人机交互系统包括基于处理-测控双层结构的遥控器、可扩展USB手柄、视频监控、信息显示等。

四足机器人本体上安装有四个摄像头，分别位于机器人前后左右四个方向；其采集的视频通过机器人机载实时无线电台传给视频监控端，视频监控端通过背包电台解析机器人采集的视频，操作员在获取机器人周围的环境后下达控制指令。

操控端主要指自行设计的遥控器和手柄，操作员通过遥控器或者手柄下达控制指令，然后通过无线电台传给机器人本体电台，机器人本体控制器解析指令后，实现机器人相应的动作。除此之外，还可以通过操控端实现机器人全自主运行的切换。

在设计操控系统架构时，利用分层的设计思想，将操控系统分为表示层、功能层、数据层三个层次结构，如图5-15所示。三层结构进行了明确分割，在逻辑上相互独立，保证了数据的安全性。

1）表示层。表示层是应用的用户接口部分，对于机器人而言是人机交互界面，它负责操作员与功能层间的对话。操控系统中的表示层是遥控器、手柄及平板显示视频反馈。在设计中，使用图形用户接口（GUI）既可以采集操作员的输入数据，又能显示机器人反馈输出的状态信息。

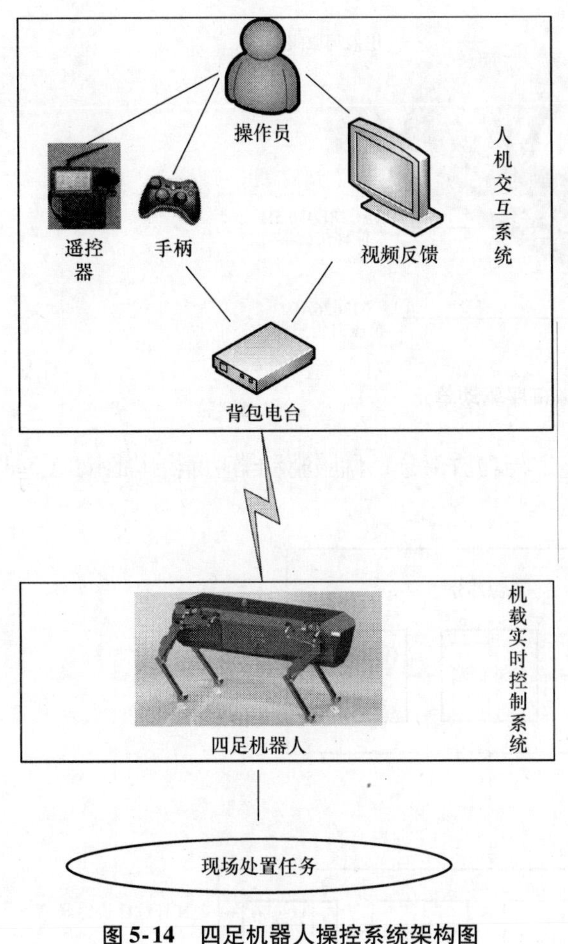

图 5-14　四足机器人操控系统架构图

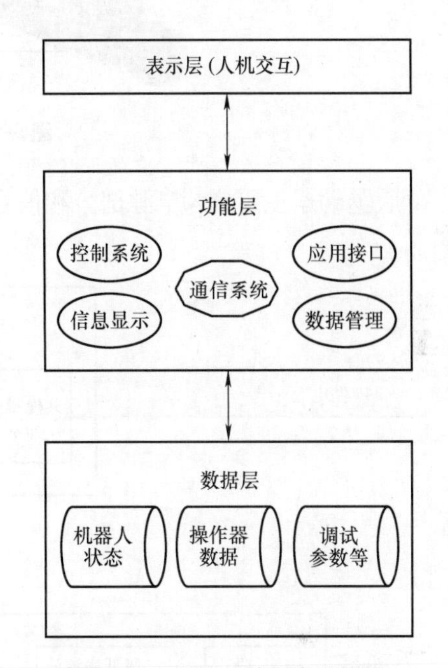

图 5-15　操控系统层次结构图

2）功能层。功能层是机器人操控的核心部分，主要实现机器人本体系统的设计，既包括软件层面设计，又包括硬件设计实现。这一部分主要由通信系统、控制系统、信息显示、应用接口、数据管理等子模块构成。

3）数据层。数据层包含四足机器人的所有数据，包括机器人状态数据、操作器数据、调试参数等。现阶段，本节研究内容还没形成整体数据库信息管理，只是对数据进行在线分类存储、查询及离线数据分析，为上两层提供数据支持。

5.1.2.3　伺服驱动器设计

四足机器人的伺服驱动器主要是对机器人全身 24 路液压缸模拟反馈量进行信号放大与调制，以 ±5V 信号输出给机载实时控制器；同时，接收来自机载实时控制器的伺服阀开度模拟信号，对这 12 路模拟信号进行功率放大后驱动电液伺服阀。整个驱动单元由液压缸本体、位移传感器、拉压力传感器、电液伺服阀四部分组成，如图 5-16 所示。

由于机器人需进行动态作业，在非结构化地形中的运动以及振动会对固定于机架的控制器产生一定影响甚至损坏，因此进行了控制器加固设计，在固定控制器的同时兼顾抗振、散热等功能。本次改进主要是在原有电路板的基础上对控制器进行加固设计，以解决前期设计的不足，满足机器人的运动需求。

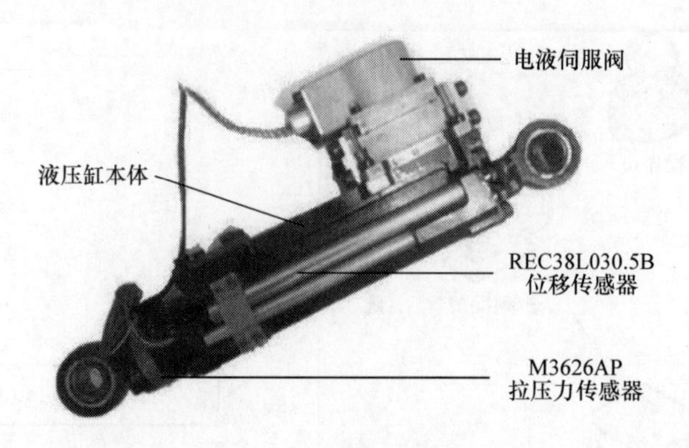

图 5-16　伺服驱动单元

伺服驱动器主要分为电源部分和信号整定与功放部分，伺服驱动器功能结构图如图5-17所示。

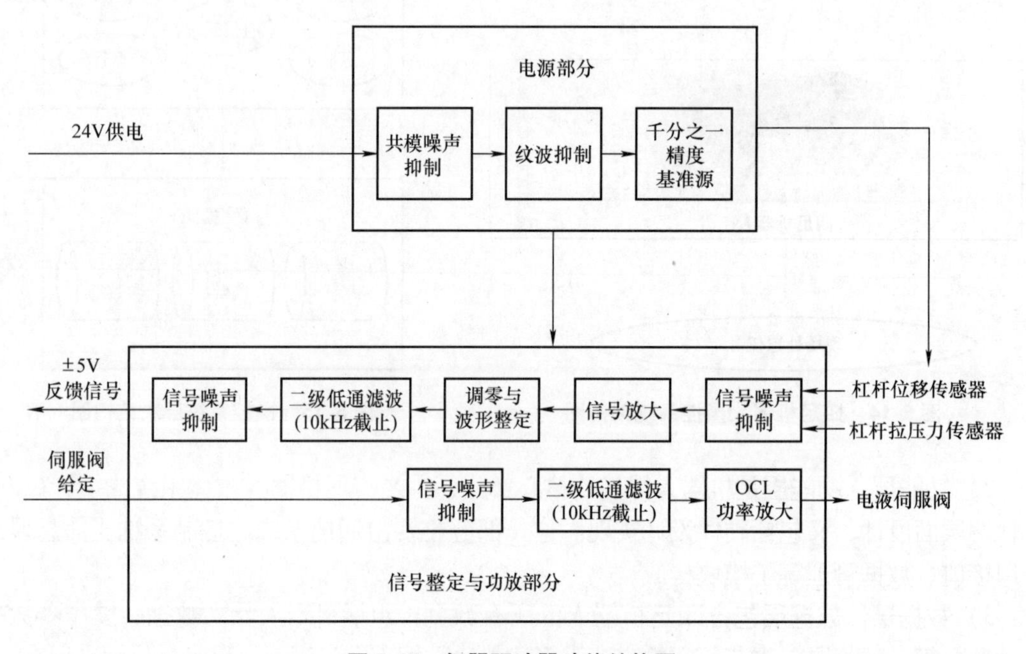

图 5-17　伺服驱动器功能结构图

5.1.2.4　人机交互系统

本节将基于操控系统总体设计，对人机交互系统进行设计与实现。针对视频处理、数据显示需求，设计集视频采集与传输显示于一体的视频监控系统、图形化单兵信息显示系统等，最终集成人机交互系统。

人机交互系统主要实现机器人模式切换、参数设置、步态切换、运动速度控制及测试等功能，如图 5-18 所示。

(1) 模式切换

模式切换主要分为控制、设置、测试、校准、预设等模式的切换，每种模式下又有不同的操作设置。针对不同的模式，通过采集摇杆的位置信息来完成相应的功能设置。最终，遥

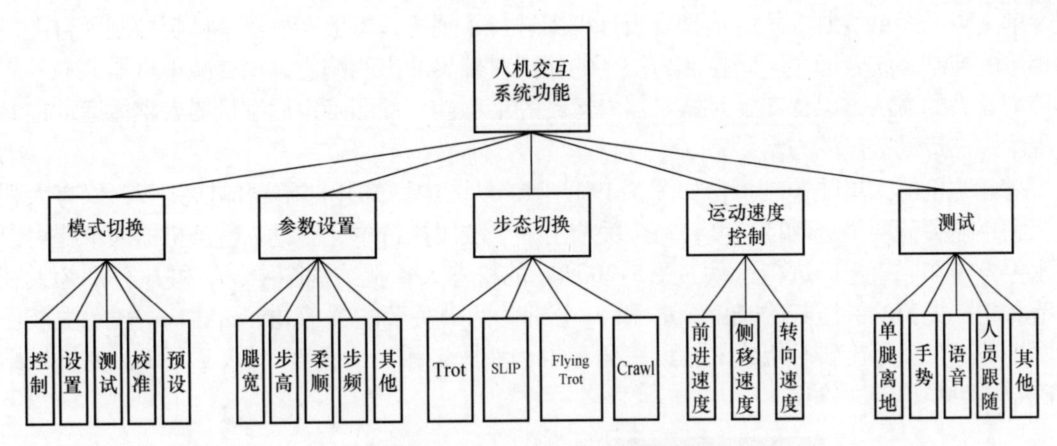

图 5-18　人机交互系统功能

控器将这一系列操作转换为编码信息传给机载控制器。

（2）参数设置

机器人参数设置分为运动参数设置及调试参数设置，运动参数包括腿宽、步高、柔顺、步频等，调试参数主要是在力控制调试时，针对每个关节进行调试，包括关节序号、关节PID 参数、液压缸大小腔流量等。这些参数在单击相应位置后通过转动摇杆来进行设置。

（3）步态切换

本节研究的遥控器主要针对对角小跑（Trot）、弹簧负载倒立摆（Spring Loaded Inverted Pendulum，SLIP）、具有腾空相的对角小跑（Flying Trot）、攀爬（Crawl）这四种步态进行切换。在不同工作状态下，根据具体情况切换不同的步态，从而使机器人平稳地完成既定任务。

（4）运动速度控制

本节研究的机器人可以实现全向移动，按机器人建立的坐标系（按右手定则来定方向）来分，可以分为 X 方向（前进）、Y 方向（侧移）、Z 方向（转向）。X 方向正方向指机器人前向方向，可以通过推动摇杆前后来控制 X 方向的速度，向前推为正向，速度大小与推动幅度成正比，自然状态向后推为负向；Y 方向正方向指机器人的左侧方向，同理可以通过推动摇杆左右来控制 Y 方向的速度，向左推为正向，速度大小与推动幅度成正比，自然状态向右推为负向；Z 方向正方向指机器人逆时针旋转的方向，可以通过转动摇杆来控制 Z 方向的速度，逆时针旋转为正向，速度大小与转动幅度成正比，自然状态顺时针转为负向。

（5）测试

测试主要是对机器人的辅助功能进行切换及机器人性能进行验证，主要包括单腿离地、手势、语音、人员跟随等。

5.1.3　机器人柔顺控制技术

5.1.3.1　机器人单腿柔顺控制

作为腿足式机器人运动的基础，机器人单腿运动显得尤为重要。在搭建机器人样机之前，首先进行机器人单腿控制平台的搭建，对传感器、执行器、控制器、机械结构等的性能进行初步测试，能够最大化降低研究成本并加快研究进度。

前文中已经就控制系统的选型及设计框架进行了阐述，本节在机器人单腿控制平台上搭建相应的控制系统，通过不同控制方法下的腿部对外界冲击的响应，探究减小机器人与外界环境交互力的方法，以提高腿足式机器人运动的平稳性，从而确定后续机器人整体运动控制过程中腿部运动控制的方案。

搭建的机器人单腿控制平台如图 5-19 所示，从图中可知腿部不含侧摆关节，仅有大腿关节和小腿关节两个运动自由度，每个关节由一个液压执行单元驱动。整条机器人单腿可以在水平方向和竖直方向进行运动。图 5-20 所示的机器人单腿结构图中，l_1 和 l_2 分别为大腿关节和小腿关节的液压缸的长度，θ_1 和 θ_2 分别为两个关节的关节角，φ_1 和 φ_2 表示由液压缸两个端部和关节旋转轴组成的辅助三角形中与液压缸相对的角度，ζ_1、ζ_2 和 ζ_3 在机械结构确定的时候也随之确定。

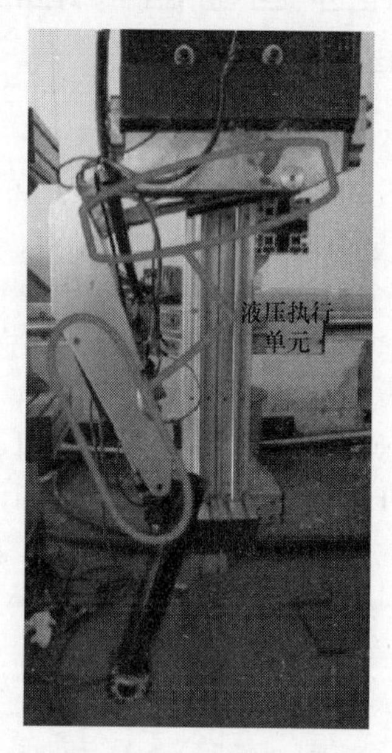

图 5-19　机器人单腿控制平台

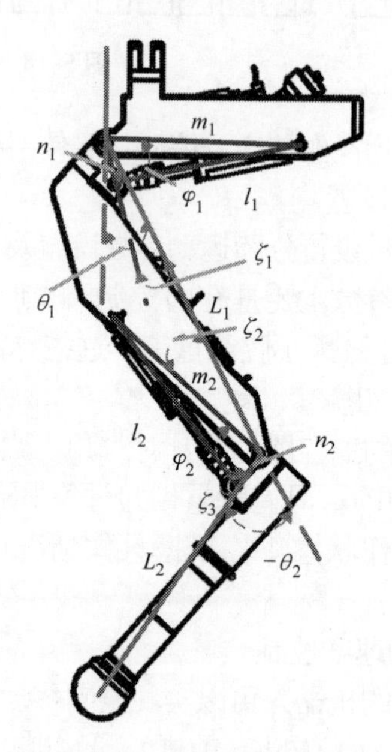

图 5-20　机器人单腿结构图

在已知腿部关节角的前提下，可以通过正运动学求解当前足端位置，然而腿部的关节角无法直接获取，故需要建立液压缸长度 l_1、l_2 和腿部运动关节角 θ_1、θ_2 之间的映射关系。在图 5-20 由液压缸两端连接点与关节旋转轴组成的三角形中，长度为 m_1 的边与竖直方向互相垂直。

$$\varphi_i = \arccos\left(\frac{m_i^2 + n_i^2 - l_i^2}{2m_i n_i}\right), i = 1, 2 \tag{5-1}$$

而 φ_i 和 θ_i 之间的映射关系为

$$\begin{cases} \theta_1 = \dfrac{\pi}{2} - (\varphi_1 - \zeta_1) \\ \theta_2 = -\pi + \varphi_2 + \zeta_2 + \zeta_3 \end{cases} \tag{5-2}$$

通过上述两式即可建立液压缸的长度 l_i 至关节旋转角 θ_i 的映射关系。若要实现关节的力矩控制，仅仅有该映射关系是不够的。前文中已经求解出了腿部模型的雅可比矩阵，该矩阵建立了足端输出力和关节旋转力矩之间的映射关系，这里将建立关节的输出力和关节力矩

的关系。对于关节力矩的方向定义，在此取使得关节旋转角 θ_i 增大的方向为正方向。

若要求取关节的力矩，则需要关节的输出力以及该力作用的力臂，输出力可以根据拉压力传感器的信号获取，对应的力臂和力矩为

$$q_i = \frac{2S_i}{l_i} \tag{5-3}$$

$$S_i = \sqrt{p_i(p_i - m_i)(p_i - n_i)(p_i - l_i)} \tag{5-4}$$

$$p_i = \frac{m_i + n_i + l_i}{2} \tag{5-5}$$

$$\tau_i = f_i q_i \tag{5-6}$$

式中，$i=1, 2$；q_i 是液压执行单元输出作用力对应的力臂；S_i 和 p_i 分别是对应的液压执行单元形成的三角形的面积及半周长；f_i 是拉压力传感器获取的反馈力，方向遵照前文中力矩方向；τ_i 是关节 i 的反馈力矩。

（1）位置控制

位置控制即根据规划完成的腿部足端的运动轨迹，通过逆运动学求解出期望的关节角度，并进一步将期望关节角度映射为关节执行器的期望长度。将关节执行器的期望长度作为PI控制器的输入给定，通过对PI控制器的参数进行整定，使得末端执行器能够及时响应执行器期望长度的变化。位置控制的控制框图如图5-21所示。

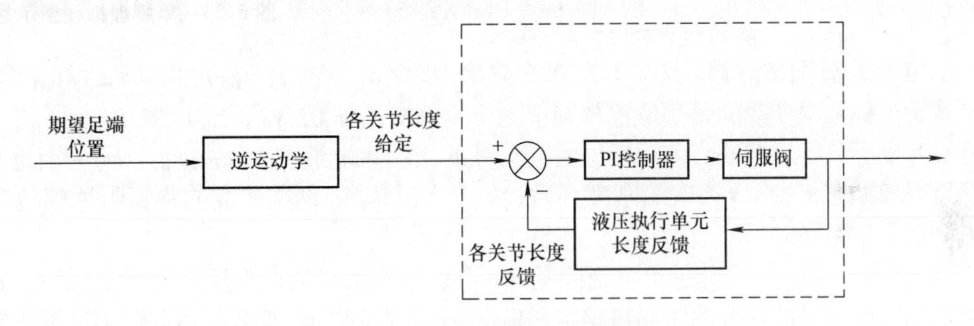

图5-21　位置控制的控制框图

（2）阻抗控制

阻抗控制的控制框图如图5-22所示。在位置控制的基础之上，将腿部足底力引入控制

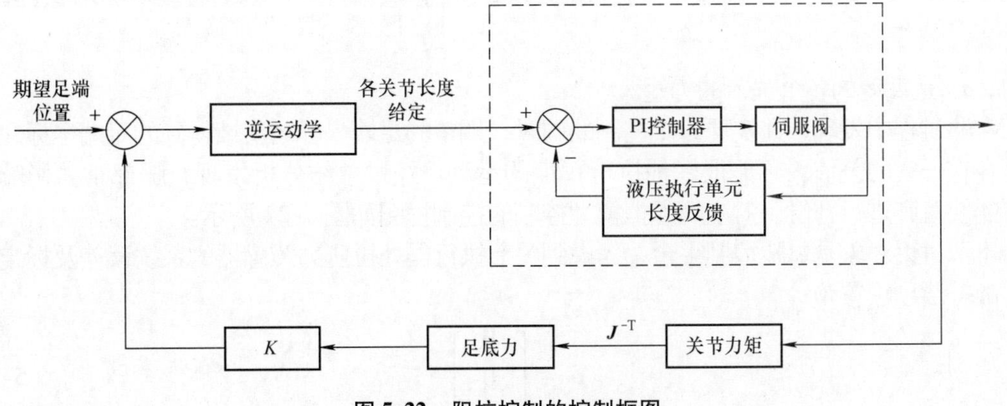

图5-22　阻抗控制的控制框图

闭环中，通过系数 K 调节系统的柔顺特性。在拉压力传感器读取液压执行器反馈力 f_i 之后，计算关节反馈力矩 $\tau_i = f_i q_i$（$i=1, 2$）。然后经过雅可比矩阵转置的逆 $\boldsymbol{J}^{-\mathrm{T}}$ 求解当前的腿部足底力，以此为依据，通过系数 K 的调节，调整关节的期望长度，达到减小足端对环境冲击的效果。由于实际实验过程中，系数 K 增大后，系统即开始振荡，且调节范围较小，故本章节阻抗控制实验中将该系数设置为一固定值。

（3）虚拟模型控制

弹簧阻尼模型对于外界冲击具有良好的减振特性，故常用于减振器的设计制造。单腿虚拟模型示意图如图 5-23 所示。

机器人在参考坐标系 xyz 下运动过程中，其腿部具有三个方向的自由度，可将沿着 x、y、z 三个方向的运动虚拟为弹簧阻尼系统的运动，满足以下特性

$$\begin{bmatrix} f_x \\ f_y \\ f_z \end{bmatrix} = \begin{bmatrix} k_{px} & & \\ & k_{py} & \\ & & k_{pz} \end{bmatrix} \left(\begin{bmatrix} x_{ref} \\ y_{ref} \\ z_{ref} \end{bmatrix} - \begin{bmatrix} x_{fb} \\ y_{fb} \\ z_{fb} \end{bmatrix} \right) + \begin{bmatrix} k_{vx} & & \\ & k_{vy} & \\ & & k_{vz} \end{bmatrix} \left(\begin{bmatrix} \dot{x}_{ref} \\ \dot{y}_{ref} \\ \dot{z}_{ref} \end{bmatrix} - \begin{bmatrix} \dot{x}_{fb} \\ \dot{y}_{fb} \\ \dot{z}_{fb} \end{bmatrix} \right) \tag{5-7}$$

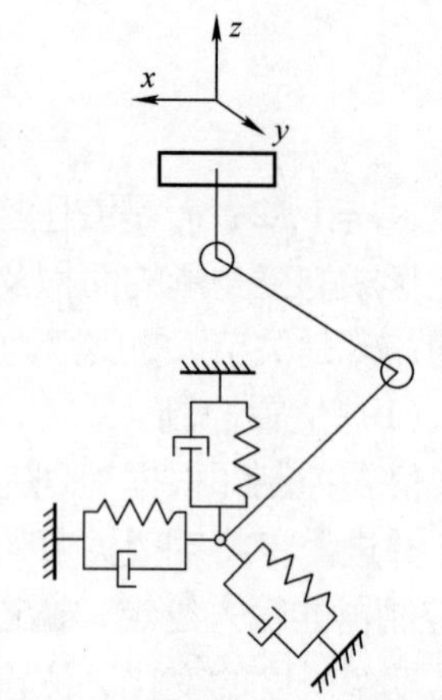

图 5-23　单腿虚拟模型示意图

式中，f_x、f_y、f_z 分别是沿着 x、y、z 方向的虚拟力；（x_{ref}，y_{ref}，z_{ref}）和（$\dot{x}_{ref}$，$\dot{y}_{ref}$，$\dot{z}_{ref}$）分别是参考坐标系中期望的足端位置与期望的足端速度；（x_{fb}，y_{fb}，z_{fb}）和（$\dot{x}_{fb}$，$\dot{y}_{fb}$，$\dot{z}_{fb}$）分别是参考坐标系中反馈的当前足端位置与反馈的当前足端速度；k_{px}、k_{py}、k_{pz} 分别是建立的弹簧阻尼模型在 x、y、z 方向的刚度系数；k_{vx}、k_{vy}、k_{vz} 分别是建立的弹簧阻尼模型在 x、y、z 方向的阻尼系数。

由式（5-7）可知，根据在参考坐标系 xyz 中给定的足端位置与反馈的足端位置，在计算出给定与反馈的足端速度后，通过整定后的 x、y、z 方向的刚度阻尼系数，可计算出腿部足端虚拟力用于控制腿部运动。为了产生期望的各个方向的虚拟足底力，需要各个运动关节产生相应的力矩，即

$$\boldsymbol{\tau}_{ref} = \boldsymbol{J}^{\mathrm{T}} \boldsymbol{F} = \boldsymbol{J}^{\mathrm{T}} \begin{bmatrix} f_x \\ f_y \\ f_z \end{bmatrix} \tag{5-8}$$

式中，$\boldsymbol{\tau}_{ref}$ 是期望的各个关节的力矩。

实验过程中发现，在实现力矩控制的同时，期望的足端坐标与反馈得到的足端坐标之间总是存在一定的差值，不能很好地执行预期的运动。经过总结分析发现，腿部重力影响较大，需要对其进行补偿。对应的虚拟模型控制的控制框图如图 5-24 所示。

本节讨论对象是单腿控制平台，考虑到关节执行器处拉压力传感器的系统误差及标定误差，故补偿项设置为

$$\boldsymbol{\delta} = \begin{bmatrix} 0 \\ 0 \\ kmg \end{bmatrix} \tag{5-9}$$

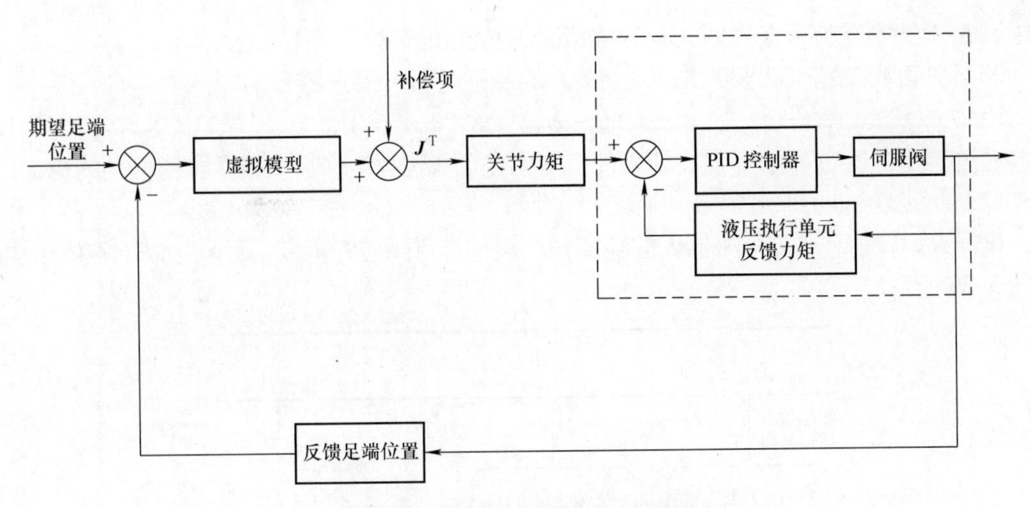

图5-24 虚拟模型控制的控制框图

式中，m 是腿部的总质量；g 是当地的重力加速度；k 是补偿系数。

$$\boldsymbol{\tau}_{\text{ref}} = \boldsymbol{J}^{\text{T}}(\boldsymbol{F}+\boldsymbol{\delta}) = \boldsymbol{J}^{\text{T}}\begin{bmatrix} f_x \\ f_y \\ f_z + kmg \end{bmatrix} \tag{5-10}$$

通过式（5-10）计算出合适的期望关节力矩 $\boldsymbol{\tau}_{\text{ref}}$，根据此期望关节力矩可以实现良好的运动效果。

5.1.3.2 机器人全身柔顺控制

前文中通过单腿控制平台对搭建的控制系统及腿部的运动控制方法进行了验证，本节将机器人躯干的姿态角及各方向的运动速度引入机器人腿部的运动规划中，通过腿部的调整，实现机器人躯干的稳定。同时，在保证躯干稳定的基础上，腿部的运动采用了虚拟模型的方法，减小了机器人运动过程中与外部环境之间的冲击，提高了机器人对于不规则环境的适应能力。

（1）机器人躯干姿态控制

本节研究的步态为四足机器人的 Trot 步态。在该步态运动过程中，任意时刻两组对角腿之间总有一组处于摆动相的状态，且处于对角位置的腿部运动特性相似。根据该特点，可以将四足机器人的运动简化为双足运动。由于两组对角腿之间的运动具有一定的对称性，故可以进一步将双足运动简化为单足机器人的运动，其简化模型如图5-25所示。

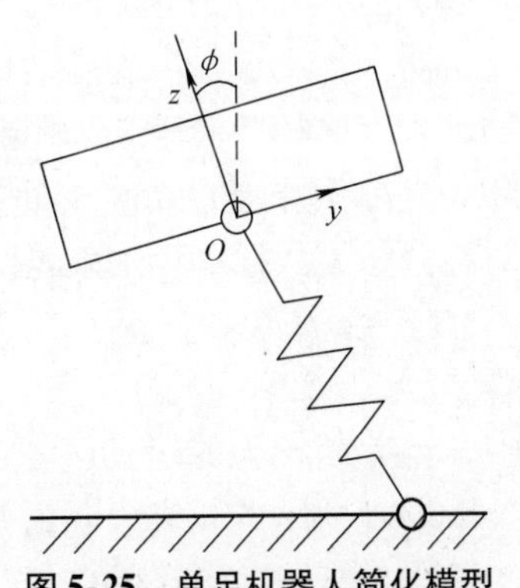

图5-25 单足机器人简化模型

在机器人受到来自侧向的冲击后，坐标系 zOy 中的 z 轴与竖直方向夹角为 ϕ。通过定性分析可以发现，为了维持躯干的稳定，$(\phi-\phi_{\text{d}})$ 为正时，腿部应向 y 轴正方向运动；反之，腿部则应向 y 轴负方向运动。即腿部在 y 方向上的运动需要满足

$$\dot{y} = k(\phi-\phi_{\text{d}}) \tag{5-11}$$

式中，ϕ_d 是期望的躯干姿态倾角，通常情况下，该角为零。

为了提高系统的响应速度，在以上关系的基础上引入微分环节。

$$\dot{y} = k(\phi - \phi_d) + k_d(\dot{\phi} - \dot{\phi}_d) \tag{5-12}$$

通过调整合适的 k 与 k_d 值，即可使机器人在运行过程中保持横滚角和俯仰角的稳定。

(2) 运动轨迹规划

机器人运行前，首先对机器人的腿部预期运动进行相应的规划。运动控制的整体结构图如图 5-26 所示。

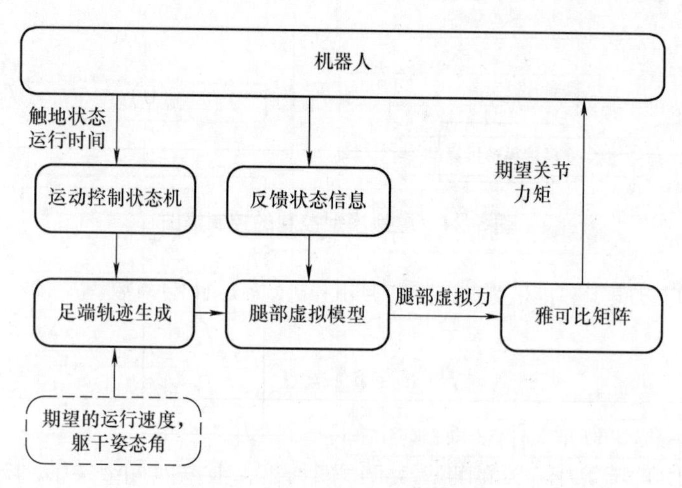

图 5-26 运动控制的整体结构图

由于每条腿仅有支撑相和摆动相两种状态，故在此设置运动控制状态机，根据腿部状态执行不同动作。在机器人运行过程中，通过检测各条腿的触地状态和腿部的运动时间，在运动控制状态机中根据判断结果进入腿部的支撑相或者摆动相的运动控制。根据指定的期望运行速度及躯干姿态角，结合当前的运动相位，生成腿部的期望运动轨迹。在虚拟模型部分则通过期望和反馈的足端位置，计算得出足端的虚拟足底力，该力经过雅克比矩阵映射为对应腿部的关节力矩。然后执行各个关节的力矩伺服，完成运动。

(3) 摆动相轨迹规划

机器人运动过程中的摆动相从支撑相结束开始，逐渐摆动至最高点后再经历下落阶段触地后进入支撑相。换言之，腿部支撑相的结束位置即为摆动相开始的位置，摆动相结束的位置即为支撑相开始的位置。通常情况下，摆动相的起始位置和结束位置关于腿部的肩部关节呈对称分布，故摆动相结束的位置满足关系

$$x = \frac{\dot{x}_d T_f}{2} \tag{5-13}$$

式中，$\dot{x}_d$ 是机器人的运动速度；T_f 是腿部摆动相的时间。

Raibert 团队的研究表明，假设机器人运动过程中腿部与地面之间不产生相对滑动，若要使机器人能够达到预期的前进速度，在摆动相落足点选择中应引入速度补偿项，即落足点应满足关系

$$x = \frac{\dot{x}_d T_f}{2} + k_d(\dot{x} - \dot{x}_d) \tag{5-14}$$

式中，k_{d} 是速度调节系数；$\dot{x}$ 和 $\dot{x}_{\mathrm{d}}$ 分别是当前反馈和预期的机器人运动速度。

如果机器人腿部与地面不存在相对滑动，则机器人的运动速度与腿部的摆动速度方向相反，数值相等。

理想情况下，当腿部着地时刻竖直方向运动速度为零时，足端与外界环境的交互力最小。为此，在进行摆动相轨迹规划时，指定起始位置、中间位置、最终位置的位置和对应位置的速度信息，通过插值法得到摆动轨迹。

$$\begin{cases}x(0)=x_0,x(T_{\mathrm{f}})=x_{\mathrm{Tf}}=\dfrac{\dot{x}_{\mathrm{d}}T_{\mathrm{f}}}{2}+k_{\mathrm{dx}}(\dot{x}-\dot{x}_{\mathrm{d}}),\dot{x}(0)=\dot{x}_0,\dot{x}(T_{\mathrm{f}})=\dot{x}_{\mathrm{Tf}}\\ y(0)=y_0,y(T_{\mathrm{f}})=y_{\mathrm{Tf}}=\dfrac{\dot{y}_{\mathrm{d}}T_{\mathrm{f}}}{2}+k_{\mathrm{dy}}(\dot{y}-\dot{y}_{\mathrm{d}}),\dot{y}(0)=\dot{y}_0,\dot{y}(T_{\mathrm{f}})=\dot{y}_{\mathrm{Tf}}\end{cases} \tag{5-15}$$

式中，$\dot{x}_{\mathrm{d}}$ 和 $\dot{y}_{\mathrm{d}}$ 分别是 x 和 y 方向的指定运行速度；T_{f} 是摆动相的总时间；k_{dx}和 k_{dy}分别是 x 和 y 方向的速度调整系数；x_{Tf}和 y_{Tf}分别是摆动相结束时刻对应方向的机器人位置；$\dot{x}_{\mathrm{Tf}}$和 $\dot{y}_{\mathrm{Tf}}$分别是摆动相结束时刻对应方向的机器人运动速度。

最终得到的 x 和 y 方向的运动轨迹如下

$$\begin{cases}x(t)=a_0t^3+b_0t^2+c_0t+d_0\\ y(t)=a_1t^3+b_1t^2+c_1t+d_1\end{cases} \tag{5-16}$$

式中相关参数的求取结果如下

$$\begin{aligned}a_0&=\frac{\dot{x}_{\mathrm{Tf}}T_{\mathrm{f}}-2x_{\mathrm{Tf}}+\dot{x}_0T_{\mathrm{f}}+2x_0}{T_{\mathrm{f}}^3}\\ b_0&=\frac{3x_{\mathrm{Tf}}-\dot{x}_{\mathrm{Tf}}T_{\mathrm{f}}-2\dot{x}_0T_{\mathrm{f}}-3x_0}{T_{\mathrm{f}}^2}\\ c_0&=\dot{x}_0\\ d_0&=x_0\\ a_1&=\frac{\dot{y}_{\mathrm{Tf}}T_{\mathrm{f}}-2y_{\mathrm{Tf}}+\dot{y}_0T_{\mathrm{f}}+2y_0}{T_{\mathrm{f}}^3}\\ b_1&=\frac{3y_{\mathrm{Tf}}-\dot{y}_{\mathrm{Tf}}T_{\mathrm{f}}-2\dot{y}_0T_{\mathrm{f}}-3y_0}{T_{\mathrm{f}}^2}\\ c_1&=\dot{y}_0\\ d_1&=y_0\end{aligned} \tag{5-17}$$

式（5-16）中，$t\in[0,T_{\mathrm{f}}]$，下文 t 的取值范围均与此处相同。

对于竖直方向上的运动，由于存在抬腿和落足动作，故在此使用两段轨迹进行规划。

$$\begin{cases}z(0)=z_0,z\left(\dfrac{T_{\mathrm{f}}}{2}\right)=H+z_0,z(T_{\mathrm{f}})=z_0\\ \dot{z}(0)=0,\dot{z}\left(\dfrac{T_{\mathrm{f}}}{2}\right)=0,\dot{z}(T_{\mathrm{f}})=0\end{cases} \tag{5-18}$$

式中，z_0 是足端在竖直方向的初始位置；H 是期望的迈步高度。

最终得到的竖直方向的运动轨迹为

$$z(t)=\begin{cases}z_0-\dfrac{16H}{T_{\mathrm{f}}^3}t^3+\dfrac{12H}{T_{\mathrm{f}}^2}t^2, t<\dfrac{T_{\mathrm{f}}}{2}\\ z_0+\dfrac{16H}{T_{\mathrm{f}}^3}\left(t-\dfrac{T_{\mathrm{f}}}{2}\right)^3-\dfrac{12H}{T_{\mathrm{f}}^2}\left(t-\dfrac{T_{\mathrm{f}}}{2}\right)^2+H, \dfrac{T_{\mathrm{f}}}{2}\leqslant t<T_{\mathrm{f}}\end{cases}\tag{5-19}$$

根据上述 x、y、z 方向的轨迹，可以实现相应方向摆动相的控制。在实验过程中，发现机器人本体前进过程中，运动方向的前部足端会出现拖地的现象。针对该问题，对于 z 方向的轨迹进行适当的优化。在规划的条件中引入加速度项，通过加速度项的调整改善拖地问题。

$$\begin{cases}z(0)=z_0, z\left(\dfrac{T_{\mathrm{f}}}{2}\right)=H+z_0, z(T_{\mathrm{f}})=z_0\\ \dot{z}(0)=0, \dot{z}\left(\dfrac{T_{\mathrm{f}}}{2}\right)=0, \dot{z}(T_{\mathrm{f}})=0\\ \ddot{z}(0)=a_{\mathrm{s}}, \ddot{z}\left(\dfrac{T_{\mathrm{f}}}{2}\right)=0, \ddot{z}(T_{\mathrm{f}})=0\end{cases}\tag{5-20}$$

式中，a_{s} 是指定的抬腿阶段的起始加速度。

经过优化后的竖直方向的运动轨迹为

$$z(t)=\begin{cases}z_0+\dfrac{a_{\mathrm{s}}}{2}t^2+\dfrac{80H-3T_{\mathrm{f}}^2a_{\mathrm{s}}}{T_{\mathrm{f}}^3}t^3+\dfrac{-240H+6T_{\mathrm{f}}^2a_{\mathrm{s}}}{T_{\mathrm{f}}^4}t^4+\dfrac{192H-4T_{\mathrm{f}}^2a_{\mathrm{s}}}{T_{\mathrm{f}}^5}t^5, t\leqslant\dfrac{T_{\mathrm{f}}}{2}\\ z_0+H-\dfrac{80H}{T_{\mathrm{f}}^3}\left(t-\dfrac{T_{\mathrm{f}}}{2}\right)^3+\dfrac{240H}{T_{\mathrm{f}}^4}\left(t-\dfrac{T_{\mathrm{f}}}{2}\right)^4-\dfrac{192H}{T_{\mathrm{f}}^5}\left(t-\dfrac{T_{\mathrm{f}}}{2}\right)^5, \dfrac{T_{\mathrm{f}}}{2}<t\leqslant T_{\mathrm{f}}\end{cases}\tag{5-21}$$

通过调整抬腿阶段的足端加速度 a_{s}，使得腿部进入摆动相的时候能快速将足端位置拉高，同时避免速度的突变导致运动过程中的抖动，以此改善机器人运动过程中足端产生的拖地现象。

（4）支撑相轨迹规划

若要使得机器人能够达到预期的运动速度，对于腿部支撑相的控制尤为重要。腿部处于支撑相的时候，腿部的摆动引起了躯干的运动。理想情况下，机器人的运动速度和支撑腿摆动的速度大小相等，方向相反。根据该关系，可知

$$\begin{cases}x(t)=x_0-\int_0^t\dot{x}_{\mathrm{d}}\mathrm{d}t\\ y(t)=y_0-\int_0^t\dot{y}_{\mathrm{d}}\mathrm{d}t\\ z(t)=z_0\end{cases}\tag{5-22}$$

式中，(x_0, y_0, z_0) 是摆动相进入支撑相时足端所处的位置坐标；$\dot{x}_{\mathrm{d}}$ 和 $\dot{y}_{\mathrm{d}}$ 分别是期望的 x 和 y 方向的机器人的运动速度；对于时间 t 的取值，其数值要小于支撑相的总时间，本节 t 的取值范围均与此处相同。

实验过程中发现，机器人在以该轨迹运动的过程中，躯干稳定性欠佳，为了提高运动的平稳性，将躯干的姿态控制方法融入支撑相轨迹规划当中，有

$$
\begin{cases}
x(t) = x_0 - \int_0^t [\dot{x}_d + k_x(\alpha - \alpha_d) + k_{xd}(\dot{\alpha} - \dot{\alpha}_d)]dt \\
y(t) = y_0 - \int_0^t [\dot{y}_d + k_y(\beta - \beta_d) + k_{yd}(\dot{\beta} - \dot{\beta}_d)]dt \\
z(t) = z_0
\end{cases}
\tag{5-23}
$$

式中，α 和 β 分别是躯干运动过程中的俯仰角和横滚角；k_x 和 k_y 分别是俯仰角和横滚角的调整系数；k_{xd}和 k_{yd}分别是俯仰角速度和横滚角速度的调整系数。

本节介绍了机器人运动过程中躯干姿态的稳定控制方案，在此基础上，对于腿部支撑相和摆动相的轨迹予以规划设计，并结合实验进行了相应的优化，实现了四足机器人在平坦地面、崎岖地面、台阶与坡面的稳定运动。

5.1.4　机器人攀爬步态规划

四足哺乳动物根据不同的地形会采用不同的步态，同样地，仿生四足机器人的步态也多种多样。通常情况下，将与地面接触的足定义为支撑足，将悬空的足定义为摆动足。当同一时刻支撑足的数量少于或等于 2 时，机器人采用动步态，而常见的对角小跑步态（Trot）、遛蹄步态（Pace）、跳跃步态（Bound）等都是动步态；当同一时刻支撑足的数量多于 2 时，所采用的步态被称为静步态，常见的为非间歇静步态（Continuous Crawl Gait）和间歇静步态（Intermittent Crawl Gait）。不同的步态在同一时刻支撑足的数量不同，支撑足的数量越多，机器人状态越稳定。由于本节着重分析静步态下的机器人的自主步态规划，因此主要对静步态进行分析和改进。

相比于履带式机器人，四足机器人更能适应复杂崎岖的地形。而在四足机器人的各种步态中，使用静步态可以大大增加机器人自身的稳定性，通过崎岖度较高的地形。为实现四足机器人攀爬大坡度地形和跨越高障碍物，对间歇静步态规划方法进行改进。本节将从斜坡上迈步顺序规划、重心位置调整、足端轨迹规划等控制模块进行整合，使得机器人运行更加稳定，且能耗更低。为验证改进后的静步态的有效性，我们还设置了机器人攀爬 60°坡的仿真实验。

现有的四足机器人间歇静步态在身体姿态调整幅度过大时，由于在建模时一般会忽略腿部质量，经常会出现重心在竖直方向上的投影落在支撑平面外，导致机器人倾倒；有的静步态在进行重心位置调整时，为了使重心位置尽可能到达最稳定位置，会控制机器人的重心在前后方向也做调整，从而降低了机器人的移动速度。

本节根据现有的问题，调整机器人的迈步顺序为左前（LF）－右前（RF）－右后（RH）－左后（LH），增加机器人在身体纵向上的能量稳定裕度；并设计一种矩形足端轨迹来尽量避免在摆动相过程中与障碍物碰撞。

（1）迈步顺序规划

在四足机器人静步态规划中，根据规划的迈步顺序的不同可形成多达 24 种不同的静步态。本节在规定先迈左前腿的情况下将其进一步简化为 6 种基本步态，如图 5-27 所示（其中 LF、RF、LH 和 RH 分别代表了左前腿、右前腿、左后腿和右后腿）。

当机器人在面对较大的斜坡处于三腿支撑状态时，较小的支撑多边形会导致其状态极其不稳定，因而本节主要在四腿支撑状态时进行重心调整。机器人的运动过程被设置为一个有限状态机。根据仿生学原理，当四足哺乳动物攀爬陡坡或者一个落差大的地形时，通常采用先移动前腿再移动后腿的方式通过。利用这种方式，它们支撑多边形的纵向距离将会延长，从而增加支撑多边形的面积。因此，图5-27中c和f两种步序稳定性较低。为了研究简便且尽可能地增加机器人的稳定裕度，本节选择迈步顺序a为例，比较几种步序的优缺点。

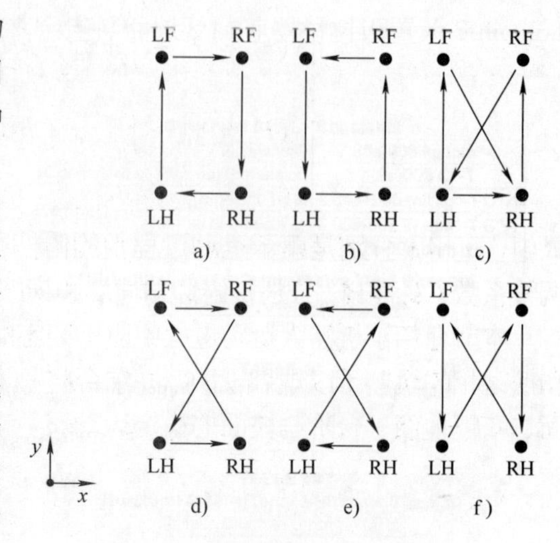

图5-27　6种基本静步态迈步顺序

将四足机器人静步态的运动周期按照摆腿顺序划分为八个状态相：LF摆动相、RF摆动前调整、RF摆动相、RH摆动前调整、RH摆动相、LH摆动前调整、LH摆动相以及LF摆动前调整，一个完整的运动周期如图5-28所示。

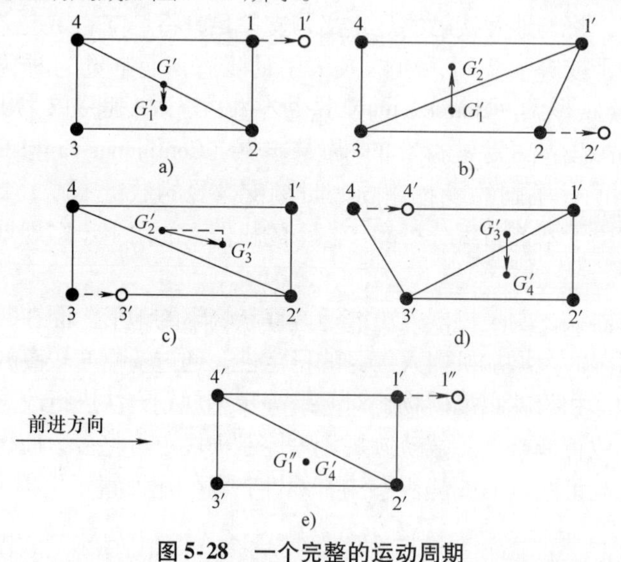

图5-28　一个完整的运动周期

其中在躯干横向上有两次较长距离的调整，即由G_1'到G_2'和由G_3'到G_4'；两次较短距离的调整，即由G'_2到G'_3和由G'_4到G''_1。同理可得步序b和a运动基本相同，而d和e在躯干横向上有4次距离较长的重心调整阶段，降低了机器人的移动速度，增加了机器人的不稳定性。因此，本节采用的迈步顺序为LF－RF－LH－RH，一个周期的间歇静步态时序图如图5-29所示。

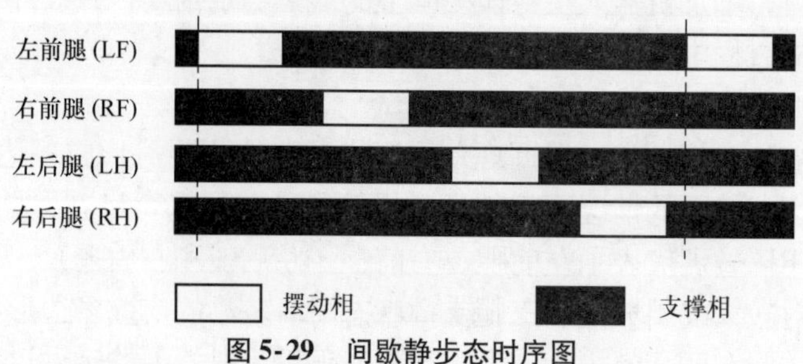

图5-29　间歇静步态时序图

（2）重心位置调整

由于在间歇静步态规划中一般将足端摆动和重心移动分开进行，因此当足端摆动时机器人的重心必须处于一个稳定的状态。本节将在四足支撑阶段移动重心至一个合适的位置，使其进入下一足端摆动阶段时能够保持稳定。为了最大化机器人的能量稳定裕度且提高机器人抗外部扰动能力，本文采用规范化能量稳定裕度原理（Normalized Energy Stability Margin, NESM）去衡量机器人的稳定性。以右前腿作为摆动腿，首先定义机器人左前腿为1号腿，然后按顺时针分别定义其他三条腿为2、3、4号腿，四足机器人在处于三腿支撑状态时的能量稳定裕度可由式（5-24）计算得到。

$$
\begin{cases} S_{\mathrm{NESM}ij} = h_{\max,ij} - h_{\mathrm{com},ij} \\ S_{\min} = \min\limits_{i,j} S_{\mathrm{NESM}ij}(i,j = 1,2,3,4) \end{cases} \tag{5-24}
$$

式中，对于腿i和腿j之间的边，$h_{\max,ij}$是当重心绕该边转动到达最高点时与边中心点的竖直距离；$h_{\mathrm{com},ij}$是当前重心与边中心点的竖直距离；$S_{\mathrm{NESM}ij}$是$h_{\max,ij}$与$h_{\mathrm{com},ij}$的差值，$h_{\max,ij}$越大说明机器人重心从这条边倾倒的可能性越小；由于$S_{\mathrm{NESM}ij}$越小机器人的稳定性越差，从这条边倾倒的可能性越大，因此定义支撑多边形三边对应的$S_{\mathrm{NESM}ij}$的最小值$S_{\min}$来衡量机器人整体的稳定性。

当机器人使用静步态时，至少有三条腿处于支撑相，因此机器人的重心可能会绕不同的轴发生转动导致侧翻，根据规范化能量稳定裕度原理（图5-30）可以计算出其绕每个轴的稳定裕度值。以右前腿为下一个阶段的摆动腿，机器人稳定裕度等高线可以根据NESM得到，如图5-31所示。

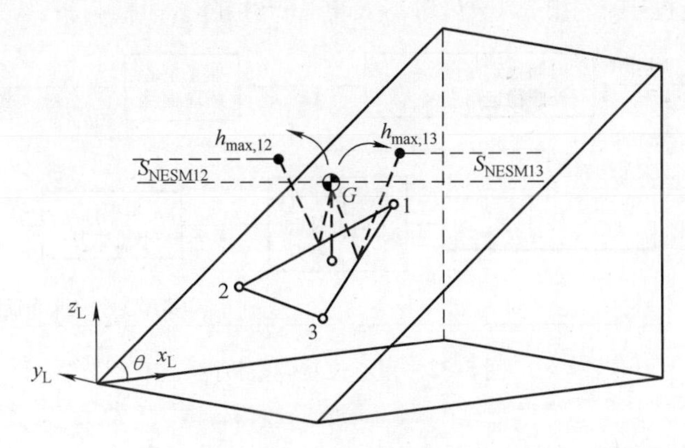

图5-30　规范化能量稳定裕度原理

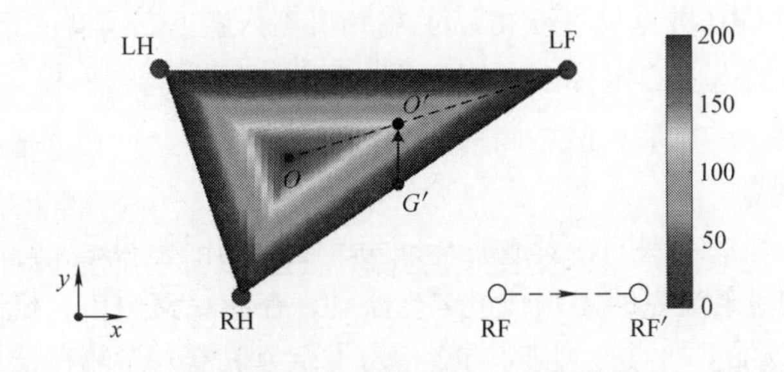

图5-31　稳定裕度等高线（见彩插）

一般情况下，在得到机器人稳定裕度等高线后，为了使机器人的重心达到其稳定裕度最大点，需要将机器人重心沿等高线梯度方向移动（即重心从 G'移动到点 O），然而这将会导致下面几个缺点：首先机器人的重心会在躯干前后方向上移动，导致机器人的移动速度变慢，且会影响机器人的稳定性；一般机器人的躯干宽度远小于躯干长度，机器人在躯干横向发生倾倒的情况多于躯干纵向，而在躯干纵向移动重心要消耗更多能量，却并不能有效增加机器人在躯干横向上的稳定裕度；另外机器人的足端需要较大的工作空间去适应斜坡地形，而机器人重心在躯干纵向的调整会消耗更多的足端工作空间，降低了机器人地形适应的能力。

根据以上分析，本节仅在躯干横向调整重心的位置（即重心位置从点 G'移动到点 O'）。为了避免忽略腿的质量对机器人重心带来的偏差，本文在计算重心时将四条腿的质量也考虑在内，质心的计算公式为

$$x_{\text{com}} = \frac{\sum_{i=1}^{n} m_i g x_{\text{com}i}}{\sum_{i=1}^{n} m_i g},\ y_{\text{com}} = \frac{\sum_{i=1}^{n} m_i g y_{\text{com}i}}{\sum_{i=1}^{n} m_i g} \tag{5-25}$$

另外本节设计了一种重心位置调整策略（图 5-32），其可以基于足底力反馈实时改变内外倾稳定裕度比值，从而实现重心位置调整。首先计算四足机器人内倾和外倾的稳定裕度，并定义系数 k 为外倾稳定裕度与内倾稳定裕度的比值，在图 5-32 中，即为 $k = S_{\text{NESM12}}/S_{\text{NESM13}}$；其次引入足底力反馈，根据足底力在机器人腿摆动过程中微调机器人的质心位置，减少由于腿在摆动过程中产生的动量对机器人重心产生的不利影响。

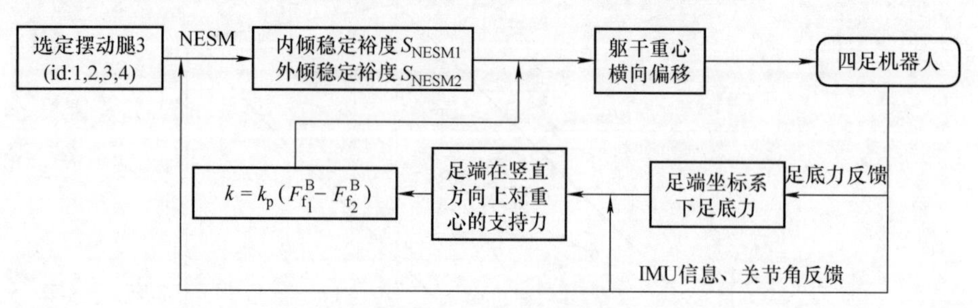

图 5-32　重心位置调整策略

以3 号腿为摆动腿为例，由足底力传感器反馈获得同向两条腿（对于支撑多边形必定有同向的两只腿触地，即前向或后向，由摆动腿决定）足底的三维力在其足端坐标系的大小；通过关节角度反馈和 IMU 数据反馈获得从足端到机器人重心位置的旋转矩阵；再通过雅克比矩阵将其转化为机器人质心坐标系下的力 $F_{f_1}^B$和 $F_{f_2}^B$，将两者的差值乘上比例系数 k_p 得到增益 k，其中 k_p 需要手动调节；最后调整机器人质心的位置，使得 $S_{\text{NESM1}} = kS_{\text{NESM2}}$。

（3）足端轨迹规划

对于一个完整的静步态周期，大致将其分为单腿摆动相和四足支撑相两个部分。在单腿摆动过程中，摆动腿沿着规划的足端轨迹进行摆动；在四足支撑相，机器人的重心在沿着规划的路径进行前向运动的同时进行侧向调整。为了避免机器人足端在摆动过程中与障碍物发生碰撞，本节设计了一种基于三次曲线拟合的矩形轨迹。该足端轨迹主要由三个阶段组成：

z 轴方向上采用三次曲线规划上升；x 轴进行三次曲线规划前行；z 轴进行二次曲线规划，直至与地面发生接触。

为了使足端能够在不同阶段转换时保持平滑切换，本节通过设定参数 α 来调节相邻两个阶段重叠的时间比例。α 越大，轨迹曲线越光滑。足端轨迹规划公式为

$$Z(t)=\begin{cases}\dfrac{-2H}{T^3}t^3+\dfrac{3H}{T}t^2, & t\in[0,t_1]\\ H, & t\in(t_1,t_1+t_2-\alpha t_1-\alpha t_2)\\ \dfrac{2H}{T^3}t^3-\dfrac{3H}{T}t^2+H, & t\in[(1-\alpha)t_1+(1-\alpha)t_2,t(1-\alpha)t_1+(1-\alpha)t_2+t_3]\end{cases} \tag{5-26}$$

$$X(t)=\begin{cases}0 & t\in[0,(1-\alpha)t_1]\\ \dfrac{-2L}{T^3}t^3+\dfrac{3L}{T}t^2, & t\in[(1-\alpha)t_1,(1-\alpha)t_1+t_2]\\ \dfrac{2H}{T^3}t^3-\dfrac{3H}{T}t^2+H, & t\in[(1-\alpha)t_1+t_2,(1-\alpha)t_1+(1-\alpha)t_2+t_3]\end{cases} \tag{5-27}$$

式中，H 是步高，$H=350\text{mm}$；L 是步长，$L=200\text{mm}$；T 是周期时间；t_1、t_2、t_3 分别是三个阶段的时间，均取 1s；$\alpha=0.2$。

步态轨迹如图 5-33 和图 5-34 所示。

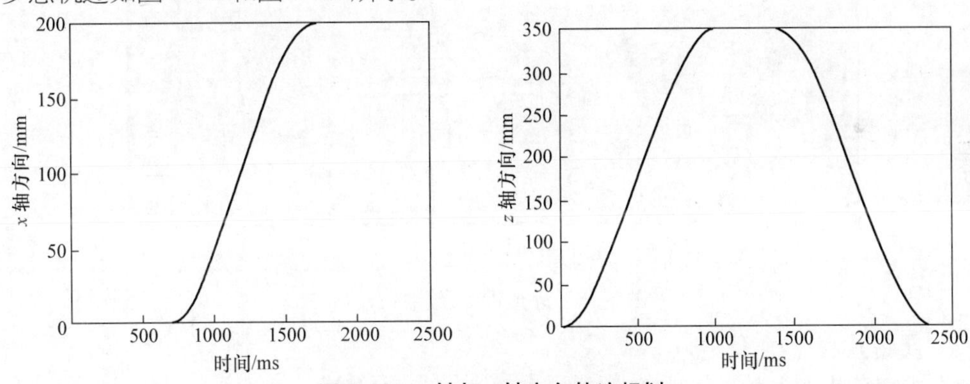

图 5-33　x 轴与 z 轴方向轨迹规划

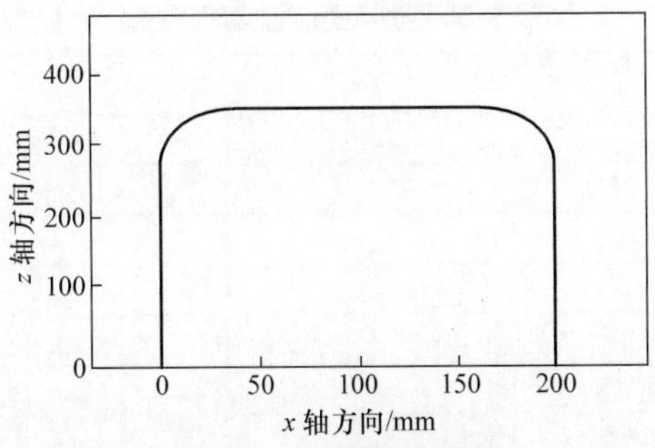

图 5-34　足端轨迹规划

该节针对四足机器人现有的间歇静步态在面对高障碍物或大坡度地形时的不足进行了改进，通过改变迈步顺序和重心调整策略增强了机器人在面对复杂地形时的鲁棒性。

5.2 应急处置移动平台研究

5.2.1 履带式移动平台

(1) 履带式结构外形设计及尺寸大小

履带式结构外形设计及相关如图5-35所示。

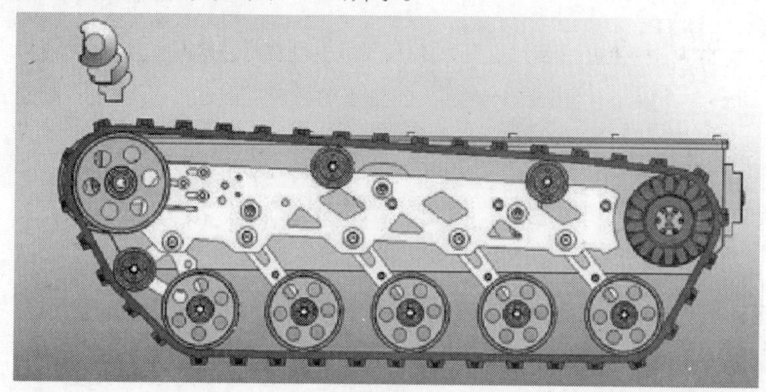

a) 外形设计

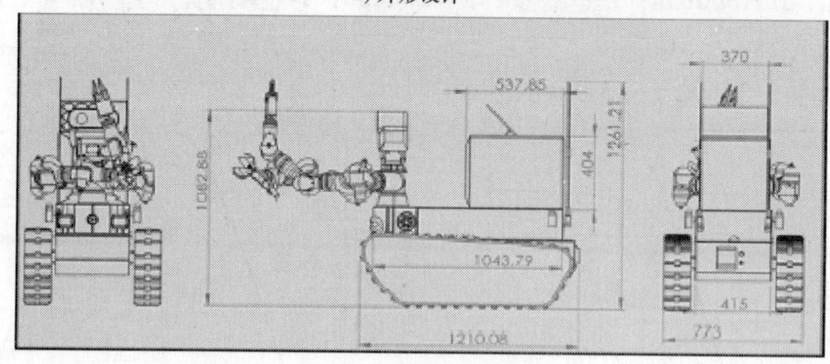

b) 相关尺寸

图5-35 外形设计及相关尺寸

(2) 履带式底盘物理参数

履带式底盘物理参数见表5-3。

表5-3 履带式底盘物理参数

项目	规格
动力	48V直流无刷电机，带制动系统
工作环境温度	-20~50℃
悬架系统	克里斯蒂悬架
额定功率	880W×2
额定转矩	76N·m
运行速度	0~1.6m/s
最大越障	160mm
最大爬坡	20°（可爬台阶）
减振	左右独立各10个避振器

（续）

项目		规格
遥控距离		空旷 500～1000m
续驶能力		2h（速度 0.5m/s 持续运行）
遥控功能		右侧摇杆控制车体运动
尺寸	外形尺寸	1215mm×820mm×440mm
	内仓尺寸	1050mm×375mm×150mm
	底盘高度	185mm
	履带宽度	150mm
	接地长度	760mm
重量	自重	165kg
	载重	80kg
材质	轮	铝
	车身	碳钢
	履带	优质橡胶内嵌凯夫拉纤维
	表面处理	喷塑/部分喷漆
电池	类型	锂电池
	容量	60A·h
	电压	48V
控制柜	屏幕尺寸	15 英寸

（3）履带式底盘机器人的电控部分设计

履带式底盘机器人的电控部分设计如图 5-36 所示。

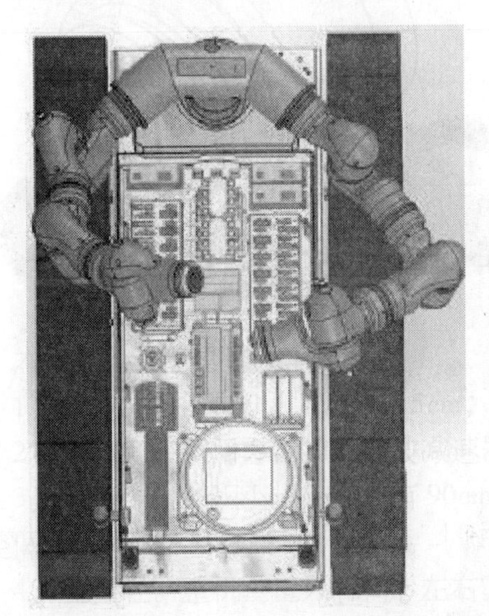

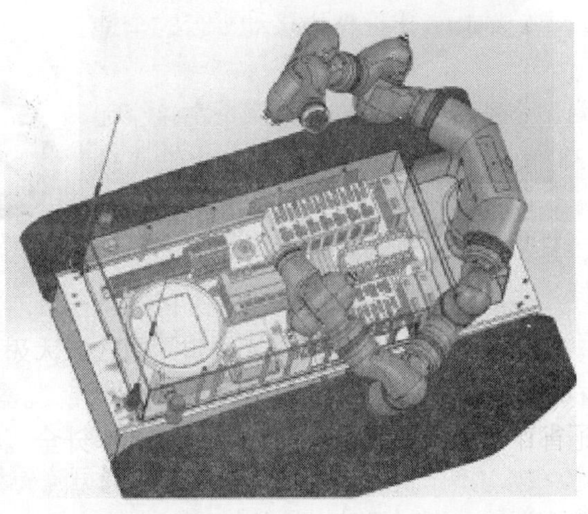

图 5-36　电控部分设计

（4）履带式底盘功能设计

履带式底盘能够在爆炸废墟中稳定行走，耐磨性较好，不需要油润滑，寿命长；可在非公路环境行走和平稳作业；能够在碎砖坑洼凹凸不平的路面行走，可以越野，通过性好，保养简单；轻巧，重心低，载重高，牵引力大。

底盘可以搭载双臂 7 轴机器人，1 个气体采样设备，1 个液体样品存放设备，1 个固态样品存放设备。样品存放设备根据样品的存放要求存放。机器人行走时，可在复杂环境中保持平稳，不使样品外溢、流出、散落甚至破碎等，从而保证样品的安全。

底盘主要设计功能：

1）能够适应地形复杂的环境，当交通道路遭到破坏及路面不平整时，移动机器人能够攀爬 20°陡坡。

2）能够在潮湿或遇水的路面行走，具有较强的防水防护措施。

3）移动机器人具备一定的防火和热源探测能力，尽可能避免移动机器人自燃、被点燃或近距离接触火源。

4）由于移动机器人搭载科学仪器，要求移动机器人具有一定的减振能力。

5）搭载高清视觉和夜视能力，移动机器人视觉能够 360°旋转，能够随机械手移动调整角度，增加可视范围。

6）移动机器人能够在光线不理想的环境或夜晚工作，要求其带有照明设备。

7）移动机器人具有 GPS 定位系统，实时向后台发送位置信息。

8）移动机器人具有安全制动系统，在带有机械臂和科学仪器的情况下，能够及时制动。

5.2.2 轮足式移动平台

（1）结构设计

轮式移动平台（图 5-37）采用独特的摆臂行星轮结构，实现整体移动平台的全地形移动。

图 5-37 轮式移动平台

每组摆臂行星轮结构具备两个车轮，如图 5-38 所示。行星齿轮箱具备一个输入轴和两个输出轴。行星齿轮箱箱体本身作为行星架，具备绕输入轴旋转的自由度，同时行星齿轮箱中的齿轮传动，可以实现车轮绕各自输出轴的旋转。在运动过程中，电机输入的动力将通过齿轮组实现输出轴两个车轮的同步转动；当在平地状态时，摆臂单元将处于稳定状态，不产生绕输入轴的转动；当遇见障碍物时，摆臂单元将根据障碍物的形状被动进行角度调整，同时保持车轮的持续动力输出。

图 5-39a 所示为移动平台在有浮动的平面上运动时，由于一些不确定的原因导致两个轮子中任何一个有些浮起，地面对着陆轮的反作用力会对行星轮架产生一个反力矩并迫使浮起的轮子尽快回到地面。最终，对两个轮子的反作用力会自动地平衡。在绝大多数情况下，行

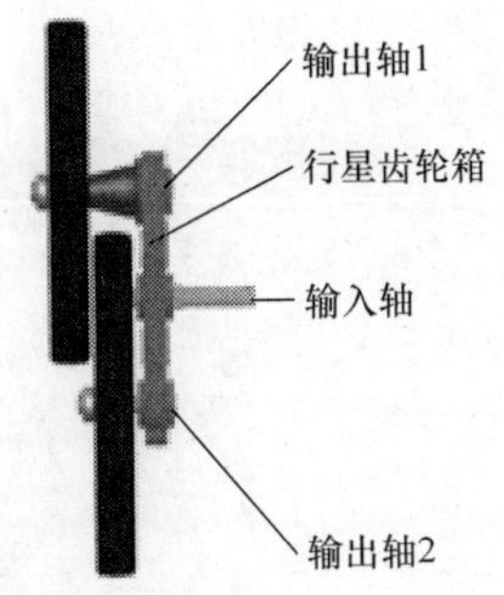

图 5-38 摆臂行星轮结构

星轮架会与接触地形保持平行。而这种特性也就保证了大多数情况下轮子与地面保持接触状态。图 5-39b 所示为移动平台碰见楼梯时的情况，支反力 R 和牵引力 F 会对行星轮架产生一个力矩，使机构有旋转的趋势，最终会使接触前轮、行星轮架及底盘前端抬起从而慢慢地爬上楼梯。

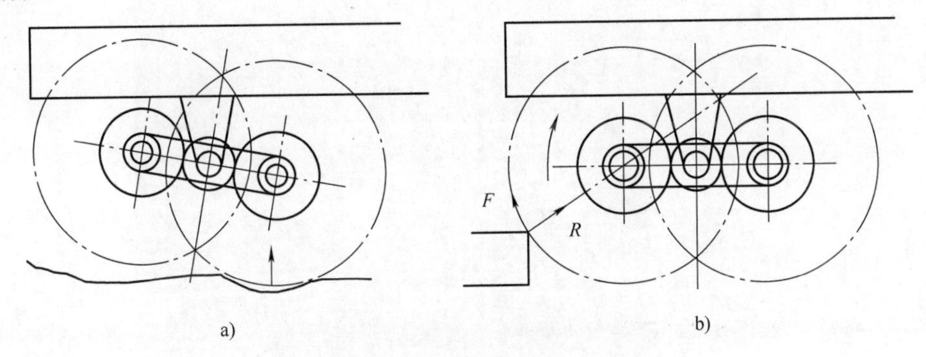

图 5-39 摆臂行星轮结构越障示意图

在整个移动平台上布局四组摆臂轮单元，通过四个电机进行驱动。运动过程中，四组摆臂轮都会根据上述原理针对所处地形进行角度调整，从而使整体移动平台具备快速越障的能力。同时，通过独立的四组摆臂行星轮结构的差速驱动，使整车具备原地旋转能力，并且能够实现任意转弯半径的旋转，具有极高的机动性。

移动平台还设计有两个硬件设备快速拓展的物理接口，如图 5-40 所示，通过法兰盘可以安装不同的设备，灵巧双臂作业机器人将安装在这个平台上。同时，平台预留了相应的电气接口，如动力电源以及控制信号线接口。

由一般性常识可知，车轮越大，对于同样高度的障碍物，车子在越过的时候平稳性也就越强。同样地，车体越长，前后车轮距离越大，翻越障碍物时也就越平稳。对于本移动平台，相对应的影响因素便为车轮直径和前后车轮组中心距。采用 V－REP 作为动力学仿真软件，选取车轮直径和车轮组的中心距作为变量来考察移动平台的越障能力和平稳性量化指标，仿真环境如图 5-41 所示。由于机械结构的干涉影响，选取车轮直径的范围为400～520mm，采用 30mm 作为一档位进行划分；车轮组中心距的选取范围为 500～800mm，以 50mm 作为一档位进行划分。

首先对移动平台越障能力进行仿真分析。如上所述，选取车轮直径和车轮组中心距作为

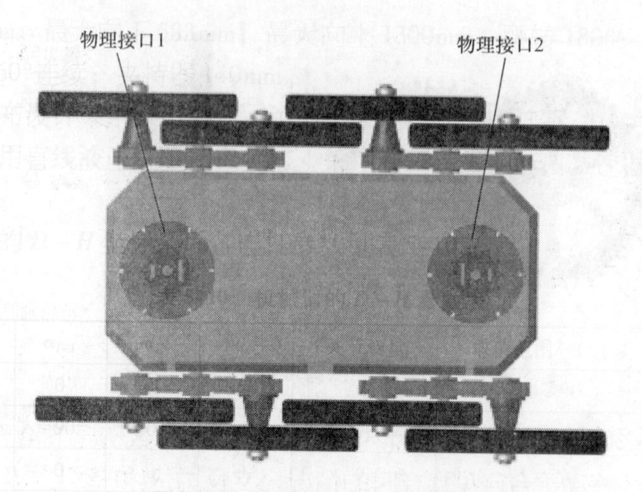

图 5-40 轮式移动平台物理接口

图 5-41 V-REP 仿真环境

变量，并且记录下相应车体能完成的最大越障高度，如图 5-42 所示。图中纵轴表示越障高度，横轴表示车轮组间的中心距，而不同的线条代表不同直径的车轮情况。

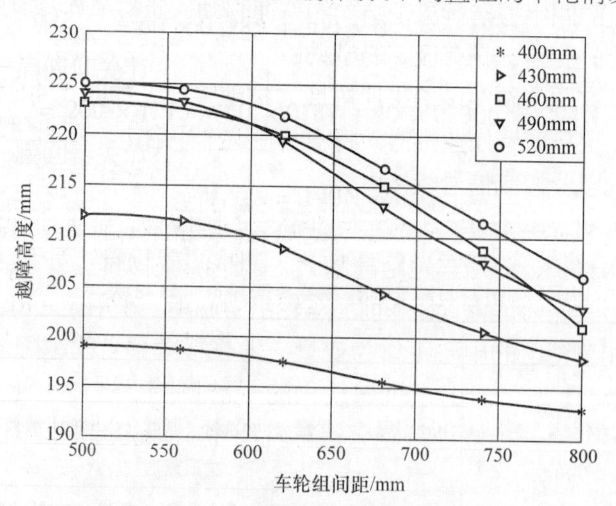

图 5-42 最大越障高度与车轮组间距关系图

从图5-42可以发现，当车轮直径到达460mm后，车体的最大越障高度较车轮直径在400~460mm时有明显提升；同时，车轮直径处于460~520mm时，越障高度无显著变化。对于车轮组间距对车体越障高度的影响，很明显其显示为一条随车轮组间距变大而下滑的曲线。为更深入地研究曲线的分界点，特地选择车轮直径为460mm、490mm、520mm的三条曲线作一阶导数，如图5-43所示。可以发现，当车轮组间距为500~580mm时，一阶导数的斜率非常接近于0，说明此范围内越障高度与车轮组间距曲线较平滑，即车轮组间距对越障能力的影响不大；而当大于此范围时，越障能力会随着车轮组间距的增大而显著下滑。

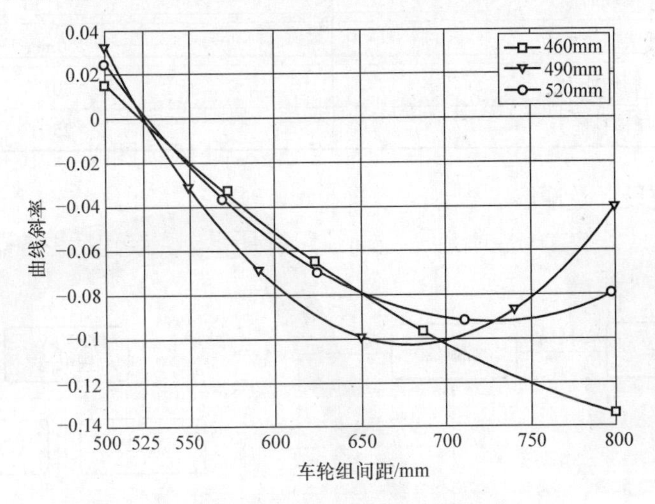

图5-43　越障高度与车轮组间距一阶导数关系图

通过图5-42和图5-43的数据可以得到以下结论：①移动平台的最大越障高度随着车轮组间距的增大而减小，随着车轮直径的增大而增大；②当车轮直径处于460~520mm时，移动平台的越障性能较好且在这区间范围内无明显差异；③当车轮组间距处于500~580mm时，移动平台的越障性能较好且在这区间内无明显差异。

根据以上仿真结论以及实际设计条件，最终将车轮直径尺寸设计为465mm，车轮组间距设计为576mm。该整体尺寸能够实现整车的运动稳定性，并且具备较好的越障能力。整车的具体尺寸如图5-44所示。

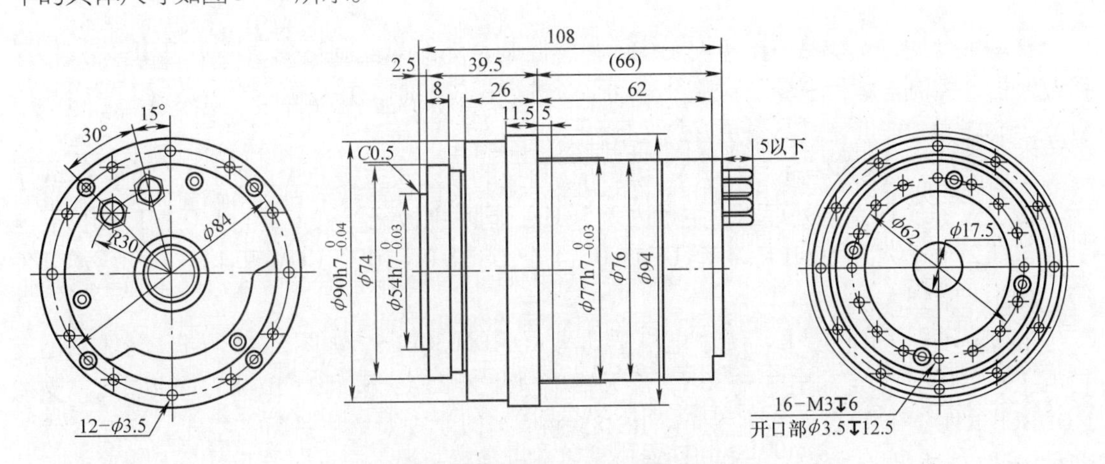

图5-44　轮式移动平台外形总体尺寸

车轮驱动电机选择48V、650W的直流无刷电机，并配备48V、75A·h的锂电池，整个移动平台的运动参数见表5-4。

表5-4　移动平台运动参数

参数	数值
额定速度	1.8m/s
最小转弯半径	0mm
续驶时间	大于3h
最大越障能力	250mm
爬坡能力	30°
爬楼梯能力	25°

(2) 控制系统设计及通信

轮式移动平台具备独立的控制系统，如图5-45所示，主要包括主控器、驱动器、抱闸、通信单元、电源模块等。

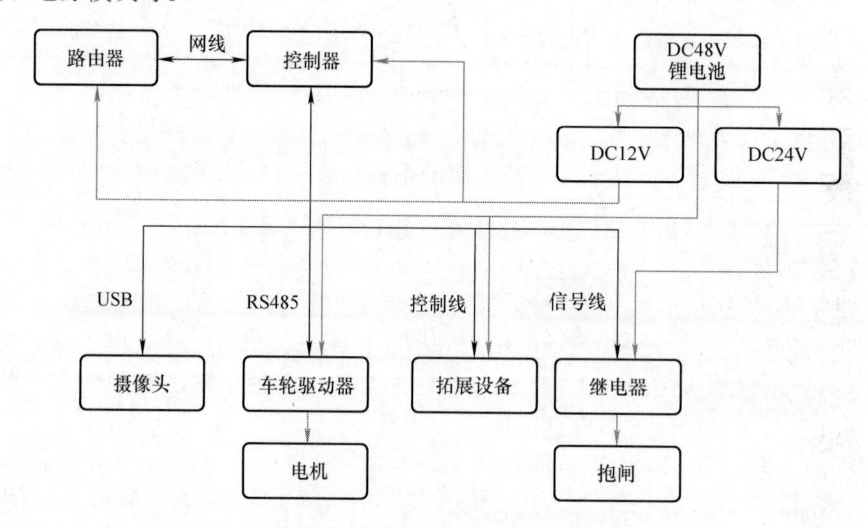

图5-45　轮式移动平台控制系统

移动平台通过无线路由器实现无线远距离控制，外部的控制指令通过TCP/IP协议传送到控制器，控制器解析命令后对整个移动平台进行相应控制，并且返回平台数据。平台具备独立控制能力，能够使其具备更好的拓展性。

控制器作为移动平台的核心，采用了研杨科技的嵌入式主板PCM－QM77，如图5-46所示。该主板搭载i5系列处理器，主频达2.5GHz，同时主板配置有丰富的I/O接口和扩展能力，包括2个千兆以太网口、4个USB3.0、4个USB2.0、10个COM和1个16位数字I/O等，功能非常强大。

电机驱动器采用的是直流无刷电机驱动器AQMD6030BLS，如图5-47所示。该驱动器支持电压9~60V，额定输出电流30A，最大输出电流为35A；同时对RS485通信隔离，支持MODBUS RTU通信协议；控制器通过RS485通信可以实现对电机进行占空比、稳速、位置多种调速方式的混合控制，满足了该移动平台的功能需求。

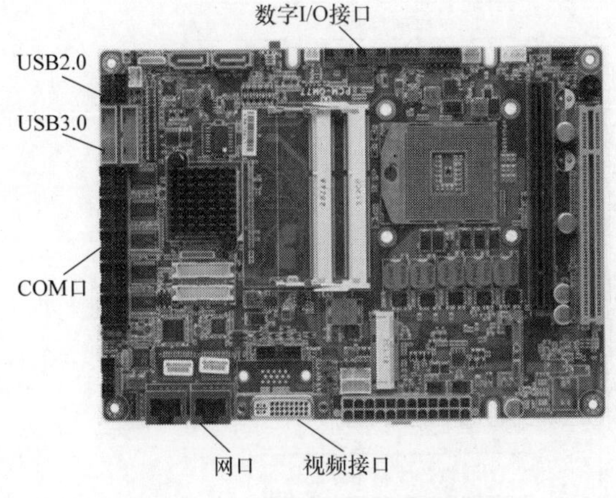

图5-46　轮式移动平台控制器

图5-47　轮式移动平台电机驱动器

每个车轮驱动电机均配置了抱闸，控制器通过I/O信号控制继电器，可以实现对抱闸的控制并且有效确保移动平台的安全性。当处于断电、异常等危险状态下，抱闸均处于锁死状态，避免平台产生无法控制的移动。

移动平台搭载了两个USB摄像头，如图5-48所示，控制器通过USB可以实现对视频数据的采集。在主控器中，采用FFmpeg对视频图像进行编码，减少数据传输量，并通过路由器对外采用用户数据报协议（UDP）进行传输。

图5-48　移动平台摄像头

在控制器中采用C#编写了底层控制系统程序，其原理如图5-49所示。其中，主程序逻辑完成服务器初始化后即进入等待监听，当有上位机进行连接后，即进入受控状态，根据接收到的指令进行移动平台的运动控制、拓展设备控制以及摄像头控制，最后将平台的状态参数返回给上位机。运动控制通过解算指令中的运动方向、速度，获得各车轮速度，并且完成对抱闸以及各电机的控制，并将各电机的状态进行读取。拓展设备控制将根据对应设备的实际指令进行控制，并且获取必要的拓展设备的状态。摄像头控制主要通过判断是否开启摄像头，从而决定是否开启UDP的传送线程。

（3）运动性能分析

根据上述所搭建出的轮式移动平台实物如图5-50所示。采用平板计算机对相应的控制界面进行了编写，实现了对轮式移动平台的基本控制，并且针对平台进行了多种运动性能测试。

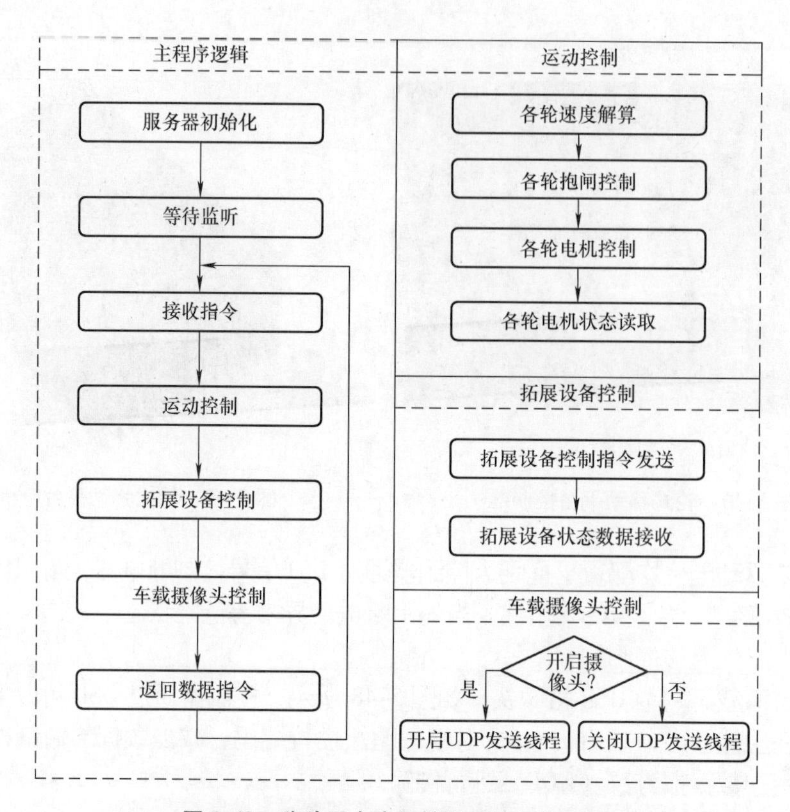

图 5-49　移动平台底层控制系统程序原理

图 5-50　轮式移动平台实物

运动性能测试包括对移动平台不同运动模式的测试，如直线运动、原地旋转以及带转弯半径的转弯等，平台均能够按照预期的运动模式进行运动，并且能够达到相应的额定运动速度。

移动平台在不同环境下进行了相应的运动性能测试（图 5-51），包括平地、草地、沙地、复杂地形等，均能够具备良好的运动性能。

a) 平地　b) 草地

c) 沙地　d) 复杂地形

图 5-51　不同环境下运动性能测试

同时，针对移动平台的越障性能以及爬楼梯能力进行相应的测试，如图 5-52 所示。其越障能力以及爬楼梯能力均能够达到相应的设计指标，说明移动平台整体具备极强的全地形运动能力。

a) 越障测试

b)爬楼梯测试

图 5-52　越障测试和爬楼梯测试

（4）多功能机器人设计

用于应急侦测的智能双臂特种多功能机器人由搭载 AI 深度视觉的头部、协同双臂、轮履复合式移动底盘、多种特种仪器和调度指挥平台组成。具体设计方案如下：

1）机器人双臂协同算法。重点研究机器人双臂协同控制技术，主要是双臂碰撞防护、运行避障和机器人双臂轨迹规划控制算法及柔顺性控制。

2）机器人双臂自主化操作。通过机器学习、视觉计算、头部控制和双臂协同控制实现机器人无人干预下的自主化操作，实现机器人闭环控制功能。例如，通过机器学习完成物体识别的训练，通过视觉识别物体、定位物体，最终完成双臂自主抓取物体的操作。

3）机器人复杂地形下轮足复合行走结构。采用具有高强度、轻质化和大负载的轮足式复合行走机构（图5-53），提高机器人防水性、多种复杂路况（铺装路面、砂石路面、松软路面等）下快速稳定的通行能力以及对特殊障碍的翻越能力。

图5-53 轮足式复合行走机构

4）机器人立体视觉。通过双目视觉、热成像仪和高清摄像头实现立体视觉系统，以实现多任务、多功能和智能化能力。重点内容包括：①基于双目视觉实现物体识别和位置识别；②运用热成像仪进行物体表面温度的检测；③在较远距离实现物体表面高精度测量；④通过高清视觉阵列扩大机器人视觉角度；⑤通过图传模块和4G/5G传输模块实现视频的实时回传。

5）室外自主导航。研究激光雷达、深度视觉、超声波雷达和卫星导航定位系统，以实现室外的自主导航、轨迹规划、自主避障和碰撞防护功能。激光雷达可实现图的构建和物体识别，深度视觉可实现用于避障的三维物体识别，超声波雷达可实现近距离的碰撞防护，高精度差分卫星导航定位系统可实现卫星全局地图的导航。

6）控制决策系统。实现调度指挥中心云平台、后台大数据、机器人多传感器数据融合与人工智能技术的应用，实现自主分析、自主决策和数据呈现三大功能。研究调度中心指挥平台机器学习算法、大数据分析筛选算法，最终实现警用机器人的完全自主行走。

7）远程终端控制器。研发适用于1500m范围内远程控制/监控机器人的控制终端，实现移动底盘运动控制、机械臂双臂位置控制、姿态控制、各项传感器的控制和数据读取，实现机器人、远程控制终端和控制决策系统之间的通信和任务处理。

8）机器人模块化设计。双臂自主特种机器人采用模块化设计、标准化接口和通用开放的通信协议，用户可以选择性安装各个模块和仪器。兼容标准化协议有CANopen、MODBUS、TCP/IP等，接口采用工业航空等接口标准（表5-5）。

通过采用人机协同的方式，机器人可以实现上下坡、直线行走、转弯等运动。

表 5-5　特种机器人接口参数

接口	数量	备注
USB 3.0	4	
USB 2.0	4	已占用×2
RS-232/422/RS485	2	已占用×1
COM Port	6	
Digital IO	16	已占用×4
DVI	1	
网络接口 RJ-45	2	已占用×1

5.3 处置机械臂设计

5.3.1 七轴机械臂的设计

(1) 机械臂的受力分析

七轴机械臂结构图如图 5-54 所示。本次分析的主要目的是研究七轴机械臂在末端施加 3kg 额定负载以及 3 倍额定负载的情况下，机械臂水平伸直姿态下的各个结构件的应力、应变以及位移情况。简化模型并导入 ANSYS，定义材料属性以及定义接触区域，如图 5-55 所示。

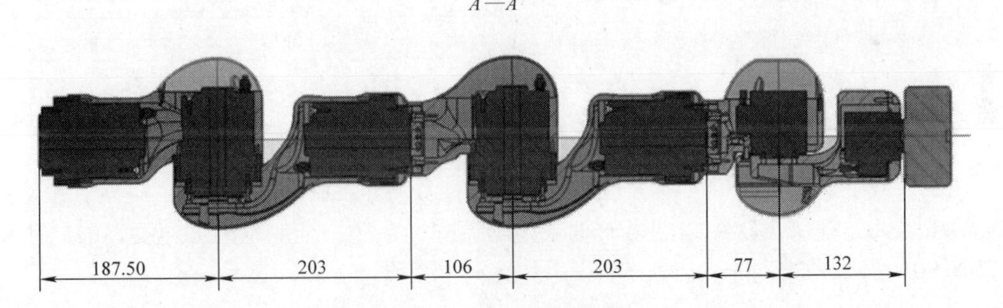

图 5-54　七轴机械臂结构图

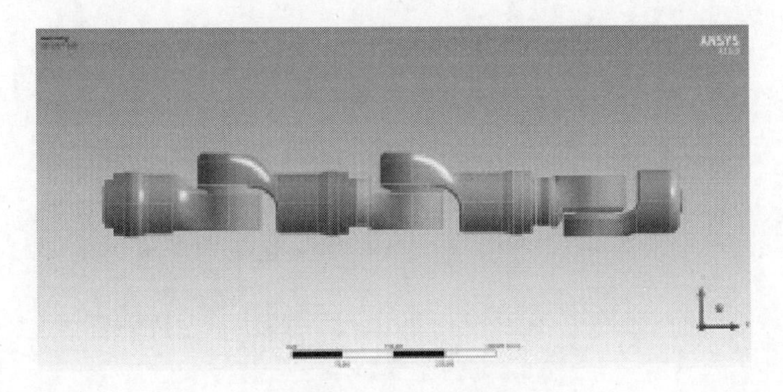

图 5-55　ANSYS 导入图

其中结构件材料均设置为 Aluminum Alloy，其余连接件以及减速器材料设置为 Structural Steel，如图 5-56 所示。

Aluminum Alloy > Constants

Density	2.77e-006 kg mm^-3
Coefficient of Thermal Expansion	2.3e-005 C^-1
Specific Heat	8.75e+005 mJ kg^-1 C^-1

Aluminum Alloy > Compressive Yield Strength

Compressive Yield Strength MPa
280

TABLE 37
Aluminum Alloy > Tensile Yield Strength

Tensile Yield Strength MPa
280

TABLE 38
Aluminum Alloy > Tensile Ultimate Strength

Tensile Ultimate Strength MPa
310

Structural Steel > Constants

Density	7.85e-006 kg mm^-3
Coefficient of Thermal Expansion	1.2e-005 C^-1
Specific Heat	4.34e+005 mJ kg^-1 C^-1
Thermal Conductivity	6.05e-002 W mm^-1 C^-1
Resistivity	1.7e-004 ohm mm

Structural Steel > Compressive Yield Strength

Compressive Yield Strength MPa
250

TABLE 48
Structural Steel > Tensile Yield Strength

Tensile Yield Strength MPa
250

TABLE 49
Structural Steel > Tensile Ultimate Strength

Tensile Ultimate Strength MPa
460

图 5-56　材料配置

关键结构件采用尺寸控制，设置网格大小为 5mm，如图 5-57 所示。

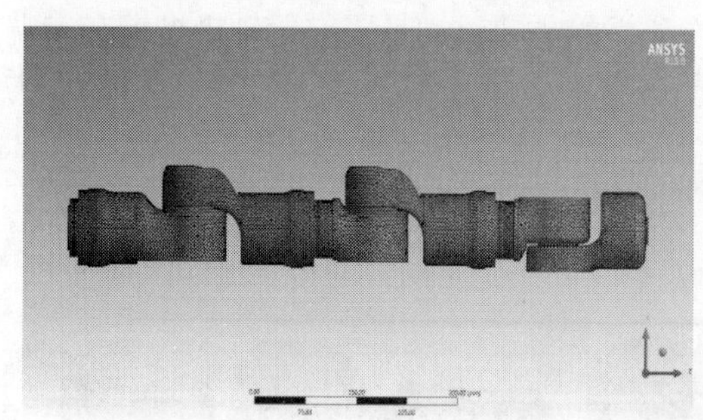

Model (B4, C4) > Mesh > Mesh Controls

Object Name	*Body Sizing*	*Automatic Method*
State	Fully Defined	
Scope		
Scoping Method	Geometry Selection	
Geometry	11 Bodies	16 Bodies
Definition		
Suppressed	No	
Type	Element Size	
Element Size	5. mm	
Behavior	Soft	
Method		Automatic
Element Midside Nodes		Use Global Setting

图 5-57　网格配置

实验步骤为：在仿真软件中把第一轴减速器端固定，然后施加重力加速度，最后在末端施加 30N/90N 沿重力方向的力。实验示意图如图 5-58 所示。

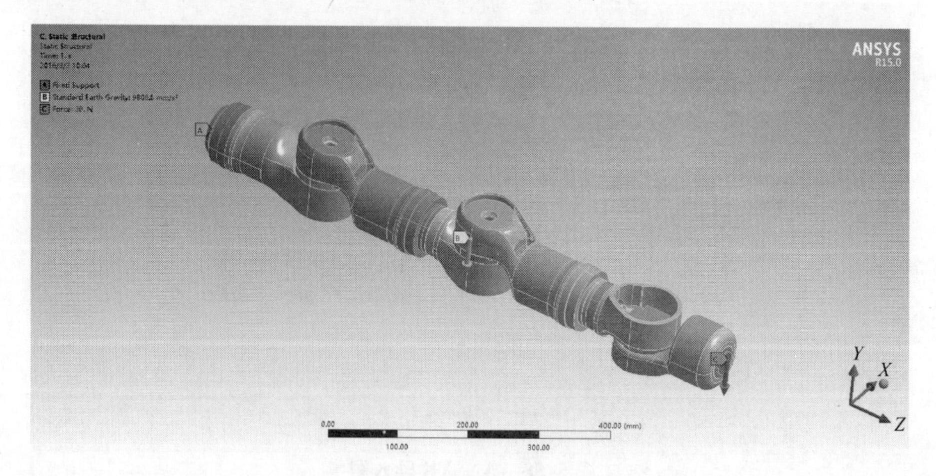

图 5-58　实验示意图

在末端3kg负载的条件下，位移云图如图5-59所示，最大位移为0.53mm。

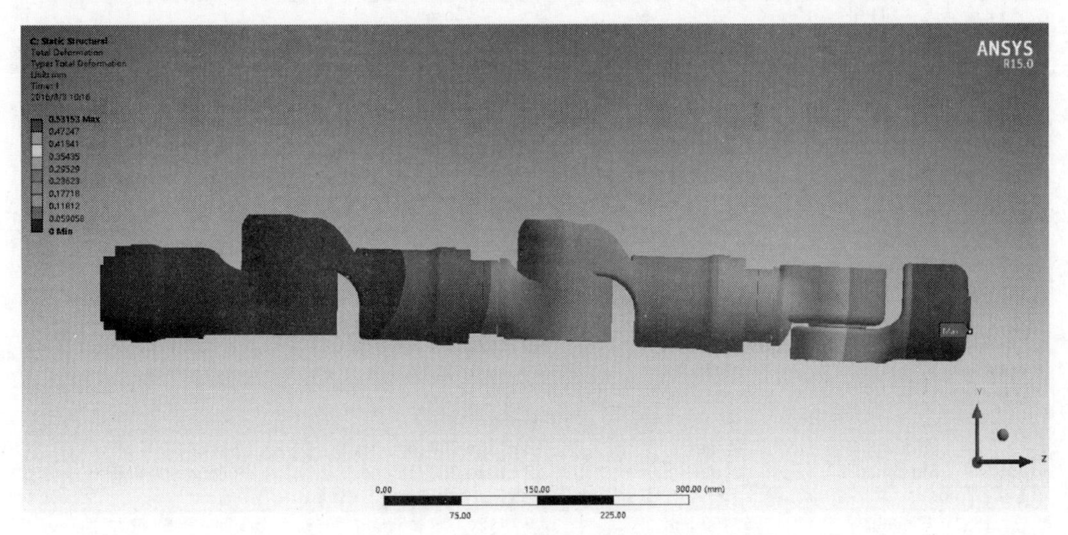

图5-59　位移云图（见彩插）

应力云图如图5-60所示，最大应力为64.8MPa。

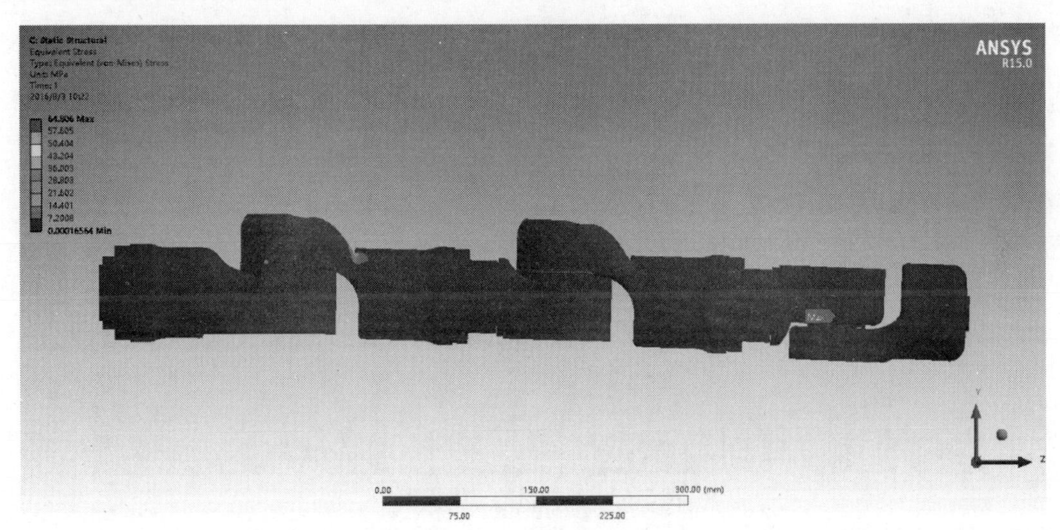

图5-60　应力云图（见彩插）

最终数据如图5-61所示。

由图5-61可见，本机械臂在受力上可以很好地满足要求，设计合理，形变也能控制在很小的范围内。

（2）机械臂的运动性能分析

分析验证机械臂的性能能否满足应用需要是至关重要的，本次分析主要采用机械臂常用的cycletime的计算来验证机械臂的速度及加速度，其三维模型如图5-62所示。

机械臂的运动学与动力学配置见表5-6～表5-8。

Object Name	Total Deformation	Equivalent Elastic Strain	Equivalent Stress
State	Solved		
Scope			
Scoping Method	Geometry Selection		
Geometry	All Bodies		
Definition			
Type	Total Deformation	Equivalent Elastic Strain	Equivalent (von-Mises) Stress
By	Time		
Display Time	Last		
Calculate Time History	Yes		
Identifier			
Suppressed	No		
Results			
Minimum	0. mm	3.8134e-009 mm/mm	1.6564e-004 MPa
Maximum	0.53153 mm	5.7112e-004 mm/mm	64.806 MPa
Minimum Occurs On	Solid	FHA-8C-100-12S17b-CK_2_03	Solid
Maximum Occurs On	FHA-8C-100-12S17b-CK_2_03	Solid	FHA-11C-100-12S17b-CK_2_03
Minimum Value Over Time			
Minimum	0. mm	3.8134e-009 mm/mm	1.6564e-004 MPa
Maximum	0. mm	3.8134e-009 mm/mm	1.6564e-004 MPa
Maximum Value Over Time			
Minimum	0.53153 mm	5.7112e-004 mm/mm	64.806 MPa
Maximum	0.53153 mm	5.7112e-004 mm/mm	64.806 MPa
Information			

图 5-61　实验数据

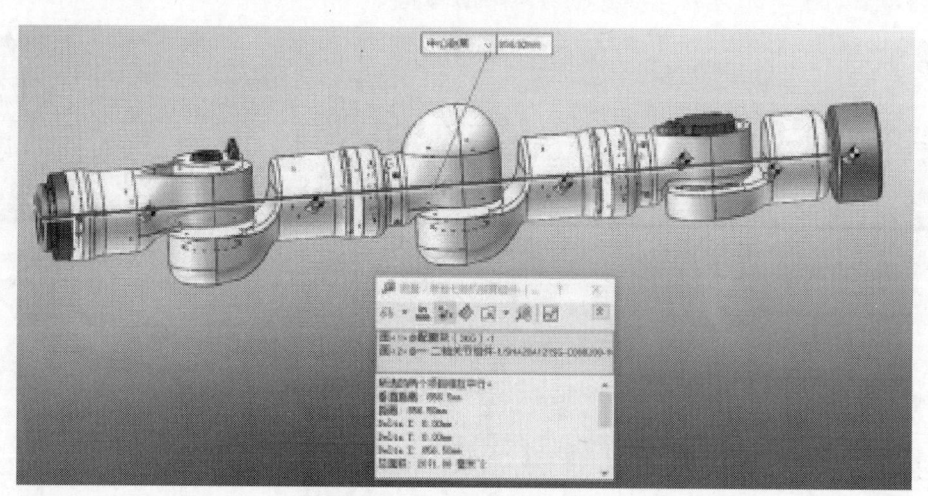

图 5-62　机械臂的三维模型

表 5-6　机械臂的 DH 参数

序号	A/mm	α/(°)	D/mm	θ/(°)
1	0	−90	184.5（LBS）	90
2	0	90	0	90
3	0	−90	270（LSE）	0
4	0	90	0	0
5	0	−90	270（LEW）	180
6	0	90	0	−90
7	0	0	132（LWT）	180

表 5-7　机械臂各连杆质量

连杆	质量/kg	连杆	质量/kg
1	4.909	5	1.547
2	2.835	6	1.307
3	3.108	7	3
4	2.835		

表 5-8　各关节电机及减速机参数

关节	减速比	最大转速/（r/min）	最大输出力矩/N·m	关节端转动惯量/kg·m²
1，2	121	60	113	1.4
3，4，5	·100	60	107	1.0
6	100	60	11	0.069
7	100	60	4.8	0.029

设置拾取动作，重力方向沿 X 轴负方向，相当于 YOZ 平面为地面。

规划机械臂工具中心点（TCP）在 P_1 和 P_2 点间快速往返运动以模仿抓取动作（沿 Z 方向移动 250mm），机器人位姿如图 5-63 所示。

$$P_1 = [0.1580 \quad -0.4074 \quad 0.3813 \quad -0.3536 \quad 0.6124 \quad -0.3536 \quad 0.6124]$$
$$P_2 = [0.1580 \quad -0.4074 \quad 0.1313 \quad -0.3536 \quad 0.6124 \quad -0.3536 \quad 0.6124]$$

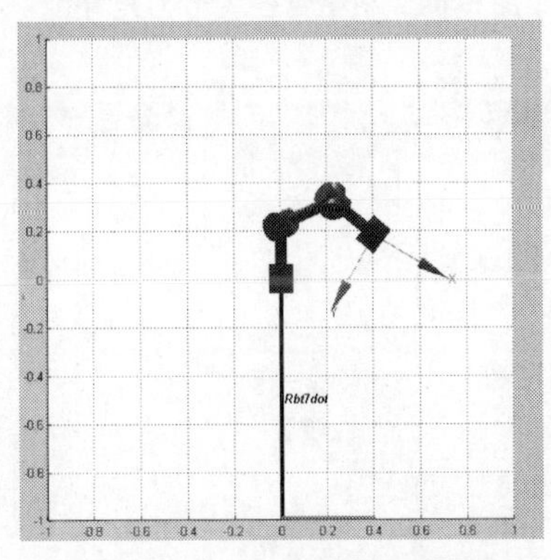

图 5-63　机器人位姿状态

机械臂各关节力矩、机械臂末端线速度和线加速度分别如图 5-64 ~ 图 5-66 所示。

机械臂在速度、加速度上可以满足指标要求，整个机械臂的机械设计及性能设计合理，满足项目的功能需求。

（3）一体化关节的设计

中空一体化关节，是互智高精度双臂多功能机器人结构的重要组成部分，也是保证互智高精度双臂多功能机器人高精度及质量的重要因素。

一体化关节包括电机、谐波减速器、带中空走线管的法兰端盖。电机包括绝对值式编码器、编码器安装板、保持制动器、电机轴、电机转子和电机定子；谐波减速器包括谐波减速器本体以及谐波减速器波发生器；其中，电机轴、电机转子和谐波减速器波发生器均为中空结构。电机轴与谐波减速器波发生器连接，带中空走线管的法兰端盖依次穿过谐波减速器波发生器和电机轴的中心孔，然后与谐波减速器连接。本发明采用模块化设计，结构紧凑、转矩体积比大，中空走线管内可穿过配线、配管，解决了机器人本体设计以及装配的难题。

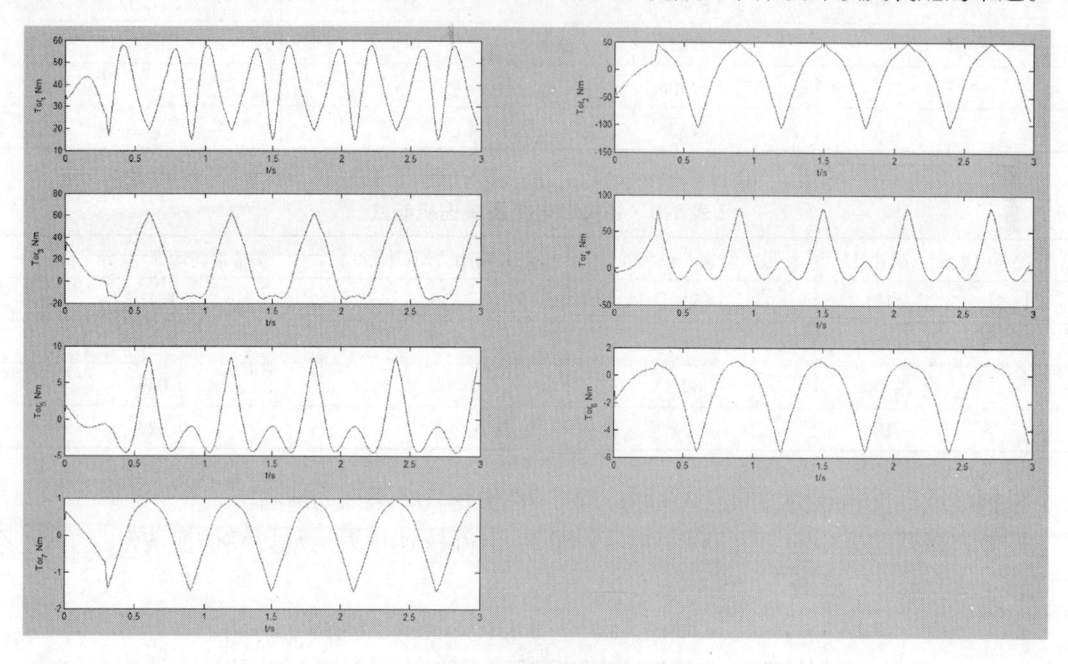

图 5-64　机械臂各关节力矩

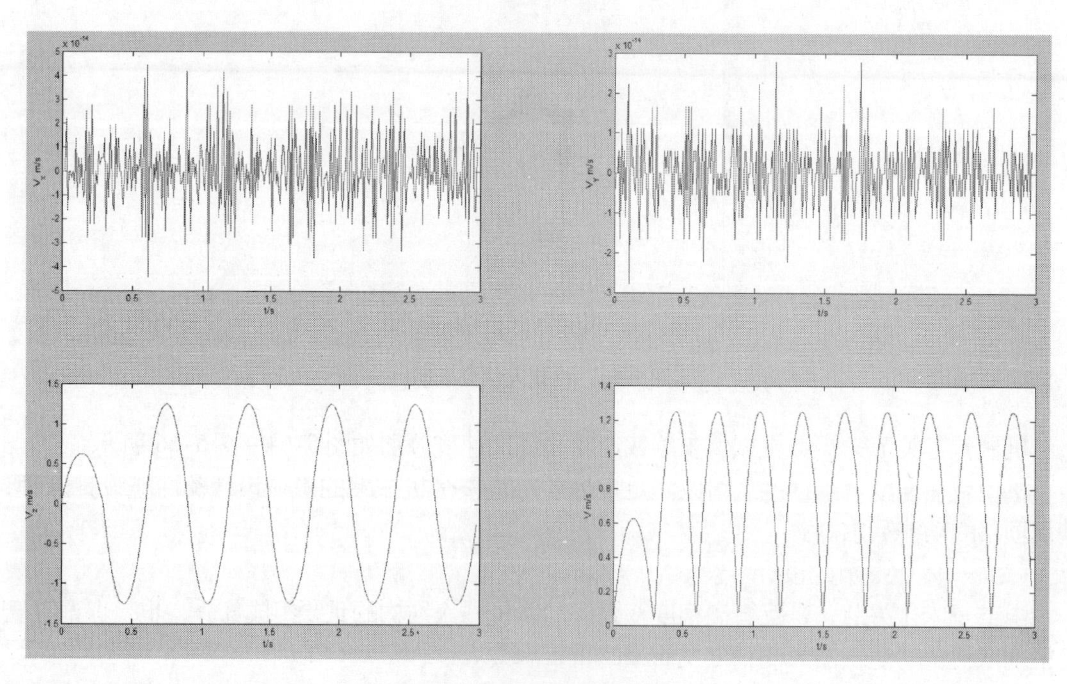

图 5-65　机械臂末端线速度

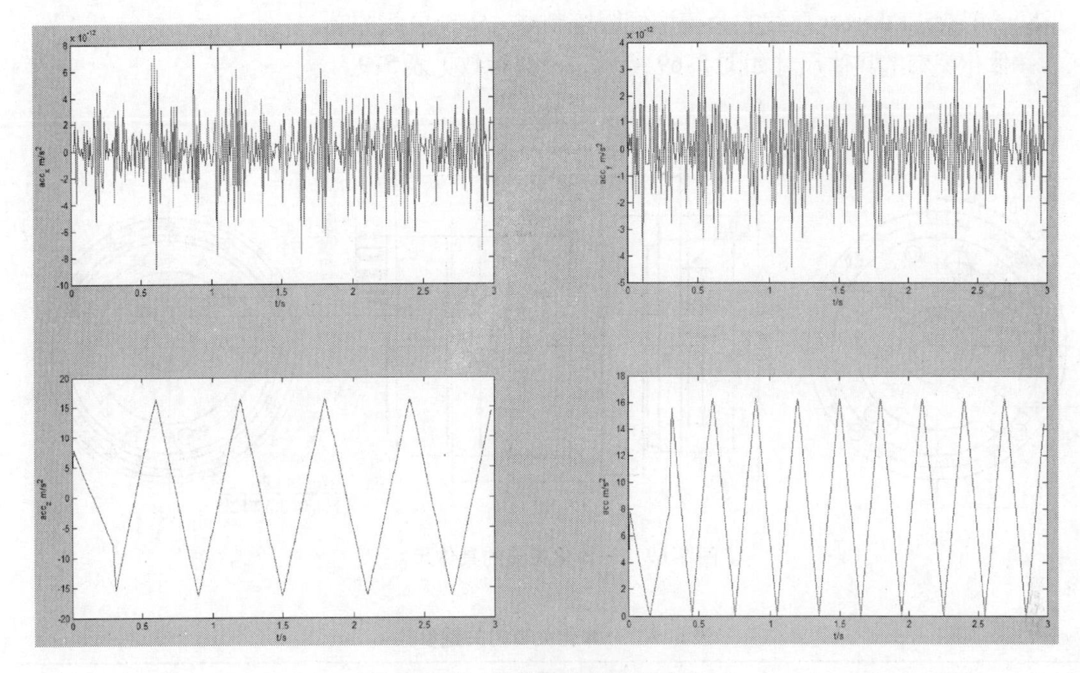

图5-66　机械臂末端线加速度

图5-67所示为一体化关节结构图，其实物图如图5-68所示。

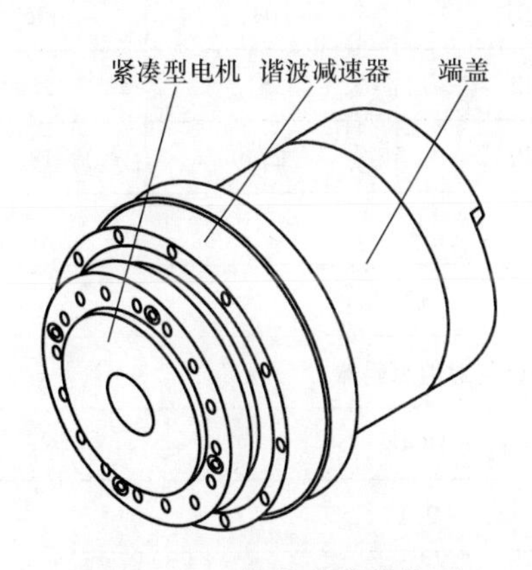

图5-67　一体化关节结构图

图5-68　一体化关节实物图

本一体化关节具有以下特点：

1）中空结构。贯穿孔可达17.5cm，极大地方便了机器人内部走线。

2）高精度。采用零背隙的谐波减速器。

3）紧凑结构体积小。外径只有90cm，全长108cm，比传统的电机加减速器节省了1/3的空间。

4）重量轻。整机重量只有2kg左右，使机器人关节型号减小，功耗降低，速度更快。

5）采用单圈24位绝对值、多圈16位绝对值编码器。

6）含有电机抱闸的制动系统。

7）多种减速比可选。

8）可搭配 Ethercat 总线的紧凑型伺服控制器，实现总线控制。

一体化关节的具体尺寸如图 5-69 所示，关键参数见表 5-9。

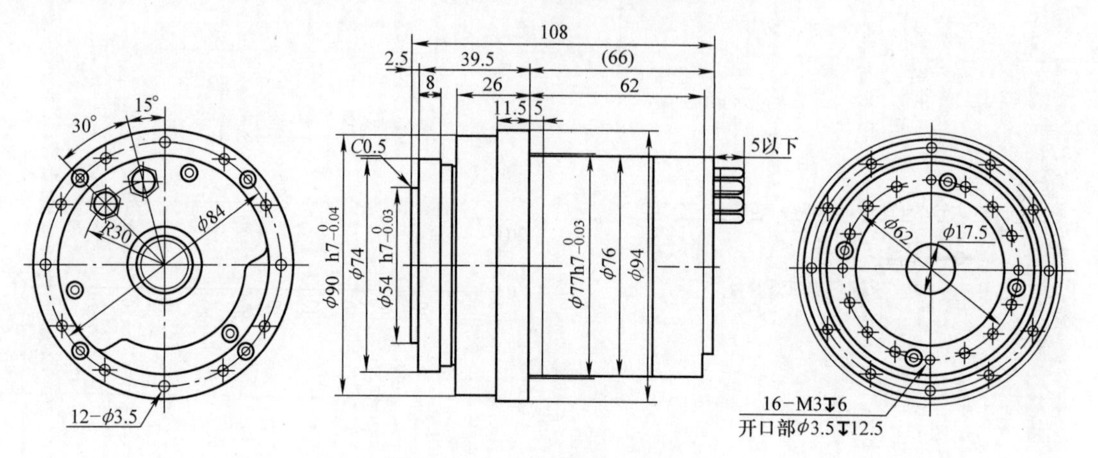

图 5-69　一体化关节的具体尺寸

表 5-9　一体化关节的关键参数

项目		减速比			
参数	单位	80	100	120	160
最大转矩	N · m	90	101	108	115
最高转速	r/min	52	42	35	26
额定转速	r/min	37	30	25	18
额定电流	A	6			
最大电流	A	12			
编码器方式		单圈 24 位多圈 16 位绝对值编码器			
额定电压	V	DC48			
质量	kg	2.1			
使用温度	℃	0 ~ 40			
保存温度	℃	-20 ~ 60			
制动器电压	V	24			

鉴于机器人手臂关节电机在实际运行过程中处于变负载特性，对于应用于机器人上的电机及齿轮就有相关的性能及特性要求，为此制作了一个变负载大惯量电机和齿轮测试平台。该平台可以模拟实际运行工况，对伺服及关节系统进行不同工况及控制模式的加载测试、温升测试及长时间运行测试，并可以采集位置、扭力等相关数据。相关测试采集数据如图5-70和图 5-71 所示。

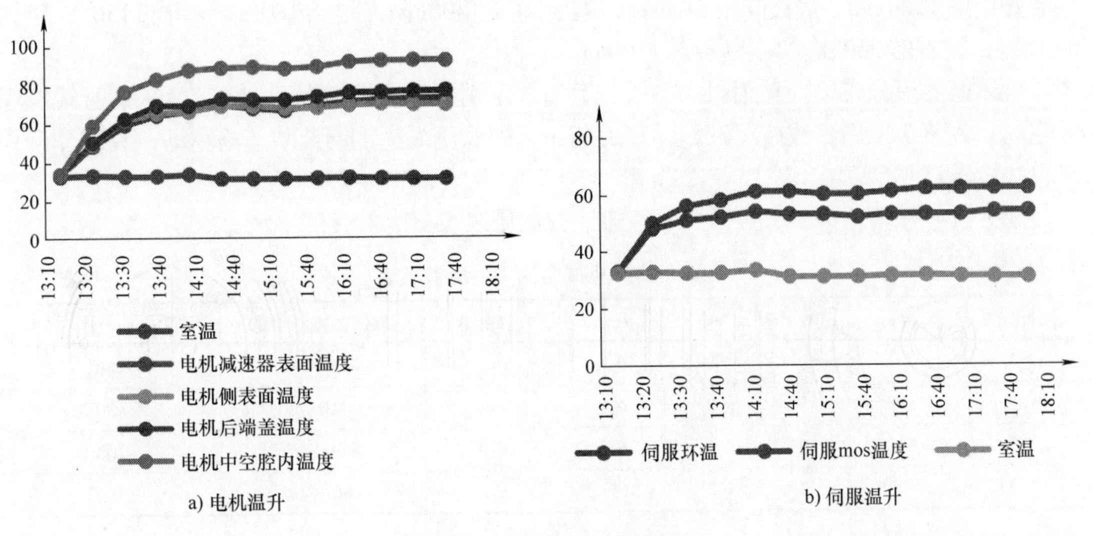

图5-70　温升测试（见彩插）

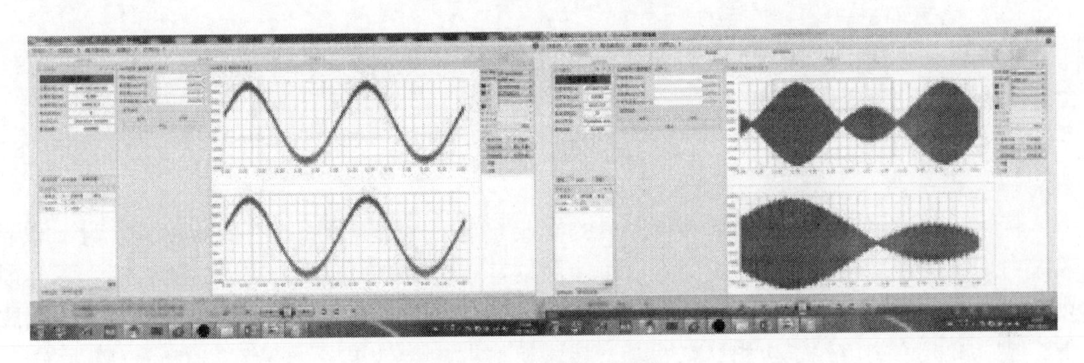

图5-71　电流曲线采集

5.3.2　液压驱动操作臂设计

为了适应轻质量大负载的现场处置操作臂需求，研制了液压驱动高负载自重比操作臂。该操作臂适合安装在液压驱动四足机器人平台进行特种需求作业。

机械臂采用开链式关节型结构，分为基座、大臂、小臂、手腕部分，以及能够转动的腰部关节、肩关节、肘关节、腕关节。机械臂设有4+1个自由度，分别为腰部回转、肩部俯仰、肘部俯仰、腕部回转，这样使得末端执行机构可以在空中实现不同位姿。液压机械臂关节转动示意图如图5-72所示。

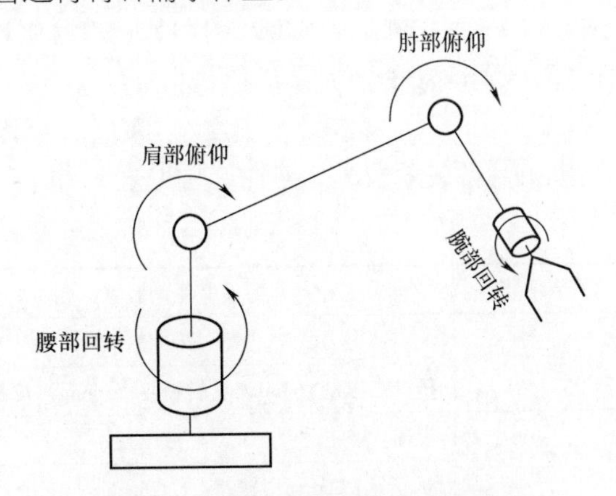

图5-72　液压机械臂关节转动示意图

具体设计参数如下：展开臂持重20kg；收缩持重30kg；自重20kg；手臂水

平展开距离1200mm；最大向下583mm；最大向上1300mm；腰转180°；肩俯仰130°；肘俯仰105°；腕旋转360°连续；夹持器140mm。

机械臂关节分布设计采用以下方式：关节1采用摆动液压缸驱动；关节2采用直线液压缸驱动；关节3采用直线液压缸驱动；关节4采用液压马达加谐波减速器驱动；夹手开合采用直线液压缸驱动。

建立了机械臂的$D-H$坐标系后各连杆参数见表5-10。

表5-10 机械臂的$D-H$参数表

连杆序号i	a_{i-1}	α_{i-1}	d_i	θ_i	关节变量	取值范围/（°）	最大运动范围/（°）
1	0	0	d_1	θ_1	θ_1	-90~90	180
2	0	-90°	0	θ_2	θ_2	-110~20	130
3	a_2	0	0	θ_3	θ_3	-10~95	105
4	a_3	0	0	θ_4	θ_4	360连续	360

以全展开20kg、收缩30kg为计算依据，设其质心位置都在连杆中心位置。

（1）第5轴——夹手夹持力

机械臂末端夹手所夹持的最大负载为30kg。为保证夹持的可靠性和具有一定的安全度，夹手的夹持力必须大于负载的质量，取安全系数1.1，夹手的最小夹持力为

$$F_{6\min} = 300 \times 1.1 = 330\text{N} \tag{5-28}$$

（2）第4轴——腕回转关节

腕回转关节用来调整夹手所夹持工具的作业方向，拆卸或紧固螺钉或螺母等。对于需要较大力矩的螺钉、螺母的拆卸或紧固，可使用具有冲击功能的扳手，夹手处的力矩也不会很大。较大的腕回转关节输出力矩需要较大液压马达和减速机构，会大大增加机械臂末端的质量，减小机械臂的负载能力和动态性能。液压机械臂总装效果图如图5-73所示。腕回转关节的最大驱动力矩取为

$$M_{5\max} = 15\text{N}\cdot\text{m} \tag{5-29}$$

（3）第3轴——腕俯仰关节

$$M_{4\max} = 60 \times 0.285 + 300 \times 0.57 = 188\text{N}\cdot\text{m} \tag{5-30}$$

（4）第2轴——肩俯仰关节

$$M_{3\max} = 200 \times 1.15 + 60 \times 0.87 + 40 \times 0.306 = 294\text{N}\cdot\text{m} \tag{5-31}$$

（5）第1轴——腰回转关节

$$M_{1\max} = 190\text{N}\cdot\text{m} \tag{5-32}$$

机械臂各关节液压元器件选型见表5-11。

表5-11 机械臂各关节液压元器件选型

关节序号	驱动装置	流量/（L/min）	伺服型号
1	MDAH-50	4	HY110
	排量：排量164mL/r；转速：15r/min；流量：2.19L/min		额定流量
2	液压缸	4	HY110
	活塞：25mm；转速：12.3r/min；流量：2.94L/min		额定流量

（续）

关节序号	驱动装置	流量/(L/min)	伺服型号
3	液压缸 活塞：25mm；转速：12.3r/min；流量：2.46L/min	4	HY110 额定流量
4	液压马达 排量：0.4mL/r；转速：4000r/min；流量：1.6L/min	2	HY110 额定流量
5	液压缸 活塞：16mm；速度：0.02m/s；流量：0.24L/min	2	HY110 额定流量

云台部分由外壳、云台支架等组成，主要的结构件由7075航空硬铝合金材料制成，外表光亮平整且防腐防蚀，如图5-74所示。

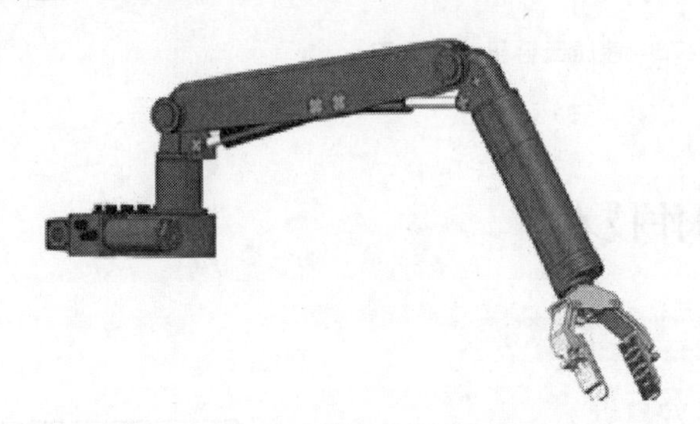

图5-73 液压机械臂总装效果图

图5-74 云台

云台相关技术参数如下：

1）尺寸质量参数：云台质量≤20kg；云台高度≤345mm。

2）运动范围：水平角度活动范围为－90°～＋90°，俯仰角度活动范围为－30°～＋70°（规定面向正前方时，水平角度和俯仰角度尽量调整为0°。在此基础上，水平方向向左为负角度，向右为正角度，俯仰方向向下为负角度，向上为正角度）。

3）控制精度：各自由度的控制精度小于0.15°。

4）防护等级：IP54。

5）承载能力：末端承载质量≥25kg。

6）适应环境：可在淋水、4级风等条件下正常工作。

云台支架可做俯仰和水平运动，并能通过控制伺服阀来实现自锁功能；云台整体采取密闭措施，绝对值编码器固定装置具有防水密封圈，相应的供电电池、光电转换器封闭在防水盒中，故该系统可在淋水状态下工作；编码器和液压摆缸之间通过同步带传递角度位移，保证数据准确可靠；云台部分与升降杆之间采用法兰连接。

主机与液压云台系统之间通过RS232串行接口进行控制命令及信息反馈命令的交互。液压云台机载测试图如图5-75所示。主机通过RS232串口发送控制命令给液压云台系统，实现云台俯仰及水平运动的控制；主机发送信息反馈命令给液压云台系统，液压云台系统将当前系统的运动状况及位置信息反馈给主机，命令响应时间≤100ms。

图 5-75　液压云台机载测试图

5.4 处置机器人人机协作技术

5.4.1 机器人环境感知与自主跟随技术

四足机器人采用三维激光雷达＋双目立体相机相结合的方式构建了四足机器人环境感知系统，如图 5-76 所示。该系统采用多线激光雷达获取三维环境信息，建立了多高度混合栅格地图进行环境表征与地形描述；根据点云簇特征进行领航员与障碍物的检测，基于改进向量场直方图的方法实现机器人跟随与避障；采用双目立体相机和数字舵机的主动视觉系统，使用由视觉跟踪器、行人检测器、行人再辨识三个模块组成的 T－D－R 框架，实现目标图像的稳定识别与跟踪。

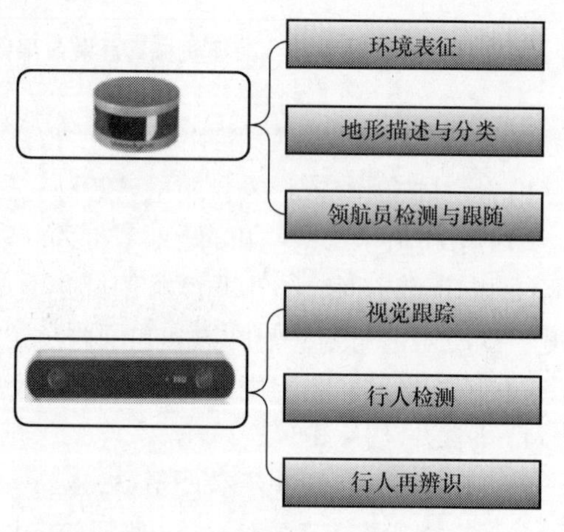

图 5-76　四足机器人环境感知系统

5.4.2 基于激光扫描仪的环境感知与自主跟随

5.4.2.1 基于多线激光雷达的环境表征

(1) 外参数标定

外参数标定，就是确定多线激光雷达坐标系到移动机器人坐标系的刚体变换。标定时，需要结合多线激光雷达在机器人上的安装姿态。外参数标定的坐标变换涉及的外参数有六个，包括三个平移分量、俯仰角、横滚角和偏航角。两个坐标系之间的平移分量仅与矩阵 $\boldsymbol{T}$

有关，俯仰角和横滚角仅与旋转矩阵 $\boldsymbol{R}_{\mathrm{r}}$ 有关，偏航角仅与 $\boldsymbol{R}_{\mathrm{d}}$ 有关，标定过程的关键就是确定矩阵 $\boldsymbol{R}_{\mathrm{d}}$、$\boldsymbol{R}_{\mathrm{r}}$ 和 $\boldsymbol{T}$。根据激光雷达的安装位置，各个方向上的偏移量可在允许的误差范围内直接测量得到，因此可以直接得到平移向量即旋转矩阵，而旋转矩阵是用于描述三维空间姿态的标准正交矩阵。

多线激光雷达的外参数标定算法流程图如图5-77所示，基本思路可以描述为：首先，采用安装好的激光雷达观测并采集投影在两个正交平面上的点云数据，使用随机采样一致性算法进行平面拟合并获得两正交平面的观测法向量；然后通过奇异值分解求解两正交平面的观测值与实际值之间的旋转矩阵，进而获得激光坐标系到机器人坐标系下的旋转变换关系；最后，采用精确测量方式获取平移向量，得到外参数标定结果。

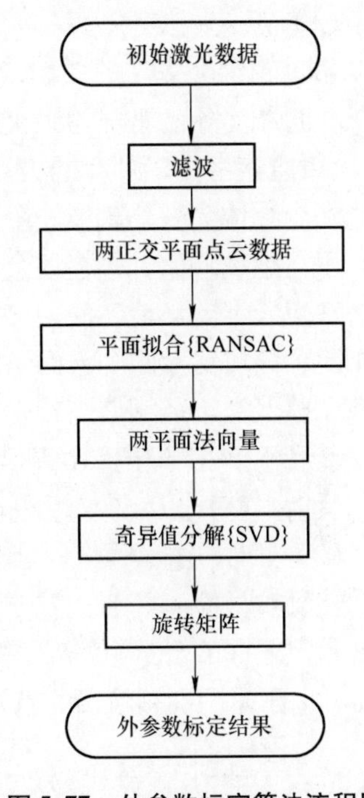

图5-77　外参数标定算法流程图

（2）基于三维点云的环境地图

移动机器人的地图构建作为环境信息描述的一种表示，是机器人环境感知、路径规划以及自主导航等方面研究的基础性工作，这就要求所选择的地图构建方式便于机器人的信息处理，并能够充分体现环境特征且易于扩展。目前，移动机器人的二维地图构建技术已趋向成熟，但随着机器人的应用场景更加复杂化、非结构化，甚至是存在各种不规则障碍物以及崎岖地形的室外场景，二维地图已经无法充分体现出复杂多变的环境信息。虽然三维环境地图具有信息量大、表现力强、扩展性好的优点，但完整的三维地图数据量过大，对存储和数据处理都提出了很高的要求。因此，综合考虑机器人环境感知的需求与三维激光点云的数据特点后，选择构建2.5维栅格地图的方案。

2.5维栅格地图是将空间中的物体按照一定投影规则映射到某一平面上，它是一种扩展的高程图，不仅具有三维地图良好的表现效果，还具备数据量小、处理速度快的优点。其构建过程为：首先对大量点云数据栅格化，采用正方形小栅格，每个方形小栅格的信息由该栅格在地图中的行、列信息和栅格高程组成。要获得准确的高程值，必须是在已经进行外参数标定的前提下进行，高度值是一个最直观的用于物体识别与地形检测的数据。

5.4.2.2　基于多高度混合栅格地图的地形描述与分类

（1）地形特征描述

常用来描述地形特征的参数包括坡度、粗糙度、起伏度以及图像特征参数等，前三者更适合用多线激光雷达数据来表示。

坡度是一个非常重要的地形结构参数，用来表示地面倾斜程度。地面上某一点的坡度值通常用该点所在的切平面与水平面的夹角来表示。采用奇异值分解方法求解平面法向量，坡度（slope）借助法向量计算，粗糙度（rough）则需要利用最小二乘拟合的残差，这里将指定邻域栅格最大高程和最小高程的插值作为栅格中心点起伏度（stepheight）的表示。

（2）地形危险等级评估

基于栅格图地形结构参数的可通过性分析方法要结合机器人本体的运动性能，与轮式或者履带式机器人相比，四足机器人具有能够轻松跨越小型障碍物的优势，其步长、步高、腿部工作空间以及运动形态直接影响其在工作环境中的越障即通过复杂地形的能力，因此需要各地形特征参数处于一定的安全阈值范围才能保证机器人稳定运行。

5.4.2.3 基于多线激光雷达的领航员检测和跟随

(1) 点云聚类

常见的聚类算法的关键点就在于要设置一个合适的聚类搜索半径（Cluster Tolerance, CT)，也可以将它理解为聚类误差容忍度。凡是距离小于该值的，则默认为一个类。如果CT设置值非常小，则会把实际的物体分割成多个较小的对象；如果CT设置值较大，那么实际的多个物体会被分割成一个对象。在传统的欧几里得距离聚类算法中，如果没有正确选择欧几里得距离阈值，则往往会导致邻域检测错误或远域检测漏检。

在点云聚类环节，使用一种改进的欧式聚类算法运用到点云数据处理中。与传统聚类算法相比，该算法从两个方面做出了改进：①自适应阈值的聚类半径，根据点位置与机器人的距离调整聚类半径阈值，使得改进后能够检测到不同距离范围的目标同时提升数据处理效率；②利用PCL点云库中提供的对点云法向量估计的支持，设置多条件函数（包括法线方向和反射强度）以减少对目标物体的误判率。

(2) 领航员检测

在领航员检测环节，需要在点云聚类结果的基础上进行人体外观特征提取。最重要的特征就是点云簇 C_k 的高度 h_k 需符合设定人体高度的阈值范围；其次，点云簇的高宽比 $r_k = h_k/\omega_k$ 也作为识别领航员的特征之一，但真实场景中可能会遇到如消防栓这样的非地面物体的干扰，于是引入偏斜度 $\gamma_k = \frac{\mu_k}{\sigma_k^3}$ 来描述分布的不对称性，其中 μ 和 σ 分别是点云簇 C_k 分布的均值和方差。

应该注意的是，领航员行走时始终保持着直立的状态，因此该点云簇产生的是一个几乎垂直方向的主要特征向量。在此，进一步利用主成分分析法（PCA）对目标点云簇进行姿态估计，从而更精确地筛选出领航员目标点云簇。

在基于外观的人体特征提取完成后，几乎已经得到准确的人体候选点云簇列表。下面给出一种基于反射强度的领航员检测方法来排除激光视场范围内的其他人员的识别干扰。velodyne返回点云数据点的反射强度范围为［0，255］，领航员将穿着贴有反射标志的马甲，反射标贴距离地面高度约为1m，与激光雷达的安装高度几乎平行。在得到扫描结果后，对点云簇列表进行遍历，检查每个点云簇是否满足外观特征，得到筛选后的候选目标列表。对该候选目标列表中的点云簇进行判别，反射强度大于100的主要来自领航员腰部的反射材料，将该点云簇作为领航员的检测结果。

(3) 领航员跟随

检测到领航员的位置后，四足机器人将跟随领航员行进。若四足机器人前方到领航员之间没有障碍物，则其直接沿着与领航员之间连线的方向进行运动即可，此处不再详述。若四足机器人与领航员之间存在障碍，则应以较小的代价绕开障碍物，并尽快恢复对领航员的跟随，尽量减小与领航员所在方向的夹角。需要说明的是，四足机器人的运动不如轮式移动机器人等灵活，最大线速度和最大角速度比较有限，转弯半径较大，系统的滞后性相对明显，需要较长的调节时间。这就要求四足机器人在转向过程中，应避免频繁地左右

换向，同时也要避免转向的大角度突变。此外，还应从安全方面加以考虑。四足机器人由于其自身重量和运动力度较大，需要和周围的行人与物体保持较大的安全距离，和领航员之间也要保持一个安全距离。在四足机器人避障跟随的方案设计中，要考虑转弯半径和安全距离的影响。

5.4.2.4 实验验证

根据实验要求，激光雷达的采集高度为1m，操作人员将激光雷达手持于离地面1m左右高度的位置。被跟随人员穿着贴有反射标志条的马甲，根据雷达安装高度和角度及视场参数，反射标志集中在腰部。激光扫描频率为10Hz，跟踪人员行走过程中被要求保持自然走路姿势，但速度不能小于0.5m/s。在连续行走的过程中，我们测试了不同的场景以检测本系统对人体目标检测识别的准确性。图5-78所示为三组不同场景下四足机器人的领航员跟随与点云可视化界面。图中点云的颜色代表反射强度的大小，蓝色长方体代表检测到的目标领航员的轮廓框。图5-78a展示了激光雷达对道路上密集停泊的汽车具备抗干扰能力；图5-78b显示有行人经过时，不会误检；图5-78c显示被跟随人员经过灌木丛时，聚类识别效果依然良好，该场景也能在一定程度上模拟野外森林的场景。实验结果说明该系统具备抗干扰能力和鲁棒性。

5.4.3 基于视觉传感器的机器人跟随技术

为实现四足机器人跟随领航员的运动，机器人需要获得领航员相对于机器人的方位和距离信息。这里使用视觉深度相机作为传感器来完成发现和跟随领航员的任务，同时使用以数字舵机为基础的主动视觉系统实现图像的稳定和跟踪。该跟随方法的系统主要包括一个Realsense深度相机、一个Dynamixel MX28数字舵机、一台配置Nvidia GTX1060Ti的GPU嵌入式工控机以及捷联式惯性导航。在本方法中，深度相机沿机器人的头部向前方向安装，Z轴为相机主轴向前方向，X轴为水平向左方向，Y轴为垂直向上方向，视相机坐标系和机器人坐标为同一个坐标系。

基于视觉传感器的四足机器人领航员跟随技术整体方案示意图如图5-79所示，构建了一个D－T－R－F（Detection－Tracking－Reidentification－Fusion）领航员定位框架，由行人检测模块、视觉跟踪模块、行人重识别模块及多传感器信息融合模块组成。行人检测模块用于识别环境中的所有行人并完成领航员的初始定位，视觉跟踪模块负责输出图像连续帧之间领航员的位置和比例，行人重识别模块用于在多个干扰行人之间重新定位领航员，多传感器信息融合模块完成立体视觉与组合导航系统的数据融合。

将基于视觉传感器获得的领航员水平偏转角和深度距离信息发送给四足机器人运动控制系统，分别控制机器人的行进速度和行驶角度以实现跟随领航员自主运动的效果。主动视觉系统通过调整数字舵机的运转确保领航员尽量处于相机视野的中心位置。当领航员在水平方向产生微小偏移的时候，机器人不会改变行驶方向。设立一个安全角度（$-\theta_s$，θ_s），当领航员水平偏移角度在安全角度之内时，主动视觉系统运作保证目标位于视野中心；而当领航员的偏移超出安全角度时，机器人获取主动视觉系统发来的偏转角度做出航向移动继续跟随领航员。

5.4.3.1 行人检测模块

行人检测模块主要用于在跟踪任务开始阶段识别指定目标，并为视觉跟踪模块提供初始

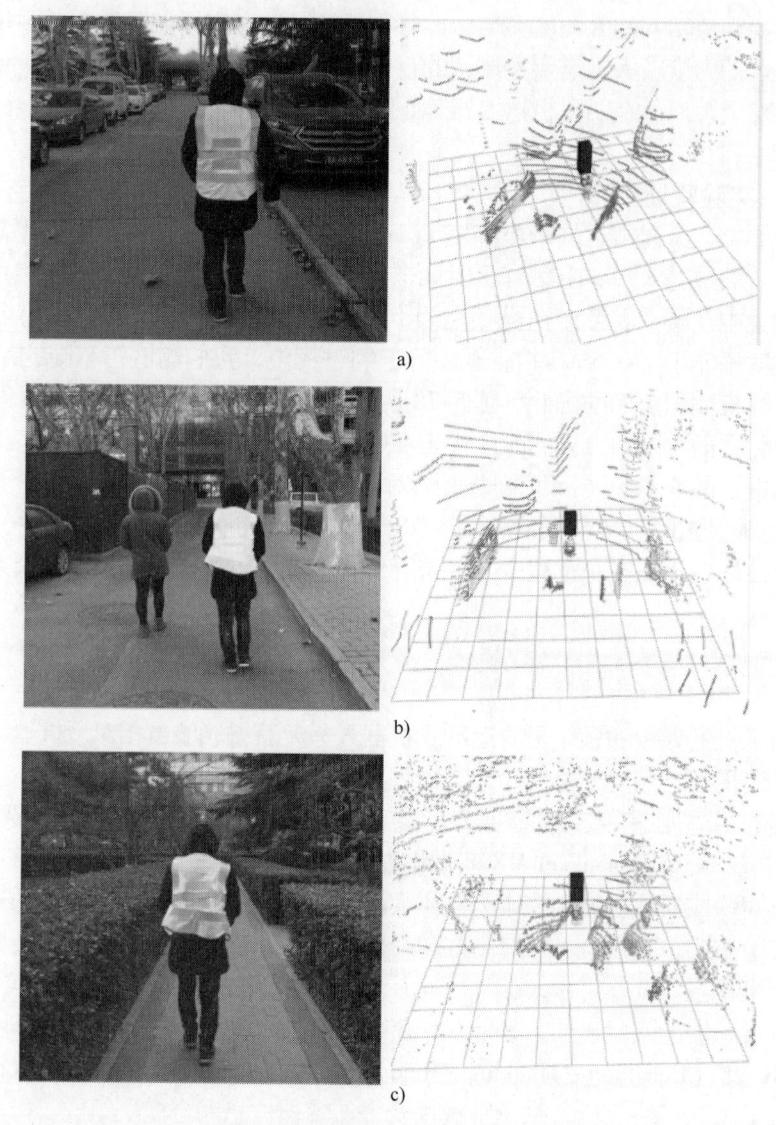

图 5-78　四足机器人的领航员跟随与点云可视化界面

化对象。其主要任务是检测行人并将已检测到行人中的某一行人作为跟踪目标（即领航员），检测行人算法使用改进的目标检测算法（Single Shot Detection，SSD）。室外复杂环境下的行人检测任务对检测速度与准确率都有较高的要求。目前的深度学习目标检测算法需要大量的训练样本，严重依赖于在数据集上预先训练的现成网络，而预训练的分类模型网络结构复杂、参数规模大、模型的结构也不易调整。我们以 SSD 检测网络为基础，设计一种无须预训练的检测模型，直接基于训练样本来训练网络，摆脱对预训练模型的依赖，利用有限的训练数据设计更为精巧的网络结构，大幅缩减网络参数数量。

SSD 模型是基于 VGG-16 分类模型构建的。该算法结合了 YOLO 的回归思想和 Faster R-CNN 的 Anchors 机制，并针对 YOLO 的问题提出了多尺度检测方法，局部提取了不同宽高比尺寸的 Default Boxes 以检测不同尺度目标。SSD 的核心设计理念可分为三部分：采用多尺度特征图用于检测、多卷积核预测候选框类别分数和位置偏移、损失函数评估性能。

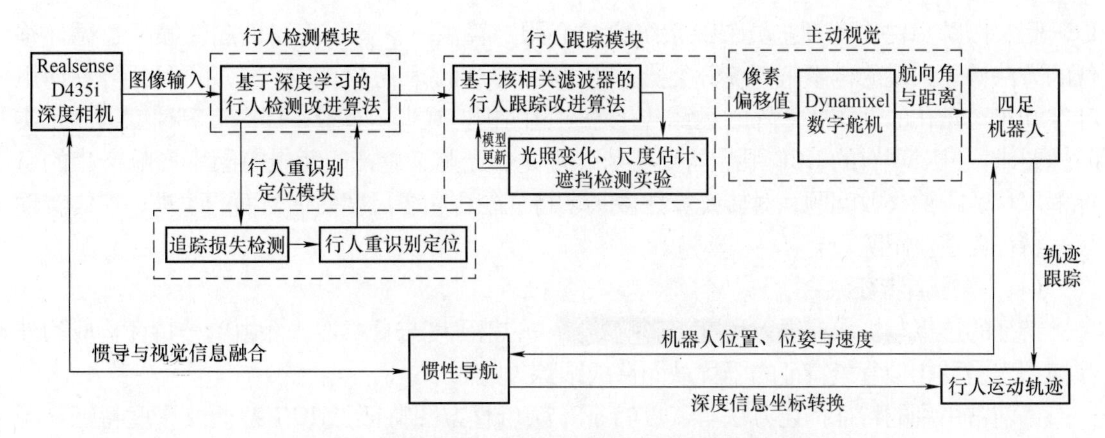

图5-79　四足机器人领航员跟随技术整体方案示意图

图像经过更多的卷积层运算，所学习到的特征图含有语义信息，但是缺少更多的位置不变性，并且感受野会比较大，对小物体检测的准确度会急剧下降。而将浅层特征图与深层特征图进行结合来检测不同大小的物体，不仅准确度高，定位也更加精确。SSD 用若干层不同尺度的特征图生成用于目标检测的候选预测框，每个单元设置尺度或者长宽比不同的 Default Boxes，预测的边界框以这些 Default Boxes 为基准。不同层次的特征图有不同的感受野，通过设计不同层的调整因子来调整不同层内原始包围框的尺寸以适应不同大小的目标，在一定程度上会降低训练难度。

每个加入生成预测框的特征图上，都可以用一系列卷积核进行卷积操作来生成一系列类别分数及位置信息以表示不同的预测框。位置信息用与邻近 Default Boxes 的差异值来编码表示。对一个有 p 个通道的大小为 $m \times n$ 的特征图，使用 $3 \times 3 \times p$ 的卷积核进行卷积操作来产生候选框类别分数和位置信息，因此特征图上的 $m \times n$ 个位置点经过卷积核运算后最终会生成 k 个预测框信息。每个像素点上有 k 个预测框，计算每个预测框对应的 c 个类别分数和相对于原始框的4个位置偏移时，每一个像素位置需要 $(c+4) \times k$ 个卷积滤波器，最终大小为 $m \times n$ 的特征图共产生 $(c+4) \times k \times m \times n$ 个输出值。

目前的检测算法严重依赖于在数据集上预先训练的现成网络，然后使用训练样本对网络参数进行微调，却难以对模型的结构进行灵活地调整，容易求得局部而非全局最优解。以 DenseNet（Densely Connected Convolutional Networks）网络结构为基础，训练一个不需要大量数据和预训练模型的目标检测模型，利用有限的训练数据实现对模型的有效训练，大幅缩减了网络参数数量，简化了网络结构，提高了检测速度。

在 SSD 的预测结构里，每层网络只与相邻网络层连接，后层网络尺度直接从邻近的前一网络的尺度迁移过来。在前端子网络中加入致密结构，综合每个尺度获取目标的多尺度信息，每个尺度输出的通道数与预测特征图个数相同。在致密预测结构中，特征图由前层网络尺度连接卷积和相邻的高分辨率特征图下采样得到，前层网络尺度剩余的一半特征可重新使用，只需要重新学习一半新的特征。下采样由一个 2×2 的池化层和一个 1×1 的卷积层组成，池化层用来减少计算量，卷积层用来减少通道数量。每个具有多分辨率特征图的尺度均可达到预测尺度，能用少量参数获得更准确的结果。

5.4.3.2　视觉跟踪模块

综合考虑四足机器人对野外复杂场景的适应性和对领航员跟踪实时性的需求，本文选取

KCF 目标跟踪算法作为领航员跟踪系统的核心跟踪算法。该算法将当前图像帧通过循环移位的方法构建大量的样本来训练分类器，利用岭回归训练目标检测器，借助循环矩阵在傅里叶空间可对角化的性质将矩阵的运算转化为向量内积，减少运算量，提高运算速度，满足实时性要求。针对现有的 KCF 跟踪器受姿势、视角、光照、遮挡、背景等因素影响产生的目标框飘移及跟踪失败问题，对传统算法做了多特征融合和多尺度估计方面的改进，最终实现尺度特征自适应跟踪。

（1）多通道特征融合

特征的选择与提取在很大程度上影响着算法的精确度与鲁棒性，而由单一特征构成的外观模型容易受相似背景特征的干扰从而造成跟踪失败。

目前常用到的特征描述方法有灰度特征、颜色直方图特征、HOG 特征及深度特征。颜色直方图特征用来描述不同色彩在整幅图像中所占的比例，而不考虑其所处的空间位置，适用于不易进行自动分割的图像。HOG 特征用于表示图像局部梯度方向和梯度强度的分布特性，图像被分割成多个连接小区域，每个区域均可生成一个方向梯度直方图，最终组合这些直方图来构成特征描述器。深度特征由卷积神经网络提取，低层网络特征有较高的分辨率，能够对目标进行精准的定位；高层网络特征包含更多的语义信息，能够应对大目标的动态变化和对目标进行大范围定位。

HOG 特征对光照变化有很好的鲁棒性，但不能很好地处理目标的形变，在长时间跟踪过程中，目标的外形会随周围环境变化而改变；颜色特征可以很好地应对目标的形变及运动模糊情况，但对光照变化不太敏感，单一特征的使用往往存在局限性，将多个特征进行互补融合可以达到更好的效果。分别提取图像的灰度特征、颜色直方图特征和 HOG 特征，并将其输入分类器中进行训练，得到滤波响应最大的目标位置，最后在高斯核函数中使用多通道数据融合得到结果。多通道特征融合方法没有加大计算量，在傅里叶域中将单一特征的跟踪结果进行加权矢量叠加融合即可得到最终跟踪结果。

（2）尺度自适应

传统的 KCF 算法用来训练分类器模型的训练样本大小尺寸是固定的，当目标缩小时，滤波器会学习到大量的背景信息；当目标扩大时，滤波器会学习到目标的局部纹理，对目标未进行尺度估计容易导致跟踪漂移。设一具有 d 维度的特征图表示图像信号，从特征图矩阵块中提取特征映射目标，记为 f；f^l 表示不同维数的图像块，特征维数 $l \in \{1, 2, \cdots, d\}$，通过计算 $\varepsilon = \| \sum_{l=1}^{d} h^l f^l - g \|^2 + \lambda_s \sum_{l=1}^{d} \| h^l \|^2$ 来寻找最佳滤波器，每个特征维度包含一个滤波器 h^l。其中，g 表示 f 对应的相关期望输出；$\lambda_S \geqslant 0$ 是正则化参数，用于缓解零频率问题。最终解得傅里叶变换解为 $\hat{h}^l = \frac{\hat{g}^* \hat{f}^l}{\sum_{k=1}^{d} \hat{f}^{k*} \hat{f}^k + \lambda_s}$，其中，“ * ”表示求取矩阵的共轭矩阵，“^”表示进行离散傅里叶变换，通过最小化输出误差函数 η 训练目标图像块，从而获得最优滤波器 h。

5.4.3.3 行人重识别模块

行人检测器和视觉跟踪器的组合只有在不受他人干扰的情况下才会运行良好，而在室外非结构复杂环境下，干扰无处不在。在多个行人之间正确地检索到领航员是解决长期跟踪问

题的关键。将行人重识别问题看作是一个图像检索的过程，给定一探测目标（probe），并在包含基于不同姿态、背景的 probe 图片的原型（gallery）数据集中找到该 probe，而对 probe 的重排序（re－ranking）处理是提高检索准确性的关键。

一种基于 k 阶导数（k－reciprocal）编码的重排序方法，先获取初始 ranking 列表，其次进行 re－ranking 操作，提高 probe 相关图像的排名。初始 ranking 列表的质量影响着 re－ranking 的效果，k－reciprocal 最近邻可以有效地解决图像的错误匹配。设一个 N 维向量用来存储 k－reciprocal 特征，其由加权的 k 阶导数近邻集合编码得到，再加入局部扩展查询（local expansion query）以获得更具鲁棒性的 k－reciprocal 特征。

给定一个探测对象和一个图库，分别提取每个人的外观特征和 k－reciprocal 特征；然后针对每个 probe 和 gallery 人员计算原始距离 e 和杰卡德距离（Jaccard Distance）d_J；最后由 d 和 d_J 计算得到距离 d^*，从而获得最终排名列表。

5.4.3.4　实验结果

机器人在室外环境跟随任意指定的领航员，在开始阶段，领航员站在相机大约正前方的位置，首先由 SSD 行人检测器检测行人，此时将位于图像中心位置的行人作为领航员，图 5-80a 所示框内的人即确定为我们的领航员。领航员以一定的速度向前运动。图 5-80d 检测到除领航员之外的行人，由于此时在水平方向上其他行人距领航员位置较远，并未进入行人干扰状态，此时系统能够正常定位领航员的位置。当进入行人干扰状态，系统将停止更新视觉跟踪器的两个滤波器 A_T 和 A_S 及行人再辨识滤波器 A_R，同时停止更新候选人库。当干扰行人消失后，系统仍然能够准确定位目标位置，如图 5-80e 和 f 所示。

a)　b)　c)　d)　e)　f)

图 5-80　机器人跟随领航员实验图

在引领机器人行进过程中，领航员完成变速行走、急停、爬坡、S 路线行走、通过多种复杂地形等运动，其间加入其他行人遮挡、光照阴暗切换等外界环境干扰。领航跟随系统与机器人本体控制系统进行 Socket 通信，传输偏航角与速度信息，机器人通过实时获取主动视觉系统反馈的领航员的行进方向与深度信息完成对领航员的跟随任务。

6.1 警用机器人需求与设计

6.1.1 警用机器人定义分类

警用机器人是公安机关装备的、适合于执行警务任务的机器人，是协助警察工作的机器人的统称。警用机器人系统通常包括警用机器人本体、操控终端、安全通信链路、应用管控平台及配套设施等几个组成部分。警用机器人系统综合运用大数据、云计算、人工智能、物联网等技术，集环境感知、路线规划、动态决策、行为控制以及报警处置等功能于一体，可帮助警察完成基础性、重复性、危险性的工作，对于减轻警员工作压力、提高警察队伍战斗力来说具有重要意义。

与机器人的分类一样，警用机器人的分类也有很多种分类方式。按照警用机器人的功能用途，可以分为警用侦察机器人、警用排爆机器人、警用打击机器人、警用巡逻机器人、警用安保机器人、警用服务机器人和其他类别的警用机器人。警用排爆机器人、警用打击机器人等类型的机器人有时也统称为警用处置机器人。

6.1.1.1 警用巡逻机器人

警用巡逻机器人综合运用物联网、人工智能、云计算、大数据等技术，是集环境感知、路线规划、动态决策、行为控制以及报警装置于一体的多功能综合系统，具备自主感知、自主行走、自主保护、人脸识别、互动交流等能力，可帮助警察完成基础性、重复性、危险性的巡逻工作。

警用巡逻机器人应用于执行巡逻任务，具备昼夜巡逻、全向监控、监测预警、智能识别、巡逻播报等功能，具有机动灵活、移动可控等优势。警用巡逻机器人主要应用于政府驻地、机场、广场、车站、码头、公检法办公场所、大型活动现场、要害部门等重要区域，按照事先规划好的巡逻路线进行有规律的巡查，用来进行日常巡逻与安全防范，实现对特定区域环境、人员、车辆、突发事件等要素的信息感知，服务人民群众，同时有效保障重点人群、重大设施和重要区域的安全。警用巡逻机器人按应用场景可分为室外巡逻机器人和室内

巡逻机器人，其中室外环境包括城市环境和野外环境。

6.1.1.2　警用安保机器人

警用安保机器人通常由移动平台载体、警务功能模块、网络通信系统和数据操控指挥平台四大模块组成。其中移动平台载体搭载警务功能模块组成安保巡逻机器人前端，无线网络和数据操控指挥平台作为后端“大脑”。目前，警用安保机器人主要应用在治安卡口，根据指挥系统提供的可疑人员信息，执行过往人员身份信息、车辆信息、相关包裹等的核验任务，充分发挥解放警力、协助执勤、服务人民的作用。警用安保机器人按应用场景可分为室外安保机器人和室内安保机器人，其中室外环境包括城市环境和野外环境。

6.1.1.3　警用处置机器人

警用处置机器人包括排爆机器人、打击机器人等类别。警用排爆机器人代替人到不能去或不适宜去的有爆炸危险等环境中，直接在事发现场进行侦察、排除、搬运、转移和处理爆炸物及其他有害危险品，可以代替现场人员实地勘察，实时传输现场图像，可配备探测器材检查危险场所和危险物品。警用排爆机器人按重量分类如下：大型排爆机器人、中型排爆机器人、小型排爆机器人和微型排爆机器人。其主要特点是多自由度的机械手臂能很容易地抓取危险品并进行处置和销毁，遥控操作方便灵活，可配装爆炸物销毁器，或另配霰弹枪和催泪弹等。

警用打击机器人是指用于公安、武警在执行维护人民财产、保护人民安全的任务时用于打击恐怖分子或使其丧失抵抗能力的特种机器人。这种类型的机器人通常在其移动平台上装有冲锋枪、霰弹枪和手枪等致命性武器或催泪弹、烟雾弹、强声装置和强光致盲弹等非致命性武器。警用打击机器人常以轮、履、腿足或其他组合形式实现地面移动，通过遥控或半自主方式进行观瞄和射击。安装于其上的各种探测、通信仪器可以识别目标、反馈信息，通过无线通信与远方的遥控人员联系，接受遥控人员的命令；携带的武器分系统通过遥控射击，能代替人在恶劣、危险或人不可达的环境执行侦察、攻击、巡逻、警戒等任务，从而确保警员宝贵的生命，减少人员伤亡，增加战斗能力。实现其稳定性、可靠性、准确性、环境适应性是打击机器人不断研究和探索的重点。

6.1.2　警用机器人实战需求

随着我国社会安全形势的变化和公安业务的快速发展，急需能够协助或替代警员执行安保任务的智能化警用机器人，以促进安保巡逻处置业务效能的提升，降低公安干警的劳动强度及执勤风险，推动警务变革。公安实战的典型特点是警力需求大、警务工作强度大、警察工作风险大，警用机器人的应用可以从三个方面满足实战需求：

1）机器人对警力予以了一定补足。在简单性重复性警务工作中，或者在两人一岗、多人编组的情况下，机器人在某些方面协助或替代警察，降低警力部署数量或强度，起到了补充警力作用。

2）机器人有助于降低民警工作强度。在不少场景下，警务人员需要长时间昼夜工作，机器人的协同一方面能够降低勤务频次，另一方面能够分担工作时长，对民警工作强度起到了一定的缓解作用。

3）机器人有利于降低民警工作风险。机器人对民警工作强度的分担本身是对民警健康的一种保护；更重要的是危险性较大的工作由机器人代为完成，可大大提高民警的安全。例如，在排爆作业中，处置类机器人的应用可有效避免或降低排爆警察的伤亡。在疫情防控中，机器人的应用既帮助民警高效识别出发热人员，又拉开了民警与病毒之间的距离，有助于降低感染风险。

6.1.3 警用机器人设计要求

6.1.3.1 外形设计要求

警用机器人外形设计应体现我国公安队伍文明、正义、威武、严肃的形象以及勇敢、热情、朴实及严谨的作风，不单纯出于美学考虑，更应结合产品功能进行设计。整体外观造型应坚持人性化设计原则，外观尺寸与功能模块的设置应根据用户实际使用产品的人机尺寸需求来设计。色彩设计可按照公安装备标准采用白蓝色作为主色调，并喷涂警徽等相关标识。

6.1.3.2 环境适应性要求

（1）通过性要求

警用机器人要求能够适应各自工作场景中的复杂地形，具有良好的通过性。例如，警用巡逻机器人可在路面凹凸不平、坡度不超过10°或存在小台阶等较复杂路面正常行走；警用安保机器人可在较为平整、坡度不超过5°、没有台阶的路面正常行走，参照环境相对固定；警用处置机器人可在室外复杂恶劣路面条件下行走。

（2）环境温湿度要求

警用机器人具备一定防水、防尘能力。室外应用时，可在－20～55℃的温度以及5%～95%（非冷凝）的湿度环境下正常工作；室内应用时，可在－5～45℃的温度以及不大于90%（非冷凝）的湿度环境下正常工作。

6.1.3.3 安全性要求

（1）行走安全

警用机器人行走过程中应具备多级安全防护机制。首先，通过传感器使机器人能够自主感知环境危险，采取避让措施，防止撞伤行人或物体；其次，机器人自身可进行物理防护，触碰到障碍物时及时停止；最后，机器人行走出现异常时可人工停止机器人，保证行走安全。

（2）运行安全

警用机器人运行过程中应具备自我保护功能，如遇挟持、控制等情况，则可进入绝对休眠状态，并向后台发出报警；如遇恶意破坏，则可发出报警并记录音像信息。

（3）数据安全

警用机器人应通过定期备份数据、异地备份方法避免因特殊情况导致数据丢失；数据导出加密，内部接口通过安全机制设计，保证接口服务不被非法使用。通信模块采用公安认证的加密通信模块，数据传输全程加密。

（4）电气安全

机器人具备充电保护机制，防止电池过充电，保证机器人充电过程中的安全。机器人内部具备用电异常检测与保护机制，可有效防止电流过大、温度过高等危险情况，保证机器人应用过程的安全。

6.1.3.4 可靠性要求

（1）运行可靠性

融合应用多种定位导航方式与路径规划算法，确保警用机器人按规划路径连续无故障运

行，避免出现位置丢失、跑偏现象。

（2）系统可靠性

在进行系统设计和设备选型时，应充分考虑硬件设备、系统软件、应用软件和网络等各方面的可靠性。系统应具有相对独立性，局部问题不会影响系统的正常进行。

（3）数据可靠性

警用机器人工作过程中需要通过多重冗余和备份手段来提高系统的可靠性，采用机器人本体和平台数据定时备份、异地备份等手段。

6.1.3.5　保障性、维修性与测试性要求

警用机器人应用时要保证有电源可充电，有备用电池可及时更换。此外，要对使用人员进行系统化培训，并提供使用说明书，便于使用人员独立完成日常运行保障工作。

警用机器人采用模块化设计，可分为基础核心部件和扩展模块，零件优先选择易获得的通用型号，以实现功能模块易拆装、易维修、易换型的性能需求，降低维修成本，缩短维修时间。

警用机器人能够在出现故障时，对机内系统进行一定的自动诊断、测试工作；警用机器人可利用通用/专用测试设备，采用人工测试的方法，进行故障诊断和隔离。

6.1.4　警用机器人功能需求

6.1.4.1　行走功能

（1）地图构建

地图构建是机器人实现自主导航行动的前提，可以帮助机器人配合自身的传感器进行实时定位，同时也可在后续展开行动时规划路径。机器人首次进入工作环境时，通过激光雷达或视觉传感器等对周边环境进行扫描，通过同步地图构建与定位（SLAM）算法生成三维地图（图6-1），并在后续工作过程中将实时扫描的地形与环境地形进行精确匹配，从而确定机器人的精确位置。

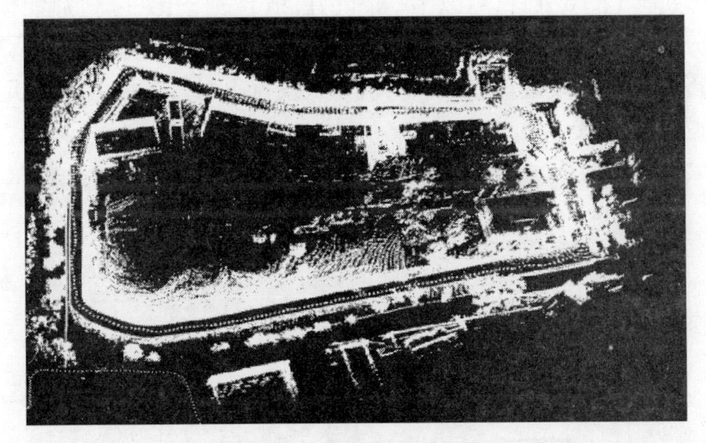

图6-1　三维地图示意图

1）手动闭环功能（图6-2）：在构建面积较大的场景时，因为传感器本身的累积误差，自动闭环难以完全修正误差，会造成构建地图不够准确。加入手动闭环功能之后，可以大大减少该场景下的构建地图偏离问题，提高构建地图的准确度。

图 6-2　手动闭环功能

2）扩展地图功能（图 6-3）：对于已构建完成的地图，可以通过扩展地图的方式进行地图延伸，扩大地图的构建面积，避免重复构建的繁复工作量。

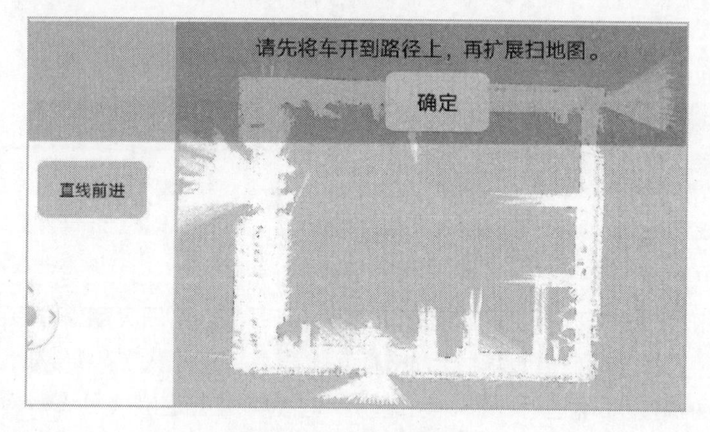

图 6-3　扩展地图功能

3）地图编辑功能（图 6-4）：可以手动清除建图过程中出现的干扰物体，有效减少在地图构建过程中部分无效物体对于构建效果的干扰；可以手动添加障碍物以保护重要物体，避免机器人到该位置巡逻；可以设置虚拟墙为机器人设置不可行区域，避免机器人行驶到不安全或者是不适合巡逻的区域。

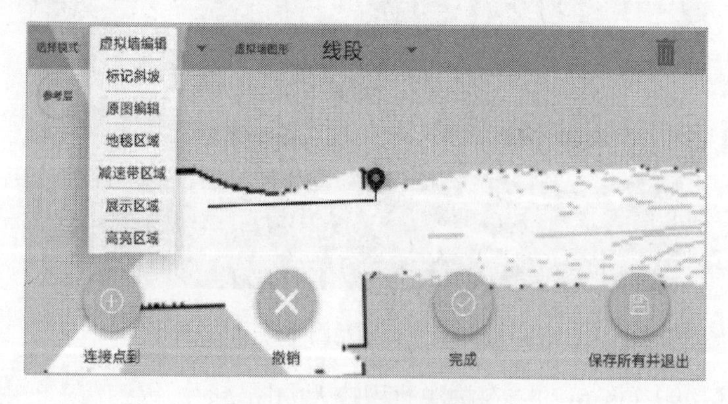

图 6-4　地图编辑功能

（2）路径规划

为了实现警用机器人按照预期的路线自主运动，可采用全局路径规划和局部路径规划相结合的方式。全局路径规划是在预先制定的环境地图上根据用户指定的地点进行运动路线的自动规划；局部路径规划是保证警用机器人在运动过程中遇到动态障碍或者当环境中出现预制地图未出现的物体时进行安全稳定的自主避障。自主巡逻路径规划如图6-5所示。

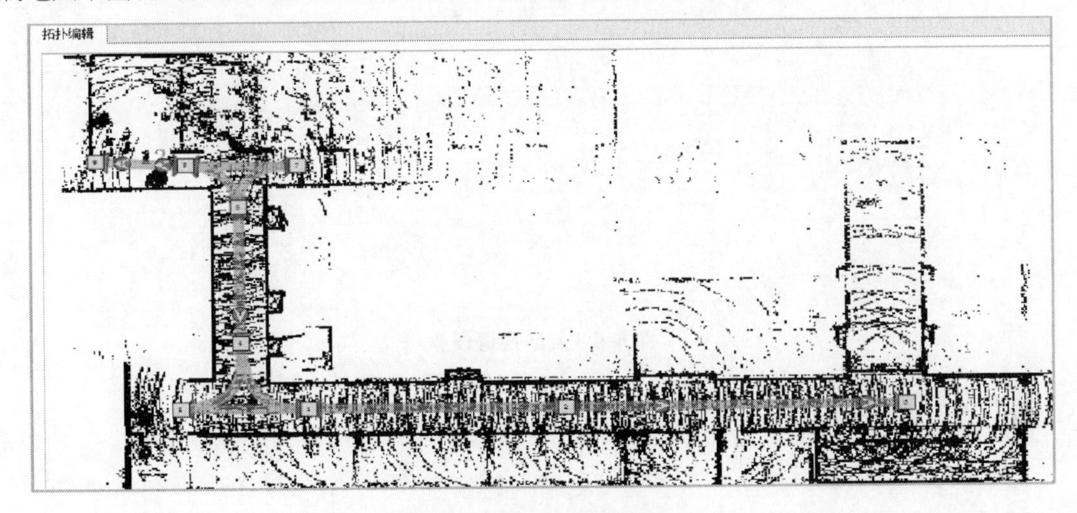

图6-5　自主巡逻路径规划

警用机器人路径规划的主要要求是：

1）在环境地图中寻找一条路径，保证警用机器人沿该路径移动时不与外界发生碰撞。

2）能够处理用传感器感知的环境模型中的不确定因素和路径执行中出现的误差。

3）通过使警用机器人避开外界物体而使其对警用机器人传感器感知范围的影响降到最小。

4）能够按照需要找到最优路径。

（3）自主巡逻

警用机器人可支持自主、前端操控、远程遥控巡逻等多种模式。自主模式包括例行和特巡两种方式。例行方式下，警用机器人根据预先设定的巡逻内容、时间、周期、路线等参数信息，自主启动并完成巡逻任务；特巡方式下，操作人员选定巡逻内容并手动启动巡逻后，由警用机器人自主完成巡逻任务。前端操控模式由现场操作人员通过手持控制终端将巡逻任务下发至警用机器人。远程遥控方式由警用机器人指挥控制平台发送控制指令操控机器人完成巡逻任务，如图6-6所示。

警用机器人在巡逻过程中，若遇到障碍物可进行障碍物绕行，寻找最佳绕障方案，保障巡逻任务的高效性。可对针对不同的路段进行绕障范围的设置，同时可对绕障功能进行自动开启和关闭的设置。

（4）自主充电

警用巡逻、安保机器人可配备自动充电桩，且具有自主充电功能。在工作过程中，机器人会进行实时电量检测，当电量低于设定阈值时，警用机器人能回到充电桩上进行自动充电。在工作过程中，也可通过平台或者手持设备给机器人发送自主充电任务。

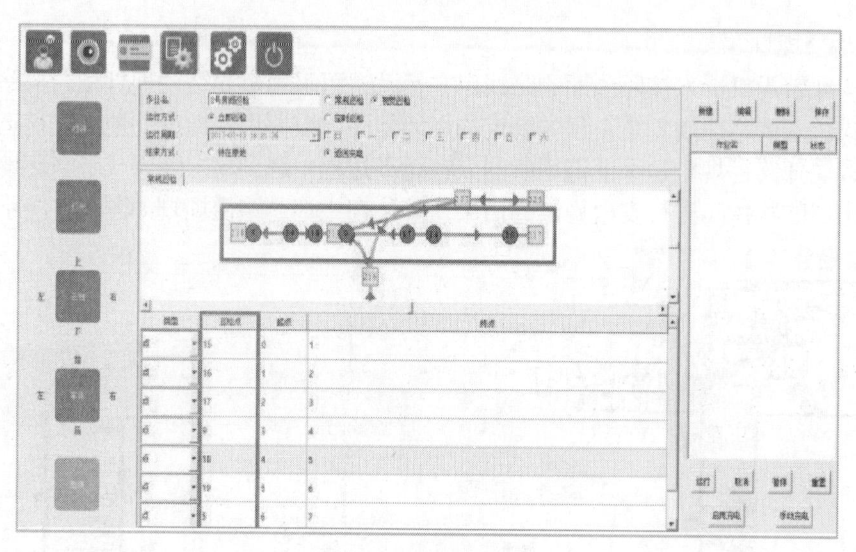

图 6-6 发送巡逻任务

6.1.4.2 视频功能

（1）全向监控

警用机器人作为移动载体，为了提供更广阔的监控范围，应实现 360°全向环视实时监控。可采用警用机器人加载全景相机或四路、六路高清大广角相机等方式，使警用机器人管控平台上可随时查看警用机器人周边的实时视频。后台监控画面如图 6-7 所示。

图 6-7 后台监控画面

（2）夜视监控

随着人们安全防范意识的提高和安防行业的发展，24 小时不间断监控对夜视要求越来越高，红外技术越来越成熟，现在已广泛应用于监控夜视领域。因此，为了提高警用机器人的夜间监控能力，可选用夜视相机实现远距离昼夜巡逻监控。

（3）红外探测

在雾霾、烟、雨、雪等恶劣天气环境以及照度较低的夜间巡逻情况下，警用机器人采集的视频信息难以应用识别，如有可疑人员出现在监控区域，则很难排除干扰发出有效告警。

为加强警用机器人在夜间和恶劣天气条件下的应用性能，解决夜间巡逻对目标识别不清、未能及时发现藏匿人员等问题，警用机器人可搭载红外热成像仪，用于异常热源、藏匿人员或流浪生物探测，实时保障巡逻区域的夜间安全。红外人体检测示意图如图6-8所示。

图6-8　红外人体检测示意图（见彩插）

6.1.4.3　音频功能

（1）语音播报

警用机器人搭载语音播放模块，可播放预先录入的语音或者警用管控平台实时下发的播报内容；可在重要安检口播放消防安全、防诈骗知识等内容宣传，也可在人流聚集区进行人流疏散。

（2）语音对讲

广场、地铁口等公共场合是人群相对比较集中的地方，往往容易出现各种异常情况。为保证各种公共区域的人员与设施安全，必须要有一定的安全监控报警措施。警用机器人配备专业实时对讲设备，可在平台上随时打开与关闭，实现与警用机器人的实时对讲。当警用机器人在运行现场遇到紧急突发事件时，警务人员可通过按钮触发对讲条件，及时告知后台安保人员现场实际情况，以便在第一时间做出应急措施，减少人身财产安全损失。警用机器人在警戒区域巡逻时，可通过监控系统与对讲系统联动发出报警、警示广播喊话进行警示，有效配合警务人员工作，防止非法进入。

（3）语音交互

听觉系统是智能机器人感知系统的重要组成部分，其目的在于更好地完成人与机器人之间的信息交互，使机器人能够为人们提供更便捷的服务。警用机器人可利用语音识别和语音合成技术，作为输入/输出端，配合后端语料库实现人与机器人之间的语音交互。

警用机器人可与群众进行语音交互，完成服务接待任务。当群众提出咨询或业务办理需求时，警用机器人可通过其智能化语音对讲系统与其进行交互，回答相关业务咨询问题或提供相应的业务办理服务。

6.1.4.4　安全防护功能

为确保警用机器人在工作过程中的安全性，特别是导航过程中与现场人员及周边环境保持安全距离，警用机器人可采用多重避障与安全防护机制。一方面，通过在警用机器人上加装多种传感器，以机器人为中心，采集并分析周围环境数据，实现全方位感知；另一方面，通过硬件实现多级安全防护机制，全面确保警用机器人在安防过程中自身及周边环境的安全。具体避障与安全防护机制包括以下几项内容。

（1）多重避障

1）超声波避障：警用机器人采用超声传感器实现停障。机器人能自动探测周围环境，当识别到在运动路线上存在障碍物且不能安全通过时，能自动停车并报警。

2）激光避障：警用机器人采用激光传感器实现停障。机器人能自动探测周围环境，当识别到在运动路线上存在较远的障碍物且不能安全通过时，能自动停车并报警。

3）光电避障：警用机器人采用光电传感器实现停障。机器人能自动探测周围环境，当识别到在巡逻路线上存在较为低的障碍物且不能安全通过时，能自动停车并报警。

（2）物理防护

警用机器人可通过硬件如触边开关等进行物理防护，当有物体触碰到触边开关时，机器人立即停止运动；待障碍物移除后继续运动。

（3）人工防护

警用机器人应具有急停按钮，可在需要时拍下急停按钮使机器人立即停止运动；解除急停机制时，需要松开急停按钮并按下复位按钮。

警用机器人可配备无线急停手柄，在紧急情况时可远程及时使机器人紧急制动，避免不必要的事故发生。

（4）自检功能

警用机器人自检可帮助工作人员及时发现问题，确定问题出现部位并采取解决措施，保障警用机器人正常运行。自检内容可包括对常用模块、电池模块、网络连接模块、安全模块等模块的检测。当任一模块发生异常时，警示灯亮起，并将故障信息上传到本地监控后台，本地监控后台发出警报，提醒工作人员查验相关问题。

6.1.4.5 管控功能

（1）机器人关键信息显示

为使警用机器人指挥控制平台（本节简称指挥控制平台）端能够掌握警用机器人的运行状态及安全情况，警用机器人可定期向指挥控制平台发送电量、行径速度、安全防护等信息。警用机器人可通过定位模块，将自身的地理位置上报至指挥控制平台实时显示。

为使现场操控人员能够实时掌握警用机器人的运行状态及工作情况，可配备操控终端，用于现场信息展示，如环境感知信息、地理位置信息、自身状态信息、报警信息等。

（2）心跳保持

为了监控警用机器人与指挥控制平台间的信息链路是否正常，可在警用机器人与指挥控制平台间建立“心跳保持”机制。

由警用机器人发起，警用机器人指挥控制平台收到后发回响应消息，连续3次心跳通信失败，则认为网络连接故障，设备需要重新发起连接。心跳的间隔为一定时间，若中间过程有控制消息，则相当于有心跳成功。

（3）模式切换

警用机器人可搭载无线网桥设备与专网设备，在不同的使用场景下进行网络切换。

警用机器人工作模式包括在线模式与离线模式。在线工作模式指警用机器人与指挥控制平台间保持数据交互的工作；离线模式指警用机器人与指挥控制平台间由于网络因素无法进行数据交互，从而通过本地子平台进行交互。

模式切换方式包括自动切换与手动切换两种方式。

1）自动切换：由于警用机器人与机器人智能管控平台间使用了“心跳保持”机制，在网络链路存在故障时，心跳会出现掉包或延时的情况，此时机器人本体自动将模拟切换成离线模式；网络恢复后，机器人重新切换到在线模式。

2）手动切换：警用机器人安装有模式切换控制按钮，警务人员可人为触动工作模式切换按钮进行模式切换。

6.1.4.6　信息核验

（1）人脸识别

随着人脸识别技术的日益成熟，实现对视频图像中的人脸进行准确快速的识别，提升高清图像信息的利用率，对于提高警员的工作效率具有重要意义。

警用机器人可通过人脸抓拍相机直接采集人脸图像或通过人脸检测算法从机器人上的高清相机拉取视频流，自动检测、跟踪人脸图片，如通过对运动人脸进行检测、跟踪、抓拍、评分、筛选等一系列流程，结合人脸质量判断规则自动选出符合人脸提取条件的人脸照片抓拍并进行输出；之后将人脸图片传至警用机器人指挥控制平台进行人脸识别，可对接公安人脸系统、个人征信系统等判断人员身份，为公安机关或其他政府部门及时决策与正确行动提供支持。人脸抓拍算法流程图如图6-9所示。

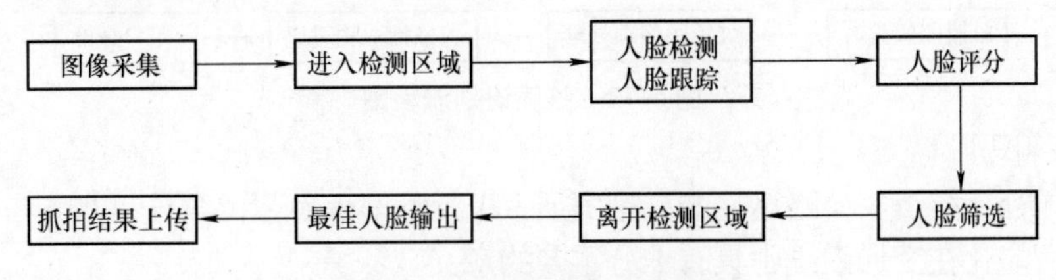

图6-9　人脸抓拍算法流程图

若采集到的人脸与平台数据库中的人脸匹配（黑名单使用方式），则触发警用机器人与平台的报警机制；同时，警用机器人提供包含背景信息的人脸图像便于警员快速确定人员并进行处理。人脸识别与预警效果示意图如图6-10所示。

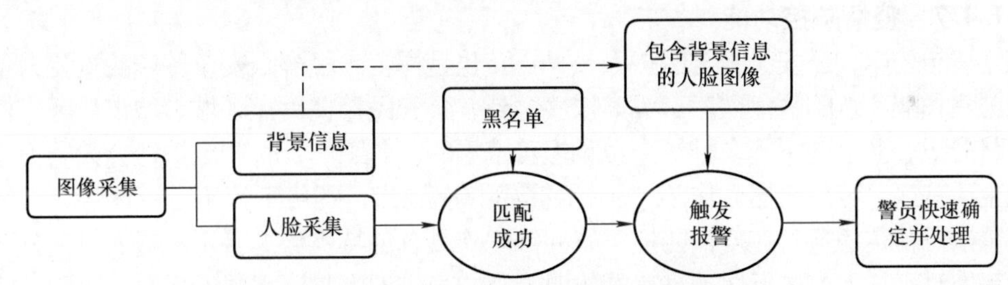

图6-10　人脸识别与预警效果示意图

（2）人证核验

警用机器人可搭载读卡器模块，读取有效身份证件或工作证件等专用证件信息，同时结合人脸识别模块实现人证核验，实时显示核验结果，协助警员在治安卡口、重要场所进出口、车站等区域进行人员身份核验。人证核验流程图如图6-11所示。

（3）虹膜识别

科学研究表明，虹膜是人体中最独特的结构之一，自胎儿发育阶段形成后终生不变，且不因外部干扰而磨损变化，即使双胞胎、同一人左右眼的虹膜图像之间也具有显著的差异，具有极强的唯一性和稳定性。各类公开的对比测试和实际应用均表明，虹膜识别是目前最为精准的生物特征识别技术，具有识别准确率更高、误识率更低、无须重复注册、非接触和极难伪造等优势，被认为是除DNA以外“最可靠的生物识别技术”。

警用机器人可搭载虹膜识别模块，当被识别人距机器人0.4~0.6m范围时，即可精准获取虹膜信息，比对数据库完成虹膜识别。虹膜注册可在机器人端完成，无须另外配置虹膜

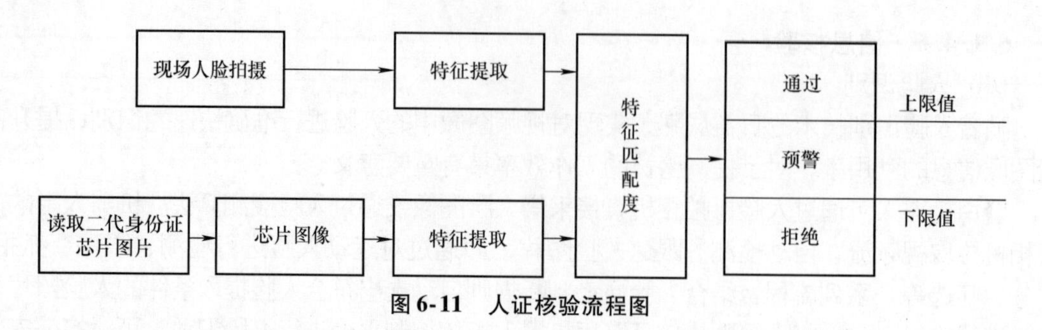

图 6-11　人证核验流程图

采集仪，配合近红外辅助光源，实现 24 小时全天候工作。远距离虹膜识别结合人脸识别，实现多模态混合识别，提供更精确的双重安全防护。虹膜识别流程图如图 6-12 所示。

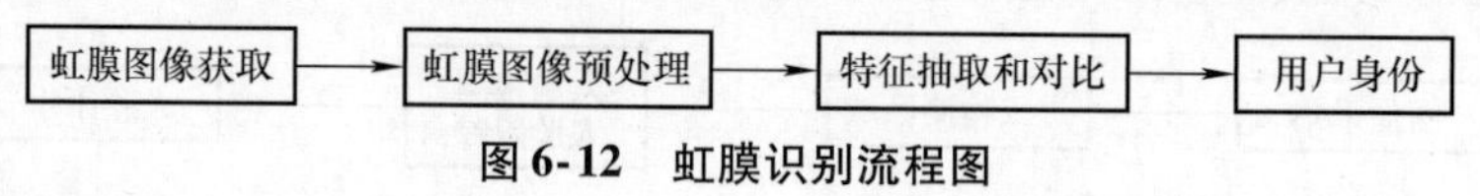

图 6-12　虹膜识别流程图

（4）车牌识别

随着我国社会经济、公路运输的高速发展，以及汽车保有量的急剧增加，车辆监控和管理自动化、智能化在交通系统中具有十分重要的意义。

警用机器人可在公路检查站、重点区域出入口等处实时采集过往车辆的牌照图像，采用图像处理、模式识别和人工智能技术，对采集到的图像进行处理，实时准确地自动识别出车牌的数字、字母及汉字字符，识别结果并上传至警用机器人指挥控制平台与车辆信息库进行比对，若匹配则触发报警机制，提高车辆监控和管理的自动化程度。

6.1.4.7　疫情防控功能

在疫情防控中，公安民警与医护人员一样，也是捍卫人民群众安全健康的重要力量。除了保证医院和隔离点的医疗秩序、隔离秩序之外，公安民警在重点区域、城市社区、机场车站、道路沿线、网上网下等多种场合也承担着繁重的警务工作，时刻维护社会大局稳定、确保人民生活有序。警用机器人作为“不怕感染的特殊人”，既可不饮不食不休息，又能协助公安民警执行特定任务，在疫情防控一线冲锋陷阵具有独特优势。警用机器人可在公共场所出入口等处对来往人员进行快速准确的体温筛查、身份识别与语音提示播报，协助一线工作人员在危险、高强度的工作环境中完成疫情排查、防控任务，代替工作人员进行区域消毒作业，降低工作人员劳动强度与感染风险。

（1）核验测温

警用机器人可在公路检查站、进城检查点、机场车站等区域协助开展工作，搭载红外测温和便携式黑体模块，由智能体温预警平台配合完成人体体温快速检测、发热报警和记录分析，实现实时体温数据传输和监控，有效预检筛查病毒感染的疑似病例。同时，测温模块与人脸识别模块、信息采集模块、语音播报模块、显示报警模块等配合联动，形成“温度检测 + 异常提醒 + 后台管控”和“温度检测 + 正常登记 + 区域准入”两种常态化的应用模式。在测温过程中，警用测温机器人可提供“访客体温正常”或“访客体温异常”等语音提示和灯光闪烁警示，并将测量结果同步推送至智能终端或平台，提示工作人员采取必要措施，如图 6-13 所示。

（2）杀菌消毒

警用机器人可搭载防疫消毒模块，对消毒区域进行全自动消毒作业，有效杀灭致病微生

图6-13　人体核验测温示意图

物。在消毒过程中，警用消杀机器人可提供“正在消毒，请绕行”等语音提示和灯光闪烁警示，避免人员靠近，造成伤害。消毒任务完成后，警用消杀机器人可将消毒时间、地点等关键信息上传至控制中心做记录和分析，同时自动回到充电点位补充电量。

6.1.4.8　示警功能

当警用机器人指挥控制平台端操作人员通过视频或者其他方式发现警用机器人现场发生异常情况时，可远程控制机器人开启蜂鸣器、示廓灯、爆闪灯、远光灯等声光设备来进行示警。其中，示廓灯用于交通提示，蜂鸣器和爆闪灯用于日夜间警示，远光灯用于夜间照明。

6.1.4.9　处置功能

（1）排爆取证

警用处置机器人能够快速有效地在高污染、生化、高爆的未知复杂环境中完成无人作业，可以代替排爆人员搬运、转移爆炸可疑物品及其他有害危险品；代替排爆人员使用爆炸物销毁器销毁炸弹；代替现场安检人员实地勘察取证，实时传输现场图像；可配备探测器检查危险场所及危险物品，有效保障出勤警员和现场群众的生命安全。

（2）强声驱散

强声驱散装备作为一种典型的非致命性武器，广泛应用于反恐维稳、区域警戒、边境防护等场景。警用机器人搭载强声驱散装备可达到拒止驱散人群同时不产生永久伤害的目的，对人群进行远距离广播、宣传、示警。可处置非法集会、骚乱、暴乱等群体性事件，对使馆、哨所、监狱等重要场所进行安全防护，协助一线警员开展反偷渡、缉毒、缉私等工作，对维护国家安全、保护人民群众生命财产安全具有重要意义。

（3）催泪喷射

警用催泪喷射器是必配类型的公安单警装备，是警察处置案件和保护自身的重要工具。在警务活动中，警用机器人可搭载催泪喷射器对抗犯罪分子或嫌疑人的拘捕反抗或突然袭击，不会对被使用对象造成致命性伤害，但可以在几秒钟内使其丧失反抗能力，有效制止被使用对象的违法活动，充分发挥迅速控制局面、确保执法安全的作用。

（4）捕捉网发射

捕捉网是一种通过撒网方式捕获目标的非致命武器。警用机器人可搭载捕捉网发射器追捕逃犯，也可在伏击凶手时捕获罪犯，同时又可避免近距离接触，减少执法人员的伤亡。

6.2 警用机器人通信安全技术

警用机器人系统中，通信以及安全是非常重要的因素，警用机器人本体要和管控与应用平台以及公安信息系统联通，需要安全可靠的保障。本节内容主要涉及以下几个方面：机器人系统中各种通信链路采用的通信方式、通信安全保障、机器人本体到机器人管控与应用平台以及到公安业务系统的安全接入。

6.2.1 警用机器人系统基本架构

警用机器人系统包括机器人本体、机器人操控终端、通信链路、机器人管控与应用平台、机器人集中管控与信息服务平台等组成部分，如图 6-14 所示。

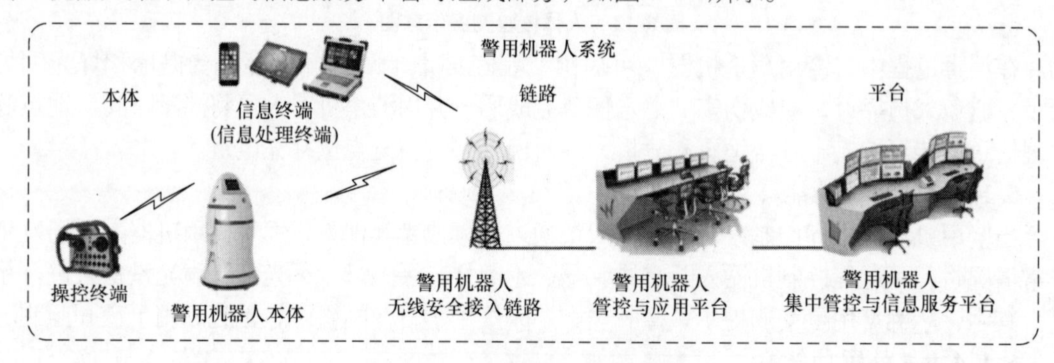

图 6-14　警用机器人系统组成

1）机器人本体：完成不同类型任务的警用机器人，常见的有巡逻机器人、安保机器人、处置机器人、服务机器人等。

2）操控终端：通过无线或有线方式与警用机器人连接，实现信息交互，操控警用机器人的终端设备。

3）信息终端：与机器人功能和任务相关的信息处理设备，可以对机器人采集信息进行简单处理、分析，接收机器人平台返回的相关警情处置任务。信息终端可以是定制设备，也可以是警务手机、警务平板计算机、便携式计算机等。

4）机器人管控与应用平台：对警用机器人实施管理控制，对采集信息数据进行汇聚，结合公安大数据资源进行智能处理分析、提供警务应用的平台，包括可以在任务现场移动部署的小型控制处置平台以及在指挥中心固定部署的管控与应用平台。

5）警用机器人集中管控与信息服务平台：对机器人进行集中管理、控制，并为机器人提供数据资源、算法资源、警务信息服务的系统。

6）通信链路：在机器人本体、操控终端、信息终端、管控与应用平台、集中管控与信息服务平台间的各种有线和无线的通信方式。

警用机器人本体包括运动机构、上装功能模块、控制处理器等，一般有自主运动的能力，以及用于人员对机器人进行运动和功能控制的操控终端。在一些机器人执行任务的现场或一定范围内会部署可移动的管控与应用平台设备，它们与机器人间多以无线方式进行通信。一些特殊用途的机器人，如排爆机器人，假如任务现场基础通信设施被损毁，或因为安

全原因对无线电信号进行了封控，那么就需要采用有线方式连接操控终端和机器人本体，通常使用光纤电缆和被复线等。

可移动型机器人本体和管控与应用平台间采用无线通信方式连接，固定部署的多级机器人管控与应用平台之间、管控与应用平台到集中管控与信息服务平台之间采用有线链路通信。

6.2.2　警用机器人通信方式

6.2.2.1　传输信息类型

在机器人应用系统各种设备间需要传输的数据可分为管控类和信息类。管控类数据如机器人操控终端、机器人管控与应用平台和机器人本体间的指控指令，机器人开关机、移动行走、云台控制、启动机器人上安装的各种任务载荷、巡逻任务管理，从机器人本体反馈机器人本体相关的基本状态信息，如位置、姿态、移动速度、电池电量等。管控数据一般传输数据量较小。信息类数据如机器人本体传感设备和各种上装设备采集的传感数据、音频、图片、视频等。控制台根据应用需要也会将一些任务数据、音频、图片、视频类信息下发到机器人终端。压缩图片每张几十千字节到几兆字节。未压缩的语音数据一般 8 ~ 44Kbit/s。M.264 编码格式下一路 720P 视频需要的无线数据接入带宽可达 2Mbit/s、7.2Gbit/h；1080P 视频业务需要的数据接入带宽可达 4Mbit/s、14.4Gbit/h，数据传输量是非常大的。

6.2.2.2　机器人系统的通信方式

用于警用机器人系统通信的通信方式有有线通信和无线通信两种。

（1）有线通信

有线通信是指利用金属导线、光纤等有形媒质传送信息的接入方式。如利用同轴电缆、电话线、网线等作为传输媒质传送信息的线缆通信，利用光波作为载波，以光纤作为传输媒质传送信息的光纤通信等。

在特殊应用场合、特殊条件下执行任务的特种机器人，如排爆机器人，在不适合采用无线通信时应使用有线通信方式。

（2）无线通信

无线通信是指利用电磁波信号或光波信号可以在自由空间中传播的特性进行信息交换的接入方式。

1）公众移动通信网。公网通信通常是面向公众提供基本电信服务，具有基础设施的通信网络，由运营商提供公众移动通信业务服务，具有覆盖面积广、服务用户多等特点。随着公众移动通信技术的发展，从 2G、3G、4G，发展到现在的 5G，为用户提供的数据通信能力也日益提高，移动终端的数据通信带宽不断增大、通信延迟越来越小。

在警用机器人业务应用中，可以把公众移动通信网作为平时日常业务的基本通信手段。公众移动通信用于警用机器人通信也存在一些问题：

① 容易产生网络拥塞。在城市人群密集区域，特别是在节假日或重大活动场合下，很容易发生网络资源被大量用户占满、通信不畅的问题。

② 通信网络的生存性和抗毁能力不强。一旦遇到自然灾害、意外事故等情况，基础设施被损毁，就会致使通信中断。

③ 对关键通信业务的通信质量保障不强。公众移动通信网是为大量公众用户提供服务

的，受资源限制及业务性质的限制，很难对应急通信、特别是大数量传输业务提供优先保障。

2）无线政务专网。无线政务专网目前主要是国家规划用于政务以及应急应用的基于1.4G（1447～1467MHz）频段的宽带移动通信专网，能满足日常以及应急状态下大量数据、高宽带视频传输和无线应急通信等业务需要。警用机器人通信业务可以在有条件的地区使用无线政务专网的资源。无线政务专网是基于LTE技术，可支持宽带集群通信（B－TrunC）技术体制。

宽带集群通信（Broadband Trunking Communication，B－TrunC）是由宽带集群产业联盟组织制定的基于TD－LTE的“LTE数字传输＋集群语音通信”专网宽带集群系统标准。2012年11月在中国通信标准化协会（China Communication Standards Association，CCSA）上正式立项并启动，并于2014年11月成为国际电信联盟无线局（ITU－R）推荐的公共保护与救灾（PPDR）宽带集群空中接口标准。B－TrunC在保证兼容LTE数据业务的基础上，增强了语音集群基本业务和补充业务，以及多媒体集群调度等宽带集群业务功能，具有灵活带宽、高频谱效率、低时延、高可靠性的特征。2016年，联盟正式组织起草Release2标准，主要面向大规模组网漫游等应用场景和技术需求。

无线政务专网一般由政府相关部门主导规划，专业单位建设运营，为政务相关业务提供服务。目前，国内已有几十个大中城市建有1.4G无线政务专网。如北京、天津、上海、广州、武汉、西安、长沙、厦门等城市都已建成无线政务专网。

无线政务专网基本性能与公众移动通信网4G LTE技术体制相同，因专网业务更多的是数据上传需求，与公网相比，其上行数据带宽对下行数据带宽的占比更大。目前很多大中城市已建设了1.4G政务网，在已建网城市内的网络覆盖率与公网相比还有不足。在相关管理运营部门的统筹管理下，专网一般能够给用户提供相对稳定的数据传输带宽。为了对专网用户更好地提供服务，一般对业务用途有一定要求，如针对不同业务类型的账号分类管理，分配不同的数据上行传输带宽。如一般数据传输应用上行带宽限制在2Mbit/s，少量用户4Mbit/s；一般不允许长时间占用资源上传数据。典型业务应用有：无线政务、城市物联网、城市管理、公交管理、公共安全应用等。

3）无线局域网。无线局域网（Wireless Local Area Network，WLAN）是利用高频无线电波实现无线连接的局域网络，构成可以互相通信和实现资源共享的网络体系。无线局域网允许用户在覆盖区域中移动，同时保持网络连接。无线局域网一般部署在公共频段上，通常是在2.4 GHz频段和5.8GHz频段。受制于法规发射功率受到限制，单接入点覆盖距离较短。通过使用定向天线，室外覆盖范围可提高到数千米。

① 无线热点或无线网络（WiFi），是基于IEEE 802.11系列标准的无线局域网技术。目前使用最多的是802.11n（第四代）和802.11ac（第五代），最新的标准是802.11ax（第六代）。

② 无线局域网鉴别与保密基础结构（WAPI）用于提供无线局域网中的身份鉴别和数据机密性的安全方案，由无线局域网鉴别基础结构（WAI）和无线局域网保密基础结构（WPI）组成。WAPI的架构特点是：基于“三元对等鉴别”的访问控制方法，能有效解决WLAN网络中各网元的身份鉴别、访问控制和数据保密等问题。WAPI是我国首个在计算机宽带无线网络通信领域拥有自主创新知识产权的安全接入技术标准，是GB 15629.11—2003

《信息技术　系统间远程通信和信息交换局域网和城域网　特定要求　第11部分：无线局域网媒体访问控制和物理层规范》系列国家标准规范的无线局域网安全协议。

在传统WLAN“网络设备－无线终端”二元架构的基础上，WAPI引入鉴别服务器（AS）实体，使之成为“鉴别服务器－网络设备－无线终端”的三元结构，如图6-15所示。同时，在鉴别服务器（AS）引入后，网络设备与终端之间可以开展完全意义上的双向对等鉴别，从而保障“合法的设备接入合法的网络”。

鉴别服务器（AS）负责对网络设备、终端的身份进行鉴别、标识与管理。这是通过鉴别服务器（AS）向设备与终端颁发、验证与吊销WAPI证书来实现的。

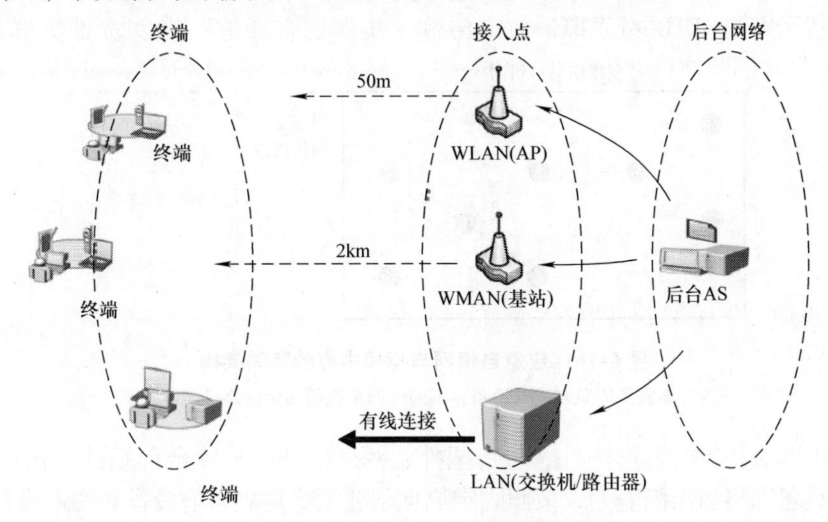

图6-15　WAPI网络架构

同时，WAPI采用国家密码管理局批准的公开密钥体制的椭圆曲线密码算法和秘密密钥体制的分组密码算法，分别用于WAPI设备的数字证书、密钥协商和传输数据的加解密，从而实现设备的身份鉴别、链路验证、访问控制和用户信息在无线传输状态下的加密保护。

WAPI安全系统采用公钥密码技术，鉴别服务器（AS）负责证书的颁发、验证与吊销等，无线客户端即移动终端与无线接入点（AP）上都安装有鉴别服务器（AS）颁发的公钥证书，以此作为自己的数字身份凭证。当移动终端登录至无线接入点（AP）时，在使用或访问网络之前必须通过鉴别服务器（AS）对双方进行身份验证。根据验证的结果，持有合法证书的移动终端才能接入持有合法证书的AP，也就是说才能通过AP访问网络。这样不仅可以防止非法移动终端接入AP而访问网络并占用网络资源，而且还可以防止移动终端登录至非法AP而造成信息泄露。

无线局域网设备一般工作在无线电管理部门分配的公用频段内，对无线接入点以及终端内射频模块的功率有限制，在室外和公共场合架设无线接入点设备应遵守相关管理规定。

4）应急通信网。应急通信是为保障人们应对突发事件而提供的一种暂时、快速响应的特殊通信机制。

① LTE移动通信基站。用于应急通信场合的车载、背负式LTE宽带通信基站，可在应急任务现场快速架设，提供宽带数据接入以及专业集群通信能力。移动LTE基站再通过卫星通信、宽带自组网通信机等其他通信链路与指挥中心联网。在任务现场的机器人和控制终

端、现场指控平台等可通过LTE终端入网移动基站，实现对机器人本体的指控、本体视频实时回传、本体采集数据实时回传等业务。

② 卫星通信。利用人造地球卫星作为中继站来转发无线电波，从而实现两个或多个地球站之间的通信。卫星通信不受地域限制，但需要使用卫星站资源，通信资费高，一般需要申请租用线路，手续较复杂。卫星通信多用于应急场景下的通信链路。

③ 应急自组网通信。应用于公安业务，可不依赖于已有的基础设施，通过无线互联构成对等的、无中心的、双向多跳自组织网络的设备，每个设备既是用户接入节点，也是路由选择节点。应急自组网与指挥中心的互联架构如图6-16所示。设备自组互联形成应急自组网，再经回传链路与外部系统互联。

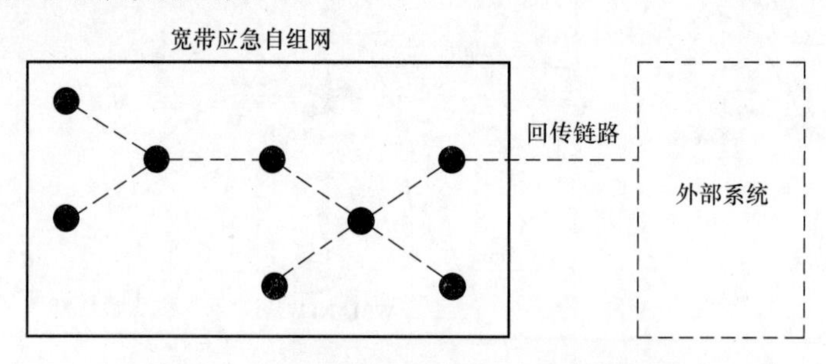

图6-16　应急自组网与指挥中心的互联架构

注：●表示应急自组网设备；不同外部系统的回传链路可能不同。

应急自组网设备支持链形拓扑、星形拓扑、网形拓扑以及混合形拓扑结构，如图6-17所示。设备具备网络自组织能力，按照固定周期跟随策略建立当前设备和临近设备的无线续接，最后完成整个无线链路系统的信息传输。

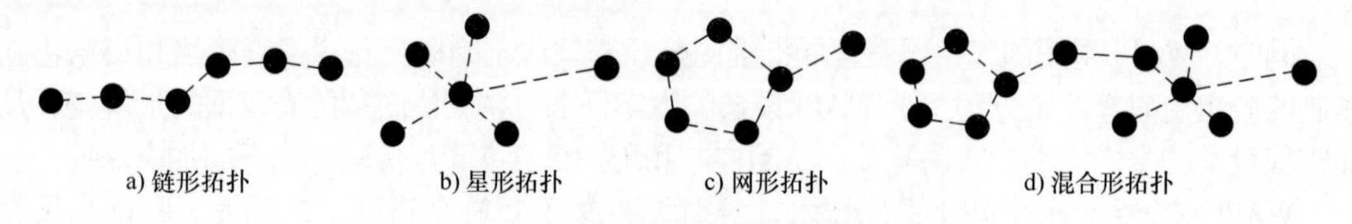

图6-17　应急自组网网络拓扑结构

④ 多链路聚合通信。多链路带宽聚合通信，是应对复杂无线网络环境的网络通信技术。通过对多个无线通信链路的聚合与优化判选达到扩展通信带宽、增加通信传输可靠性的目的。多链路聚合可以是对公众移动通信网一个运营商多个终端，或不同运营商多个终端模块的带宽聚合；也可以是对多个不同模式通信方式的聚合，如将公共移动通信网、无线政务专网、卫星链路、有线网络进行多路聚合。它支持公众移动通信网或无线政务专网的APN专线拨号，并且支持建立VPN安全隧道及数据加密功能。

6.2.2.3　不同应用场景下的机器人通信

在警用机器人应用中，机器人本体到管控与应用平台间传输的信息包括平台传输到机器人的控制指令、数据，机器人传输到平台的传感信息、数据采集信息，声音、图片、视频等媒体信息等，而数据流量主要为机器人传送到平台的上行方向。这些信息特别是媒体类数据实时传送所产生的数据量很大，而无线通信链路所能提供的数据传输带宽有限。特别是无线传输方式，由于无线频率资源非常有限，大量的数据传输会对频率资源造成过多占用，而可

供机器人业务合规使用的通信方式以公用通信方式为主，因此在保证基本业务正常的基础上，应尽可能减少无线传输的数据量。如在信息采集设备端，特别是产生数据量大的机器人上安装的视频摄像机，应将视频信息在机器人本地存储，后台按需要点播启动无线传送。采集信息的处理也应向前端转移，只将处理后少量的结果数据通过通信链路回传，这样能大大减少在通信链路特别是无线通信链路上的数据传输量。

警用机器人应用可分为日常业务应用以及应急事件处置场景。在这两种场景下，警用机器人系统采用的无线通信方式也有所不同。

在日常业务应用场景下，警用机器人通信系统应使用合规建设运营的通信资源，如公共移动通信网资源、宽带通信专网、公用频段的无线局域网等。在使用分配给行业应用的专用频段时，应符合工信部无线电管理部门以及公安部业务部门对于上述频段的使用要求。应用于警用机器人通信的无线通信设备应使用取得工信部入网检测认证的合规通信设备进行搭建，其中使用警用无线通信设备还需要遵守相关公共安全行业规范的要求。

应急处置包括重大活动、灾害救援、复杂地形应急事件等，这些场合会遇到如公众通信系统带宽阻塞、通信基础设施损毁、现场常规通信系统无覆盖等情况，这时可采用应急无线通信方式保障通信链路畅通。在应急事件任务中可采用专网或应急通信方式，如宽带无线政务网、应急宽带基站、自组网通信设备、无线图传设备、卫星通信等。

在应用中，前端的机器人或无人装备由于要装载多种传感与信息采集设备，可能装有多个高清摄像头。机器人采集到的信息应在机器人端进行存储，如将视频信息存储在视频录像机。为尽可能减少无线传输通信流量，尽可能在前端进行信息提取，一般只将提取的图片或特征值信息实时回传到平台，按需要控制高清视频的无线回传。

在一些城市的任务区域具备宽带专网覆盖条件，如1.4G宽带政务网或B－TrunC宽带集群系统，具备可调配的带宽保障及安全性保障，更适用于机器人系统的无线通信方式。

在特定区域内可架设无线局域网接入点用于无人设备的无线通信方式，如企业园区、工厂厂区、居民社区、室内区域等，可根据不同的安全需求选择WiFi无线局域网设备或基于WAPI安全架构的无线局域网设备。

因需要进行大流量的媒体数据传输，可采用支持多卡数据聚合技术的通信设备实现稳定可靠的大流量信息回传。

在一些场景下，无人设备的任务区域可能存在多种无线网络，而各种网络都有各自的优点和问题。如公网覆盖区域广，但有信号强弱不同、重大活动场景下用户数量急剧增加造成服务拥塞问题等；而宽带专网的覆盖区域有限，无线局域网每个接入点覆盖范围小，很多场合接入点架设受限。在实际应用中可采用支持公网、专网、应急等多种通信方式、能够按设定的策略选择网络、具备多链路聚合功能的通信设备，根据任务场景和通信设施条件选择通信网络，使得机器人与系统平台之间动态选择最优的无线传输方式进行控制和信息数据的通信。

如在室内及园区内优选使用无线局域网，在无线局域网覆盖区域外切换到政务专网，在政务专网没有覆盖的地区使用公众移动通信网，在公网无覆盖区域或应急场景下使用外部扩展的专网通信设备。在通信过程中可自动判断各个网络的信号和带宽，根据指令或预案动态优化调整通信方式。

6.2.3 警用机器人通信安全

警用机器人系统的通信安全涉及范围包括机器人本体、通信链路、机器人管控与应用平台、集中管控与信息服务平台之间的所有通信环节，以及各级平台到公安业务系统的安全接入等。只有在每个部分都采取了有效安全的保护措施，才能保证机器人系统的整体安全。

6.2.3.1 机器人本体的安全

机器人本体要有唯一确定的身份信息，机器人本体和管控与应用平台要做双向身份认证。机器人本体的身份信息应由集中指控平台统一登记下发，采用安全加密技术保护并安全存储在机器人本体内的安全控制部件中。可以根据设备的具体情况和安全要求分级管理，采用软证书、硬件实体证书等方式存放在中心控制器或应靠近通信装置的安全路由设备中。

通常，机器人本体自身构成一个网络系统，这使得安全管控变得复杂和难以管控。机器人本体中获得管控平台下发的身份证书，经过与平台间双向安全认证的通信安全路由设备或中心控制可代表机器人合法身份。经认证的通信安全路由设备或中心控制器应可以对机器人本体网络中的关键网络设备和数据处理部件进行身份认证。具体方法可由中心控制设备颁发下一级身份证书给周边设备，对周边设备进行认证。对处理能力有限的数据设备可采用对设备的唯一识别码、提取传输数据特征以及通信协议特征值通过特定算法实现设备间身份认证的方法。具体实施中对各自具备安全管理体系的设备可进行设备间的安全管理接口对接。

机器人操控终端到机器人本体、机器人本体到管控与应用平台间传送的信息要使用安全加密技术保证通信过程中数据信息的完整性、保密性。

应采用安全加密技术对重要通信过程进行密码运算和密钥管理。

应采用安全加密技术对机器人本体中的重要信息进行安全加密存储。

6.2.3.2 无线通信链路的安全

警用机器人系统通信安全如图 6-18 所示。在机器人系统中，应用的无线通信链路形式有低安全性网络和安全性较高的网络。其中，低安全性网络包括公众移动通信网互联网域和无线局域网 Wi - Fi 设备；安全性较高的网络包括公众移动通信网 APN/VPDN 虚拟专网、宽

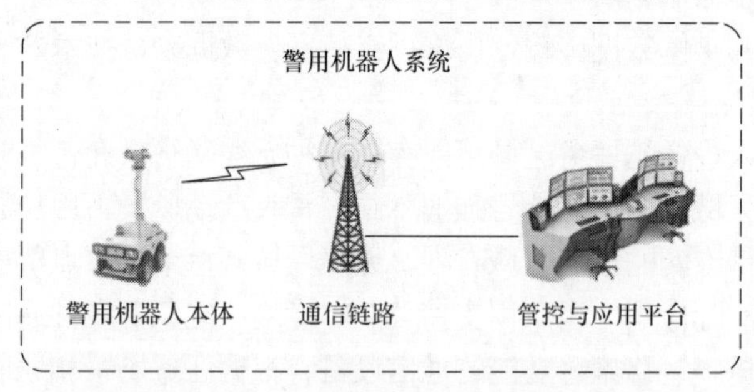

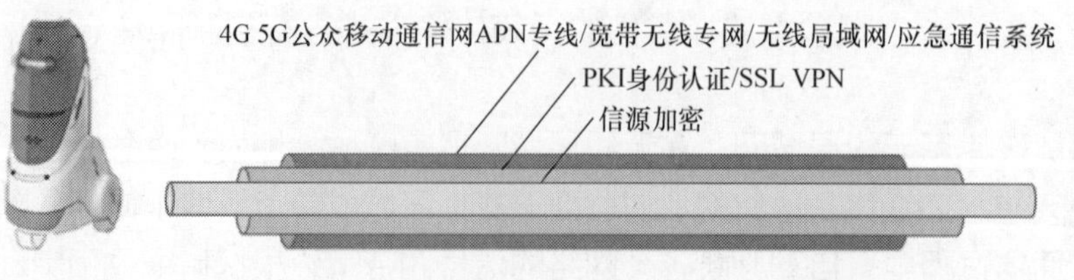

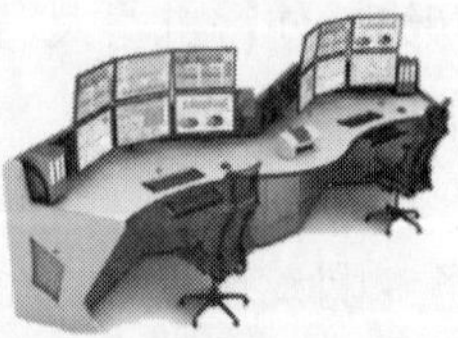

图 6-18 警用机器人系统通信安全

带无线专网、采用 WAPI 安全协议的 WLAN 无线局域网以及应急通信系统（应急无线通信基站、应急图传系统、自组网通信系统等）。

为保障通信链路的安全，可采用以下几种方法：

1）选择安全性高的无线通信链路，如公共无线网络运营商提供的 APN/VPDN 虚拟专网或无线专网。

2）采用端到端的安全隧道技术。

3）对传输的数据信息进行数据源加密。

警用机器人系统安全设备如图 6-19 所示。

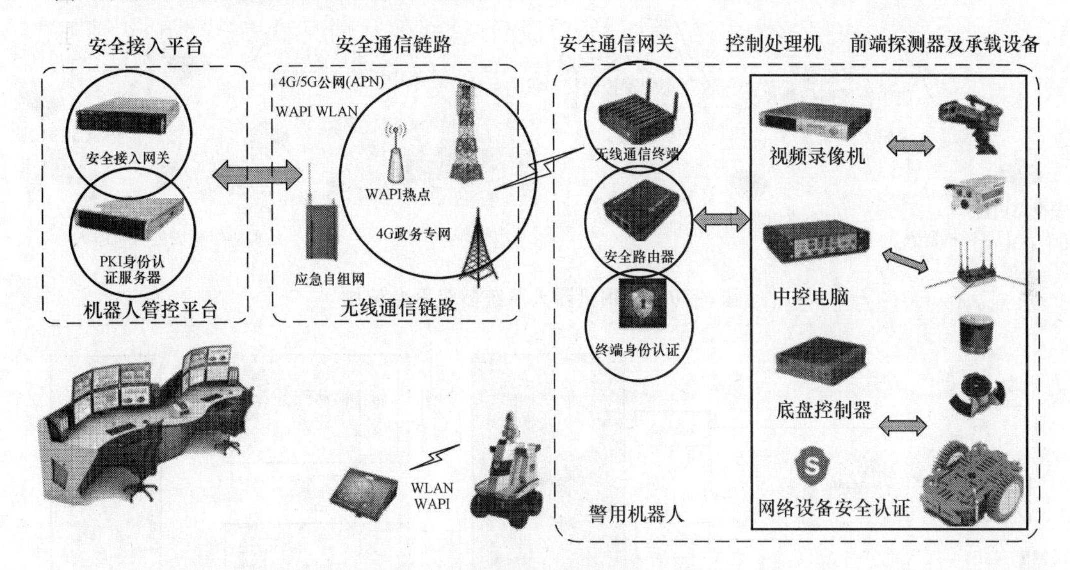

图 6-19　警用机器人系统安全设备

6.2.3.3　机器人系统到公安信息系统的安全接入

在警用机器人系统的实际应用部署中，多种类的警用机器人本体与各自的机器人管控与应用平台连接，各机器人系统的管控与应用平台按照统一的协议与机器人集中管控与信息服务平台对接。

在集中管控与信息服务平台完成对多种类机器人的上线注册、采集信息上传、基本动作指控。机器人前端采集信息汇聚到平台，对接公安信息数据服务，通过对比研判将结果以适当方式返回机器人本体、机器人应用平台及相关警务人员。警用机器人系统多级平台架构如图 6-20 所示。

警用机器人管控与应用平台和公安业务系统对接应遵守公共安全各类业务网络的安全接入规范，符合相应的信息安全等级保护要求，保证信息数据、业务流程以及接入信息网络的合规性与安全性。警用机器人系统安全通信架构如图 6-21 所示。

6.2.4　机器人平台的安全架构

本节以警用机器人集中管控与信息服务平台为例介绍平台的安全架构。

警用机器人系统的集中管控与信息服务平台按照“双网、双域、分布式”的架构特点

图 6-20　警用机器人系统多级平台架构

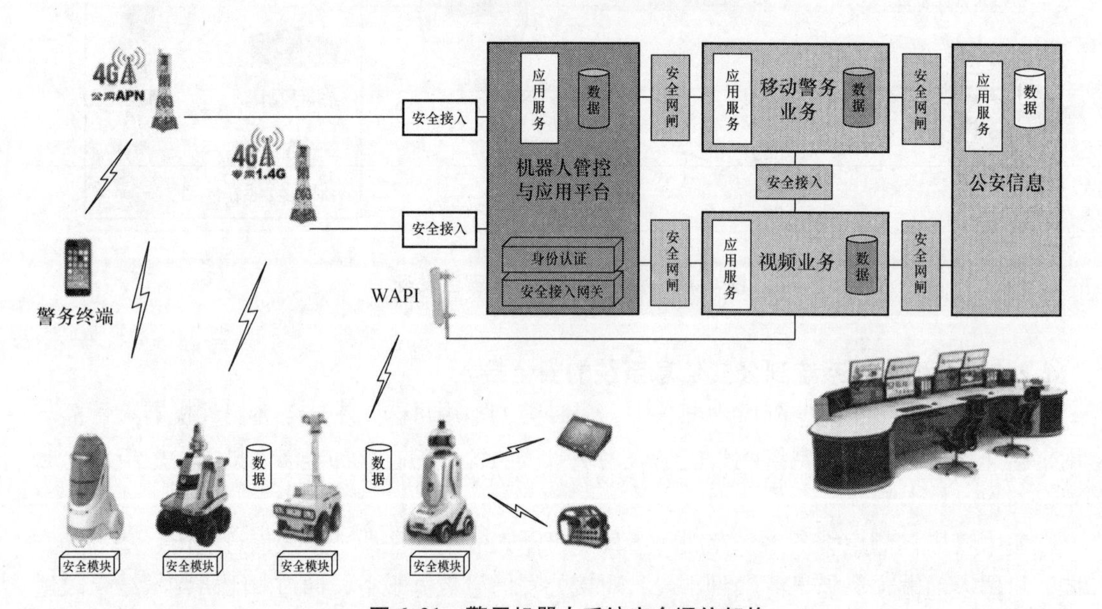

图 6-21　警用机器人系统安全通信架构

进行设计，如图 6-22 所示。双网指警用机器人可以根据业务类型选择互联网或专网中的一种有线或无线的安全接入方式接入到警用机器人集中管控与信息服务平台；双域指警用机器人系统由互联网域和专网域组成，并只能通过安全隔离设备在警用机器人集中管控与信息服务平台实现数据安全交互，如图 6-23 所示。

6.2.4.1　总体架构

机器人平台总体架构如图 6-24 所示，可分为以下三个部分。

1）机器人本体：为警用机器人系统采集数据，提供业务功能、接受安全管控的智能终端设备，可分为警用互联网机器人本体及警用专网机器人本体。

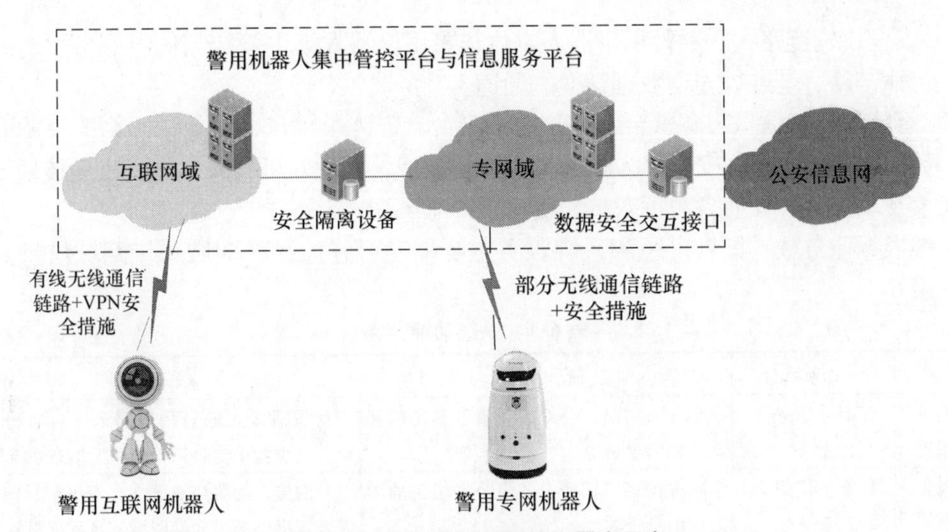

图6-22　双网双域部署的机器人平台

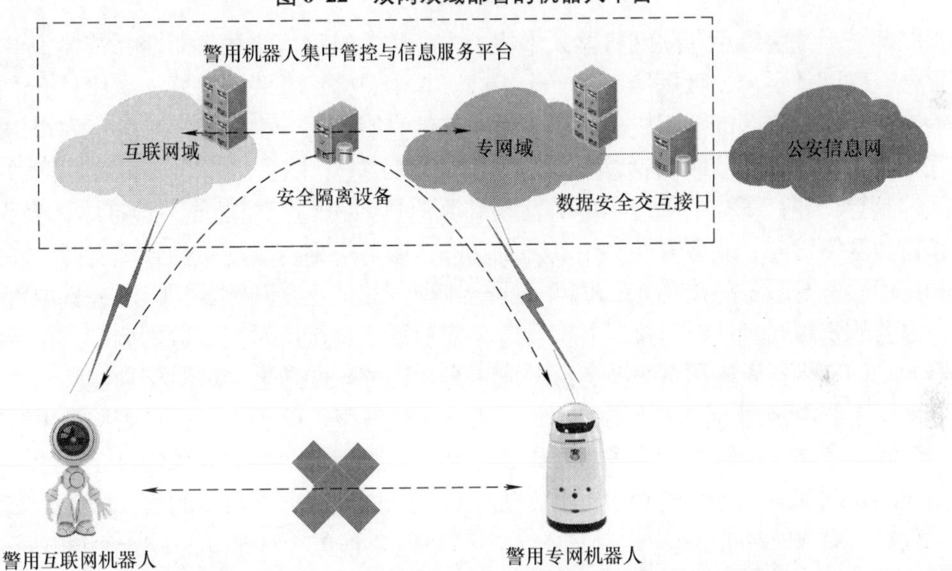

图6-23　双网双域机器人平台的安全隔离

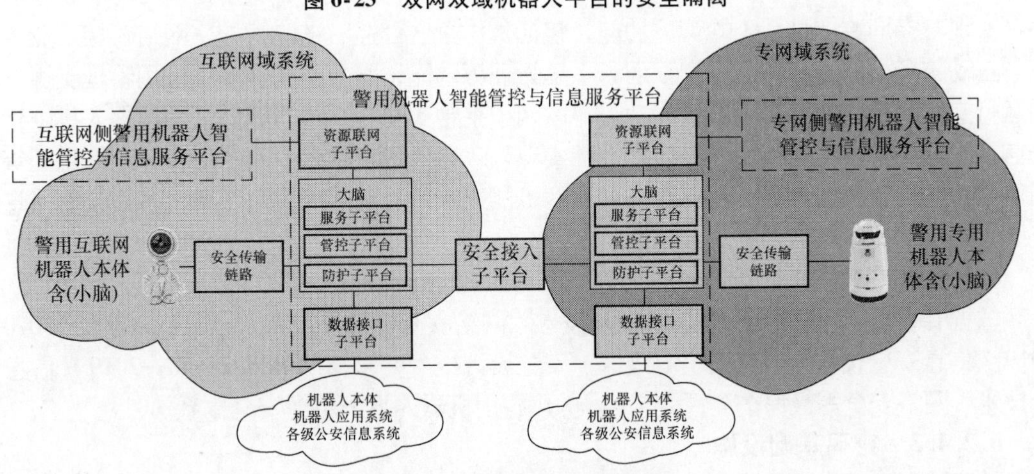

图6-24　机器人平台总体架构

2）安全传输链路：联通警用机器人本体与警用机器人集中管控与信息服务平台的有线及无线传输链路，是进行安全数据交换的通道。

3）智能管控与信息服务平台：由防护子平台、管控子平台、服务子平台、资源联网子平台、数据接口子平台、安全接入子平台等部分构成，实现对机器人本体、安全传输链路的智能管控及与其他公安业务数据对接，提供资源服务。

系统根据业务域、信息资源和系统服务重要程度可分为互联网域和专网域信息系统两类，见表6-1。

表6-1　系统功能分类

系统分类	业务域	信息资源	系统服务
互联网域信息系统	社会服务业务	服务协防员、公众、企事业单位的互联网域信息资源	互联网接入的警用机器人，对协防员、公众、企事业单位提供的互联网信息系统服务
专网域信息系统	公安应用业务	服务民警、辅警、各级公安机关的专网域信息资源	专网接入的警用机器人，对民警、辅警、各级公安机关提供的专网域信息系统服务

互联网域系统由警用互联网机器人本体、安全传输链路、防护子平台、管控子平台、服务子平台、联网子平台、数据接口子平台组成。其中，警用互联网机器人本体只允许通过安全传输链路访问互联网侧警用机器人集中管控与信息服务平台中的信息服务；安全传输链路承载在带有VPN加密隧道的有线或无线的互联网链路上；防护子平台实现互联网边界防护和访问控制等功能；管控子平台实现对互联网域信息系统的管控功能，包括本体身份管控、链路管控、网络管控、业务管控和主动防御功能；服务子平台实现应用管理支撑、应用运行支撑和应用服务等服务总线功能；联网子平台实现与其他互联网侧警用机器人集中管控与信息服务平台的资源同步接口对接，并实现与公安信息系统接口对接；数据接口子平台实现与对机器人本体、机器人应用系统及各级公安信息系统统一的数据接口对接功能。

专网域系统由警用专网域机器人本体、安全传输链路、防护子平台、管控子平台、服务子平台、联网子平台、数据对接子平台组成。其中，警用专网机器人本体只允许通过安全传输链路访问互联网侧或专网侧警用机器人集中管控与信息服务平台中的信息服务；安全传输链路承载在带有VPN加密隧道的并具备APN/VPDN功能的无线通信链路上；防护子平台实现专网边界防护、与互联网安全隔离、数据安全交互和访问控制、集中管控等功能；管控子平台实现对专网域信息系统的管控功能，包括本体身份管控、链路管控、网络管控、业务管控、主动防御、监测审计、安全管理、系统管理等功能；服务子平台实现应用管理支撑、应用运行支撑和应用服务等服务总线功能；联网子平台实现与其他专网侧警用机器人集中管控与信息服务平台的资源同步接口功能，并实现与政务外网、视频专网、公安移动信息网等专网对接功能；数据接口子平台实现与对专网机器人本体、机器人应用系统及各级公安信息系统统一的数据接口对接功能。

6.2.4.2　安全体系

依据GB/T 22239—2019《信息安全技术　网络安全等级保护基本要求》、GB/T 25070—2019《信息安全技术　网络安全等级保护安全设计技术要求》、GB/T 28448—2019《信息安全技术　网络安全等级保护测评要求》，构建警用机器人系统平台安全体系。

6.2.4.3　密码基础设施

按照国家密码管理政策法规和标准规范要求，依照《公安机关信息化国产密码应用规

划（2016—2020年）》，统一采用国产商用密码算法及密码设备。

（1）密码算法

密码算法主要包括以下几种：

1）国产商用对称密码算法SM1、SM4：用于数据加密与解密运算。

2）国产商用非对称密码算法SM2：用于数字签名、验签、密钥交换和加解密。

3）国产商用摘要算法SM3：用于摘要值生成与完整性校验。

（2）密码设备

密码设备应从国家商用密码管理办公室发布的密码产品目录中选取，主要包括密码机/密码卡。其支持国产商用密码算法SM1、SM2、SM3及SM4，可用于信息安全（CA）系统、安全接入设备和应用服务器等实现密码运算和密钥保护。

终端密码模块支持国产商用密码算法SM1、SM2、SM3及SM4，用于实现密码运算和密钥保护，可以是USB密码卡、TF密码卡、密码芯片和可信密码模块等形式。

（3）公开密钥基础建设（PKI）体系

基于国产商用非对称密码算法（SM2）构建警用机器人系统PKI体系。警用机器人系统PKI体系与公安信息网PKI体系采用同一个根CA和统一格式的数字证书，并具备互认的能力。

CA系统应符合GM/T 0034—2014《基于SM2密码算法的证书认证系统密码及其相关安全技术规范》的要求。证书颁发采用双证书模式，为用户同时颁发签名证书和加密证书，分别用于身份认证和密钥协商。CA系统应支持密钥管理中心功能，实现对非对称密钥和对称密钥的管理。

各分中心的专网域系统中部署警用机器人系统二级CA，二级CA证书由公安信息网根CA签发。二级CA系统同时支持为互联网警用机器人和专网警用机器人签发设备证书，并进行严格管理和最小化授权。

（4）密码应用

互联网和专网域系统均需使用基于国产商用密码算法SM2的身份证书进行身份认证，使用SM3国产商用密码算法实现数据完整性校验和SM1/SM4国产商用密码算法实现数据加解密传输，并应根据需要使用国产商用密码算法实现加密存储。

（5）密钥管理

1）签名公私密钥对管理

① 密钥配置：管控设备、应用服务器、机器人本体等各有一对签名公私密钥对。

② 密钥生成：由密码机/密码卡/终端密码模块直接生成。

③ 密钥管理：签名私钥加密保存在密码机/密码卡/终端密码模块内，所有签名操作在密码机/密码卡/终端密码模块内完成，私钥永远不出密码机/密码卡/终端密码模块；公钥置于由CA系统签发的数字证书内，证书由目录服务器管理，供其他用户查询。

④ 密钥更新：密钥对失效后，需重新生成公私密钥对，并签发数字证书。

⑤ 密钥失效：数字证书介质丢失/被盗（未过有效期）或数字证书过期将导致数字签名公私密钥对失效；密钥失效的数字证书将列入目录服务器的证书撤销列表中，供安全接入设备和应用服务器等查询。

2）加密公私密钥对管理

① 密钥配置：管控设备、应用服务器、机器人本体等各有一对加密公私密钥对。

② 密钥生成：应由密钥管理中心生成，并导入密码机/密码卡/终端密码模块。

③ 密钥管理：加密私钥加密保存在密码机/密码卡/终端密码模块内，所有加解密操作在密码机/密码卡/终端密码模块内完成；公钥置于由 CA 系统签发的数字证书内，证书由目录服务器管理，供其他用户查询。

④ 密钥更新：在确认加密数据得到妥善处理后，可按需重新生成公私密钥对，并签发数字证书。

⑤ 密钥失效：数字证书介质丢失/被盗（未过有效期）或数字证书过期后，需要从密钥管理中心恢复此证书的公私密钥对，避免加密数据丢失。

3）数据传输加密密钥管理。参照 GM/T 0022—2014《IPSec VPN 技术规范》和 GM/T 0024—2014《SSL VPN 技术规范》要求进行管理。

4）数据存储加密密钥管理。按数据流通范围，数据存储加密密钥管理模式分为本地管理和全局管理。本地管理的数据加密密钥为随机生成，由用户或设备的加密证书进行加密存放。全局管理的数据加密密钥由密钥管理中心下发的主密钥和文件信息分散生成，确保一个文件一个密钥；主密钥和数据加密密钥由用户或设备的加密证书进行加密存放。

6.2.4.4 系统安全保护

（1）互联网域系统安全保护

互联网域系统参考 GB/T 25070—2019《信息安全技术　网络安全等级保护安全设计技术要求》第一级安全等级保护技术要求进行设计。

1）服务器主机计算环境安全

① 主机安全防护。应具备用户认证、访问控制、上装模块控制、网络控制和行为审计等安全功能；应优先选用国产化硬件、国产化操作系统及符合我国可信计算标准的主机设备。

② 应用安全防护。应具备实名认证、应用协议加密传输、应用协议分析防护、蜜罐诱导攻击、APT 攻击检测、应用关键业务保护以及应用行为监测等安全功能。

③ 数据安全防护。应具备数据权限控制、数据防泄露和数据操作全程审计等安全功能，避免处理敏感数据。

2）机器人本体计算环境安全

① 本体安全防护。应支持终端密码模块运行，支持管理者通过人脸、指纹、警员证书等方式管控机器人本体。

② 应用安全防护。应具备应用身份认证、应用行为监测、病毒查杀等安全功能。

③ 数据安全防护。应对机器人本体到管控与应用平台间的传输数据加密，或在本体到平台的通信链路两端建立基于 IPSec VPN、SSL VPN 等安全通信协议的安全传输通道。机器人本体内涉及的关键业务数据应加密存储。

3）区域边界安全。互联网域防护子平台的互联网接入点及与其他分中心资源共享网络通道边界应具备防分布式拒绝服务攻击（DDoS）、网络控制、入侵检测、网络防御等边界防护功能，如数字证书的接入认证、应用授权访问、网络隔离与数据安全交换。

4）网络通信安全。通过互联网进行通信时，应使用基于 IPSec、SSL 等安全通信协议建立的 VPN 安全传输通道技术，保证重要数据或业务操作的完整性和保密性。

5）安全管控。部署在管控子平台，具体功能如下：

① 监测审计。应通过应用监测组件、网络探针和数据探针，实现全业务流程和数据信息的监测审计。

② 安全管理。应实现安全策略的制定和下发。采用大数据分析技术对全业务流程日志进行分析，发现安全事件，同时接收来自集中管控中心的安全管控策略，并与网络设备、安全设备等联动实现主动防御。

③ 系统管理。应对机器人本体、用户身份、主机节点、区域边界、通信网络等进行集中管理和维护，实现用户身份管理、接入设备管理、参数配置、权限管理等功能。

（2）专网域系统安全保护

专网域系统参考 GB/T 25070—2019《信息安全技术　网络安全等级保护安全设计技术要求》第二级系统安全等级保护技术要求进行设计。

1）服务器主机计算环境安全

同互联网域服务器主机计算环境安全要求。

2）机器人本体计算环境安全

① 本体安全防护。应采用访问控制、网络控制、上装模块认证授权、应用控制、位置控制、可信安全保密等措施，实现数据防泄露、强制访问控制、安全漏洞远程修复、存储数据加密等安全功能，与安全相关的核心代码必须自主可控；应支持终端密码模块运行，支持管理者通过人脸、指纹、警员证书等方式操作机器人本体，实现对本体监测、控制和审计等安全功能及日志的查阅；支持本体外壳防拆卸，本体破损报警功能；应优先选用具备国产化核心部件、国产化操作系统、符合我国可信计算设计的机器人本体组件。

② 应用安全防护。应具备应用身份认证、应用行为监测、病毒查杀等安全功能。

③ 数据安全防护。应对机器人本体到管控与应用平台间的传输数据加密，或在本体到平台的通信链路两端建立基于 IPSec VPN、SSL VPN 等安全通信协议的安全传输通道。机器人本体内涉及的关键业务数据应加密存储。

3）区域边界安全。与安全传输链路、互联网侧集中管控与信息服务平台、政务外网、视频专网、公安移动信息网等的资源共享网络通道边界应具备网络控制、入侵检测、网络防御等边界防护功能。

4）网络通信安全。应用在专网进行通信时，应采用 APN/VPDN 及基于 IPSec、SSL 等安全通信协议建立的 VPN 安全传输通道，保证重要数据或业务操作的完整性和保密性。

5）安全管控。部署在管控子平台，具体功能如下：

① 监测审计。应通过终端安全监控组件、应用监测组件、网络探针和数据探针，实现全业务流程和数据信息的监测审计。

② 安全管理。应实现安全策略的制定和下发。接收来自集中管控中心的安全管控策略，与终端安全监控组件、网络设备、安全设备等联动实现主动防御。

③ 系统管理。应对用户信息、主机节点、区域边界、通信网络等进行集中管理和维护，实现用户身份管理、接入设备管理、参数配置、权限管理等功能。

④ 智能管控。应实时汇聚互联网域系统、专网域系统及系统间互联的监测审计、安全管理、系统管理等相关日志，形成警用机器人系统的实时安全风险评测及预判。

6.2.4.5 系统间互联安全保护

系统间互联主要包括互联网域系统与专网域系统、互联网域系统之间、专网域系统之间、互联网域系统与公安移动信息网、专网域系统与视频专网、专网域系统与公安信息网互联。

（1）互联网域系统与专网域系统间互联

通过在安全接入子平台内部署网络隔离、网络交换等设备，提供双单向网络隔离、双单向数据安全交换、互联网资源访问控制等功能，实现互联网域系统与专网域系统之间的安全互联。

（2）互联网域系统之间互联

通过在互联网域资源联网子平台之间部署路由控制、网络防御、VPN 网关等设备，提供路由转发、流量控制、互联边界防护、加密传输等功能，实现不同互联网域系统之间的安全互联。

（3）专网域系统之间互联

通过在专网域资源联网子平台之间部署路由控制、网络防御、VPN 网关等设备，提供路由转发、流量控制、互联边界防护、加密传输等功能，实现不同专网域系统之间的安全互联。

（4）互联网域系统与公安移动信息网之间互联

通过在互联网域资源联网子平台与公安移动信息网之间部署路由控制、网络防御、VPN 网关等设备，提供路由转发、流量控制、互联边界防护、加密传输等功能，实现互联网域系统与公安移动信息网之间的安全互联。

（5）专网域系统与视频专网互联

通过在联网服务子平台与视频专网之间部署网络隔离、网络交换等设备，提供网络隔离与数据安全交换、传输控制、应用访问控制等功能，实现专网域系统与视频专网之间的安全互联。

（6）专网域系统与公安信息网互联

通过在联网服务子平台与公安信息网之间部署安全接入、网络隔离、数据交换控制代理等设备，提供基于数字证书的设备接入认证、安全传输、数据安全交换、应用授权访问等功能，实现专网域系统和公安信息网之间的安全互联，禁止敏感标记数据从公安信息网交换到专网域系统，实现专网域系统与公安信息网之间的安全互联。

（7）安全管控

可分别与互联网域或专网域系统安全管控部署在同一位置，具体功能如下：

1）监测审计。应通过部署在系统间互联区域的网络探针和数据探针，实现对网络隔离、系统互联、数据安全交换等业务流程和数据信息的监测审计。

2）安全管理。应实现安全策略的制定和下发。接收来自集中管控中心的安全管控策略，与网络设备、安全设备等联动实现主动防御。

3）系统管理。应对身份信息、网络隔离、系统互联、数据安全交换等进行集中管理和维护，实现身份管理、参数配置、权限管理等功能。

6.2.4.6 集中管控

专网域集中管控设备统一管控警用机器人系统，集中管控设备部署在各分中心专网域的

管控子平台，具体功能如下：

1）监测审计。根据需要汇集其他分中心集中管控中心上报的监测数据，实现全国范围内的互联网域及专网域系统的综合监测审计和统计分析。

2）安全管理。通过与各分中心互联，实现全国范围内的管控策略制订与分发。围绕本体、网络、应用、数据监测产生的海量信息，依托大数据分析技术，识别安全风险，动态调整全国范围内的安全管控策略。

3）系统管理。收集各分中心集中管控设备上报的用户身份、接入设备、访问权限等管理数据，实行全国统一集中管理。

6.3 警用机器人平台技术

本节主要介绍警用机器人系统的集中管控与信息服务平台的设计与实现。

6.3.1 平台概述

警用机器人集中管控与信息服务平台重点解决警用机器人数据安全接入存储、数据处理、并行计算、分布存储、智能管控、态势感知和动态展示等技术。平台采用双网双平台网络架构，采用多级部署，丰富服务总线资源，保证系统安全，并依托云计算、大数据、人工智能技术，合理利用相关计算、数据、网络资源。平台将汇聚警用机器人本体等智能感知终端产生的数据，合理利用互联网社会大数据资源，依托机器学习、人工智能技术形成智慧能力。平台可对接、融入各地公安机关指挥调度系统，形成公安智能化指挥与控制体系。

6.3.2 设计原则

(1) 顶层规划，统一规范

警用机器人集中管控与信息服务平台制定统一的数据采集标准、系统接口规范。严格按照规范进行设计、研发，为警用机器人数据采集、大数据应用、智能应用开发、云管端协同提供保证。

(2) 解耦设计，平滑迭代

平台依托云计算、大数据技术，搭建高速、大容量、安全稳定运行的私有云环境，立足管控与业务应用充分解耦的设计理念，实现警用机器人集中管控与信息服务平台的可扩展、松耦合、高并发、高性能、易扩容、强稳定和高可用。

(3) 统一汇聚，强化安全

平台设计、研发、建设要将安全性放在重要位置，既要重视警用机器人本体数据的统一汇聚、处理与分析，更要重视警用机器人本体身份认证、安全传输、可信访问、严格控制，同时平台本身还要建立涵盖安全传输、智能化感知威胁、数据防泄密、安全审计的多维立体专用安全防护机制，保障系统安全高效运行。

(4) 开放性与标准化

采用业界主流的开源云平台框架 OpenStack，充分融入行业生态，最大限度地保证资源池建设投资，实现对 IT 资源需求、申请、部署、运维以及警用机器人管控的标准化和规范化。

6.3.3 平台架构

6.3.3.1 总体架构

在平台总体架构（图6-25）中，智能管控与资源服务平台、业务应用平台采用模块化设计，通过制订标准化数据接口、服务接口进行松耦合设计与建设，增强平台稳定性和迭代升级能力。

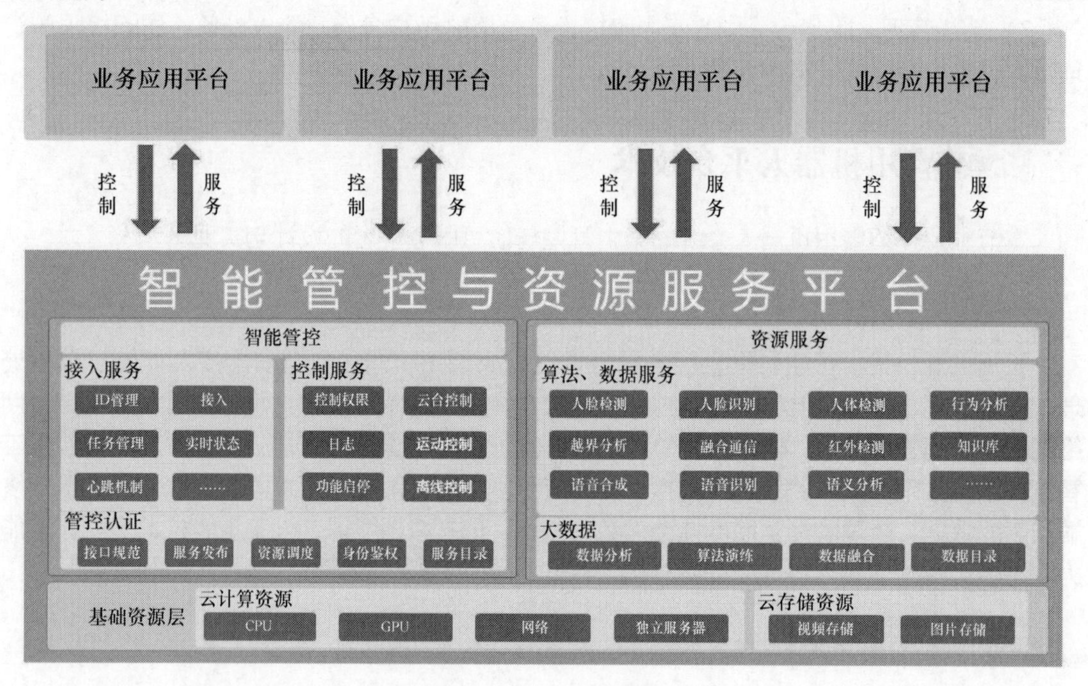

图6-25 平台总体架构

警用机器人集中管控与信息服务平台负责接入警用机器人本体，全量接入、汇聚警用机器人本体产生的数据，同时对警用机器人本体进行ID管理、身份认证、安全监测等管理与控制。平台资源服务模块向警用机器人本体提供算法模型、数据资源等的输入与更新服务。

6.3.3.2 网络架构

警用机器人集中管控与信息服务平台网络架构主要包括安全区、核心交换区、云计算平台区三个部分。图6-26所示为平台物理节点架构，其数据链路与安全接入管理设备都是双系统双链路热备。

安全区包括网络安全链路、接入区、安全资源池。网络安全链路采用双路冗余备份的方式交叉连接，由接入路由器、抗DDoS攻击设备、链路负载均衡、防火墙、入侵防御等系统设备串接而成；接入区实现外网远程访问服务器时安全链路管理的功能，主要由双链路的接入交换机、终端检测、响应（EDR）组成；安全资源池将各类安全资源池化管理，分别包括软件实现的防火墙（FW）、入侵防御系统（IPS）、入侵检测系统柜（IDS）、应用负载均衡（WAF）。

核心交换区由多组堆叠的万兆交换机组成。

云计算平台区包括数据库区、业务应用区、安全运维管理区。各个组成区东西向由防火

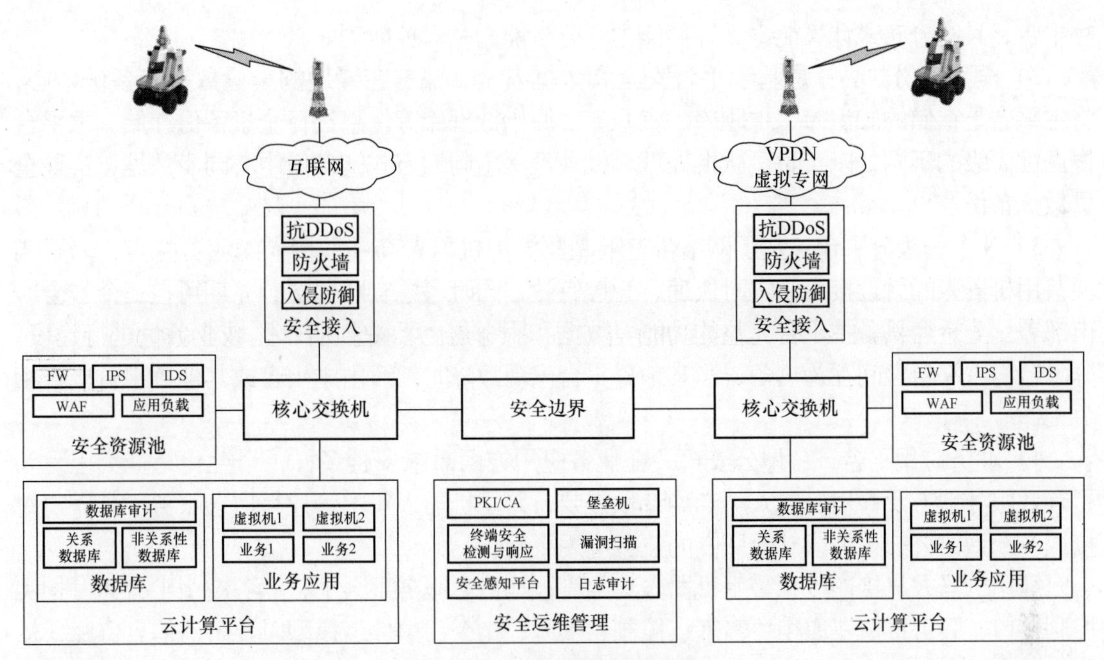

图6-26　平台物理节点架构

墙进行隔离。数据库区存储、管理所有业务应用数据；业务应用区部署平台各类业务应用系统；安全运维管理区负责管理整个云计算平台和警用机器人集中管控与信息服务平台。

6.3.3.3　部署架构

警用机器人集中管控与信息服务平台采用1+1+N部署方式，即1个一级主平台，1个全量备份中心，N个一级分平台，其架构如图6-27所示。

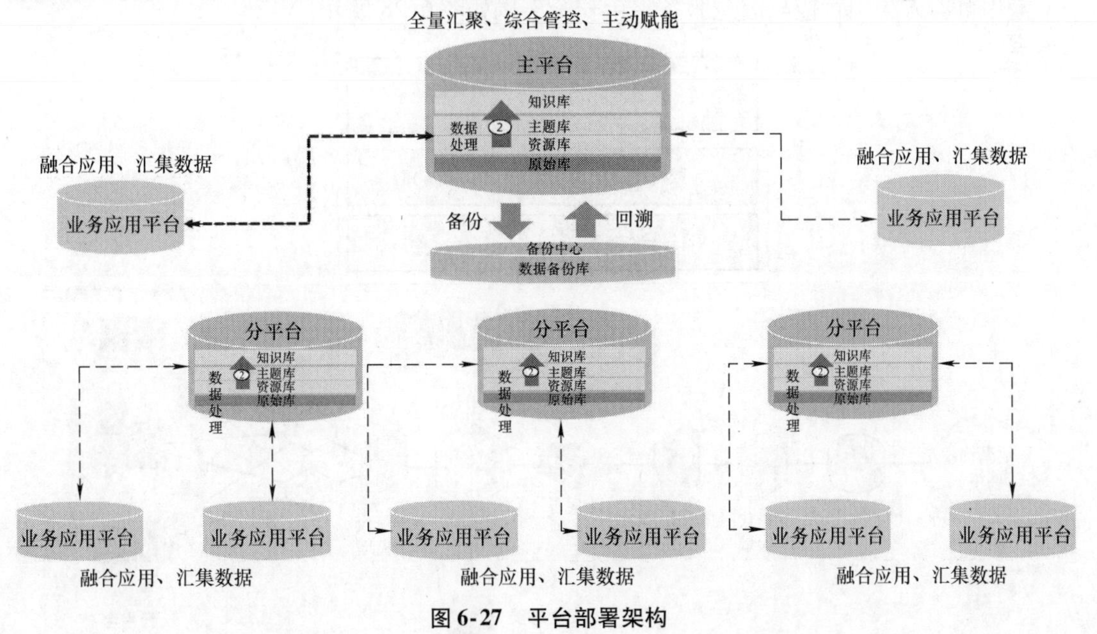

图6-27　平台部署架构

1）一级主平台：是唯一的具备全量数据汇聚、拥有最高权限的警用机器人智能综合管控平台，具有分布式计算能力、存储能力、分析能力及管控能力。

2）全量备份中心：是基于平台安全和数据安全，部署在异地的全量数据库备份中心，将主平台上存储的知识库、主题库、资源库、原始数据库等信息进行全量备份存储。主平台根据优先级的不同，以实时、微批处理和批处理等不同的方式向备份中心同步数据，实现全量数据备份。

3）N个一级分平台：基于网络带宽限制及警用机器人高并发接入的业务特点，为了实现警用机器人的就近接入、实时快速、管控有效，同时考虑实际情况，先期可在三个省会城市部署。分平台具备主平台完整的功能，数据和服务能力要依托所辖区域业务量进行建设。分平台与主平台之间互为热备，当某地分平台出现故障时，可由主平台或其他分平台接管相关工作。

4）业务应用平台：各地公安机关在业务应用方面需求多种多样，个性化特征突出。为了有效服务地方及警用机器人厂商的专项需要，警用机器人集中管控与信息服务平台需要对接很多个地方公安机关或其他厂商的业务应用平台。

警用机器人直接连接到警用机器人集中管控与信息服务平台上，业务应用平台通过相关控制接口、服务接口获取相关管理、控制、媒体、指令、事件、模型以及可信信息资源，从而实现自身个性化业务应用。业务应用平台根据各地业务需求进行定制化开发和建设，警用机器人集中管控与信息服务平台支持与地方业务应用平台进行数据交互和赋能服务。

地方公安业务应用平台可按需汇聚应用和计算数据给警用机器人集中管控与信息服务平台，平台构建相应的主题库、业务库、资源库，优化相应处理算法。地方公安业务应用平台可从警用机器人集中管控与信息服务平台订阅各类服务，如数据推送、智能计算等服务。

6.3.3.4 安全架构

警用机器人集中管控与信息服务平台安全架构如图6-28所示。

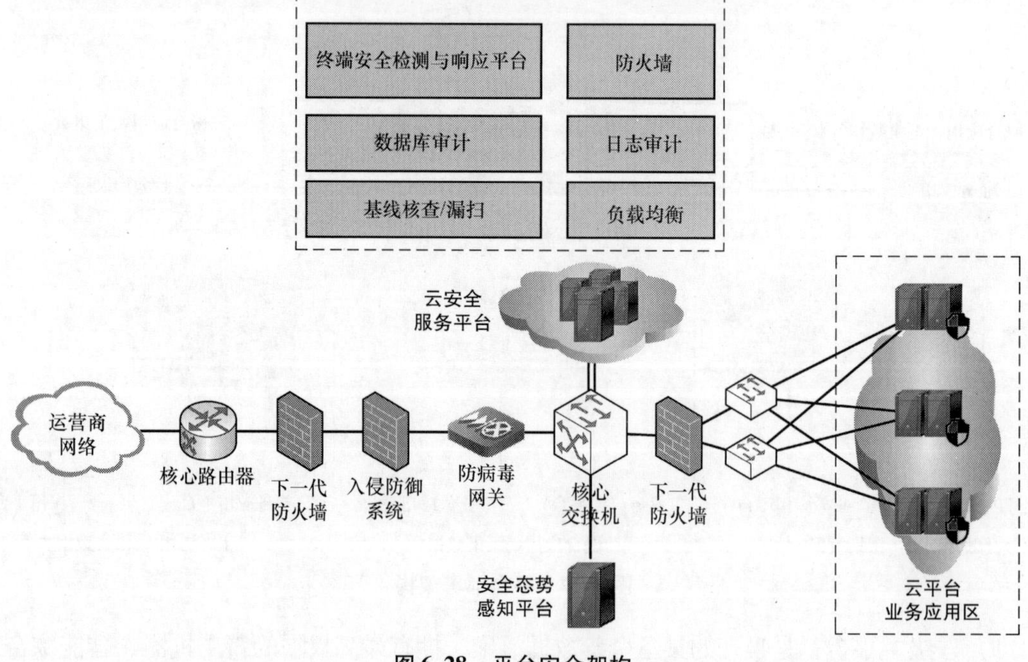

图6-28 平台安全架构

平台在入口处部署一套完整的安全防范系统，硬件由下一代防火墙、入侵防御系统、防病毒网关等设备组成，软件由云安全服务平台、安全态势感知平台组成。

在网络层面，运营商网络是云平台的物理出口，通过部署下一代防火墙、入侵防御、防病毒网关等安全设备构建安全出口边界，实现对网络信息系统边界与内部安全边界隔离与访问控制。

核心交换区由核心交换机、下一代防火墙、级联交换机组成，是数据中心网络的核心。其将云平台业务流量、管理流量、存储流量划分到不同的VLAN，隔离不同平面，防止相互影响。

云安全服务平台通过策略路由的方式引流回注实现流量的牵引，为云业务系统提供防火墙、日志审计、数据库审计、负载均衡、基线核查、终端安全检测与响应平台等安全组件，保障业务系统安全合规；在云平台内部动态部署云安全服务平台组件，满足等级保护安全建设要求。

安全态势感知平台通过与防火墙、终端安全检测与响应平台联动，实现整个云环境的统一安全监测与统一安全管理。在部署硬件安全设备基础上，针对安全管理，构建高级威胁分析与处置服务，保障安全感知平台发现的问题都能够得到快速及时的响应和处置。

针对虚拟化环境下的横向安全问题，在各业务虚拟机上安装终端安全检测与响应软件，基于该软件通过虚拟机的微隔离、入侵防御和防病毒功能，实现云环境下东西向流量的安全可视，防止失陷主机横向的扩散以及向宿主机发起攻击。

6.3.3.5　技术架构

警用机器人集中管控与信息服务平台技术架构分为五层（图6-29），分别为接入层、基础设施层、数据层、服务层和应用层。

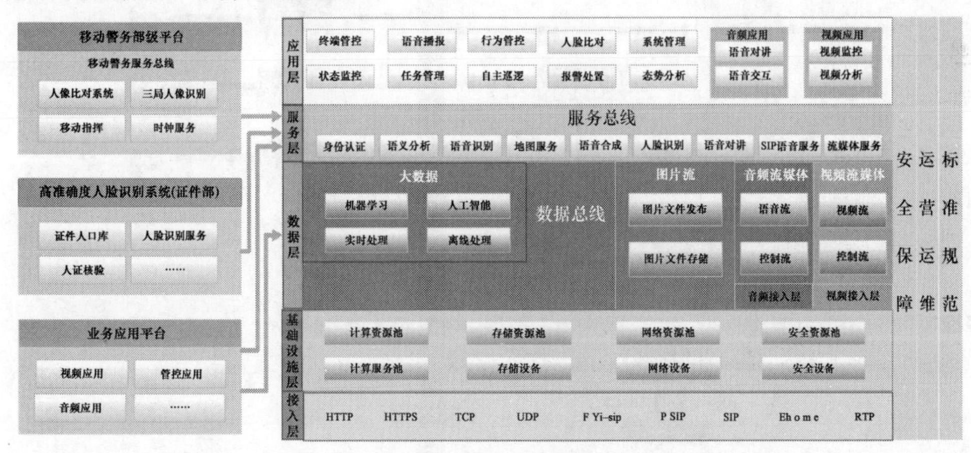

图6-29　平台技术架构

接入层需要承载警用机器人大量的网络请求，主要通过软、硬件负载均衡来控制数据流量，同时依托分布式计算、存储措施，为警用机器人集中管控与信息服务平台提供警用机器人相关数据、语音、视频、事件等信息输入。

基础设施层包括平台安全设备、网络设备、计算资源、存储资源等各类基础设施。

数据层内部分为两部分，第一部分是数据接入，包括数据的接入和管控命令等数据的接入、音频的接入、视频的接入；第二部分是数据的控制和处理，包括数据总线对数据的接入、缓存和分发，数据的实时分析、离线处理、机器学习及人工智能算法的运算和处理，图片的存储与发布，音频的信令控制与媒体传输，视频的信令控制与流媒体传输。

服务层由各类管控与赋能服务构成，包括系统内部服务与外部资源服务，并统一对服务调用接口与调用方式进行集中管理，构建服务总线。服务层提供机器人身份认证、语音合成、电子地图、人脸识别与比对、音视频等支撑服务，其次还可支撑平台对外部服务接口的调用。

应用层主要指可视化展示类、本体管控类、事件处置类、视频类、音频类、系统管理类等应用。可视化展示类包括态势展示、统计分析展示等；本体管控类包括终端管控、行为管控、状态监控、任务管理等；事件处置类包括报警处置等；视频类包括实时视频、历史视频、视频分析等；音频类应用包括语音对讲、语音交互、语音播报等；系统管理包括用户管理、设备管理、平台运维等。

6.3.3.6 业务流程设计

警用机器人集中管控与信息服务平台要实现对巡逻、安保、服务等多类警用机器人的接入及管控，完成对本体的可信认证、语音对讲、人脸识别比对、大数据分析研判等技术应用，实现对警用机器人的综合管控及全栈赋能服务。

警用机器人集中管控与信息服务平台的业务流程如图 6-30 所示，数据的上传、指令的下发等过程由数据汇聚接入服务、数据总线、服务总线进行解耦。

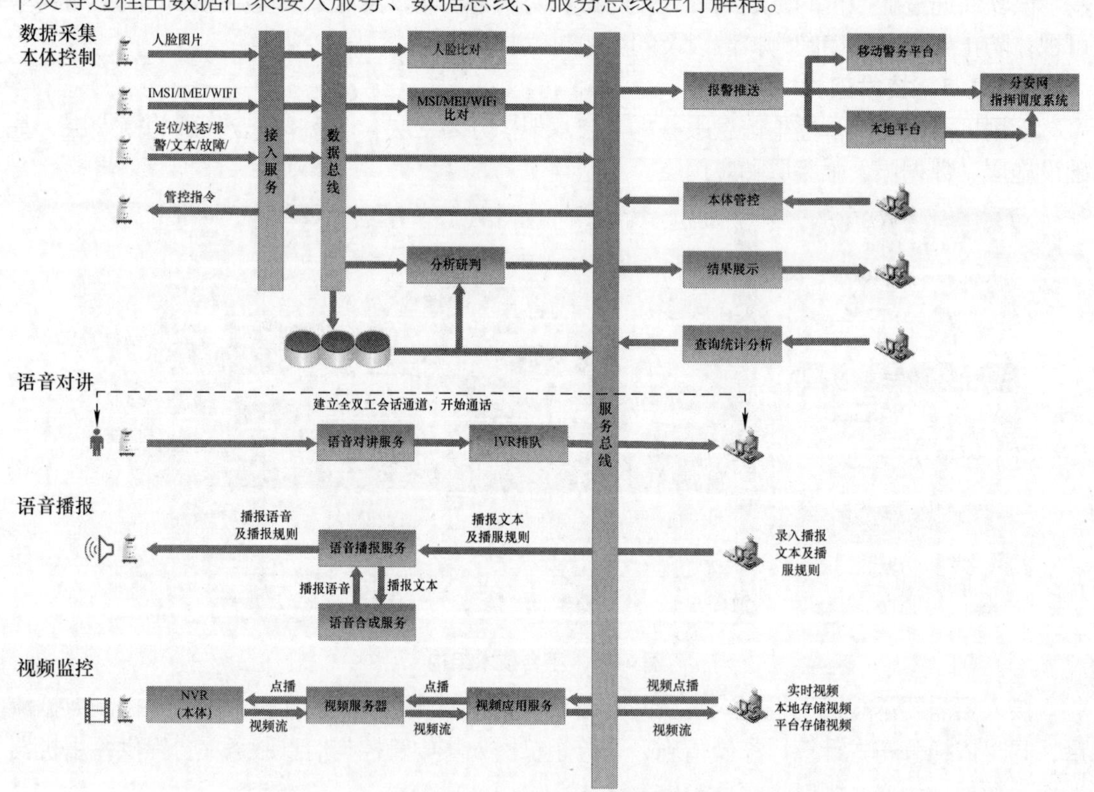

图 6-30　平台业务流程

警用机器人本体之间互相独立，各类支撑服务可通过数据总线共享数据资源，各类业务应用通过服务总线可调用支撑服务接口，实现业务功能，满足应用需求。

6.3.4　平台功能

6.3.4.1　安全管控

警用机器人集中管控与信息服务平台对接入的警用机器人通过身份证书进行身份认证，通过身份认证的警用机器人可以接受平台的管控与服务。

6.3.4.2　全文检索

警用机器人集中管控与信息服务平台全文检索是将涉及警用机器人完整的信息源的全部内容转化为计算机可以识别、处理的信息单元而形成警用机器人专用数据集合，并加工成警用机器人集中管控与信息服务平台全文数据库，不仅存储了信息，而且还对全文数据进行词、字、段落等更深层次的编辑、加工，形成警用机器人全文的、海量的、可快速检索的信息数据库系统，并对外提供服务接口。

6.3.4.3　人脸识别

人脸识别技术在人工智能应用的落地企业较多，不少公司以及各机器人厂商都在建设自己的人脸识别系统。平台通过整合警用机器人行业的人脸识别系统，解决各自为政导致的算法不兼容、数据不共享等问题。人脸识别资源服务主要从人脸识别服务、人脸识别引擎、人脸识别算法三个层面向各地方和厂商的警用机器人业务平台提供资源服务。

6.3.4.4　语音交互

语音交互指通过警用机器人本体的传声器录制用户语音，并传到警用机器人集中管控与信息服务平台，利用研究的语音识别、语义分析等多项技术，为警用机器人集中管控与信息服务平台提供语音交互能力，使警用机器人集中管控与信息服务平台能听懂用户的语音，完成如问路、导航、咨询等；同时警用机器人集中管控与信息服务平台通过结合语音合成、知识库等信息，完成与用户的交互过程，为用户带来简单快捷的使用体验。

6.3.4.5　视频监控

视频监控是警用机器人智能管控平台的视觉感知系统，用户通过视频监控系统可随时点播了解现场的实际情况，同时能够调阅历史视频。掌握现场态势是警用机器人智能管控平台建设的重要功能之一。

图6-31所示为平台视频监控资源服务，主要包括以下四大功能模块。

（1）前端采集点接入服务

前端采集点主要收集汇聚警用机器人本体内的视频媒体流，可支持对网络数字摄像头、模拟摄像头、符合相关标准的前端设备的视频媒体流采集。

（2）前端处理中心服务

主要实现平台注册、本地媒体存储、视频媒体流回传、本地媒体预处理等本地处理与转换功能，强化整体处理实时性，减轻传输和平台处理压力。

（3）后端服务平台

对各个前端模块提供一体化接入管理，对平台用户提供一体化功能调用服务，实现视频的统一存储、分发、处理。

支持第三方视频源接入，可以将公安视频监控、社区内部监控、移动警务视频等其他第三方视频源接入平台统一处理。

（4）平台客户端SDK

通过后端平台提供的软件与二次开发包，用户集成开发平台客户端，实现视频实时点播、历史点播、视频控制（播放、暂停等）、视频分析等功能。

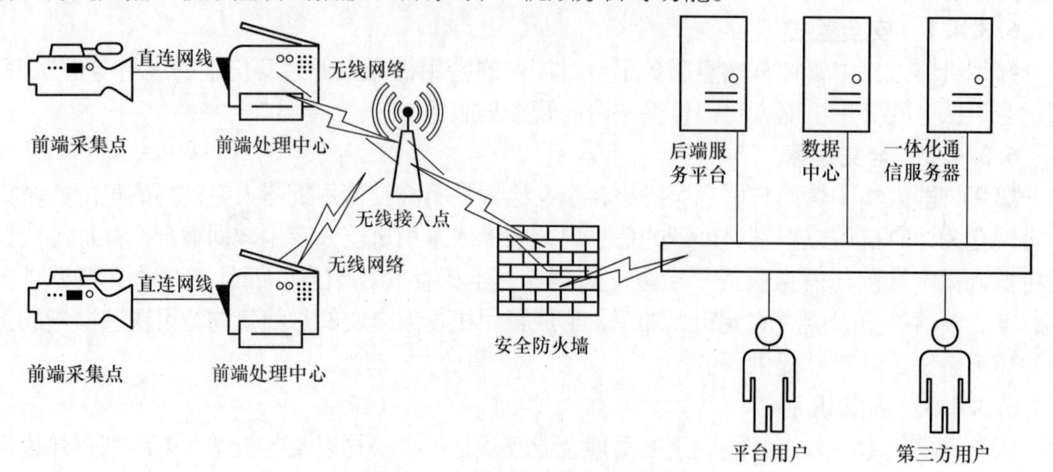

图 6-31　平台视频监控资源服务

6.3.4.6　视频分析

警用机器人集中管控与信息服务平台向各业务应用平台提供视频分析服务，通过在不同警用机器人应用场景中预设不同的报警规则，当应用场景中出现了违反预定义规则的行为，警用机器人集中管控与信息服务平台会自动发出报警，并推送给各业务平台。

警用机器人集中管控与信息服务平台视频分析技术通过对可视的监视摄像机视频图像进行分析，并具备对风、雨、雪、落叶、飞鸟、飘动的旗帜等多种背景的过滤能力；通过建立人类活动的模型，借助计算机的高速计算能力使用各种过滤器，排除监视场景中非人类的干扰因素，从而准确判断人类在视频监视图像中的各种活动，包括但不限于人脸提取、人体检测、行为分析、轨迹预测、越界监测等视频分析应用功能。

6.3.4.7　融合通信

警用机器人集中管控与信息服务平台提供的融合通信服务二次开发包，即可实现对各类通信设备如 VOIP 专线电话、PDT 数字集群、PSTN 有线电话（包括固话和手机）、移动警务、视频会议、视频监控、无线图传、卫星通信、北斗通信的通信服务，从而有效提高警用机器人和各业务应用平台的整体通信、处置能力。平台融合通信功能架构如图 6-32所示。

6.3.5　平台接口

警用机器人集中管控与信息服务平台在公安应用中不是一个独立封闭的系统，在架构设计上提供了多种开放的数据和服务对接接口（图 6-33），统一由服务总线进行管理。

6.3.5.1　本体接口

（1）数据接口

平台具有开放的警用机器人本体数据汇聚接口，根据制定相应的数据标准和规范，不同厂商和类型的警用机器人本体都可采用统一、规范的方式向平台汇聚各类本体数据。

汇聚的警用机器人本体数据包括本体实时位置信息、开关机信息、状态信息、人脸图片和异常预警等各类数据。

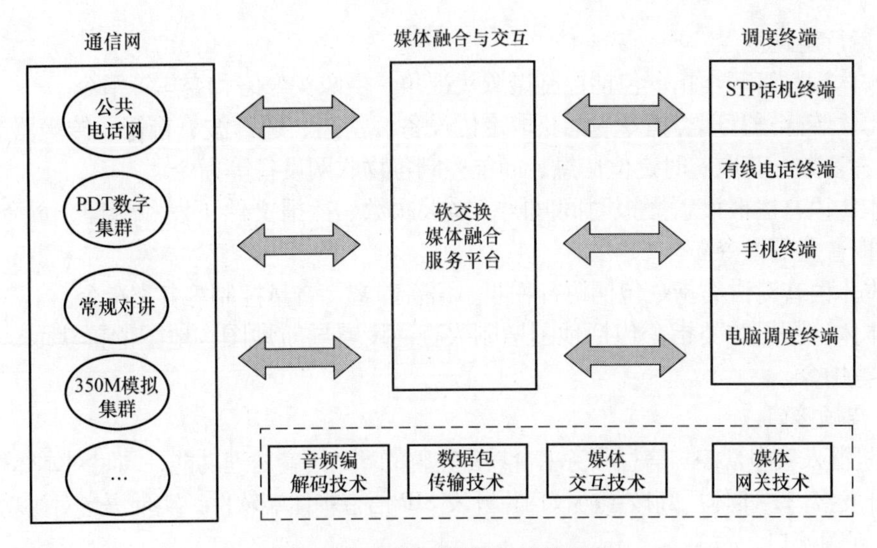

图6-32　平台融合通信功能架构

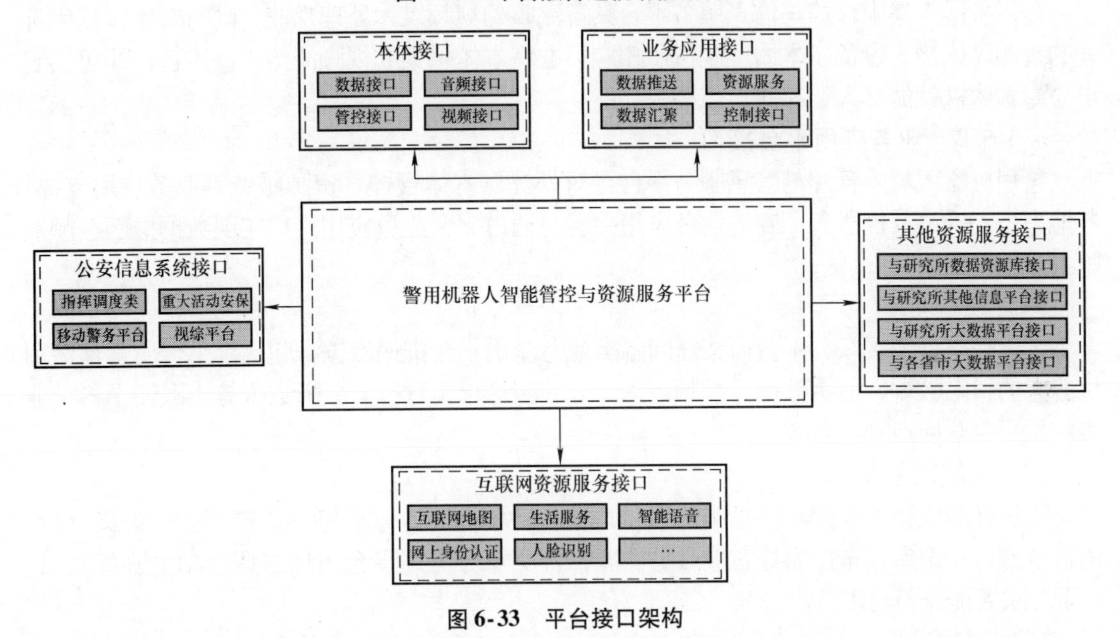

图6-33　平台接口架构

（2）管控接口

平台对接入的警用机器人本体下发相应的本体管理和控制指令，如本体管理、本体巡逻任务管理、本体声光控制、本体行为控制、本体视频管理、本体传感器管理、本体语音播报、本体语音对讲和本体地图导航等。

1）本体管理类指令包括警用机器人本体基本参数信息、设置与取消管理员、获取机器人本体电量和获取无线网络情况等。

2）本体巡逻任务管理类指令包括管理机器人本体巡逻方案，获取机器人巡逻状态、对机器人巡逻状态进行控制等。

3）本体声光控制类指令包括照明灯、爆闪灯、强声驱散等设备的开关管控。

4）本体行为控制类指令包括对警用机器人本体紧急制动、指挥本体充电、行走控制、获取和设置行走速度。

5）本体视频管理类指令包括控制摄像头视角、摄像头变倍和变焦等指令。

6）本体传感器管理类指令包括获取定位设备、雷达、超声波、音箱、传声器等各传感器运行状态参数、获取实时定位信息、简单控制各物联网设备等指令。

7）本体语音播报设置播报时间间隔、播报次数、播报文件下发和管理、重命名文件、设置和获取音量等指令。

8）本体语音对讲类指令包括语音呼叫、语音静音、音量控制等各类指令。

9）本体地图导航类指令包括地图增删改查、设置导航地图、地图位置获取、重定位、点位导航等指令。

（3）音频接口

警用机器人集中管控与信息服务平台具备完整的SIP语音处理功能，同时对本体提供标准SIP协议开发接口，本体厂商按照协议自行开发SIP语音本体端软件，实现语音对讲功能。

（4）视频接口

警用机器人集中管控与信息服务平台具备完整的视频媒体处理功能，同时对本体提供标准的视频媒体接入设备，本体厂商按照相应标准将本体采集的视频流接入该设备，即可实现平台对本体视频的接入、存储、点播等功能。

6.3.5.2 业务应用平台接口

警用机器人集中管控与信息服务平台可对外提供本体管控、资源服务等业务应用支撑。各地方公安机关及机器人厂商的业务应用平台可通过平台业务应用接口实现数据推送、赋能服务、数据汇聚。

（1）数据推送

通过数据推送接口，平台可按需向各类业务应用平台推送数据，包括本平台所管辖警用机器人的状态数据、报警数据、视频数据、人脸图片采集数据、分析数据等，以便于各类业务应用平台开展自身业务应用。

（2）赋能服务

警用机器人集中管控与信息服务平台具备人脸识别、人体检测、语音识别、语义分析、语音合成、知识库、布控库等智能服务功能，各类业务应用平台可通过调用相关服务接口，实现相关智能分析功能。

（3）数据汇聚

通过数据汇聚接口，各地方公安机关及机器人厂商的业务应用平台可将相关数据向警用机器人集中管控与信息服务平台汇聚。汇聚的数据包括各类业务应用平台产生的相关业务数据。

6.3.5.3 互联网资源服务接口

（1）互联网地图

通过调用互联网地图，满足警用机器人集中管控与信息服务平台在互联网侧获取最新、最全的地图资源。

（2）生活服务

通过调用互联网生活服务，满足警用机器人集中管控与信息服务平台在互联网侧获取最新天气、新闻、舆情等信息资源。

（3）智能语音

通过调用互联网智能语音，满足警用机器人集中管控与信息服务平台在互联网侧获取各应用厂商的语音识别、语义分析、语音合成等功能，以及各知名企业提供的智能语音服务。

（4）网上身份认证

通过调用互联网网上身份认证服务，满足警用机器人集中管控与信息服务平台在互联网侧获取身份认证的功能。

（5）人脸识别

通过调用互联网高准确度人脸识别系统，满足警用机器人集中管控与信息服务平台在互联网侧获取高准确度人脸识别系统的资源服务。

6.3.6　平台容错系统

6.3.6.1　云平台容错

在云计算环境下，应用层与基础设施层解耦，需要在应用层通过软件手段实现自我快速“感知”故障。警用机器人集中管控与信息服务平台可实现基础设施即服务（IaaS）层快速故障检测和故障通知与业务层故障处理配合要求：主机故障检测 <1s，VM 故障检测 <1s，快速通知上层业务 <1s。

警用机器人平台在应用层引入了去中心化的快速心跳检测架构（Decentralization High Availability，DCHA），改变了传统的管理节点集中心跳检测架构，能够实现可靠的快速故障检测。DCHA 架构如图 6-34 所示。

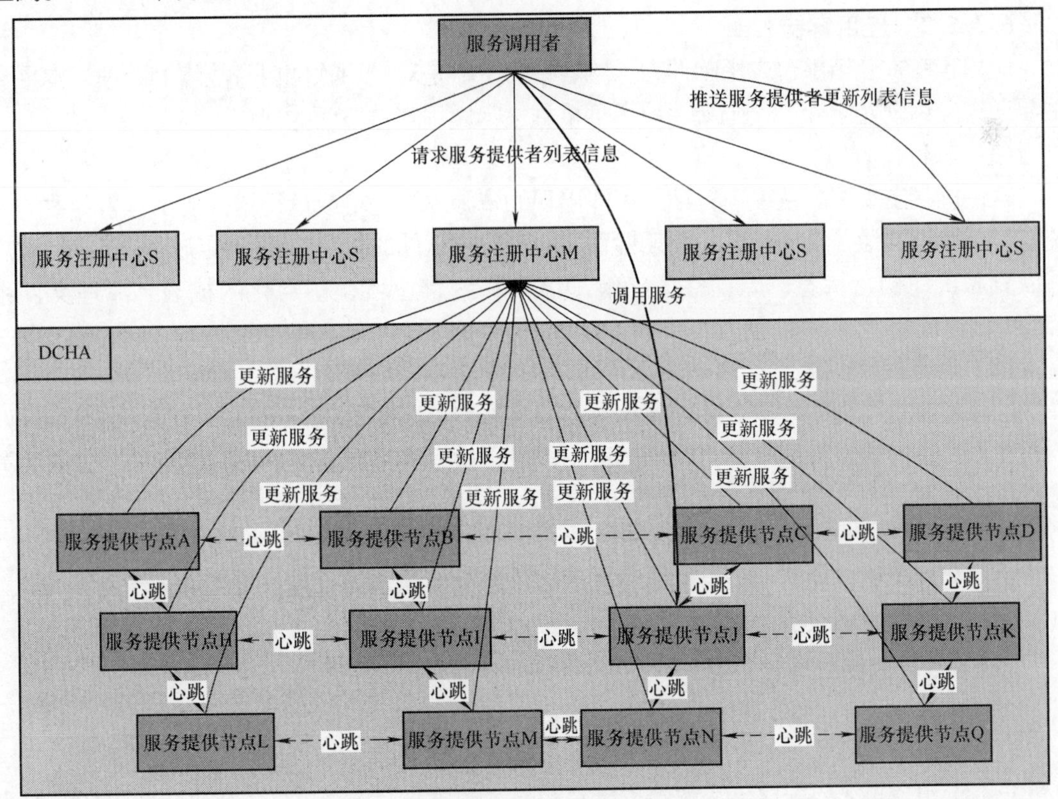

图 6-34　DCHA 架构

去中心化通过将检测功能分布于各个业务功能节点，采用相关算法建立节点间的邻居关系，邻居之间相互检测，不需要中心节点，以此消除中心节点性能瓶颈问题。快速故障检测如图6-35所示。

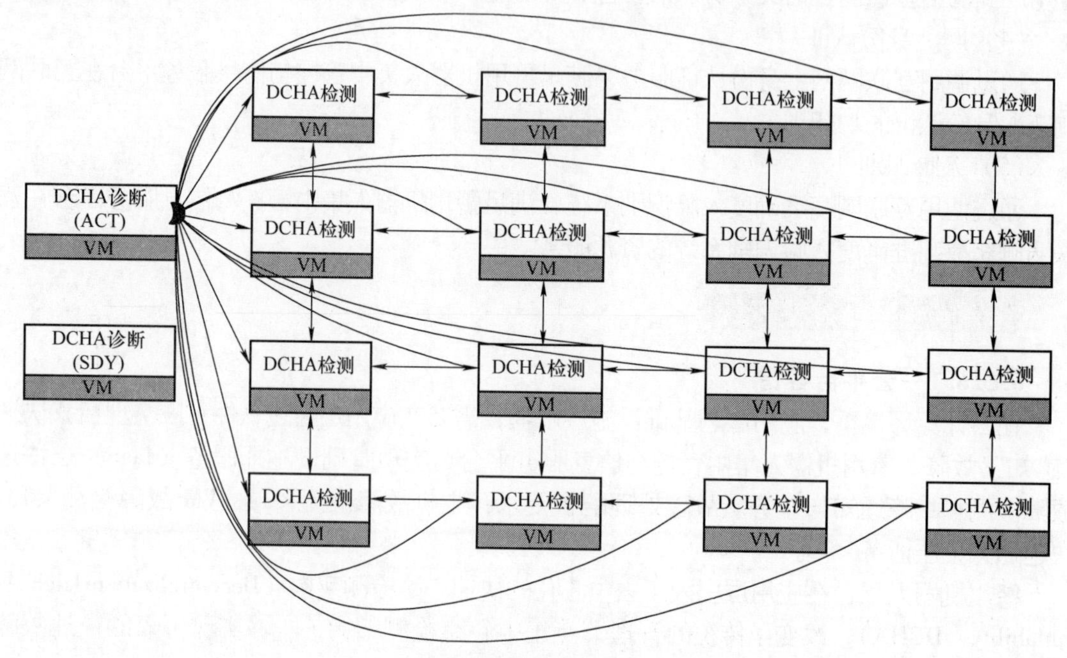

图6-35 快速故障检测

6.3.6.2 应用容错

应用容错主要指平台应用软件方面的容错，主要是对应用软件自身故障的处理，本平台主要通过应用软件设计、代码编写等多种措施进行应用容错方面的建设。

（1）软件抗衰

软件抗衰主要解决系统运行期间可能出现的资源逐渐耗尽或运行错误逐步积累导致的系统性能下降等文通，措施包括：周期性暂停相关应用软件的运行，清除系统内部状态，重启并恢复为软件初始状态；周期性清除缓冲序列和内存垃圾、初始化内核表、清理文件系统等。

（2）回滚机制

回滚机制是指周期性地对软件做检查点，检查点可以在软盘和远程内存中，实时对软件的操作以日志方式进行记录。当软件出现错误时，根据检查点或者日志回滚到一个先前位置进行相应处理。

（3）错误忽视

错误忽视主要处理内存内计算错误的发生，将不影响后续计算的错误转变为无效请求，从而实现相关计算的继续顺利执行，保障应用稳定运行。

6.3.6.3 数据库容错

数据库容错采用的策略有增量备份、数据恢复、容灾技术和数据纠错等技术。

（1）增量备份

平台采用增量备份对所产生的数据进行备份，即只对上次备份后系统中变化过的数据对

象进行备份，也称为非累积增量备份。

(2) 数据恢复

数据库可能因为硬件或软件（或两者同时）的故障变得不可用，不同的故障情况需要不同的恢复操作。平台将采用以下三种数据恢复策略：

1）应急恢复。应急恢复用于防止数据库处于不一致或不可用状态。数据库执行的事务（也称工作单元）可能被意外中断，导致该数据库处于不可用状态。为将该数据库转化为可用状态，平台采用回滚未完成事务的措施，完成当发生崩溃时仍在内存中的已提交事务。

2）版本恢复。版本恢复是使用备份操作期间创建的映像来复原数据库的先前版本，并可通过使用一个以前建立的数据库备份恢复出一个完整的数据库。一个数据库的备份允许将数据库恢复至与这个数据库在备份时完全一样的状态。

3）前滚恢复。前滚恢复技术是版本恢复的一个扩展，使用完整的数据库备份和日志相结合，可以使一个数据库或者被选择的表空间恢复到某个特定时间点。如果从备份时刻起到发生故障时的所有日志文件都可以获得的话，则可以恢复到日志上涵盖到的任意时间点。

(3) 容灾技术

平台将建立一个异地的数据系统，从独立冗余磁盘阵列（RAID）保护、冗余结构、数据备份、故障预警等多方面考虑，将数据库的必要文件复制到存储设备，实现保护数据安全和提高数据的持续可用性。

(4) 数据纠错

平台采用海明码进行数据纠错：①将有效信息按某种规律分成若干组，每组安排一个校验位通过异或运算进行校验，得出具体的校验码；②在接收端同样通过异或运算检验各组校验结果是否正确，并观察出错的校验组，或者多个出错的校验组的共同校验位，得出具体的出错比特位；③对错误位取反来将其纠正。

6.3.7 业务应用

6.3.7.1 统一门户

统一门户是警用机器人集中管控与信息服务平台唯一的信息化门户和入口。它以统一的用户界面面向用户，将各种应用服务（信息展示、发布、统计）及数据资源集成到一个信息管理页面之上，可数字化展示平台所有功能，既是交互应用的操作平台，也是关注信息的发布平台。统一门户支持按照单位和角色来配置展示相关栏目，过滤展示内容，显示操作项目。

统一门户提供个性化设置、单点登录、应用导航、内容聚合、信息动态发布共享、各类应用前端界面展示等功能，不同权限的浏览者能够浏览不同的信息内容。

(1) 单点登录

从安全考虑，采用基于签名及签名验证的数字签名技术，实现统一身份认证、统一权限管理以及单点登录。

(2) 应用导航

应用导航提供平台内的各种应用子系统的入口。通过注册应用的登录方式，使用用户名置换或映射方式，实现各种应用系统以及其他 Web 应用系统的简单应用集成。

(3) 信息发布

信息发布提供了信息的发布、已发布信息管理、信息接收反馈情况跟踪统计、操作日志记录查询等功能。

通过信息拟稿、审核、发布流程，公用信息可直接在门户首页以新闻栏目的形式实现滚动浏览，系统可针对不同岗位设置相应的发布浏览权限。

（4）应用展示

通过内容集成、信息聚合等方式，警用机器人集中管控与信息服务平台将本体分布、状态管理、数据采集、统计分析等内容集中展示，构建警用机器人整体系统态势感知“一张图”。

6.3.7.2 本体控制

警用机器人集中管控与信息服务平台可通过控制指令对警用机器人本体进行远程管控，包括机器人管理、巡逻策略管理、声光控制、底盘控制、云台控制、传感器管理、导航控制管理、音频播放、语音对讲、人脸识别、网络通信、认证核验、音视频编解码、行为识别等控制。

6.3.7.3 视频监控

视频监控是警用机器人集中管控与信息服务平台的现场视觉感知系统，通过视频监控可随时点播现场的实时视频，及时掌握现场的态势，也可调阅历史视频，查看事态发展或发现线索。

警用机器人视频综合应用系统具有对机器人现场图像信号采集、传输、切换、控制（播放、暂停等）、显示、处理、分发、记录和重放的基本功能。

6.3.7.4 人机交互

自助人机交互实现人对机器的请求服务，如图6-36所示。可结合语音交互、触摸屏和其他模块，提供多种警务便民服务，实现自助业务办理。

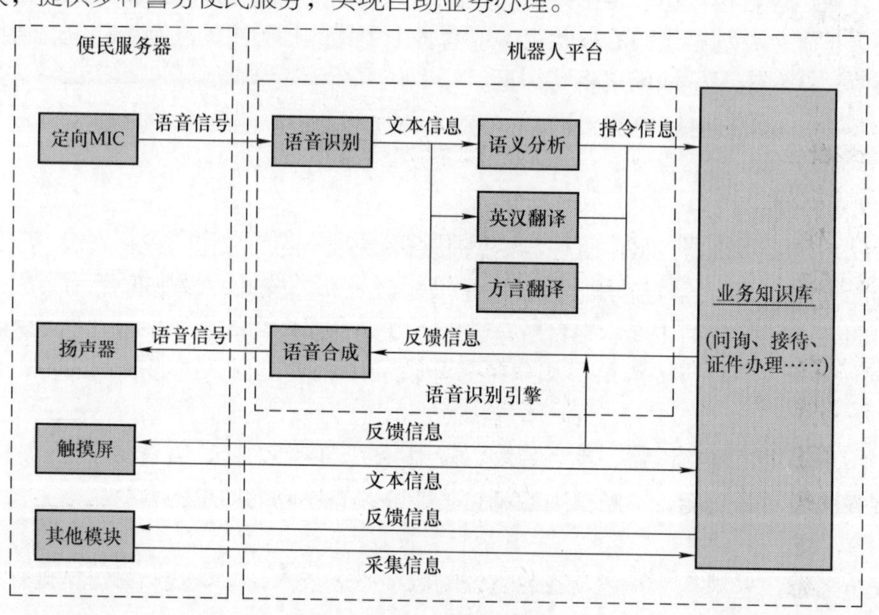

图6-36 人机交互服务

人机交互包括语音交互、触摸屏交互和其他交互。语音交互实现语音输入、语音或文字输出。触摸屏交互实现触摸功能选择、文字或语音输入及文字输出。其他交互包括采集用户信息，如指纹读取、证件信息读取、照片拍摄等。

人机语音交互依托国内领先的语音识别算法，研究从机器人本体到平台完整的人机交互架构，构建人机语音交互系统，实现低延迟的通用问询、警务接待等人机语音交互，并建立通用知识库、特定时期/特定任务知识库和公安业务知识库等多类知识库。人机语音交互系统主要包括以下几个部分：

1）语音识别：通过声学模型和语言模型实现语音到文本的转写。

2）语义分析：通过语义理解、词义分析、句义分析、关联分析、置信决策等收敛归集转写的文本信息，从中提取关键信息。确定请求的是什么问题，查找知识库，回答问题（文本）。

3）语音合成：将回答的文本信息转换为自然流畅的语音。

6.3.7.5　人脸布控预警

动态人脸布控预警实现动态条件下的特征识别、特征布控及发现预警。警用机器人集中管控与信息服务平台通过人脸分析引擎、关注人员名单库（黑名单、白名单、重点人员等）及特征值库等信息，利用动态识别技术手段，对警用机器人本体上传的人脸图片进行特征值提取并进行比对分析，检测、预防、发现各类涉危人员，在确保安全稳定的前提下实现对涉危人员的针对性打击控制。

当检测到被布控嫌疑人进入监控区域时，平台发出报警信息，并能以相似度排序为用户进一步确认提供选择。当用户确认了识别结果后，平台应能自动记录本次报警处理结果，供日后系统查询。

布控支持时间段、区域、布控等级的设置，以实现精细化布控。

6.3.7.6　车辆布控预警

警用机器人集中管控与信息服务平台可对指定车辆的进行布控，基于车辆卡口的过车数据，结合关注人员、关注人员的所属车辆和高危地域来的车辆信息、涉案车辆、嫌疑车辆、违法违规车辆、异常车辆等，通过分析模型实现对关注人员所属车辆管控，其中高危地域人员实现直接报警或积分预警方式。一旦有比中结果，平台将发出预警信息。车辆布控主要包括布控设置、布控查询、布控结果展现等功能。

（1）车辆管理

从相关部门抽取关注车辆信息，主要包括车辆登记信息、背景信息（包括重点人员和关注对象信息、案件信息、嫌疑车辆信息、抓获人员作案使用车辆信息等），并将其同步整合到关注车辆信息库中，支持维护信息、补充信息。

（2）轨迹展示

基于地图，结合卡口信息，展现车辆行驶轨迹。提供多种车辆轨迹查询方式，可以针对特定目标或行为异常的群体目标，进行精确查询、模糊查询、不规则框选择区域查询。

（3）异常发现

对关注车辆、可疑车辆、重点车辆等，按时间、活动区域、阵地、流动趋势、出行频次等多个维度分析统计。

（4）布控预警

实现对指定车辆的布控管理，由有权限的人发起布控申请，经相关领导审批后，开展对指定车辆的布控和预警研判，实时发出预警结果。布控预警包括布控申请、布控审批、车辆布控查询、布控结果展现。

（5）信息查询

提供对关注车辆的基础信息、背景信息、现实状况信息、管控信息、研判信息、动态信息和关系人信息等信息的查询。

1）现实状况信息：主要是展现重点车辆的违章、保险、车辆转移等信息。

2）管控信息：主要实现依据各单位（交通管理、路面巡逻、监控值守、社区管理等警种民警）对车辆管控处置结果描述的展现。

3）研判信息：主要展现车辆预警信息、车辆研判信息、处置反馈信息。

4）动态信息：主要展现车辆活动轨迹信息（包括路面、卡口盘查车辆信息、交通卡口信息）。

5）关系人信息：主要展现车辆的关系人信息（车辆所属人、车辆驾驶人等）。

6.3.7.7 远程语音对讲

远程语音对讲实现人（本体附近人员）与人（业务应用平台值班人员）之间的语音对话。可分为本体侧发起对讲请求和业务应用平台侧发起对讲请求两种。

本体侧发起远程对讲请求（图6-37）由警用机器人附近人员触发本体上的对讲按键，业务应用平台工作人员收到对讲请求且应答后，双方通过全双工会话通道开始通话。若现场人员需要附近警员协助，平台通过呼叫转移功能呼叫附近警员，建立新的会话通道后进行通话。

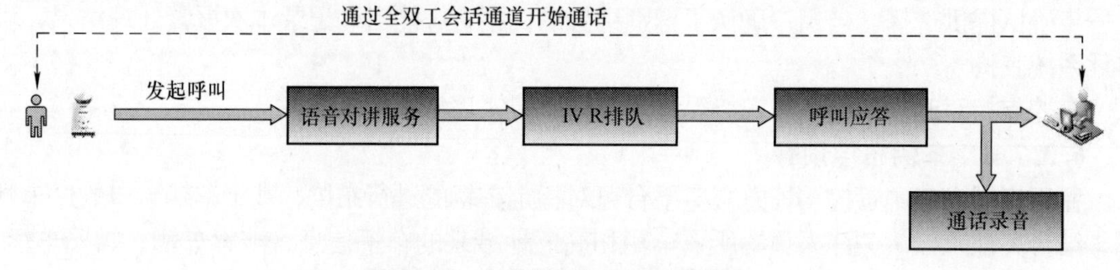

图6-37　本体侧发起远程对讲请求

业务应用平台侧发起远程对讲请求（图6-38）由平台人员触发对讲按键，现场机器人应答后，值班工作人员通过会话通道开始通话。

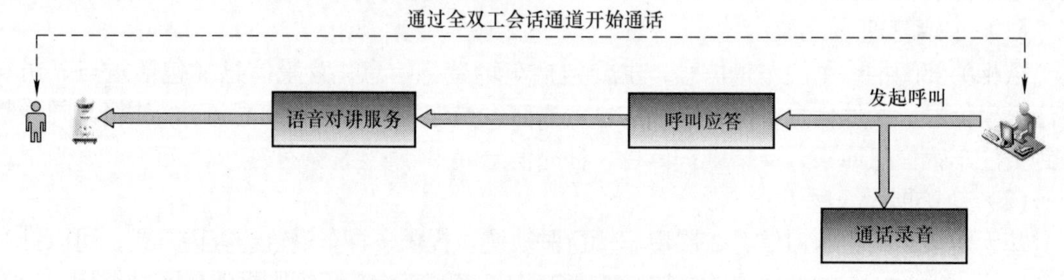

图6-38　平台侧发起远程对讲请求

6.3.7.8 异常预警

（1）区异常聚集分析

对重点人群通过卡口、人车核录、证件查验、人脸识别技术进行监控，运用视频智能分析技术进行精准统计分析，通过后端服务器算法对视频中人数信息进行有效统计并生成报表，进行重点人员流动展示。利用视频智能分析技术计算得到在监测的空间区域内重点人群密集和分布现状，对重点区域内触网的重点人员进行轨迹合并分析，按照时间、地点等要素对重点人员

轨迹进行聚合分析，一旦重点人员在区域聚集密度呈上升趋势，系统将进行异常预警。

（2）红外监控

红外监控是公共安全、灾难救援以及智慧城市的重要技术手段。红外探测利用任何物体在绝对零度（－273℃）以上都有红外光发射的原理，特别是人的身体和发热物体发出的红外光较强，其他非发热物体发出的红光很微弱，被监测的目标（人体或物体）与背景的温度差别，采用红外成像技术对目标区域进行监测，可在屏幕上看到人们肉眼在黑暗环境下看不到的、由目标发出的热成像。红外监控可用于各种重要场所和要害部位，如金库、油库、图书文献库、监狱、重要活动场所等。

（3）越界预警

智能图像处理能准确检测越界，在视频监控图像上沿警示区域的边沿依次设置警示区域的边界顶点，将相邻边界顶点连接得到警示区域封闭边界线。对封闭边界线进行监控，从视频序列中检测运动目标来实现越界报警功能。此功能适用于视频图像监控的地域范围比较小，例如大门处的监控图像。如果区域边界较大，特别是对于一些位于野外、地势复杂的大面积区域，越界监控需要配置数量较多的监控设备，且不能很好地适应复杂环境的变化。

6.3.7.9　统计分析

根据设定的警用机器人本体条件、分布时空条件、用户条件、统计维度、统计单位等实现多维统计分析，返回统计结果，并通过表格、图形、可视化展示等多种形式输出结果，可自动生成制式统计报表供授权用户浏览、统计。

6.3.7.10　智能检索

智能检索依托于高性能全文检索技术，除了可针对全文库数据进行检索外，还提供语义分析及关键字自动识别功能，智能化地为用户推送相关的实用分析结果。智能检索为用户提供关键词检索、组合检索、语义检索、焦点推送、结果展示等功能。

全文检索技术提供的检索功能包括实现结构化与非结构化的数据管理，支持结构化和非结构化数据的混合检索；具备动态索引机制，数据增删改时快速同步更新索引，无须重建整个索引，也无须局部重建索引，即数据维护（增删改）后马上能够检索出来；支持GB18030和UTF8大字符集，便于对中文偏僻字和世界各国文字的支持；提供多种检索入口，支持属性字段检索（例如分类检索）、关键词检索、位置检索（例如同段检索）、多字段“与或非”组合检索、二次检索（渐进检索）、大小写敏感检索、中文简繁体扩展检索等；支持检索结果的分类统计和浏览，显示检索结果的分布情况，告诉各类别的命中记录数；支持对检索结果的各种排序，基于文章内容与检索表达式的相关度计算的相关性排序，基于一个或多个特征属性的字段排序。

6.3.7.11　系统管理

（1）门户系统

门户系统作为警用机器人集中管控与信息服务平台系统管理的唯一入口，它将账号管理、角色管理、权限管理、日志管理、错误管理等各种系统管理应用，以统一的界面提供给用户，用户依据不同权限进行系统管理工作。

（2）权限管理

权限管理系统是警用机器人业务应用平台系统管理的核心功能模块，合理分配每个用户的权限和功能模块是平台正常运作的基础。权限管理模块主要分为用户管理、角色管理两大功能。平台根据需求为每一个用户、每一台机器人、每一个地方业务平台分配合理的角色。

（3）日志审计

业务应用平台全面接入警用机器人集中管控与信息服务平台扫描、收集和分析用户各类操作、信息以及警用机器人本体在运行过程中产生的所有数据及日志，提供自动化的采集、分析、报告能力。以用户业务为视角，自动完成风险分析工作，提供全面、详尽、清晰的日志审计报告，并能对不同的日志审计结果进行比对、分析和展示。

（4）系统配置

警用机器人集中管控与信息服务平台需要定期进行安全检查服务，对影响系统、业务处理性能、结果以及平台安全性的关键配置参数进行分析，针对平台运行情况、延迟及阻塞情况、存在的安全风险提供对应的配置建议，并根据历史经验分析加固警用机器人集中管控与信息服务平台技术与管理层面的安全风险，包括运行参数、账号口令、中间件、数据库、访问控制、设备防护、安全审计等问题，以及包括硬件设备如网络设备、安全设备、主机操作系统和桌面终端操作系统等。

（5）系统监控

警用机器人集中管控与信息服务平台需要实时对平台本身、业务应用、接口服务、本体管控、云计算平台进行安全漏洞扫描工作，并输出扫描报告与加固建议，针对相关 Web 服务业务系统，进行网页安全漏洞扫描，并输出扫描报告与加固建议。需要特别对平台侧核心应用、接口服务、数据库等建立监控保护机制，主要包含以下内容：

1）入侵影响抑制：通过对事件检测分析，提供抑制手段，降低入侵影响，协助快速恢复业务。

2）入侵威胁清除：排查攻击路径，恶意文件清除，分析入侵事件原因。

3）入侵原因分析：排查攻击路径，分析入侵事件原因。

4）加固建议指导：结合现有安全防御体系，指导用户进行安全加固，防止再次入侵。

6.3.7.12 图像检索

（1）概述

图像检索指从图片数据库中检索出满足条件的图片。最早的图像检索通过输入文本进行相关图像的搜索，称为基于文本的图像检索技术（TBIR），例如当前主流的搜索引擎，除了针对网页检索，几乎都提供通过短语检索相关图像的功能。随着技术发展和需求变迁，出现了基于内容的图像检索技术（CBIR），它根据图片中所蕴含的语义信息进行图像检索，CBIR 的输入是一幅图像，输出则是与输入图像在某种视觉意义上较为相似的图像集合，百度识图、搜狗图片等提供的即是此类功能。

由于 TBIR 回避对图像可视化元素的分析，而是主要从图像名称、尺寸、压缩类型等方面标引图像，所以更多地是提供描述图像本身文件属性的关键字信息，或者称为元信息。此类信息在文件管理时较为有用，但是真实业务场景应用受限。早期的图像检索需要通过手动的方式添加特定的文本描述以适应实际需求，随着深度学习的快速发展，图像的自动打标签也应运而生，这些标签信息作为 TBIR 的索引，可以极大地提高实际应用效果。当然，此项技术需要前期大量而且烦琐的数据标注工作。

CBIR 根据图像的内容语义以及上下文联系进行相似图像查找，主要以图像特征为线索从图像数据库中检索出具有相似特征的其他图像。所谓“基于内容”，通俗理解即图像中所携带的视觉信息，比如一个人、几棵树、天空上有一群鸟等。如果输入图片是一个人，那么

CBIR 检索到的图像应当有很大概率包含各色行人。如何描述所谓的内容呢？传统的方法是手工提取图像中具有代表性的特征，例如 SIFT、SURF 特征等。深度学习发展起来后，可以使用预训练模型的较为顶层的全连接层，或者结合不同特征层的聚合信息重新规整，实现类似手工特征的提取。CBIR 系统检索的效果好坏主要取决于所提取的特征，当图像规模变大后，可能需要引入近似最近邻搜索，以便于在检索速度和检索精度中折中。

CBIR 可避免人工描述的主观性，已在很多实际场景落地，例如遥感影像、安防监控、检索引擎、电子商务、医学等方面。图像检索系统的一般工作流程如图 6-39 所示。

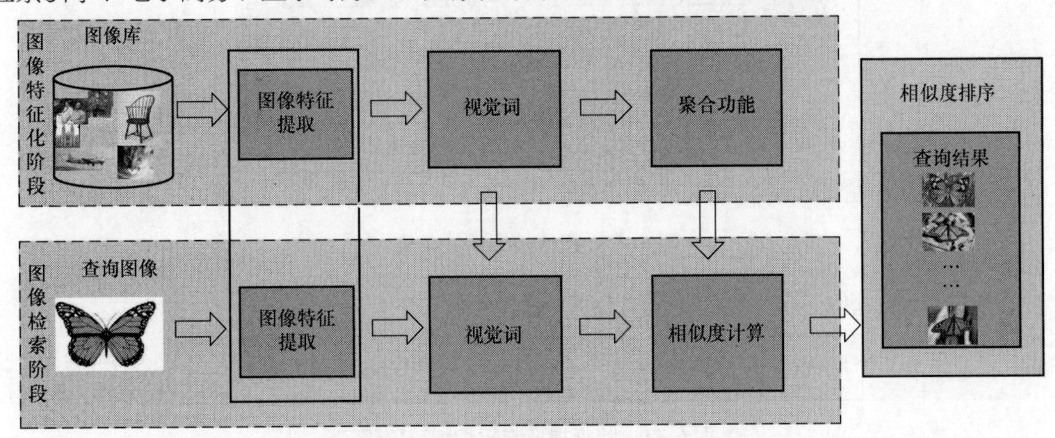

图 6-39　图像检索系统的一般工作流程

（2）图像检索工程设计

大规模图像检索系统的工程落地主要包含以下五项关键技术：图像特征提取与压缩编码、图像相似度计算与排序、图像数据库动态更新、用户自定义图像库、系统接口封装。

其中，图像特征提取与压缩编码、图像相似度计算与排序两项内容主要涉及算法设计与优化；图像数据库动态更新、用户自定义图像库两项内容主要考虑系统在实际应用中涉及的主要业务场景；系统接口封装主要考虑实际工程落地的方法。图像检索系统架构如图 6-40 所示。

（3）图像检索关键技术

1）特征提取与压缩编码。图像特征用于描述图像信息，主要分为全局特征和局部特征。全局特征包括颜色特征、纹理特征以及形状特征，其具有良好的不变性以及直观性，但是特征维度高以及抗遮挡、抗噪声能力低，在工程应用中受到很大的限制。局部特征包括 SIFT 特征、SURF 特征、ORB 特征等，其特征维度低、包含图像信息量大，具有一定的抗遮挡能力。SIFT 作为经典的局部特征，特征检测重复率高、速度快，特征描述对光照、视角、尺度变化具有一定的鲁棒性，具有较好的抗噪能力，并且其描述符维度低，可易于实现快速匹配。

基于上述分析，本系统提取原始图像的 SIFT 特征，每个特征点生成 128 维描述子。考虑本系统目的是实现对海量图像进行实时检索，需要将图像提取到的 SIFT 进行特征压缩。本系统采用 BOW 特征压缩技术结合 K – Means、TF – IDF 技术进行图像特征编码，从而生成图像向量特征，其流程如图 6-41 所示。

此阶段属于图像特征化阶段，将一幅图像的信息计算并表示成一个向量，即将图像的抽

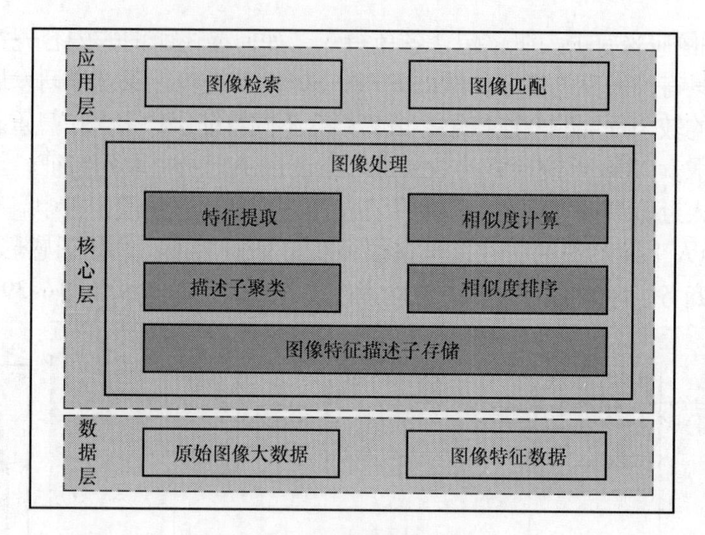

图6-40　图像检索系统架构

象信息通过计算，转成可计算可表示的具体数据信息。

图6-41　特征提取与压缩编码流程

2）相似度计算与排序。图像之间的相似度即为两幅图像特征距离关系，距离越近越相似，反之则不相似。计算距离的算法有很多，包括欧式距离、切比雪夫距离、曼哈顿距离、闵可夫斯基距离、汉明距离等；计算相似度的算法主要包括余弦相似度、皮尔逊相关系数、Jaccard 相似系数等。

计算两张图像的相似度，即计算图像特征向量之间的距离。根据图像特征压缩编码算法，每一幅图像都可以表示成固定维数的向量，利用闵可夫斯基距离计算两个向量的距离，从而得到图像的相似度。

下一步根据图像相似度进行排序。由于此相似度的排序与时间无关，所以采用非线性时间比较类排序，例如交换排序、插入排序、选择排序、归并排序等。考虑图像结果需要实时性展现给用户，一般采用计算速度快、复杂度低的排序算法。在大规模的图像检索系统中，一般会引入近似最近邻（ANN）算法进行进一步的相似度排序检索。

3）数据库动态更新。构建图像数据库时，需要考虑后期数据库中数据的扩充与更新，支持用户后期增加原始图像数据以及删除原始图像数据，并实时将新增或删除的原始图像数据更新到用户数据信息中。

数据库动态更新包括添加批量图像以及单张图像、删除单张图像、用户可操作重新训练以及删除整个图像数据库等。

1）批量增加图像。用户可直接将图像存入原始图像数据库，然后一键操作更新模块，系统识别出新增加的图像，并对新增图像进行特征化并添加到图像特征库，用户即可进行实时搜索。

2）单个增加图像。增加单幅图像用户可直接在界面上传图像，在上传过程中后台即可对图像进行特征化，并将特征化向量即时存入特征库。增加单个图像耗时少，可实时进行

增添。

3）删除图像。用户可进入后台原始图像数据库进行图像删除。删除操作的同时，相对应的原始数据库以及特征数据库信息就可被删除，耗时少，可实时删除。

4）对于数据库，用户可根据实际需求新建数据库并进行一键训练等操作，也可彻底删除数据库信息。数据库动态更新基本框架如图6-42所示。

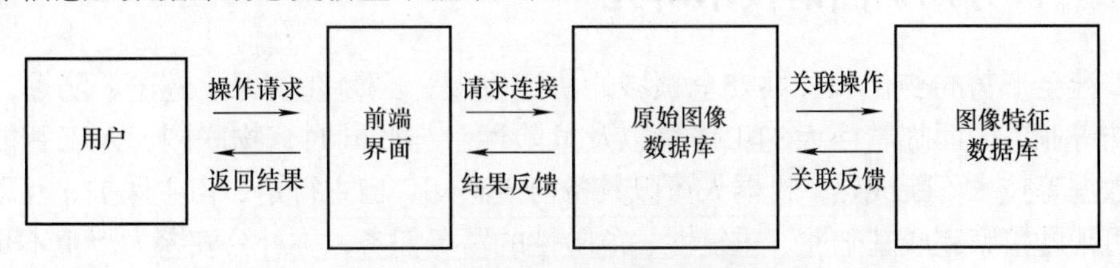

图6-42　数据库动态更新基本框架

5）用户自定义图像库。用户根据自身需求构建独立数据库，并支持用户在多个数据库中进行查询操作以及重复查询操作。考虑特定环境下用户会根据自身需求来确保图像数据的独特性及安全性，用户可根据实际情况进行新建数据以及设置访问权限和操作权限。

用户在自身权限内，只能在有限数据库中进行图像检索操作以保护用户数据的特有性、安全性以及高效性。用户自定义图像库如图6-43所示。

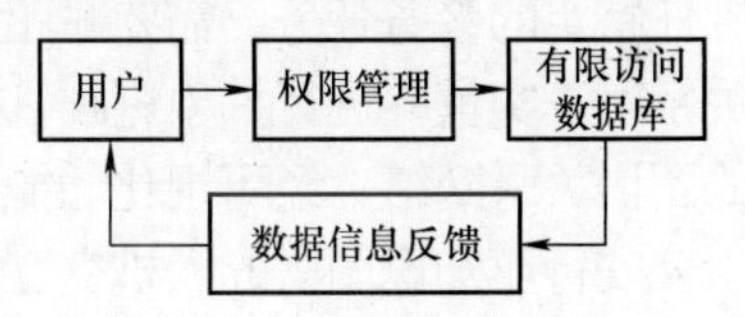

图6-43　用户自定义图像库

6）系统接口封装。为了增加系统的可复制性和可移植性，方便用户调用系统功能，大致可将系统封装6个接口：训练数据库接口、数据库特征化接口、查询接口、动态更新接口、训练进度查询接口、动态删除接口。如图6-44所示，将所有的接口封装到一个动态链接库中，并支持C++、JAVA进行接口调用，增强工程应用性和部署便携性。

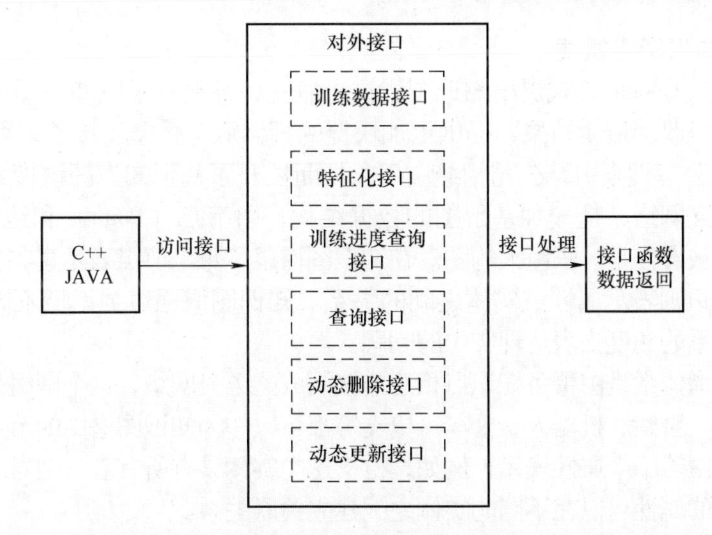

图6-44　接口封装与访问

本系统提供可支持C++以及JAVA调用的接口。针对C++调用，只需将本系统封装库部署到本地环境，根据接口函数说明进行参数输入和数据接收即可成功调用本系统。针对

JAVA 调用，本系统采用 JNA 接口封装方法进行支持 JAVA 调用的接口封装，可直接访问本地系统库。

本系统具有较强的可移植性，所依赖环境简单，部署方便快速。

6.4 警务知识图谱技术研究

随着社会形势的变化和公共安全领域的快速发展，民警在安保、巡逻、防爆、现场勘查、消防等业务中面临着巨大的工作量以及危险性。与此同时，物联网、人工智能、云计算、大数据等技术不断成熟，机器人可以具备自主感知、自主行走、自主保护、互动交流等能力，可帮助警察完成基础性、重复性、危险性的警务任务，弥补公安警力严重不足及执行任务中存在安全隐患等问题，促进警务业务的快速升级，降低公安干警的劳动强度及执勤风险。警用机器人是提升当前公安信息化、智能化、实战化的有效手段，随着其智能化程度越来越高、功能越来越多元，在公共安全领域作用重大，应用前景十分广阔。

面对当前复杂、繁重、多变的工作环境，如何提高警用机器人的智能化水平，使其可以胜任特定的警务任务，需要赋予警用机器人强大的“大脑”。知识图谱用实体及它们之间的关系对真实世界进行抽象刻画，从海量的数据中提取关键因素，通过语义关系构成一个庞大的图谱关联网络，经可视化后能直观地展现出来。在公安工作的众多场景中，有很多涉及基于公安行业知识图谱的人机交互场景需求。例如：安保机器人、巡逻机器人、处置机器人等类型警用机器人的引入，能大大提高不同场景下警务工作的效率、水平和安全能力。同时，基于知识图谱技术，能够将公安的法律法规、专家知识以及民警经验的知识存储为知识库，为民警指挥决策提供技术支撑。

6.4.1 警务知识图谱理论

6.4.1.1 知识图谱概述

2012 年 5 月，Google 正式提出知识图谱这一概念，并建立了以知识图谱为基础理论的新搜索方式，用以改善搜索结果，提供更加快捷的搜索服务体验。接着，百度的“知心”、搜狗的“知立方”等搜索引擎公司相继应用，从而拉开了基于知识图谱搜索的序幕。知识图谱本质上是语义网络，是一种基于图的数据结构，由节点（Point）和边（Edge）组成，即知识图谱亦可被看作是一张巨大的图。在知识图谱里，每个节点表示真实世界中存在的概念或实体，每条边则表示属性或实体之间的关系。知识图谱通过关系把不同的知识连接起来，再以关联关系的角度去表达现实中的问题。

警务知识图谱体系是由警务知识点相互连接而成的语义网络，这个网络是由节点和节点关系构成。其中，警察、机器人、警车、枪支等都可以作为知识图谱中的节点，这些节点称为实体。实体可由若干个属性表示，例如，枪支这类实体具有所有者、型号、射程、口径等属性，通过实体的属性可以在不同的实体之间建立关联关系。

6.4.1.2 知识图谱本体

20 世纪 90 年代以来，人们将本体的概念用以解决知识表示、知识共享、知识重用和知识组织体系方面的有关问题。与分类、主题和元数据知识组织体系不同的是，本体是领域知识规范的抽象和描述，可以构造丰富的概念间的语义关系，能够准确描述概念含义之间以及

概念之间的内在关联。基于此特性，通过本体定义庞大知识资源之间的关系，可实现跨学科专业知识共享，可以展示知识资源的层次体系，还能够通过逻辑推理获取概念之间的蕴含关系实现知识推理。

知识图谱的理论源于本体，由本体的关于概念及概念之间的关系，丰富扩展了实体及实体之间的关系。在图谱构建过程中，采用本体来管理知识图谱的模式层，有利于减少知识的冗余程度；知识图谱的数据层，一般以“实体 - 关系 - 实体”以及“实体 - 属性 - 属性值”三元组的知识形式存于图数据库，能更好地融合关系和表示语义网络。

6.4.1.3 知识图谱构建

警务知识的获取来源主要包含三个方面：①业务场景调研，课题组先后走访了北京公安局进京检查站、百色公安局边境检查站，对检查站车辆检查、人员检查的流程、方法、工作事件、地点等进行调研；②查阅公安内部工作管理规范，包括《中华人民共和国人民警察法》《公安机关人民警察盘查规范》《中华人民共和国人民警察使用警械和武器条例》研读调研。③研读并分析了安保和巡逻两个场景的相关工作规范，包括《城市巡逻管理规定》《公路巡逻民警队警务工作规范》《南京市局巡逻民警勤务工作规范》《北京进京通行证管理规定》。

如图6-45所示，知识图谱的构建一般通过四个步骤开展：一是构建知识图谱概念模型；二是知识图谱的存储模型研究，明确采用数据存储模型；三是根据业务场景数据，构建场景化知识图谱；四是开展知识图谱场景应用。

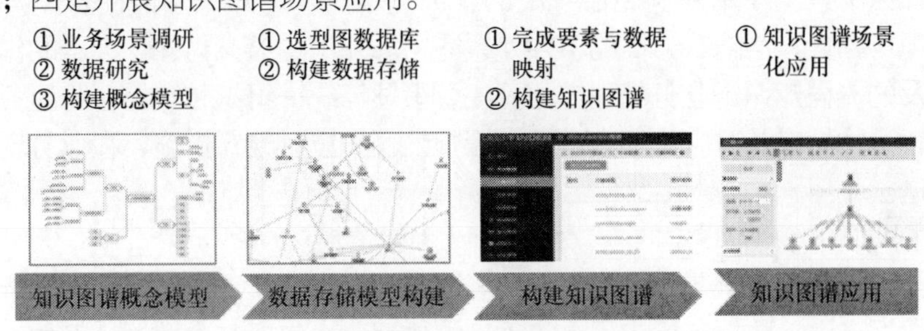

图6-45 知识图谱的构建

6.4.2 警务知识图谱构建方法

警务知识图谱构建流程图如图6-46所示，主要通过四个步骤开展：

1）业务需求研究。构建知识图谱的概念模型，通过概念模型明确所构建知识图谱的业务用途和主要作用，具体而言，要实现业务分析，数据分析和知识图谱存储等。

2）知识图谱的设计。对数据要素化，对构成知识图谱的对象（实体、事件、文档）和关系进行定义，实现数据存储工具和存储格式的设计。

3）构建知识图谱库。根据知识图谱设计，将实际数据注入，包括开展多源异构数据同构化和数据抽取的定义，知识图谱的融合，实现图谱的内容填充，形成知识图谱库。

4）开展知识图谱场景应用。基于场景化的应用开展知识图谱应用，一般可以分为规则的应用和模型的应用。

6.4.2.1 业务需求研究

（1）业务场景

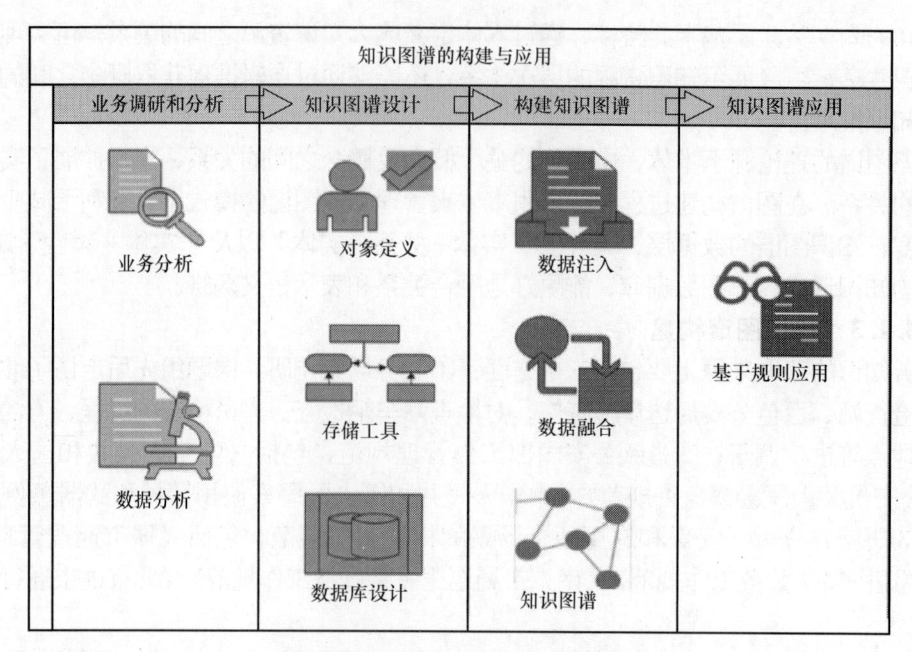

图 6-46 警务知识图谱构建流程图

首先要确定构建的知识图谱要解决什么问题或者达到什么目标，这就需要进行业务的调研，明确在什么场景下使用知识图谱解决的业务问题。利用知识图谱提升民警在安保、巡逻、防爆、现场勘查、消防等方面的事件处置能力。知识图谱充当知识大脑的作用，将各业务场景中涉及的流程知识、业务处理方法、注意事项等统一组织和存储，将业务中需要使用的人员、车辆、物品以及对应的检查措施、检查内容和应对处置措施，在业务场景中能够主动关联和推送。

（2）数据调研和分析

在调研清楚了知识图谱要解决的问题或者达到的目标后，需要进行数据分析和研究，明确有足够的数据支撑。数据包括应用系统采集的数据，也包括文本数据，例如工作规范、工作流程、法律法规等。

6.4.2.2 知识图谱的设计

知识图谱的设计是知识图谱建设的主要内容，要设计图谱涉及的对象及对象的关系，实现对象的组织和存储设计。

（1）对象定义

构建知识图谱一般将对象分为实体、事件和文档三类，根据业务场景和数据情况构建概念模型，明确列出实体、可能涉及的事件、文档，并对其进行具体定义，例如嫌疑人、嫌疑车辆、处置措施等。

（2）关系定义

主要定义实体与实体、实体与事件、事件与事件、事件与文档、实体与文档等关系。

（3）存储结构设计

1）存储数据库选择。针对业务场景和数据情况，针对有深层关联关系的对象（实体、事件、文档等）采用图数据库存储，对于单层关系的对象则采用二维关系表存储。在图数据库方面，本知识图谱研究采用图数据库 Neo4j 存储。

Node 和 Relationship 的 Property 是用一个 Key - Value 的双向列表来保存的，通过关系，可以方便地找到关系的 from - to Node。Node 节点保存第 1 个属性和第 1 个关系 ID。

Neo4j 的存储结构如图 6-47 所示。根据 Neo4j 的存储模型，构建数据存储模型逻辑图，如图 6-48 所示。图中，A ~ E 表示节点的编号，R1 ~ R7 表示关系编号，P1 ~ P10 表示属性的编号。

2）存储结构设计。在完成图谱设计并选择图数据库作为存储介质后，即可进行存储结构的设计。存储结构设计包括每类对象的类别、名称和属性等信息。存储结构设计按照对象和关系的定义不同而进行针对性设计，例如对于人等实体的存储设计可以如图 6-49 所示。

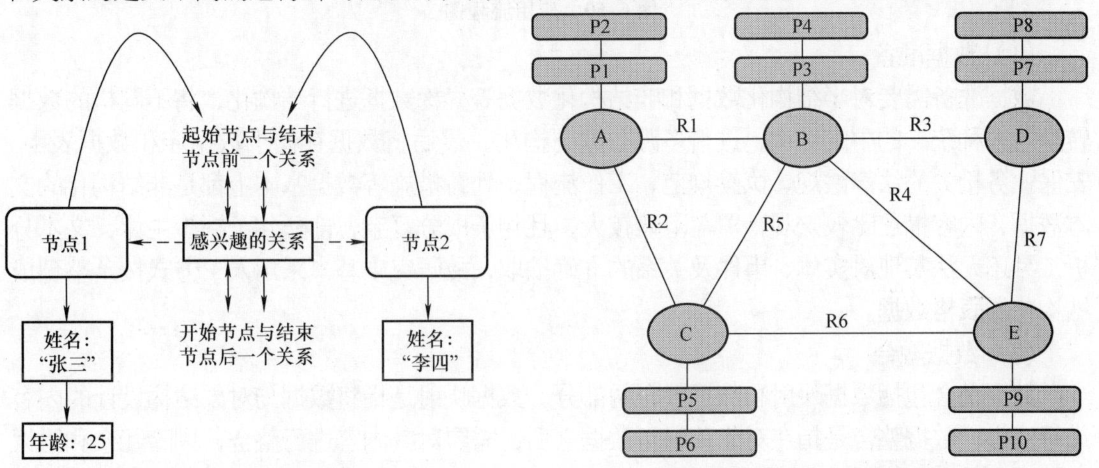

图 6-47　Neo4j 存储结构图

图 6-48　数据存储模型逻辑图

属性名称	显示名称	属性类型	聚合字段	地理字段	检索字段
bm	别名	string	×	×	√
tmtz	体貌特征	string	×	×	√
sfzh	身份证号	long	×	×	√
csrq	出生日期	date	×	×	√
xb	性别	string	×	×	√
mz	民族	string	×	×	√
hj	户籍	string	×	×	√

图 6-49　实体的存储设计

6.4.2.3　构建知识图谱应用

知识图谱设计完成后，需要通过数据准备将数据逐个导入图数据库中进行数据融合配置，完成数据与对象、数据与关系进行逐一映射和关联对应，最后通过数据 ETL 程序，将数据导入至指定的图数据库中实现数据注入图谱库，形成知识图谱库，从而支撑各类应用。应用在使用知识图谱库时，有两种方式使用：一是通过服务接口的形式查询知识图谱库内容；二是直接通过知识图谱库提供的 API 操作使用。应用流程图如图 6-50 所示。

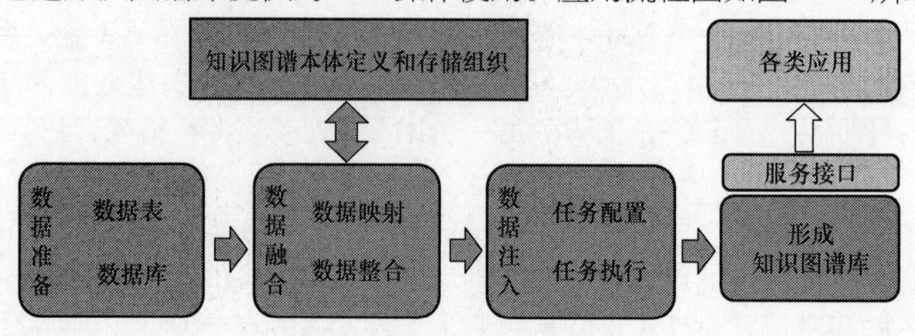

图 6-50　应用流程图

（1）数据准备

数据准备需要对半结构化数据和非结构化数据等异构数据进行结构化，将不同构的数据转换为一种统一的中间结构，进行多源数据同构化，最后将数据存储于数据库和数据表中。安保业务相关的法律法规、执勤规范、工作流程、处置措施等数据基本上都是非结构化的文本数据，内容描述比较宏观，覆盖范畴较大，且句子成分复杂，部分句子缺少主体，文本分析工具还无法实现对实体、事件及关系的准确抽取，故研究中基本采用人工方式按条整理成结构化的表格数据。

（2）数据融合

数据融合包括数据映射和数据整合两部分。数据映射是指将数据与对象结构设计的内容进行对应；数据整合是指在对象获得新数据之后，需要对其内容进行整合，剔除冗余和错误的数据。

如从调研数据获取的“车”实体内容对于“客车”的描述包含了“小汽车”“轿车”“中巴车”等；此外，很多“事件”类内容为一段文字描述，难以直接与调研而来的处置措施数据建立联系，因此需要通过消歧来完善关系的建立，从而保证数据的质量。其设计实例如图 6-51 所示。

编辑本体映射

本体：entity.h.person　　数据：h_person

属性名称	显示名称	字段（系统字段无法设置为主键）	
creator	创建者	Please select a main key	主键
create_time	创建时间	Please select a main key	主键
modify_time	修改时间	Please select a main key	主键
modifier	修改者	Please select a main key	主键
name	姓名	Please select a main key	主键
event_time	事件时间	Please select a main key	主键
h.name	name	Please select a main key	主键

图 6-51　数据融合设计实例

(3) 数据注入

从各种类型的数据源中提取出实体、属性以及实体间的相互关系，在此基础上形成本体化的知识表达。将这些数据与动态本体进行映射后，需要通过数据抽取将数据导入知识图谱设计结构中，实现业务知识与数据的对应，形成知识图谱数据库，以便在知识检索时更加智能有效地匹配和进行知识的深度挖掘。

(4) 形成知识图谱

知识图谱的使用主要是针对业务场景，根据规则或者模型开展分析与应用；基于规则的分析，按照业务规则对图谱库中的实体和关系进行利用，执行查询、比对等；基于模型开展的分析，一般可以从图谱库中已有的实体关系数据出发，经过机器学习归纳推理，建立实体间的新关联。

Neo4j 可以以两种方式运行：

1）Java 应用程序中的嵌入式数据库。

2）通过 REST 的独立服务器。

6.4.3　知识图谱本体设计

6.4.3.1　巡逻知识图谱

通过对巡逻工作需求与巡逻业务相关数据分析，将警务巡逻对象分成实体、事件、文档三类。其中，实体包括“人”“物品”“地”，文档在本节中定义为处置依据。根据业务场景和数据情况构建概念模型，明确列出实体、事件、文档，并对其进行具体定义，例如被盘问对象、聚众斗殴、处置依据等。

根据警务巡逻业务需求，将人实体分为警察岗位和被盘问对象者 2 类实体共 36 种，警员根据不同岗位分成治安巡逻警员 2 种、监所巡控警员 1 种、指挥中心警员 1 种，共计 4 种；被盘问对象分为重点人员 7 种、在押人员 1 种、身份可疑人员 3 种、携带可疑物品人员 4 种、体貌可疑人员 8 种、行为可疑人员 6 种、其他异常的可疑者 3 种，共计 32 种。根据警务巡逻过程需要，涉及装备配置、证件与违禁物品 3 类共 39 种，其中装备配置又分为设备配置与着装配置，设备配置 13 种，着装配置 8 种；涉及证件种类 9 种，违禁品为 9 种。处置依据包括法律依据 15 种，处置措施 29 种，其他文档 3 种，共 47 种；根据巡逻过程中事件的处理方法和方式进行抽象，对警员与被盘问者、警员与处置措施、地点与物品、警员与事件、物品与文档的关系进行梳理，共梳理 14 类关系。

6.4.3.2　安保知识图谱

通过对安保警务工作需求与安保业务相关的数据分析，将警务安保对象分成实体、事件、文档三类。其中，实体包括“人”“物品”“车”，在本节中将文档定义为处置依据。根据业务场景和数据情况构建概念模型，明确列出实体、事件、处置依据，并对其进行具体定义。定义人、物、车、事件以及处置依据等对象共 156 种；根据安保过程中事件的处理方法和方式进行抽象，对警员、被检查者、物品、车、处置依据、事件之间的关系进行梳理，共 14 类关系。

6.4.3.3　防爆安检知识图谱

通过对防爆安检任务的具体分析，总结归纳包括国内外爆炸犯罪情况、爆炸基础理论、爆炸装置的基础知识、防爆安检技术、专用器材、处置程序等相关知识数据，从中抽取定义人、物、文档等实体对象共98种。

按照安检防爆人员配置岗位分析，将人实体分为检查人员、被检查人员、排爆人员、处置人员4类14种；按照防爆安检工作过程中涉及的对象，将物品分为危险物品、爆炸物、检查器材、防爆处置器材、防护器材和储运器材6类51种；根据防爆安检过程的事件和处理规范文档规定，文档分为爆炸物判断识别、检查技术方法、事件处置的原则和程序、相关法律法规等有关的内容，梳理共13种文档；根据爆炸案件分析梳理了防爆安检过程中的事件分类共20种；根据防爆安检工作过程中事件的处理技术方法和程序原则进行抽象，警察与警察、警察和被检查人、警察与专业器材、警察与相关措施、场所与物品、物品与文档、警察与事件等的关系进行梳理，共梳理37类关系。

6.4.3.4 消防救援知识图谱

消防知识图谱的设计一般由三部分组成：消防对象定义、消防关系定义和数据库设计。根据消防相关知识的文档规范和数据调研情况，定义火灾、火灾发生地、火灾现场伴随事故、应急救援等级、灭火装备等实体和文档对象共98种。

将火灾实体按照火灾燃烧物种类分为6类，分别为固体物质火灾、液体或可熔化的固体物质火灾、气体火灾、金属火灾、带电火灾、烹饪器具内的烹饪物（如动植物油脂）火灾72种；梳理火灾现场伴随发生的次生事故（除火灾事故之外的其他事故）种类17种；按照火灾发生地，将大概率可能发生火灾的地点分为一般场所、人员密集场所、易燃易爆危险品场所、重点场所4类共32种，其中一般场所7种，人员密集场所13种，易燃易爆危险品场所4种，重点场所8种；通过对火灾级别、火警和应急救援等方面资料的查阅，将火警级别从低到高分为一~五级，分别用绿、蓝、黄、橙、红5种颜色代表其危险程度；将应急救援级别分为一~四级，分别用蓝、黄、橙、红4种颜色代表其危险程度。通过分析处理各种火灾事件的规范、规则、流程、处理的结果等，并结合消防员在火灾现场的具体灭火操作，将消防人员在进行灭火救援时使用的装备分为消防车、侦检器材、警戒器材、救灾器械、破拆器械等5类49种；通过对消防灭火处理规范的梳理，将消防救援过程中可能出现的救援措施分为侦查检查、警戒疏散、人员搜救、排除险情、现场清理5类30种；根据消防案件和救援规范文档规定，将文档分为检查措施、处理事件的规范、规则、流程等有关的内容，梳理共17种文档；根据消防事故的处理方法和方式进行抽象，对火灾与火灾发生地、火灾与可能发生的伴随事故、火灾与应急救援级别、火灾与救援设备、火灾与救援措施的关系进行梳理，共梳理28类关系。

6.4.3.5 犯罪现场勘查知识图谱

犯罪现场勘查知识图谱模型构建的主要任务是定义模型中对象、关系、属性概念。将人实体分为侦查人员、被询问人、被保护人和见证人4类实体，去重总结共13种；将与犯罪现场勘查有关的物品分为勘验检查对象、采集对象、记录对象、分析对象、保护对象和搜索对象6类，去重总结共95种；采集对象一般是因犯罪行为而遗留在案件现场的各种形象痕迹，主要分为痕迹、法医物证、微量物质、毒物物证4个主要类别32个子类；记录对象是侦查人员在犯罪现场勘查过程中，为保持整体状态不变，对场所、物品、尸体、人身等与案件有关联的事物进行制作记录勘验检查过程和结果，记录的对象主要由勘验、检查相关记录、犯罪现场系列绘图、犯罪现场各方位照相、犯罪现场系列录像4大类23子类构成；按照公安部相关文件规定，犯罪现场分析的对象主要包括开始作案时间和作案所需时间、作案

地点场所、作案工具、作案方式和手段特点、犯罪嫌疑人在现场活动过程、作案动机与目的、案件性质、犯罪嫌疑人人数、犯罪嫌疑人的知情情况、犯罪嫌疑人的行为习惯、犯罪嫌疑人的个人特征和条件、侦查方向和范围等11类；将时空分为现场环境和时间2大类8个子类；将文档划分为刑事案件现场勘验检查规则总则规范、现场访问规范、现场保护规则、流程、记录的结果等有关的内容，共15种文档；将犯罪现场勘查主要案件分为8类；根据犯罪现场勘查过程中案件的处理方法和方式进行抽象，对侦查人员与被询问、保护者、见证人以及被勘验检查、采集、分析、记录和保护的地点与物品，人与案件、物品与文档之间的关系进行梳理，共梳理13类关系。

6.4.4　机器人工作模式与图谱应用

6.4.4.1　警用机器人工作模式

（1）警务巡逻路径执行

在警务巡逻工作中，巡逻路径是开展巡逻工作的前提条件，巡逻路径规划是否合理，很大程度上影响了巡逻的效果，是维护辖区范围内治安稳定的重要因素之一。巡逻路径的规划往往取决于辖区内容易构成威胁的因素与可能趋势，主要包含高人群密度、高案发场所、主要干道、重点区域等。对于不同场景下的警务巡逻路径规划，应当充分考量各种高危险因素场所，并按照规划路径开展巡逻工作，能最大限度地减少案件的发生，更好地保障辖区的治安稳定。

巡逻机器人应具备根据已规划的巡逻路径执行巡逻任务，且在执行任务过程中发现障碍物时，应具备自动避障功能。

（2）人员信息识别

识别出人群中潜藏的危险人员，包括重点人员识别、体貌可疑人员识别、行为举止异常人员、身份可疑人员以及其他可疑人员。

重点人员识别通过机器人的人脸识别模式或者证件查询识别出基本信息并与图谱内容实时比对，完成人员信息识别，对警务人员发出警示，指示进一步盘查询问处置流程。

体貌可疑人员需要机器人完成对识别对象的体貌特征提取并与图谱内容对比，发现可疑人员后，对警务人员发出警示，指示进一步盘查询问处置流程。

行为举止异常人员需要机器人完成对识别对象的行为分析，把分析结果与图谱内容定义的异常行为对比，发现可疑人员后，对警务人员发出警示，指示进一步排疑处置流程。

身份可疑人员需要机器人通过对人员基本信息识别后，再对比其提供的身份信息核对是否匹配等综合判断出可疑类型，如身份证与本人不符，并反馈处置流程。

基于以上工作模式，机器人可以基本完成对人员的识别，筛选危险人员，指示处置流程。

（3）车辆信息识别

安保机器人可以利用高清摄像头对车辆的车型、车牌号、车身特征、车标进行识别，同时对驾乘人员的身份证件进行核查，与机动车登记信息库、被盗抢车辆信息库和车辆交通违法信息库进行比对，发现被盗抢或存在套牌、假牌、肇事逃逸车辆的情况予以上报，扣留调查。

（4）物品信息识别

物品信息识别包含对证件、违禁物品和限带物品的识别。

证件识别主要是为了排除可疑对象，通过机器人扫描，获取对象提供的证件信息，如身份证、驾驶证、护照等，并对识别出的信息与相应的公安库信息核实对比，判断是否有效。

违禁物品识别的目的是为了减少危害情况的发生，通过机器人对物品识别，判断物品种类和危险性，如易燃易爆物品，并发出预警，提示处置措施。

总之，机器人需要对具体物品进行基本信息的识别，得出具体的识别信息后与知识图谱的内容进行对比，从而获取物品的关联信息以及相应的处置措施。

（5）事件处置流程

在实际的警务工作过程中，对于不同的情况需要采取针对性的措施以保证执法的规范性与准确性。知识图谱的构建包含了大量的处置依据，机器人基于识别功能完成识别，对具体应用场景基于图谱匹配出相应的处置措施和法律依据，提供给警务工作人员，辅助警员完成警务任务。

6.4.4.2 警务知识图谱应用

基于警务知识图谱的主要应用包括业务培训和助推警用机器人智能思维两方面。

（1）业务培训

警务巡逻知识图谱融合了大量的巡逻工作经验，其中包含巡逻工作中可能面临的警情、对应警情处理措施、采取措施对应的法律依据条文等相关信息，以网络图谱的形式关联展现出来，并可以通过检索获取需要的知识。其高效地共享了丰富的工作经验，综合了多方面信息，能方便、快捷、全面、准确地获取所需知识。将警务知识图谱应用于业务培训，能明显提高知识获取能力，缩短培训时间，且因为法律的关联运用，还能提高巡警执法的规范性。警务巡逻知识图谱在培训工作中进一步推广应用，每个人获取的信息相同，还能促进执法方式的统一。

（2）助推警用机器人智能思维

警务巡逻和安保知识图谱通过对人、车和物的数据引入，可以通过推理挖掘之间的深层次关系，比如巡逻过程中发现一车辆，通过车牌识别关联到该车为被盗车辆，那么正在驾驶这辆车的人可判断为具有盗车嫌疑。依此类推，通过更深层次关系挖掘能产生更复杂的自动化判断模式，基于图谱的此类研究有助于巡逻、安保机器人智能思维的发展。

公安工作的众多场景，特别是安保、巡逻中，有很多涉及基于公安行业安保、巡逻知识图谱的人机交互场景需求。基于知识图谱的知识推理技术将为公安安全提供实时化、海量稀疏的实体关系上的关联关系定位，为人工研判提供辅助。利用知识图谱理论可以将公安多源、异构大数据进行有效组织、构建以“知识”为核心的知识库、关联网络和推理模型，为警用机器人的应用提供重要的技术支撑。

本节基于巡逻、安保、处置经验与公安数据特点和知识图谱技术抽象出现实警务巡逻、安保、处置业务的概念与实体，通过数据导入和知识融合，初步构建出警务巡逻、安保、处置知识图谱体系构架，基本实现了公安数据资源、法律资源和警务业务工作经验的综合运用，可提供给巡逻、安保、处置工作培训及工作经验的资源共享等。但是随着社会科技的发展，警务工作中出现警情的种类也不断增多，针对不同警情的处理经验、法律规定也不断更新，这就要求本体模型和知识库进行不断更新，才能与时俱进，实现知识图谱的长期有效。

参考文献

[1] SMITH R. On the estimation and representation of spatial uncertainty [J]. Int. J. Robotics Res., 1987, 5 (4): 113-119.

[2] SMITH R, SELF M, CHEESEMAN P. Estimating uncertain spatial relationships in robotics [J]. Machine Intelligence & Pattern Recognition, 1990, 8 (5): 435 - 461.

[3] THRUN S, LIU Y, KOLLER D, et al. Simultaneous localization and mapping with sparse extended information filters [J]. The International Journal of Robotics Research, 2004, 23 (7-8): 693-716.

[4] MONTEMERLO M, STENTZ A. FastSLAM: A factored solution to the simultaneous localization and mapping problem with unknown data association [M]. Pittsburgh: Carnegie Mellon University Press, 2003: 593-598.

[5] GUTMANN J S, KONOLIGE K. Incremental mapping of large cyclic environments [C] //IEEE. Proceedings International Symposium on Computational Intelligence in Robotics & Automation Monterey. [S.l.: s.n.], 2002: 318-325.

[6] THRUN S, LIU Y, KOLLER D, et al. Simultaneous localization and mapping with sparse extended information filters [J]. The International Journal of Robotics Research, 2004, 23 (7-8): 693-716.

[7] GRISETTI G, STACHNISS C, BURGARD W. Improved techniques for grid mapping with rao - blackwellized particle filters [J]. IEEE Transactions on Robotics, 2007, 23 (1): 34-46.

[8] BOSSE M, ZLOT R. Map matching and data association for large - scale two - dimensional laser scan - based slam [J]. The International Journal of Robotics Research, 2008, 27 (6): 667-691.

[9] OLUFS S, VINCZE M. An efficient area - based observation model for monte - carlo robot localization [C] //IEEE. IEEE/RSJ International Conference on Intelligent Robots and Systems (IROS), [S.l.: s.n.], 2009: 13-20.

[10] KRETZSCHMAR H, STACHNISS C, GRISETTI G. Efficient information - theoretic graph pruning for graph - based SLAM with laser range finders [C] //IEEE. IEEE/RSJ International Conference on Intelligent Robots and Systems (IROS). [S.l.: s.n.], 2011: 865-871.

[11] WEINGARTEN J, SIEGWART R. EKF - based 3D SLAM for structured environment reconstruction [C] //IEEE. IEEE/RSJ International Conference on Intelligent Robots and Systems. [S.l.: s.n.], 2005: 2-6.

[12] COLE D M, NEWMAN P M. Using laser range data for 3D SLAM in outdoor environments [C] //IEEE. IEEE International Conference on Robotics and Automation. [S.l.: s.n.], 2006: 1556-1563.

[13] WELLE J, SCHULZ D, BACHRAN T, et al. Optimization techniques for laser - based 3D particle filter SLAM [C] //IEEE. IEEE International Conference on Robotics and Automation. [S.l.: s.n.], 2010: 3525-3530.

[14] NÜCHTER A, LINGEMANN K, HERTZBERG J, et al. 6D SLAM—3D mapping outdoor environments [J]. Journal of Field Robotics, 2007, 24 (8-9): 699-722.

[15] BORRMANN D, ELSEBERG J, LINGEMANN K, et al. Globally consistent 3D mapping with scan matching [J]. Robotics and Autonomous Systems, 2008, 56 (2): 130-142.

[16] DESCHAUD J E. IMLS - SLAM: scan - to - model matching based on 3D data [J]. ArXiv preprint arXiv, 2018 (1802): 8633.

[17] ZLOT R, BOSSE M. Efficient large - scale 3D mobile mapping and surface reconstruction of an underground mine [C] //Anon. International Conference on Field and Service Robotics. [S.l.: s.n.], 2014: 479-493.

[18] MOOSMANN F, STILLER C. Velodyne slam [C] //IEEE. Intelligent Vehicles Symposium (Ⅳ). [S.l.: s.n.], 2011: 393-398.

[19] ZHANG J, SINGH S. Low - drift and real - time lidar odometry and mapping [J]. Autonomous Robots, 2017, 41 (2): 401 - 416.

[20] DUBÉ R, DUGAS D, STUMM E, et al. Segmatch: Segment based loop - closure for 3D point clouds [J]. ArXiv preprint arXiv, 2016 (1609): 7720.

[21] KAESS M, RANGANATHAN A, DELLAERT F. ISAM: Incremental smoothing and mapping [M]. NYC: IEEE Press, 2008: 1365 - 1378.

[22] CENSI A. On achievable accuracy for range - finder localization [C] //IEEE. IEEE International Conference on Robotics and Automation. [S. l.: s. n.], 2007: 4170 - 4175.

[23] 王炜, 陈卫东, 王勇. 基于概率栅格地图的移动机器人可定位性估计 [J]. 机器人, 2012, 34 (4): 485 - 491, 512.

[24] 余兵, 李剑. 警用机器人发展现状及趋势 [J]. 警察技术, 2018 (3): 4 - 6.

[25] KAESS M, RANGANATHAN A, DELLAERT F. ISAM: Incremental smoothing and mapping [J]. IEEE Transactions on Robotics, 2008, 24 (6): 1365 - 1378.

[26] GELFAND N, IKEMOTO L, RUSINKIEWICZ S, et al. Geometrically Stable Sampling for the ICP Algorithm [C] //Anon. International Conference on 3 - D Digital Imaging and Modeling, 2003. [S. l.: s. n.], 2003: 260 - 267.

[27] DOUILLARD B, UNDERWOOD J, MELKUMYAN N, et al. Hybrid elevation maps: 3D surface models for segmentation [C] //IEEE. IEEE/RSJ International Conference on Intelligent Robots and Systems. [S. l.: s. n.], 2010: 1532 - 1538.

[28] SAMPLES M, JAMES M R. Learning a real - time 3D point cloud obstacle discriminator via bootstrapping [C] //Anon. Workshop on Robotics and Intelligent Transportation System. [S. l.: s. n.], 2010.

[29] BOGOSLAVSKYI I, STACHNISS C. Fast range image - based segmentation of sparse 3D laser scans for online operation [C] //IEEE. Intelligent Robots and Systems (IROS), 2016 IEEE/RSJ International Conference. [S. l.: s. n.], 2016: 163 - 169.

[30] WOLD S, ESBENSEN K, GELADI P. Principal component analysis [J]. Chemo - metrics & Intelligent Laboratory Systems, 1987, 2 (1): 37 - 52.

[31] BESL P J, MCKAY H D. A method for registration of 3 - D shapes. IEEE Trans Pattern Anal Mach Intell [J]. IEEE Transactions on Pattern Analysis & Machine Intelligence, 1992, 14 (2): 239 - 256.

[32] BIBER P, STRASSER W. The normal distributions transform: a new approach to laser scan matching [C] //IEEE. IEEE/RSJ International Conference on Intelligent Robots and Systems. [S. l.: s. n.], 2003: 2743 - 2748.

[33] OLSON E B. Real - time correlative scan matching [C] //IEEE. IEEE International Conference on Robotics and Automation. [S. l.: s. n.], 2009: 1233 - 1239.

[34] POMERLEAU F, COLAS F, SIEGWART R. A review of point cloud registration algorithms for mobile robotics [M]. [S. l.]: Now Publishers Inc., 2015: 1 - 104.

[35] MEAGHER D. Geometric modeling using octree encoding [J]. Computer Graphics & Image Processing, 1982, 19 (2): 129 - 147.

[36] FILLIAT D. A visual bag of words method for interactive qualitative localization and mapping [C] //IEEE. IEEE International Conference on Robotics and Automation. [S. l.: s. n.], 2007: 3921 - 3926.

[37] LIANG X, CHEN H, LI Y, et al. Visual laser - SLAM in large - scale indoor environments [C] //IEEE. IEEE International Conference on Robotics and Biomimetics. [S. l.: s. n.], 2017: 19 - 24.

[38] ZHANG J, SINGH S. Visual - lidar Odometry and Mapping: Low - drift, Robust, and Fast [C] //IEEE. IEEE International Conference on Robotics and Automation. [S. l.: s. n.], 2015: 2174 - 2181.

[39] MOURIKIS A I, ROUMELIOTIS S I. A multi – state constraint Kalman filter for vision – aided inertial navigation [C] //IEEE. Proceedings 2007 IEEE International Conference on Robotics and Automation. [S. l. : s. n.], 2007: 3565 – 3572.

[40] LEUTENEGGER S, LYNEN S, BOSSE M, et al. Keyframe – based visual – inertial odometry using nonlinear optimization [J]. The International Journal of Robotics Research, 2015, 34 (3): 314 – 334.

[41] FORSTER C, CARLONE L, DELLAERT F, et al. On – manifold preintegration for real – time visual – inertial odometry [J]. IEEE Transactions on Robotics, 2017, 33 (1): 1 – 21.

[42] SCHNEIDER T, DYMCZYK M, FEHR M, et al. Maplab: An open framework for research in visual – inertial mapping and localization [J]. IEEE Robotics and Automation Letters, 2018, 3 (3): 1418 – 1425.

[43] MUR ARTAL R, TARDOS J D. Visual – Inertial Monocular SLAM With Map Reuse [J]. IEEE Robotics and Automation Letters, 2017, 2 (2): 796 – 803.

[44] CHURCHILL W, NEWMAN P. Experience – based navigation for long – term localisation [M]. [S. l.]: Sage Publications, Inc. 2013.

[45] PATON M, POMERLEAU F, MACTAVISH K, et al. Expanding the limits of vision – based localization for long – term route – following autonomy [J]. Journal of Field Robotics, 2016, 34 (1).

[46] KENDALL A, GRIMES M, CIPOLLA R. PoseNet: A convolutional network for real – time 6 – DOF camera relocalization [C] //IEEE. IEEE International Conference on Computer Vision. [S. l. : s. n.], 2015.

[47] WOLCOTT R W, EUSTICE R M. Visual localization within LIDAR maps for automated urban driving [C] //IEEE. IEEE/RSJ International Conference on Intelligent Robots & Systems. [S. l. : s. n.], 2014.

[48] PASCOE G, MADDERN W, NEWMAN P. Robust direct visual localisation using normalised information distance [C] //Anon. British Machine Vision Conference. [S. l. : s. n.], 2015.

[49] GAWEL A, CIESLEWSKI T, DUBE R, et al. Structure – based vision – laser matching [C] //IEEE. IEEE/RSJ International Conference on Intelligent Robots & Systems. [S. l. : s. n.], 2016.

[50] CASELITZ T, STEDER B, RUHNKE M, et al. Monocular camera localization in 3D LiDAR maps [C] // IEEE. IEEE/RSJ International Conference on Intelligent Robots & Systems. [S. l. : s. n.], 2016.

[51] WANG Y, XIONG R, LI Q. EM – based point to plane ICP for 3D simultaneous localization and mapping [J]. Int J Rob Autom, 2013, 28: 234 – 244.

[52] KULLBACK S, LEIBLER R A. On information and sufficiency [J]. Annals of Mathematical Statistics, 1951, 22 (1): 79 – 86.

[53] MUR ARTAL R, TARDÓS J D. ORB – SLAM2: An open – source SLAM system for monocular, stereo, and RGB – D cameras [J]. IEEE Transactions on Robotics, 2016, 33 (5): 1 – 8.

[54] POMERLEAU F, COLAS F, SIEGWART R, et al. Comparing ICP variants on real – world data sets [J]. Autonomous Robots, 2013, 34 (3): 133 – 148.

[55] ROSTEN E, DRUMMOND T . Machine learning for high – speed corner detection [C] //Anon. European Conference on Computer Vision. Berlin: Springer, 2006.

[56] LOWE, DAVID G. Distinctive image features from scale – invariant keypoints [J]. International Journal of Computer Vision, 2004 (60. 2): 91 – 110.

[57] RUBLEE E, RABAUD V , KONOLIGE K , et al. ORB: An efficient alternative to SIFT or SURF [C] // IEEE. International Conference on Computer Vision. [S. l. : s. n.], 2011.

[58] FISCHLER M A, BOLLES R C. Random sample consensus: a paradigm for model fitting with applications to image analysis and automated cartography [J]. Communications of the ACM, 1981, 24 (6): 381 – 395.

[59] RAMALINGAM S , BOUAZIZ S , STURM P . Pose estimation using both points and lines for geo – localization [C] //IEEE. IEEE International Conference on Robotics & Automation. [S. l. : s. n.], 2011.

[60] GAO X S , HOU X R , TANG J , et al. Complete solution classification for the perspective – three – point problem [J]. IEEE Transactions on Pattern Analysis and Machine Intelligence, 2003, 25 (8): 0 – 943.

[61] LEPETIT V, MORENO N F, FUA P. EPnP: Efficient perspective – n – point camera pose estimation [J]. Int. J. Comput. 2009, 81: 155 – 166.

[62] DHOME M , RICHETIN M , LAPRESTE J T , et al. Determination of the attitude of 3D objects from a single perspective view [J]. IEEE Transactions on Pattern Analysis & Machine Intelligence, 1989, 11 (12): 1265 – 1278.

[63] CHEN H H. Pose determination from line – to – plane correspondences: existence condition and closed – form solutions [J]. IEEE Transactions on Pattern Analysis and Machine Intelligence, 2002, 13 (6): 530 – 541.

[64] TROIANI C, MARTINELLI A, LAUGIER C, et al. 1 – Point – based Outlier Rejection for Camera – IMU Systems with applications to Micro Aerial Vehicles [C] //IEEE. IEEE International Conference on Robotics and Automation (ICRA). [S. l. : s. n.], 2014.

[65] PHILIP, J. A Non – Iterative algorithm for determining all essential matrices corresponding to five point pairs [J]. The Photogrammetric Record, 1996 (15. 88): 589 – 599.

[66] NISTER D. An efficient solution to the five – point relative pose problem [J]. IEEE Transactions on Pattern Analysis and Machine Intelligence, 2004, 26 (6): 756 – 770.

[67] FRAUNDORFER F , TANSKANEN P , POLLEFEYS M . A minimal case solution to the calibrated relative pose problem for the case of two known orientation angles [C] //Anon. European Conference on Computer Vision. Berlin: Springer, 2010.

[68] SCARAMUZZA D , FRAUNDORFER F , SIEGWART R . Real – time monocular visual odometry for on – road vehicles with 1 – point RANSAC [C] //IEEE. 2009 IEEE International Conference on Robotics and Automation. [S. l. : s. n.], 2009.

[69] HARALICK B M , LEE C N , OTTENBERG K , et al. Review and analysis of solutions of the three point perspective pose estimation problem [J]. International Journal of Computer Vision, 1994, 13 (3): 331 – 356.

[70] DISSANAYAKE G, DURRANT W H, BAILEY T. A computationally efficient solution to the simultaneous localisation and map building (SLAM) problem [C] //IEEE. IEEE International Conference on Robotics and Automation. [S. l. : s. n.], 2000, 2: 1009 – 1014.

[71] THRUN S, MONTEMERLO M. The graph SLAM algorithm with applications to large – scale mapping of urban structures [J]. The International Journal of Robotics Research, 2006, 25 (5 – 6): 403 – 429.

[72] MURARTAL R, MONTIEL J M M, TARDOS J D. ORB – SLAM: a versatile and accurate monocular SLAM system [J]. IEEE transactions on robotics, 2015, 31 (5): 1147 – 1163.

[73] MCDONALD J, KAESS M, CADENA C, et al. Real – time 6 – DOF multi – session visual SLAM over large – scale environments [J]. Robotics and Autonomous Systems, 2013, 61 (10): 1144 – 1158.

[74] NEWMAN P, SIBLEY G, SMITH M, et al. Navigating, recognizing and describing urban spaces with vision and lasers [J]. The International Journal of Robotics Research, 2009, 28 (11 – 12): 1406 – 1433.

[75] CHURCHILL W, NEWMAN P. Experience – based navigation for long – term localisation [J]. The International Journal of Robotics Research, 2013, 32 (14): 1645 – 1661.

[76] MILFORD M J, WYETH G F. SeqSLAM: Visual route – based navigation for sunny summer days and stormy winter nights [C] //IEEE. 2012 IEEE International Conference on Robotics and Automation. [S. l. : s. n.], 2012: 1643 – 1649.

[77] TULLY S, KANTOR G, CHOSET H. A unified bayesian framework for global localization and slam in hybrid metric/topological maps [J]. The International Journal of Robotics Research, 2012, 31 (3): 271 – 288.

[78] FOX D, BURGARD W, DELLAERT F, et al. Monte carlo localization: Efficient position estimation for mo-

bile robots [J]. AAAI/IAAI, 1999 (343 - 349): 1 - 2.
[79] KONOLIGE K, AGRAWAL M. FrameSLAM: From bundle adjustment to real - time visual mapping [J]. IEEE Transactions on Robotics, 2008, 24 (5): 1066 - 1077.
[80] LOWRY S, SÜNDERHAUF N, NEWMAN P, et al. Visual place recognition: A survey [J]. IEEE Transactions on Robotics, 2016, 32 (1): 1 - 19.
[81] ANGELI A, DONCIEUX S, MEYER J A, et al. Visual topological SLAM and global localization [C] //IEEE. 2009 IEEE International Conference on Robotics and Automation. [S. l.: s. n.], 2009: 4300 - 4305.
[82] KONOLIGE K, BOWMAN J, CHEN J D, et al. View - based maps [J]. The International Journal of Robotics Research, 2010, 29 (8): 941 - 957.
[83] FURGALE P, BARFOOT T D. Visual teach and repeat for long - range rover autonomy [J]. Journal of Field Robotics, 2010, 27 (5): 534 - 560.
[84] PATON M, MACTAVISH K, WARREN M, et al. Bridging the appearance gap: Multi - experience localization for longterm visual teach and repeat [C] //IEEE. 2016 IEEE/RSJ International Conference on Intelligent Robots and Systems (IROS). [S. l.: s. n.], 2016: 1918 - 1925.
[85] ZHANG F, STAHLE H, CHEN C, et al. A lane marking extraction approach based on random finite set statistics [C] //IEEE. Intelligent Vehicles Symposium (Ⅳ), 2013 IEEE. [S. l.: s. n.], 2013: 1143 - 1148.
[86] ZHU Z, LIANG D, ZHANG S, et al. Traffic - sign detection and classification in the wild [C] //IEEE. Proceedings of the IEEE Conference on Computer Vision and Pattern Recognition. [S. l.: s. n.], 2016: 2110 - 2118.
[87] MA B, LAKSHMANAN S, HERO A O. Simultaneous detection of lane and pavement boundaries using model - based multisensor fusion [J]. IEEE Transactions on Intelligent Transportation Systems, 2000, 1 (3): 135 - 147.
[88] HUANG A S, MOORE D, ANTONE M, et al. Finding multiple lanes in urban road networks with vision and lidar [J]. Autonomous Robots, 2009, 26 (1 - 3): 103 - 122.
[89] DAHLKAMP H, KAEHLER A, STAVENS D, et al. Self - supervised monocular road detection in desert terrain [C] //Anon. Robotics: science and systems. [S. l.: s. n.], 2006: 38.
[90] LONG J, SHELHAMER E, DARRELL T. Fully convolutional networks for semantic segmentation [C] //IEEE. Proceedings of the IEEE conference on computer vision and pattern recognition. [S. l.: s. n.], 2015: 3431 - 3440.
[91] ROS G, SELLART L, MATERZYNSKA J, et al. The synthia dataset: A large collection of synthetic images for semantic segmentation of urban scenes [C] //IEEE. Proceedings of the IEEE conference on computer vision and pattern recognition. [S. l.: s. n.], 2016: 3234 - 3243.
[92] SIAM M, ELKERDAWY S, JAGERSAND M, et al. Deep semantic segmentation for automated driving: Taxonomy, roadmap and challenges [C] //IEEE. 2017 IEEE 20th International Conference on Intelligent Transportation Systems (ITSC). [S. l.: s. n.], 2017: 1 - 8.
[93] SHOTTON J, JOHNSON M, CIPOLLA R. Semantic texton forests for image categorization and segmentation [C] //IEEE. 2008 IEEE Conference on Computer Vision and Pattern Recognition. [S. l.: s. n.], 2008: 1 - 8.
[94] BROSTOW G J, SHOTTON J, FAUQUEUR J, et al. Segmentation and recognition using structure from motion point clouds [C] //Anon. European conference on computer vision. Berlin: Springer, 2008: 44 - 57.
[95] DEILAMSALEHY H, HAVENS T C, MANELA J. Heterogeneous multisensor fusion for mobile platform three - dimensional pose estimation [J]. Journal of Dynamic Systems, Measurement, and Control, 2017, 139 (7): 071002.
[96] SONG Y, NUSKE S, SCHERER S. A multi - sensor fusion MAV state estimation from long - range stereo,

IMU, GPS and barometric sensors [J]. Sensors, 2017, 17 (1): 11.

[97] JIN X B, SUN S, WEI H, et al. Advances in multi - sensor information fusion: Theory and applications 2017 [J]. Sensors, 2018, 18 (4): 1162.

[98] GAO Y, LIU S, ATIA M M, et al. INS/GPS/LiDAR integrated navigation system for urban and indoor environments using hybrid scan matching algorithm [J]. Sensors, 2015, 15 (9): 286 - 302.

[99] SERRA P, CUNHA R, HAMEL T, et al. Landing of a quadrotor on a moving target using dynamic image - based visual servo control [J]. IEEE Transactions on Robotics, 2016 (99): 1 - 12.

[100] 张赫. 具有力感知功能的六足机器人及其崎岖地形步行控制研究 [D]. 哈尔滨: 哈尔滨工业大学, 2013.

[101] WANG Z Y, DING X L, ROVETTA A. Analysis of typical locomotion of a symmetric hexapod robot [J]. Robotica, 2010, 28 (6): 893 - 907.

[102] GASPARETTO A, ZANOTTO V. Optimal trajectory planning for industrial robots [J]. Advances in Engineering Software, 2010, 41 (4): 548 - 556.

[103] GARCIA J G, ROBERTSSON A, ORTEGA J G, et al. Self - calibrated robotic manipulator force observer [J]. Robotics and Computer - Integrated Manufacturing, 2009, 25 (2): 366 - 378.

[104] 郭永华, 林振兴, 吴坚. 欧盟 REACH 法规中危险品分类与标签 [J]. 中国石油和化工标准与质量, 2008, 28 (8): 27 - 32.

[105] 顾震宇. 全球工业机器人产业现状与趋势 [J]. 机电一体化, 2006, 12 (2): 6 - 9.

[106] 李剑, 董钦, 韩忠华, 等. 警用机器人在重要场所示范应用思考 [J]. 警察技术, 2018 (3): 20 - 22.

[107] 王小鹏, 于挥, 闫建伟. 一种基于 X 射线图像和特征曲线的危险品检测方法 [J]. 中国体视学与图像分析, 2014 (4): 330 - 337.

[108] 范晋祥, 杨建宇. 红外成像探测技术发展趋势分析 [J]. 红外与激光工程, 2012, 41 (12): 3145 - 3152.

[109] CHEN D, LI B, ROCHE P, et al. Feasibility studies of virtual laryngoscopy by CT and MRI - from data acquisition, image segmentation, to interactive visualization [J]. IEEE Transactions on Nuclear Science, 2001, 48 (1): 51 - 57.

[110] 孟子晖, 芦薇, 薛敏. 光子晶体对危险品检测的研究进展 [C] //中国化学会. 中国化学会第 29 届学术年会论文集. [出版地不详: 出版者不详], 2014.

[111] 卢树华. 基于太赫兹光谱技术的爆炸物类危险品检测 [J]. 激光与光电子学进展, 2012, 49 (4): 41 - 48.

[112] 王华君, 惠晶. 基于 SIFT 特征和 ISM 的 X 射线图像危险品检测方法 [J]. 计算机测量与控制, 2018 (1): 31 - 32.

[113] 徐建华. 图像处理与分析 [M]. 北京: 科学出版社, 1994.

[114] LECUN Y, BOTTOU L, BENGIO Y, et al. Gradient - based learning applied to document recognition [J]. Proceedings of the IEEE, 1998, 86 (11): 2278 - 2324.

[115] REDMON J, DIVVALA S, GIRSHICK R, et al. You only look once: Unified, real - time object detection [C] //IEEE. Computer Vision and Pattern Recognition. [S. l.: s. n.], 2016: 779 - 788.

[116] 陈志强, 张丽, 金鑫. X 射线安全检查技术研究新进展 [J]. 科学通报, 2017 (13): 1350 - 1364.

[117] ZHENG J Z. The application of x - ray technology in sectuirty inspection domain [J]. Computerized Tomography Theory & Applications, 2012, 2: 11 - 14.

[118] 刘舒, 金华. X 射线安全检查技术 [J]. 中国人民公安大学学报 (自然科学版), 2008, 14 (4): 78 - 80.

[119] 王勇. X射线背散射成像技术在安检中的应用［J］. 中国安防，2012（z1）：118－121.

[120] MOUTON A，MEGHERBI N，VAN S K，et al. An experimental survey of metal artefact reduction in computed tomography［J］. Journal of X－ray science and technology，2013，21（2）：192－226.

[121] 孙丽娜，原培新. X射线安检设备智能控制与诊断系统设计［J］. 仪器仪表学报，2007，28（1）：154－157.

[122] 郑兆平，曾汉生，丁翠娇，等. 红外热成像测温技术及其应用［J］. 红外技术，2003，25（1）：96－98.

[123] LECUN Y，BOTTOU L，BENGIO Y，et al. Gradient－based learning applied to document recognition［J］. Proceedings of the IEEE，1998，86（11）：2278－2324.

[124] SIMONYAN K，ZISSERMAN A. Very deep convolutional networks for large－scale image recognition［J］. Computer Science，2014（6）：76－81.

[125] RIFFO V，MERY D. Active X－ray testing of complex objects［J］. Insight － Non－Destructive Testing and Condition Monitoring，2012，54（1）：28－35.

[126] FELZENSZWALB P F，GIRSHICK R B，MCALLESTER D，et al. Object detection with discriminatively trained partbased models［J］. IEEE Transactions on Pattern Analysis & Machine Intelligence，2014，47（2）：6－7.

[127] HE K，ZHANG X，REN S，et al. Spatial pyramid pooling in deep convolutional networks for visual recognition［J］. IEEE Trans Pattern Anal Mach Intell，2014，37（9）：1904－1916.

[128] HREN S，GIRSHICK R，et al. Faster R－CNN：Towards real－time object detection with region proposal networks［J］. IEEE Transactions on Pattern Analysis & Machine Intelligence，2017，39（6）：1137－1149.

[129] BONARINI A，ALIVERTI P，LUCIONI M. An omnidirectional vision sensor for fast tracking for mobile robots［J］. IEEE Transactions on Instrumentation and Measurement. 2000，49（3）：509－512.

[130] MURILLO A C，SAGÜÉS C，GUERRERO J J，et al. From omnidirectional images to hierarchical localization［J］. Robotics and Autonomous Systems，2007，55（5）：371－382.

[131] GOEDEMÉ T，NUTTIN M，TUYTELAARS T，et al. Omnidirectional vision based topological navigation［J］. International Journal of Computer Vision，2007，74（3）：219－236.

[132] 马建光. 基于全向视觉的移动机器人定位和路径规划研究［D］. 北京：北京理工大学，2002.

[133] BAY H，ESS A，TUYTELAARS T，et al. Speeded－up robust features（SURF）［J］. Computer Vision and Image Understanding，2008，110（3）：346－359.

[134] 许俊勇，王景川，陈卫东. 基于全景视觉的移动机器人同步定位与地图创建研究［J］. 机器人，2008，30（4）：289－297.

[135] KRÖSE B J A，VLASSIS N，BUNSCHOTEN R，et al. A probabilistic model for appearance－based robot localization［J］. Image and Vision Computing，2001，19（6）：381－391.

[136] MENEGATTI E，ZOCCARATO M，PAGELLO E，et al. Image－based monte carlo localisation with omnidirectional images［J］. Robotics and Autonomous Systems，2004，48（1）：17－30.

[137] JOGAN M，LEONARDIS A. Robust localization using an omnidirectional appearance－based subspace model of environment［J］. Robotics and Autonomous Systems，2003，45（1）：51－72.

[138] TAMIMI H，ANDREASSON H，TREPTOW A，et al. Localization of mobile robots with omnidirectional vision using particle filter and iterative sift［J］. Robotics and Autonomous Systems，2006，54（9）：758－765.

[139] ANDREASSON H，TREPTOW A，DUCKETT T. Self－localization in non－stationary environments using omni－directional vision［J］. Robotics and Autonomous Systems，2007，55（7）：541－551.

[140] HE K，GKIOXARI G，DOLLAR P，et al. Mask R－CNN［J］. IEEE Transactions on Pattern Analysis &

Machine Intelligence, 2017 (99): 1.

[141] TAILLARD E. Some efficient heuristic methods for the flow shop sequencing problem [J]. European Journal of Operational Research, 1990, 47 (1): 65 – 74.

[142] LAM L, SUEN C Y. Application of majority voting to pattern recognition: an analysis of its behavior and performance [J]. Systems Man & Cybernetics Part A Systems & Humans IEEE Transactions on, 1997, 27 (5): 553 – 568.

[143] JIANG Y, ZHAO Q, LU Y. Adaptive ensemble with human memorizing characteristics for data stream mining [J]. Mathematical Problems in Engineering, 2015 (20): 1 – 10.

[144] DATAR M, GIONIS A, INDYK P, et al. Maintaining stream statistics over sliding windows [J]. Siam Journal on Computing, 2002, 31 (6): 1794 – 1813.

[145] 王立鹏，王军政，汪首坤，等. 基于足端轨迹规划算法的液压四足机器人步态控制策略 [J]. 机械工程学报，2013，49 (1): 39 – 44.

[146] GAGLIARDINI L, TIAN X, GAO F, et al. Modelling and trajectory planning for a four leggedwalking robot with high payload [M]. Berlin: Springer, 2012: 551 – 561.

[147] MCGHEE R B, FRANK A A. On the stability properties of quadruped creeping gaits [J]. Mathematical Biosciences, 1968, 3: 331 – 351.

[148] MESSURI D, KLEIN C A. Automatic body regulation for maintaining stability of a legged vehicle during roughterrain locomotion [J]. Robotics and Automation, 1985, 1 (3): 131 – 141.

[149] HIROSE S. A study of design and control of a quadruped walking vehicle [J]. The International Journal of Robotics Research, 1984, 3 (2): 112 – 132.

[150] 王新杰，李培根，陈学东，等. 四足步行机器人关节位姿和稳定性研究 [J]. 中国机械工程，2005，16 (17): 1561 – 1566.

[151] KURAZUME R, YONEDA K, HIROSE S. Feedforward and feedback dynamic trot gait control for quadruped walking vehicle [J]. Autonomous Robots, 2002, 12 (2): 157 – 172.

[152] YONEDA K, HIROSE S. Dynamic and static fusion gait of a quadruped walking vehicle on a winding path [C] //IEEE. 1992 IEEE International Conference on Robotics and Automation. [S. l.: s. n.], 1992, 1: 142 – 148.

[153] YONEDA K, HIROSE S. Dynamic and static fusion gait of a quadruped walking vehicle on a winding path [J]. Advanced Robotics, 1994, 9 (2): 125 – 136.

[154] WON M, KANG T H, CHUNG W K. Gait planning for quadruped robot based on dynamic stability: landing accordance ratio [J]. Intelligent Service Robotics, 2009, 2 (2): 105 – 112.

[155] HILDEBRAND M. Symmetrical gaits of horses [J]. Science, 1965, 150 (3697): 701 – 708.

[156] HILDEBRAND M. Analysis of tetrapod gaits: general considerations and symmetrical gaits [J]. Neural control of locomotion, 1976, 18: 202 – 206.

[157] MCGHEE R B. Finite state control of quadruped locomotion [J]. Simulation, 1967, 9 (3): 135 – 140.

[158] TOMOVIC R, MCGHEE R B. A finite state approach to the synthesis of bioengineering control systems [J]. Human Factors in Electronics, IEEE Transactions on, 1966 (2): 65 – 69.

[159] FRANK A A, MCGHEE R B. Some considerations relating to the design of autopilots for legged vehicles [J]. Journal of Terramechanics, 1969, 6 (1): 22 – 35.

[160] MCGHEE R B, ISWANDHI G I. Adaptive locomotion of a multilegged robot over rough terrain [J]. Systems, Man and Cybernetics, IEEE Transactions on, 1979, 9 (4): 176 – 182.

[161] PAL P K, JAYARAJAN K. A free gait for generalized motion [J]. IEEE Transactions on robotics and automation, 1990, 6 (5): 597 – 600.

[162] PAL P K, JAYARAJAN K. Generation of free gait – a graph search approach [J]. IEEE Transactions on Robotics and Automation, 1991, 7 (3): 299 – 305.

[163] BAI S, LOW K H, ZIELINSKA T. Quadruped free gait generation based on the primary/secondary gait [J]. Robotica, 1999, 17 (4): 405 – 412.

[164] PACK D J, KANG H S. Free gait control for a quadruped walking robot [J]. Laboratory Robotics and Automation, 1999, 11 (2): 71 – 81.

[165] ESTREMERA J, SANTOS D P G. Free gaits for quadruped robots over irregular terrain [J]. The International Journal of Robotics Research, 2002, 21 (2): 115 – 130.

[166] DENAVIT J. A kinematic notation for lower – pair mechanisms based on matrices [J]. Trans. of the ASME. Journal of Applied Mechanics, 1955, 22: 215 – 221.

[167] 李彬. 视觉地形分类和四足机器人步态规划方法研究与应用 [D]. 济南: 山东大学, 2012.

[168] MATSUOKA K. Mechanisms of frequency and pattern control in the neural rhythm generators [J]. Biological cybernetics, 1987, 56 (5 – 6): 345 – 352.

[169] KIMURA H, FUKUOKA Y, COHEN A H. Biologically inspired adaptive walking of a quadruped robot [J]. Philosophical Transactions of the Royal Society A: Mathematical, Physical and Engineering Sciences, 2007, 365 (1850): 152 – 170.

[170] KIMURA H, FUKUOKA Y, COHEN A H. Adaptive dynamic walking of a quadruped robot on natural ground based on biological concepts [J]. The International Journal of Robotics Research, 2007, 26 (5): 475 – 490.

[171] ZHANG Z G, KIMURA H, FUKUOKA Y. Self – stabilizing dynamics for a quadruped robot and extension toward running on rough terrain [J]. Journal of Robotics and Mechatronics, 2007, 19 (1): 2.

[172] ZHANG Z G, KIMURA H. Rush: a simple and autonomous quadruped running robot [J]. Proceedings of the Institution of Mechanical Engineers, Part I: Journal of Systems and Control Engineering, 2009, 223 (3): 322 – 336.

[173] 张秀丽, 曾翔宇, 郑浩峻. 四足机器人高速动态行走中后腿拖地问题研究 [J]. 高技术通讯, 2011, 21 (4): 404 – 410.

[174] 黄博, 姚玉峰, 孙立宁. 基于中枢神经模式的四足机器人步态控制 [J]. 机械工程学报, 2010 (7): 1 – 6.

[175] 李剑, 韩忠华, 王浩. 警用安保巡逻机器人发展研究 [J]. 中国安全防范技术与应用, 2018 (3): 16 – 19.

[176] 余联庆. 仿马四足机器人机构分析与步态研究 [D]. 武汉: 华中科技大学, 2007.

[177] ALEXANDER R M N. Three uses for springs in legged locomotion [J]. The International Journal of Robotics Research, 1990, 9 (2): 52 – 61.

[178] RAIBERT M H. Legged robots that balance [M]. Cambridge: MIT press, 1986.

[179] RAIBERT M H. Trotting, pacing and bounding by a quadruped robot [J]. Journal of biomechanics, 1990, 23: 79 – 98.

[180] 孟健. 复杂地形环境四足机器人运动控制方法研究与实现 [D]. 济南: 山东大学, 2015.

[181] ZHANG G T, LIU J C, RONG X W, et al. Design of trotting controller for the position – controlled quadruped robot [J]. High Technology Letters, 2016, 22 (3): 321 – 332.

[182] ZHANG G T, RONG X W, HUI C, et al. Torso motion control and toe trajectory generation of a trotting quadruped robot based on virtual model control [J]. Advanced Robotics, 2016, 30 (4): 284 – 297.

[183] 方健. 冗余双臂机器人在线运动规划与协调操作方法研究 [D]. 合肥: 中国科学技术大学, 2016.

[184] WANG H, LI R, GAO Y, et al. Comparative study on the redundancy of mobile single – and dual – arm ro-

bots [J]. International Journal of Advanced Robotic Systems, 2016, 13 (6): 1729881416666782.

[185] LO S Y, HUANG H P. Realization of sign language motion using a dual - arm/hand humanoid robot [J]. Intelligent Service Robotics, 2016, 9 (4): 332 - 345.

[186] 张海涛，唐立才，张敬鹏，等. 空间机械臂双臂协调操作路径规划算法 [J]. 控制工程，2015，22 (6): 1028 - 1032.

[187] FLEISCHER H, DREWS R R, JANSON J, et al. Application of a dual - arm robot in complex sample preparation and measurement processes [J]. Journal of laboratory automation, 2016, 21 (5): 671 - 681.

[188] 房立龙. 仿人双臂协作机器人设计研究 [D]. 合肥：中国科学技术大学，2015.

[189] DING J, SIMAAN N. Choice of handedness and automated suturing for anthropomorphic dual - arm surgical robots [J]. Robotica, 2015, 33 (8): 1775 - 1792.

[190] JIANG Y, LIU Z, CHEN C, et al. Adaptive robust fuzzy control for dual arm robot with unknown input deadzone nonlinearity [J]. Nonlinear Dynamics, 2015, 81 (3): 1301 - 1314.

[191] 王宁，秦现生，薛婷，等. 双臂仿人灵巧型工业机器人的结构设计 [J]. 机械制造，2014，52 (9): 11 - 15.

[192] HIROSE M, KYOKAI j. Bipedal humanoid robot ASIMO [J]. Journal of the Institute of Image Information and Television Engineers, 2003, 57 (1): 42 - 49.

[193] EIICHI Y, MATHIEU P. Whole - body motion planning for pivoting based manipulation by humanoids [J]. Applied Bionics and Biomechanics, 2006, 3 (3): 227 - 235.

[194] STENTZ A, HERMAN H, KELLY A, et al. CHIMP, the CMU highly intelligeng mobile platform [J]. Journal of Field Robotics, 2015, 32 (2): 209 - 228.

[195] 张利格，黄强，彭朝琴. 基于人体运动的仿人型机器人动作的运动学匹配 [J]. 自动化学报，2007，33 (5): 521 - 528.

[196] REN Y, LIU Y C, JIN M H, et al. Biomimetic object impedance control for dual - arm cooperative 7 - DOF manipulators [J]. Robotics and Autonomous Systems, 2016, 75: 272 - 287.

[197] KUMAR N, PANWAR V, SUKAVANAM N, et al. Neural network based hybrid force/position control for robot manipulators [J]. International Journal of Precision Engineering and Manufacturing, 2011, 12 (3): 419 - 426.

[198] AGHILI F. Robust impedance control of manipulators carrying a heavy payload [J]. Journal of Dynamic Systems, Measurement, and Control, 2010, 132 (5): 1 - 8.

[199] OTT C, MUKHERJEE R, NAKAMURA Y. A hybrid system framework for unified impedance and admittance control [J]. Journal of Intelligent & Robotic Systems, 2015, 78 (3): 359 - 375.

[200] VANDERBORGHT B, ALBU S A, BICCHI A, et. al. Variable impedance actuators: a review [J]. Robotics and Autonomous Systems, 2013, 61 (12): 1601 - 1614.

[201] MASON. Compliance and force control for computer controlled manpulators [J]. IEEE Trans system, Man and Cybernetics, 1981, 11: 418 - 432.

[202] 张辉. 双机械手对称式协调力控制稳定性分析 [J]. 国防科技大学学报，1999，21 (4): 102 - 107.

[203] AUDE B, YANN EPAR. Discovering optimal imitation strategies [J]. Robotics and Autonomous Systems, 2004, 47: 69 - 77.

[204] SMEULDERS A W, CHU D M, CUCCHIARA R, et al. Visual tracking: An experimental survey [J]. IEEE Transactions on Pattern Analysis & Machine Intelligence, 2013, 36 (7): 1441 - 1468.

[205] YANG H, SHAO L, ZHENG F, et al. Recent advances and trends in visual tracking: A review [J]. Neurocomputing, 2011, 74 (18): 3822 - 3831.

[206] 郭叶军，汪敬华，吉明明. SSD 算法推理过程的探析 [J]. 现代计算机（专业版），2018 (5): 5 - 9,

13.

[207] HENRIQUES J F, CASEIRO R, MARTINS P, et al. High – speed tracking with kernelized correlation filters [J]. IEEE Transactions on Pattern Analysis and Machine Intelligence, 2014, 37 (3): 582 – 596.

[208] DANELLJAN M, HÄGER G, KHAN F S, et al. Discriminative scale space tracking [J]. IEEE Transactions on Pattern Analysis & Machine Intelligence, 2016, 39 (8): 1561 – 1575.

[209] SCHMIDHUBER J. Deep learning in neural networks: An overview [J]. Neural Netw, 2015, 61: 85 – 117.

[210] RAIBERT M, BLANKESPOOR K, NELSON G, et al. BigDog, the rough – terrain quadruped robot [J]. IFAC Proceedings Volumes, 2008, 41 (2): 10821 – 10825.

[211] MUNARO M, MENEGATTI E. Fast RGB – D people tracking for service robots [J]. Autonomous Robots, 2014, 37 (3): 227 – 242.

[212] MOZOS O M, KURAZUME R, HASEGAWA T. Multi – part people detection using 2D range data [J]. International Journal of Social Robotics, 2010, 2 (1): 31 – 40.

[213] 公安部第一研究所. 公共安全宽带专用移动通信网络 – 现状与发展趋势 [M]. 北京：清华大学出版社，2017：94 – 95.

[214] 李剑，王青，张庆永，等. 疫情防控中警用机器人的应用与思考 [J]. 警察技术，2020 (3)：57 – 63.

[215] 陈山枝，郑林会，毛旭，等. 应急通信指挥——技术、系统与应用 [J]. 中国信息化，2013 (14)：71.

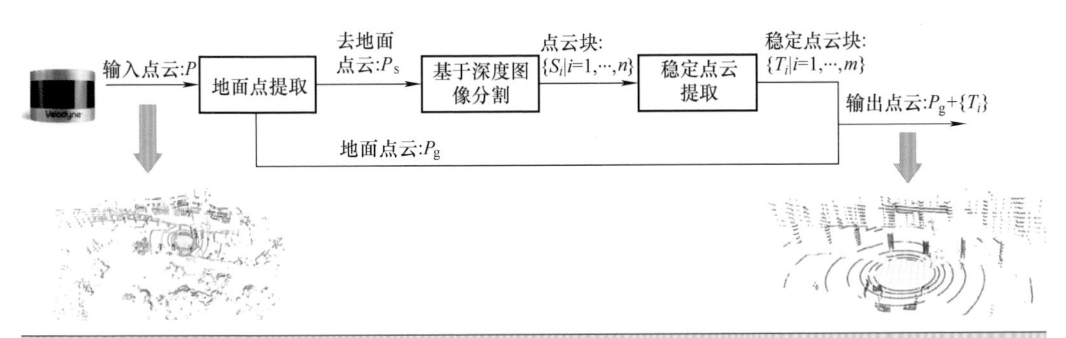

图 1-7　点云降采样算法框图

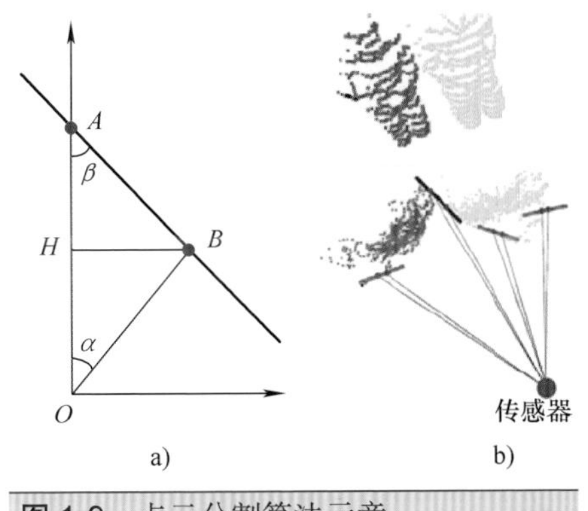

图 1-9　点云分割算法示意

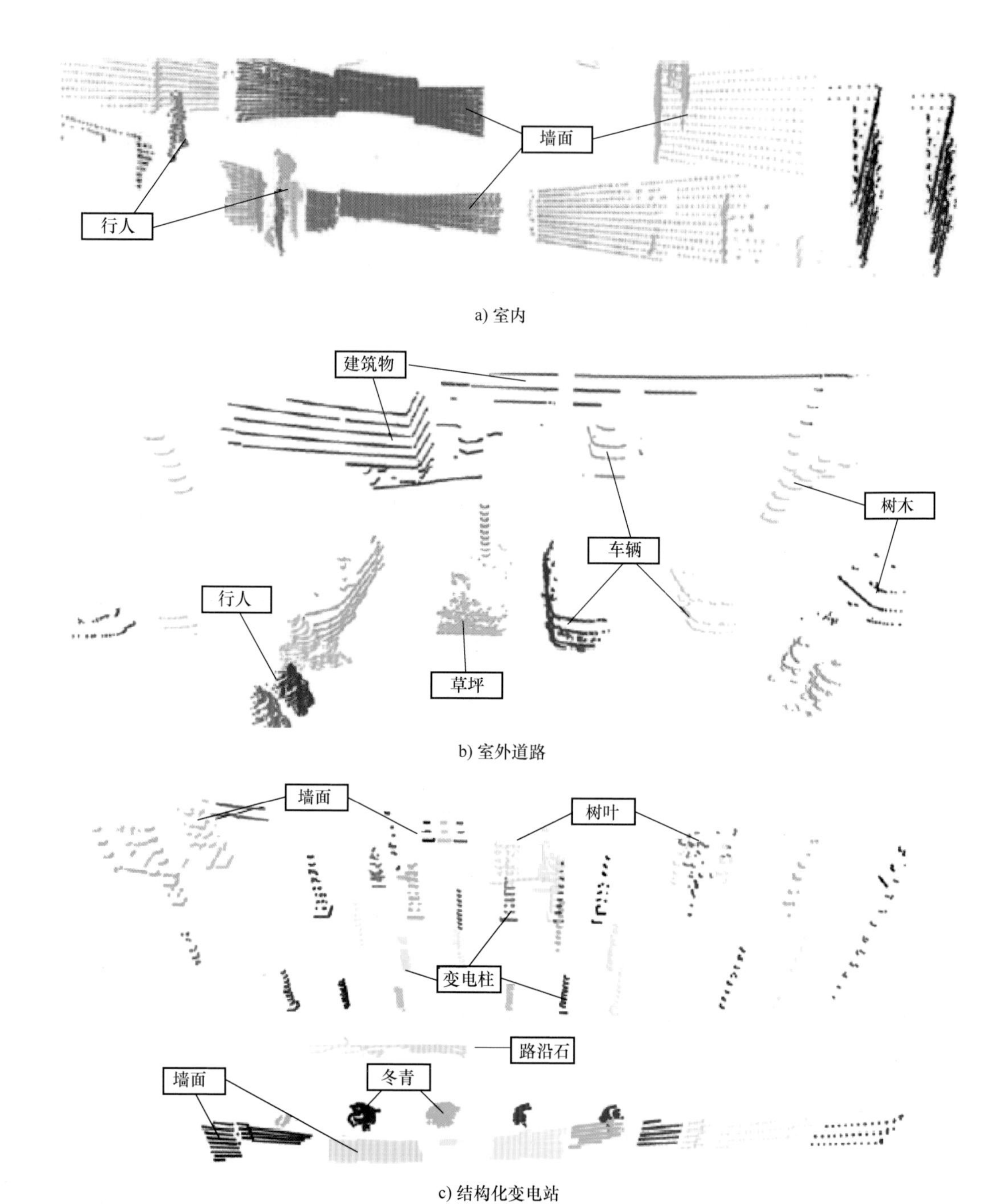

图 1-10　三个场景下的分割示例

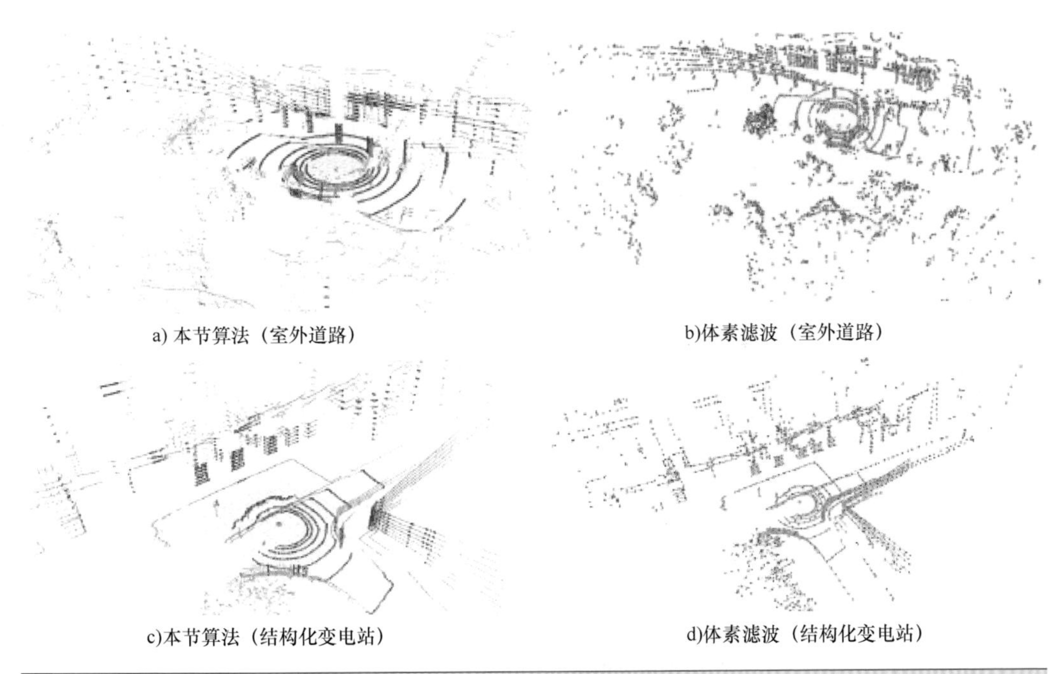

a) 本节算法（室外道路） b)体素滤波（室外道路）

c)本节算法（结构化变电站） d)体素滤波（结构化变电站）

图 1-11 两种算法的点云降采样示例

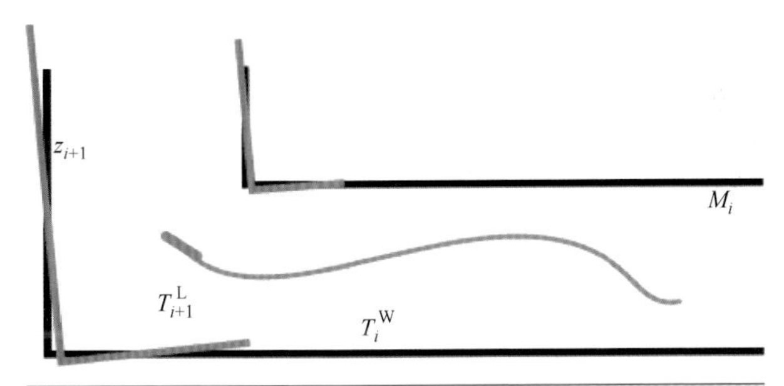

图 1-12 Scan-to-SubMap 匹配过程

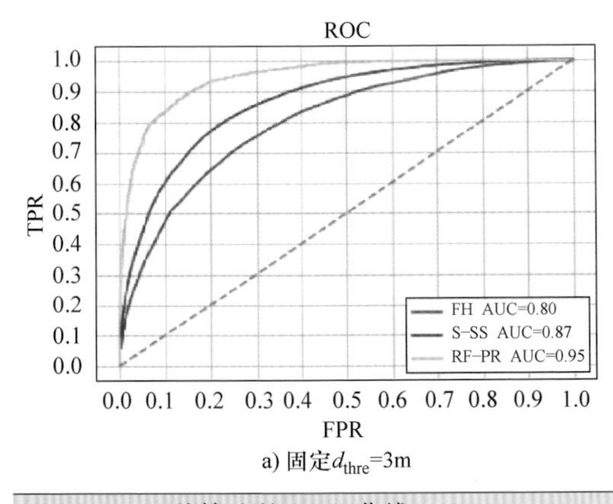

a) 固定d_{thre}=3m

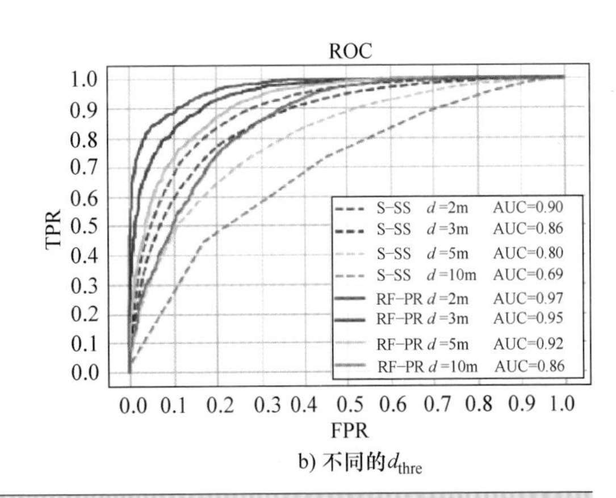

b) 不同的d_{thre}

图 1-17 三种算法的 ROC 曲线

a) 室外场景卫星图

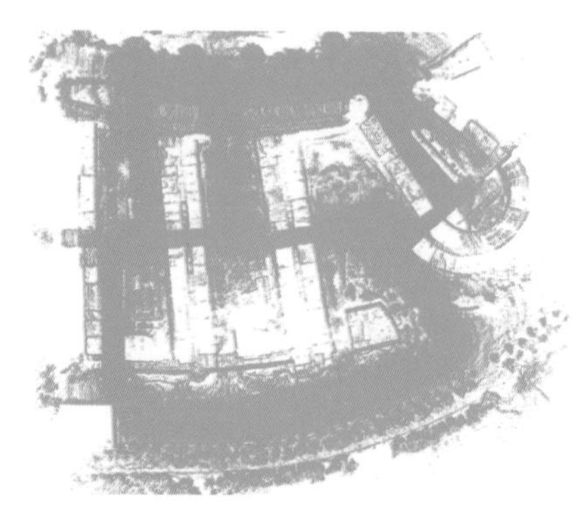

b) 点云地图

图 1-18　场景卫星图及 MIM_SLAM 算法建立的点云地图

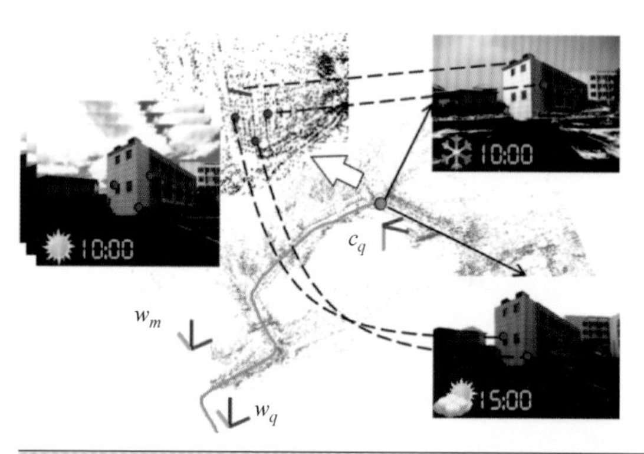

图 1-26　点线特征 2 实体视觉惯性定位方法示意图

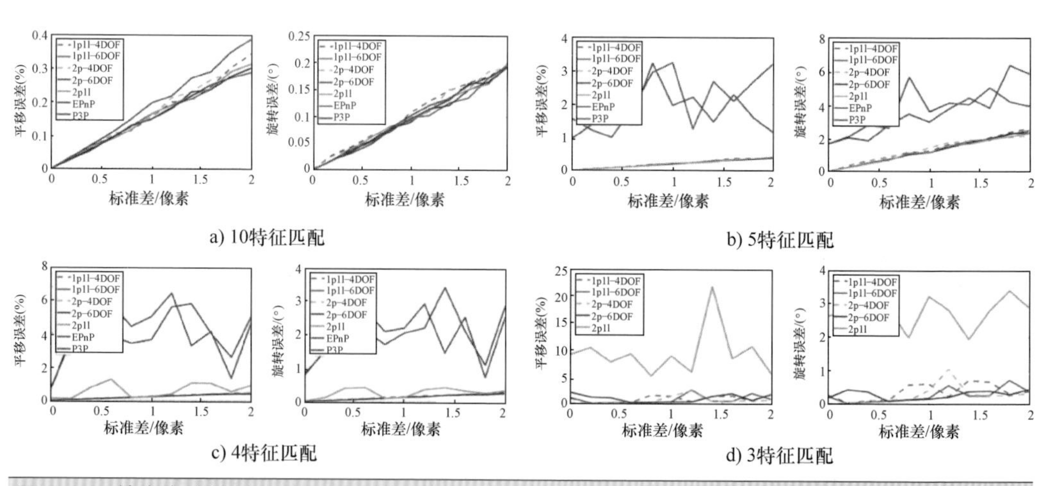

a) 10特征匹配

b) 5特征匹配

c) 4特征匹配

d) 3特征匹配

图 1-29　精度实验结果

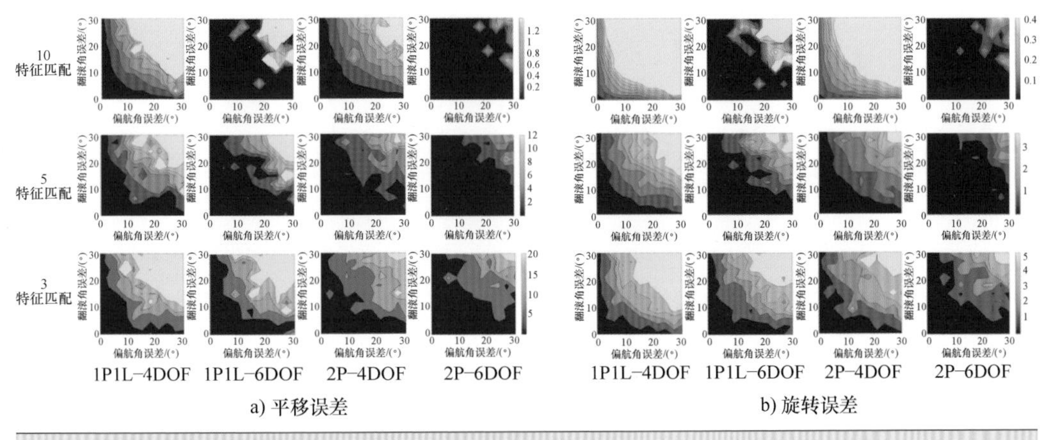

图 1-30　灵敏度实验结果

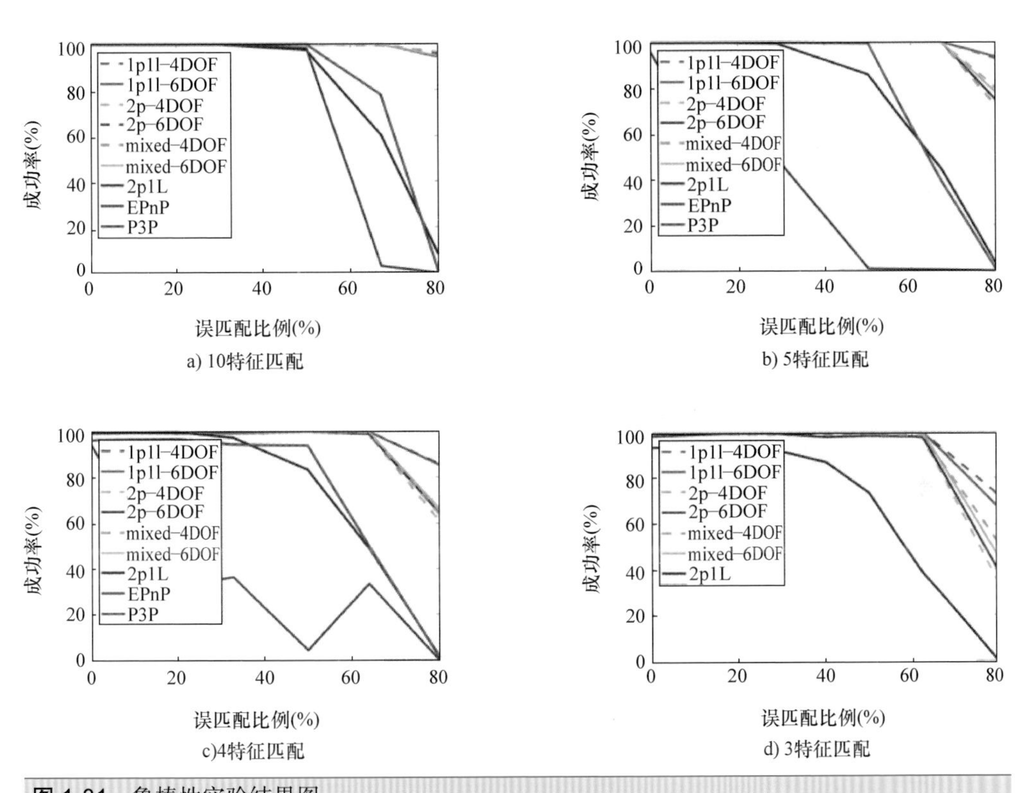

图 1-31　鲁棒性实验结果图

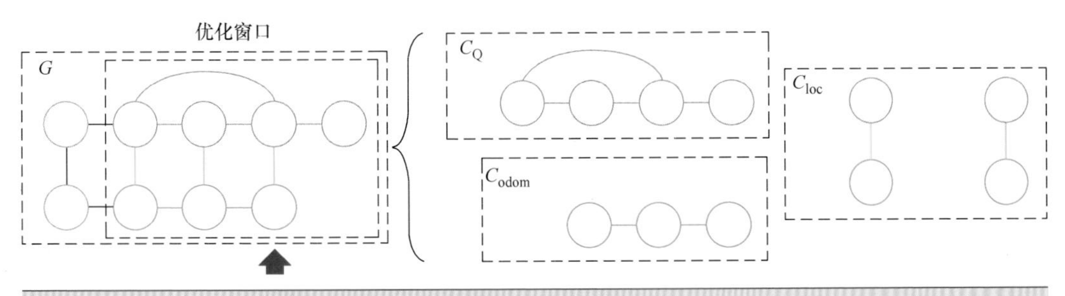

图 1-32　相对定位示意图

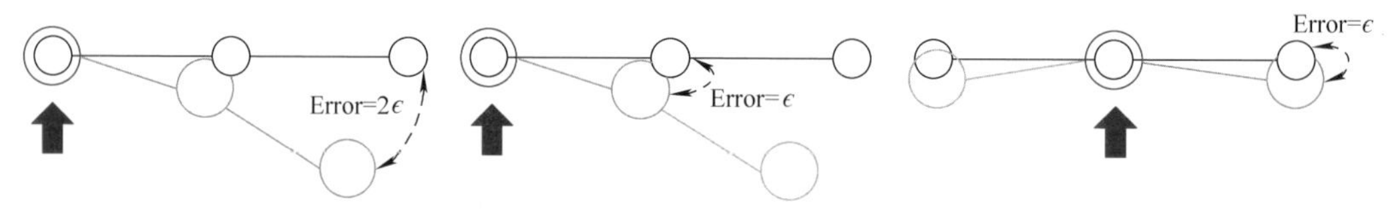

图 1-33　流形导航示意图

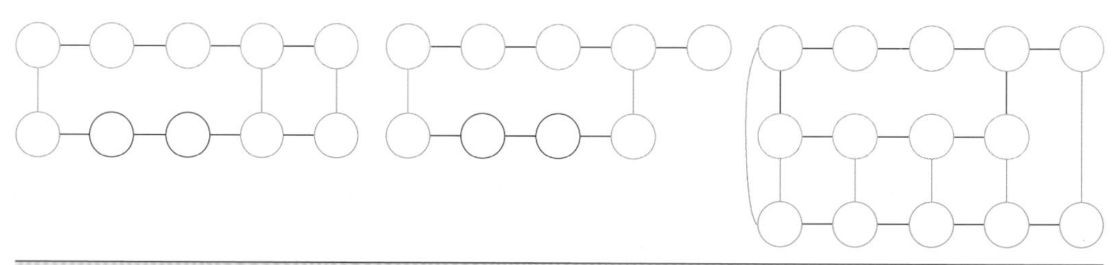

图 1-34　流形导航示意图的记忆机制示意图

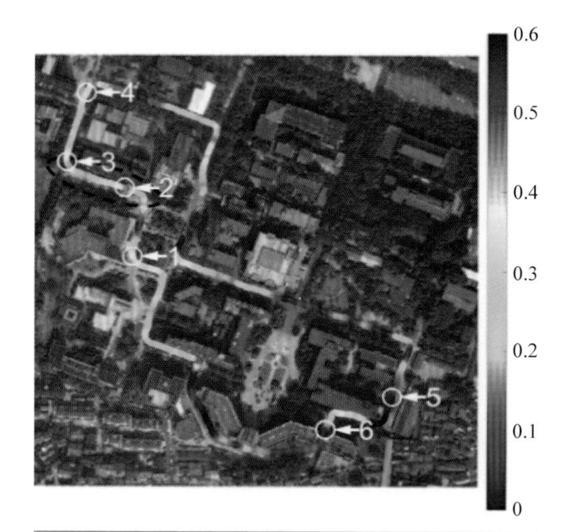

图 1-36　运行路线卫星图

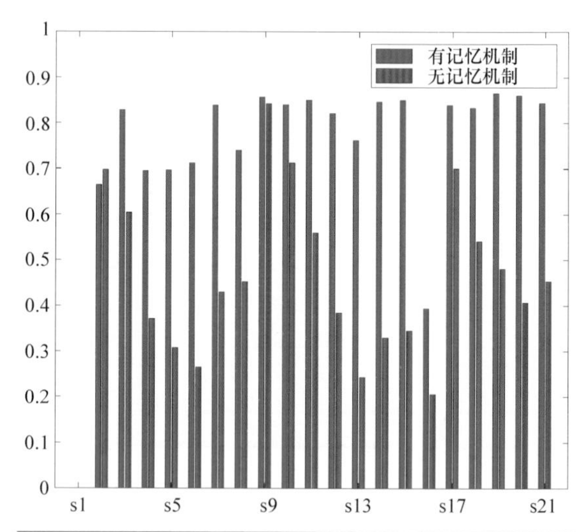

图 1-37　有 / 无记忆机制下的定位成功率对比

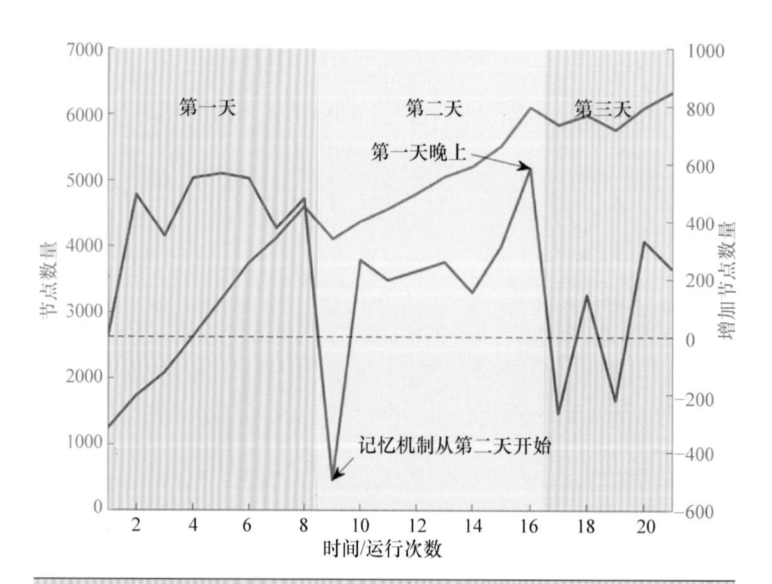

图 1-38　每次运行结束后地图节点数

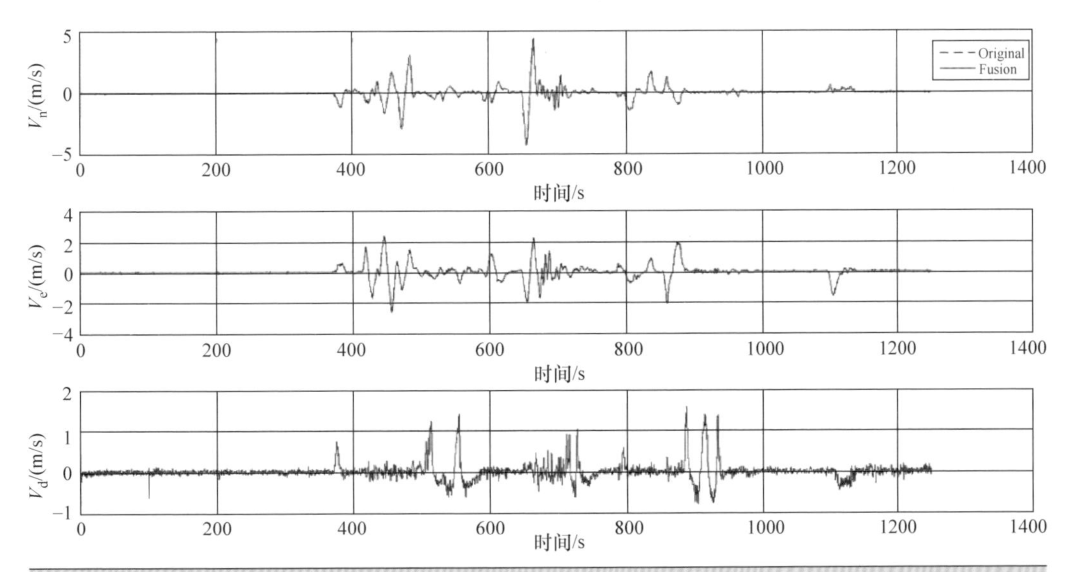

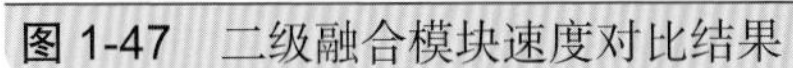

图 1-47　二级融合模块速度对比结果

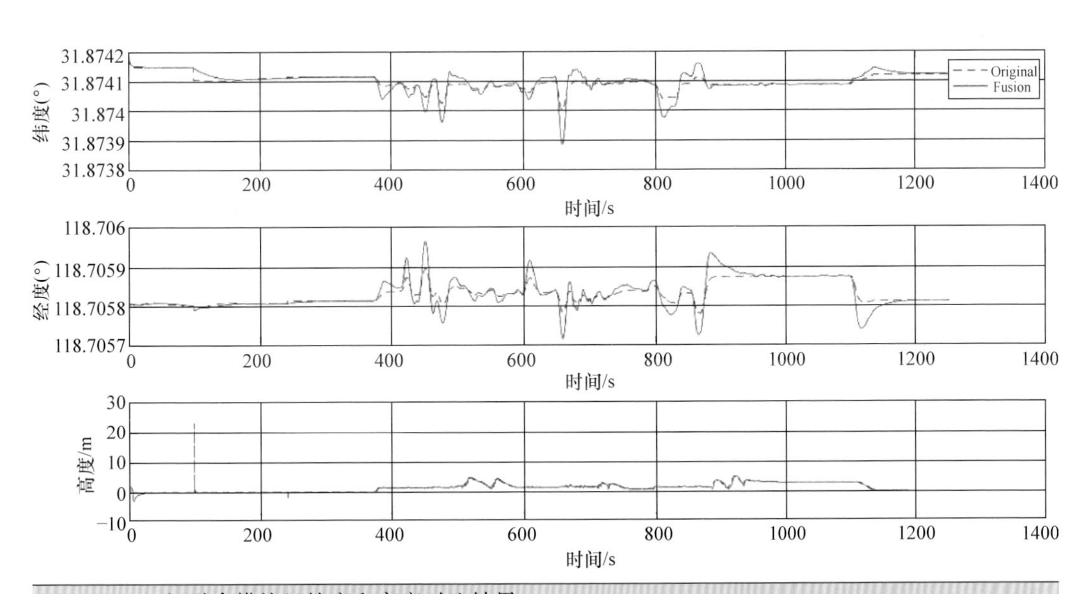

图 1-48　二级融合模块经纬度和高度对比结果

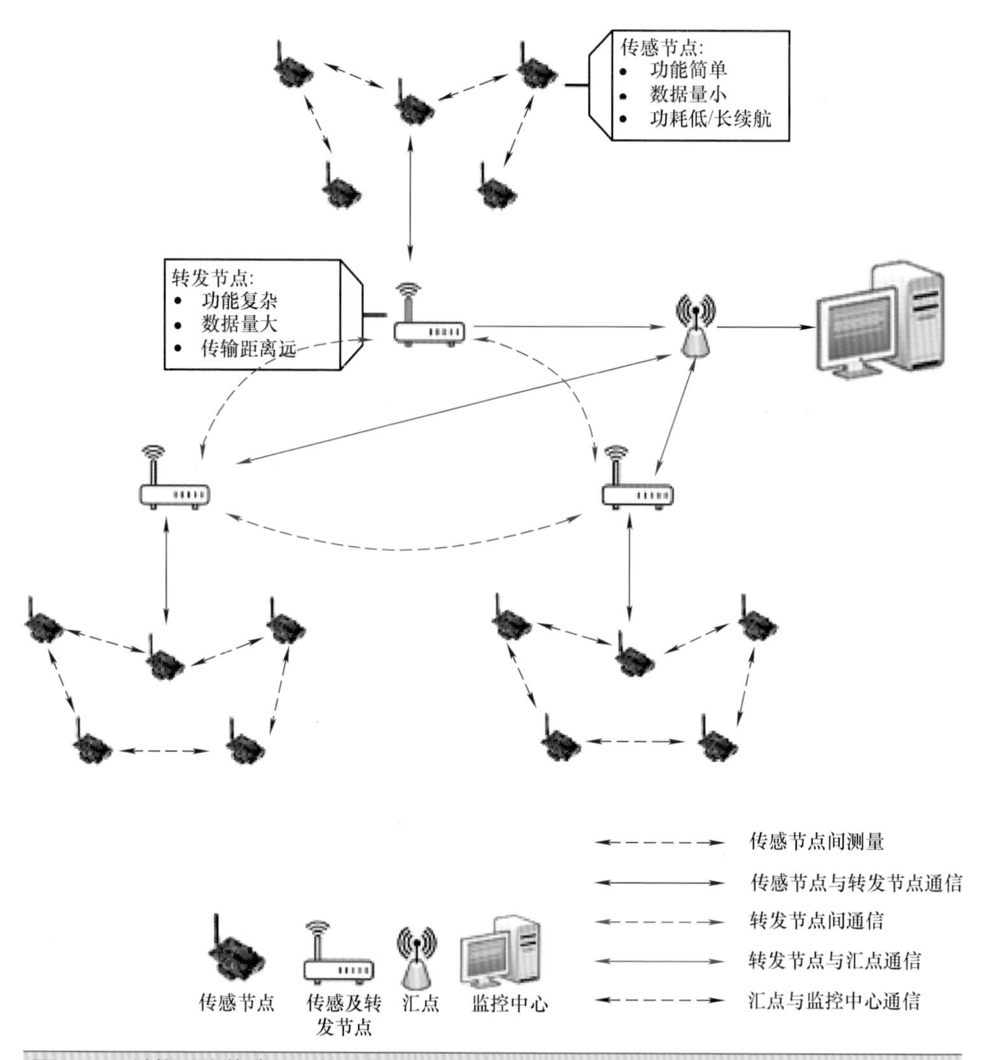

图 1-64　异构无线传感器网络系统结构

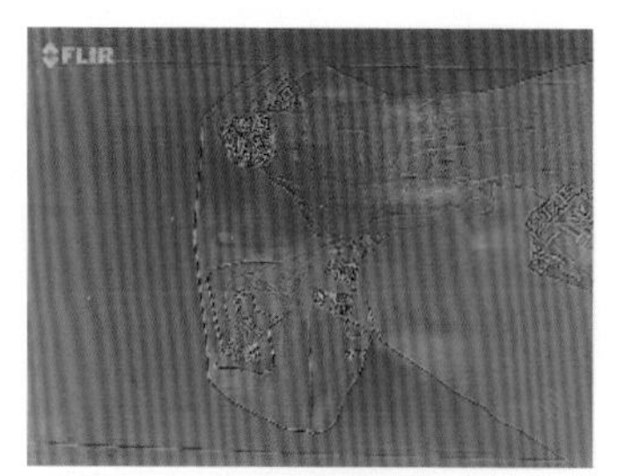

a) 热平衡状态

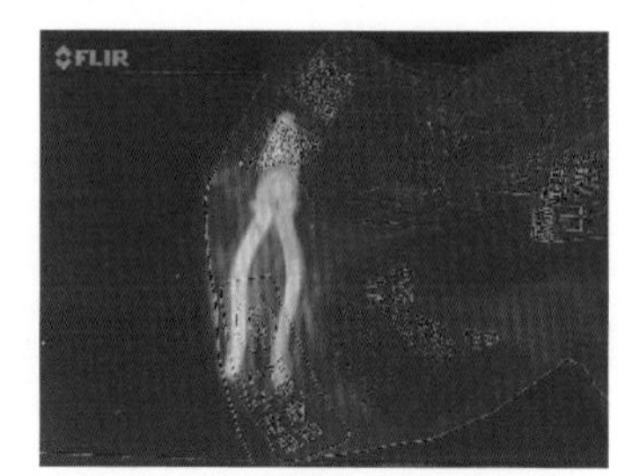

b) 非热平衡状态

图 2-5　不透明塑料袋包装

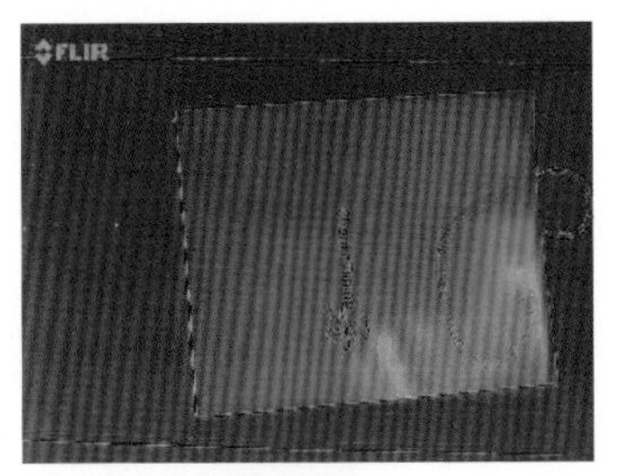

a) 热平衡状态

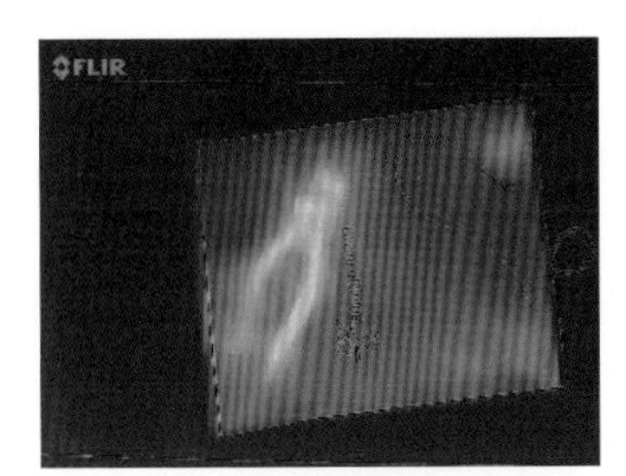

b) 非热平衡状态

图 2-6　纸袋包装

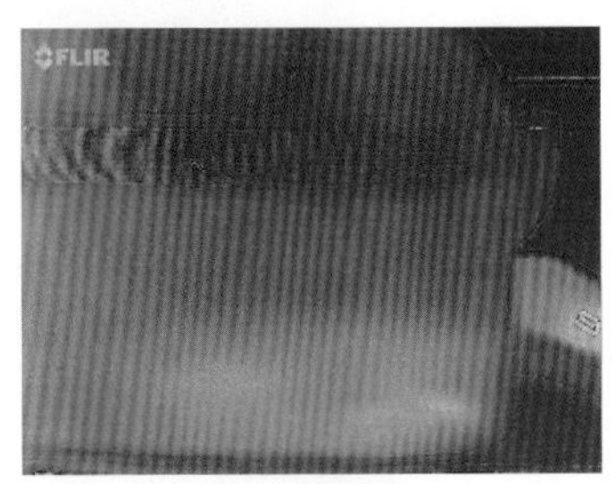

a) 热平衡状态

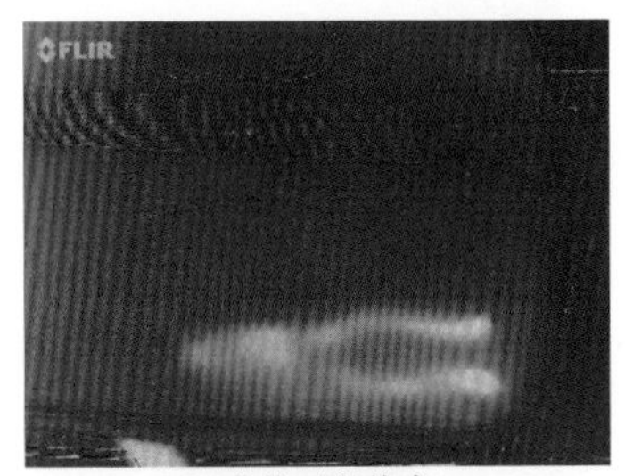

b) 非热平衡状态

图 2-7　手提包包装

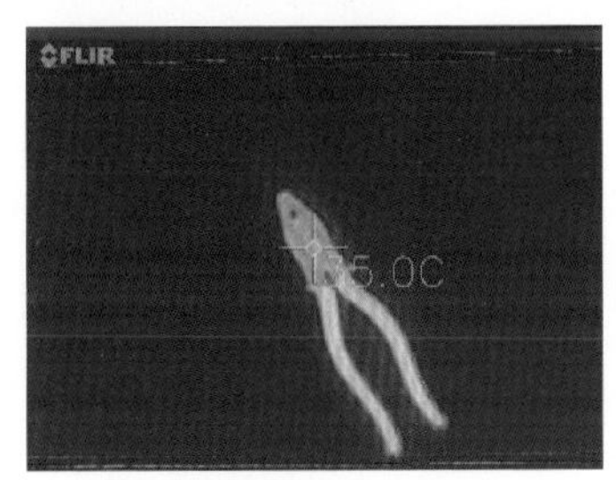

a) 加热90s后钳头温度

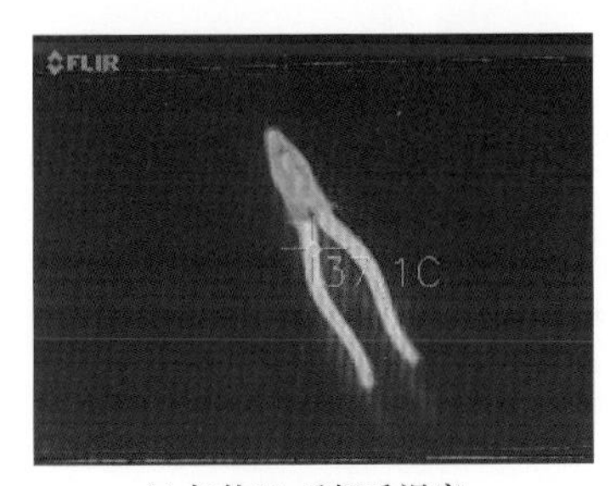

b) 加热90s后把手温度

图 2-8　温度变化实验成像图

图 2-45　面向警用的危险目标语义级图像分割

图 2-46　面向警用危险目标的结合图像语义信息的图像实例分割

图 3-9　改进的机械臂模型

图 3-10　运动规划轨迹

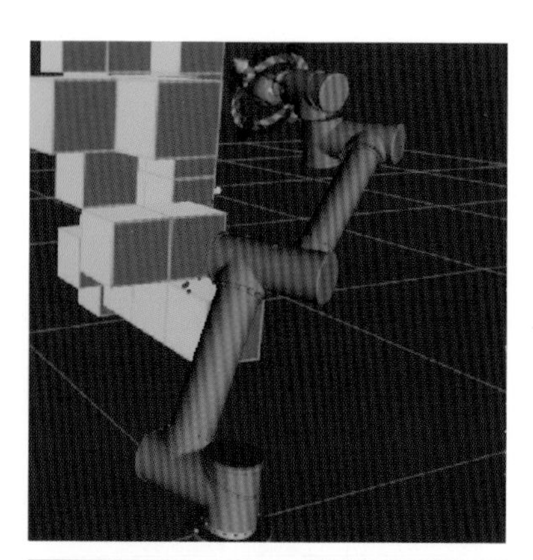

图 3-27　Octree 障碍模型

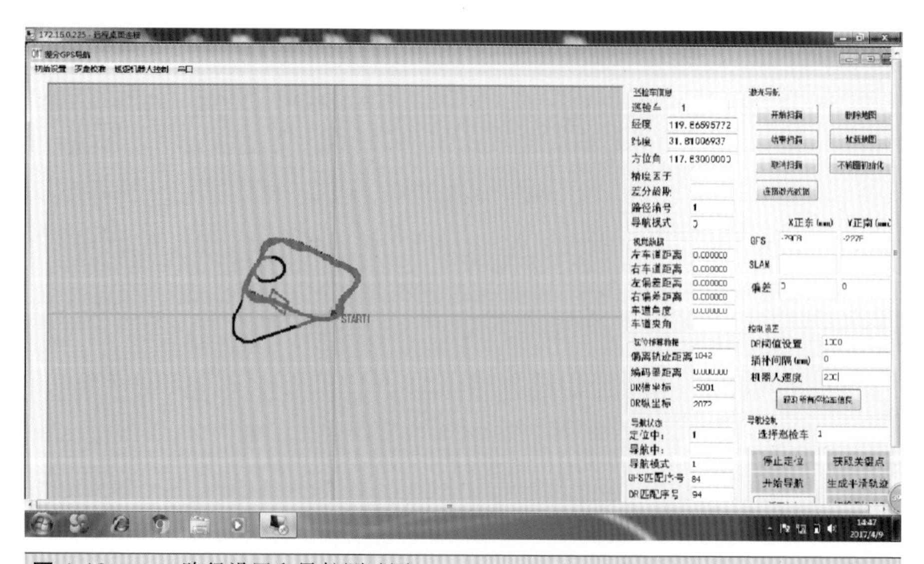

图 4-10　GPS 路径设置和导航测试图

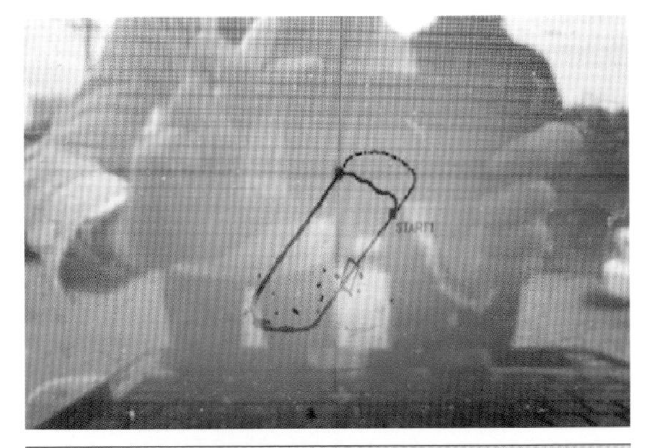

图 4-19　屏蔽 RTK GPS 信号时，机器人基于 SLAM 地图的自主导航情况

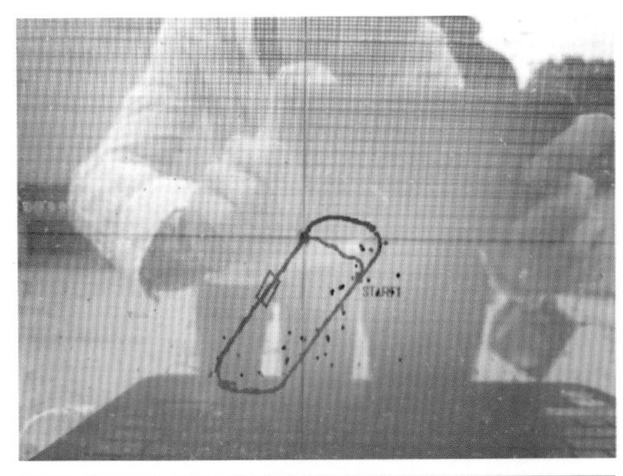

图 4-20　RTK GPS 信号恢复情况下，机器人利用 GPS 数据进行导航

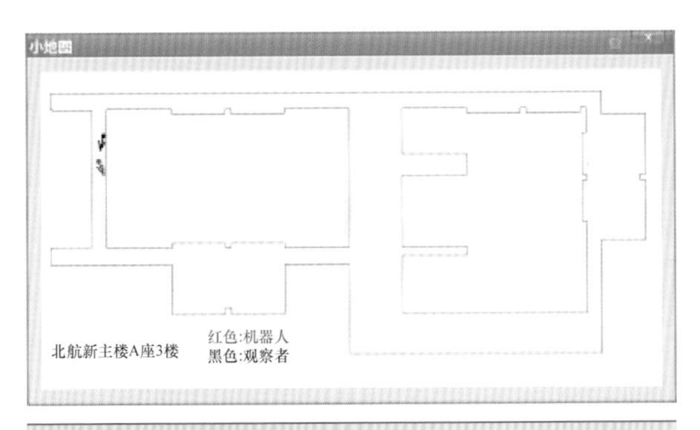

图 4-55　小地图界面

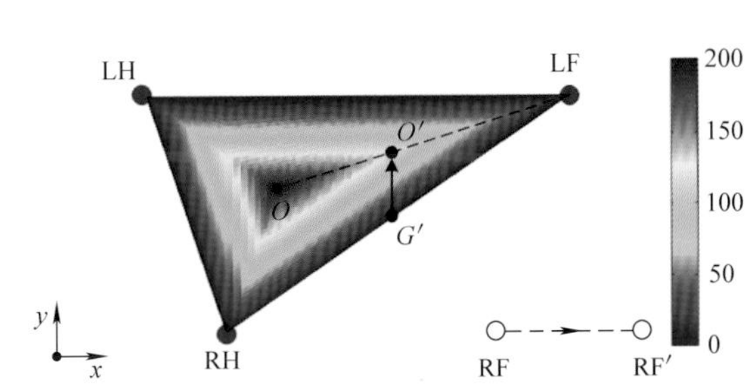

图 5-31　稳定裕度等高线

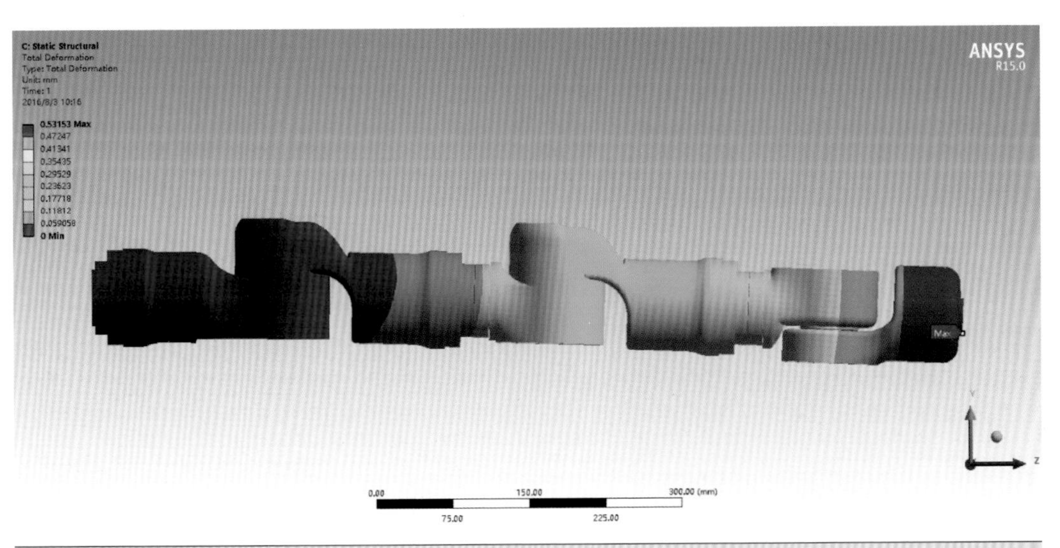

图 5-59　位移云图

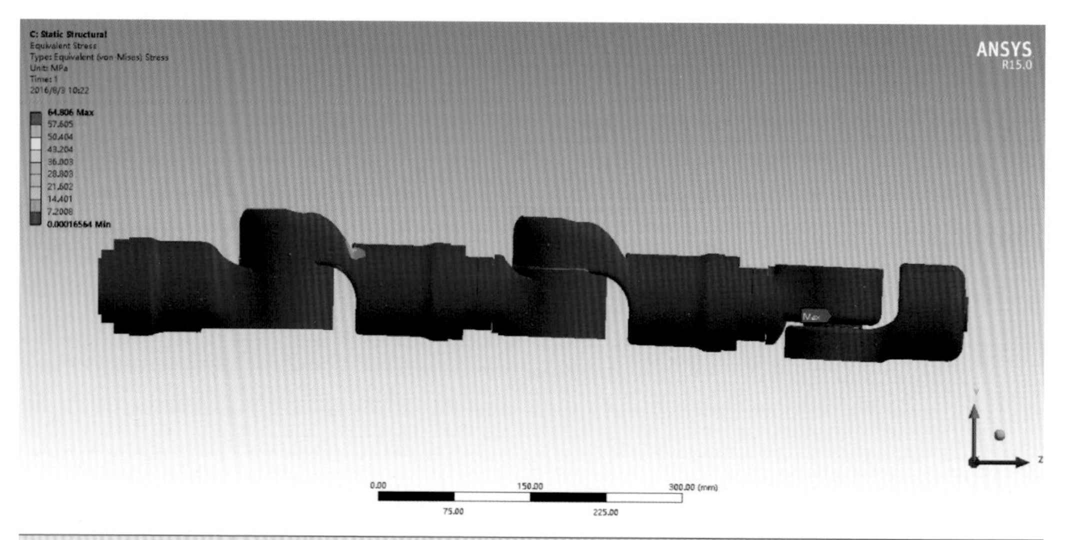

图 5-60 应力云图

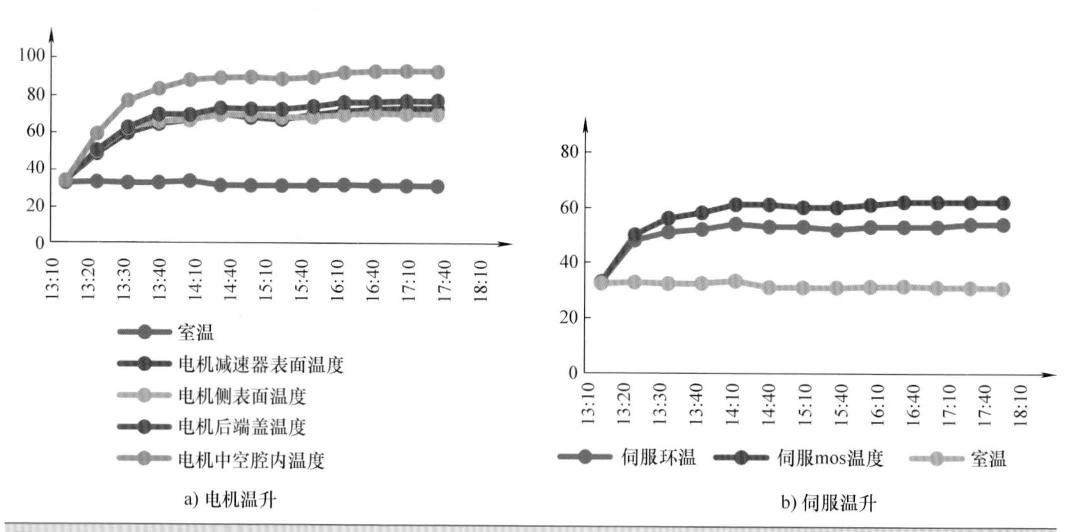

a) 电机温升

b) 伺服温升

图 5-70 温升测试

图 6-8 红外人体检测示意图